JN205172

PC技術規準シリーズ

コンクリート橋・複合橋 保全マニュアル

公益社団法人 プレストレストコンクリート工学会 編

技報堂出版

まえがき

　プレストレストコンクリート工学会は，プレストレストコンクリート技術協会として1958年に発足してから60年が経過した。この間，「コンクリート構造設計施工規準—性能創造型設計—」を中心とする各種の規準類を策定してきたがいずれも主として新設構造物を主な対象としたものであった。また，既設の社会基盤構造物の経年化の状況から当工学会は2007年に「コンクリート構造診断士」の資格制度を発足させ，このための講習会のテキストとして「コンクリート構造診断技術」を毎年刊行してきたがコンクリート構造物の保全あるいは維持管理に関する規準類の策定には至らなかった。一方，土木学会では1931年に初めてコンクリート標準示方書が誕生してから70年後の2001年にようやくに維持管理編が登場した。すなわち，21世紀となってようやく構造物の保全あるいは維持管理に対する規範策定の必要性が認識されてきたのである。プレストレストコンクリート（PC）構造物は本質的に高耐久な構造特性を有するために保守に有利な構造形式としてこれまで発展普及してきたが，PCグラウトの充填不足やアルカリシリカ反応の影響などの問題なども一部で顕在化し，さらにPC構造物の経年による変状の知見も蓄積されてきた。また，PC斜張橋やエクストラドーズドPC橋，波形鋼板ウェブPC橋などの過去にない構造が登場しこれらの構造物の保守の技術の必要性も強く認識されてきた。当工学会では2011年に「斜張橋エクストラドーズド橋維持管理指針」（英文刊行物あり）を策定したのはその現れと言える。また，国土交通省では，2012年の高速道路トンネル天井板の崩落事故を契機に2014年に構造物の5年に1度の定期点検を法制化した。当工学会のPC技術規準委員会では以上のような状況を踏まえてコンクリート橋と複合橋の維持管理マニュアルを作成することとし，提案者の酒井秀昭委員を委員長とする「PC橋の維持管理マニュアル作成委員会」を2015年に発足することとしたのである。

　ところで国際構造コンクリート連合（fib）では国際的な模範的規準として"fib Model Code 2010"を発刊した。そこでは全体の構成を，Design，Construction，Conservation，およびDismantlementとしてConservation，すなわち，「維持管理」でなく「保全」なる用語を用いて規準が構成された。わが国ではこれまで慣習的に「維持管理」なる用語が用いられてきたが構造物が社会に果たす影響を考えると用語としてConservationに対応する「保全」が2文字で簡潔であり適切ではないかとの議論を提起し，検討の結果，当該の作成委員会の名称と異なったマニュアルの名称を採用することとなったのである。「保全」という概念することにより，構造美の保全や美装化，構造機能の向上，耐震性の向上，など創造的な保全への取り組みを期待するところである。

　作成委員会が策定したマニュアルは，その内容が多岐にわたり，しかも最新の知見が詳細に記載されていることが大きな特徴である。内容は通例のマニュアルと称される出版物とは異なり現時点での保全に関する技術情報の宝庫とも言えるものであって，400頁を超えるボリュームから考えると総覧と呼ぶに相応しいものとなった。本マニュアルは，現在第一線でご活躍中の橋梁技術者にとっても学ぶべき，あるいは認識しておくべき事柄が多々網羅されており，作成委員会の委員長をはじめ委員各位の真摯で活力のある取り組みに心から敬意を表する次第である。今後このマニュア

ルの果たすべき役割はきわめて大きいと考えられ構造物の保全の重要性に関する認識が大いに高められることと考えられる。本マニュアルはプロが書いたプロのための専門書と位置付けることができるのであり，もちろんこれからプロを目指す方々の強力な入門書となるものである。なお，工事の実務経験の少ない教育者や研究者の方々にはぜひ本マニュアルを紐解いて現場での問題点や最新の構造関係の技術情報の把握に活用されることをお願いしたい。以上のように本マニュアルの大いなる活用が期待されるところである。

　このマニュアルを策定するに当たっては酒井秀昭委員長をはじめとする作成委員会の委員各位に絶大なるご努力を賜った。ここに心から深甚の謝意を表したい。

平成 30 年 3 月

公益社団法人プレストレストコンクリート工学会
PC 技術規準委員会
委員長　池田　尚治

序

　一般に，社会基盤として活用されている道路橋には，鉄筋コンクリート構造やプレストレストコンクリート構造，鋼構造およびコンクリートと鋼との複合構造が採用されている。これらの構造が採用されている橋梁は，設計供用期間内において供用目的に適合した所要の機能を確保できる性能を有していなければならない。このために，供用期間中は，診断の方法，対策の選定方法，記録の方法などを明らかにした保全計画に基づき，点検，劣化機構の推定と予測，対象橋梁または部位・部材の性能の評価を行って対策の要否の判定を行う診断を実施し，必要に応じて補修や補強などの対策を実施する必要がある。

　本マニュアルにおいては，設計供用期間中に行う対象橋梁の診断，対策，記録およびこれらの計画の行為を「保全」として定義することとした。これは，欧米の規準などで用いられている"Conservation"の日本語訳として対応する用語である。従来，国内においては，"Maintenance"に対応する「維持管理」が広く用いられてきたが，本マニュアルにおいては，「維持管理」の用語に代えて，社会環境や経済状況により対象構造物の目的や機能が変化した場合でも効率的な供用や機能の確保を図る意味を持つ「保全」(Conservation)を用いることとした。「保全」は，高速道路会社などの道路管理者においても，近年は広く用いられている。

　道路橋の保全にあたっては，2014年に改正された道路法施行規則第四条の五の二の規定に基づく「道路橋定期点検要領」(国土交通省道路局)により，5年に1回の頻度で近接目視や必要に応じて触診や打音等の非破壊検査等を併用して行う定期点検を実施することが規定された。本マニュアルにおいては，法令で規定された道路橋の点検を含む保全を高精度にかつ効率的に実施するため，主に国内で実施されているプレストレストコンクリート構造を採用したコンクリート橋およびコンクリート構造と鋼構造との複合構造を採用した複合橋の「保全」方法について述べている。対象としている形式は，プレテンション方式プレキャスト桁橋，ポストテンション方式プレキャスト桁橋，場所打ち桁橋，プレキャストウェブ橋，鋼橋のPC床版，混合桁橋，波形鋼板ウェブ橋，複合トラス橋，斜張橋・エクストラドーズド橋および吊床版橋であり，プレストレストコンクリート構造を使用している国内のほとんどの形式を網羅している。また，これらの形式の橋梁に採用されている支承，伸縮装置，落橋防止システム，排水装置および防水工の保全方法についても対象としている。

　本マニュアルは，「Ⅰ編 基本編」，「Ⅱ編 共通編」，「Ⅲ編 個別構造物編」，「Ⅳ編 付属物・付帯工編」，「Ⅴ編 参考資料編」から構成されている。「Ⅰ編 基本編」においては，本マニュアルの適用の範囲や保全の基本的な方法などが述べている。「Ⅱ編 共通編」においては，コンクリート橋に共通する診断方法や対策の概要，複合橋に採用されている鋼桁および鋼部材に共通する診断方法や対策の概要について述べている。「Ⅲ編 個別構造物編」においては，種々の形式の橋梁の特徴や変遷，個別の形式ごとの診断方法や対策の概要について述べている。「Ⅳ編 付属物・付帯工編」においては，支承や排水装置などの付属物・付帯工の診断方法や対策の概要について述べている。「Ⅴ編 参考資料

編」においては，コンクリート構造の初期欠陥や劣化機構，外ケーブルや斜材の腐食や疲労，鋼構造の腐食や疲労，既往の橋梁の診断事例およびコンクリート構造の規準や材料・施工技術の変遷について述べている。

　本マニュアルにおいては，対象橋梁またはこれを構成する部位・部材の診断における健全性の診断の判定区分は，「道路橋定期点検要領」の判定区分を用いている。また，診断における対策の要否判定の対策区分の判定は，道路管理者によって種々の判定区分を採用しているが，本マニュアルの利便性の向上を目的として，国土交通省および内閣府沖縄総合事務局が管理する道路橋の定期点検に適用している「橋梁定期点検要領」（平成 26 年 6 月 国土交通省道路局国道・防災課）を参考に定めている。

　本マニュアルの発刊にあたり，渋谷智裕委員兼幹事長をはじめとする委員・幹事の各位に多大なご努力を賜った。ここに深甚の謝意を表する次第である。

平成 30 年 3 月

公益社団法人プレストレストコンクリート工学会
PC 技術規準委員会 PC 橋の維持管理マニュアル作成委員会
委員長　酒井　秀昭

プレストレストコンクリート工学会
PC 技術規準委員会　委員構成
（平成 28, 29 年度）

委　員　長　池田　尚治　（複合研究機構）
副委員長　山﨑　淳　（日本大学名誉教授）
委　員　兼
幹　事　長　花島　崇　（日本構造橋梁研究所）
委　　員　出雲　淳一　（関東学院大学）
　　　○伊藤　均　（八千代エンジニヤリング）
　　　　太田　誠　（大成建設）
　　　　大村　一馬　（安部日鋼工業）
　　　　緒方　辰男　（高速道路総合技術研究所）
　　　○春日　昭夫　（三井住友建設）
　　　　加藤　敏明　（大林組）
　　　　河野　広隆　（京都大学）
　　　○河村　直彦　（ピーエス三菱）
　　　　酒井　秀昭　（中日本高速道路）
　　　　下村　匠　（長岡技術科学大学）
　　　　田中　英明　（建設技術研究所）
　　　○堤　忠彦　（富士ピー・エス）
　　　　手塚　正道　（オリエンタル白石）
　　　　椿　龍哉　（横浜国立大学）
　　　　二羽淳一郎　（東京工業大学）
　　　　万名　克美　（オリエンタルコンサルタンツ）
　　　　宮川　豊章　（京都大学）
　　　　睦好　宏史　（埼玉大学）
　　　○山本　徹　（鹿島建設）
　　　　渡辺　博志　（土木研究所）

（○印：委員兼幹事，五十音順，敬称略）

プレストレストコンクリート工学会

PC 橋の維持管理マニュアル作成委員会　委員構成

（平成 28，29 年度）

委 員 長		酒井　秀昭	（中日本高速道路）
委 員 兼 幹 事 長		渋谷　智裕	（八千代エンジニヤリング）
委　　員	○	一宮　利通	（鹿島建設）
	○	妹川　寿秀	（富士ピー・エス）
		大城　壮司	（西日本高速道路）
	○	大村　一馬	（安部日鋼工業）
	○	岡山　準也	（中日本ハイウェイ・エンジニアリング東京）
	○	河邊　修作	（富士ピー・エス）
		古賀　裕久	（土木研究所）
	○	小林　俊秋	（オリエンタル白石）
	○	志道　昭郎	（ピーエス三菱）
	○	玉置　一清	（三井住友建設）
		長井　宏平	（東京大学）
	○	萩原　直樹	（高速道路総合技術研究所） （中日本高速道路）
	○	橋本　幹司	（エム・エム ブリッジ）
	○	早川　智浩	（大林組）
		藤山知加子	（法政大学）
	○	保坂　勲	（日本構造橋梁研究所）
		細田　暁	（横浜国立大学）
	○	細谷　学	（大成建設）
	○	三浦　芳雄	（横河ブリッジ）
		渡辺　陽太	（東日本高速道路）
連絡幹事		河村　直彦	（ピーエス三菱）

（○印：委員兼幹事，五十音順，敬称略）

目　　次

I　基本編

Ⅲ 個別構造物編

Ⅳ　付属物・付帯工編

1章　支　承 ———————————————————————— 256

2章　伸縮装置 ———————————————————————— 269

3章　落橋防止システム ————————————————————— 281

V　参考資料編

V-i　コンクリート構造物および鋼構造物の変状と特徴

Ⅴ–ⅱ 評価および判定方法, 判定結果に基づく対策事例

V-iii 技術の変遷

I 基本編

1章 総　　　則

1.1　適用の範囲

本マニュアルは，以下の道路橋の保全に適用するものとする。
① プレテンション方式プレキャスト桁橋（スラブ橋，T桁橋など）
② ポストテンション方式プレキャスト桁橋（スラブ橋，T桁橋，合成桁橋など）
③ 場所打ち桁橋（中空床版橋，多主版桁橋，箱桁橋）
④ プレキャストウェブ橋
⑤ 鋼橋のPC床版
⑥ 混合桁橋
⑦ 複合構造（波形鋼板ウェブ橋，複合トラス橋）
⑧ 斜張橋・エクストラドーズド橋（複合構造を含む），吊床版橋
⑨ 橋梁付属物・付帯工（支承，伸縮装置，落橋防止システム，排水装置，防水工）

【解　説】

　（公社）プレストレストコンクリート工学会（以下，プレストレストコンクリートをPCとする）
では，解説 図 1.1.1 に示すように，近年のプレストレストコンクリート技術の急速な発展に対応
して各種の構造物や構造形式の規準化を進めてきた。2011年に「コンクリート構造物設計施工規準
－性能創造型設計－」を発刊し，コンクリート構造物のライフサイクルと性能に関して包括する基
本的な規準を定めた。また，2015年に「PC構造物高耐久化ガイドライン」にてPC構造物の高耐久
化および標準的な保全を行うにあたっての指針など各種の規準を示した。

　ここで，「PC構造物高耐久化ガイドライン」は昨今のグラウト充填不足の損傷劣化のみならず，
さまざまな変状現象が顕著化してきた中でPC構造物として長く供用するために，高耐久化を睨ん
だ計画，設計を行うべく策定されたものである。「PC構造物高耐久化ガイドライン」は本マニュア
ルの基本となるPC構造物として保全を行ううえでの思想，流れなどについて表し，本マニュアル
ではさらに具体的な計画，診断，対策について記載した。

　PC構造物は，ひび割れなどコンクリート表面に不具合が発生した場合，PC鋼材がコンクリー
トで覆われているため一見しただけでは，どのような不具合となっているかが不明であり，十分に
熟知した技術者においてのみ保全を有益に行うことができる。しかしながら，全国にあるPC構造
物のすべてを一部の技術者のみで点検，調査，診断，対策を行うことは現実的には難しく，効率的
ではない。

　本マニュアルは，混合桁や複合構造を含む構造種別ごとに点検の着目点や診断方法を具体的に示
すことによって，保全の適正化や効率化を図り，長寿命化，高耐久化に繋がることを意図している。
したがって，本マニュアルの位置づけは，「コンクリート構造物設計施工規準－性能創造型設計－」，
「PC構造物高耐久化ガイドライン」を上位に，各種指針などによって設計・施工されたPC構造物

などの保全を行ううえでのハンドブックとなるべく作成した。なお，各種構造物の設計や施工がどのような規準や指針で計画されていたかを確認する場合などは 1.4 関連基準に示すような各技術規準を参照するのが良い。

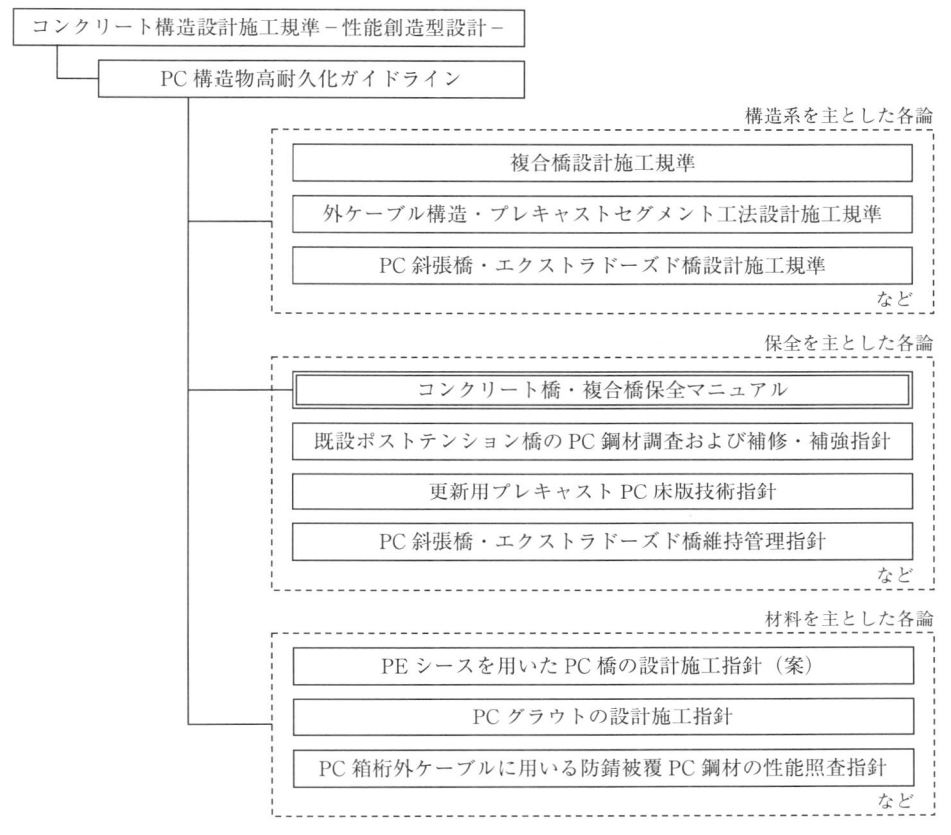

解説 図 1.1.1　PC 工学会発刊のおもな規準と本マニュアルとの関係

　本マニュアルの構成は，解説 図 1.1.2 に示すように，Ⅰ編では基本編として，コンクリート構造，PC 構造および鋼部材の保全に関する原則を記載する。Ⅱ編では共通編として 1 章 コンクリート橋，2 章 鋼桁および鋼部材として，各種構造に共通する事項について記載する。Ⅲ編，Ⅳ編ではそれぞれ，個別構造物編および付属物・付帯工編として，各種構造物，付属物・付帯工の構造特性，点検における着目点や点検結果の判定方法および対策について記載する。Ⅴ編では，参考資料編として，Ⅴ-ⅰ コンクリート構造および鋼構造物の変状と特徴，Ⅴ-ⅱ 評価および判定方法，判定結果に基づく対策事例，Ⅴ-ⅲ 技術の変遷を記載する。

　構造物の点検結果から変状の状況を診断したい場合は，Ⅲ編の個別構造物編の変状結果を確認し，詳細調査の必要性を確認し，必要に応じて詳細調査を実施したうえで対策の要否判定を実施するような活用を意図した構成とした。具体的な保全計画〜診断〜対策〜記録の流れは 3.1 保全の基本に示す。

　本マニュアルの構成は次のとおりである。

I 基 本 編

I編　基本編	＜保全に関する基本事項，保全の流れなどを説明＞

　　　　1章　総　則　　　　　　　　　　　　　　＜保全の原則，用語の定義，適用規準等を記載＞
　　　　2章　構造物が果たすべき機能　　　　　　＜保全を行ううえでの基本的な性能と照査指標＞
　　　　3章　保全の方法
　　　　　　3.1　保全の基本　　　　　　　　　　＜保全のフローを記載＞
　　　　　　3.2　保全計画　　　　　　　　　　　＜診断の基本，点検，調査，評価および対策の要否判定を記載＞
　　　　　　3.3　診断
　　　　　　3.4　対策
　　　　　　3.5　記録

II編　共通編	＜各構造物に共通する変状などの説明＞

　　　　1章　コンクリート橋
　　　　　　1.1　コンクリート橋の構造概要
　　　　　　1.2　点検　　　　　　　　　　　　　＜点検の着目点，点検方法，変状の把握＞
　　　　　　1.3　詳細調査　　　　　　　　　　　＜詳細調査の要否判定およびその詳細調査の種類を記載＞
　　　　　　1.4　点検結果の評価および判定　　　＜対策の要否判定など＞
　　　　　　1.5　対策　　　　　　　　　　　　　＜コンクリート構造の対策方法の記載＞
　　　　2章　鋼桁および鋼部材
　　　　　　2.1　鋼桁および鋼部材の構造概要　　＜鋼構造の関連規準の取りまとめ＞
　　　　　　2.2　点検　　　　　　　　　　　　　＜点検の着目点，点検方法，変状の把握＞
　　　　　　2.3　詳細調査　　　　　　　　　　　＜詳細調査の種類などを記載＞
　　　　　　2.4　点検結果の評価および判定　　　＜対策の要否判定など＞
　　　　　　2.5　対策　　　　　　　　　　　　　＜鋼部材の対策方法の記載＞

III編　個別構造物編	＜各構造物に着目した点検，評価，対策の要否判定など＞

IV編　付属物・付帯工編	＜橋梁付属物・付帯工に関する変状などの説明＞

V編　参考資料編	＜変状に関する説明，変状事例，技術の変遷＞

解説 図 1.1.2　本マニュアルの構成

1.2　保全の原則

（1）　構造物の管理者は，設計供用期間を通じて構造物の性能を所要の機能以上に保持するように保全計画を策定し，適切に保全を実施しなければならない。

（2）　構造物の保全では構造物が果たすべき機能（もしくは保全管理限界）を明確にしておかなければならない。

【解　説】

（1）について　　　構造物は設計供用期間中，その性能を所要の機能以上に維持する必要がある。このため，構造物の管理者は，あらかじめ保全計画を策定したうえで，点検，劣化機構の推定・予測，評価および判定などからなる診断，対策，記録に至る一連の保全を適正に実施するための体制を整えて，構造物の保全を実施する必要がある。

（2）について　　　保全計画の策定にあたり，構造物の性能が本来必要な機能を上回っているか否かを判断しなければならないため，構造物が果たすべき必要な機能を明確にしなければならない。

　本来構造物が具備している性能を，設計供用期間にわたり維持していく必要があり，保全計画策定時に構造物をどのように保全していくのかシナリオを設定する必要がある。構造物の機能と性能の関係は，荷重応答曲線を例に解説 図 1.1.3 のように定義される。機能とは，構造物への作用に

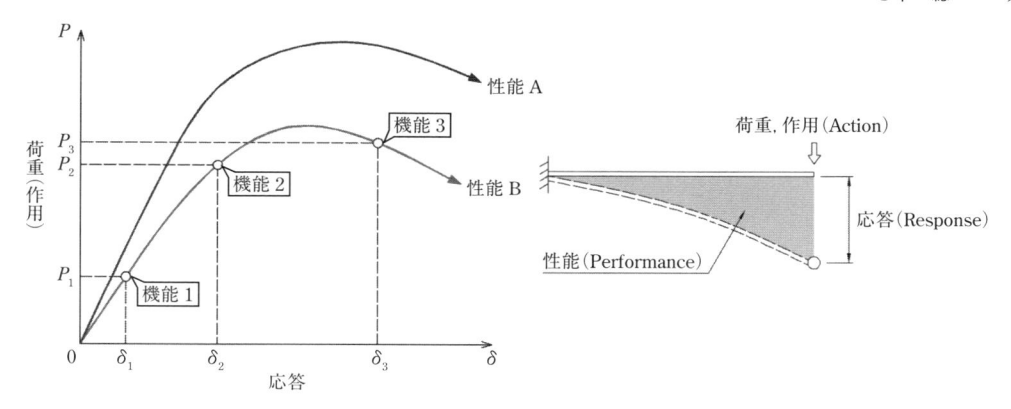

解説 図 1.1.3 機能と性能の関係

対する応答の限界値に相当するもの（たとえば荷重 P_1 時のたわみが δ_1 以内）である。一方，性能とは，作用に対する応答における性質と能力である。これは，設計段階において設計者や施工者がたとえば，性能 A や性能 B のように，保全などを見据えて異なる性能として構造物を創造していることがあるため，シナリオ策定時はあらかじめ構造物の性能を把握する必要がある。

　この機能と性能の関係を，時間軸を加えた構造物のライフサイクルの中で見ると解説 図 1.1.4 のようになる。性能 A は，ミニマムメンテナンスの構造物として，設計供用期間終了時においても果たすべき機能を満足するよう，建設時に余裕をもった性能を保有させるものである。一方，性能 B は補修・補強をしながら設計供用期間中において機能を満足するように性能を保持していくケースである。

　創造成果物が，その性能が機能を満足しないことになれば補修・補強などの性能向上対策を実施することとなる。

　また，解説 図 1.1.5 に示すように，創造成果物が設計どおりの性能になっているとは限らない

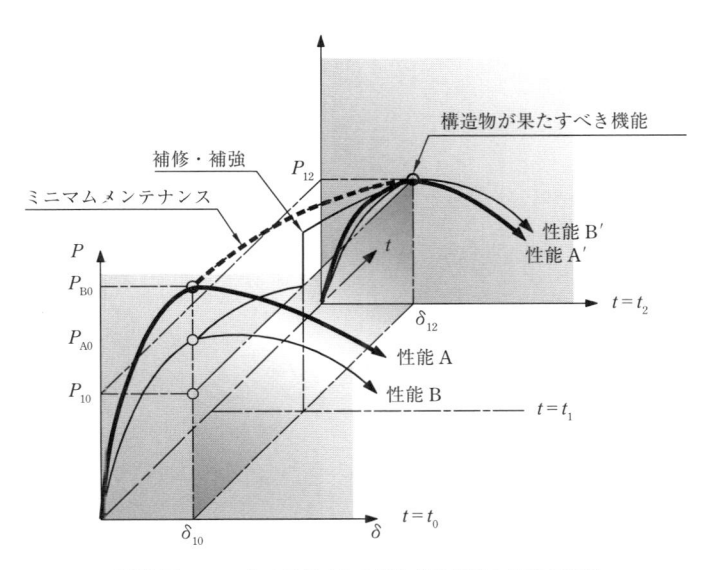

解説 図 1.1.4 ライフサイクルにおける機能と性能の関係

ため，供用中において，橋梁の性能が設計時に推定した性能に対してどの程度であるかについて定期的に診断する必要がある。

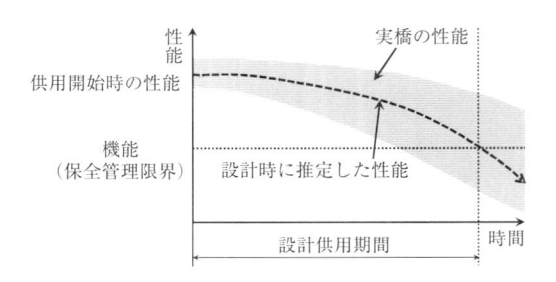

解説 図 1.1.5　機能と性能の関係例

1.3　用語の定義

　本マニュアルでは，次のように用語を定義する。

（1）　機能――供用目的に応じて構造物が果たすべき役割であり，性能を評価するための指標。

（2）　性能――作用に対して構造物が発揮する応答特性，すなわち応答における性質と能力。

（3）　創造課題――性能創造型設計における創造行為の対象となる構造物。

（4）　創造成果物――性能創造型設計における創造行為の結果として実現化される（された）構造物。

（5）　限界状態――この限界を超えると，構造物または部材が設計された性能を果たさなくなる状態。供用限界状態，終局限界状態，疲労限界状態などがある。

（6）　供用限界状態――構造物または部材が過度のひび割れ，変位，変形，振動等を起こし，正常な使用ができなくなったり，耐久性を損なったりする状態。

（7）　終局限界状態――構造物または部材が破壊したり，転倒，座屈，大変形等を起こし安定や機能を失う状態。

（8）　疲労限界状態――構造物または部材が変動荷重の繰り返し作用により疲労破壊する状態。

（9）　性能照査――構造物に求められる性能を適切な照査指標を用いて照査すること。

（10）　（照査）指標――目標性能を照査するための指標で，力，変位，変形などがある。

（11）　耐久性――構造物の性能低下の経時変化に対する抵抗性。

（12）　供用性――構造物が快適に使用されるための性能と，供用上の不都合を生じない性能。

（13）　安全性――構造物の利用者や周辺の人の生命の安全を確保する性能。

（14）　修復（復旧）性――構造物が想定される作用により損傷を受けて性能が低下した場合の性能回復のし易さ。

（15）　走行安全性――道路面を走行する車両の安全性を確保する性能。

（16）　公衆安全性――構造物周辺の人に危険を与えない性能。

（17）　保全性――構造物の保全のし易さを示す性能。

（18）　経済性――構造物を構築または保全するために要する価格または価値。

（19）　景観性――構造物が周辺の景観に与える影響を示す性能。

（20）　設計供用期間――設計時において，構造物がその目的とする機能を十分果たさなければならないと規定した期間。

(21)　耐用期間——設計において，構造物または部材の性能が低下することにより，必要とされる機能を果たせなくなり，供用できなくなるまでの期間。

(22)　残存設計供用期間——点検時から，設計に規定した設計供用年数に達するまでの残りの期間。

(23)　保全管理限界——供用中の構造物が機能を満足するために，保全の実務上の管理目標として設定される管理指標の限界値である。

(24)　保全——構造物の設計供用期間において，構造物の性能を要求された機能（または機能以上）に保持するための計画，診断，対策，記録などすべての技術行為。

(25)　保全管理区分——保全を行ううえで，構造物の種別，重要度，環境条件あるいは部位・部材ごとに保全の方法を区分けしたもの。予防保全，事後保全，観察保全に区分けされる。

(26)　予防保全——構造物の変状を発生あるいは顕著化させない，もしくは性能低下を生じさせないための予防的処置を計画的に実施する保全。

(27)　事後保全——構造物の性能低下の程度に対応して実施する保全。

(28)　観察保全——目視観察による点検を行うが，補修，補強といった直接的な対策を実施しない保全。

(29)　変状——初期欠陥，損傷，劣化の総称。

(30)　初期欠陥——施工時に発生するひび割れやコールドジョイントなどの変状。

(31)　損傷——地震や衝突によるひび割れや剥離など，短時間のうちに発生し，その進行が時間の経過に伴わない変状。

(32)　劣化——構造物または部材の性能が時間の経過に伴って低下する変状。

(33)　診断——点検，劣化予測，評価および判定を含み，保全において構造物や部材の変状の有無を調べて状況を判断するための一連の行為の総称。

(34)　補修——耐久性を回復もしくは向上させること，および第三者影響度を改善することを目的とした保全対策。

(35)　補強——構造物の耐荷性や剛性などの力学的な性能を回復，もしくは，向上させることを目的とした保全対策。

(36)　初期の診断——構造物の初期の状態を把握するために行う診断であり，構造物の施工後に最初に実施する診断である。

(37)　定期の診断——供用中の構造物の性能を評価するための診断であり，日常点検，あるいは，定期点検より構造物を診断する。

(38)　臨時の診断——供用中の構造物が偶発作用を受けた場合に臨時点検あるいは，緊急点検により構造物を診断する。

(39)　劣化予測——設計・施工資料や点検の結果および記録に基づいて，構造物の将来劣化度を予測すること。

(40)　劣化機構——劣化の現象および劣化要因から推定される劣化のしくみ。

(41)　劣化要因——劣化機構を引き起こす原因となるもの。

(42)　劣化外力——劣化を引き起こす構造物の立地環境や使用環境。

(43)　劣化現象——劣化機構によって構造物に引き起こされる現象。

(44)　点検——初期点検，定期点検や調査・計測，モニタリングなど構造物の現状を把握する行為の総称。

(45)　初期点検——保全の開始に際して最初に行われ，保全行為における構造物の初期段階の把握を主な目的とする点検。

(46)　日常点検——数日から１週間に１回程度の頻度で実施する定期的な点検で，目視観察などの簡易的な調査を主体とした点検。

(47)　定期点検——数年に１回程度の頻度で実施する定期的な点検で，日常点検では確認できない構造物や部材の状態を把握することを目的とした点検。

(48)　臨時点検——大規模地震，台風などによる偶発作用，車両，船舶の衝突，火災などの人為的な偶発作用に遭遇した直後に，その偶発作用が構造物に与えた損傷の状態を把握するために行う臨時の点検。

(49)　緊急点検——構造物で影響の大きい事故や損傷が生じた場合に，同種の構造物や同様の条件下の構造物において，同様のことが起こっていないかを確認するために緊急に実施する臨時の点検。

(50)　詳細調査——定期点検では得られないより詳細な情報を得るために実施する調査の総称。

(51)　対策——構造物の性能を回復，向上させるために行う行為。点検強化，補修，補強，供用制限，解体・撤去の５つに分類する。

(52)　PC 鋼材——主に，プレストレスを与えるために用いる高強度の鋼材。

(53)　PC 構造——供用限界状態において，曲げひび割れの発生を許容しないことを前提とし，プレストレスの導入によりコンクリートの縁応力度を制御する構造。

(54)　PPC 構造——供用限界状態において，曲げひび割れの発生を許容し，異形鉄筋の配置とプレストレスの導入により，ひび割れ幅を制御する構造。

(55)　RC 構造——荷重に対して，コンクリート部材のひび割れ幅または引張鉄筋応力度を制御する構造。

(56)　プレテンション方式——緊張材に引張力を与えておいてコンクリートを打込み，コンクリート硬化後に緊張材に与えておいた引張力を緊張材とコンクリートとの付着によりコンクリートに伝えてプレストレスを与える方法。

(57)　ポストテンション方式——コンクリートの硬化後，緊張材に引張力を与え，その端部をコンクリートに定着させてプレストレスを与える方法。

(58)　内ケーブル——コンクリート断面の内部に配置される PC 鋼材。プレテンション方式またはポストテンション方式によりコンクリート部材にプレストレスを与える。

(59)　外ケーブル——直接コンクリート内部に配置せず，コンクリート部材の外側に配置された PC 鋼材。定着部と偏向部により構成されてプレストレスが与えられる。

(60)　アンボンド PC 鋼材—— PC 鋼材をポリエチレン製のシースで被覆し，その中に防錆・潤滑材としてのグリースが充填されている PC 鋼材。PC 鋼材とコンクリートとの間には付着が無い。

(61)　プレグラウト PC 鋼材——未硬化の樹脂を充填したポリエチレンシース内に PC 鋼材を収納したものであり，配置した後コンクリートを打設し緊張を終了してから樹脂が硬化，コン

クリートと付着一体化する。

（62） シース——ポストテンション方式のプレストレスコンクリート部材において緊張材を収容するため，あらかじめコンクリート中にあけておく穴を形成するための筒。

（63） 定着具——緊張材の端部をコンクリートに定着し，プレストレスを部材に伝達するための装置。

1.4 関 連 規 準

　本マニュアルに規定されていない事項については，プレストレストコンクリート工学会および土木学会などの規準によるものとする。

【解　説】
　本マニュアルに規定されていない事項については，以下の規準によるものとする。なお，ここに記載する規準は最新版を記載しているが，必要に応じて，構造物構築時の規準なども併せて参照するのがよい。
（ⅰ）　プレストレストコンクリート工学会（旧：プレストレストコンクリート技術協会）
・PC構造物の耐震設計規準（案），1999年12月
・PC吊床版橋設計施工規準（案），2000年11月
・高強度鉄筋PPC構造設計指針，2003年11月
・プレテンションウェブ橋設計施工ガイドライン（案），2003年11月
・外ケーブル構造・プレキャストセグメント工法設計施工規準，2005年6月
・複合橋設計施工規準，2005年11月
・高強度コンクリートを用いたPC構造物の設計施工規準，2008年10月
・PC斜張橋・エクストラドーズド橋設計施工規準，2009年4月
・PC斜張橋・エクストラドーズド橋維持管理指針，2011年4月
・高強度PC鋼材を用いたPC構造物の設計施工指針，2011年6月
・コンクリート構造設計施工規準－性能創造型設計－，2011年9月
・PCグラウトの設計施工指針，2012年12月
・PEシースを用いたPC橋の設計施工指針（案），2015年8月
・PC構造物高耐久化ガイドライン，2015年3月
・既設ポストテンション橋のPC鋼材調査および補修・補強指針，2016年9月
・更新用プレキャストPC床版技術指針，2016年3月
（ⅱ）　土木学会
・2012年制定　コンクリート標準示方書［規準編］，2013年3月
・2012年制定　コンクリート標準示方書［設計編］，2013年3月
・2012年制定　コンクリート標準示方書［施工編］，2013年3月

Ⅰ　基　本　編

・2013 年制定　コンクリート標準示方書［維持管理編］，2013 年 12 月

・コンクリートライブラリー第 66 号，プレストレストコンクリート工法設計施工指針，1991 年
　4 月

（ⅲ）　国土交通省

・道路橋定期点検要領，2014 年 6 月

・橋梁定期点検要領，2014 年 6 月

（ⅳ）　日本道路協会

・道路橋示方書・同解説［Ⅰ共通編］，2017 年 11 月

・道路橋示方書・同解説［Ⅱ鋼橋・鋼部材編］，2017 年 11 月

・道路橋示方書・同解説［Ⅲコンクリート橋・コンクリート部材編］，2017 年 11 月

・道路橋示方書・同解説［Ⅳ下部構造編］，2017 年 11 月

・道路橋示方書・同解説［Ⅴ耐震設計編］，2017 年 11 月

・コンクリート道路橋設計便覧，1994 年 2 月

・コンクリート道路橋施工便覧，1998 年 1 月

・鋼道路橋設計便覧，1980 年 8 月

・鋼道路橋施工便覧，2015 年 4 月

・鋼道路橋防食便覧，2014 年 5 月

（ⅴ）　高速道路株式会社

・保全点検要領　構造物編，2017 年 4 月

2章　構造物が果たすべき機能

（1）　保全に関して，構造物あるいは部位・部材別の果たすべき機能を確定し，適切に保全を行うことで，その機能を満たし続けなければならない。

（2）　構造物の性能として，供用性，安全性，耐久性，保全性といった構造物が果たすべき機能に対して設定される基本的な性能のほか，景観性，経済性，省資源・エネルギー使用量低減性能などにも配慮するものとする。

【解　説】

（1）について　　保全を行ううえでは構造物の性能として機能を満足させることが前提となる。構造物を創造する段階で部位・部材で保有している性能が違うため，これらを考慮したうえで機能を満足し続けなければならない。

（2）について　　構造物の性能には，基本的な構造物の性能としての供用性，安全性，耐久性，保全性のほか，景観性，経済性，省資源・エネルギー使用量低減性能なども配慮することが望ましい。これらの性能は，相互に干渉し合ういわゆるトレードオフの関係になる場合もあるため，構造物の重要度，立地条件，環境条件などを配慮する必要がある。

　また，構造物の機能と性能に関しては，解説 表2.1.1 に示すように構造物を創造した際に設定された照査指標，または現状の照査指標を鑑みて，構造物が果たすべき機能を満足しなければならない。

解説 表 2.1.1　基本的な性能と照査指標

照査すべき性能	照査項目	性能の照査指標の例	限界状態
供用性	・外観 ・走行性 ・水密性 ・振動 ・耐震性（中小規模地震）	ひび割れ幅，応力度，構造用鋼材の塗膜劣化，保護皮膜層の減少 変位・変形（クリープほかの影響），応力度 ひび割れ幅，応力度 固有振動数，共振 応力度	供用限界状態
安全性	・断面破壊 ・耐震性（大規模地震） ・耐風安定性（斜ケーブルの発散振動） ・耐火性	断面力 応答値，変形性能，残留変位 発現風速，固有振動数，対数減衰率 受熱温度，かぶり	終局限界状態
	・疲労破壊 ・耐風安定性（限定振動）	断面力，応力度 発現風速，発現振幅，固有振動数，対数減衰率	疲労限界状態
耐久性	・鋼材腐食 　鉄筋・PC鋼材の腐食 　構造用鋼材の腐食 ・コンクリートの劣化	ひび割れ幅，応力度，中性化，塩化物イオン 塗膜劣化，保護皮膜層の減少 ASR，凍害，化学的侵食反応	その他
その他	・保全性 ・景観性（構造的優美性・幾何学美など） ・経済性 ・省資源・エネルギー使用量低減性能	点検，更新期間・費用，修復性 パース，CG，周辺との調和・共存，眺望 ライフサイクルコスト，費用対効果，経済効果 環境負荷，ライフサイクルアセスメント	

3章 保全の方法

3.1 保全の基本

（1） 構造物の管理者は供用期間を通じて適切な保全を行い，構造物が発揮すべき性能を常に維持しなければならない。

（2） 構造物の管理者は，構造物が所定の機能を満足させるために構造物の診断，対策，記録の方法を示した保全計画を策定，更新しなければならない。

（3） 構造物の保全では，定期的な点検および必要に応じて詳細調査を行い，その結果に基づいて，構造物の残存性能を評価・予測し，必要に応じて補修・補強などの対策を行うものとする。

（4） 適切な保全のためには，設計と施工に関する情報のみならず，点検・調査，評価・予測，対策などの結果を記録・保存しなければならない。

（5） 構造物の保全のうち，詳細調査，評価・予測のように高度な技術を要するものは，構造物の保全に関する高度な知識を有する技術者が行うことを原則とする。

【解　説】

（1）について　　構造物の管理者は，供用期間中のいずれの時点においても，その構造物が発揮すべき性能が維持されていることを保証しなければならない。そのために，当該構造物の管理者は保全を行う責務がある。また，保全の実施にあたっては，当該構造物の設計・施工の時点からの情報を踏まえて定めた保全計画に基づくことが原則である。構造物の保全の標準的な手順としては，保全計画→診断（点検→劣化機構の推定・予測，性能評価→対策の要否判定）→（必要に応じて）対策である。解説 図 3.1.1 に保全の標準的なフローを示す。

（2）について　　保全計画は，構造物の設計施工後に策定し，初期の診断を実施し，必要に応じて対策を施したのちに保全計画を決定する。その後に定期点検や対策を行い，必要に応じて見直しを行いながら，保全計画を更新するものとする。

（3）について　　点検は，保全計画に定められた頻度と方法に従って，定期的に実施しなければならない。

　劣化機構の推定・予測にあたっては，可能な限り，定量的に実施することが望ましいが，現時点では技術的に困難なこともある。その場合，点検・調査の結果を総合的に鑑み，既往の研究や調査事例の結果を参考にするなど，高度な技術力が必要である。また，半定量的な評価・予測の手法として，V -i に示すように，劣化グレードによる判定手法があり，定量的な評価・予測が難しい場合に採用してもよい。

　判定は，対策区分，健全度の判定区分に分けられ，3.3 で詳述する。

　対策については，3.4 で詳述するが，その種類として，点検強化，補修，補強，供用制限，解体・撤去などがあり，構造物の重要度，保全管理区分，残存予設計供用期間，評価・予測の結果，周辺環境条件などを考慮して，その内容と実施時期を総合的に決定する必要がある。この際，対策後の

保全の容易さ，経済性，環境性についても十分に考慮することが望ましい。

（4）について　記録では，診断するうえで重要な設計・施工に関する情報のみならず，点検・調査，評価・予測，対策などの結果を構造物の保全に必要な内容を以後の保全の資料とするため，後に参照しやすい形で記録・保存しなければならない。

（5）について　構造物の変状は多岐にわたることが予想され，劣化要因や劣化機構を明確にすることが困難な場合がある。したがって，点検・調査，評価・予測，対策の選定などを標準化することには限界があり，常に高度な技術的判断が要求されるため，構造物の保全には構造物の設計・施工・保全に関する高度な知識を有する技術者が行うことを原則とした。PC 構造物の設計・施工・保全に関する十分な知識を有している技術者とは，コンクリート構造診断士，技術士，あるいはそれと同等以上の技術力を有する者をいう。また，混合橋や複合構造物においては，鋼部材および鋼橋の設計・施工・保全に関する高度な知識を有する技術者が行うことを原則とする。資格については，「公共工事に関する調査及び設計等の品質確保に関する技術者資格登録規程（平成 26 年国土交通省告示第 1107 号）」を参照するのがよい。

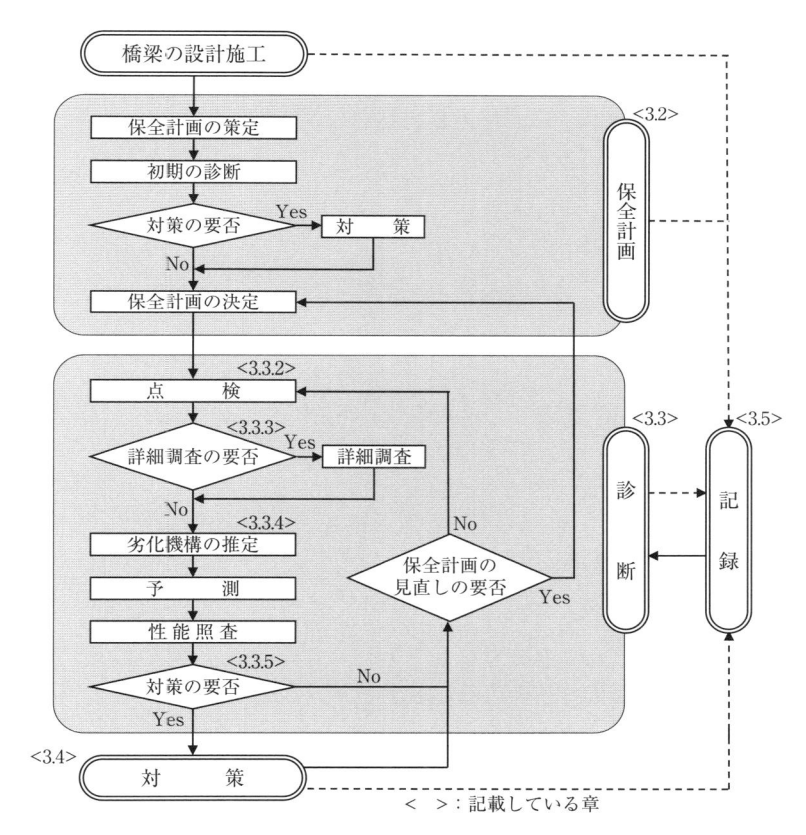

解説 図 3.1.1　保全のフロー

3.2　保　全　計　画

（1）　保全計画では，構造物の保全管理区分および推定される劣化機構などに応じて，対象構造物あるいは部材ごとに，点検，予測，性能評価，対策の要否判定などからなる診断の方法，対策の選定方法，記録の方法などを示すことを基本とする。

（2）　保全計画は，必要に応じて見直すものとする。

【解　説】

（1），（2）について　　　保全計画とは，構造物の状況を考慮して，診断，対策，記録などの実施期間，頻度，方法および体制(組織，人員，予算など)を総合的に計画した結果を示すものである。構造物は重要度，設計供用期間，環境条件などが異なるため，異なる条件の構造物の保全をすべて同一の方法で保全を実施するのは合理的ではない。このため，保全計画を策定するうえでは，まず，保全管理区分を設定するのが良い。保全管理区分は，構造物が新設される計画，設計段階で設定するべきであり，解説 図3.2.1 のように構造物もしくは部位・部材によって保全の性能を創造して計画，設計を実施するのがよい。また，既設構造物において保全管理区分が明確でない場合には診断の前に解説 図3.2.2 のように保全管理区分を設定する必要がある。

　保全管理区分については，下記の3つの管理区分が考えられ，構造物の種別・重要度あるいは部位ごとに方針を決定する。

　予防保全：供用期間中は，補修・補強を実施しない，あるいは補修・補強を極力少なくするような性能レベルで，目標とする設計供用期間まであらかじめ余力をもたせ構造物を保全する。

　事後保全：供用期間中に補修・補強を繰り返すことで，目標とする設計供用期間まで対症療法的に構造物の性能レベルを保全する。

　観察保全：設計供用期間の設定がなく，所定の機能までに低下したら適宜更新するように構造物を保全する。

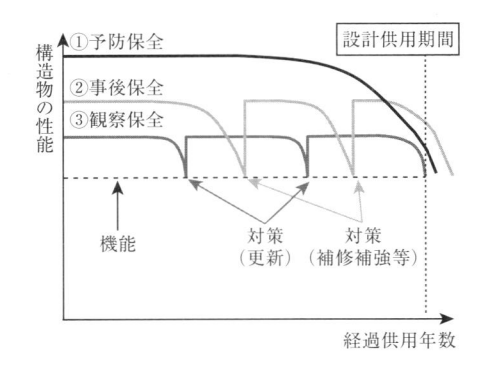

解説 図3.2.1　新設構造物を計画・設計する場合の
保全管理区分のイメージ図

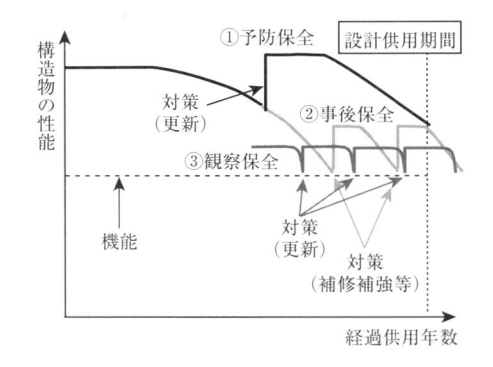

解説 図3.2.2　既設構造物の保全を実施する場合の
保全管理区分のイメージ図

3.3　診　　断

3.3.1　一　　般

（1）　構造物の診断にあたっては，保全計画に基づいて点検を実施し，その結果から変状状態の確認，劣化機構の推定，劣化予測ならびに構造物の性能照査を行い，対策の要否を適切に判定しなければならない。

（2）　診断には初期の診断，定期の診断および臨時の診断があり，それぞれの目的に適した診断を保全計画の作成時に定めた診断の計画に基づき実施しなければならない。

（3）　初期の診断は，構造物の初期状態を把握することを目的とし，初期点検結果を基に劣化機構の推定，劣化予測，構造物の性能評価および対策の要否判定を実施し，必要に応じて対策を適切に実施しなければならない。

（4）　定期の診断は，供用中の構造物の性能を評価することを目的とし，日常点検あるいは定期点検結果を基に劣化機構の推定，劣化予測，構造物の性能評価および対策の要否判定を実施し，必要に応じて保全計画の見直しや対策を適切に実施しなければならない。

（5）　臨時の診断は，偶発的な外力が構造物に作用した場合などに構造物の診断が必要な場合に実施し，臨時点検あるいは緊急点検を基に損傷や劣化などによる変状の程度を把握し，構造物の性能評価および対策の要否判定を実施し，必要に応じて応急処置を実施しなければならない。

【解　説】

（1）について　　　診断とは，点検，劣化予測，評価および判定を含み，保全において構造物や部材の変状の有無を調べて状況を判断するための一連の行為の総称である。構造物に対して適切で計画的な保全を実施するためには，まず，点検を行ってその時点での構造物の状況を見極め，その結果から構造物に発生している，あるいは発生する可能性のある劣化機構を推定し，将来の劣化の進行を予測することが必要である。そして，この点検結果および予測結果を基に，対策の要否判定を行うことになる。つまり，ここで言う予測とは，推定される劣化機構により構造物あるいはその部位・部材に発生する劣化の将来の状況を，点検結果に基づいて予測することを意味し，中性化や塩害によるコンクリート中の鋼材腐食の進行状況や凍害によるコンクリート表面劣化の進行状況などの予測がその例である。また，劣化の状況から構造物の性能を予測することが可能となる場合もあるほか，劣化の状況と構造物の性能との関係が明らかであれば，劣化予測の結果から構造物の性能を予測することも可能となる。

　劣化は時間の経過に伴って進行する変状であり，施工時に発生するひび割れや豆板，コールドジョイント，砂すじなどの初期欠陥，あるいは，地震や衝突などによるひび割れや剥離のように短時間のうちに発生し，その後はその状況が大きく変化しないような損傷とは区別し，ここでは，主として劣化によって生じる構造物の性能低下を対象とした保全の方法を示している。ただし，構造物に初期欠陥の一部が処理されずに残っている場合や，荷重の作用などにより損傷などが生じた場合には，診断を行って，これらの変状が構造物の性能に与える影響を評価することも必要となる。

　また，供用期間中に設計規準類の改定などによって構造物に対する要求性能あるいは想定する作

用の種類や大きさなどが変更された場合にも，必要に応じて，構造物の性能を評価するために診断を行い，新しい規準を満足するような保全が実施できるように保全計画を見直したり，状況に応じて補強などの対策を講じたりする必要性も生じる。

（2）について　　診断は，その目的によって，点検の内容および，劣化予測や評価・判定のレベルが大きく異なるため，これらの診断を同じように位置付けて，同じような技術レベルで実施することは，合理的ではない。そこで，保全を実施するにあたって最初に実施する初期の診断，供用中に日常的あるいは定期的に実施する定期の診断，ならびに偶発作用を受けた場合などに実施する臨時の診断の3つに大別することにした。

　診断は，構造物の将来を決定する極めて重要な行為であり，管理者が保全計画策定時に定めた診断の計画に基づき，実施するものとする。

（3）について　　初期の診断とは，新設構造物では供用開始直後に行う診断を，また，既設構造物ではこれまでに計画的な保全が実施されておらず新たに保全計画を策定や確定する場合，あるいは大規模な補修，補強を行った場合や，そのほかの理由で保全計画の見直しが必要と判断された後に初めて行う診断などがこれにあたる。初期の診断は，このように構造物の初期状態を把握することがその主目的であり，下記の3つに大別される。なお，新設構造物の場合には，竣工検査の結果を初期の診断に活用することも可能である。

　（ⅰ）　初期の診断前に策定された保全計画の妥当性を確認し，確定するための資料を得ること。

　（ⅱ）　構造物の保全を始めるにあたっての基本データとなるべき初期値を得ること。

　（ⅲ）　初期欠陥，損傷あるいは劣化など，今後保全を行うにあたって問題となる箇所を発見し，初期段階で処置を施すこと。

　初期の診断で実施する点検が初期点検である。初期点検では，構造物が新設の場合には適切に施工されたものであるか，また大規模な補修，補強後であれば適切に補修，補強されたものであるかを調べるとともに，構造物の保全を始めるにあたって必要となるデータを集めることが主な目的となる。すなわち，初期点検は，初期欠陥および損傷の有無の確認や，劣化予測のための初期データの明確化という観点から重要である。

　これから保全を実施しようとする構造物に対して，適切で計画的な保全を行うためには，構造物やその部位・部材の性能が設計供用期間中にどのように推移していくかを把握しておくことも重要である。このため，初期の診断においては，初期点検結果より劣化と想定される変状が発見された場合には劣化機構を推定し，その劣化機構に対して適切な劣化モデルを用いて劣化予測を行うとよい。

　初期点検において，構造物やその部位・部材に劣化，損傷，初期欠陥などが存在しないことが確認できれば，基本的には保全の初期状態としては，要求性能を満足しているとみなされる。上記の劣化予測の結果から設計供用期間中の構造物の性能を評価することによって，設計供用期間終了時での構造物の健全性を評価でき，この結果も考慮に入れながら，あらかじめ策定されている保全計画の妥当性を検討し，状況に応じて，保全計画の見直しを行うことになる。ただし，初期の診断において著しい劣化が顕在化し，劣化予測の結果などから構造物の性能低下を生じさせる可能性が高いと判断された場合には，適切な対策を実施した後に，改めて初期点検を実施するなどの判断も必要である。

（4）について　　定期的に診断を実施すれば，供用中の構造物の状態変化を把握できる。これは，構造物の変状を早期に発見したり，性能の低下を抑制したりすることにつながる。また，補修など

の対策を計画的に準備することが可能となり，効率的かつ合理的な保全計画を遂行するのにも役立つ。このように，定期の診断は，保全におけるもっとも基本的かつ重要な行為である。

　定期の診断は数日から1週間程度の間隔で行う日常点検によるものと，数年ごとの比較的間隔をあけて行う定期点検によるものがある。いずれの点検も，その結果を基に構造物の性能を評価し，必要に応じて対策の要否まで判定するもので，計画的な保全の実施のためには不可欠な行為である。

　定期の診断の中で，日常点検と定期点検に求められる役割は異なっている。日常点検では主に，構造物の変状を早期の段階で定性的に把握することが重要であるのに対し，定期点検では主に，構造物の変状を定量的に把握することが重要となる。なお，直接点検することが困難な場合では，必要に応じて周辺の構造物の状況などから間接的に点検を実施することもできる。

　定期の診断で実施する点検で構造物やその部位・部材に劣化，損傷，初期欠陥などが存在しないことが確認できれば，基本的には，構造物はその時点で要求性能を満足しているとみなされる。また，同時に，点検結果を基に設計供用期間が終了した時点の構造物の性能を予測し，この結果でも構造物が要求性能を維持していると評価されれば，保全計画を変更することなく，より信頼性の高い状態で保全が実施できることになる。ただし，現実的には，限られた点検結果から構造物の将来を予測することは容易ではないので，点検頻度の高い日常点検においては，調査によって変状が認められなければ予測を行うことなく構造物は健全であるとみなしてもよい。なお，点検において，コンクリート片が落下することによる第三者への影響が想定されるようなコンクリートの浮きなどの緊急対応の必要な変状が確認された場合には，応急処置を施すことが必要である。

　一方，日常点検や定期点検によって構造物に変状が認められた場合には，（必要に応じて）詳細調査を実施して劣化，損傷あるいは初期欠陥のいずれであるかを明確にし，もし，劣化である場合には，その劣化機構を推定するとともに，点検結果を適切に反映させた予測を行うことが必要である。予測後は，その結果を基に設計供用期間中の構造物の性能を評価し，対策の要否判定を行う。この判定は，保全計画などにおいてあらかじめ定められた保全管理限界を用いて実施することを原則としている。

　定期の診断の結果によって，適用している保全計画が妥当なものかどうかを判断することができる。そして，その保全計画では当初の目的が達せられないと判断した場合には，保全計画の見直しを行うことが必要である。

（5）について　　臨時の診断は，大きな地震力を受けた場合や，台風などの地震以外の災害，火災あるいは事故などによって外力を受けた場合などにおいて，構造物あるいは部材が損傷し，構造物の性能が明らかに低下していると考えられる場合，損傷の程度は大きくないものの，構造物の安全性，供用性，復旧性，第三者影響度，美観および耐久性の観点から，局所的な問題が生じていないかを確認する場合，あるいは，被災した構造物と類似の構造物において，今後同様の劣化や損傷の可能性があるか否かを確認し，予防的な対策や保全計画の見直しなどを検討する場合などに実施する診断である。以下に，臨時の診断が必要となる状況を取りまとめて示す。

（ i ）　自然災害に対する臨時の診断

（ ii ）　火災に対する臨時の診断

（iii）　車両船舶などの衝突に対する臨時の診断

（iv）　規準などの改定に伴う臨時の診断

（ⅴ） 緊急性を要する臨時の診断

臨時の診断には，構造物の変状に起因する事故が生じたような場合に，事故が生じた構造物と類似の構造物に対して一斉に行われる場合もあるが，この場合の点検は，同様の事故の発生を未然に防ぐことを主な目的として緊急に行われることから，臨時点検とは区別して，緊急点検と呼ぶ。

3.3.2 点　　検
（１）　構造物の点検は，その目的に応じて適切な方法で実施しなければならない。
（２）　保全を行ううえでの初期状態を把握するために，初期点検を行うものとする。
（３）　構造物の状態変化を把握するために，日常点検および定期点検を行うものとする。
（４）　偶発作用などにより構造物に状態変化が生じた可能性があるときは，臨時点検を実施し，変状が認められた場合は緊急点検を行うものとする。
（５）　点検では，保全計画に定められた頻度，項目および方法などに準拠した調査を行うことを基本とし，調査の結果から変状などが認められ，構造物の詳細な状態を把握する必要があると診断された場合には，詳細調査を行うものする。
（６）　点検の結果から，応急処置の必要があると判断された場合には，速やかにこれを実施しなければならない。

【解　説】

（１）について　　本マニュアルで示す点検種別，点検手法，点検頻度の概要を解説 図 3.3.1 に示す。点検の実施にあたっては，それぞれの目的に応じて，必要な調査項目，部位，頻度および調査

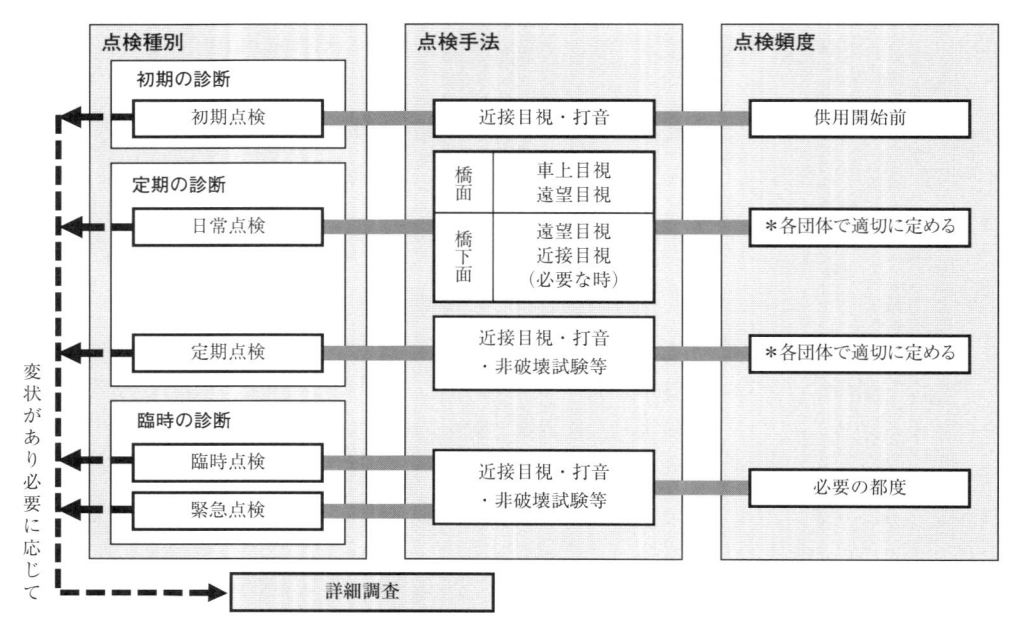

（図の右上の「供用開始前」は，既設の場合に初めて行う点検も含む）

解説 図 3.3.1　点検種別，点検手法，点検頻度の概要

方法を適切に定めなければならない。2014 年 7 月に施行された道路法の省令規定では，橋梁の点検は，それを適正に行うために必要な知識および技能を有するものが行うこととされ，近接目視により，5 年に 1 回の頻度が基本と定められた。なお，各高速道路会社においては，日常点検は 1 週間につき数回，定期点検は 1〜5 年未満に 1 回実施されている。定期点検時には，**解説 表 3.3.1** に示す変状を部位・部材のおのおのについて正確に記録する必要がある。

解説 表 3.3.1　点検時に記録すべき変状と部位・部材の区分

変　状	構造物			
	コンクリート	鋼	支承付近	付属物・付帯工
① 腐食		○	○	○
② き裂		○	○	○
③ ゆるみ・脱落		○	○	○
④ 破断		○	○	○
⑤ 防食機能の劣化		○	○	○
⑥ ひび割れ	○			
⑦ 剥離・鋼材露出	○		○	○
⑧ 漏水・エフロレッセンス	○		○	○
⑨ 抜け落ち	○			
⑩ 補修・補強材の損傷	○	○		○
⑪ 床版ひび割れ	○			
⑫ 浮き	○		○	○
⑬ 遊間の異常	○	○	○	
⑭ 路面の凹凸				○
⑮ 舗装の異常				○
⑯ 支承部の機能障害			○	
⑰ その他	○	○	○	○
⑱ 定着部の異常	○	○		
⑲ 変色・劣化	○		○	○
⑳ 漏水・滞水	○	○	○	○
㉑ 異常な音・振動	○	○	○	○
㉒ 異常なたわみ	○	○		
㉓ 変形・欠損	○	○	○	○
㉔ 土砂詰まり			○	○
㉕ 沈下・移動・傾斜			○	

＊　⑰その他は不法占有，落書き，鳥の糞害，目地材のずれ・脱落，火災による損傷など。

　点検結果による変状の記録は，**解説 表 3.3.2** に示すように，変状の程度が小さい方から a〜e に分類するものとし，Ⅱ編，Ⅲ編およびⅣ編で詳述する。

解説 表 3.3.2　変状程度の区分

区分	a	b	c	d	e
変状の程度	小 ------- 大				

　また，とくに構造物の保全にあたっては，保全計画に基づいて，構造物の変状の特徴を考慮に入れた点検を実施し，その結果から変状状態の確認，劣化機構の推定，劣化予測ならびに性能評価を行い，対策の要否を適切に判定しなければならない。構造物の点検で実施する調査項目，調査方法，頻度および範囲に関しては，保全計画に基づき，目的に応じて適切に選定する必要がある。

　構造物の点検にあたっては，PC構造特有の変状が生じている可能性があるため，また，外ケーブルなどPC構造物特有の部材もあるため専門技術者が対象構造物の設計および施工を把握しておくことが重要となり，構造物の劣化を予測し，適宜点検の頻度を増やすことも検討するのがよい。

（2）について　　　構造物の初期の情報を入手するための点検が初期点検であり，ここで得られる情報は構造物の状態の変化を把握するうえでの初期値として活用される。初期点検で得られる情報は，その後の構造物の保全においてきわめて重要であることから，適切な情報が得られるように調査項目や調査の方法を選定して実施するとともに，その結果は適切に記録・保存しなければならない。なお，初期点検は，供用開始前に実施することが望ましい。国土交通省の「橋梁定期点検要領」においては，施工後2年以内に実施することに規定されている。

（3）について　　　構造物の状態の変化は，定期的に点検を行うことで適切に把握することが可能である。日常的には巡回などで確認できる範囲を目視などで簡易に点検し（日常点検），これと組み合わせて，数年間隔で定期的に，できる限り接近し目視や計測装置などを活用して構造物の状態を広範囲に把握する点検（定期点検）を行うことが合理的である。

（4）について　　　構造物が地震や台風，車両や船舶の衝突による外力の作用を受けた場合などには，速やかに臨時的に点検を実施しなければならない。緊急点検は，構造物の変状による事故が生じた場合，あるいは事故に至らないまでも構造物に著しい変状が確認された場合に，類似の構造物を対象として，同種の変状が生じる可能性を有する部位・部材に対して実施するものである。

（5）について　　　構造物の点検では，定められた保全計画に基づき，供用中の構造物の状態を可能な限り適切に把握することが必要であり，これは構造物の状態に応じたもっとも合理的な方法で実施する必要がある。日常点検や定期点検では，保全計画に基づいて項目，時期，頻度および方法を定めて調査を行う。また，より詳細な情報が必要となった場合には詳細調査を行うものとする。

　詳細調査を行うか否かはコンクリート構造診断士など高度な技術を有する技術者が判断する。すべての変状に対して詳細調査を実施するのは非効率であるため，目安として点検の結果，変状の程度がc以上の変状が確認された場合に詳細調査の要否判定を実施し，その手順を解説 図3.3.2に示す。

（ⅰ）　変状の要因が不明な場合

（ⅱ）　その変状が劣化によるもので，劣化機構が不明もしくはそれ以前の診断で推定されたものと異なる場合

（ⅲ）　その変状が劣化によるもので，進行が予測結果と大きく異なる場合

　また，上記以外で，構造物の使用条件，荷重条件，環境作用などが著しく変化した場合で，かつ，定期点検時の調査の結果だけでは構造物の劣化予測や性能評価ができない場合で保全計画に影響する場合にも詳細調査が必要となることもある。とくに比較的新しいPC構造形式の場合は変状の程度がc以下でも想定していない変状となる場合があるため，留意する必要がある。

（6）について　　　点検において実施される調査や詳細調査の過程で，構造物に応急的な対応が必要であると判断された場合には，速やかに応急処置を行わなければならない。とくに「水」に関し

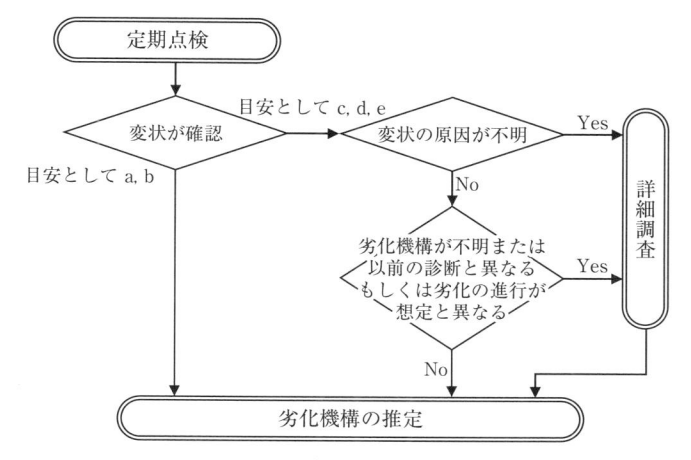

解説 図 3.3.2　詳細調査を行う要否判定の主な手順

ては，PC 鋼材の腐食やコンクリートの劣化に大きく関与するため橋面の滞水や排水管あるいは伸縮装置からの漏水など水の経路に着目した応急処置が重要である。

3.3.3　点検における調査

（1）　点検では，構造物や部位・部材の状態に対する具体的な情報を得るために，適切な調査項目を選定し，適切な方法でこれを実施しなければならない。

（2）　調査の項目は，調査の種類および目的，対象とする構造物の状況などの必要とされる情報，構造物あるいは部位・部材の劣化の要因など，得られる結果の精度などを考慮して適切に選定しなければならない。

（3）　調査の方法は，選定した調査の項目に関する情報が得られる適切な方法を選定しなければならない。

【解　説】

（1）について　　調査項目および方法の設定にあたっては，点検の目的を十分に理解し，構造物全体あるいは部位・部材の状態を把握するために必要な情報を得るために，適切な調査項目や調査方法を選定する必要がある。なお，調査項目や調査方法の選定にあたっては，効率や経済性も考慮する必要がある。また，近年は，新たな非破壊試験方法なども多く開発されているので，これらの情報も収集して検討することが望ましい。

　詳細調査では，まず書類調査として，適用した示方書，設計規準，設計図書，施工記録，検査記録および診断の記録，補修・補強履歴などの記録を調べることにより，構造物の概要に関する情報を入手することができる。また，調査対象となる構造物の設計，施工，保全などに携わった関係者から，ヒアリング（聞取り調査）によって情報を入手することも有効である。書類調査により構造物の保全に関する有益な情報をあらかじめ入手することができれば，そのほかの調査項目の実施を省略できる場合もあり，書類調査にあたってはこの点を留意し，適切に実施することが重要である。

解説 表 3.3.3　調査項目と得られる情報および主な調査方法の例

一般的な調査項目	得られる情報の例	主な調査方法の例
構造物の概要	・適用した示方書，設計規準 ・設計図書 ・施工記録，検査記録，保全記録	・書類に基づく方法 ・ヒアリング（聞取り調査）に基づく方法
構造物の供用状態	・供用の状態（荷重，外力等） ・周辺環境の概要 ・支持の状態 ・異常音，異常な振動 ・使用性（乗り心地等） ・活荷重によるたわみ	・目視等による方法（近接，遠望） ・車上感覚試験による方法 ・載荷試験，振動試験による方法
外観の変状・変形	・初期欠陥の有無（ひび割れ，豆板，コールドジョイント，砂すじ，表面気泡等） ・コンクリートの変色，汚れの有無 ・ひび割れの有無，ひび割れの状態 ・スケーリング，ポップアウトの有無 ・浮き，剥離，剥落の有無 ・鋼材の露出，腐食，破断の有無 ・変形の有無　・さび汁の有無　・漏水の有無 ・エフロレッセンスの有無 ・ゲルの有無　・すりへりの有無	・目視等による方法（近接，遠望） ・たたきによる方法 ・電磁波を利用する方法（赤外線法）
コンクリートの状態	・使用材料，配合に関する情報 ・浮き，内部欠陥の有無 ・コンクリートの含水状態 ・物理的特性（強度，空隙構造等） ・化学的特性（水和物，反応生成物等） ・劣化因子の侵入程度（中性化深さ，塩化物イオン浸透深さ等）	・反発度に基づく方法 ・弾性波を利用する方法 ・電磁波を利用する方法 ・局部的な破壊による方法（コア採取，はつり，ドリル削孔粉の採取等）
鉄筋の状態	・鉄筋量 ・鉄筋の位置，径，かぶり，配筋の状態 ・鉄筋腐食の状態，断面欠損の有無	・はつりによる方法 ・電磁誘導および電磁波を利用する方法 ・目視および直接測定する方法 ・設計図書による方法
内・外ケーブルの状態	・PC 鋼材量 ・PC 鋼材の位置，種別，かぶり，配置状況 ・PC 鋼材腐食状況，定着具および偏向具の状況 ・PC グラウトの充填状況	・はつりによる方法 ・電磁誘導および電磁波を利用する方法 ・目視および直接測定する方法 ・設計図書による方法
斜材の状態	・PC 鋼材量 ・PC 鋼材腐食状況，保護管，定着具および偏向具の状況 ・PC グラウトの充填状況 ・斜材の張力　・PC 鋼材の振動	・電磁誘導，電磁波，超音波を利用する方法 ・目視および直接測定する方法 ・設計図書による方法 ・強制振動法 ・目視および加速度計による振動計測
鋼部材の状態	・塗膜の劣化状況 ・鋼材の腐食状態 ・ひび割れの発生状況 ・ボルトの状況	・目視および直接計測する方法 ・打音による方法 ・浸透探傷試験，超音波探傷試験，磁粉探傷試験
構造細目，付帯設備等の状態	・部材の断面寸法 ・かぶり　・定着，継手の状態 ・柱はり接合部の状態 ・付帯設備の状態	・電磁波を利用する方法 ・直接測定する方法
環境作用および荷重	・気象条件（気温，最低気温，湿度，降水量，日射量等） ・水分の供給（雨掛りの状況，地盤からの水の供給条件，防水層や排水設備の状況） ・塩分の供給（飛来塩分量，海水の影響，凍結防止剤の散布量等） ・風（向き，速さ） ・二酸化炭素濃度 ・酸性度の高い河川水等の pH ・下水道関連施設における水質 ・酸性雨，酸性霧の発生状況 ・アルカリの供給状況 ・荷重条件（車両等の状況，振動，水圧等） ・災害に関する外力（地震，火災等）	・既往の記録に基づく方法 ・気象情報（AMeDAS 等）に基づく方法 ・直接測定する方法（センサの利用等を含む）
既往の対策の状態	・補修，補強の状態 ・供用制限の状態	・目視による方法（近接，遠望） ・補修，補強材料に関する試験による方法

解説 表 3.3.4　PC 構造物特有の変状に応じた詳細調査の事例

調査項目		調査手法の例	評価内容の例
PC 鋼材の状態	外観調査	水しみ，エフロレッセンス，ひび割れ等の発生状況から水の浸入経路と PC 鋼材の配置との相関を確認する。	PC 鋼材配置および PC 鋼材劣化の範囲を推定する
	はつり調査削孔調査	コンクリートはつりまたは削孔を行い，PC 鋼材の状態を目視または工業用内視鏡を用いて確認する。	調査位置における PC 鋼材の腐食状況や破断本数を特定する。
	電磁波レーダ法	コンクリート表面から電磁波を放射して鋼材境界面からの反射波画像を確認する。	調査位置における PC 鋼材の位置やかぶりを推定する。
	放射線透過法	コンクリート表面から X 線等を使って放射線透過写真を撮影する。	
	振動法	外ケーブルを振動させ，固有振動数を計測する。	得られた固有振動数や測定電圧より，外ケーブル張力を推定する。
	磁歪法	外ケーブル外周に磁歪センサを取り付け，ケーブルの磁束密度を変化させて発生した誘導電流の電圧を測定する。	
	振動計測	斜材に加速度計を設置し，振幅量，固有周期等を調査分析する。	風速や交通による桁振動と比較し共振を評価する。
PC グラウトの状態	放射線透過法	コンクリート表面から X 線等を使って放射線透過写真を撮影する。	調査位置における PC グラウト充填状況を推定する。
	衝撃弾性波法（インパクトエコー法）	PC 鋼材が配置されている部分のコンクリート表面に鋼球打撃により弾性波を入力し，その反射波を振動センサで受信し周波数スペクトル解析を行う。	
	超音波法（広帯域）	コンクリート内に高強度で広帯域の周波数を有する超音波を入力し，起生波をすべて収録する。収録した起生波をフィルタリングし，特定したシースからの反射波特性を分析する。	
	衝撃弾性波法（打音振動法）	PC 鋼材両端の定着部近傍のコンクリート表面にセンサを取り付け，入力センサ側をハンマー等で打撃し，弾性波伝搬速度や入力側と出力側のエネルギー減衰および周波数特性を測定する。	直線配置 PC 鋼材（横締め等）における PC ケーブル 1 本ごとのグラウト充填状況を推定する。
	通気法（空圧法）	内ケーブルに対して削孔した穴を利用し，通気または圧縮空気を送り込むことにより，PC グラウト充填不足部の体積やシース内の密実性を把握する。	PC グラウト充填不足部分の推定およびシース内の密実性の把握
プレストレスの状態	コア切込み法	2 方向のひずみゲージを貼り付け，コアを切り込むことによって解放されるひずみを測定する。	調査位置における乾燥収縮，クリープひずみの影響を消去し，応力を推定する。
	スリット法	コンクリートを部分的に切削し，応力解放した際のひずみを光学的ひずみ計測装置により測定する。	撮影した範囲内の任意の位置・方向のひずみを画像解析し，応力を推定する。
	フラットジャッキ法	PC 部材に切削した溝にフラットジャッキを挿入し，応力の開放によって生じた変形量を復元させるために要する圧力を測定する。	調査位置におけるプレストレスを直接的に評価する
	鉄筋解放ひずみ法	プレストレスが導入されている方向の鉄筋を切断したときのひずみを測定する。	調査位置における鉄筋解放ひずみを応力に換算してプレストレスを評価する。
複合構造における鋼部材の状態	浸透探傷試験 超音波探傷試験 磁粉探傷試験	剛性急変部の応力集中による疲労によるひび割れを調査する。	ひび割れの有無，大きさを確認する。

　PC 構造物の歴史は 70 年程度と浅いが，PC 技術は，その時代に要求される性能と技術水準により，時代の推移とともに変遷してきた。したがって，PC 技術の変遷を書類調査などにより確認することは重要である。PC 技術の変遷としては，PC 技術の歩み，プレストレスレベルの考え方の歴史，技術指針類の変遷，材料の変遷，JIS 規格・標準設計の変遷，施工技術の変遷，解析技術の変遷などについて知る必要がある。これらの詳細については，Ⅴ - ⅲ 技術の変遷もしくはプレストレストコンクリート工学会「コンクリート構造診断技術（2017 年 4 月）」やプレストレスト・コンクリート建設業協会「PC 技術の変遷（2003 年 11 月）」などを参照するとよい。

（2），（3）について　　詳細調査は，定期点検の結果からは現状の把握と劣化予測，評価および判定が困難な場合に，これらに必要な情報を入手するために実施する。一般的な調査の項目と得られる情報，主な調査の方法の例を解説 表3.3.3 に示す。調査の項目については，部位・部材の状態を把握するために必要な情報が入手できるような項目を選定する必要がある。また，調査項目の選定にあたっては，構造物の使用条件や環境条件を考慮して選定する必要がある。試験などの試料採取にあたっては，変状が確認できる箇所が前提となるが，構造物の応力状況などを踏まえて採取する必要がある。PC 構造物特有の変状に応じた詳細調査の具体的な事例を解説 表3.3.4 に示す。

3.3.4　評　　価

（1）　構造物の診断にあたっては，保全計画に基づいて点検を実施し，その結果から変状の確認，劣化機構を推定し，劣化機構に基づいた劣化予測および性能評価を行わなければならない。

（2）　劣化機構の推定は，点検で検出された変状から劣化現象を抽出し，それら劣化現象に対して点検結果とともに設計図書，使用材料，施工管理および検査の記録，環境条件，使用条件を考慮し，劣化要因を明確化して行わなければならない。

（3）　劣化予測は，劣化機構，劣化要因を総合的に判断して行わなければならない。

（4）　性能の評価は，変状が生じた構造物に対して，その性能低下の程度を適切に判断しなければならない。

【解　説】

（1）について　　構造物の変状は，「初期欠陥」，「損傷」，「劣化」の 3 つに分類される。変状の推定にあたっては，コンクリートや鋼部材の変状についてはⅤ -ⅰ を参考にするのがよい。

　一般に PC 構造物に用いられるコンクリートの品質は RC 構造物と異なり，高品質（水セメント比が小さく，密実であるなど）で，塩害や中性化などの劣化の進行速度は RC 構造物に比べて遅い傾向にあると考えられている。また，PC 構造物は，ひび割れの発生を許容しない（PPC 構造物の場合は，ひび割れを制御する）設計であるため，外部からの劣化因子（水や酸素など）が侵入しにくい。このことも，劣化速度が RC 構造物より遅い傾向にある要因である。したがって，PC 構造物に外観で確認できるような変状が表れている場合には，すでに構造物内部の劣化が進行している可能性が高いと考えられる。また，PC 構造物は PC 鋼材の緊張力により構造を成立させているため，PC 鋼材が腐食し，破断に至るようなことがあれば，構造物としての耐荷力低下に直接的な影響を及ぼし，機能が損なわれることにつながる。したがって，PC 構造物の劣化に対する評価については，

解説 表 3.3.5　変状の種類と現象

分類	種類	環境条件等	現　　象	指　標
初期欠陥	初期ひび割れ		施工時の支保工の沈下や，水和熱による温度応力，打設コンクリートの沈下などさまざまな要因によって施工中に生じるひび割れ。	・初期点検との相違など
	かぶり不足		所定の鉄筋かぶりを満たしていない状態をいい，構造物の耐久性を低下させる原因となる。時間の経過とともに，鉄筋からのさび汁滲出や露出として現れる。	・かぶり
	コールドジョイント		コンクリートを打継ぐ際に，後から打ち込まれたコンクリートがすでに打ち込まれているコンクリートと一体化せずに不連続な面が生じる現象をいう。この部分のコンクリートは脆弱であり，ひび割れ，漏水，エフロレッセンスなどが生じやすい。	・（外観）
	豆板・空洞ほか		打設されたコンクリートの一部がセメントペーストやモルタルの廻りが悪く，粗骨材が多く集まったり（豆板），打設時の締固め不良などによって生じる空洞などの欠陥。	・（外観）
	PCグラウト充填不足		ダクト内にPCグラウトが十分に充填されていない状態をいう。グラウト材のブリージングや，注入用ホースの閉塞，不適切な注入作業などが要因となる。PC構造物の耐久性に大きな影響を及ぼし，PCケーブルに沿ったひび割れやエフロレッセンスを生じることもある。場合によってはPC鋼材の破断に至ることもあり，曲げひび割れの発生や耐力の低下など重大な性能低下につながる可能性がある。プレキャスト桁では，目地部からさび汁が生じることもある。	・グラウト充填確認
	後埋めの施工不良		PC鋼材定着部の後埋め部が，既設コンクリートと十分に一体化されていなかったり，後埋めコンクリートの締固めが不十分な状態をいう。水分の浸入を起こしやすく，定着具の腐食によるさび汁の滲出や後埋め部の剥離が生じる。	・（外観など）
	間詰め部の漏水・エフロレッセンス		プレキャスト桁と間詰めコンクリートとの一体性が不十分な場合，打継目から漏水やエフロレッセンスが生じることがある。とくにプレキャストT桁の間詰め床版では，設計・施工年度が古い場合には，プレキャスト桁からの差し筋が設置されていなかったり，抜け落ち防止に効果的なテーパーが施されていない場合があり，間詰め部の陥没に至ることがある。	・設計図書など
劣化	塩害	・海岸線近く ・凍結防止剤使用	コンクリート中の鋼材の腐食が塩化物イオンにより促進され，コンクリートのひび割れや剥離。鋼材の断面減少を引き起こす劣化現象。	・塩化物イオン濃度
	中性化		二酸化炭素がセメント水和物と炭酸化反応を起こし，細孔溶液中のpHを低下させることで，鋼材の腐食を引き起こし，コンクリートのひび割れや剥離，鋼材の断面減少を引き起こす劣化現象。	・中性化深さ
	凍害	・寒冷地	コンクリート中の水分が凍結と融解を繰返すことによって，コンクリート表面からスケーリング，微細ひび割れおよびポップアウトなどの形で劣化する現象。	・凍害深さ
	アルカリシリカ反応	・反応性骨材使用	骨材中に含まれる反応性シリカ鉱物や炭酸塩岩を有する骨材がコンクリート中のアルカリ性水溶液と反応して，コンクリートに異常膨張やひび割れを発生させる劣化現象。	・膨張量
	化学的侵食	・工業地帯 ・温泉地帯	酸性物質や硫酸イオンとの接触によりコンクリート硬化体が分解したり，化合物生成時の膨張圧によってコンクリートが劣化する現象。	・劣化因子浸透深さ ・中性化深さ
損傷	地震		地震の被災によって，構造物にひび割れなどの損傷が生じる現象。	・既往点検結果との相違など
	衝突		車両や船舶が構造物に衝突して生じる。衝突箇所にひび割れや剥落などの損傷を生じる。	・既往点検結果との相違など
	火災		コンクリート構造物が火災による高温の影響を受けた場合，外観的には，コンクリートのひび割れ，剥離，剥落，爆裂などが生じる。また，PC構造物では，300℃以上の高温になるとPC鋼材応力度が急激に減少することからプレストレスが損失し構造性能に大きな影響を及ぼすことがある。	・既往点検結果との相違など

その特性を考慮して行わなければならない。PC構造物に特有な劣化としては，構造部材として大きな役割を占めているPC鋼材に関連するものと考えてよい。PC鋼材を腐食させる機構としては，近年PCグラウト（以下，グラウトと記す）充填不足などの施工に起因するものが要因となっている場合が多く報告されている。PC鋼材は，RC構造物の鉄筋配置本数と比べ少ないため，適切な時期に対応しなければ，比較的早期に構造物全体の耐荷力に直接的な影響を及ぼし始め，劣化が進行すると最悪の場合は落橋に至る場合があり，十分な注意が必要である。

（2）について　　劣化機構の推定では，現状の点検結果だけでなく，そのほかの資料からも情報を収集することにより総合的に判断することが可能となる。使用材料や施工管理・検査の記録を確認することは，構造物が潜在的に保有する劣化要因の推定を可能にし，適切な劣化機構の推定につながる。

　解説 表3.3.5に，それぞれの変状要因によって生じる代表的な変状を示す。点検で変状が発見された場合，構造物の構造特性や施工管理，環境条件などを把握したうえで，解説 表3.3.4により該当する要因の可能性を検討しなければならない。

（3）について　　劣化予測では，先に述べた劣化機構に対して，今後の劣化進行をふまえ，性能の低下を判断する。

　劣化進行の予測では，供用される環境下において，劣化が将来どのように推移するかを把握する。性能低下の予測では，劣化の進行がPC構造物の性能に与える影響を可能な限り工学的に予測する必要がある。

　劣化予測の方法は，発見された劣化に対して，劣化機構と劣化要因を適切に推定・分類し，適切なモデルにより行う。

　RC構造物とPC構造物の劣化過程の違いについて，イメージ図を解説 図3.3.3を参考に示す。解説 図3.3.3からもわかるように，PC構造物はRC構造物とは異なり，ひび割れ発生の前に鉄筋やPC鋼材の腐食といった劣化が進行し，ひび割れ発生から耐荷力喪失までの時間が短い。したがって，PC構造物の保全では，ひび割れ発生を劣化開始の目安とするのではなく，日々の定期点検の段階から水などの劣化因子の侵入が生じていないか，注意しておくことが重要である。

　PC構造物はRC構造物に比べてコンクリートが緻密であり，外観に劣化による変状が表れにく

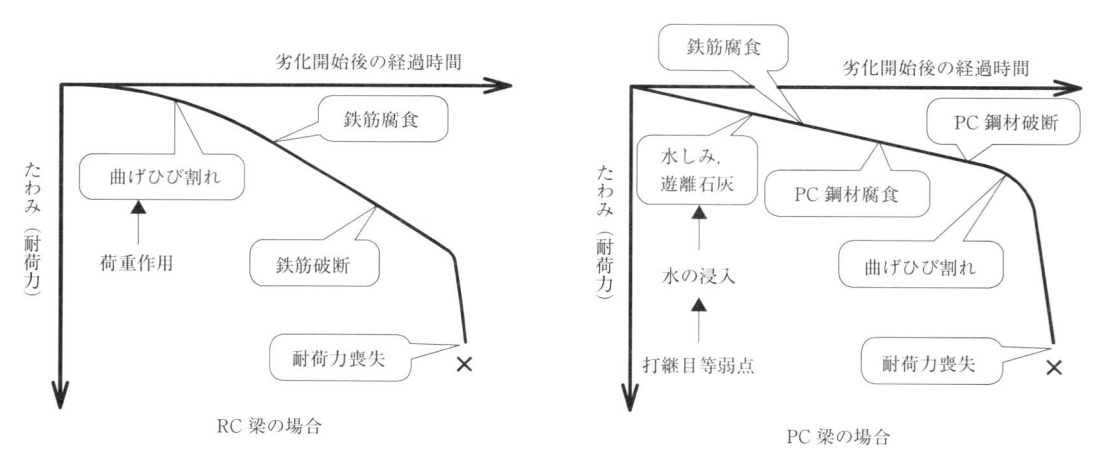

解説 図3.3.3　RC構造物とPC構造物で予想される劣化過程（PC建協ホームページより）[1]

いため，外観目視のみによる定性的な判断だけでは適切な劣化予測を行うことは困難である。その
ため，詳細調査の結果や劣化状態（外観の変状の種類や程度）の推移を定期的に観察して適切なモ
デルを検討したうえで，解析などにより劣化予測を行うとよい。PC 鋼材の劣化が懸念される場合
には残存プレストレス量を把握し，PC 構造物としての性能を適切に評価することが重要である。

　通常の PC 構造物以外にも，斜張橋や吊橋など長大橋の吊材として PC 鋼材が使用されている。
吊材である PC 鋼材は，これら長大橋の耐力を保持するうえで非常に重要な部材であるため，腐食
や振動による疲労に起因する変状にとくに注意が必要である。

　そのほか，従来のコンクリート橋以外として，波形鋼板ウェブ橋や PC 複合トラス橋などの保全
も必要となっている。複合構造の場合には，PC 鋼材の腐食だけでなく鋼板などの鋼部材の腐食や
疲労き裂に注意しなければならない。とくに鋼とのコンクリート接合部などは，外部から確認が困
難であり，発見されたときには腐食が大きく進行している可能性もあるため，十分注意する必要が
ある。

（4）について　　点検により変状が発見された場合には，その時点において対象構造物に劣化に
よる性能の低下がみられるのか，さらに，性能の低下が見られると判断される場合には，その性能
低下がどの程度であるか，などを定量的に把握することが望ましい。

　ただし，定量的な評価が困難な場合には，点検で得られたコンクリート構造物の状態をその外観
からグレード評価する方法などもある。コンクリート構造物の劣化のグレード評価は，劣化が著し
い部位・部材などに対して実施された特定の点検結果に基づいて実施される場合が多い。そのよう
な限定されたデータから構造物の性能を評価するためには，対象となる部位・部材の構造物の重要
度，要求性能，残存設計供用期間，経済性などを評価する性能ごとに考慮することが重要である。
外観のグレード評価については，「2013 年制定 コンクリート標準示方書［維持管理編］」を参考にす
るとよい。PC 構造物特有の性能については，詳細点検，調査によって，残存プレストレス量など
から構造物の健全度を推定するのがよい。

3.3.5　対策の要否判定
（1）　対策の要否は，点検結果に基づく構造物の特性を考慮した性能評価および将来の性能の
予測結果が構造物の果たすべき機能を満足するかどうかの評価結果に加え，保全の難易度，構
造物の重要度，残存設計供用期間，経済性などを考慮して表 3.3.1 に示す対策区分にて判定す
ることを原則とする。
（2）　劣化以外の初期欠陥や損傷による変状は，その変状が構造物に与える影響を検討したう
えで，対策を検討しなければならない。
（3）　点検時に第三者影響度やその他の構造物の供用に影響を与えるような変状が確認された
場合には，応急措置を実施したのちに早急に対策を検討しなければならない。
（4）　事故の原因となるような変状が生じた構造物と類似の構造物において同様の変状が確認
された場合には，早急な対策を検討しなければならない。

表 3.3.1　対策区分の判定

判定区分	内容
A	変状が認められないか，変状が軽微で補修を行う必要がない
B	状況に応じて補修を行う必要がある
C1	予防保全の観点から速やかに補修などを行う必要がある
C2	橋梁構造の安全性の観点から，速やかに補修などを行う必要がある
E1	橋梁構造の安全性の観点から，緊急対応の必要がある
E2	そのほか緊急対応の必要がある
M	保全（工事）で対応する必要がある

【解　説】

（1）について　　構造物の対策の要否の判定は，その特性を考慮し，構造物の機能に応じた適切な方法で行うものとする。原則として，対策の要否の判定は，点検結果に基づく点検時の性能評価の結果，将来の性能の予測結果が安全性，耐久性，第三者影響度，および LCC を考慮した予防保全の観点から構造物の果たすべき機能を満足するか否かを指標として行う。これに加え，保全の難易度，構造物の重要度や利用状況，残存設計供用期間，予算状況や経済性などを総合的に考慮して，Ⅱ編，Ⅲ編，Ⅳ編およびⅤ編を参考に表 3.3.1 に準じて判定する。

　なお，本マニュアルにおける対策区分の判定は国土交通省の「橋梁定期点検要領」に示されている，詳細調査の判定区分がない。これは，本マニュアルでは詳細調査を実施した後に対策区分の判定を実施しているためである。

　以下に，表 3.3.1 の判定の補足を示す。

　B：変状があり補修の必要があるものの，変状の要因，規模が明確であり，ただちに補修するほどの緊急性はなく，放置しても少なくとも次回の定期点検まで（＝5 年程度以内）に構造物の安全性が著しく損なわれることはない。

　C1：変状が進行しており，耐久性確保（予防保全）の観点から，少なくとも次回の定期点検まで（＝5 年程度以内）には補修など必要があると判断できる状態をいう。なお，橋梁構造の安全性の観点からはただちに補修するほどの緊急性はない。

　C2：変状が相当程度進行し，当該部位・部材の機能や安全性の低下が著しく，橋梁構造の安全性の観点から，少なくとも次回の定期点検まで（＝5 年程度以内）には補修など必要があると判断できる状態をいう。

　E1：橋梁構造の安全性が著しく損なわれており，緊急に処置されることが必要と判断できる状態をいう。

　E2：自動車，歩行者の交通障害や第三者などへの被害のおそれが懸念され，緊急に処置が必要と判断できる状態をいう。

　M：変状があり，当該部位・部材の機能を良好な状態に保つために日常の保全工事で早急に処置が必要と判断できる状態をいう。

（2）について　　点検において PC 構造物特有の劣化以外の変状，すなわち，PC グラウト充填不足などの初期欠陥あるいは損傷が確認される構造物が存在することが報告されている。これらの初

期欠陥あるいは損傷が確認された構造物や部材については，その変状が構造物に及ぼす影響を適切に検討し，将来，劣化を促進する要因となる可能性がある場合，あるいはそのほかの構造物の諸性能に悪影響を及ぼすと考えられる場合には，適切な対策を検討する必要がある。なお，これらに対する調査，発生要因の推定ならびに適切な処置については，プレストレストコンクリート工学会「既設ポストテンション橋のPC鋼材調査および補修・補強指針」，プレストレストコンクリート工学会「コンクリート構造設計施工規準－性能創造設計－」，土木学会「2012年制定 コンクリート標準示方書［設計編］および［施工編］」，日本コンクリート工学会「コンクリートのひび割れ調査，補修・補強指針－2013－」などを参考にするとよい。

（3）について　　かぶりコンクリートの浮き，剥離やコールドジョイントなどのように，コンクリート片の落下により第三者影響が生じる可能性があると判断された場合には，点検後速やかに応急処置を行う必要がある。

　偶発作用により被災した構造物の中には，地域の復旧にあたって重大な使命を担う場合がある。その一方で，損傷により構造物が倒壊することで周囲の多くの人に危害を及ぼす可能性もあることから，被災地域の構造物に対して応急的な対策を講じることの必要性は非常に高い。したがって，コンクリートの目視調査のみからでも対策の検討が可能な場合には，ただちに適切な補修や補強を実施するものとする。また，いかなる対策を行っても果たすべき機能が確保されないと判断される場合などでは，早急に供用制限もしくは解体・撤去などの対策を行い，円滑に代替機能の確保が講じられるように対応することも重要となる。

　臨時点検においては，迅速性を最優先にして構造物の評価・判定が行われることから，点検時の構造物の性能にとくに問題がないと評価された場合には，当面の対策を行う必要はないと判定してよい。ただし，状況に応じて，偶発作用の影響が収束した後の適切な時点で改めて詳細調査などを実施して性能を評価し，通常の供用を考慮した場合の対策の要否を判定するのがよい。

　また，設計規準などが改訂された場合で，臨時点検などにより構造物の性能が改訂後の規準などに適合しないと判断された場合には，必要に応じて適切な対策を取る必要がある。これに対する基本的な考え方は，土木学会「2013年制定 コンクリート標準示方書［維持管理編：標準］」などを参考にするとよい。

（4）について　　構造物に発生した変状に起因して事故が発生した場合や，事故には至らないまでも構造物に著しい変状が確認された場合に，類似の構造物に同様の変状が発生しているか否かを確認する必要がある。このような変状が確認された場合には，類似の構造物においても早急な対策が必要と判定される。とくに，第三者への影響想定されるような事故が発生する可能性がある場合は，緊急の処置を施す必要がある。

3.3.6　健全度の判定

（1）　対策の要否判定の結果を基に，表3.3.2の区分により，部材単位での健全度の判定および道路橋単位での健全度の判定を行う。

表 3.3.2　健全度の判定区分

区分		状態
Ⅰ	健全	構造物の機能に支障が生じていない状態。
Ⅱ	予防措置段階	構造物に支障が生じていないが，予防保全の観点から措置を構ずることが望ましい状態。
Ⅲ	早期措置段階	構造物の機能に支障が生じる可能性があり，早期に措置を構ずべき状態。
Ⅳ	緊急措置段階	構造物の機能に支障が生じている。または生じる可能性が著しく高く，緊急に措置を講ずべき状態

【解　説】

（1）について　　部材単位の健全度の判定は，着目する部材とその変状が道路橋の機能に及ぼす影響の観点から行う。なお，部材単位の健全度の判定の実施は「対策区分の判定」を同時に行うことが合理的である。「健全度の判定」と「対策区分の判定」は，あくまでそれぞれの定義に基づいて独立して行うことが原則であるが，一般には次のような対応となる。

「Ⅰ」：A，B

「Ⅱ」：C1，M

「Ⅲ」：C2

「Ⅳ」：E1，E2

点検時に，浮き・剥離などがあった場合は，第三者影響を予防する観点から応急的に措置を実施したうえで上記Ⅰ～Ⅳの判定を行うこととする。

道路橋単位の健全度の判定は，道路橋単位で総合的な評価を付けるものである。部材単位の健全度が道路橋全体の健全度に及ぼす影響は，構造特性や架橋環境条件，当該道路橋の重要度などによっても異なるため，対策区分の判定および部材単位の診断の結果なども踏まえて，道路橋単位で判定区分の定義に則って総合的に判断する。一般には，構造物の性能にもっとも影響が大きい主要な部材に着目して，もっとも厳しい評価で代表させることができる。

3.4　対　　　策

（1）　対策が必要と判定された場合には，構造物の特性を考慮し，構造物の重要度，保全管理区分，残存設計供用期間，劣化機構，構造物の性能低下の程度を考慮して，供用期間中に構造物が果たすべき機能を満足するように目標とする性能を定め，対策後の保全の容易さや経済性，環境性を検討したうえで，適切な種類の対策を選定し，実施しなければならない。

（2）　対策の実施にあたっては，その実施計画および対策後の保全計画を策定しなければならない。

（3）　第三者影響の生じる可能性が高い場合など，ただちに問題となる変状が認められた場合には，適切な応急処置を速やかに実施しなければならない。

【解　説】

（1）について　　性能評価，保全の難易度，構造物の重要度，および経済性などの観点から，対策が必要と判定された場合には，構造物の特性を十分考慮したうえで，目標とする性能を定め，適切な種類の対策を選定し，実施する。

　目標とする性能は，残存設計供用期間中に構造物が果たすべき機能を満足するように設定することを原則とする。

　対策には，点検強化，補修，補強，供用制限，解体・撤去があり，これらの中から適切に選定しなければならない。構造物の性能と対策後に目標とする性能レベルに応じた対策の種類を解説 表3.3.6 に示す。

解説 表 3.3.6　構造物の性能と対策後に目標とする性能レベルに応じた対策の種類

構造物の性能	目標とする性能のレベルと対策の種類		
	建設時と現状の中間の性能もしくは現状の性能	建設時の性能	建設時よりも高い性能
供用性	点検強化，補修，供用制限	補修	補強
安全性	点検強化，補修，供用制限	補修	補強
耐久性	点検強化，補修，供用制限	補修	補修
景観性	点検強化，補修	補修	補修
第三者影響度	点検強化，補修，供用制限	補修	－

（2）について　　対策の実施にあたっては，原則として，構造物の性能低下をもたらした劣化機構およびその性能低下の程度を把握したうえで，適切な対策の実施計画を策定するとともに，対策後の保全計画も策定する。対策後の保全計画が対策前と比べ，大きく変更される場合には，保全管理区分の妥当性についても検討するとよい。

　対策として点検の間隔を短くする点検強化や供用制限を行う場合には，対策後の保全計画自体が対策の実施計画にもなり得る。補修，補強，解体・撤去の場合には，対策の設計および施工計画が実施計画となる。対策後の保全計画を策定する際には，目標とする性能が残存設計供用期間を通じて維持されることを確認できるように，点検の頻度，調査項目や調査方法を定め，目標とする性能を下回った場合の対策などについて明確にする。残存設計供用期間が長い場合は，対策の再実施を前提とした保全計画を策定することも考えられる。

　対策の実施計画や対策後の保全計画は，劣化機構の特徴に応じたものとする必要がある。劣化機構が明確な場合は，土木学会「2013 年制定 コンクリート標準示方書 [維持管理編：劣化現象・機構別]」などを参考に，対策の実施計画や対策後の保全計画を策定するとよい。

　また，すでに補修や補強した橋梁や拡幅や補強などによって構造系を変化させた橋梁はクリープや乾燥収縮により既往の構造部分との劣化の進行や応力レベルが相違しているため特に留意が必要である。

（3）について　　対策の種類の選定，対策の実施計画や対策後の保全計画の策定，および対策の実施には，相応の時間が必要である。しかし，コンクリート片の落下が予想されるなど第三者影響の発生の可能性が高い場合は，これらを実施するのに必要な時間的な余裕はない。したがって，供

用制限や立入り制限，剥落防止ネットなどによるコンクリート片の落下防止処置などの適切な応急処置を，速やかに行うことが必要である。

3.5 記　　　録

（1）　構造物の各種診断および対策の結果は，保全計画に基づいた適切な方法で記録，保管しなければならない。

（2）　補修や補強などの対策を行った場合には，その要因や補修・補強の位置，範囲，使用材料および作業に携わった責任者や関係者について記録して保管しなければならない。

（3）　記録の保管期間は，原則として設計供用期間とし，記録は一元管理し，絶えず最新の記録が参照できるようにしておくのがよい。

【解　説】

（1），（2）および（3）について　　構造物の保全を行ううえで，その構造物の設計・施工の記録を保存することはもとより，補修や補強を行った際にはそれも併せて記録，保管を行わなければならない。

参考文献
　1）　プレストレスト・コンクリート建設業協会ホームページ　http://www.pcken.or.jp/techinfo/hosyu/ijihozen/chigai.shtml

II 共通編

1章　コンクリート橋

1.1　コンクリート橋の構造概要

1.1.1　コンクリート橋の構成要素と種類

（1）　本章は，コンクリート橋におけるプレキャスト桁橋，場所打ち桁橋および複合橋や混合桁橋におけるコンクリート部材に共通する事項を対象とする。

（2）　コンクリート橋の診断にあたっては，橋梁全体や構成する部材の諸元，構造形式，断面形状，架設方法などを把握しなければならない。

（3）　特に，PC橋の診断にあたっては，プレストレスレベルに応じた構造の違いやプレストレスの経時変化を考慮しなければならない。

【解　説】

（1）について　　本章では，コンクリート橋および複合橋における各種の構造形式や部位・部材において，共通する事項（構造概要，点検，詳細調査，評価，判定ならびに対策）を示している。各種の構造に固有の事項については，Ⅲ編に示している。

（2）について　　「橋梁」は，自動車などの荷重を支持する部分（一般的に桁と称している部分）の「上部構造」と，上部構造を支え支持地盤に荷重を伝達する部分（橋脚および橋台）の「下部構造」から構成されている。また，ラーメン構造のように上部構造と下部構造が一体となっている構造もある。橋梁各部の名称と道路橋の場合の幅員などの主な用語について，解説 図 1.1.1，解説 図 1.1.2 に示す。

　上部構造を構成する主要部材には，床版，主桁，横桁があり，他に付属物として支承，落橋防止装置，伸縮装置，高欄，排水設備，照明設備，点検設備などがある。

　床版は，自動車や列車の荷重を直接支持する部分で，主桁および横桁は，床版を支持する役目をする。PC橋では，主桁の一部が床版を兼ねているのが一般的である。

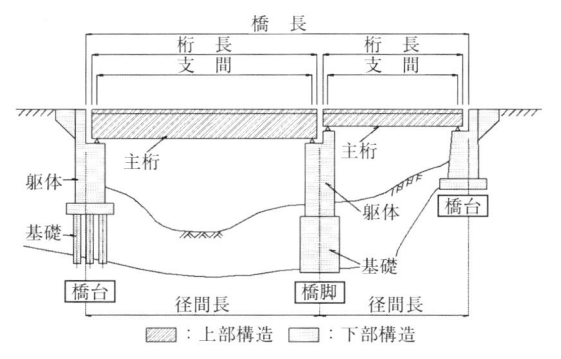

解説 図 1.1.1　橋梁各部の名称

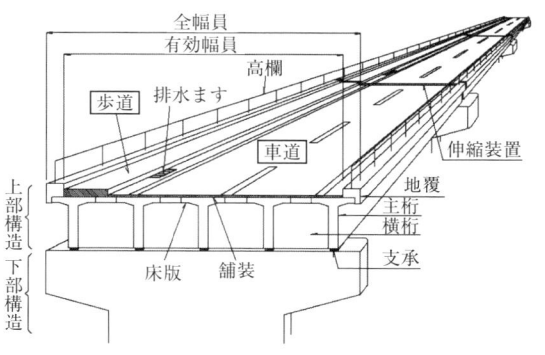

解説 図 1.1.2　橋梁の幅員など

　上部構造の伸縮や回転などの変形を円滑に機能させる目的で下部構造との間に設けるものに支承がある。支承は「沓」（Shoe）とも呼ばれ，上部構造からの荷重をスムーズに下部構造へ伝達させる重要な部分であり，鋼製およびゴム製のものがあるが，近年は耐震性や耐久性などの観点からゴム製が多く使用されている。

　コンクリート橋は，構造形式，主桁断面形状，架設工法，部材製作方法，プレストレス導入方式などにより分類される。本マニュアルではコンクリート橋および混合桁橋，複合橋を解説 表 1.1.1 に示すように分類し，共通の事項については本章に，それぞれの橋種に固有の事項については，Ⅲ編の該当する章に示している。

解説 表 1.1.1　コンクリート橋および混合桁橋，複合橋の分類

分　　　類			個別構造物編の該当する章
プレキャスト桁	プレテンション方式	スラブ桁橋	Ⅲ編 1 章
		T 桁橋	
	ポストテンション方式	スラブ桁橋	Ⅲ編 2 章
		T 桁橋	
		合成桁橋	
場所打ち桁	ポストテンション方式	中空床版橋	Ⅲ編 3 章
		版桁橋	
		箱桁橋（セグメント方式を含む）	
プレキャストウェブ橋			Ⅲ編 4 章
鋼橋の PC 床版			Ⅲ編 5 章
混合桁橋			Ⅲ編 6 章
波形鋼板ウェブ橋			Ⅲ編 7 章
複合トラス橋			Ⅲ編 8 章
斜張橋・エクストラドーズド橋			Ⅲ編 9 章
吊床版橋			Ⅲ編 10 章

（3）について

a．プレストレスレベル

　設計荷重作用時の引張縁の応力状態によって，プレストレスレベルを次の3つに分類することができる。

　①　コンクリートに引張応力を発生させないプレストレスレベル（フルプレストレス）

　②　コンクリートに引張応力を発生させるが，ひび割れを発生させないように引張応力を制限するプレストレスレベル（ひび割れ発生限界プレストレス）

　③　コンクリートにひび割れの発生を許容するが，ひび割れ幅を制限することによって耐久性に問題が生じない構造とするプレストレスレベル（ひび割れ幅制御プレストレス）

　一般に，①および②のプレストレスレベルで設計された構造を PC 構造，③のプレストレスレベルで設計された構造を PPC 構造（Partially Prestressed Concrete）と呼んでいる。

　診断を行う PC 橋がどのようなプレストレスレベルで設計されているかにより，設計上許容されるひび割れと許容されないひび割れがあることに留意する必要がある。また，PC 橋の部材すべて

が，PC 構造あるいは PPC 構造で構成されているとは限らず，床版や横桁を RC 構造としている場合もあるため，ひび割れに対する診断を行うときには，ひび割れが発生している部位・部材の構造特性を把握したうえで評価を行う必要がある。特に PPC 構造は，構造計算書などの設計図書からの情報がないと目視だけでは判断が難しいことに留意する。

b．プレストレスの経時変化

コンクリートのクリープ，乾燥収縮や PC 鋼材のリラクセーションなどによる，プレストレスの減少が，設計時に想定した以上であると，たわみの増加，ひび割れの発生，振動特性の変化，支承や伸縮装置の移動量の増加などの変状が発生する場合がある。これらの変状が確認された場合は，それが想定された範囲のものか，想定外のものかを見極めることが重要である。既往の研究[1]によれば，PC 鋼材の一部が損傷しても死荷重時には変形やひび割れがほとんど観測されない場合もあるため，変状の観察にあたっては，死荷重時だけでなく活荷重などが載荷された状態についても異常がないかを確認するとよい。

1.1.2　PC 鋼材，定着具など

（1）　PC 橋に使用されている PC 鋼材の種類，配置状態，定着位置などを把握しなければならない。

（2）　ポストテンション方式の定着具・接続具には様々な工法が使用されているため，それぞれに固有の仕様を把握するとともに，各工法に共通する事項についても理解しなければならない。

（3）　ポストテンション方式に用いられるシースには，鋼製シースと非鉄シースがある。施工された年代や使用される定着工法により，材質，形状などが異なり，グラウトの充填性にも係わることから，これらの特性を把握するものとする。

（4）　ポストテンション方式で必要となる PC グラウトは，PC 橋の耐久性に大きな影響を与えるものである。PC グラウト技術については，材料面，施工面において種々の改善が行われており，これらの変遷と施工された年代を把握するものとする。

【解　説】

（1）について　　　PC 橋に使用されている PC 鋼材には，PC 鋼線，PC 鋼より線，PC 鋼棒などがあり，いずれも高炭素鋼を冷間加工や熱処理をして高張力鋼としたものである。PC 鋼材規格の変遷については，Ⅴ編Ⅴ-ⅲ 2.2 などを参照するとよい。PC 橋では，PC 鋼材が配置される方向によって，主鋼材，横締め鋼材，鉛直鋼材に分けられる。

a．主鋼材

主桁の桁軸方向に配置する主鋼材には，一般に 400～3 200 kN 程度の引張能力を持つ緊張材が用いられている。主鋼材に使用される PC 鋼材は，PC 鋼線（マルチワイヤー），PC 鋼棒，PC 鋼より線（マルチストランド）の 3 つが一般的である。1980 年頃までは，PC 橋の主鋼材に 1 ケーブルあたり 12 本の PC 鋼線（φ 5 mm，φ 7 mm）を配置した 400～800 kN 程度の引張能力のマルチワイヤーシステムが多く使われていた。1970 年代からは PC 鋼より線を束ねて用いるマルチストランドシ

ステムが用いられるようになり，橋梁支間の長大化とともに，適用する緊張材の引張能力も1 300～3 200 kNと大型化してきている。ただし，PC鋼線を用いたマルチワイヤーシステムは，中小のPC橋の主鋼材や横締め鋼材として1990年頃まで使用されている。

　また主鋼材は，コンクリート部材の外部に配置する外ケーブル構造とコンクリート部材の内部に配置する従来の内ケーブル構造とに区別される。外ケーブル構造のPC鋼材配置は，解説 図1.1.3に示すように，PC鋼材は定着部と偏向部で支持される。定着部，偏向部は橋梁全体の機能を確保するために重要な部位であるとともに，大きな力が集中的に作用する部位であることに留意する必要がある。外ケーブル偏向部の構造形式の例を解説 図1.1.4に示す。

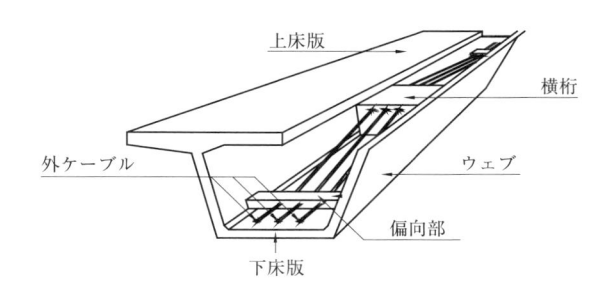

解説 図 1.1.3　外ケーブル構造の概念図

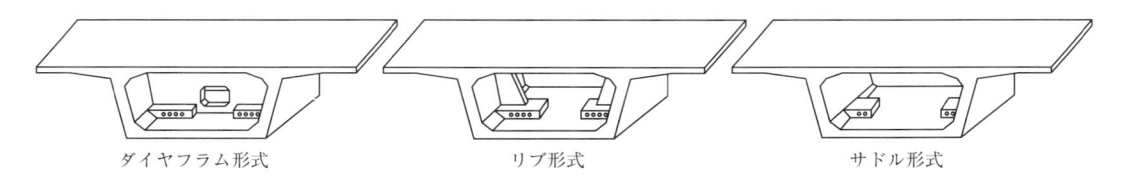

解説 図 1.1.4　外ケーブル偏向部の構造形式の例

　外ケーブル構造では，ケーブル取替えや追加配置などの保全を考慮して，あらかじめ外ケーブル追加配置用の予備孔を設けておく事例が多い。国内では1970年代頃に既設橋の補修・補強での利用から始まり，1985年に新設橋では最初の適用となる東北新幹線「笹目川橋梁」が施工され，1990年代の中頃から高速道路橋を中心に多くの新設橋梁にも採用されている。従来は保護管内に被覆のないPC鋼材を配置しグラウトを充填するタイプが一般的であったが，近年はエポキシ樹脂被覆やポリエチレン樹脂被覆などの防錆処理されたPC鋼材を使用することが一般的となっている。なお，これらの被覆PC鋼材を内ケーブルに使用する場合もある。

ｂ．横締め鋼材

　桁軸直角方向の横締め鋼材には，300～1 000 kN程度の引張能力を持つ緊張材が用いられている。横締め鋼材に使用されるPC鋼材は，PC鋼線（マルチワイヤー），PC鋼棒，PC鋼より線（シングルストランドなど）である。PC技術が導入された初期の頃には，PC鋼線（マルチワイヤー）やPC鋼棒が多く用いられたが，近年はPC鋼より線を用いたシングルストランドシステムが多く用いられ，グラウトが不要なプレグラウトタイプのPC鋼材の使用実績も増加している。

ｃ．鉛直鋼材

　鉛直方向に配置するPC鋼材としては，せん断力に対するプレストレス補強として，主にPC鋼

棒が用いられている。定着具はディビダーク工法，普通 PC 鋼棒工法，FAB 工法などがある。鉛直
鋼材は，鉛直に配置される場合と，45 度に傾けて配置される場合がある。

（2）について　　PC 橋を診断する際に，設計図書などが現存しない場合には，その PC 橋が施工
された時期などから，用いられている定着具・接続具を推定して PC 構造物を診断することが必要
となる。また，設計図書に示されていても，その定着工法が現在はほとんど使用されていない場
合がある。したがってどの時期にどのような定着工法が使用されていたかを把握しておく必要があ
る。PC 定着工法の変遷については，Ⅴ編Ⅴ - ⅲ 4.1 などを参照するとよい。

　定着具や接続具およびその近傍を補修補強する場合には，定着具に対する知識が重要であるが，
定着具や接続具付近のコンクリートの応力状態や補強鉄筋の配置などについても正しい知識と理解
が必要である。主な定着工法と緊張材の分類を解説 表 1.1.2 に示す。

　各定着工法は時代とともに改良されている場合が多い。前述したとおり，フレシネー工法が国内
に導入された初期には，マルチワイヤーシステム（φ 5mm，φ 7mm，φ 8mm）のみであったが，
1960 年代半ばにマルチストランドシステムが開発され，マルチワイヤーシステムは現在販売され
ていない。また，ディビダーク工法が国内に導入された際には，PC 鋼棒の定着工法のみであった
が，1980 年からマルチストランド工法が導入されるようになった。

　これらの定着工法については，「PC 定着工法 2010 年版 [2]」や「プレストレストコンクリート工法

解説 表 1.1.2　主な定着工法と緊張材の分類 [2]

定着工法・方式 ＼ 緊張材の分類	内ケーブル	外ケーブル	斜張ケーブル	シングルストランド	アンボンドケーブル	ＰＣ鋼棒
安部ストランド	○					
アンダーソン	○	○	○	○	○	
ディビダーク（ストランド）	○	○	○			
フレシネー	○	○	○	○		
FSA	○					
KTB	○	○	○			
OSPA	○					
SEEE	○	○	○		○	
ストロングホールド	○					
VSL	○	○	○	○	○	
SPWC–FR，SPWC–CM			○			
SET		○				
SPWC–EX		○				
CCL				○	○	
FRM				○	○	
SK				○		
SM				○	○	
KCL					○	
ディビダーク（鋼棒）						○
FAB						○
普通 PC 鋼棒						○

設計施工指針（土木学会）」などを参考にし，現在は使用されていない定着工法については参考文献3）などを参照するとよい。

（3）について　　シースには，鋼製シースと非鉄シースがある。初期のPC橋では，薄鉄板を加工した円筒状および箱筒状シースが使用されていた。このシースは縦方向に継目があり，一端に受け口を設けたはめ込み式の接合であった。1958年頃に帯鉄板から螺旋管を製造する技術を応用した鋼製シースの国内生産が始まり，その後このタイプの鋼製シース（ワインディングシース，スパイラルシースなどの名称がある）が広く使用されるようになった。また，耐食性の観点から，亜鉛メッキを施したものも一般的に使用されるようになっている。

　近年，PC鋼材に高い耐食性が要求される場合には，マルチレイヤープロテクションとしてプラスチック製シースが使用されるようになった。材質としては，ポリエチレン（PE）やポリプロピレン（PP）があるが，PEはPPと比較して低温域でも柔軟性があり，割れにくく加工しやすいという特徴を有していることから，日本ではPEシースのみが使用されている。PEシースとしては，強度，すり減り抵抗などの性能を満足する硬質の高密度ポリエチレン（HDPE）とすることが推奨されており，これはプレストレス導入時の摩擦ロスを低減したり，PC鋼材をコンクリートから電気的に絶縁して腐食を防ぐなどの長所を有している。

　また，シース径は，1960年代から1970年代，1980年代と次第に拡大されてきている。建設時期の古いものは空隙率が小さいために，PCグラウトが閉塞したり，PCグラウト注入圧が高くなることによって，注入作業が困難となる状況が発生していたと考えられる。

（4）について　　PC橋においてPCグラウトは非常に重要であり，PCグラウトの品質や施工の良し悪しがPC構造物の耐久性に大きな影響を与える。初期のPCグラウトは，グラウト材料のブリーディングを許容したものであり，アルミニウム粉末による膨張作用によってブリーディング水を外部に排出する効果を期待するものであった。また，シース径と鋼材間の空隙が小さく，練混ぜや注入機械などの性能が十分でなく，注入管理技術も未熟であった。したがって初期のPCグラウト技術で施工された橋梁には，これらを要因としたPCグラウトの充填不足により，PC鋼材に腐食が発生し，PC鋼材が破断に至る危険性を有しているものがある。現在に至っては，材料と施工技術の改善を行い，ノンブリーディングタイプのグラウト材料が開発され，施工，試験および検査技術も進歩してきている。最近では，真空ポンプを併用した注入方法など，新しい注入方法が提案されている。また，現場でのPCグラウトの施工を必要としないプレグラウトPC鋼材の実用化や緊張材をコンクリート部材の外側に配置する外ケーブル工法も普及してきている。既設橋におけるPCグラウトの課題や，PCグラウト技術の変遷については，「既設ポストテンション橋のPC鋼材調査および補修・補強指針」やV編V - ⅲ 4.2などを参照するとよい。

1.2　点　　検

1.2.1　点検の着目点

　コンクリート橋の点検にあたっては，特に以下の部位，箇所に留意して点検を行うものとする。

Ⅱ 共 通 編

① 支間中央部

② 支間長の 1/4 点付近

③ 連続桁の中間支点部

④ 支承・伸縮装置の周辺部

⑤ ゲルバーヒンジ部

⑥ 断面急変部

⑦ 打継目部

⑧ PC 鋼材の定着部

⑨ 施工時開口の後埋め部

⑩ 外ケーブル

【解　説】

　コンクリート橋の点検においては，Ⅰ編 3 章 3.3.2 に基づいて，その構造物特性を把握し，過去の不具合事例などを参考にして，条文に示す部位，箇所に特に着目して点検するのがよい。ここでは一般的なコンクリート橋に共通する着目点を記載しているが，橋梁種別ごとに特有の着目点があり，Ⅲ編を参照するものとする。

　① 支間中央部

　　載荷荷重による正の最大曲げモーメントが発生する箇所であり，応力的に最も厳しい部位となるため，曲げひび割れの確認が重要である。PC 鋼材が桁下縁近くに集中的に配置されていることが多く，曲げひび割れから PC 鋼材の腐食へとつながる恐れがあり，さび汁などの変状に着目し，PC 鋼材が腐食していないかどうかを確認する。

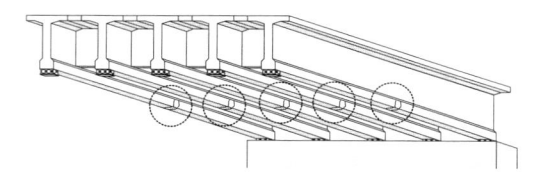

解説 図 1.2.1　支間中央部の曲げひび割れ

　② 支間長の 1/4 点付近

　　せん断力が大きい箇所であり，ウェブ厚が薄い桁橋では斜めひび割れに着目する。

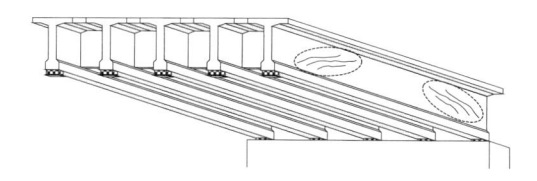

解説 図 1.2.2　せん断ひび割れ

　また，曲げ上げて配置されている PC 鋼材に沿ってひび割れが生じることがある。このひび割れは，主にシース内に浸入した水の凍結膨張圧によって生じるものであり，せん断力によるひび

割れとは要因が違うため，ひび割れの方向が異なっていることに注意する。

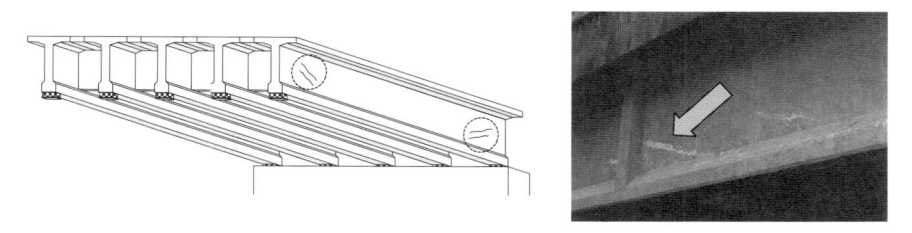

解説 図 1.2.3　曲げ上げて配置された PC 鋼材に沿ったひび割れ

③　連続桁の中間支点部

　負の曲げモーメントや支承反力の影響で応力状態が複雑な箇所であり，上床版付近の変状に着目する。なお，箱桁橋などの中間支点横桁は，マッシブなコンクリートであることが多く，乾燥収縮や施工時の温度応力の影響によって発生する変状に着目する。

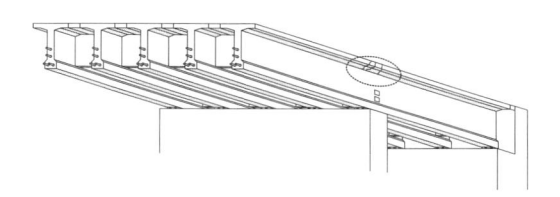

解説 図 1.2.4　負の曲げモーメントによるひび割れ

④　支承・伸縮装置の周辺部

　支承部は上部工の反力が集中する箇所であるため，主桁下面や沓座モルタル，桁かかり部の変状に着目する。また，帯状支承など比較的薄い支承が採用されており点検が難しい場合は，CCD カメラなどを活用して点検する。雨水や土砂などが溜まりやすいため，水しみなどに着目するとともに，鋼製支承の場合には支承機能の消失，ゴム支承の場合にはゴムの劣化などの変状が起こりやすいことに着目する。また，伸縮装置部からの漏水は，桁端の PC 鋼材が腐食する要因となることに留意する。なお，支承や伸縮装置などの付属物自体の変状は，Ⅳ編を参照するのがよい。

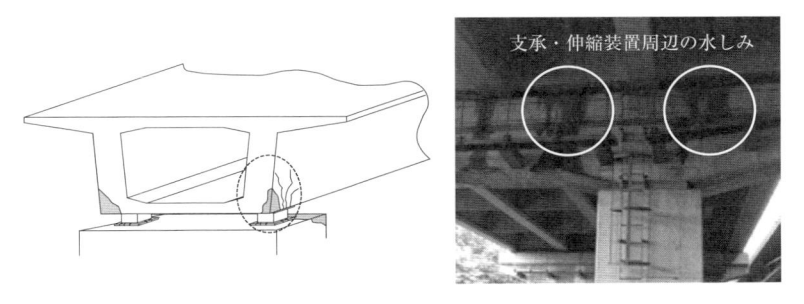

解説 図 1.2.5　支承・伸縮装置周辺部の変状（右写真参考文献 7）を加工）

⑤　ゲルバーヒンジ部

構造的に局部的な力が作用する箇所のため，主桁隅角部の変状に着目する。

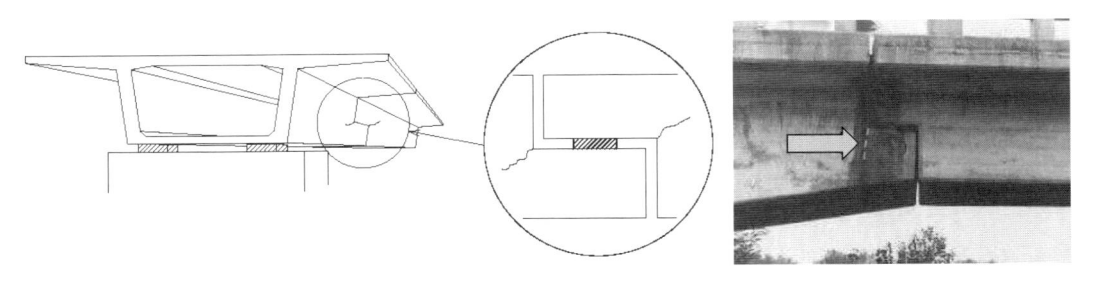

解説 図 1.2.6　ゲルバーヒンジ部付近のひび割れ（右写真参考文献 8））

⑥　断面急変部

断面が急激に変化している部分の応力集中による変状に着目する。

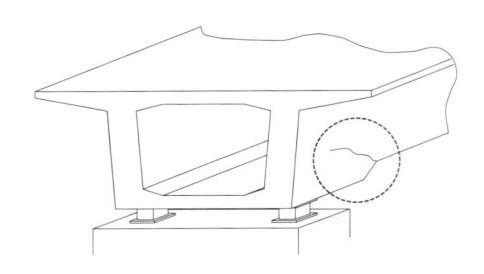

解説 図 1.2.7　断面急変部のひび割れ

⑦　打継目部

乾燥収縮や施工不良によるひび割れなどの変状に着目する。なお，プレキャストセグメントの目地部に見られる変状は，一般にこれとは異なっており，Ⅲ編２章および３章を参照するのがよい。

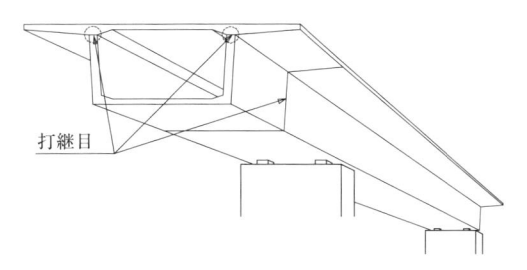

打継目

解説 図 1.2.8　場所打ち桁の打継目のひび割れ

⑧　PC 鋼材の定着部

1.　横桁定着部

横桁横締め鋼材の定着部の後埋めコンクリート部に発生する変状に着目する。

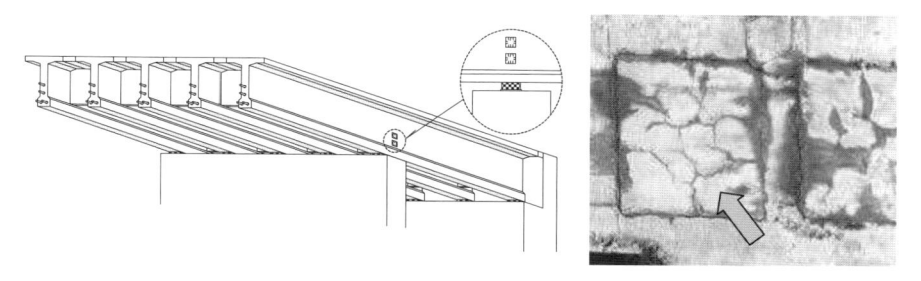

解説 図 1.2.9　横締め鋼材の定着部の後埋めコンクリートに発生する変状（右写真参考文献 8））

2.　桁端部

　　PC 橋は桁端部で PC 鋼材を定着していることが多く，大きな応力が生じている部分である。PC 鋼材定着部付近のひび割れや PC 鋼材に沿った変状に着目する。

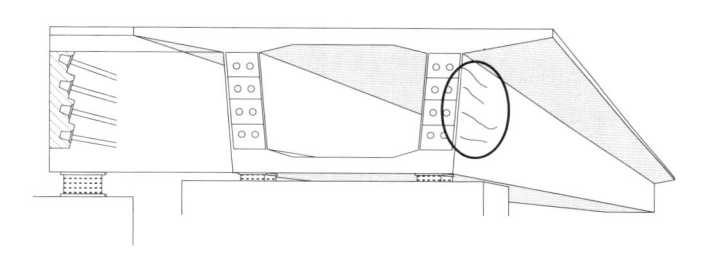

解説 図 1.2.10　PC 鋼材定着部付近のひび割れ

　　桁端部は伸縮装置部からの漏水が多く，これによる PC 鋼材定着部の後埋めコンクリート部付近に発生する変状に着目する。

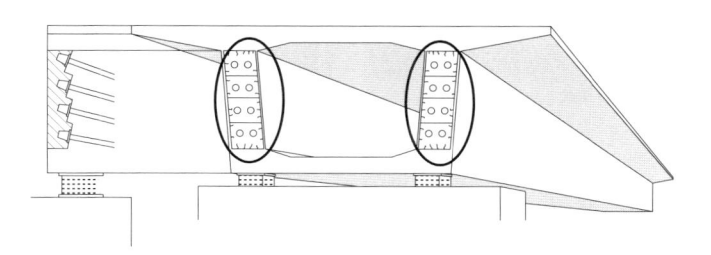

解説 図 1.2.11　桁端部の後埋めコンクリートの変状

3.　定着突起部

　　定着突起を設けて PC 鋼材を定着している箇所は，突起自体や周辺における局部的な応力によるひび割れなどの変状に着目する。

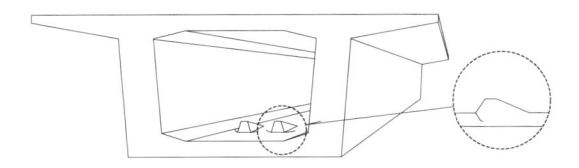

解説 図 1.2.12　定着突起部付近のひび割れ

4. 床版横締め定着部

　横締め PC 鋼材に沿ったひび割れや，定着部付近のひび割れや剥離などの変状に着目する。地覆部の水回りとなり，劣化進行が早いため，とくに留意が必要である。

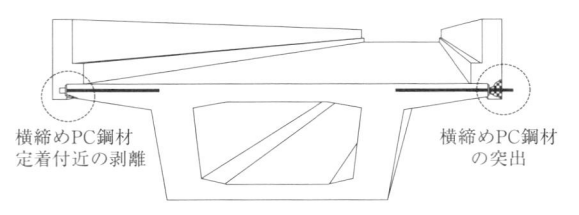

解説 図 1.2.13　横締め定着部の変状

5. 外ケーブル定着部および偏向部

　外ケーブル定着部周辺の応力集中によるひび割れおよび偏向部のケーブル貫通孔付近のひび割れに着目する。

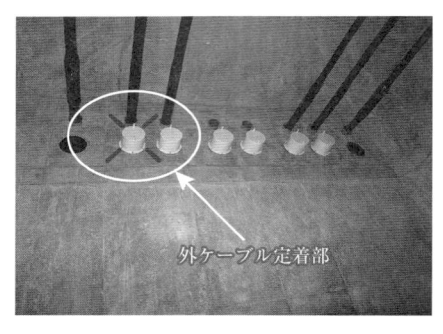
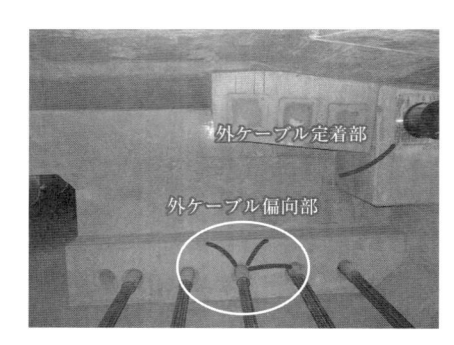

解説 図 1.2.14　外ケーブル定着部および偏向部の変状

⑨　施工時開口の後埋め部

1. 仮設 PC 鋼材の箱抜き部

　仮設構造物（架設桁や移動作業車など）を固定したり吊り下げたりするため，本体構造物には仮設 PC 鋼材の貫通や連結などの箱抜きを設け，使用後はモルタルまたはコンクリートを充填する。箱抜き部における充填材の乾燥収縮や施工不良によって生じるひび割れや肌すきに着目する。なお，舗装後は，上面からの点検が困難となり舗装の変状などから推測するしかないため，できれば箱桁内部などの下面から点検するのがよい。

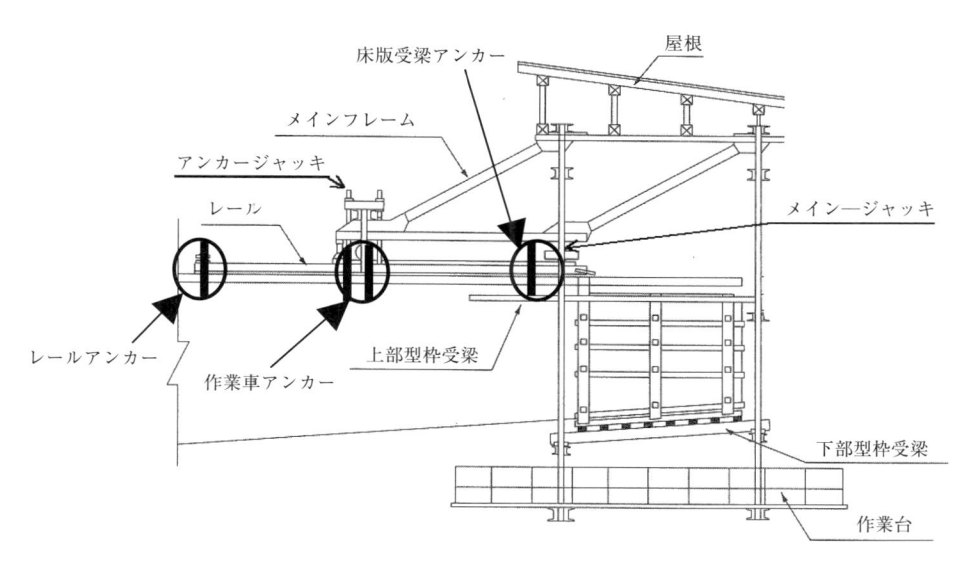

解説 図 1.2.15　仮設 PC 鋼材の箱抜き部（参考文献 4）を加工）

2. 施工用開口部

　箱桁を施工する場合は，箱桁内部への資機材の出し入れ（型枠，PC ケーブル，緊張設備など）のために上床版に作業用開口を設けることが一般的である。また，横桁のコンクリート打設用に上床版に開口を設ける場合もある。施工終了時にはこの部分を後埋めするが，後埋め材の乾燥収縮や施工不良によるひび割れや肌すきに着目する。なお，舗装後は上面からの点検が困難となり，舗装の変状などから推測するしかないため，できれば箱桁内部などの下面から点検するのがよい。

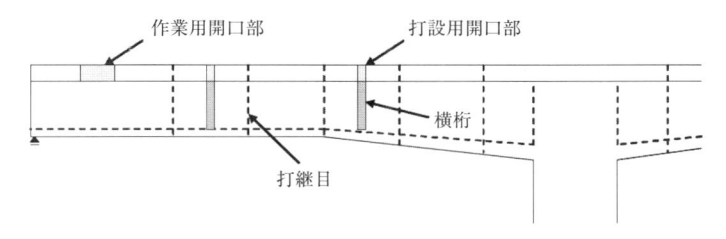

解説 図 1.2.16　施工用開口部 [8]

⑩　外ケーブル

　近年，主に PC 箱桁橋ではプレストレスを導入する方法として，外ケーブル構造が採用される事例が増加している。外ケーブルは，構造上の重要部材であり，供用期間を通じて外ケーブルの性能を維持していく必要がある。

　PC 鋼材の緊張力が健全であることを確認するために，PC 鋼材のたわみに着目する。また，偏向部での外ケーブルの異常な折れ曲がり，中間横桁などでの外ケーブルの貫通部における，PC 鋼材と貫通部との接触などにも着目する。これらが確認されると，想定していない PC 鋼材による偏向力が，主桁や偏向部などに作用し，また PC 鋼材にも追加の 2 次力が生じている可能

性がある。

　また，PC鋼材は，外気，水分，紫外線などの劣化作用に直接触れるため，防錆が重要である。一般的な防錆方法としては，保護管内にセメント系，樹脂系，グリース系の材料を充填するタイプとエポキシ樹脂，ポリエチレン，亜鉛めっきなどを被覆するタイプの2つに大別される。いずれの防錆方法に対しても，施工後は，PC鋼材を目視により直接確認することは難しいため，まずは保護管や被覆材に傷や割れがないか，充填材が染み出ていないかなどに着目し，変状があれば，必要に応じてPC鋼材の健全性について詳細調査の要否を検討する。

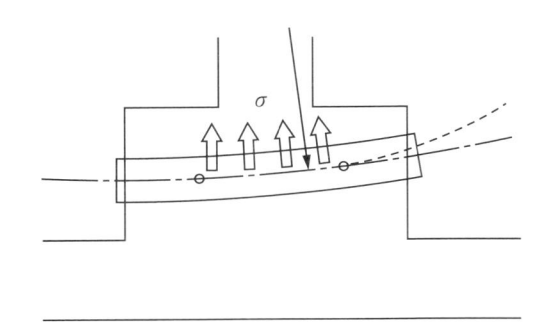

解説 図 1.2.17　偏向部での異常な折れ曲がり

解説 図 1.2.18　充填材の染み出し

1.2.2　着目点の点検方法

　コンクリート橋の点検は，その目的や対象とする構造物に応じて適切かつ効率的な方法を選定して，実施するものとする。点検の方法は，近接目視により行うことを基本とし，必要に応じて触診や打音などの非破壊試験などを併用するものとする。

【解　説】

　コンクリート橋の点検においては，すべての部材に近接して部材の状態を記録することを基本とする。上記では状態を十分に確認できない場合には，必要に応じた調査を追加する。

　なお，ここで想定する近接目視とは，肉眼により，部材の変状などの状態を把握し評価が行える距離まで近接して行う目視のことをいう。非破壊試験の手法を用いる場合，機器の性能や試験者の技量などの様々な条件が試験精度に影響を及ぼすため，事前に適用範囲や試験方法の詳細，構造物の状態について検討しておくことが必要である。

　解説 表 1.2.1 に，着目点に対する標準的な点検方法を示す。橋梁の構造や架橋位置，表面性状など調査部位の条件によっては，点検対象の条件に応じて適切に選定しなければならない。

解説 表 1.2.1　着目点に対する標準的な点検方法

部位・箇所	主な変状の種類	点検の標準的方法	必要に応じて採用することができる方法の例
① 支間中央部	曲げひび割れ	目視，クラックゲージによる計測	写真撮影(画像解析による調査)
② 支間の 1/4 点	せん断ひび割れ	目視，クラックゲージによる計測	写真撮影(画像解析による調査)
	PC 鋼材に沿ったひび割れ	目視，クラックゲージによる計測	写真撮影(画像解析による調査)
③ 連続桁の中間支点部	上床版付近のひび割れ	目視，クラックゲージによる計測	写真撮影(画像解析による調査)
	乾燥収縮や温度応力によるひび割れ	目視，クラックゲージによる計測	写真撮影(画像解析による調査)
④ 支承・伸縮装置の周辺部	ひび割れ	目視，クラックゲージによる計測	測量
	漏水	目視	赤外線調査
	雨水や土砂の詰まり	目視	—
	支承機能の消失	目視	移動量測定
	ゴムの劣化	目視	
⑤ ゲルバーヒンジ部	ひび割れ	目視，クラックゲージによる計測	写真撮影(画像解析による調査)
⑥ 断面急変部	ひび割れ	目視，クラックゲージによる計測	写真撮影(画像解析による調査)
⑦ 打継目部	ひび割れ	目視，クラックゲージによる計測	写真撮影(画像解析による調査)
⑧ 1. 横桁定着部	後埋め部のひび割れ	目視，クラックゲージによる計測	写真撮影(画像解析による調査)
⑧ 2. 桁端部	ひび割れ	目視，クラックゲージによる計測	CCD カメラによる調査
	漏水	目視	赤外線調査
⑧ 3. 定着突起部	ひび割れ	目視，クラックゲージによる計測	写真撮影(画像解析による調査)
⑧ 4. 床版横締め定着部	ひび割れ	目視，クラックゲージによる計測	写真撮影(画像解析による調査)
	剥離	目視，点検ハンマーによる打音	写真撮影(画像解析による調査)
⑧ 5. 外ケーブル定着部および偏向部	ひび割れ	目視，クラックゲージによる計測	移動量測定
⑨ 1. 仮設 PC 鋼材の箱抜き部	ひび割れ	目視，クラックゲージによる計測	写真撮影(画像解析による調査)
	肌すき	目視，クラックゲージによる計測	写真撮影(画像解析による調査)
⑨ 2. 施工用開口部	ひび割れ	目視，クラックゲージによる計測	写真撮影(画像解析による調査)
	肌すき	目視，クラックゲージによる計測	写真撮影(画像解析による調査)
⑩ 外ケーブル	緊張材の活荷重による振動	目視	—
	緊張材のたわみ	目視，触診	強制振動法による張力測定
	防錆被覆材の損傷	目視	—
	偏向部，貫通部での損傷	目視	—
	定着具の損傷，変形，腐食	目視	—
	保護管の損傷，変形	目視	—
	充填材の染み出し	目視	—

1.2.3　変状の把握

（1）　点検の結果，変状を発見した場合は，部位・部材ごと，変状の種類ごとに変状の状況を把握するものとする。この際，変状の状況に応じて，効率的な保全をするうえで必要な情報を詳細に把握するものとする。

（2）　変状は，部位・部材ごと，変状の種類ごとに，変状の程度を a〜e の区分で記録するものとする。

【解　説】

（1），（2）について　変状の程度については，部位・部材ごと，変状の種類ごとに評価する。コンクリート橋で想定される主な変状は，ひび割れ，浮き・剥離・鋼材露出および漏水・エフロレッセンスである。なお，外ケーブル構造の場合には，外ケーブル構造に特有の変状がある。これらの想定される変状の種類に対応した変状の区分を解説 表 1.2.2〜解説 表 1.2.10 に示す。

解説 表 1.2.2　変状の区分（ひび割れ）

区分	変状の程度	
	PC 構造	RC 構造
a	変状なし。	変状なし。
b	ひび割れ幅が小さい。 （0.1 mm 未満）	ひび割れ幅が小さい。 （0.2 mm 未満）
c	ひび割れ幅が中くらい。 （0.1 mm 以上 0.2 mm 未満）	ひび割れ幅が中くらい。 （0.2 mm 以上 0.3 mm 未満）
d	ひび割れ幅が大きい。 （0.2 mm 以上）	ひび割れ幅が大きい。 （0.3 mm 以上）
e	—	—

＊　PC 構造と RC 構造の区別がつかない場合は，安全側に PC 構造として評価する。

＜備　考＞

　ひび割れはコンクリート構造物の耐久性を低下させる主な要因とされているが，耐久性に及ぼす影響については統一的な見解が得られていないのが現状である。参考文献5) および 6) によると，国内外のコンクリート構造物の設計基準では許容ひび割れ幅の目安は概ね 0.2〜0.4 mm の範囲にあることが示されている。また，6)によると，RC構造の場合に補修が必要なひび割れ幅は 0.3 mm 程度である。本マニュアルでは，以上のことを踏まえたうえで，橋梁定期点検要領に示される「損傷程度の評価区分」を参考にして，上表のような評価とする。PC 構造の場合は一般にひび割れを許容しないことから，RC 構造よりも若干厳しい評価となっており，本マニュアルでも同様に評価する。なお，橋梁定期点検要領ではひび割れ間隔についても示されているが，現時点ではひび割れ間隔が耐久性に及ぼす影響が明確ではないので，本マニュアルでは変状の区分に用いる指標としないこととする。

解説 表 1.2.3　変状の区分（浮き・剥離・鋼材露出）

区分	変状の程度
a	変状なし。
b	—
c	剥離のみが生じている。
d	鋼材が露出しており，鋼材の腐食は軽微である。
e	浮きがある。 鋼材が露出しており，鋼材が著しく腐食または破断している。

＜備　考＞

　「浮き」はコンクリート部材の表面が浮いた状態で，まだコンクリートが残っている状態をいう。

「剥離」はコンクリート部材の表面が剥離している状態で，コンクリートが残っていない状態をいう。「鋼材露出」は，剥離部で鋼材が露出している状態をいう。浮いた部分のコンクリートが，ハンマーでたたくなど衝撃を与えることによって剥離した場合は「剥離」あるいは「鋼材露出」として扱う。

剥離があった場合，鋼材腐食の程度が大きいほど橋の安全性が低下するため，鋼材腐食の程度によって評価する。なお，浮きがあると，落下した場合に第三者被害を与える恐れがあるため，区分 e とする。

解説 表 1.2.4　変状の区分 (漏水・エフロレッセンス)

区分	変状の程度
a	変状なし。
b	―
c	ひび割れから漏水が生じている。さび汁やエフロレッセンスはほとんど見られない。
d	ひび割れからエフロレッセンスが生じている。さび汁はほとんど見られない
e	ひび割れから著しい漏水やエフロレッセンス (たとえば，つらら状) が生じている。または漏水に著しいさび汁の混入が認められる。

＊　打継目や目地部から生じる漏水・エフロレッセンスについても，ひび割れから生じるものと同様の扱いとする。

<備　考>

ひび割れから漏水やエフロレッセンスが認められても，それだけでは橋の安全性が低下しているとは言えず，内部の鋼材が腐食しているかどうかに着目することが重要である。腐食の程度が大きいほど橋の安全性が低下しているため，鋼材腐食の程度を合わせて評価する。

解説 表 1.2.5　変状の区分 (外ケーブル：活荷重による振動)

区分	変状の程度
a	変状なし。
b	微小な振動が長時間観測される。
c	―
d	大きな振動が観測される。
e	―

<備　考>

外ケーブルの自由長部が，活荷重などによって生じる橋の振動に共振すると，PC 鋼材や定着部に繰り返し応力が発生し，これらが疲労により変状が生じる恐れがあることから，振動の大きさによって評価する。

解説 表 1.2.6　変状の区分 (外ケーブル：たわみ)

区分	変状の程度
a	変状なし。
b	―
c	他のケーブルと比較してたわみが確認できる。
d	ケーブルの素線に大きなたわみが生じている。または 1 本のより線の内の素線が破断している。
e	ケーブルに大きなたわみが発生している。手で揺らした程度で，張力が大きく減少していることが明確である。 または，より線の 1 本以上が破断している。

<備　考>

外ケーブルのたわみが確認された場合，PC 鋼材の緊張力が減少して橋の安全性が低下している恐れがあ

る。したがって，外ケーブルのたわみの程度によって評価する。

解説 表 1.2.7　変状の区分 (外ケーブル：防錆被覆材の変状)

区分	変状の程度
a	変状なし。
b	表面に軽微な傷痕が確認できる。
c	ケーブルの素線が，打痕で露出・腐食している。またはケーブルの素線が，擦傷している。
d	ケーブルの素線が，擦傷により表面が腐食している。
e	―

<備　考>

　防錆被覆材に変状が生じると，内部の PC 鋼材が腐食する恐れがあり，いずれは PC 鋼材が破断して橋の安全性に影響を与える可能性がある。変状の程度が大きいほど早期に PC 鋼材が腐食する可能性が高いため，変状の程度によって評価する。

解説 表 1.2.8　変状の区分 (外ケーブル：偏向部・貫通部での変状)

区分	変状の程度
a	変状なし。
b	―
c	偏向部において，ケーブルの保護管が偏向管の端部で接触している。または貫通部において，ケーブルの保護管が貫通部と接触している。
d	―
e	偏向部において，ケーブルの保護管が偏向管の端部で変形を伴うほど接触している。または貫通部において，ケーブルの保護管が貫通部で変形を伴うほど接触している。

<備　考>

　外ケーブルの PC 鋼材が偏向部や貫通部に接触していると，設計上想定していない偏向力が主桁に作用したり，PC 鋼材に 2 次応力が発生する恐れがある。接触の程度が大きいほど，主桁や PC 鋼材への影響が大きくなるため，接触の程度によって評価する。一般に，外ケーブルの PC 鋼材は保護管で覆われており，直接，PC 鋼材が接触しているかどうかを確認することは困難であるため，ここでは保護管に対する接触の程度により評価する。

解説 表 1.2.9　変状の区分 (外ケーブル：定着具の変状)

区分	変状の程度
a	変状なし。
b	定着具の表面に軽微な腐食が確認できる。または，充填材が染み出ており，定着具内部の防錆機能が低下している可能性がある。
c	―
d	定着具の内部から，さび汁などの変状が生じている。
e	複数の定着具において，内部からさび汁などの変状が生じている。

<備　考>

　外ケーブルの定着具は，PC 鋼材の緊張力を主桁に伝達するため，構造上，重要な部分であり，かつ大き

な力が作用する部分である。定着具の防錆機能が低下すると，定着具内部の PC 鋼材が腐食し，いずれは破断に至る恐れがある。したがって，定着具内部の PC 鋼材や定着具の腐食の程度によって評価する。

解説 表 1.2.10　変状の区分 (外ケーブル：保護管の変状)

区分	変状の程度
a	変状なし。
b	保護管の一部が変状が生じている。
c	保護管に大きな変状が生じている。または，めくれている部分がある。
d	―
e	―

<備　考>

　保護管に変状が生じると，いずれは内部の PC 鋼材に腐食などの変状が生じて，PC 鋼材が破断し，橋の安全性に影響を与える可能性がある。しかしながら，保護管に変状が生じても，すぐに橋の安全性が低下する訳ではないことから，ここでは区分 a〜c で評価することとする。

1.3　詳細調査

（1）　詳細調査は，定期点検で実施される調査では，構造物の劣化予測，評価および判定が困難な場合に，構造物のより詳細な情報を得るために実施するものとする。
（2）　詳細調査の項目は，定期点検の結果を基にして，PC 構造の特徴を考慮して，目的に応じて適切に選定しなければならない。
（3）　詳細調査の方法は，PC 構造の特徴を考慮して，選定した調査の項目に関する情報が適切に得られるように選定しなければならない。

【解　説】
（1）について　　橋梁定期点検は，主に目視により実施されることから，これだけでは変状要因の特定ができない場合がある。そのため詳細調査は，変状要因を特定するのに必要なデータを得ることを目的として実施する。これは，構造物の性能評価，効果的な対策の実施時期や方法を検討するうえで，劣化の発生原因の推定が重要となるためである。たとえば，PC 鋼材腐食に伴う劣化が確認された場合，PC 鋼材腐食を引き起こした物質の供給ルートが PC グラウト未充填箇所であることを把握して，点検強化の箇所が選定されれば，それらの物質の浸入ルートを遮断することで，対策として有用となる。また，点検強化の箇所が選定されれば，定点ではあるが PC グラウトの劣化や PC 鋼材の腐食進行の速さを知ることができ，劣化予測に有用な情報とすることができる。
（2）について　　調査項目は，詳細調査の目的を整理し，PC 構造の特徴を考慮して，必要以上に項目数を増やすことのないように計画するのがよい。
　ひび割れは，外観的な点検によって確認できる最も代表的な変状であるため，本マニュアルではひび割れのパターンを基にして想定されるひび割れの要因，必要な詳細調査の項目を解説　表

1.3.1 のように整理した。

コンクリートのひび割れの要因には，以下のようなものがある。

① 打込みから数年の間にひび割れの進行が収束すると考えられる初期ひび割れ

② 中性化や塩害による腐食ひび割れなど進行性のひび割れ

③ 荷重によって発生するひび割れ

　詳細調査の項目を，適切に選定するためには，① 初期のひび割れであるか，② 中性化，塩害，アルカリシリカ反応など劣化による進行性のひび割れであるか，③ 曲げ・せん断の力学的作用などの荷重によって発生するひび割れであるかといったひび割れ発生要因の推定を行う必要がある。ひび割れの発生位置，発生パターンはひび割れ発生要因と極めて関連が深いため，外観からある程度の要因を推定することができる。したがって定期点検で得られたひび割れ状況を解説 表 1.3.1 に照らし合わせることで変状の要因が推定でき，その要因を特定するのに必要な調査項目をある程

解説 表 1.3.1（1）　ひび割れパターンと想定されるひび割れの要因，必要な詳細調査の例
（支間中央部）

部位	ひび割れパターン	想定されるひび割れの要因	必要な詳細調査
支間中央部	主桁下面縦方向ひび割れ	定着部からのシースへの水の浸入による PC 鋼材の腐食 PC グラウトの充填不良	PC 鋼材の腐食調査 PC グラウトの充填調査 定着部からの水の浸入調査
		鉄筋の腐食による膨張	中性化調査 塩分調査 鉄筋の腐食調査
		アルカリシリカ反応による膨張	促進膨張試験 コア採取による圧縮強度，弾性係数などの確認試験
	主桁直角方向の桁下面および側面鉛直方向に発生するひび割れ	過大な曲げモーメント	荷重条件の調査
		プレストレス量の低下	残存プレストレス量の調査
		コンクリート硬化前の支保工の沈下	施工記録の調査
		スターラップの腐食	中性化調査 塩分調査 鉄筋の腐食調査
	（PC）変断面桁の下フランジの PC 鋼材に沿ったひび割れ	プレストレスによる腹圧力	解析的検証（FEM 解析により PC 鋼材のプレストレスによる腹圧力の検証）
	主桁上フランジ付近のひび割れ	過大な曲げモーメント	荷重条件の調査
		プレストレス量の低下	残存プレストレス量の調査
		分割施工時（断面高さ方向）のコンクリート収縮の拘束	施工記録の調査

解説 表 1.3.1（2）　ひび割れパターンと想定されるひび割れの要因，必要な詳細調査の例
（支間長の 1/4 点付近）

部位	ひび割れパターン		想定されるひび割れの要因	必要な詳細調査
支間長の 1/4 点付近	支承付近ウェブに発生する斜め方向ひび割れ		過大なせん断力	荷重条件の調査
			せん断補強鋼材の不足	設計図書の調査
			コンクリート硬化前の支保工の沈下	施工記録の調査
	PC 連続中間支点の変曲点付近の PC 鋼材に沿ったひび割れ		定着部からのシースへの水の浸入による PC 鋼材の腐食 PC グラウトの充填不良	PC 鋼材の腐食調査 PC グラウトの充填調査 定着部からの水の浸入調査
			コンクリート硬化前に中間支点が沈下	施工記録の調査
	PC 連続中間支点の変曲点付近の PC 鋼材に直交したひび割れ		過大なせん断力	荷重条件の調査
			PC 鋼材配置形状の不備によるプレストレス量の低下	解析的検証 施工記録の調査 残存プレストレス量の調査

解説 表 1.3.1（3）　ひび割れパターンと想定されるひび割れの要因，必要な詳細調査の例
（連続桁の中間支点部，支承・伸縮装置の周辺部，ゲルバーヒンジ部，断面急変部）

部位	ひび割れパターン		想定されるひび割れの要因	必要な詳細調査
連続桁の中間支点部	（PC）連結横桁部（RC 構造部）のひび割れ		正の曲げモーメントにより下面に生じる引張力	設計図書の調査
			乾燥収縮やクリープの異常進行	促進膨張試験 コア採取による圧縮強度，弾性係数などの確認試験
			連結部の補強鉄筋不足	設計図書の調査
	連続桁中間支点部の主桁上側に発生する鉛直方向ひび割れ		中間支点の上フランジにおける負の曲げモーメントに対する補強鋼材の不足	荷重条件の調査
			プレストレス量の低下	残存プレストレス量の調査
支承・伸縮装置の周辺部	①支承上の桁下面および側面に発生する鉛直方向ひび割れ		支点上の過大な局部応力，支承機能の消失，地震による過大な水平力	支承機能の調査 コア採取による圧縮強度，弾性係数などの確認試験 電磁波レーダ法による PC 鋼材，鉄筋の探査
	②支承付近ウェブに発生する斜め方向ひび割れ		過大なせん断力やせん断補強鋼材の不足，プレストレス量の低下	残存プレストレス量の調査
ゲルバーヒンジ部	ゲルバー部のひび割れ		過大な応力集中 プレストレスの不足	支承機能の調査 残存プレストレス量の調査
断面急変部	断面急変部のひび割れ		断面急変による応力集中	構造性能の照査 （FEM 解析などによる検証）

解説 表 1.3.1（4）　ひび割れパターンと想定されるひび割れの要因，必要な詳細調査の例
（打継目部，PC 鋼材の定着部）

部位		ひび割れパターン	想定されるひび割れの要因	必要な詳細調査
打継目部	桁打継目部，床版打継目部のひび割れ		分割施工に伴う温度応力や乾燥収縮	圧縮強度，弾性係数配合，打設時期などの施工記録の調査温度応力解析
PC 鋼材の定着部	PC 鋼材に沿ったひび割れ		定着部からのシースへの水の浸入による PC 鋼材の腐食PC グラウトの充填不良	PC 鋼材の腐食調査PC グラウトの充填調査定着部からの水の浸入調査
			アルカリシリカ反応による膨張	促進膨張試験コア採取による圧縮強度，弾性係数などの確認試験
	（PC）主桁の腹部に水平なひび割れ		定着部前面の支圧応力による引張応力の発生	緊張力の確認施工記録の調査
			アルカリシリカ反応による膨張	促進膨張試験コア採取による圧縮強度，弾性係数などの確認試験
			コンクリート水和熱に伴う内部拘束作用	配合，打設時期などの施工記録の調査

解説 表 1.3.1（5）　ひび割れパターンと想定されるひび割れの要因，必要な詳細調査の例
（PC 鋼材の定着部）

部位		ひび割れパターン	想定されるひび割れの要因	必要な詳細調査
PC 鋼材の定着部	定着突起周辺		定着突起を境としたプレストレス量の差による定着突起前面に橋発生する橋軸方向引張応力	解析的検証（局部応力の検証）
	後埋めコンクリート部		あと埋め材料の乾燥収縮	施工記録の調査
			あと埋め部等の打継目から雨水が浸入することによる PC 鋼材定着具の腐食	定着部の腐食調査
	外ケーブル定着部		定着部周辺の局部応力に対する補強鋼材量や断面の不足，過剰な緊張力の導入	解析的検証（局部応力の検証）設計図書の調査
	偏向部		偏向部周辺の局部応力に対する補強鋼材量や断面の不足，過剰な緊張力の導入	解析的検証（局部応力の検証）設計図書の調査

解説 表 1.3.1 (6)　ひび割れパターンと想定されるひび割れの要因，必要な詳細調査の例
(その他)

部位	ひび割れパターン		想定されるひび割れの要因	必要な詳細調査
その他	横桁部のひび割れ		乾燥収縮の拘束応力やコンクリートの水和熱に伴う内部拘束応力	コンクリートの配合，打設時期などの施工記録の調査
	(PC)セグメント接合部のすき・離れ		プレストレス量の低下	残存プレストレス量の調査
			定着部からのシースへの水の浸入によるPC鋼材の腐食 PCグラウトの充填不良	PC鋼材の腐食調査 PCグラウトの充填調査 定着部からの水の浸入調査
	亀甲状，くもの巣状のひび割れ		鉄筋の腐食による膨張 アルカリシリカ反応による膨張	中性化調査 塩分調査 鉄筋の腐食調査 促進膨張試験 コア採取による圧縮強度，弾性係数などの確認試験
	桁の腹部に規則的な間隔で鉛直方向に発生しているひび割れ		鉄筋の腐食による膨張	中性化調査 塩分調査 鉄筋の腐食調査
	ウェブと上フランジの接合点付近の水平方向のひび割れ		コンクリートの沈降やコールドジョイント	施工記録の調査
	桁全体に発生している斜め45°方向のひび割れ		主桁に作用するねじれ	荷重条件調査 残存プレストレス量の調査

度選定することが可能である。なお，解説 表 1.3.1 は，必要な詳細調査と項目を選定するための参考であることに留意が必要である。

（3）について　　一般的な調査項目と得られる情報，主な調査方法の例がⅠ編 解説 表 3.3.3，またPC構造物特有の変状に応じた詳細調査の事例がⅠ編 解説 表 3.3.4 に示されているので参考にするとよい。

1.4　点検結果の評価および判定

1.4.1　評　　価
（1）　点検において一定レベル以上の変状が確認された場合，必要に応じて詳細調査を行い，変状の要因を推定する。
（2）　変状の要因が劣化の場合，劣化機構に基づいて劣化進行の予測を行う。
（3）　鋼材の破断や断面欠損などが確認された場合，構造物の性能を評価し，性能低下の程度を把握する。

【解　説】
（1）について　　点検において一定レベル以上（一般に1章1.2.3に従って変状の区分がc〜e）と評価された場合，Ⅰ編3章3.3.2に従って詳細調査の要否を判定し，必要に応じて1章1.3に従って詳細調査を行い，変状の要因を推定する。変状の要因の推定では，変状の特徴や詳細調査の結果だけでなく，構造物の環境条件（外的要因）や構造物がどのように設計・施工されたか（内的要因）を考慮するのがよい。
（2）について　　コンクリート橋の変状の要因は，初期欠陥，劣化および損傷の3つに分類される。初期欠陥および損傷はその進行が時間の経過を伴わない変状であるが，劣化は時間とともに進行する。そのため，その時点では対策が必要でない場合でも劣化の進行が早いと予測された場合は予防保全の観点から補修などが必要と判断される場合があることから，対策の要否を判定するためには劣化進行の予測を行う必要がある。
　劣化予測の方法は，発見された劣化に対して，劣化機構と劣化要因を適切に推定・分類し，適切なモデルにより予測を行う。塩害と中性化については，コンクリート中の塩化物イオン濃度および中性化進行の予測式が土木学会「コンクリート標準示方書［維持管理編］」に示されており，以下の手法を用いて行うのがよい。アルカリシリカ反応や凍害に対する予測は，適切な試験などに基づいて行うのがよい。
a．塩害
　塩化物イオンのコンクリート中への浸透を予測する方法として，式（1.4.1）が示されている。式（1.4.1）はFickの第二法則として知られる拡散方程式をコンクリート表面における塩化物イオン濃度を一定として解いたものである。

$$C(x,t)=\gamma_d \bullet \left[C_0(1-erf\frac{x}{2\sqrt{D_{ap}\bullet t}}) \right]+C_i \tag{1.4.1}$$

ここに，
$C(x,t)$：深さx（cm），建設時からの時刻t（年）における塩化物イオン濃度（kg/m³）
C_0：表面における塩化物イオン濃度（kg/m³）
D_{ap}：塩化物イオンの見かけの拡散係数（cm²/年）
C_i：初期含有塩化物イオン濃度（kg/m³）

erf：誤差関数

γ_{cl}：予測の精度に関する安全係数

b．中性化

中性化深さは中性化期間の平方根に比例することが確認されており，中性化の進行予測は式（1.4.2）により求めることができる。

$$y = b\sqrt{t} \tag{1.4.2}$$

ここに，

y：中性化深さ（mm）

t：中性化期間（年）

b：中性化速度係数（mm/$\sqrt{}$年）

（3）について　安全性の観点から補修などを行う必要があるかどうかを判定するには，構造物の性能を評価する必要がある。構造物の性能の評価については現状では確立された手法はないが，耐力評価式を用いて断面耐力を求めたり，FEM 解析などによって構造性能を評価したりすることができる。その際，劣化した鋼材やコンクリートを無視してモデル化したり，弾性係数を低下させたりして，適切にモデル化して検討するとよい。

1.4.2　対策の要否判定

点検結果および詳細調査を基に，劣化進行の予測および構造物の性能評価を考慮して，表 1.4.1 の対策区分の判定を行う。

表 1.4.1　対策区分の判定

判定区分	内　　容
A	変状が認められないか，変状が軽微で補修を行う必要がない
B	状況に応じて補修を行う必要がある
C1	予防保全の観点から速やかに補修などを行う必要がある
C2	橋梁構造の安全性の観点から，速やかに補修などを行う必要がある
E1	橋梁構造の安全性の観点から，緊急対応の必要がある
E2	そのほか緊急対応の必要がある

【解　説】

コンクリート橋で想定される主な変状について対策区分の判定の目安を解説 表 1.4.1〜解説 表 1.4.9 に示す。この表は，1 章 1.2.3 変状の把握で示されるひび割れ，浮き・剥離・鋼材露出，漏水・エフロレッセンスおよび外ケーブルに関する変状の区分から対策の要否判定を判断するための判断基準を示したものである。変状の要因が劣化である場合には，時間の経過とともに構造物の性能に及ぼす影響が変化するため，Ⅰ編 3 章 3.3.2 に示す詳細調査を行う要否判定で詳細調査が必要と判断された場合，詳細調査に基づいて現状を把握するとともに将来の予測を行って対策の要否判定をしなければならない。なお，PC 構造ではひび割れを許容しない設計となっているが，解説 表 1.2.2

に示される変状程度の評価区分では PC 構造の方が RC 構造よりも厳しい基準で区分されているため，解説 表 1.4.1 では構造形式の種類に関わらず変状の評価区分と対策区分の関係を例示した。

解説 表 1.4.1 は劣化による変状を想定した対策区分の目安であるが，ひび割れが 1 章 1.2.1 の点検の着目点で示される構造的なひび割れであり，設計で想定していない荷重の作用や構造性能の低下が想定される場合，詳細調査において構造性能照査も行って判定を行うのがよい。

解説 表 1.4.1　対策区分の判定の目安（ひび割れ）

変状の区分	判定区分	判定の目安
a	A	－
b	A	進行性でないひび割れであり，鋼材も腐食していない。
	B	鋼材は腐食していないが，劣化による進行性のひび割れである。 または，進行性でないひび割れであるが，環境作用による劣化が今後懸念される。
c,d	C1	配力筋など主鋼材以外の鋼材が腐食している。 または，鋼材腐食はないが，環境作用が非常に厳しく早期に鋼材が腐食することが懸念される。
	C2	PC 鋼材または主鉄筋が腐食しており，耐荷性能が若干低下している。
	E1	PC 鋼材または主鉄筋が破断し，耐荷性能が著しく低下している。
	E2	ひび割れが早期に浮きに進行し，第三者被害の危険性が高い。

解説 表 1.4.2　対策区分の判定の目安（浮き・剥離・鋼材露出）

変状の区分	判定区分	判定の目安
a	A	－
c	B	－
d	B	環境作用が厳しくない。
	C1	環境作用が厳しい。
e	C1	配力筋など主鋼材以外の鋼材が著しく腐食しているが，耐荷性能は低下していない。
	C2	PC 鋼材または主鉄筋が著しく腐食しており，耐荷性能が若干低下している。
	E1	PC 鋼材または主鉄筋が破断し，耐荷性能が著しく低下している。
	E2	コンクリート片の落下による第三者被害の危険性が高い。

解説 表 1.4.3　対策区分の判定の目安（漏水・エフロレッセンス）

変状の区分	判定区分	判定の目安
a	A	－
c	B	－
d	B	環境作用が厳しくない。
	C1	環境作用が厳しい。
e	C1	配力筋など主鋼材以外の鋼材が腐食しているが，耐荷性能は低下していない。
	C2	PC 鋼材または主鉄筋が腐食しており，耐荷性能が若干低下している。
	E1	PC 鋼材または主鉄筋が破断し，耐荷性能が著しく低下している。

解説 表 1.4.4　対策区分の判定の目安 (外ケーブル：活荷重による振動)

変状の区分	判定区分	判定の目安
a	A	－
b	B	－
d	C1	振動による応力変動が小さく，疲労破断の懸念はない。
	C2	振動による応力変動が大きく，疲労破断が懸念される。

解説 表 1.4.5　対策区分の判定の目安 (外ケーブル： たわみ)

変状の区分	判定区分	判定の目安
a	A	－
c	C1	張力低下の影響が小さく，耐荷性能は低下していない。
d	C1	張力低下の影響が小さく，耐荷性能は低下していない。
	C2	張力低下の影響が大きく，耐荷性能が若干低下している。
e	C2	張力低下の影響が大きく，耐荷性能が若干低下している。
	E1	張力低下の影響が非常に大きく，耐荷性能が著しく低下している。

解説 表 1.4.6　対策区分の判定の目安 (外ケーブル：防錆被覆材の変状)

変状の区分	判定区分	判定の目安
a,b	A	－
c	B	素線の腐食や擦傷の範囲が小さく，次の点検までに破断する懸念がない。
d	C1	素線の腐食が進行し，次の点検までに破断する懸念がある。

解説 表 1.4.7　対策区分の判定の目安 (外ケーブル：偏向部，貫通部での変状)

変状の区分	判定区分	判定の目安
a	A	－
c	A	PC 鋼材への付加曲げの影響がない。
	B	PC 鋼材への付加曲げの影響がある。
e	C1	ケーブルが破断する恐れがある。

解説 表 1.4.8　対策区分の判定の目安 (外ケーブル：定着具の変状)

変状の区分	判定区分	判定の目安
a	A	－
b	A	環境作用が厳しくない。
	B	環境作用が厳しい。
d	C1	PC 鋼材が破断していない。 または，PC 鋼材が破断しているが，張力低下の影響が小さく，耐荷性能は低下していない。
	C2	PC 鋼材が破断による張力低下の影響が大きく，耐荷性能が若干低下している。
e	C2	PC 鋼材が破断による張力低下の影響が大きく，耐荷性能が若干低下している。
	E1	PC 鋼材が破断による張力低下の影響が非常に大きく，耐荷性能が著しく低下している。

解説 表 1.4.9　対策区分の判定の目安（外ケーブル：保護管の変状）

変状の区分	判定区分	判定の目安
a	A	－
b	B	PC 鋼材の腐食の懸念が小さい。
c	C1	PC 鋼材の腐食が懸念される。

1.5　対　　　策

（1）　PC 構造物の補修・補強では，その特性を考慮し，目標とする性能を満足するよう，補修・補強の方針を定め，工法と材料を適切に選定しなければならない。

（2）　補修・補強では，補修・補強後の構造物あるいは部位・部材が目標とする性能を満足することを，適切な方法を用いて照査しなければならない。

【解　説】

（1）について　　PC 構造物の補修・補強の設計では，定期点検や詳細調査に基づいて，補修・補強の対象となる損傷と劣化の種類，損傷と劣化の程度と範囲，劣化要因と劣化機構を明確にしたうえで，健全性評価および耐荷性能照査による評価を行う。構造物の重要度，保全区分，残存設計供用期間，対策後の保全の容易さ，ライフサイクルコスト，環境性などの総合評価により，対策後の構造物の性能を所要の期間保持できる適切な対策方法を選定することが重要である。補修・補強工法の選定では，劣化機構，要求性能および進行過程，損傷と劣化の種類を明確に分類し，PC 構造特有の変状別に検討することが重要である。補修・補強工法の選定では，点検結果や，1 章 1.3 を参考にして検討するのがよい。構造物に発生した変状に起因して事故が発生した場合や，事故に至らないまでも構造物に著しい変状が確認された場合には，早急な対策が必要と判断される。特に，第三者影響度が問題となるような事故が発生する可能性がある場合は，緊急の処置を施す必要がある。一方，対策の種類の選定，対策の実施計画や対策後の保全計画の策定，および対策の実施には，相応の時間が必要である。そこで，対策の実施にあたっては，点検結果や詳細調査の結果を参考にして，表 1.4.1 対策区分の判定 に従って，解説 表 1.4.1～解説 表 1.4.9 を参考にして適切な時期に行うことが重要である。補修，補強については，現在も様々な研究がなされており，適用事例が蓄積されている段階にある。しかしながら，目標とする性能を十分に満足する技術が存在しない場合もあるので，そのような場合には，再補修，再補強も念頭において工法や材料を選定することが必要である。工法や材料の選定にあたっては，それらの諸性質を詳細に把握するとともに，実験による効果の確認や適用実績の調査も重要である。PC 構造物に適用されている主な補修・補強工法を解説 図 1.5.1 に示す。PC 構造物に適用されている主な補修・補強工法は，期待する目的によって，① PC 構造物特有の耐久性・安全性・供用性の回復，② コンクリート構造物全般の耐久性の回復あるいは向上，③ コンクリート構造物全般の力学的な性能の回復あるいは向上，の 3 つに分けられる。工法選定に際しては，期待する目的に応じてこれらの工法を参考にすると良い。PC 構造物特有の耐久性や安全性や供用性の回復もしくは向上を目的とした補修および補強の方針と工法

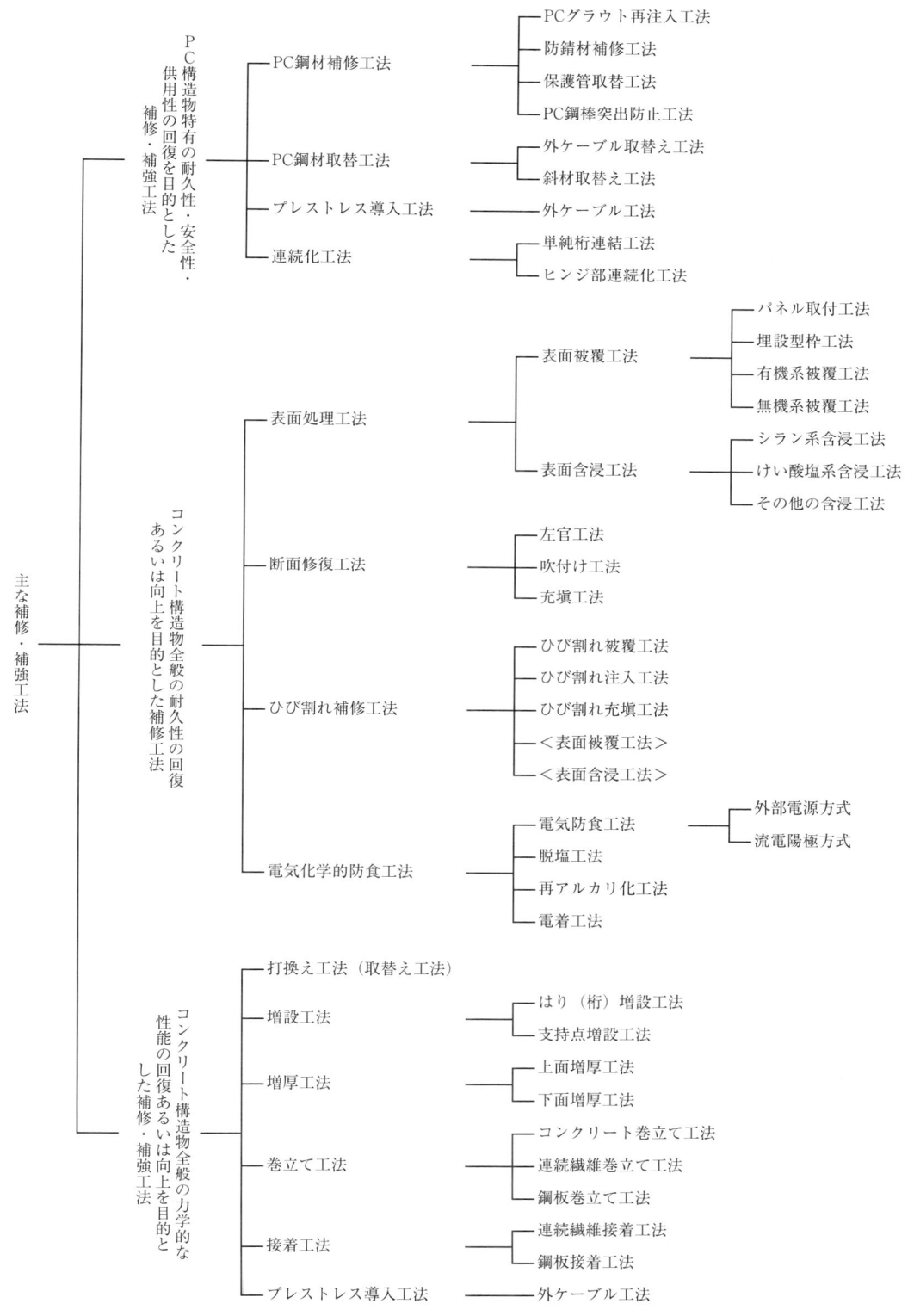

＊　表面被覆工法，表面含浸工法は表面処理工法に分類されるが，ひび割れ補修工法としても用いられる場合がある

解説 図 1.5.1　PC 構造物に適用されている主な補修・補強工法

解説 表 1.5.1　PC 構造物特有の耐久性や安全性や供用性の回復もしくは向上を目的とした補修および補強の方針と工法

変状	補修，補強の方針	補修，補強工法の構成	目標とする性能を満たすために考慮すべき要因
PC グラウト充填不足	・PC 鋼材の腐食防止 ・コンクリートとの一体化確保 ・安全性の確保	・PC グラウト再注入工法 ・床版防水工法 ・PC 鋼棒突出防止工法	・ダクト内の残存水分および Cl^- 量の程度 ・PC 鋼材の腐食程度 ・PC 鋼材の防錆処理 ・PC グラウトの充填程度（再注入前後） ・劣化因子の侵入防止 ・PC 鋼材の配置状態と緊張力 ・突出防止材の耐衝撃性
PC 鋼材，定着具，保護管等の腐食や損傷	・PC 鋼材等の腐食防止 ・鋼材腐食因子の侵入抑制 ・安全性の確保	・PC グラウト再注入工法 ・外ケーブル，斜材等の取替 ・保護管等の補修	・上記と同様 ・保護管等の防錆処理
プレストレスの不足	・有効プレストレスの回復 ・安全性の確保	・プレストレス導入工法 ・支持点の増設	・PC 鋼材の腐食程度および防錆処理 ・応力状態の変化
過度のたわみ	・供用性の回復 ・安全性の確保 ・変形進行の抑制	・増厚工法 ・連続化工法 ・プレストレスト導入工法	・残存乾燥収縮量およびクリープ量 ・構造系および応力状態の変化

解説 表 1.5.2　コンクリート構造物全般の耐久性の回復もしくは向上を目的とした補修の方針と工法

劣化機構	補修の方針	補修工法の構成	目標とする性能を満たすために考慮すべき要因
中性化	・中性化したコンクリートの除去 ・補修後の CO_2，水分の侵入抑制	・断面修復工法 ・表面処理工法 ・再アルカリ化工法	・中性化部除去の程度 ・鋼材の防錆処理 ・断面修復材の材質 ・表面処理材の材質と厚さ ・コンクリート中のアルカリ量
塩害	・侵入した Cl^- の除去 ・補修後の Cl^-，水分，酸素の侵入抑制	・断面修復工法 ・表面処理工法 ・脱塩工法	・侵入部除去の程度 ・鋼材の防錆処理 ・断面修復材の材質 ・表面処理材の材質と厚さ ・脱塩工法適用箇所の Cl^- 量の除去程度
塩害	・鋼材の電位制御	・電気防食工法	・陽極材の品質 ・分極量
凍害	・劣化したコンクリートの除去 ・補修後の水分の侵入抑制 ・コンクリートの凍結融解抵抗性の向上	・水処理（止水，排水処理） ・断面修復工法 ・ひび割れ注入工法 ・表面処理工法	・断面修復材の凍結融解抵抗性 ・鉄筋の防錆処理 ・ひび割れ注入材の材質と施工法 ・表面処理材の材質と厚さ
化学的侵食	・劣化したコンクリートの除去 ・有害化学物質の侵入抑制	・断面修復工法 ・表面処理工法	・断面修復材の材質 ・表面処理材の材質と厚さ ・劣化コンクリートの除去程度
アルカリシリカ反応	・水分の供給抑制 ・内部水分の散逸促進 ・アルカリ供給抑制 ・膨張抑制 ・部材剛性の回復	・水処理（止水，排水処理） ・ひび割れ注入工法 ・表面処理工法 ・断面修復工法 ・巻立て工法	・ひび割れ注入材の材質と施工法 ・表面処理材の材質と厚さ ・断面修復材の材質
疲労 （道路橋鉄筋コンクリート床板の場合）	・ひび割れ進展の抑制 ・部材剛性の回復 ・押抜きせん断強度の回復	・水処理（排水処理） ・床版防水工法 ・ひび割れ注入工法 ・取替工法 ・接着工法 ・増厚工法	・既設コンクリート部材との一体性
すりへり	・減少した断面の復旧 ・粗度係数の回復・改善	・断面修復工法 ・表面処理工法	・断面修復材の材質 ・付着性 ・すりへり抵抗性 ・粗度係数

を解説 表 1.5.1 に示す。補修および補強の方針と工法は，PC 構造物特有の変状によって，① PC グラウト充填不足，② PC 鋼材，定着具，保護管等の腐食や損傷，③ プレストレスの不足，④ 過度のたわみ，の 4 つの変状に分けられる。工法選定に際しては，PC 構造物特有の変状に応じてこれらの工法を参考にすると良い。コンクリート構造物全般の耐久性の回復もしくは向上を目的とした補修の方針と工法を解説 表 1.5.2 に示す。補修の方針と工法は，劣化機構によって，① 中性化，② 塩害，③ 凍害，④ 化学的侵食，⑤ アルカリシリカ反応，⑥ 疲労，⑦ すりへり，の 7 つに分けられる。工法選定に際しては，劣化機構に応じてこれらの工法を参考にすると良い。

（2）について　　補修，補強後の性能照査は，これらを実施したことによる効果または影響を考慮して実施することが重要である。

参考文献

1）　長田，本間，佐藤，池田：PC 橋の補修・補強技術，コンクリート工学，Vol.43，No.12，pp.18–25，2005.12
2）　プレストレストコンクリート技術協会：PC 定着工法 2010 年版
3）　鈴木素彦：PC 定着工法の歴史的発展，プレストレストコンクリート技術協会，プレストレストコンクリート，Vol.42，No.6，pp.98–107，2000
4）　プレストレスト・コンクリート建設業協会：PC 道路橋計画マニュアル［改訂版］，2007.10
5）　国土交通省国土技術政策総合研究所，土木研究所，プレストレスト・コンクリート建設業協会：PRC 道路橋の性能照査に関する研究：国土技術政策総合研究所資料共同研究報告書　土木研究所共同研究報告書 ISSN 1346–7328 国総研資料第 620 号 共同研究報告書第 416 号，p.288–297，平成 23 年 1 月
6）　日本コンクリート工学会：コンクリートのひび割れ調査，補修・補強指針 – 2013 –，pp.81–86
7）　高速道路調査会：平成 27 年度 高速道路点検診断講習会テキスト　判定・評価事例写真集【土木】，PC 橋の降雨後に伸縮装置から漏水が発生している状況（写真），p.3–22，平成 27 年 12 月
8）　プレストレスト・コンクリート建設業協会：PC 構造物の維持保全 – PC 橋の更なる予防保全に向けて –【2015 年版】，平成 27 年 3 月

2章　鋼桁および鋼部材

2.1　鋼桁および鋼部材の構造概要

2.1.1　混合桁橋・複合橋の構成要素と種類

（1）　混合桁橋・複合橋における鋼桁および鋼部材として，混合桁橋の鋼桁部，波形鋼板ウェブ橋の波形鋼板，複合トラス橋の鋼トラス材，斜張橋・エクストラドーズド橋の鋼製斜材定着部，落橋防止システムの鋼部材，などの共通事項を対象とする。

（2）　鋼桁および鋼部材の点検および診断にあたっては，構造特性や設計思想を理解したうえで，鋼構造特有の腐食や疲労について点検結果の評価を行わなければならない。

【解　説】

（1）について　　近年，PC橋の長支間化・軽量化を目指し，鋼とコンクリートの長所を生かした複合構造が多数建設されてきた。たとえば，波形鋼板ウェブ橋は日本国内ですでに200橋以上建設されている。これらの保全において，通常のコンクリート橋と異なり，鋼とコンクリートの接触部を有すること，また，鋼桁および鋼部材特有の腐食や疲労の問題があることに留意しなければならない。対象とする構造事例として解説 図2.1.1〜解説 図2.1.5に示す。

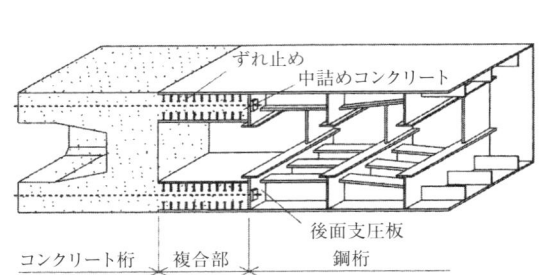

解説 図2.1.1　混合桁橋の例

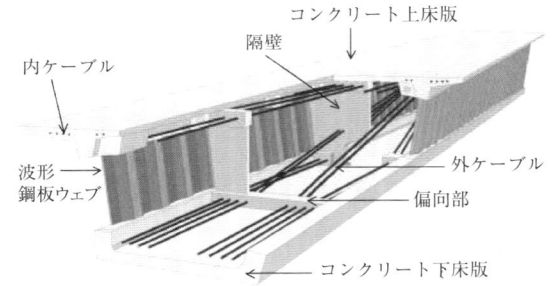

解説 図2.1.2　波形鋼板ウェブ橋

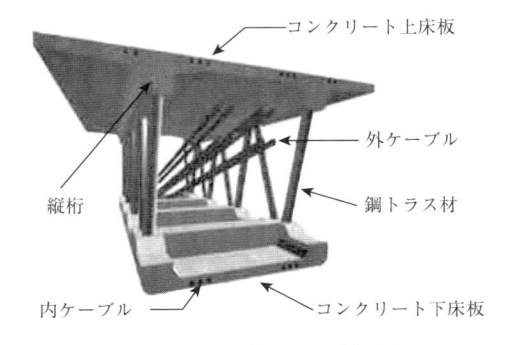

解説 図2.1.3　複合トラス橋の例

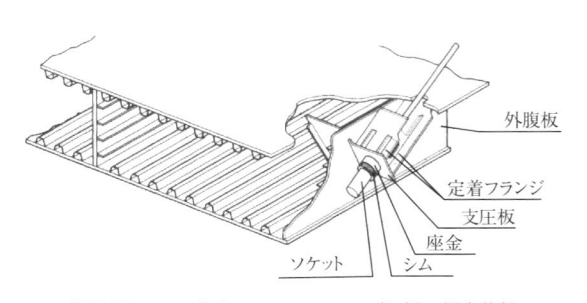

解説 図2.1.4　複合エクストラドーズド橋の鋼定着部

解説 図 2.1.5　落橋防止システムの鋼部材

（2）について　　鋼部材は一般に薄い鋼板で構成されているため，コンクリート部材と異なり座屈や破断が起こりうる。劣化や損傷の部位によっては深刻な問題となることも考えられる。たとえば混合桁橋では複合部への水の侵入による腐食が発生すれば補修等が困難であるため，変状が発見できる点検方法と変状の対策が求められる。また，波形鋼板ウェブ橋が腐食により板厚が減耗した場合などには耐荷力の低下について十分検討しなければならない。複合トラス橋では鋼コンクリート複合格点部の健全性に留意が必要である。さらに溶接部を起点とした疲労き裂が発生した場合，進展状況から耐荷力に大きな影響を与える可能性がある。以上から各構造特性を把握したうえで着目点について点検を行い，適切な評価と判定を行わなければならない。これらは鋼部材の特性に精通した技術者が行うのがよい。

　なお，ここでは疲労によるダメージ総体を疲労変状，個別のダメージを疲労損傷と呼ぶ。

2.1.2　鋼桁および鋼部材の関連規準

　混合桁橋の鋼桁やコンクリート橋における鋼部材については鋼橋の関連規準に準拠するものとする。

【解　説】

　コンクリート橋と同様に鋼橋においても参照すべき保全関連規準の体系がある。特に防食と疲労に関しては各種規準が充実している。ここでは，技術者が参照すべき図書に効率的に見つけることができるようインデックスの形で解説 表 2.1.1 に整理した。これ以外にも多くの図書があるが，実務で多用されているものとしてまとめた。

　なお鋼構造関連図書の早わかりの一助として，代表的な図書の内容コメントを記す。

（i）　保全全般

④　日本鋼構造協会：土木構造物の点検・診断・対策技術－各年度版－

　土木鋼構造診断士テキスト。鋼橋の点検・診断・対策について全般的かつ総括的に記述されており，入門から実務まで有用である。内容は，点検診断の基本や帳票，主要材料の性質と変遷，溶接・ボルト・接着接合，損傷の点検と測定方法（非破壊試験ほか各種測定），損傷部材の評価（腐食，疲労，変位・変形），鋼道路橋，鉄道橋，港湾構造物，水圧鉄管。

解説 表 2.1.1　鋼橋関連技術規準

	保全全般	防食・耐候性鋼材	疲労
日本道路協会	①道路橋点検必携～橋梁点検に関する参考資料～ 2015.04 ②道路橋補修・補強事例集（2012年版）2012.03	⑩鋼道路橋防食便覧 2014.03 ⑪鋼道路橋塗装・防食便覧資料集 2010.09	⑳道路橋示方書・同解説Ⅱ鋼橋編 2017.11 ㉑鋼橋の疲労 1997.05
土木学会	③鋼・合成構造標準示方書維持管理編 2013年制定 2014.01	⑫腐食した鋼構造物の性能回復事例と性能回復設計法 2014.08	㉒鋼橋の疲労対策技術 2013.12 ㉓鋼床版の疲労 2010.12
日本鋼構造協会	④土木鋼構造物の点検・診断・対策技術－各年度版－（鋼構造診断士テキスト）	⑬重防食塗装－防食原理から設計・施工・維持管理まで－ 2012.02 ⑭一般塗装系塗膜の重防食塗装系への塗替え塗装マニュアル 2014.05 ⑮鋼構造物塗膜調査マニュアル 2006.10 ⑯耐候性橋梁の適用性評価と防食予防保全 2009.09	㉔鋼構造物の疲労設計指針・同解説 2012.06
日本橋梁建設協会	⑤鋼橋の損傷と点検・診断 2000.05 ⑥鋼橋保全技術の紹介 2005.04	⑰鋼橋防食のQ&A 2002.03 ⑱耐候性鋼材【さび外観評価補助システム】	㉕鋼道路橋の疲労設計資料 2003.10
道路会社，他	⑦保全点検要領構造物編［NEXCO3社］2015.04 ⑧これならわかる道路橋の点検［首都高速道路技術センター］2015.11 ⑨保全技術者のための橋梁技術の変遷［道路保全技術センター］1999.07	⑲重防食塗料ガイドブック［日本塗料工業会］2007.03	㉖阪神高速道路における鋼橋の疲労対策［阪神高速道路㈱］2012.03 ㉗鋼橋診断指針（疲労編）［中日本高速道路］2013.02 ㉘鋼橋補修・補強設計施工指針（疲労編）［中日本高速道路］2013.02

（ⅱ）　防食・耐候性鋼材

⑩　日本道路協会：鋼道路橋防食便覧（2014.03）

　鋼橋および鋼部材の防食に関して最も基本となる。共通編，塗装編，耐候性鋼材編，溶融亜鉛めっき編，金属溶射編を持ち，鋼に関する防食の体系を整えている。各編には腐食の原理，防食設計，留意点，施工，保全，塗替え塗装，についてまとめられており，新設・保全を問わず重要な規準である。

⑬　日本鋼構造協会：重防食塗装－防食原理から設計・施工・維持管理まで－（2012.03）

　腐食の原理および塗装系の変遷，重防食塗装の詳述，防食設計，施工，保全に加え，曝露試験や複合サイクル促進試験などの耐久性評価試験についても詳述されている。

⑱　日本橋梁建設協会：耐候性鋼材【さび外観評価補助システム】http://www.jasbc.or.jp/sabi/

　外観評点写真，映像（Web閲覧可）および樹脂模型のさびサンプル（販売）からなる。耐候性鋼材のさび外観の評価は，5段階評価で判定することが提案されており，この判定を補助するシステム。

（ⅲ）　疲労

㉒　土木学会：鋼橋の疲労対策技術（2013.12）

　全体として事例に基づいた損傷メカニズムと対策が総括されており，保全において有用である。1章では，予防保全対策，疲労き裂補修対策，計測および診断技術の考え方を整理し，各種止端処理，ストップホール，溶接補修や非破壊試験ならびに疲労強度評価法について概説。2章

で実橋における疲労き裂対策事例を図・写真を交えて紹介している。3章では構造ディテールの変遷とし，実際のディテールと発生した疲労損傷を対策も含めて総括している。4章では予防保全技術として止端仕上げからピーニング，鋼材に至るまでを総括している。5章では発生したき裂の対策工法。6章は非破壊試験を含む計測技術。7章は疲労強度評価法としてエフェクティブノッチ評価法などに言及している。

㉔　日本鋼構造協会：鋼構造物の疲労設計指針・同解説（2012.06）

　道路橋示方書では表現しきれない疲労設計体系をまとめている。公称応力，ホットスポット応力，疲労き裂進展解析，および疲労照査と点検・診断・対策に言及。止端仕上げとしてグラインダー処理，TIG 処理に加え，初めてピーニングにも言及している。巻末の設計例は，道路橋，鉄道橋，クレーン，船舶，海洋構造物，圧力容器，鉄道車両，鋼床版箱桁橋の補修・補強などが収められている。

2.2　点　　検

2.2.1　点検の着目点

　鋼桁および鋼部材の点検にあたっては，以下の変状について点検を行い，記録するものとする。

① 　腐食
② 　き裂
③ 　ゆるみ・脱落
④ 　破断
⑤ 　防食機能の劣化

【解　説】

　鋼桁および鋼部材の点検においては， Ⅰ編 3 章 3.3.2 に基づいて，その構造物特性を把握し，過去の不具合事例などを参考にして，条文に示す部位，箇所に特に着目して点検するのがよい。ここでは PC 橋における鋼桁および鋼部材に着目することから，鋼部材に関する変状の種類について着目点を記載している。橋梁種別ごとに特有の着目点がある場合にはⅢ編に記載する。

　混合桁橋や複合橋は比較的新しい形式であり，大きな変状事例は報告されていない。ここでは発生しうる変状形態を既往の鋼橋の変状事例から推定するものとし，「橋梁定期点検要領　付録－1 損傷評価規準」[1] に基づいた点検の着目点を示す。

① 　腐食

　塗装やめっきなどが施された普通鋼材における腐食は，集中的にさびが発生している状態，またはさびが極度に進行し板厚減少や断面欠損が生じている状態をいう。耐候性鋼材の場合には保護性さびが形成されず異常なさびが生じている場合や，極度なさびの進行により板厚減少などが著しい状態をいう。板厚減少などを伴うさびの発生を「腐食」として扱い，板厚減少等を伴わないと見なせる程度の軽微なさびは「防食機能の劣化」として扱う。

Ⅱ　共　通　編

　鋼材とコンクリートとの境界部で滞水やコンクリート内部への腐食因子の侵入が発生した場合，局部的に著しく腐食が進行し，板厚減少などの変状を生じることがあり，注意が必要である。解説 図 2.2.1 に腐食の事例を示す。

(a)　トラス斜材の床版貫通部の腐食

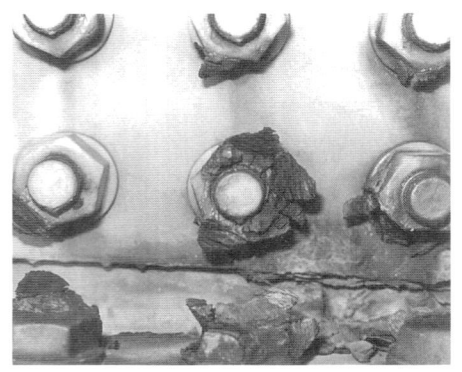

(b)　ボルトの腐食

解説 図 2.2.1　鋼部材およびボルトの腐食[6]

②　き裂

　応力集中が生じやすい部材の断面急変部や溶接接合部などに多く現れる。溶接線近傍のように表面性状がなめらかでない場合には，表面きずやさびなどによる凹凸の陰影との見分けがつきにくい。塗装がある場合に表面に開口したき裂は，塗膜割れを伴うことが多い。鋼材の割れやき裂の進展により部材が切断された場合は，「破断」として扱う。解説 図 2.2.2 にき裂の事例を示す。

　混合桁橋の場合，鋼桁部は鋼床版箱桁となることが多いので，鋼床版の疲労き裂で問題になっているケースについて以下に示す。鋼床版では縦リブと横リブの交差部や垂直補剛材上端部での疲労き裂が多く報告されているが，近年Ｕリブ溶接部からのき裂が問題になっている。具体的には解説 図 2.2.3 に示すように溶接ルート部からデッキプレート方向に貫通するき裂Ⓐと，のど厚方向に進展するき裂Ⓑが挙げられる。き裂Ⓐの事例を解説 図 2.2.4 に示す。デッキプレートを貫通したき裂から漏水し腐食が発生している。この部位のデッキプレート上面は解説 図 2.2.5 に

解説 図 2.2.2　き裂[6]

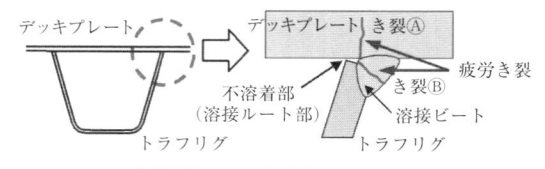

解説 図 2.2.3　鋼床版の疲労き裂

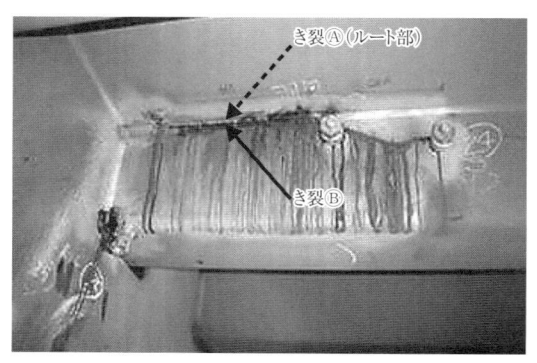

解説 図 2.2.4　き裂Ⓐの事例[6]

解説 図 2.2.5　舗装を剥がしたデッキプレート[6]

解説 図 2.2.6　き裂Ⓑの事例[6]

示すようにき裂Ⓐがデッキプレート上面に達していることがわかる。またき裂Ⓑの事例を解説図 2.2.6 に示す。

　これらの疲労変状事例を受けて平成 24 年 3 月改訂の道路橋示方書ではＵリブを使用する鋼床版の最小板厚を 12 mm から 16 mm とする対策が行われた。点検の着目点としてはＵリブを用いたデッキプレートが 12 mm で重交通路線の場合はＵリブ溶接部が着目点となる。デッキ貫通き裂の場合，目視による調査では困難であるが，路面に変状となって現れる場合があるので，舗装の変状と判断して見逃すことがないようにする必要がある。

　混合桁橋の場合，鋼桁部に支点があるケースもあるが，支点部のソールプレート溶接部から疲労き裂が発生している事例も多く点検時の着目点となる。解説 図 2.2.7 にソールプレート部のき裂の事例を示す。

③　ゆるみ・脱落

　ボルトにゆるみが生じたり，ナットやボルトが脱落している状態をいう。ボルトが折損しているものも含む。解説 図 2.2.8 にボルト脱落の事例を示す。

④　破断

　鋼部材の破断をいう。鋼橋の場合，床組部材や対傾構・横構などの 2 次部材に見られる。腐食

解説 図 2.2.7　ソールプレート部のき裂[6]

解説 図 2.2.8　ゆるみ・脱落[6]

やき裂が進展して破断に至る場合がある。解説 図2.2.9 に破断の事例を示す。

⑤ 防食機能の劣化

塗装の場合，防食塗膜の劣化をいう。めっき・金属溶射では変色，ひび割れ，ふくれ，はがれなどの状態をいう。耐候性鋼材においては，保護性さびが形成されていない状態をいう。解説図2.2.10 に防食機能の劣化の事例を示す。

解説 図2.2.9 破断 [6]

解説 図2.2.10 防食機能の劣化 [6]

2.2.2 着目点の点検方法

鋼桁および鋼部材の点検は，その目的や対象とする構造物に応じて適切かつ効率的な方法を選定して，実施するものとする。点検の方法は，近接目視により行うことを基本とし，必要に応じて触診や打音などの非破壊試験などを併用するものとする。

【解 説】

鋼桁および鋼部材の点検は，すべての部材に近接して部材の状態を評価することを基本とする。

非破壊試験の手法を用いる場合，機器の性能や検査者の技量などの様々な条件が検査精度に影響を及ぼすため，事前に適用範囲や検査方法の詳細について検討しておくことが必要である。

解説 表2.2.1 に標準的な点検方法を示す。橋梁の構造や架橋位置，表面性状など検査部位の条件によっては，点検対象の条件に応じて適切に選定しなければならない。点検方法は「橋梁定期点検要領」[1] を参照した。

解説 表 2.2.1 鋼部材に関する点検方法

部位・部材	変状の種類	点検の標準的方法	必要に応じて採用する方法の例
鋼桁および鋼部材	①腐食	目視，打音	超音波板厚計による板厚計測
	②き裂	目視	超音波探傷試験，磁紛探傷試験 浸透探傷試験，渦流探傷試験 放射線透過試験，フェイズドアレイ超音波探傷試験
	③ゆるみ・脱落	目視，打音	ボルトヘッドマークの確認，打音 超音波探傷（F11T 等），軸力計を使用した調査
	④破断	目視，打音	打音（ボルト）
	⑤防食機能の劣化	目視	写真撮影（画像解析による調査） インピーダンス測定，膜厚測定，付着性試験

2.2.3　変状の把握

（1）　点検の結果，変状を発見した場合は，部位・部材ごと，変状の種類ごとに変状の状況を把握するものとする。この際，変状の状況に応じて，効率的な保全をするうえで必要な情報を詳細に把握するものとする。

（2）　変状は，部位・部材ごと，変状の種類ごとに変状の程度を記録するものとする。

【解　説】

（1），（2）について　　変状の程度については「橋梁定期点検要領　付録 −1 損傷評価規準」[1]に基づいて，部位・部材ごと，変状の種類ごとに評価する。

（ⅰ）　腐食

混合桁橋や複合橋での点検箇所は，鋼コンクリート境界部，波形鋼板ウェブにおけるボルト連結や溶接連結部およびその近傍，および湿気や漏水の影響を受けている耐候性鋼材等に留意しなければならない。解説 表 2.2.2 に変状の区分の例を示す。この表における変状の深さおよび変状の面積の判定基準例を解説 表 2.2.3 および解説 表 2.2.4 に示す。

解説 表 2.2.2　変状の区分（腐食）[7]

区分	変状の程度		備考
	変状の深さ	変状の面積	
a	変状なし		
b	小	小	
c	小	大	
d	大	小	
e	大	大	

解説 表 2.2.3　変状の深さ[7]

区分	変状の程度
大	鋼材表面に著しい膨張が生じている，または明らかな板厚減少等が視認できる。
小	さびは表面的であり，著しい板厚減少等は視認できない。

注）　さびの状態（層状，孔食など）にかかわらず，板厚減少の有無によって評価する。

解説 表 2.2.4　変状の面積[7]

区分	変状の程度
大	着目部分の全体にさびが生じている。または着目部分に拡がりのあるさび発生箇所がある。
小	変状個所の面積が小さく局所的である。

注）　全体とは，評価単位である当該要素全体をいう。
　　例：主桁の場合，端部から第一横構まで等。格点の場合，当該格点。
　　なお，大小の区分の閾値の目安は，50 % である。

（ⅱ）　き裂

鋼材のき裂は，応力集中が生じやすい部材の断面急変部や溶接接合部などに現れやすい。した

がって，混合桁橋の複合部近傍や，波形鋼板ウェブの連結部などに留意しなければならない。き裂の多くは極めて小さく，外観からだけでは検出が難しいことが多いが，塗装がある場合に発生したき裂は表面に塗膜割れを伴うことが多いので，この点に留意して点検するのがよい。断面急変部，溶接接合部などで塗膜割れが確認され，直下の鋼材にき裂が生じている疑いを否定できない場合には，鋼材のき裂を直接確認していなくても，「防食機能の劣化」以外に「き裂」として扱うのがよい。解説 表 2.2.5 に変状の区分を示す。

解説 表 2.2.5　変状の区分（き裂）[7]

区分	変状の程度
a	変状なし。
b	－
c	断面急変部，溶接接合部などに塗膜割れが確認できる。 き裂が生じているものの，線状でないか，線状であってもその長さが極めて短く，更に数が少ない場合。
d	－
e	線状のき裂が生じている。または直下にき裂が生じている疑いを否定できない塗膜割れが生じている。

注 1)　塗膜割れとは，鋼材のき裂が疑わしいものをいう。
　　2)　長さが極めて短いとは，3 mm 未満を一つの判断材料とする。

（ⅲ）　ゆるみ・脱落

ボルトにゆるみが生じたり，ナットやボルトが脱落している状態をいう。ボルトが折損しているものも含む。解説 表 2.2.6 に変状の区分を示す。

解説 表 2.2.6　変状の区分（ゆるみ・脱落）[7]

区分	変状の程度
a	変状なし。
b	－
c	ボルトにゆるみや脱落が生じており，その数が少ない。 （一群あたり本数の 5% 未満である。）
d	－
e	ボルトにゆるみや脱落が生じており，その数が多い。 （一群あたり本数の 5% 以上である。）

注 1)　一群とは，たとえば波形鋼板ウェブの連結部などをいう。
　　2)　一群あたりのボルト本数が 20 本未満の場合は 1 本でも該当すれば，「e」と評価する。

（ⅳ）　破断

鋼部材が断裂している状態をいう。主部材の破断は重大な事故につながるので留意が必要である。2 次部材や付属物の支持材において発生することもある。解説 表 2.2.7 に変状の区分を示す。き裂や腐食が進展して部材の断裂が生じており，断裂部以外にもき裂や腐食が生じている場合にはそれぞれの変状としても扱う。ボルトの破断，折損は，「破断」ではなく，「ゆるみ・脱落」として扱う。

解説 表 2.2.7　変状の区分 (破断)[7]

区分	変状の程度
a	変状なし。
b	－
c	－
d	－
e	破断している。

（ⅴ）　防食機能の劣化

　塗装，溶融亜鉛めっき，金属溶射において，板厚減少等を伴うさびの発生を「腐食」として扱い，板厚減少等を伴わないと見なせる程度の軽微なさびの発生は「防食機能の劣化」として扱う。耐候性鋼材においては，板厚減少を伴う異常さびが生じた場合に「腐食」として扱い，粗いさびやウロコ状のさびが生じた場合は「防食機能の劣化」として扱う。

　塗装における防食塗膜の劣化による変状の区分を解説 表 2.2.8 に示す。めっきおよび金属溶射の場合は防食皮膜の劣化により，変色，ひび割れ，ふくれ，はがれ等が生じている状態を防食機能の劣化とし解説 表 2.2.9 に変状の区分を示す。耐候性鋼材においては保護性さびが形成されていない状態とし解説 表 2.2.10 に変状の区分を示す。

　耐候性鋼材のさび外観の評価は土木研究所・鉄鋼連盟・日本橋梁建設協会による共同研究で，5段階評価で判定することが提案されており，これによる評点5〜1が解説 表 2.2.10 におけるa〜eに概ね該当している。これまでは各評点の写真見本が評価の参考資料として使用されていたが，写真だけではさびの凹凸が判りにくく，判定が難しいと言われていたことから，樹脂によ

解説 表 2.2.8　変状の区分 (塗装)[7]

区分	変状の程度
a	変状なし。
b	－
c	最外層の防食塗膜に変色が生じたり，局所的なうきが生じている。
d	部分的に防食塗膜が剥離し，下塗りが露出している。
e	防食塗膜の劣化範囲が広く，点さびが発生している。

注)　劣化範囲が広いとは，評価単位の要素の大半を占める場合をいう (以下同じ。)

解説 表 2.2.9　変状の区分 (めっき，金属溶射)[7]

区分	変状の程度
a	変状なし。
b	－
c	局所的に防食皮膜が劣化し，点さびが発生している。
d	－
e	防食皮膜の劣化範囲が広く，点さびが発生している。

注)　白さびや「やけ」は，直ちに耐食性に影響を及ぼすものではないため，変状とは扱わない。ただし，その状況は変状図に記載する。

解説 表 2.2.10　変状の区分（耐候性鋼材）[7]

区分	変状の程度
a	変状なし。
b	変状なし。ただし、保護性さびは生成されていない状態である。
c	さびの大きさは1～5mm程度で粗い。
d	さびの大きさは5～25mm程度のうろこ状である。
e	さびの層状剥離がある。

注）　一般に、さびの色は黄色・赤色から黒褐色へと変化していく。ただし、さび色だけで保護性さびかどうかを判断することはできない。また、保護性さびが形成される過程では、安定化処理を施した場合に、皮膜の残っている状態を、保護性さび生成される過程にあるのか、生成されていない状態かを明確にするため、「b」を新たに設けている。

るさび模型「さびサンプル」が開発され、さび評点5～1の代表的なさび状態の模型を見ながら点検・判定を行うことが可能となっている（参考 URL　http://www.jasbc.or.jp/sabi/）。

2.3　詳 細 調 査

（1）　点検を行った結果、構造物に変状が確認され、変状の要因、劣化機構の推定や予測、評価および判定のために、より詳細な情報が必要と判断された場合には詳細調査を行うものとする。
（2）　詳細調査の項目は、点検の結果を参考にして、鋼桁および鋼部材の特徴を考慮して、目的に応じて適切に選定しなければならない。
（3）　詳細調査の方法は、鋼桁および鋼部材の特徴を考慮して、選定した調査の項目に関する情報が得られる適切な方法を選定しなければならない。

【解　説】
（1）について　　橋梁点検は、主に目視により実施されることから、変状要因の特定をできない場合がある。そのため詳細調査は劣化要因を特定するのに必要なデータを得るとともに、劣化予測、健全度の判定を行い、対策方法を分類するのに必要なデータを得ることを目的として実施する。
（2）について　　詳細調査は目的を整理し、鋼桁および鋼部材の特徴を考慮して、必要以上に調査項目を増やすことなく、最小限の調査項目を計画するのがよい。
（3）について　　一般的な調査の項目と得られる情報、主な調査の方法の例をⅠ編3章 解説 表3.3.2に示す。腐食により鋼材板厚の減耗の疑いがある場合は詳細調査により板厚を計測のうえ、耐荷力に対する影響を評価しなければならない。また境界に設けられたシール材の変状が認められ

解説 表 2.3.1　板厚測定法 [7]

方法	適用範囲	使用方法	利点	問題点
超音波法	金属、非金属および超音波を透過させる材料	超音波により共振を起こして厚さを測定する	測定が容易、使用実績が多数ある	記録保存に難、塗膜が厚いと、精度が悪い
電磁気法	金属および磁性体一般に適用	磁気抵抗により板厚を推定	測定が容易	

る場合，腐食因子が侵入している可能性があり，必要に応じて詳細調査の対象となる。複合部に腐食因子が侵入し腐食が進行した場合，補修・補強が困難となる可能性があるので，変状を看過することなく詳細調査を実施したうえで適切な診断を行い，対策を実施するのがよい。解説 表2.3.1に板厚測定法を示す。

　鋼桁および鋼部材の疲労き裂に関しても腐食と同様に鋼とコンクリートの境界近傍は健全であることを前提とするのがよい。混合桁橋，波形鋼板ウェブ橋および複合トラス橋などにおいては鋼とコンクリートが一体化されて剛性が急変し複雑な応力性状を示すことが考えられる。これら複合部近傍で疲労き裂が発生したり，疲労き裂の疑いのある塗膜割れが認められた場合には，非破壊試験などによる詳細調査を実施し，疲労き裂の形状・サイズ等を特定したうえで診断を行うのが原則である。詳細調査では，建設時の検査記録の精査，材料試験，載荷試験なども必要に応じて実施しなければならない。

　き裂の点検は最初は目視により塗膜割れの調査を行い，その結果，疲労き裂が要因と想定される塗膜割れを発見した場合，非破壊試験を実施して，き裂の有無や形状を調査することになる。点検者は塗膜割れの生じやすい部位，疲労き裂の生じやすい部位，また疲労き裂により塗膜割れが生じた場合の状況などについて，既往の変状事例を含めて十分な知識と経験を有している必要がある。目視確認方法については，たとえばNDIS3414（目視試験方法，日本非破壊検査協会）を参考とするのもよい。

　き裂を検出する非破壊試験方法には種々の方法があり，想定されるきずの性状や塗膜の除去の可否および必要とされる計測精度を勘案して，適切な手法で行わなければならない。解説 表2.3.2に疲労き裂の非破壊試験方法を示す。非破壊試験方法の詳細および原理はⅤ編Ⅴ-ⅰ6章参照のこと。

解説 表2.3.2　非破壊試験方法[7]

種　類	長　所	短　所
超音波探傷試験 （UT:Ultrasonic Testing） JIS Z 3060	・溶接部の内部きずの検査が可能である	・きずの位置，大きさによって検出精度のばらつきが大きい ・検査精度が探傷技術者の経験や能力に左右される
磁粉探傷試験 （MT:Magnetic Particle Testing） JIS Z 2320	・表面きずの形状および寸法の測定精度に優れる ・微細なきずの長さを測定するのに有効である	・内部きずは表層の2〜3mmまで ・塗膜を除去する必要がある ・表面の凹凸が著しい場合には結果の判定を誤りやすい（アンダーカット，ビード波目）
浸透探傷試験 （PT:Penetrant Testing） JIS Z 2343	・表面に現れたきずの検出に適している ・電源の供給を必要とせず，他の探傷試験と比べて用意する機器が少なく，簡便な方法である	・塗膜を除去する必要がある ・内部きずは検出できない ・小さなきずの検出は，浸透液が十分浸み込むことができないため困難 ・表面の凹凸が著しい場合には結果の判定を誤りやすい（アンダーカット，ビード波目）
渦流探傷試験 （ET:Eddy Current Testing） JIS Z 2316	・表面に現れたきずの検出に適している ・塗膜上からの検査が可能 ・検査時間が短い	・内部きずは検出できない ・正確な寸法測定はできない ・検査精度が探傷技術者の経験や能力に左右される
放射線透過試験 （RT:Radiographic Testing） JIS Z 3104	・変状の確認が容易 ・適用範囲が広範 ・測定結果を保存しやすい	・機材が大きい ・使用上の制限が多い ・作業の安全管理が必要
フェイズドアレイ超音波探傷試験 （Phased Array Ultrasonic Testing）	・探傷結果を画像で評価するため，欠陥の位置や大きさ，形状が分りやすい	・きずの位置，大きさによって検出精度のばらつきがある ・JISの規定がない

2.4 点検結果の評価および判定

2.4.1 評　　価

（1）　点検にあたっては，一定レベル以上の変状が確認された場合，必要に応じて詳細調査を行い，変状の要因を推定する。

（2）　変状の要因が劣化の場合，劣化機構に基づいて劣化進行の予測を行う。

（3）　鋼部材の板厚減耗やき裂などが確認された場合，構造物の性能を評価し，性能低下の程度を把握する。

【解　説】

（1）について　　点検において一定レベル以上（一般に 2 章 2.2.3 に従って変状の区分が c〜e）と評価された場合，Ⅰ編 3 章 3.3.2 に従って詳細調査の要否を判定し，必要に応じて 2 章 2.3 に従って詳細調査を行い，変状の要因を推定する。変状の要因の推定では，変状の特徴や詳細調査の結果だけでなく，構造物の環境条件（外的要因）や構造物がどのように設計・施工されたか（内的要因）を考慮するのがよい。解説 表 2.4.1 に鋼部材の主な変状要因を示す。あわせて解説 図 2.4.1 および解説 図 2.4.2 を参照。

解説 表 2.4.1　鋼部材の主な変状要因

劣化機構	劣化要因	劣化現象	劣化指標の例
腐食	紫外線 塩化物イオン 酸性物質・酸素 雨水（結露）など	紫外線は塗膜表面を分解して粉状にすることによる白亜化と顔料の艶やかさを低下させる。 浸透雨水と酸素による塗膜下でのマクロセル腐食，塗膜貫通穴の発生（点さび），ミクロセル腐食によるさび範囲の拡大の順で発生する。 さびが進展すると，鋼材の減耗に繋がる。塩分はこれを加速させる。	変退色・はがれ さび・腐食面積 減耗厚 減耗面積
疲労	繰返し載荷 応力集中	降伏点以下の応力の繰返しにより，部材取合い部の溶接止端部（特に回し溶接部）やすみ肉溶接ルート部のような応力集中部にき裂が発生する。	き裂

解説 図 2.4.1　鋼部材の腐食

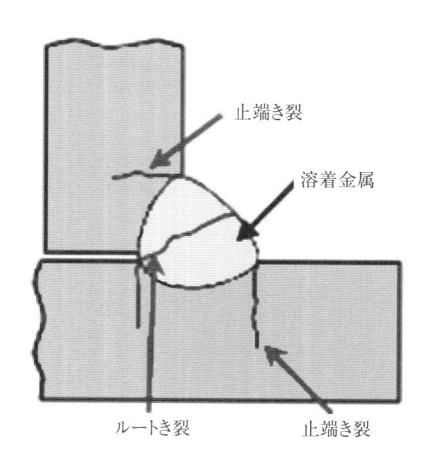

解説 図 2.4.2　疲労き裂の例

（2）について　　　その時点では対策が必要でない場合でも劣化の進行が早いと予測された場合は予防保全の観点から補修などが必要と判断される場合があることから，対策の要否を判定するためには進行の予測を行う必要がある。劣化進行の予測は定まった方法はないが，「土木鋼構造物の点検・診断・対策技術」[2]において健全度評価および進行予測と余寿命について詳述されているので参考にするとよい。

（3）について　　　鋼部材の板厚減耗やき裂が見られる場合，安全性の観点から補修などを行う必要があるかどうかを判定するため，構造物の性能を評価する。これについても「土木鋼構造物の点検・診断・対策技術」[2]などを参考にするのがよい。現状では必ずしも確立された手法はないが，必要に応じて FEM 解析，弾性座屈解析および弾塑性有限変位解析などによって耐荷力を評価するのがよい。

2.4.2　対策の要否判定

点検結果および詳細調査を基に，劣化進行の予測および構造物の性能評価を考慮して，表 2.4.1 の対策区分の判定を行う。

表 2.4.1　対策区分の判定

判定区分	判定の内容
A	変状がみとめられないか，変状が軽微で補修を行う必要がない。
B	状況に応じて補修を行う必要がある。
C1	予防保全の観点から，速やかに補修等を行う必要がある。
C2	橋梁構造の安全性の観点から，速やかに補修等を行う必要がある。
E1	橋梁構造の安全性の観点から，緊急対応の必要がある。
E2	その他，緊急対応の必要がある。

【解　説】

劣化は鋼桁および鋼部材に共通する現象であるため，部位・部材に関わりなく対策区分の判定を行うこととする。「橋梁定期点検要領」[1]では，変状の種類ごとに対策区分の判定が示されているが，劣化による変状は複数の種類の変状が同時に生じることが多いことから，総合的に対策区分の判定を行う必要がある。なお，「橋梁定期点検要領」では S1「詳細調査の必要がある」および S2「追加調査の必要がある」が示されているが，ここでは詳細調査および追加調査は点検の一部として必要に応じて実施することとし，対策区分から除外している。また，M「維持工事で対応する必要がある」も，土砂詰まりなど通常の維持工事で対応できる場合が対象であるため，ここでは除外している。腐食，き裂，ゆるみ・脱落，破断および防食機能の劣化についての対策区分の判定の目安を解説 表 2.4.2〜解説 表 2.4.6 に示す。

Ⅱ　共　通　編

解説 表 2.4.2　対策区分の判定の目安（腐食）

変状の評価区分	判定区分	判定の目安
a	A	変状なし。
b, c	B	局部的な腐食が生じている。
	C1	腐食が生じている。
	C2	腐食により主部材に減厚が生じている。
d, e	E1	腐食により主部材に孔食や著しい断面減少が生じ，構造物の耐荷力に影響を及ぼす恐れがある。
	E2	複合トラス弦材や波形鋼板ウェブに断面減耗の恐れがある。

解説 表 2.4.3　対策区分の判定の目安（き裂）

変状の評価区分	判定区分	判定の目安
a, b	A	変状なし。
	B	－
	C1	－
c, d	C2	微細なき裂が発生している。
e	E1	進展が予想されるき裂が発生している。
	E2	複合トラス弦材や波形鋼板ウェブのき裂で断面欠損がある。

解説 表 2.4.4　対策区分の判定の目安（ゆるみ・脱落）

変状の評価区分	判定区分	判定の目安
a, b	A	変状なし。
	B	－
	C1	－
c, d	C2	ゆるみ・脱落の数が少ない。
e	E1	ゆるみ・脱落の数が多く，耐荷力に問題。

解説 表 2.4.5　対策区分の判定の目安（破断）

変状の評価区分	判定区分	判定の目安
a, b, c, d	A	変状なし。
	B	－
	C1	－
e	C2	付属物の支材等の破断。
	E1	複合トラス弦材破断や波形鋼板ウェブの座屈。
	E2	付属物の支材等の破断で第三者被害の懸念。

解説 表 2.4.6　対策区分の判定の目安（防食機能の劣化）

変状の評価区分	判定区分	判定の目安
a, b	A	変状なし。
c	B	変色，うき，点さび，粗いさび（耐候性）。
d	C1	部分的剥離，うろこ状さび（耐候性）。
e	C2	広い劣化・剥離，層状剥離（耐候性）。

2.5　対　　策

2.5.1　対策の選定

　対策が必要と判定された場合には，構造物の重要性，保全区分，残存設計供用期間，劣化機構，構造物の性能低下の程度などを考慮して目標とする性能を定め，対策後の保全のしやすさや経済性を検討したうえで，適切な種類の対策を選定し，実施するものとする。

【解　説】

　鋼桁および鋼部材における主な変状対策は，2.5.2 および 2.5.3 に示した。このほか，ボルトのゆるみ・脱落に対してはボルト取替。漏水・滞水に対しては防水工，シール材，水抜き設置およびコーキング材による水切り勾配付与など，こまめな対策が有効なことがあるので検討するのがよい。

2.5.2　塗装補修対策

（1）　混合桁橋・複合橋における鋼桁および鋼部材における塗装は原則として健全な状態を維持しなければならない。
（2）　鋼コンクリートの境界部における水の侵入防止のための塗装やシール材は，健全な状態に維持しなければならない。

【解　説】

（1）について　　混合桁橋，波形鋼板ウェブ橋および複合トラス橋などでは複合部およびその近傍は補修塗装が困難な部位があるため，点検時に塗装の変状が認められた時には，すみやかに対策を行うのがよい。これにより腐食による板厚の減耗等を許容しないのが基本である。一般的な定期点検は5年に一度であるが，防食上懸念がある部位についてはきめ細かな点検と対策が重要である。たとえば変状が認められた場合に次の塗替え時期まで待つのではなく，点検車両やロープアクセスなどにより局部的な対策・補修をすみやかに行うのがよい。なお混合桁橋で複合部から離れた鋼桁一般部については既往の鋼桁の保全の考え方に準じてよい。

　塗替えについては，さびやはがれが発生した場合には許容せずに対策を施す。経年変化で変退色や汚れ，あるいは重防食塗装の防食下地であるジンクリッチペイントを保護するフッ素系上塗り塗装の消耗について評価し，塗替えを判断しなければならない。塗替えは足場工等のコストを含めたライフサイクルコストを考慮しつつ，劣化範囲や外観などに応じて，全面塗替え，部分塗替えを選定しなければならない。また，ブラストの可否，旧塗膜の仕様，残寿命や有害物質等を考慮して適切に塗装仕様を決定しなければならない。塗替え塗装系は，「鋼道路橋防食便覧」[3] において，素地調整の程度・可否および旧塗膜仕様や，変状の進行状態に応じて，Rc-Ⅰ〜Rc-Ⅳ，Ra-Ⅲ，Rd-Ⅲ，Rzc-Ⅰ等が示されているので参考にするのがよい。なお，施工にあたっては温度や湿度等の施工環境条件に制限があることに注意しなければなうない。特に海岸地域で現場塗装を行う場合は，飛来塩分が被塗装面に付着することのないよう，確実な養生を行うことが必要である。解説 図 2.5.1 に補修方法施工例を示す。

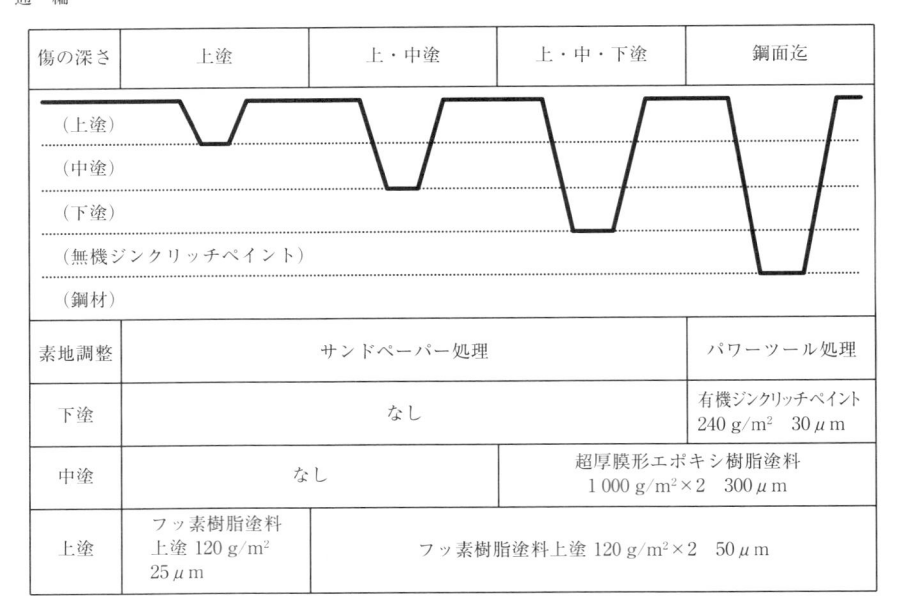

傷の深さ	上塗	上・中塗	上・中・下塗	鋼面迄
素地調整	サンドペーパー処理			パワーツール処理
下塗	なし			有機ジンクリッチペイント 240 g/m²　30 μm
中塗	なし		超厚膜形エポキシ樹脂塗料 1 000 g/m²×2　300 μm	
上塗	フッ素樹脂塗料 上塗 120 g/m² 25 μm	フッ素樹脂塗料上塗 120 g/m²×2　50 μm		

解説 図 2.5.1　傷の深さによる補修方法施工例

（2）について　　鋼・コンクリート境界部にはシール材や防水塗装などが施工されていることが多い。複合部に水が侵入するとトリプルコンタクトポイントとなり防食上の懸念が増大する。したがって，シール材や防水塗装に関して，紫外線劣化，硬化，剥落，などに留意し変状がある場合はすみやかに対策を行うのがよい。

2.5.3　疲労変状対策

　鋼構造部の疲労変状については，その要因を調査し，疲労き裂の特徴に応じた補修方法で対策を行わなければならない。

【解　説】
　疲労は通常徐々に進行するため，早期に発見し適切な対策を行わなければならない。き裂の進展を見逃したり，放置したりすると脆性的な破壊に至る可能性もあるため注意が必要である。特に混合桁橋・複合橋における鋼桁および鋼部材は，波形鋼板ウェブ，鋼トラス部材などでは主要な部材であったり，混合桁橋のように剛性急変部であることが多いため，変状を認められた場合は直ちに詳細調査を行い，適切な対策を行う必要がある。
　疲労変状の要因としては，① 溶接部に作用する活荷重による応力範囲，② その溶接部の疲労強度が重要な因子となる。つまり，疲労強度の低い継手に大きな活荷重応力が作用すると，疲労変状を発生しやすい。道路橋では不特定多数の車両が通過し，違法な過積載車両も少なくない。当然のことながら大型車両の重量が大きいほど，またその交通量が多いほど疲労変状の可能性が大きくなる。
　鋼橋の場合は構造的要因もあり，採用されてきた構造詳細が疲労に対して弱点となるケースがあ

り，これらは既往の変状事例として整理されており，重点的に点検するポイントとなっている。

　混合桁橋および複合橋では，疲労き裂が報告された事例はないが，前述のように主要な部材であることが多いため，入念な点検と対策を行なわなければならない。

　補修が必要と判断される場合は鋼構造物が設計時に見込まれていた機能を有するように復元することが必要である。変状が発生したメカニズムを考慮せず，単に変状箇所のみ補修しても同様の変状が将来発生する可能性が残されているため，補修に当たっては，変状の発生のメカニズムを十分解明したうえで補修工法を決定することが重要である。疲労き裂の補修・補強に用いられる一般的な工法と用途例を解説 表2.5.1 に示す。

　以下に「PC構造物高耐久化ガイドライン」[4]を参考とし，疲労損傷対策として（ⅰ）ストップホール，（ⅱ）高力ボルトを用いたあて板補強，（ⅲ）溶接による補修，（ⅳ）高周波ピーニングによる疲労強度の向上，の施工要領と留意点を示す。いずれも専門技術者の判断が必要であり，構造毎に異なるため，みだりに実施してはならない。特にき裂の溶接補修は応力作用下の鋼材に高熱を与える

解説 表 2.5.1　補修・補強工法の用途例

工法・対策	用　途　例
ⅰ）ストップホール	【主桁面外ガセット取付け部および対傾構取付け部のき裂（溶接）】 ・き裂先端部の高い応力集中を解消し，あて板補強等の本補修完了までのき裂進展を遅延させる応急対策 【対傾構取付け部のき裂】 ・応力が小さい箇所へ施工した場合，き裂進展停止対策
ⅱ）高力ボルトによるあて板補強	【主桁面外ガセット取付け部および対傾構取付け部のき裂】 ・応力低減，面外剛性の増加による恒久対策
ⅲ）溶接による補修	【対傾構取付け部のき裂】 ・応力が小さい箇所へ施工した場合，き裂除去による恒久対策 ・ピーニング等による止端部処理を予防対策として付加
ⅳ）① 高周波ピーニング	【溶接継手部の止端処理】 ・き裂が発生していない溶接止端部，もしくはき裂を除去した溶接止端部に施工し，疲労強度を向上させる予防対策
ⅳ）② グラインダー仕上げ	【溶接継手部の止端処理】 ・き裂が発生していない溶接止端部に施工し，疲労強度を向上させる予防対策 【疲労き裂の除去】 ・溶接止端部に発生した軽微な疲労き裂（深さ0.5 mm程度）を除去する恒久対策 ・同時に，止端処理により疲労強度が向上する効果が得られる（予防対策） 【疲労き裂の状況確認（グラインダーによる削り込み）】 ・疲労き裂が鋼部材まで進展し（もしくは鋼部材までの進展が懸念され），ストップホール等の施工が必要である場合，き裂状況を把握する（先端位置，他き裂の有無）ために実施
ⅳ）③ ハンマーピーニング	【溶接継手部の止端処理】 ・き裂が発生していない溶接止端部，もしくはき裂を除去した溶接止端部に施工し，疲労強度を向上させる予防対策
ⅳ）④ TIG処理	【溶接継手部の止端処理】 ・き裂が発生していない溶接止端部，もしくはき裂を除去した溶接止端部，に施工し，疲労強度を向上させる予防対策 ・微小なき裂のある溶接止端部でも可能
ⅴ）変状部の取替え	【部材の取替え】 ・腐食等により機能が低下した部材，もしくは製作が不良な部材を取替えることにより，本来の機能を回復する恒久対策 ・現状の部材をより強度の高い部材へ取替えることにより，強度を向上させる恒久対策

とともに，振動下での現場溶接となることもあるため，厳に慎重な判断が必要である。

（ⅰ）　ストップホール

1．工法の概要とねらい

　　疲労き裂の先端に円孔（ストップホール）を設けることにより，先端部の高い応力集中を解消し，き裂の進展を一時的に防止することで，脆性破壊の発生を抑制する。

　　この方法は応急処置として用いられる場合が多い。ストップホールの効果は，変状の直接の要因となる応力の作用方向およびその程度に依存する。ストップホールは，局部的な面外変形に起因するき裂に対して適用する方法であり，この場合にはストップホールを設けることによって完全にき裂の進展を停止させることもできる。なお，面外変形に起因して生じたき裂であっても進展量が大きく，一次応力を受けるような場合には，ストップホールのみの対策では不十分である。

　　ストップホールの効果を高めるために，高力ボルトを挿入し，締付けるのを標準とする。あて板補強と併用する場合，ボルトの配置を考慮し，ストップホールの位置を決定する必要がある。その際，ボルト配置が困難な狭隘部にストップホールをあける場合のボルトは，問題がないことを確認できればボルト間隔および縁端距離に対する諸規定は考慮しなくてよい。施工事例を**解説図** 2.5.2 に示す。

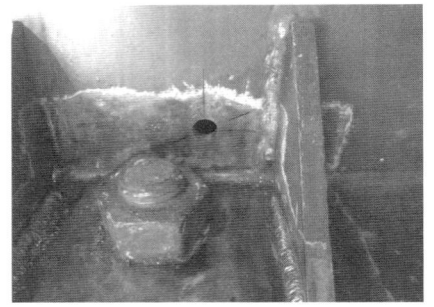

解説 図 2.5.2　ストップホールの施工事例

2．施工要領

　①　磁粉探傷試験によりき裂の先端を確認し，先端が確実に円孔（ストップホール）に入るように削孔する。ストップホールの径はϕ 24.5mm とし，ϕ 22mm の高力ボルトを挿入し，締め付けることを標準とする。ただし，ボルトの配置が困難な場合は，最小ϕ 16mm のボルト径としても良い。

② 　ドリルによる孔明けで，孔の周辺に生じたまくれ（ばり）はグラインダー等で削り取り，エッジを滑らかに仕上げる。また，孔壁面に削り傷等がある場合もグラインダー等で滑らかに仕上げる。

③ 　孔明け後，き裂が孔の縁に残っていないかどうかを磁粉探傷試験により確認する。

④ 　き裂が補剛材等に近く削孔機械がき裂の先端に配置できない場合は，き裂の進展方向を予測し，削孔する。ただし，予測が正しいか確認点検を行う必要がある。

3.　施工の留意点

　ストップホールの施工上，最も重要なことはき裂先端を完全に除去することである。き裂先端が円孔縁に残った場合にはかえってき裂の進展を加速させてしまうこともあり，き裂の進展が止まらない場合がある。したがって，き裂の先端は削り込み，磁粉探傷試験あるいは超音波探傷試験にて確認し，正確に孔位置を決定しなければならない。

　き裂がフランジからウェブに向けて進展していて，き裂の先端が首溶接ビード内にあると予想される場合，ビード内に細かいき裂が多数入っている可能性があり，ウェブへのき裂の立ち上がり位置や進展方向を特定するのが困難な場合もあるため慎重に孔位置を決定する必要がある。

　き裂は枝分かれして複数のき裂先端を有する場合等があるため，ストップホールは解説 図 2.5.3 に示すようにき裂の先端の一部が円内にかかるように設けて，その先端を確実に除去できるように施工し，き裂進展側の円孔縁にき裂先端が残っていないことを確認する必要がある。

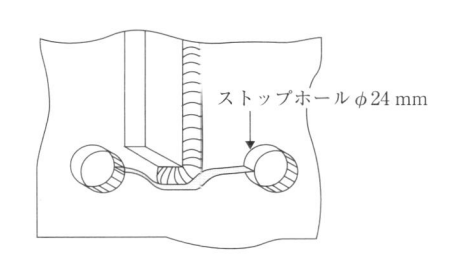
(a)　き裂先端部が取り除かれた良い施工例

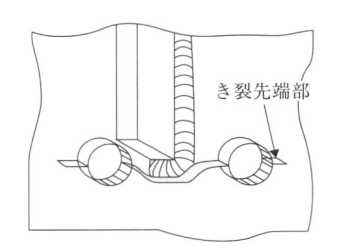
(b)　き裂先端部が残った悪い施工例

解説 図 2.5.3　ストップホールの施工方法

（ii）　高力ボルトを用いたあて板補強

1.　工法の概要とねらい

　主桁フランジやウェブ等の平面上の部材に進展したき裂に対して，ストップホール工法により応急処理をした後，き裂発生部分を十分に覆うことができる添接部材（あて板）を高力ボルト摩擦接合により接合し，恒久対策として用いられる。

　あて板の添接により，

① 　既存鋼材の板厚を増加することにより発生応力の低減を図る。

② 　既存鋼材の面外剛性を増加させ，面外変形を防止する。

③ 　補強後にき裂が進展しても，あて板が作用応力を分担できる。

などの効果が期待できる。

　また，高力ボルトを用いたあて板補強の場合にはき裂先端にストップホールを設け，き裂の進展防止対策を施せば，必ずしも補強部の疲労き裂を溶接により埋め戻す必要はない。なお，あて

板の取付けにあたっては，あて板を仮付溶接してはならない。

2. 施工要領

① き裂の位置および範囲の確認

き裂が，設計で想定している位置および範囲であることを確認する。

② あて板の加工および孔明け

あて板は，既存板材と同強度，同程度の板厚とし，き裂部分を十分に覆うことのできる大きさとする。ボルトサイズおよびボルトピッチ等は，通常の高力ボルト摩擦接合の設計に準ずる。応力作用下の橋体に孔明けするため，応力の再配分や座屈に対する安全性について十分に検討して施工しなければならない。

③ 接合面の処理

接合される板材の接触面は，塗装，浮きさび，油，泥などを十分に除去し，所定のすべり係数が得られるような接合面としなければならない。

④ 接合精度の確保

接合面に肌すきや目違いが生じている場合は，摩擦接合となり難い。したがって，仮締めボルトを用いても密着しない場合は，ジャッキなどで肌すきを矯正し，締め付けを行わなければならない。また，目違い量が2mmを超える場合は，フィラーを挿入するなどの処理が必要である。

⑤ ボルトの締付け

高力ボルト群の締付け順序は，ボルト群の中央部より順次端部に向かって行うものとする。

高力ボルトはトルシア型高力ボルトを用いることを標準とする。ただし，施工箇所が狭隘部でトルシア型高力ボルトの設置が不可能な場合は，高力六角ボルトを用いてボルト頭部の締付けを行ってもよい。その際，事前に十分なキャリブレーションを行うものとする。

ストップホールと併用して高力ボルトを用いたあて板補強を行う場合は，ストップホールの孔にも高力ボルトを挿入して締め付けることを標準とするため，ボルトの配置は十分検討する必要がある。ストップホールの径はφ24.5mmとし，φ22mmの高力ボルトを挿入し，締め付けることを標準とする。ただし，ボルトの配置が困難な場合は，最小φ16mmのボルト径としても良い。

解説 図 2.5.4 あて板補強の例

3．施工の留意点

　高力ボルト摩擦接合によりき裂発生部が分担していた応力を添接板（あて板）で負担する方法であるため，一般的な高力ボルト摩擦接合において必要な施工条件が満足されることが必要であり，既設母材のあて板接合面の塗膜除去および表面処理を十分行う必要がある（解説 図2.5.4参照）。

（iii）　溶接による補修

1．工法の概要とねらい

　き裂を溶接により補修するものである。しかし，溶接による方法は，補修溶接により新たな溶接欠陥を発生させる恐れがあるので，極力避けるべきであるが，やむを得ず採用する場合には，十分な検討を行う必要がある。溶接による補修は次のような問題がある。

・供用中の橋梁は，振動しており溶接棒が一定条件に保てない。
・現場溶接では，風や湿度等の管理が溶接の品質に大きく影響する。
・1975年より以前に建設された古い橋梁では，溶接に適さない鋼材が使用されている場合がある。
・応力のかかっている箇所に熱を加えると不安定になる可能性がある。
・拘束度の高い部材を溶接すると溶接割れが発生する可能性が高い。

　ただし，応力のレベルの低い箇所の隅肉溶接の場合は，上記のような問題を考慮したうえで溶接による補修が用いられる。溶接を用いるこの工法は，き裂部分をガウジングによりハツリ取り，それを開先として再溶接し，変状部を原状に復帰させる対策である。さらに，ピーニング等による止端部処理により疲労強度を向上させる予防対策を行う。

2．施工要領

　供用下の鋼構造物に，溶接補修を行う場合の手順の概要は次のとおりとなる。

①　疲労き裂発生要因が，溶接欠陥や工作傷などであり，この要因を溶接補修により除去可能であるかを判断する。可能な場合のみ溶接補修が適用可能である。
②　溶接施工試験などの結果を参考に，溶接方法，施工管理方法を選定する。
③　磁粉探傷試験などの非破壊試験により，疲労き裂の位置および長さを確認し，除去範囲を明らかにする。
④　き裂発生部を棒状グラインダー，ガウジングなどで除去する。
⑤　再度，磁粉探傷試験などにより疲労き裂が完全に除去されたかを確認する。
⑥　溶接補修を行い，溶接部を仕上げる。
⑦　磁粉探傷試験などにより，再溶接部の品質を確認する。

3．施工の留意点

①　交通供用下で補修溶接を行う場合には，被溶接物および溶接作業者が振動下で作業を行うことになるため，振動による影響を考慮する必要がある。
②　既設鋼材の溶接施工性に問題が無いか検討が必要である。鋼材の脱硫技術が概ね確立された1975年より以前に建設された橋に用いられている鋼材は，サルファ（S）が多く，サルファクラック（Sが層状に偏折した鋼材で溶接金属内に生じる割れ），ラメラテイア（板厚方向拘束応力で溶接割れを起点としなくても母材に生じる割れ）を生じやすく溶接施工に問題がある。

　　③　補修溶接部にき裂がわずかなりとも残留すると施工後直ちに進展することになるため，溶
　　　　接はき裂を完全に除去した後に行う必要がある。き裂の除去に関しては，あらかじめ磁粉探
　　　　傷試験によりき裂の位置および長さを確認し，除去範囲を明らかにしておく必要がある。

（**iv**）　疲労強度の向上対策

1.　高周波ピーニング（UIT）

　き裂が発生していない溶接止端部，もしくはき裂を除去した溶接止端部に施工し，疲労強度を
向上させる予防対策である。溶接部に超音波振動による打撃を加えることによって表面の金属組
織が微細化し，ち密化され，溶接残留応力を引張から圧縮に変化させて，疲労強度を3等級程度
向上させる工法である。溶接止端部の形状が丸くなり，応力集中を緩和することができる。先端
に曲率を持った硬質ピンを10〜50kHz程度の高い周波数で打撃するため処理速度が著しく速くな
り，グラインダー処理よりも効率的に処理が可能である。施工管理基準が確立されていないため，
品質の確保には十分注意が必要である。特に，まわし溶接部の処理には注意が必要である。また，

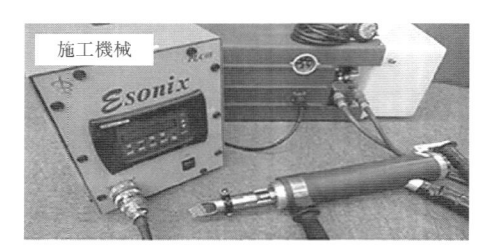

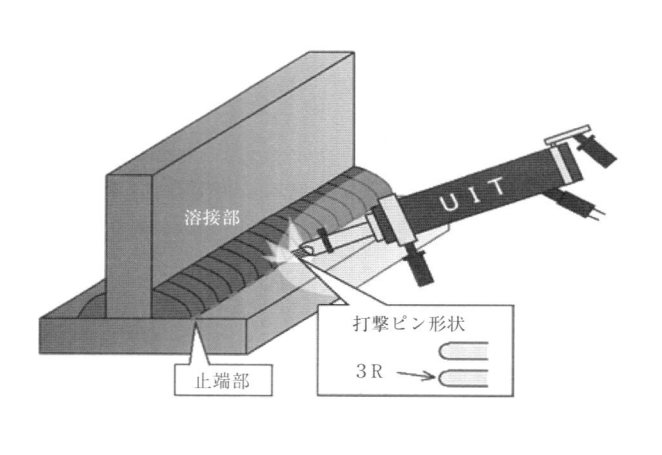

解説 図 2.5.5　高周波ピーニング（UIT）の装置と処理方法

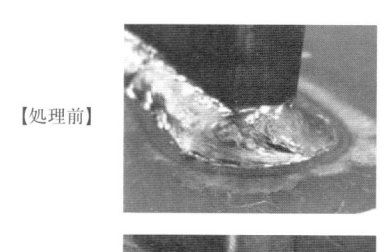

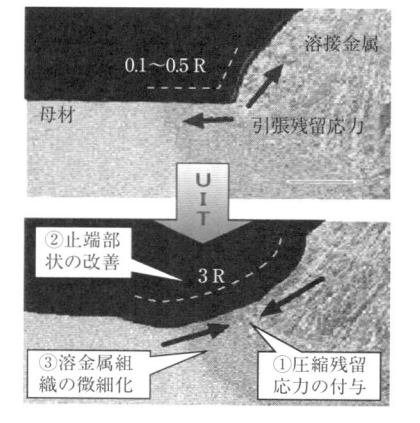

解説 図 2.5.6　高周波ピーニング（UIT）処理前後の形状

狭隘部の施工箇所に対して，工具を挿入し，適切な作業が可能かどうかの確認が必要である。

2. バーグラインダによる止端形状の改良

　溶接止端部の形状を滑らかにすると，応力集中が小さくなり溶接きずなどが除去されるため，疲労強度が向上する。発見された疲労き裂が非常に小さくて浅いような場合は，応急対策としてバーグラインダによるき裂の切削除去を実施する場合がある。この対策は一時的な対策であるが，溶接部の止端仕上げと併用して恒久対策とする場合もある。ディスクグラインダは効率よく研削できるが，表面にきずが残りやすいので注意が必要である（**解説 図 2.5.7** 参照）。

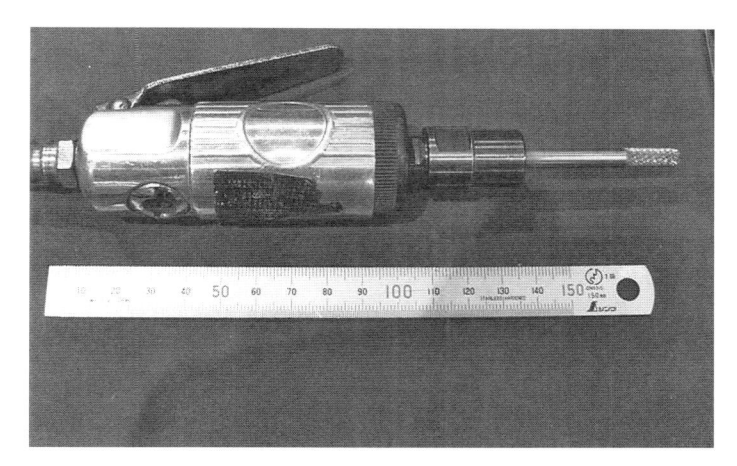

解説 図 2.5.7　バーグラインダ

3. TIG 処理による止端形状の改良

　止端形状の改良方法として，特殊な溶接により止端部を再溶融して形状を滑らかにする TIG（Tungsten Inert Gas Arc Welding）処理[5]がある。TIG とは不活性ガス（Inert Gas，主にはアルゴンガス）中でタングステン電極と母材との間にアークを発生させ，そのアーク熱を利用する技術をいう。タングステン電極とは別に溶加棒を用意して溶接を行うものを TIG 溶接といい，溶加棒を用いずに母材を再溶融するのみのものを TIG 処理または TIG ドレッシングという。疲労強度向上のためには TIG 処理が用いられ，溶接止端部を再溶融し，滑らかにすることにより，応力集中が緩和され，疲労強度が向上する。施工条件を管理しやすいので，グラインダによる処理よりも一定品質の仕上げが得られるとされている（**解説 図 2.5.8** 参照）。

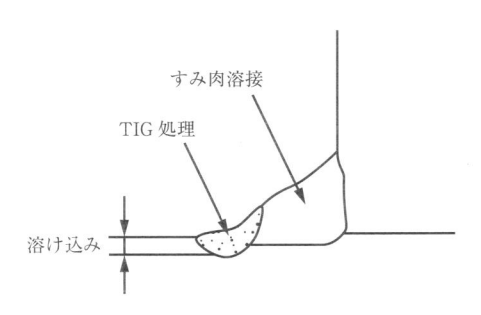

解説 図 2.5.8　TIG 処理

　TIG 処理では母材の板厚方向への溶込みが期待できる。このとき，き裂深さが浅い場合には，直接 TIG 処理を実施することによりき裂の溶かし込みが可能である。ただし，溶込み深さは 1～2 mm 程度であり，これ以上の深さを有するき裂についての溶かし込みは不可能である。

参考文献

1 ）　国土交通省　国道・防災課：橋梁定期点検要領（案），2004.3
2 ）　日本鋼構造協会　土木鋼構造物の点検・診断・対策技術，2017
3 ）　日本道路協会：鋼道路橋防食便覧，2014.3
4 ）　プレストレストコンクリート工学会：PC 構造物高耐久化ガイドライン，2015.4
5 ）　溶接学会　溶接疲労強度研究委員会：溶接構造の疲労，2015.12
6 ）　国土総合政策総合研究所：国総研資料 第 748 号
7 ）　国土交通省道路局国道・防災課：橋梁定期点検要領 付録 −1 損傷評価規準

Ⅲ 個別構造物編

1章　プレテンション方式プレキャスト桁橋

1.1　適用の範囲

（1）　本章は，プレテンション方式プレキャスト桁橋の保全に適用するものとする。
（2）　保全にあたっては，プレテンション方式プレキャスト桁橋の構造特性，設計手法，施工方法を考慮した適切な保全計画を策定しなければならない。

【解　説】

（1），（2）について　　プレテンション方式プレキャスト桁とは，桁製作時にあらかじめ緊張したPC鋼材を配置し，コンクリートを打設し，硬化後に緊張力を解放してコンクリートに緊張力を作用させる桁である。

適用支間は5〜24m程度であり，比較的短い支間で適用される。単純桁のみでなく，2径間以上を連結した多径間連結（連続）桁とする場合がある。解説 表 1.1.1 に，プレテンション方式プレキャスト桁橋の一般的な種類を示す。

解説 表 1.1.1　プレテンション方式プレキャスト桁橋の種類

種　類			標準断面		主たる架設方法	標準支間(m)	参考資料
プレテンション方式プレキャスト桁橋	軽荷重スラブ桁				クレーン架設	5 〜 13	JIS A 5373-2010
	スラブ桁	充実断面				5 〜 11	
		中空断面				12 〜 24	
	T桁					18 〜 24	

桁形式としては，プレテンション方式プレキャスト桁橋のJIS規格は，1959年（昭和34年）にJIS A 5313（I桁）が，翌1960年（昭和35年）にJIS A 5316（T桁）が制定され，引き続き1963年（昭和38年）には道路構造令の適用を受けない橋梁用としてJIS A 5319（軽荷重スラブ桁）が制定された。断面形状の変遷を解説 表 1.1.2〜解説 表 1.1.6 に示す。

また，昭和40年代前半頃から，PC専業者各社はJIS A 5313の型枠を利用して独自のプレテンション方式中空スラブ桁を開発し，製作している[1]。

図面等の設計図書が残っていない場合は，建設年次や主桁形状などから，JIS規格および旧建設省標準に基づいて製作したものか，あるいはPC専業者各社が独自で製作したものかを調査し，鋼材配置などを推定するとよい。

解説 表 1.1.2　JIS A 5313「スラブ橋用プレストレストコンクリート橋桁」の断面形状の変遷[2]

項目 ＼ 年度	昭和 34 年制定	昭和 55 年改正	平成 3 年改正
断面寸法	(200, 230 / 80 / 320 / 250～600)	同　左	(640 / 700 / 275～800) ・短支間は充実断面 ・長支間は中空断面
活荷重 適用支間 コンクリート強度 PC 鋼材	T-20，T-14 5～13 m 500 kg/cm² 以上 2.9 mm	TL-20，TL-14 同左 同左 SWPR7A 7 本より 9.3 mm および 10.8 mm	同左 5～21 m 同左 SWPR7B 12.7 mm および 15.2 mm

解説 表 1.1.3　JIS A 5316「けた橋用プレストレストコンクリート橋桁」の断面形状の変遷[2]

項目 ＼ 年度	昭和 35 年制定	昭和 46 年改正	昭和 55 年改正	平成 3 年改正
断面寸法	(500 / 130 / 130 / 300 / 500～900)	(750 / 160 / 130 / 350 / 600～1000)	(750 / 160 / 150 / 350 / 600～1000)	(750 / 160 / 240 / 750～1150)
活荷重 適用支間 コンクリート強度 PC 鋼材	T-20，T-14 8～15 m 500 kgf/cm² 以上 5 mm の FC 鋼線または SWPC7 の 9.3 mm	同左 10～21 m 同左 SWPR7A 12.4 mm	同左 同左 同左 同左	同左 14～21 m 同左 SWPR7B 15.2 mm

解説 表 1.1.4　JIS A 5313「プレストレストコンクリート橋桁」の断面形状の変遷[2]

項目 ＼ 種別	スラブ橋げた	けた橋げた
断面寸法	(640 / 700 / 350～1000) ・短支間は充実断面 ・長支間は中空断面	(800 / 160 / 300 / 900～1300)
活荷重 適用支間 コンクリート強度 PC 鋼材	A，B 活荷重 5～24 m 500 kgf/cm² 以上 SWPR 7BN 12.7 mm，15.2 mm	同左 18～24 m 同左 SWPR 7BN 15.2 mm

注)　JIS A 5316 を JIS A 5313 に統合，設計自動車荷重の変更

解説 表 1.1.5　JIS A 5319「軽荷重スラブ橋用プレストレストコンクリート橋桁」の断面形状の変遷[2]

項目　　　　　　　年度	昭和 38 年制定	昭和 55 年改正	平成 4 年改正
断面寸法	200. 230 / 80 / 320 / $250\sim550$	200. 230 / 80 / 320 / $250\sim500$	640 / 700 / $225\sim400$
活荷重 適用支間 コンクリート強度 PC 鋼材	T-14, T-10 5 〜 13 m 500 kgf/cm² 以上 SWPC1 2.9 または SWPC2 2.9 2 本より	T-10 同左 同左 SWPR7A 7 本より 9.3 mm および 10.8 mm	同左 同左 700 kgf/cm² 以上 SWPR7B 12.7 mm および 15.2 mm

解説 表 1.1.6　旧建設省標準「プレテンション PC 単純中空げた」の断面形状の変遷[2]

項目　　　　　　　年度	昭和 50 年制定	昭和 55 年改正	平成 3 年廃止・統合
断面寸法	670 / 700 / $400\sim950$	同　左	JIS A 5313（平成 3 年）に統合
活荷重 適用支間 コンクリート強度 PC 鋼材	L-20, L-14 10 〜 20 m 500 kgf/cm² 以上 SWPR7A 12.4 mm	PC 鋼材本数が増えた以外は, 左と同じ。	

a．プレテンション方式スラブ桁橋

　プレテンション方式スラブ桁橋の現 JIS 規格における構造例を解説 図 1.1.1 に示す。スラブ桁は，断面内がすべてコンクリートで埋まっているものを「充実断面」，内部を中空とし長支間に対応させた断面を「中空断面」と呼んでおり，支間長が 12m より短い場合は「充実断面」，長い場合は「中空断面」を適用している。主桁の選定方法は適用支間と活荷重より決定され，横締め鋼材配置は幅員等を考慮して決定されている。

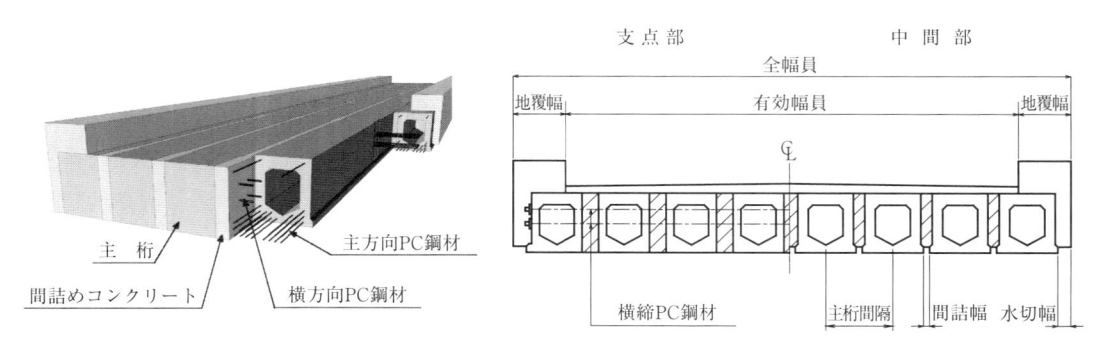

解説 図 1.1.1　スラブ桁橋（現 JIS 規格）の基本形状

　また，I 桁形式のスラブ桁が昭和 34 年に JIS A 5313 で制定されている（解説 図 1.1.2）。T 桁と比べると主桁間隔が狭いために，主桁の本数が増え反力も大きくなるが，平面線形への対応も比較的容易であり，桁高を低く抑えることができる。また，薄肉構造の床版が無く，外周面積が小さいことから塩害等への耐久性も高い。さらに，現場での施工が比較的容易であり，施工速度も速いことから 20 m 以下の支間では最も多く採用される形式である。

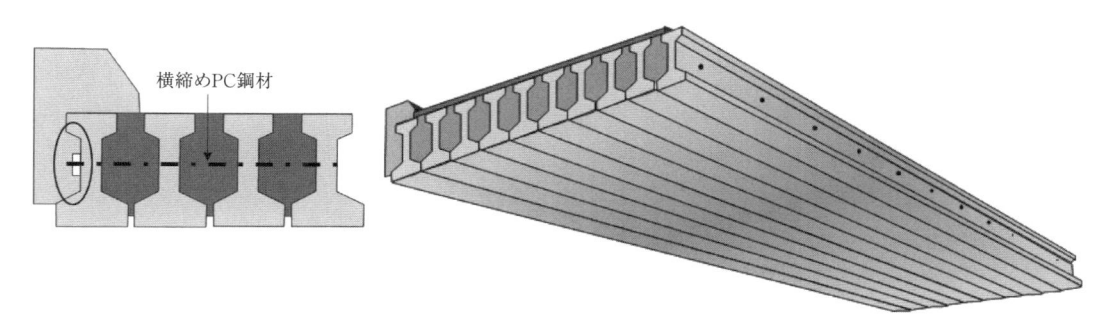

横締めPC鋼材

解説 図 1.1.2　スラブ桁橋（旧 JIS 規格）の基本形状

b．プレテンション方式 T 桁橋

　プレテンション方式 T 桁橋の基本形状を解説 図 1.1.3 に示す。

　T 桁は，文字通り主桁断面が「T 形」となっており，床版部と主桁部で構成される断面構造である。主桁の選定方法は適用支間と活荷重より決定し，横締め鋼材配置は主桁間隔や幅員等を考慮して決定されている。

　桁構造であるためスラブ桁と比べると桁高が高く，小さな斜角や平面線形などの条件により適用が難しい一面もあるが，主桁間隔が広いため主桁本数を少なくできる。そのため，反力を少なくすることができ，幅員が広くなれば経済的効果が大きくなる。また，水道や電気などの添加物を主桁間に設置することも可能な構造である。

c．プレキャスト桁架設方式連結桁橋

　プレキャスト桁架設方式連結桁橋（以下，連結桁と記す）は，プレキャスト桁を単純桁として架設し，中間支点上で場所打ちコンクリートを用いて RC 構造または PC 構造で主桁を橋軸方向に連結する構造である。橋梁のノージョイント化による振動・騒音の低減や走行性，耐震性，保全性の

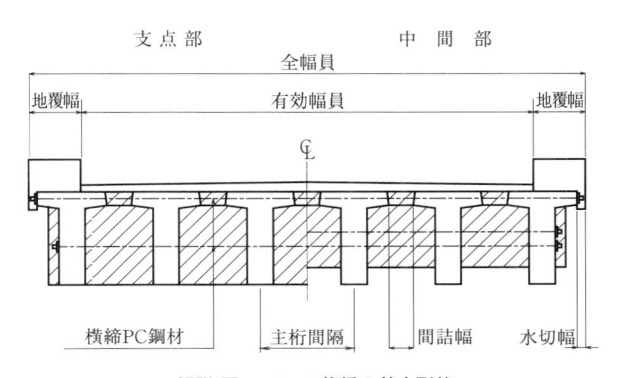

解説 図 1.1.3　T 桁橋の基本形状

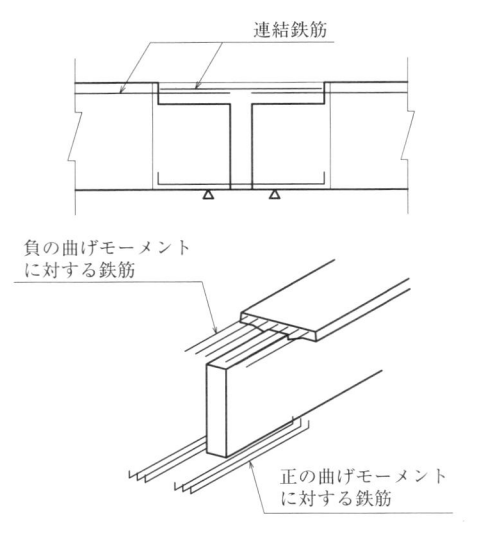

解説 図 1.1.4　RC 連結方式の構造概要

向上などの利点から，近年多く採用されている構造である。

　連結桁は，連結部の構造により，「RC 連結方式」と「PC 連結方式」に分類される。解説 図 1.1.4 にプレテンション方式 T 桁橋の RC 連結方式の構造概要図を示す。

1.2　点　　検

1.2.1　点検の着目点

　プレテンション方式プレキャスト桁橋の点検にあたっては，一般の PC 橋に共通する箇所のほか，特にプレテンション桁橋に特有の部位，箇所にも留意して点検を行うものとする。

- ①　支間中央部
- ②　支間長の 1/4 点付近
- ③　支承・伸縮装置の周辺部
- ④　PC 鋼材定着部
- ⑤　連結桁構造の中間支点付近
- ⑥　床版間詰め部
- ⑦　外桁（横断勾配の低い方に位置する桁）

【解　説】

　Ⅰ編 3 章 3.3.1 を基本として，プレテンション方式プレキャスト桁橋の点検においては，上記に示す①から⑦に着目するのがよい。①から④については一般の PC 橋に共通する着目点であり，Ⅱ編 1 章 1.2.1 に示されている。⑤から⑦はプレテンション方式プレキャスト桁橋に特有の着目点である。プレテンション方式プレキャスト桁橋に特有の構造物特性を把握し，過去の不具合事例などを参考に，以下に記載する部位に着目して点検するのがよい。

⑤　連結桁構造の中間支点付近

　プレテンション方式プレキャスト桁橋を用いた多径間連結桁構造の場合は，連結部が中間支点となって大きな負曲げが発生するため，連結部の主桁上縁のひび割れに留意する。また，クリープによる不静定力によって中間支点付近に正の曲げモーメントが生じ，これにより下縁付近に曲げひび割れが生じることがある。したがって，本構造においては，桁上縁だけではなく下縁付近にも着目することが必要である。

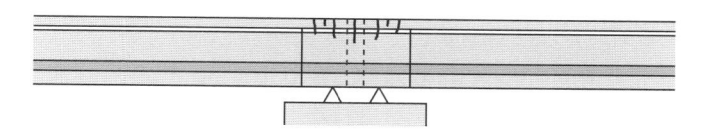

解説 図 1.2.1　中間支点上のひび割れ（RC 連結方式）

⑥　床版間詰め部

　プレテンション方式プレキャスト桁橋の中でも，T桁の床版間詰め部は昭和40年代頃まで主桁の上フランジにテーパーが付けられていなかったため，間詰め部と主桁との連結鉄筋（差し筋）が無い場合に横締めプレストレスが不足すると，間詰め部が抜け落ちやすい傾向にある。また，シース間同士の接続は，ビニルテープを用いて接着されており比較的外れやすくなっている。施

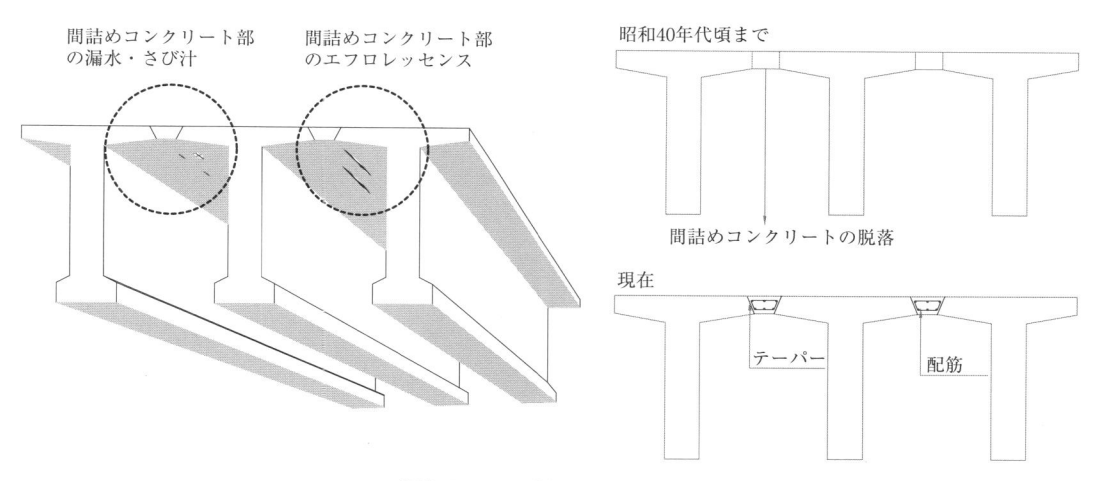

解説 図 1.2.2　床版間詰め部の変状

解説 図 1.2.3　床版の間詰め部の抜け落ち

工中に，シースの接続部が外れると，PC グラウトの閉塞や漏れが生じる可能性がある。その結果，PC グラウトの充填が不十分な場合，橋面の滞水がコンクリートの打継目からシース内に浸入し，PC 鋼材の腐食に繋がる恐れがある。

　桁下から橋梁を点検する場合，桁間の間詰め部に生じる乾燥収縮によるひび割れや間詰め部から漏水・さび汁やエフロレッセンスに着目する。T桁の間詰め部は，前述のように，シースが不連続となり横締め鋼材が腐食している可能性があり，さび汁がみられる場合は横締め鋼材の腐食が懸念される。

⑦　外桁（横断勾配の低い方に位置する桁）

　横断勾配の低い方に位置する外桁は，排水能力が十分でないと長期間橋面上に滞水することがある。滞水により，床版内に水が浸入して鋼材腐食の要因となりやすいため，十分点検を行い，滞水しないような処置を施すものとする。

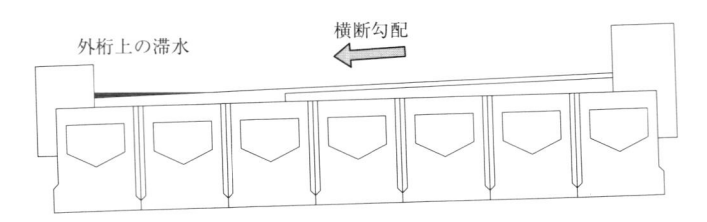

解説 図 1.2.4　横断勾配の低い方に位置する外桁上の滞水

1.2.2　着目点の点検方法

　プレテンション方式プレキャスト桁橋における点検の方法は，近接目視によることを基本とし，必要に応じて触診や打音，非破壊試験などを併用するものとする。

【解　説】

　1章 1.2.1 に示した着目点①から④に対しての点検方法は，Ⅱ編 1 章 1.2.2 に示されている。⑤から⑦の着目点における点検の方法も，近接目視が基本となる。床版間詰め部の抜け落ちについては，目視だけでは早期に抜け落ちる恐れがある兆候を把握することは困難であるため，打音などを併用するのがよい。

1.2.3　変状の把握

（1）　点検の結果，変状を発見した場合には，変状の種類ごとに変状の状況を把握するものとする。この際，変状の状況に応じて，効率的な保全をするうえで必要な情報を詳細に把握するものとする。

（2）　変状は，部材・部位ごと，変状の種類ごとに変状の程度を a～e の区分で記録するものとする。

【解　説】

（1），（2）について　プレテンション方式プレキャスト桁橋で想定される変状は，基本的には一般の PC 橋に想定される変状と同じである。したがって，それぞれの変状の種類に対応した変状の区分は，Ⅱ編 1 章 1.2.3 に従えばよい。

一方，プレテンション方式プレキャスト桁橋に特有の変状については次のとおりとする。

連結桁構造の中間支点付近での上下縁に発生するひび割れについては，一般の PC 橋の場合と同じであるのでⅡ編 1 章 1.2.3 に従うものとする。T 桁間の床版間詰め部の抜け落ちについては，解説 表 1.2.1 に従って変状の把握を行い，間詰め部の漏水，さび汁，エフロレッセンスは，Ⅱ編 1 章 1.2.3 に従うものとする。外桁の滞水については，解説 表 1.2.2 に従って変状の把握を行う。

解説 表 1.2.1　変状の区分（床版間詰め部の抜け落ち）

区分	変状の程度
a	変状なし。
b	―
c	ひび割れが生じているが，目視あるいは打音により，早期に抜け落ちる恐れはないと判断できる。
d	―
e	間詰め部の抜け落ちが確認できる。 または，打音により早期に抜け落ちる恐れがあると判断できる。

解説 表 1.2.2　変状の区分（外桁の滞水）

区分	変状の程度
a	変状なし。
b	―
c	雨が降った後に一時的に滞水が生じるが，1 日程度で解消する。
d	―
e	雨が降った後，滞水が数日経っても解消しない。または常に，橋面が湿っており，水しみが確認できる。

1.3　詳細調査

（1）　定期点検を行った結果，構造物に変状が確認され，劣化機構の推定や予測，評価および判定のためにより詳細な情報が必要と判断された場合には，詳細調査を行うものとする。

（2）　詳細調査の項目は，定期点検の結果を参考に，目的に応じて項目を選定し，プレテンション方式プレキャスト桁橋の特徴を考慮した適切な方法により実施するものとする。

【解　説】

（1），（2）について　　プレテンション方式プレキャスト桁橋で想定される変状は，基本的には一般の PC 橋に想定される変状と同じである。より詳細な情報が必要かどうかは，Ⅱ編 1 章 1.3 に従って判定する。

一方，プレテンション方式プレキャスト桁橋に特有の変状については次のとおりとする。

Ⅲ　個別構造物編

　連結桁構造の中間支点付近での上下縁に発生するひび割れについては，一般の PC 橋の場合と同じであるのでⅡ編 1 章 1.3 に従うものとする。T 桁の間詰め部の抜け落ちについては，製作年および図面を確認して，間詰めコンクリートの抜け落ち防止対策（上フランジへのテーパー，間詰め部への配筋など）が行われているか，横締め PC 鋼材のプレストレスが減少していないか，減少している場合にはその要因は何かを調査する必要がある。外桁の滞水については，排水装置などにゴミなどが詰まっていないかを確認するなど，まずメンテナンスを行い，それでも滞水が解消しなければ，設計上の排水能力に問題ないかを設計図書により確認したり，設置済みの排水装置に異常がないかを点検したりする必要がある。

1.4　点検結果の評価および判定

1.4.1　評　　価
　点検や詳細調査によって得られた情報に基づき，プレテンション方式プレキャスト桁橋の構造的な特徴や環境条件を考慮して変状の要因を推定し，評価しなければならない。

【解　説】
　Ⅱ編 1 章 1.4.1 により変状要因の推定および性能の評価を行うことを基本とする。T 桁の間詰め部の抜け落ちについては，抜け落ち防止対策の有無を詳細調査により確認したのち，抜け落ち防止対策が行われていない場合には，打音などにより早期に抜け落ちないかどうかを予測する必要がある。また，間詰め部でシースが不連続になっており，ここから水が浸入している場合は横締め PC 鋼材の劣化に影響を与えるので，水の浸入の有無に注意する。外桁の滞水については，床版や主桁にひび割れが生じている場合にはここから水が浸入して構造物の耐久性や耐荷性能に影響を及ぼす可能性がある。この場合には，Ⅱ編 1 章 1.4 を参照して，耐久性や耐荷性能を評価するのがよい。

1.4.2　対策の要否判定
　対策区分の判定は，点検結果および詳細調査をもとに，劣化進行の予測および構造物の性能評価を考慮して，対策区分の判定を行うものとする。

【解　説】
　基本的に一般の PC 橋に共通する変状については，Ⅱ編 1 章 1.4 に従って，評価および判定を行えばよい。
　一方，プレテンション方式プレキャスト桁橋に特有の変状については次のとおりとする。連結桁構造の中間支点付近での上下縁に発生するひび割れについてはⅡ編 1 章 1.4 に，T 桁の床版間詰め部の抜け落ちについては解説 表 1.2.3 に，外桁の滞水については解説 表 1.2.4 に従う。

解説 表 1.2.3　対策区分の判定の目安（T 桁の床版間詰め部の抜け落ち）

変状の区分	判定区分	判定の目安
a	A	—
c	B	ひび割れやエフロレッセンスが，今後，進行する可能性が低いと判断できる。
	C1	ひび割れやエフロレッセンスが，今後，さらに進行していくと判断できる。
e	E2	—

解説 表 1.2.4　対策区分の判定の目安（外桁の滞水）

変状の区分	判定区分	判定の目安
a	A	—
c	M	排水装置をメンテナンスすれば解消される。
	C1	排水能力が少し不足しており，構造物の耐久性に影響を与える可能性があるが，車両の走行性にはほとんど影響しない。
e	M	排水装置をメンテナンスすれば解消される。
	E1	排水能力が不足しており，構造物の耐久性に影響を与えており，早期に耐荷性能が低下する恐れがある。
	E2	排水能力が不足しており，車両の走行性に支障が生じている。

1.5　対　　策

　対策が必要と判定された場合には，構造物の重要性，保全区分，残存予定供用期間，劣化機構，構造物の性能低下の程度などを考慮して目標とする性能を定め，対策後の保全の容易さや経済性を検討したうえで，適切な種類の対策を選定し，実施するものとする。

【解　説】

　一般の PC 橋に共通する変状に対する対策は，Ⅱ編 1 章 1.5 に従えばよい。

　一方，プレテンション方式プレキャスト桁橋に特有の変状については次のとおりとする。

　中間支点付近のひび割れについては，一般的なひび割れ補修を行うとともに，主桁の力学的な性能を向上させる対策が必要となる。T 桁の床版間詰め部の抜け落ちについては，抜け落ちた箇所の断面修復を行うとともに，将来も抜け落ちない措置を施すことが必要である。外桁の滞水については，排水装置のメンテナンスを定期的に行うほか，排水能力が不足している場合には，排水枡を追加したり，排水能力の大きい排水管などに取り替えたりするなどの措置を施す必要がある。

参考文献

1）　プレストレストコンクリート技術協会：PC 構造物の復元設計研究委員会成果報告書，平成 22 年 3 月
2）　道路保全技術センター：橋梁技術者のための橋梁技術の変遷，平成 17 年 11 月

2章 ポストテンション方式プレキャスト桁橋

2.1 適用の範囲

（1） 本章は，ポストテンション方式のプレキャスト桁橋の保全に適用するものとする。

（2） 保全にあたっては，ポストテンション方式プレキャスト桁橋の構造特性，設計手法，施工方法を考慮した適切な保全計画を策定しなければならない。

【解 説】

（1），（2）について　ポストテンション方式のプレキャスト桁には，解説 表2.1.1 に示すような種類があり，適用支間としては 20～60 m 程度である。

解説 表2.1.1　ポストテンション方式プレキャスト桁の種類

種　類		標準断面	主たる架設方法	標準支間（m）	参考資料
ポストテンション方式プレキャスト桁	スラブ桁		クレーン架設および架設桁	25 ～ 45	PC 建協標準設計
	T桁			20 ～ 45	旧建設省標準設計
				25 ～ 45	PC 建協標準設計
	合成桁			20 ～ 40	旧日本道路公団，旧阪神高速道路公団標準図集
				25 ～ 45	JIS A 5373
			クレーン架設およびベント架設桁	40 ～ 60	

a．ポストテンション方式スラブ桁橋

ポストテンション方式スラブ桁橋は，プレテンション方式スラブ桁橋をポストテンション方式に変更し，より大きな支間長に対応させた構造である。基本形状と適用範囲を解説 図2.1.1 および

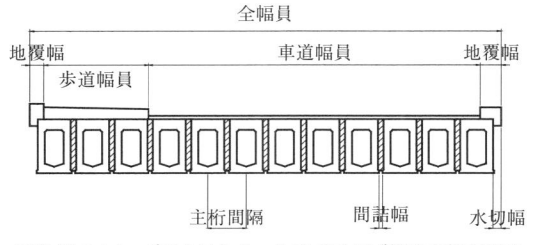

解説 図2.1.1　ポストテンション方式スラブ桁橋の基本形状

解説 表2.1.2　スラブ桁橋の適用範囲

活荷重	B 活荷重
標準支間	25～45 m（1 m 間隔）
主桁間隔	1.10m 以内
斜角	$90° \geqq \theta \geqq 60°$ の範囲

解説 表2.1.2 に示す。

b．ポストテンション方式Ｔ桁橋

　ポストテンション方式 T 桁橋は，工場または架設現場付近のヤードにて主桁を製作し，所定の位置まで移動させて架設，組立を行う PC 橋であり，これまでに数多くの橋に採用されてきた構造形式である。ポストテンション方式 T 桁橋の構造例を解説 図2.1.2 に示す。

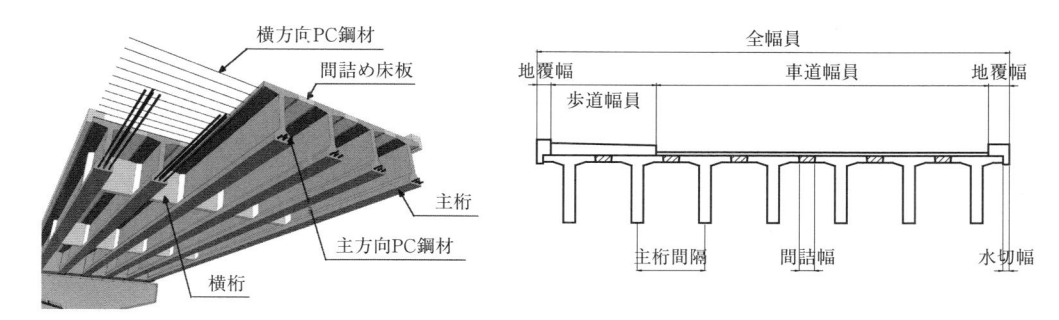

解説 図 2.1.2　Ｔ桁橋の構造例

　構造形式が多くの橋に採用されている理由として，旧建設省で標準設計図集を制定している点が挙げられる。標準設計ができる以前は，設計者により断面形状や仕様が異なっていたが，昭和 44 年に標準設計が制定され，統一された規格で設計できるようになった。その後，昭和 55 年に改訂され，現在は，平成 6 年発刊の「建設省制定　土木構造物標準設計第 13～16 巻（ポストテンション方式 PC 単純 T 桁橋）」1.25) が用意されている（解説 表2.1.3）[1]。平成 4 年の改正時に，労務費の高騰により，鉄筋加工や型枠加工の煩雑性を避けるために下フランジの無いストレート断面が採用された。

解説 表 2.1.3　旧建設省「ポストテンション PC 単純 T けた」の断面形状の変遷 [1]

項目 ＼ 年度	昭和 44 年制定	昭和 55 年改正	平成 4 年改正
断面寸法	1 200, 1 500 / 180 / H / 150, 160, 180 / 400, 500	1 500 / 200 / H / 180, 200 / 500	1 500, 1 750 / 200 / H / 340, 360
活荷重 適用支間 コンクリート強度 PC 鋼材	TL-20，TL-14 14 ～ 40 m 400 kgf/cm² 以上 ・支間 $L \leqq 20$ m の場合 　PC ケーブル　12 φ 5 ・支間 $L \geqq 21$ m の場合 　PC ケーブル　12 φ 7	同左 20 ～ 40 m 同左 ・支間 $L \leqq 27$ m の場合 　PC ケーブル　12 φ 7 ・支間 $L \geqq 28$ m の場合 　PC ケーブル　12T12.4	B 活荷重 20 ～ 45 m 同左 ・支間 $L \leqq 25$ m の場合 　PC ケーブル　7S12.7B ・支間 25 m ＜ $L \leqq 38$ m の場合 　PC ケーブル　12S12.7B ・支間 38 m ＜ L の場合 　PC ケーブル　12S15.2

　また，バルブＴ桁橋と呼ばれている構造形式がある。バルブＴ桁橋とは，主桁下フランジを球根状に広げることにより，セグメントに分割した状態での自立安定性を向上させたものである。また，上フランジ幅を広く取り，主桁本数を減らすことにより工事費を削減できる構造としたものである。基本形状と適用範囲を解説 図 2.1.3 および解説 表 2.1.4 に示す。

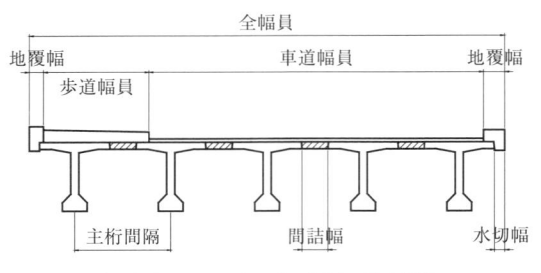

解説 図 2.1.3　バルブＴ桁橋の基本形状

解説 表 2.1.4　バルブＴ桁橋の適用範囲

活荷重	B 活荷重
標準支間	25～45 m（1 m 間隔）
主桁間隔	2.230 m 以内（主桁幅 1.50 m）
	2.730 m 以内（主桁幅 2.00 m）
斜角	$90° \geqq \theta \geqq 70°$ の範囲

ｃ．ポストテンション方式合成桁橋

　ポストテンション方式合成桁橋は，工場または架設現場付近のヤードで製作されるＩ形の主桁と場所打ちの鉄筋コンクリート床版を合成し，主桁と床版が一体となって抵抗する構造である。本構造形式の基本形状を解説 図 2.1.4 に示す。

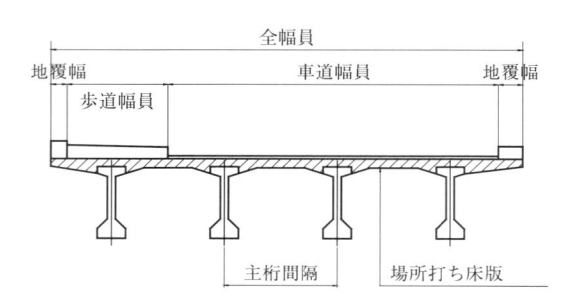

解説 図 2.1.4　合成桁橋の基本形状

　プレキャスト桁を単純桁として架設し，中間支点上の負の曲げモーメントに対して PC 構造とした連続合成桁橋，RC 構造とした連結合成桁橋がある（解説 図 2.1.5）。

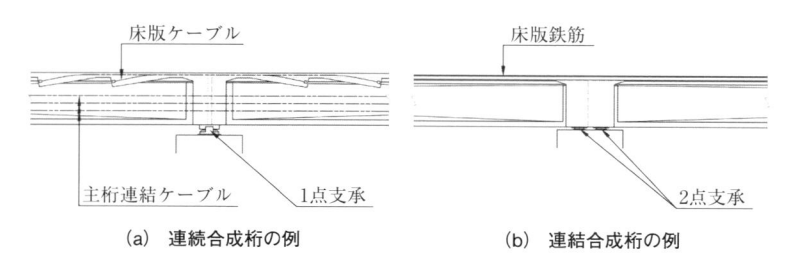

|(a)　連続合成桁の例|(b)　連結合成桁の例|

解説 図 2.1.5　プレキャスト桁架設方式連続桁橋

　合成桁橋の一種に，PC コンポ橋と呼ばれている構造形式がある。PC コンポ橋とは，T 形断面の主桁上に，工場で製作された PC 板を設置し，その上に場所打ちコンクリートを打設する合成桁橋の一種である。基本形状と適用範囲を解説 図 2.1.6 および解説 表 2.1.5 に示す。

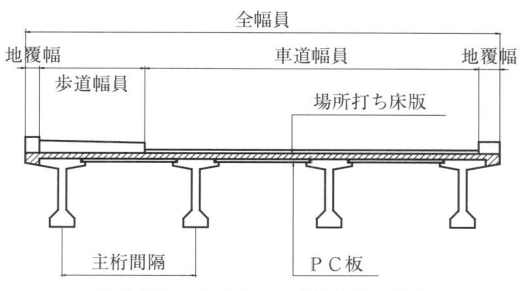

解説 図 2.1.6　PC コンポ橋の基本形状

解説 表 2.1.5　PC コンポ橋の適用範囲

活荷重	B 活荷重
標準支間	25～45 m（1 m 間隔）
主桁間隔	2.60～3.80 m
斜角	90°≧θ≧70°の範囲

　また，PCU コンポ橋と呼ばれている構造形式がある。PCU コンポ橋とは，U 形断面の主桁上に，工場で製作された PC 板を設置し，その上に場所打ちコンクリートを打設する合成桁橋の一種である。最近では，現場付近の製作ヤードでプレキャストセグメント桁を製作し，リフティングガーターで架設した事例もある。基本形状と適用範囲を解説 図 2.1.7 および解説 表 2.1.6 に示す。

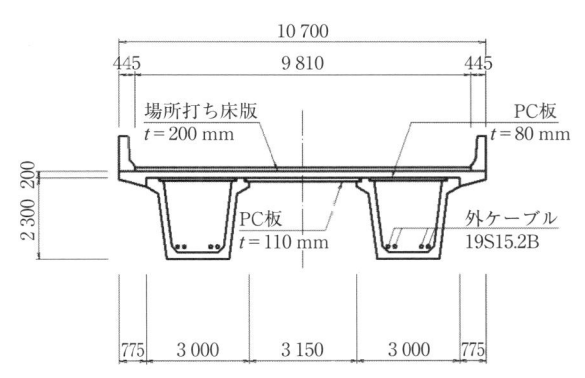

解説 図 2.1.7　PCU コンポ橋の基本形状

解説 表 2.1.6　PCU コンポ橋の適用範囲

活荷重	B 活荷重
標準支間	45～60 m
主桁間隔	2.60～3.80 m
斜角	90°≧θ≧70°の範囲

2.2　点　　検

2.2.1　点検の着目点

　ポストテンション方式プレキャスト桁橋の点検にあたっては，一般の PC 橋に共通する箇所のほか，特にポストテンション方式プレキャスト桁橋に特有の部位，箇所にも留意して点検を行うものとする。

　① 　支間中央部

　② 　支間長の 1/4 点付近

　③ 　連続桁の中間支点部

　　④　支承・伸縮装置の周辺部

　　⑤　ゲルバーヒンジ部

　　⑥　断面急変部

　　⑦　打継目部

　　⑧　PC 鋼材定着部

　　⑨　床版間詰め部

　　⑩　上縁定着部

　　⑪　セグメント目地部

【解　説】

　Ⅰ編 3 章 3.3.1 を基本として，ポストテンション方式プレキャスト桁橋の点検においては，上記に示す①から⑪に着目するのが良い。①から⑧については一般の PC 橋に共通する着目点であり，Ⅱ編 1 章 1.2.1 に示されている。⑨についてはプレテンション方式プレキャスト桁橋に共通する着目点であり，1 章 1.2.1 ⑥に示されている。⑩，⑪はポストテンション方式プレキャスト桁橋に特有の着目点である。ポストテンション方式プレキャスト桁橋に特有の構造物特性を把握し，過去の不具合事例などを参考に，以下に記載する部位に着目して点検するのが良い。

⑩　上縁定着部

　ポストテンション方式プレキャスト桁橋の耐久性に大きく影響する技術的変遷として，PC 鋼材の定着位置が挙げられる。PC 鋼材定着位置は，解説 図 2.2.1 に示す端部定着と上縁定着があるが，上縁定着は，桁端部にスペースがなく端部定着が困難な場合や PC 鋼材重量の軽減という観点から採用されており，旧建設省のポストテンション方式プレキャスト桁橋の標準設計としても採用されていたものである。上縁定着は，凍結防止剤や雨水などが定着部から浸入しやすいこと，路面にあるため点検が困難であるなどの課題を有している。ポストテンション方式プレキャスト桁橋では，1990 年代までは，上縁定着が一般的に採用されており，PC 鋼材への腐食因子の侵入という観点からは比較的厳しい環境にあるため，このような構造の場合は優先して調査するとよい。

　ポストテンション方式プレキャスト桁橋の上縁定着では，PC 鋼材曲げ上げ部はせん断力に対する抵抗力を大きくとるため 20～25°の角度を持たせることが多かった。したがって，上縁定着が行われている PC 鋼材は，端部定着の PC 鋼材と比べ，ブリーディング水による空隙が定着部

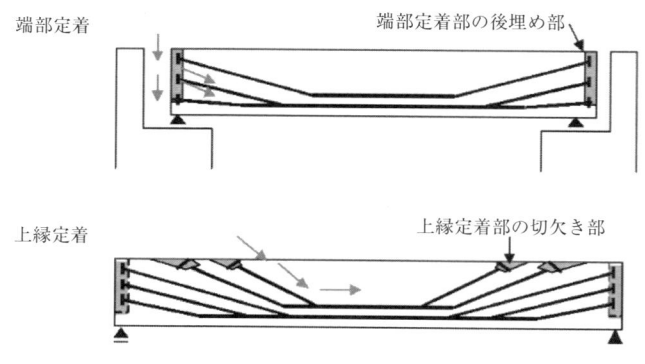

解説 図 2.2.1　ポストテンション方式プレキャスト桁橋の PC 鋼材の定着位置

付近に生じやすい。上縁定着のある主ケーブルに生じる空隙を解説 図 2.2.2 に示す。

　上縁定着が行われている PC 橋の場合，PC 定着部の切欠きに打込まれた後埋めコンクリートが剥離し，ポットホールを生じることがある。このように PC 定着部の切欠きに塩分を含む水が浸入すると，PC 定着部の腐食や，定着部からシース内に浸入した塩水により PC 鋼材の破断を生じる恐れがある。上縁定着した PC 定着部の後埋めコンクリートの剥離の影響を解説 図 2.2.3 に示す。

　現在，主ケーブル定着切欠き部の後埋め部は無収縮性のもの（無収縮モルタルや膨張コンクリート）を使用し，打継目には防水工を施し，グラウトホースは橋面から 1 cm 以上の深さで切断しエポキシ樹脂を充填するようになっている（解説 図 2.2.4(a)）。また，上縁定着部に対して

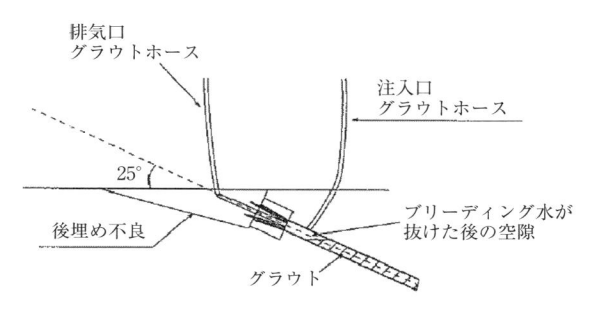

解説 図 2.2.2　上縁定着のある主ケーブルに生じる空隙

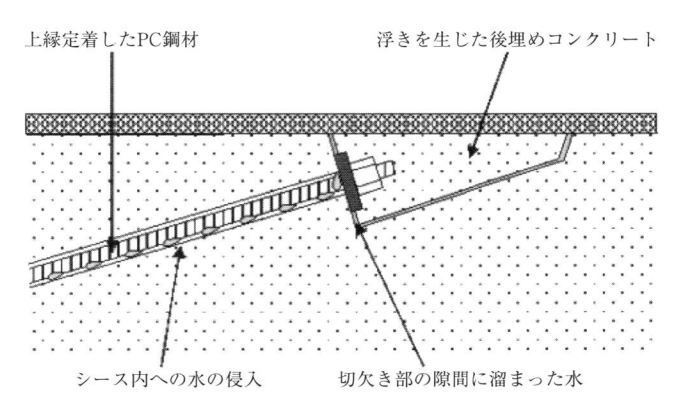

解説 図 2.2.3　上縁定着した PC 定着部の後埋めコンクリートの剥離の影響

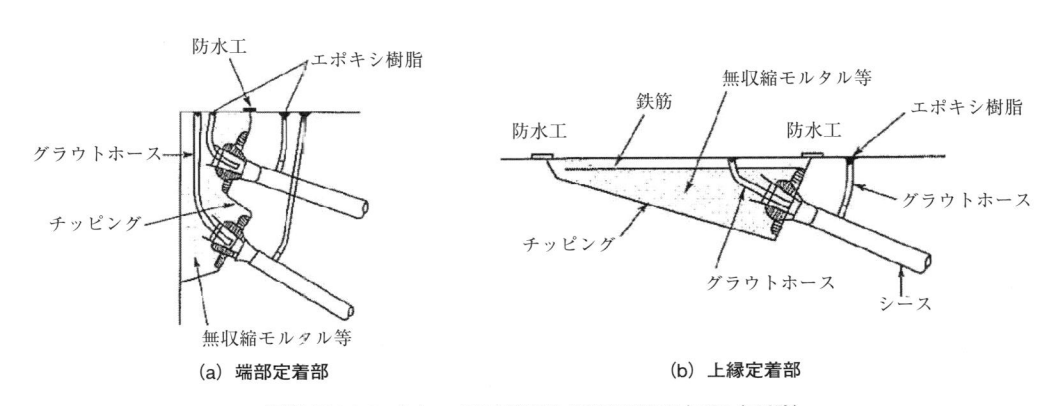

(a)　端部定着部　　　　　　　　(b)　上縁定着部

解説 図 2.2.4　主ケーブル定着切欠き部の後処理（1996 年以降）

も，同様の処置がとられている（解説 図2.2.4(b)）。一方，1990年代前半までは，適当な防水処理を行うのが望ましいとの記述しかなく，グラウトホースは橋面上で切断するのみで，エポキシ樹脂などの防水対策は一般に行われていない。

⑪　セグメント目地部

　1985年12月4日，英国のYnys-y-Gwas橋が，突然前触れもなく落橋した。ポストテンションⅠ桁橋のセグメント目地部からPCグラウト充填不足のシースに塩分が侵入し，主桁PC鋼材が腐食・破断して落橋した。橋の両端には歩道橋があり，十分点検されていなかった。プレキャストセグメント工法ではセグメント目地部の開き，欠け落ち，漏水，さび汁などの変状に着目する。セグメント目地部は開きが生じやすい箇所である。このセグメント目地部を起点として開きが生じ，さらに漏水の影響によりPC鋼材が腐食し破断に至る場合もある。また，セグメント目地部には連続した鉄筋が配置されておらず，PC鋼材のみが主方向に連続した構造である。したがって，PC鋼材が腐食すると耐荷性能の低下に直接影響を及ぼす。セグメント目地部は，1950年代後半から70年代前半まで接着剤接合ではなく，数十ミリほどの厚さのモルタル目地構造としていた。この構造は，シースの接続が確実ではない場合にグラウト充填不足が生じやすいため，目地部からのさび汁や漏水が生じることがある。1980年前半頃まで，シース間同士の接続は，ビニールテープを用いて接着されていた。セグメントブロックの乾燥収縮による変形，架設時のたわみなどにより，精度良くセグメントブロック間をシースが連続していない場所では，コンクリート打込みや桁架設時の変形によるずれ，PCグラウトの閉塞やPCグラウト漏れが生じる可能性が考えられる。目地部やセグメントブロック間のシースを連続させるカップラーシースが採用されたのは，2000年以降である（解説 図2.2.5）。以上から，2000年以前の建設時期の古いポストテンション方式プレキャスト桁橋では，セグメント部材の目地部の変状が懸念される。

　シースの材質の変遷では，わが国のポストテンション方式プレキャスト桁橋の建設が始まって以降，鋼製シースが標準的に採用されていた。しかし，欧州における非鉄シースの開発・採用により，わが国においても非鉄シースの採用が広がり，1997年にポリエチレンシースが規準化され，2002年には，塩害対策として推奨されるように至っている。このため，鋼製シースが採用されているポストテンション方式プレキャスト桁橋では，PC鋼材の腐食や破断に至るリスクが高いと言える。セグメント目地部の点検では，事前調査において建設時期，シースの材質，接続方法などの情報を事前に把握する必要がある。セグメント目地部の開きを解説 図2.2.6，セグメント目地部の漏水を解説 図2.2.7に示す。

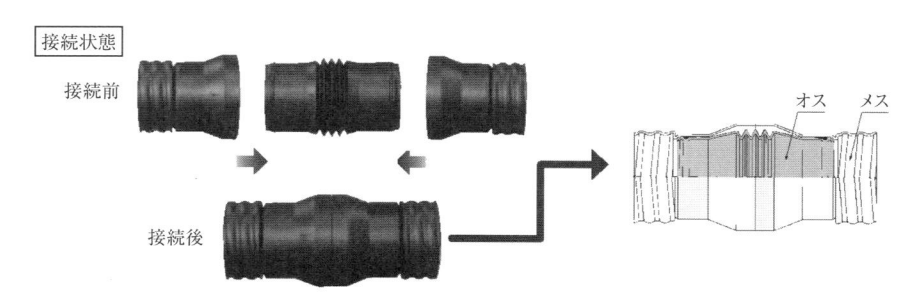

解説 図2.2.5　カップラーシース

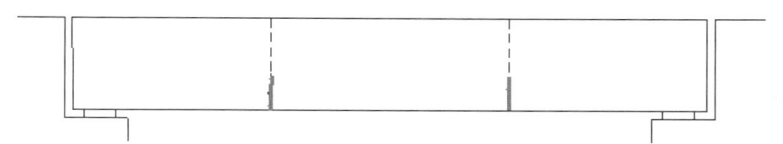

解説 図 2.2.6　セグメント目地部の開き

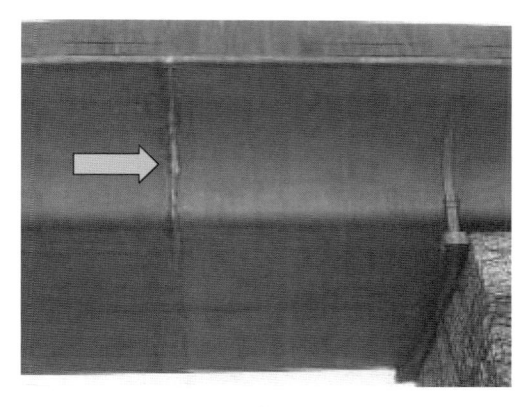

解説 図 2.2.7　セグメント目地部の漏水

2.2.2　着目点の点検方法
　ポストテンション方式プレキャスト桁橋における点検の方法は，近接目視によることを基本とし，必要に応じて触診や打音，非破壊試験などを併用するものとする。

【解　説】
　着目点における点検の方法は，近接目視が基本となる。上縁定着の点検では，上縁定着部は舗装の下にあることから，変状を直接目視することができない。⑩上縁定着部ではPC定着部の切欠きに打込まれた後埋めコンクリートに変状が生じやすいため，ここから凍結防止剤を含んだ水分などとともに塩化物イオンがシースの内部に浸透する可能性がある。そこで，PC鋼材に沿ったひび割れ，エフロレッセンス，漏水に着目して，調査すると良い。⑪セグメント目地部の点検では，机上調査において建設時期，シースの材質，接続方法などの情報を事前に把握し，現地の点検では，水しみ，エフロレッセンス，開き等の発生状況からPC鋼材の配置との相関，水の浸入経路などに留意する必要がある。

2.2.3　変状の把握
（1）　点検の結果，変状を発見した場合には，変状の種類ごとに変状の状況を把握するものとする。この際，変状の状況に応じて，効率的な保全をするうえで必要な情報を詳細に把握するものとする。
（2）　変状は，部位・部材ごと，変状の種類ごとに変状の程度をa～eの区分で記録するものとする。

【解　説】

（1），（2）について　　コンクリート橋に共通するひび割れ，浮き，剥離，鋼材露出，漏水・エフロレッセンスの変状については，Ⅱ編1章1.2.3に従うものとする。

　ここでは，ポストテンション方式プレキャスト桁橋に特有の変状について示す。

⑩　上縁定着部

　上縁定着の場合，橋面の水が定着部の後埋めコンクリートの継目からシース内に浸入してPC鋼材を腐食させる恐れがある。PCグラウトの充填が不十分な場合，シース内に浸入した水が凍結して膨張し，PC鋼材に沿ったひび割れ，エフロレッセンス，漏水を生じさせることがある。橋面に凍結防止剤が散布される場合は，PC鋼材の腐食を促進させるので十分な注意が必要である。PC鋼材に沿ったひび割れの浮き，剥離，鋼材露出の変状は，一般のPC橋に想定される変状と同じである。したがって，想定される変状の種類に対応した変状評価の区分については，Ⅱ編解説 表1.2.2，解説 表1.2.3，および解説 表1.2.4に従えばよい。

⑪　セグメント目地部

　セグメント目地部の開きの変状は，解説 表2.2.1，セグメント目地部の剥離の変状は，解説 表2.2.2に従うものとする。セグメント目地部の漏水，エフロレッセンスの変状については，Ⅱ編解説 表1.2.4に従うものとする。

解説 表2.2.1　変状の区分（セグメント目地部の開き）

区分	変状の程度
a	変状なし。
b	開きが生じている。
c	著しい開きが生じている。
d	－
e	－

解説 表2.2.2　変状の区分（セグメント目地部の剥離）

区分	変状の程度
a	変状なし。
b	剥離のみが生じている。
c	目地部のモルタル等が劣化し，断面欠損が著しい。
d	－
e	－

2.3　詳細調査

（1）　定期点検を行った結果，構造物に変状が確認され，劣化機構の推定や予測，評価および判定のためにより詳細な情報が必要と判断された場合には，詳細調査を行うものとする。

（2）　詳細調査の項目は，定期点検の結果を参考に，目的に応じた項目を選定し，プレテンション方式プレキャスト桁の特徴を考慮した適切な方法により実施するものとする。

【解　説】

（1），（2）について　　上縁定着部は舗装の下にあることから，通常では点検を行うことが極めて困難な箇所である。現状の目視による点検で，PC鋼材の破断を把握することは困難である。橋面の水が定着部からシース内に浸入してPC鋼材を腐食させた場合，PC鋼材に沿ったひび割れ，エフロレッセンス，漏水を生じさせることがある。PC鋼材に沿ったひび割れ，エフロレッセンス，漏水に着目して，必要に応じてPC鋼材の腐食を削孔およびインパクトエコー法などで調査すると良い。

　セグメント目地部の腐食や劣化の兆候の把握は，困難である。過去における落橋や劣化事例を整理し，PC鋼材の劣化要因，その技術が適用された時代，対象橋梁，着目する点などの幅広い情報に立脚した保全を行うことにより，セグメント目地部のPC鋼材腐食は事前に把握できる可能性がある。落橋および変状した橋梁の情報分析をもとに点検の注目点を整理および共有し，点検を行うことが有効である。

2.4　点検結果の評価および判定

2.4.1　評　　価

　点検および詳細調査によって得られた情報に基づき，ポストテンション方式プレキャスト桁橋の構造的な特徴や環境条件を考慮して変状の要因を推定し，評価しなければならない。

【解　説】

　Ⅱ編により変状の要因の推定を行うことを基本とする。セグメント目地部ではひび割れが生じやすい箇所である。このセグメント目地部を起点としてひび割れが生じ，さらに漏水の影響によりPC鋼材が腐食し破断に至る場合もある。上縁定着部ではPC定着部の切欠きに打込まれた後埋めコンクリートに変状が生じやすいため，ここから凍結防止剤を含んだ水分などとともに塩化物イオンがシースの内部に浸透する可能性がある。

2.4.2　対策の要否判定

　対策区分の判定は，点検結果および詳細調査を基に，劣化進行の予測および構造物の性能評価を考慮して，対策区分の判定を行うものとする。

【解　説】

　Ⅱ編1章1.4により性能評価および対策要否の判定を行うことを基本とする。次に各部材ごとの変状の種類や程度に応じた評価基準の例を示す。

a．上縁定着部

　評価および判定は，ポストテンション方式プレキャスト桁橋の上縁定着部からの漏水による変状を早期に発見することにより，PC鋼材の破断を防止して安全・円滑な交通を確保することを目

的に対策を検討するのがよい。また、上縁定着部は舗装の下にあることから、通常では点検を行うことが極めて困難な箇所である。現状の目視による点検で、PC鋼材の破断を把握することは困難であると考えられる。そこで、PC鋼材に沿ったひび割れ、漏水、エフロレッセンスなどの変状に応じた対策の要否判定を行うものとする。PC鋼材に沿ったひび割れの変状については、Ⅱ編 解説 表 1.4.1、漏水、エフロレッセンスなどの変状については、Ⅱ編 解説 表 1.4.3 に従って、評価および判定を行えばよい。

b. セグメント目地部

評価および判定は、ポストテンション方式プレキャストキャスト桁橋のセグメントのセグメント目地部からの漏水による変状を早期に発見することにより、PC鋼材の破断を防止して安全・円滑な交通を確保することを目的に対策を検討するのがよい。また、セグメント目地部の点検では、机上調査において建設時期、シースの材質、接続方法などの情報を事前に把握し、目地部の漏水跡などに留意すると必要があると考えられる。セグメント目地部の開きその変状の程度に応じた対策の要否判定の目安を解説 表 2.4.1、セグメント目地部の剥離の変状の程度に応じた対策の要否判定の目安を解説 表 2.4.2 に示す。セグメント目地部の漏水・エフロレッセンスの変状については、Ⅱ編 解説 表 1.4.3 に従って、評価および判定を行えばよい。

解説 表 2.4.1 対策区分の判定の目安（セグメント目地部の開き）

変状の区分	判定区分	判定の目安
a	A	－
b	A	進行性でない開きである。目地部の PC 鋼材は腐食していない。
	B	進行性の開きである。目地部の PC 鋼材は腐食していない。一般環境であり、雨水の内部への浸入はなく、放置しても構造物の安全性が著しく損なわれることはないと判断される状況。
c	C1	耐荷性能への影響は小さいものの、放置すると雨水の内部への浸入などにより確実に劣化が進むと見込まれる状況。
	C2	顕著な開きが生じており、目地部の PC 鋼材の腐食が進行し、耐荷性能に影響すると判断される状況。
	E1	目地部の PC 鋼材が破断にまで至っている場合で、今後も変状の進行が早いと判断され、構造安全性を著しく損なう危険性が高い状況。
	E2	目地部のコンクリートやモルタル片の落下による第三者被害が懸念される状況。

解説 表 2.4.2 対策区分の判定の目安（セグメント目地部の剥離）

変状の区分	判定区分	判定の目安
a	A	－
b	B	環境作用が厳しくない。
	C1	環境作用が厳しい。
c	C1	PC 鋼材が腐食していない。耐力は低下していない。
	C2	PC 鋼材が腐食しており、耐荷力が若干低下している。
	E1	PC 鋼材が破断し、耐荷力が著しく低下している。
	E2	コンクリート片の落下による第三者被害の危険性が高い。

2.5 対　　策

　対策が必要と判定された場合には，構造物の重要性，保全区分，残存予定供用期間，劣化機構，構造物の性能低下の程度などを考慮して目標とする性能を定め，対策後の保全の容易さや経済性を検討したうえで，適切な種類の対策を選定し，実施するものとする。

【解　説】

　一般の PC 橋に共通する変状に対する対策は，Ⅱ編 1 章 1.5 に従えば良い。

　上縁定着部については，耐久性を確保するためには，PC グラウトの未充填部分に再注入などを，安全性を確保するためには，外ケーブル補強などの対策を行う必要がある。セグメント目地部については，水の浸入を防ぐために橋面防水，ひび割れ注入，断面修復などを，安全性を確保するためには，繊維接着補強，外ケーブル補強などの対策を行う必要がある。

参考文献

1）　道路保全センター：橋梁技術者のための橋梁技術の変遷，平成 17 年 11 月

3章 場所打ち桁橋

3.1 適用の範囲

（1） 本章は，ポストテンション方式の場所打ち桁橋の保全に適用するものとする。

（2） 保全にあたっては，場所打ち桁橋の構造特性，設計手法，施工方法を考慮した適切な保全計画を策定しなければならない。

【解 説】

（1），（2）について 　多径間の連続桁や連続ラーメン構造には，場所打ちの箱桁橋や，中空床版橋，版桁橋などが，近年多く使用されている。ポストテンション方式の場所打ち PC 桁橋では，道路橋の主桁方向はひび割れを発生させない引張応力以内で設計されている場合が多いが，床版や横桁は主桁断面形状や構造寸法などにより次のような構造がある。中空床版橋の橋軸直角方向は RC 構造を基本とし，版桁橋の橋軸直角方向はフルプレストレスの PC 構造の場合が多く，箱桁橋の上床版橋軸直角方向は床版支間長によって RC 構造と PC 構造が選択される場合が多い。主方向のプレストレスレベルについては，近年の道路橋の一部でひび割れ発生を許容する PPC 構造も積極的に採用されてきている。解説 表 3.1.1 に場所打ち桁橋の種類を示す。なお，プレキャストセグメント方式箱桁橋は，一般の場所打ち箱桁橋と構造特性が類似しているため，本章で取り扱うものとする。

解説 表 3.1.1 　場所打ち桁橋の種類

種　類	断面形状	主たる架設方法	標準支間 （m）
中空床版橋		固定支保工 移動支保工	20 ～ 30
版桁橋		固定支保工 移動支保工	20 ～ 35
箱桁橋		固定支保工	30 ～ 60
		移動支保工	30 ～ 45
		張出し架設	50 ～ 120
		押出し架設	30 ～ 60
プレキャストセグメント 方式箱桁橋		固定支保工	30 ～ 60
		張出し架設	50 ～ 100
		スパンバイスパン	40 ～ 50

a．中空床版橋

　中空床版橋は，自重低減を目的に主桁内に円筒型枠を埋設した床版橋である（解説 図 3.1.1）。本構造は，適用支間が 20～30 m と比較的小さいため，一般的には等桁高とし，$H/L = 1/22$ 程度

が目安となる。

　主桁内部に配置する円筒型枠の直径は，主桁高さから決まり，主桁高さから 25～30 cm 程度差し引いた事例が多い。また，断面のねじり剛性も大きいことから，広幅員橋や斜角が小さい橋，曲線橋などへの対応が容易であり，曲線橋の場合は円筒型枠を短くして折れ線状態で配置したり，ウェブ幅を厚くするなどで対応している事例が多い。

　中空床版橋は円筒型枠の真下へのコンクリートの充填性の確認が困難な一面もあるが，桁高を低くできること，そして鉄筋型枠組み立てが比較的容易で，施工速度も速いことから，20～30 m の支間では最も多く採用されている主桁断面形状である。

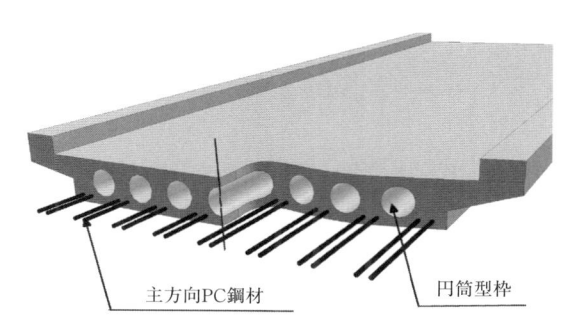

主方向PC鋼材　　　　　　　　　　　円筒型枠

解説 図 3.1.1　中空床版橋の基本形状

ｂ．版桁橋

　版桁橋は，比較的厚い上床版と主桁が 2～3 本設けられた構造であり，支間長は中空床版橋とほぼ同じ程度で 20～35 m の実績が多く，桁高は，H/L = 1/15～1/17 と中空床版橋より高くなる（**解説 図 3.1.2**）。

　主桁断面は 2 主版桁の実績が多く，広幅員になる場合や桁高を低くしたい場合などは，主桁本数を増やすことで対応できる。また，2 主版桁など主桁間隔を大きくとる場合が多いことから，床版は PC 構造の場合が多く，中間床版の厚さは 25～30 cm の範囲にある。

　主桁ウェブ幅は，施工性と美観の面から橋軸方向に厚さを一定とし，比較的厚い床版によって荷重分配されることから支間内に横桁を設けない場合もある。また，開断面であることから主桁のねじり剛性が低く，曲線橋などへの適用性は高くないものの，施工時にコンクリートの充填性の確認

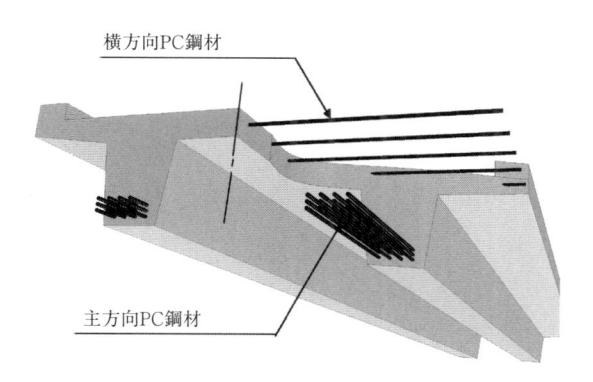

横方向PC鋼材

主方向PC鋼材

解説 図 3.1.2　版桁橋の基本形状

が容易であることや，直接各部材を目視点検できる構造であることから高速道路での採用実績が多い。

c．箱桁橋

　箱桁橋は，文字通り主桁を「箱桁断面」とすることで各部材厚を薄くし，高い断面性能を有したままで自重を低減させた主桁断面形状である（解説 図 3.1.3）。箱桁橋の各部材に，PC 鋼材を有効に配置できるため，連続桁橋やラーメン橋などの長大橋に多く採用されており，また，断面のねじり剛性も大きいことから，広幅員橋や斜角が小さい橋，曲線橋などにも適用できる。

　断面形状は，幅員などの要因により決定され，一室箱桁断面，多主箱桁断面，多室箱桁断面に分類される（解説 図 3.1.4）。一般的には幅員が 12 m 程度までは一室箱桁断面が多く，12 m 以上になると道路橋示方書に示す適用床版支間長の関係から，多主箱桁や多室箱桁の断面が採用される例が多い。また，床版にリブやストラットを付け，一室箱桁で広幅員に対応している事例も近年増えてきている。

　ストラット付き箱桁橋は，ストラットで張出し床版を支持することにより，張出し床版長を広く設定した箱桁橋である（解説 図 3.1.5）。ストラット本体は，コンクリート製と鋼製に大別され，鋼製では鋼管内にコンクリートを充填した事例もある。

　リブ付き箱桁橋は，上床版を補強する橋軸直角方向のリブを配置することにより，床版支間を広く，また床版厚を薄く設定できる構造である（解説 図 3.1.6）。

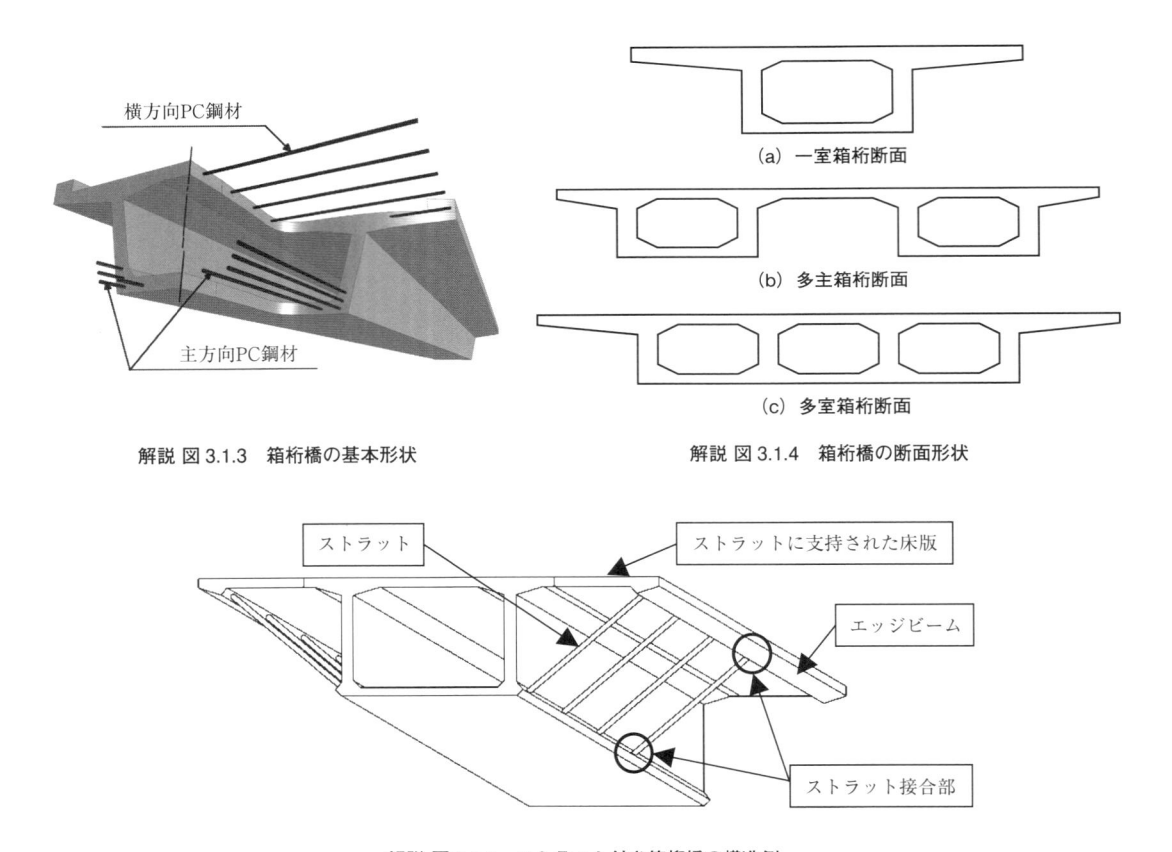

解説 図 3.1.3　箱桁橋の基本形状

(a)　一室箱桁断面

(b)　多主箱桁断面

(c)　多室箱桁断面

解説 図 3.1.4　箱桁橋の断面形状

解説 図 3.1.5　ストラット付き箱桁橋の構造例

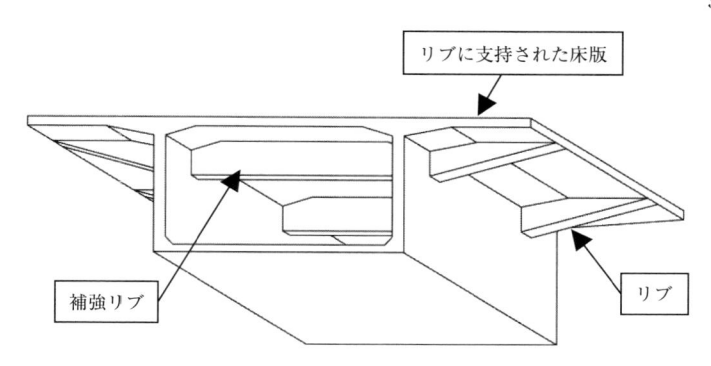

解説 図 3.1.6　リブ付き箱桁橋の構造例

　ストラットで支持された，あるいはリブで補強された床版の支持条件は，道路橋示方書で前提としている支持条件と異なるため，一般的には FEM 解析を用いてストラットやリブの影響を考慮した設計が行われている。

　架設方法は，固定支保工架設，張出し架設，移動支保工架設，押出し架設などに対応でき，支間長や現場条件によって決定される。主桁の高さは，固定支保工架設，移動支保工架設で 1/17～1/20 程度，押出し架設で 1/15～1/18 程度，張出し架設で 1/15～1/35 程度の変断面桁を用いる場合が多い。

　また，過去にはラーメン橋として支間中央をヒンジ構造とした有ヒンジラーメン橋が多く採用された時代がある。有ヒンジラーメン橋は，張出し架設時と構造系完成後の死荷重時曲げモーメントが相似であることや，温度変化や乾燥収縮による不静定力が発生しないことなどから，1960 年代から 1990 年代にかけて数多く建設されてきた（解説 図 3.1.7）。

　解説 図 3.1.8 に示した形式のヒンジ沓はゲレンク沓と呼ばれるもので，沓を挟む両側の桁の回転および水平変位に対しては可動で，鉛直変位差に対して拘束する構造である（解説 図 3.1.9）。

d．プレキャストセグメント方式箱桁橋

　プレキャストセグメント方式による箱桁橋は，箱桁断面のセグメント桁を工場もしくは架設地点近接の製作ヤードで運搬可能な大きさで製作し，架設地点に運搬，そしてプレストレスによって一体化する構造である（解説 図 3.1.10）。

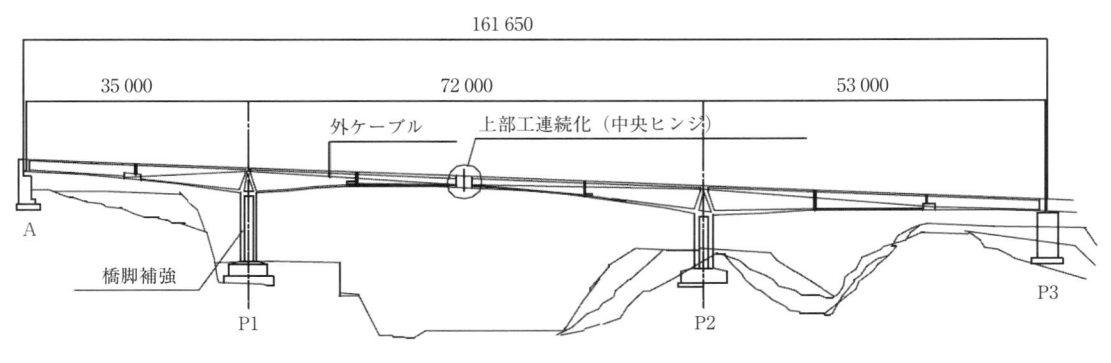

解説 図 3.1.7　有ヒンジラーメン橋の例

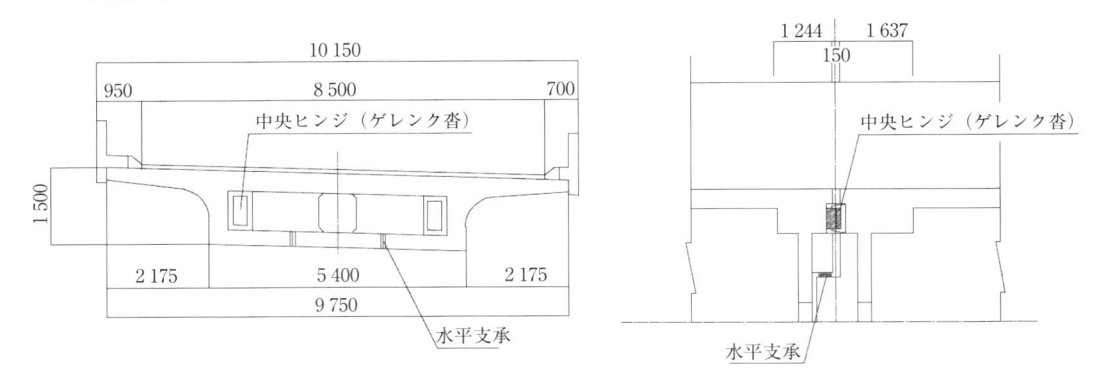

解説 図 3.1.8　ヒンジ部の構造例

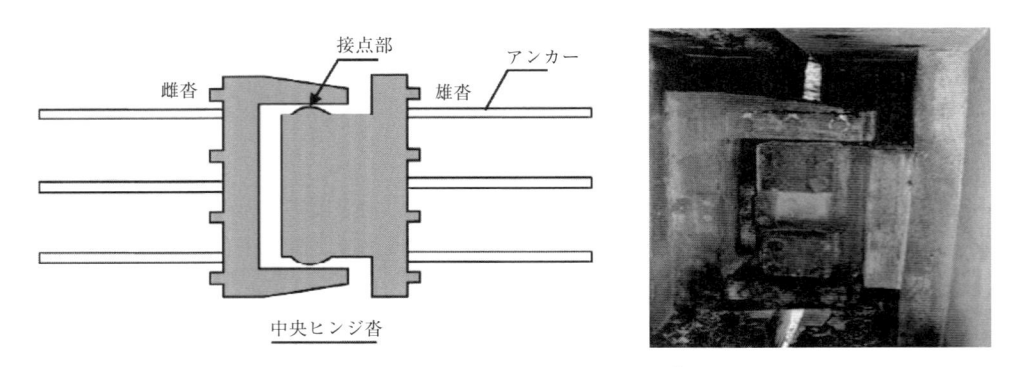

解説 図 3.1.9　ゲレンク沓の構造と例 [2)]

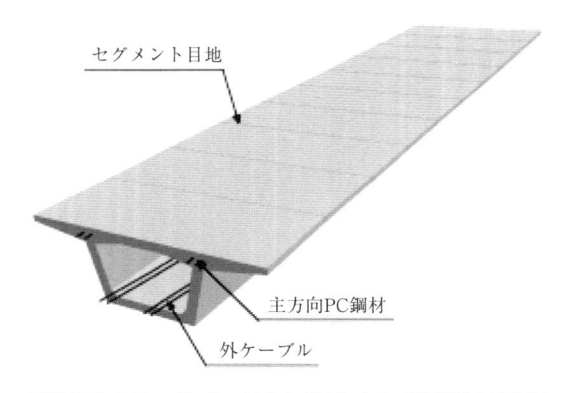

解説 図 3.1.10　プレキャストセグメント方式箱桁橋の概念図

　本構造の国内での実績は，1966 年（昭和 41 年）に首都高速道路 2 号線の目黒高架橋で初めて採用され，その後も継続的に実績を重ねた。1985 年には，瀬底大橋（沖縄県）で採用され，大規模な離島架橋技術として採用事例を拡大した。さらに，日本道路公団の松山自動車道の重信高架橋（1997 年）では，ショートラインマッチキャスト方式による製造方法が採用され，以来，新東名や新名神などの高速道路を中心に積極的に採用されている。本構造は，大規模な多径間連続箱桁橋に採用される事例が多く，実績を重ねながら，機械化されたさまざまな架設工法が考案されてきた。

　初期のプレキャストセグメント方式箱桁橋では，セグメント間の接合部にモルタル目地が用いられている例が多い。近年では，活荷重作用時に接合目地部が開かないプレストレスレベルによって

設計され，接合目地部にはエポキシ樹脂接着剤が使用されている。

　詳しくは,「外ケーブル構造・プレキャストセグメント工法設計施工規準」などを参照するとよい。

3.2　点　　　検

3.2.1　点検の着目点

　場所打ち桁橋の点検にあたっては，コンクリート橋に共通する以下の部位，箇所に留意して点検を行うものとする。
- ①　支間中央部
- ②　支間長の 1/4 点付近
- ③　連続桁の中間支点部
- ④　支承・伸縮装置の周辺部
- ⑤　ゲルバーヒンジ部
- ⑥　断面急変部
- ⑦　打継目部
- ⑧　PC 鋼材定着部
- ⑨　施工時開口の後埋め部
- ⑩　外ケーブル

　特に，橋種ごとに特有の変状が生じやすい以下の部位，箇所にも留意して点検を行うものとする。

（ⅰ）　中空床版橋
- ①　床版上面の舗装面
- ②　円筒型枠の水抜きパイプ

（ⅱ）　箱桁橋
- ①　打継目部
- ②　横桁部（人通孔周り含む）
- ③　張出し床版部
- ④　下フランジ部
- ⑤　外ケーブル定着部および偏向部
- ⑥　箱桁内部の排水管
- ⑦　せん断 PC 鋼棒定着部
- ⑧　その他

（ⅲ）　プレキャストセグメント橋
- ①　セグメント目地部
- ②　場所打ち調整目地部

【解　説】

　Ⅰ編3章3.3.1を基本とし，コンクリート橋に共通する着目点については，Ⅱ編1章1.2を参照する（解説 図3.2.1）。

　場所打ち桁橋の点検においては，特にその構造特性を把握し，過去に発生した変状などを参考に記載の部位，箇所に着目して点検するのが良い。

　有ヒンジラーメン橋の中には，径間中央部のクリープによる垂れ下がりや，ヒンジ部の支承損傷などにより走行性を阻害する変状が生じている場合があることにも留意する。

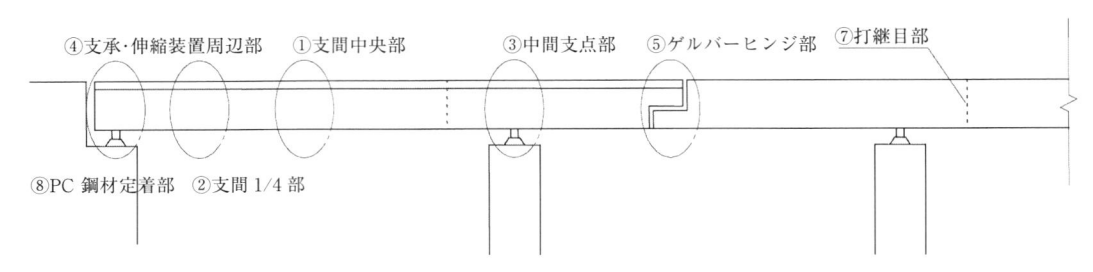

解説 図3.2.1　場所打ち桁橋に共通する着目点

（ⅰ）　中空床版橋

①　床版上面の舗装面

　中空床版橋では，埋設される円筒型枠がコンクリート打設時に浮力などにより浮き上がり，床版の版厚不足になっている場合があるため，床版部ひび割れ（舗装面のひび割れ，ポットホール），抜け落ちなどの変状に着目する（解説 図3.2.2，解説 図3.2.3）。

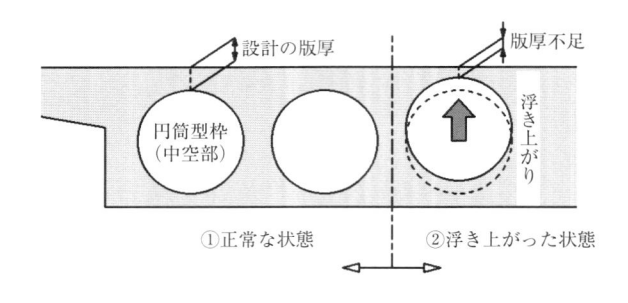

解説 図3.2.2　円筒型枠の浮き上がり

解説 図3.2.3　中空床版橋の円筒型枠上部の抜け落ち

②　円筒型枠の水抜きパイプ

　水抜き穴からの漏水などの変状に着目する。

（ⅱ）　箱桁橋

①　打継目部

　打継目部はコンクリート橋に共通する着目点であるが，場所打ち箱桁橋の打継目部は，施工時における初期ひび割れなどの初期欠陥に起因した劣化が生じやすい部位であることから，箱桁橋に特有の変状が生じやすい箇所として，着目点に示すこととした。箱桁橋の点検にあたっては，

以下に示すような初期ひび割れが発生しやすい打継目部に着目し，ひび割れ，水しみ，エフロレッセンス，さび汁などの変状に留意する。

　張出し架設や押出し架設における施工継目（鉛直打継目）では，温度応力や乾燥収縮により新コンクリート側に初期ひび割れが発生しやすい（解説 図 3.2.4）。施工継目の間隔は，構造形式や架設方法により異なることに留意し，一般的には張出し架設で 2〜4 m，押出し架設で 6〜20 m ごとに打継目がある。

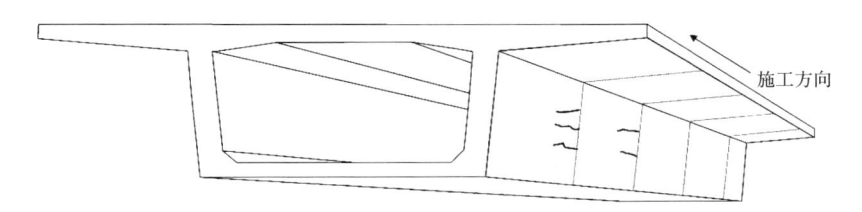

施工方向

解説 図 3.2.4　鉛直打継目のひび割れ（張出し架設・押出し架設など）

　固定支保工により施工された箱桁橋や張出し架設の柱頭部では，ウェブと上床版との間に施工継目（水平打継目）を設けてコンクリートを分割施工する場合が多く，張出し床版部が先行打設したウェブコンクリートの拘束を受けて橋軸直角方向ひび割れを生じることがある（解説 図 3.2.5）。

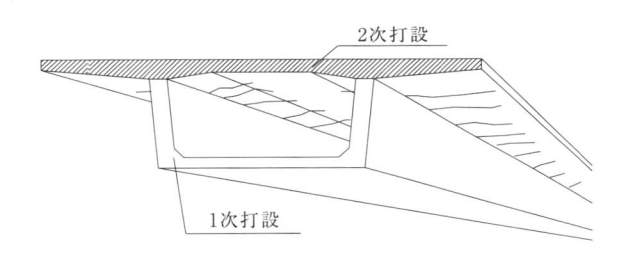

2次打設

1次打設

解説 図 3.2.5　水平打継目のひび割れ（固定支保工架設）

②　横桁部

　箱桁橋における支点横桁部は，マッシブなコンクリート断面を有する場合が多く，施工時の温度応力や乾燥収縮の影響による初期ひび割れが発生しやすい（解説 図 3.2.6）。また人通口など横桁に設ける開口部では周辺拘束によるひび割れが発生しやすい（解説 図 3.2.7）。

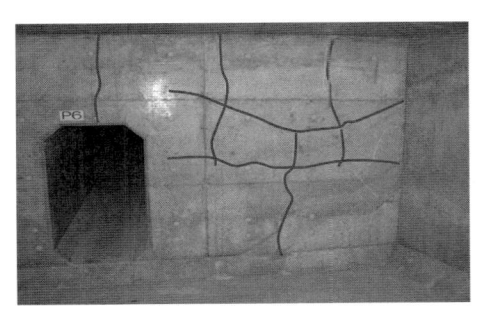

解説 図 3.2.6　支点横桁部のひび割れ [3]

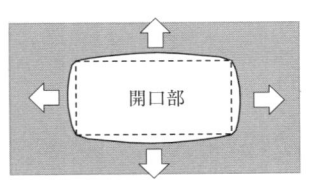
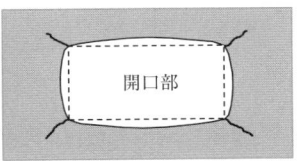

開口部

開口部

解説 図 3.2.7　開口部のひび割れ

③ 張出し床版部

　束ねたグラウトホース周囲の伝い水により生じる張出し床版下面やウェブの水しみに注意する。張出し架設や押出し架設により施工された箱桁橋において，PC 鋼材のグラウトホース数本を束ねて地覆下まで横引きして配置する方法が多用された時期があり，グラウトホースの伝い水が水しみとなって現れることが確認されている[1]（解説 図 3.2.8，解説 図 3.2.9）。

　また，広幅員の張出し床版においては，主鋼材によるプレストレスが床版先端まで伝達されていない場合があることから，打継目部のひび割れ（目開き），エフロレッセンス，水しみなどに留意する（解説 図 3.2.10）。

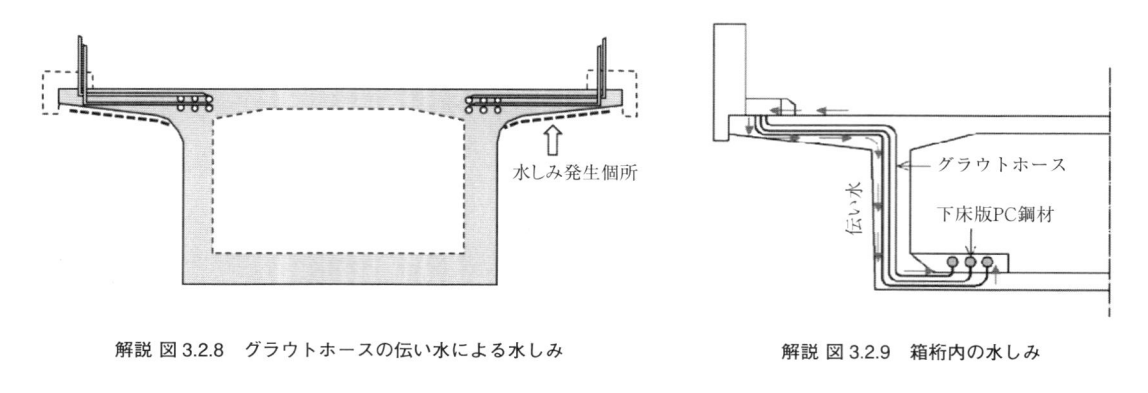

解説 図 3.2.8　グラウトホースの伝い水による水しみ　　　　解説 図 3.2.9　箱桁内の水しみ

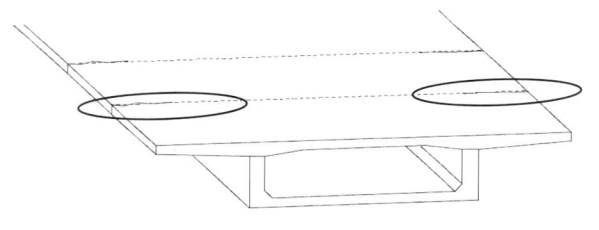

解説 図 3.2.10　張出し床版打継目部の変状

④ 下フランジ部

　桁高が変化する箱桁において，下フランジ中央付近に PC 鋼材が配置されている場合，腹圧力により橋軸直角方向の曲げモーメントが生じ，下フランジの中央付近（下面）やウェブ付近（上面）

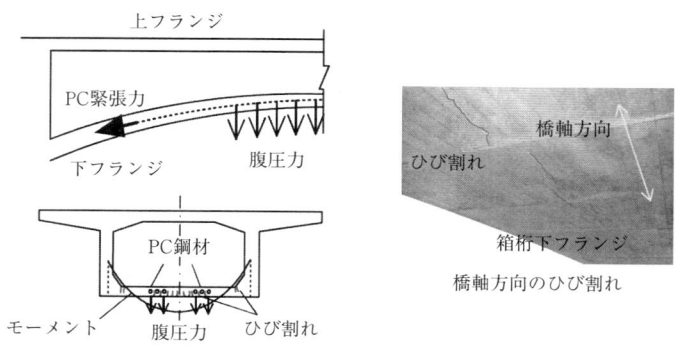

橋軸方向のひび割れ

解説 図 3.2.11　箱桁下フランジの腹圧力の影響[4]

に橋軸方向ひび割れが発生している事例があることから，下フランジのひび割れや変状に着目する（解説 図 3.2.11）。

⑤　外ケーブル定着部および偏向部

外ケーブル定着部および偏向部は，局部的な応力による有害なひび割れや定着具の腐食などの変状に着目する（解説 図 3.2.12～解説 図 3.2.14）。

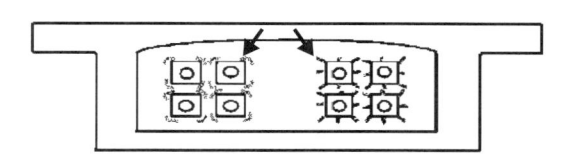

解説 図 3.2.12　外ケーブル定着部のひび割れ[5]

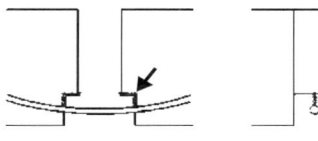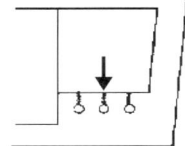

解説 図 3.2.13　外ケーブル偏向部のひび割れ[5]

定着具の著しい腐食

解説 図 3.2.14　外ケーブル定着部の変状[6]

⑥　箱桁内部の排水管

箱桁内部に配置された排水管の破損などにより，下床版に水しみや滞水が生じると，下床版内の鋼材を腐食させる恐れがあるため，箱桁内の滞水の有無を確認するのが良い（解説 図 3.2.15）。

滞水

解説 図 3.2.15　排水管破損に伴う箱桁内の滞水[7]

⑦　せん断 PC 鋼棒定着部

2000 年頃までの箱桁橋では，ウェブのせん断補強として PC 鋼棒をウェブ内に鉛直あるいは斜め

に配置して上床版の上面に定着している場合がある。特に鋼材のコストが高かった 1980 年代頃までは，補強効率を考慮して斜鋼棒の使用が多かった（解説 図 3.2.16）。主ケーブルの上縁定着と同様に，初期のグラウト充填不良や橋面からの水の浸入などにより，PC 鋼棒が腐食破断した事例がある。PC 鋼棒破断は舗装に変状が現れるため，舗装のポットホールや損傷などの変状に着目する。

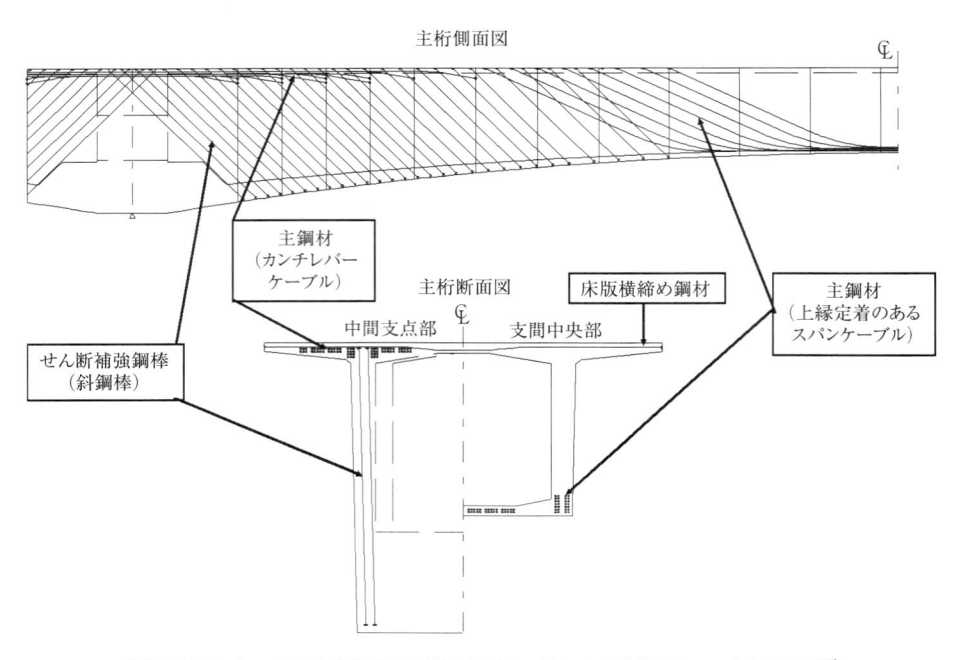

解説 図 3.2.16　1980 年代頃までの張出し架設工法による箱桁橋の PC 鋼材配置例 [7]

⑧　その他

1.　ストラット付き・リブ付き箱桁橋

　ストラット付き箱桁橋やリブ付き箱桁橋は，比較的新しい構造形式であり，各種解析や載荷実験により，一定の安全性，耐久性を有していることが確認されていることなどから，本マニュアル作成時点において，重篤な損傷や劣化は報告されていない。したがって，基本的には一般の箱桁橋と同様の着目点で点検を行うこととし，次に示す特有の部位，部材についても，一般的な変状（ひび割れ，浮き・剥離，鋼材露出，漏水，エフロレッセンスなど）に着目する（解説 図 3.2.17，解説 図 3.2.18）。

　　・ストラットまたはリブに支持された床版

　　・ストラット，リブ，エッジビーム

　　・ストラット接合部および受台

　また，ストラットを追加配置して断面拡幅を行った場合には，床版の施工継目にも留意する。鋼製ストラットの場合は，鋼部材の変状（塗膜の劣化，腐食）に加え，ストラットとエンドプレートの溶接部における疲労き裂にも留意する。

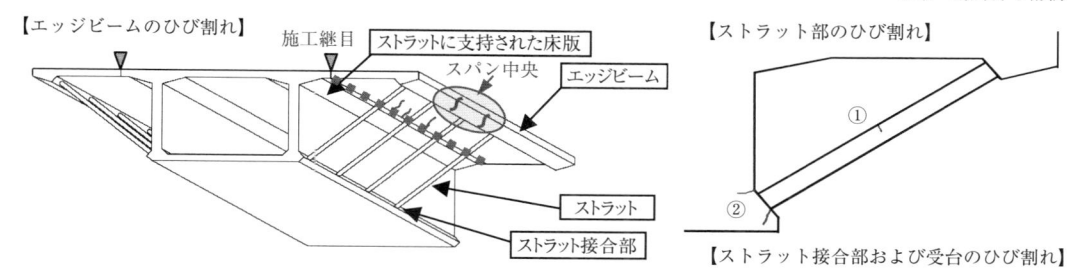

【エッジビームのひび割れ】
施工継目
ストラットに支持された床版
スパン中央
エッジビーム
【ストラット部のひび割れ】
①
②
【ストラット接合部および受台のひび割れ】
ストラット
ストラット接合部

解説 図 3.2.17　ストラット付き箱桁橋のひび割れ

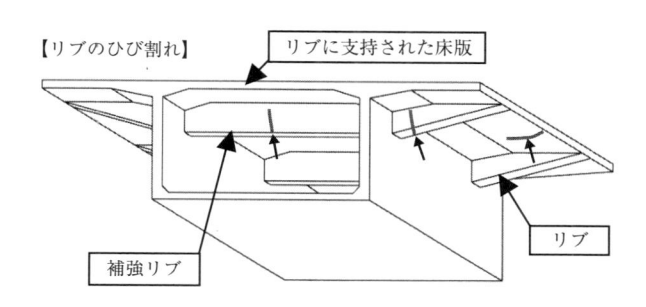

【リブのひび割れ】
リブに支持された床版
補強リブ
リブ

解説 図 3.2.18　リブ付き箱桁橋のひび割れ

2. ドゥルックバンド橋

　1978 年の道路橋示方書において，「負反力が作用すると橋梁の各部において予期しない応力が生じ好ましくないので，橋梁の構造形式の選定にあたっては負の反力ができるだけ生じないような構造系を選ばなければならない」と解説された。しかし，それ以前では，特に渓谷などで支間の選定が困難な場合，中央径間に比べ，側径間がバランス的に短い 3 径間有ヒンジラーメン橋で，端支点に負反力が生じる橋梁も数多く建設されている。

　これらの橋梁の保全では，桁端部に，負反力に抵抗するために，鉛直方向に緊張した PC 鋼棒が配置されていることに注意が必要である。また，地震時水平力を橋脚に負担させず，さらに桁端部の水平方向に PC 鋼棒を配置することで，地震時水平力を橋台に負担させ，橋脚の橋軸方向の幅を極端に薄くした橋梁も，この時代には数多く建設されており，これらの形式の橋梁は「ドゥルックバンド橋」と呼ばれている（解説 図 3.2.19，解説 図 3.2.20）。この形式の橋梁では，

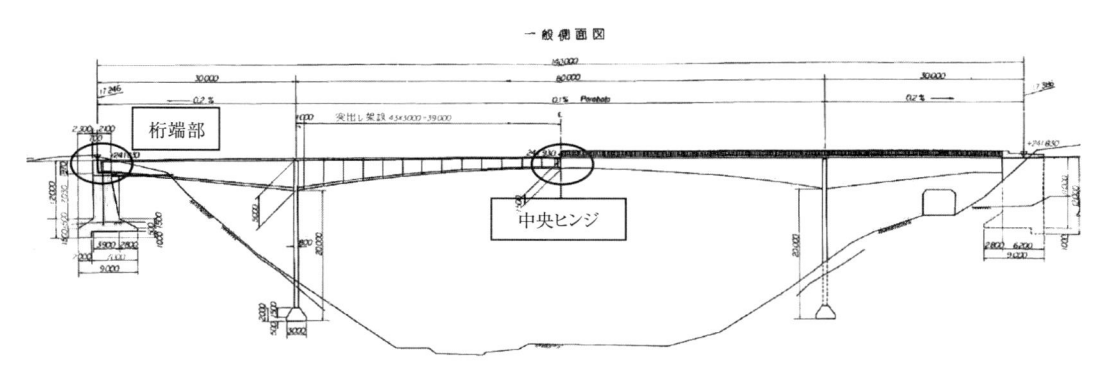

一般側面図

桁端部
中央ヒンジ

解説 図 3.2.19　ドゥルックバンド橋の例

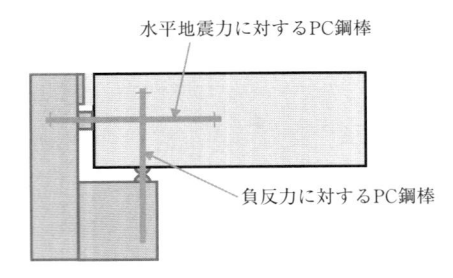

解説 図 3.2.20　ドゥルックバンド橋の桁端部構造イメージ

設計を容易にするため，不静定次数を下げ，剛結橋脚をヒンジと仮定し，また桁端部の構造は，鉛直方向，水平方向ともに拘束されているが，回転方向はフリーとして設計されている。

　桁端部の PC 鋼棒は，構造上，回転方向の拘束を妨げないように配置が計画されるとともに，シースにはグラウトを充填せず，グリース材などにより PC 鋼棒に防錆処理が施されているのみのケースもある。この桁端部の PC 鋼棒が腐食などにより破断すると，全体構造に影響を及ぼす重大な損傷となる可能性がある。このため，これらの形式の橋梁を点検するにあたっては，桁端部の PC 鋼棒の点検は最重要項目となる。

3. プレキャストセグメント方式箱桁橋

　プレキャストセグメント方式箱桁橋では，セグメント目地部や場所打ち調整目地部のひび割れ，浮き，剥離，漏水，さび汁などの変状に着目する（解説 図 3.2.21）。

　セグメント目地部は，1970 年代以前は数十ミリほどの厚さのモルタル目地構造が多く，モルタル目地のひび割れやシースの不完全な接続によるグラウト充填不良などがあると，橋面からの劣化因子の侵入により，PC 鋼材が腐食している可能性があることに留意して点検を行うことが重要である。

　セグメント目地部は，2 章 2.2.1 の着目点も参照するとよい。

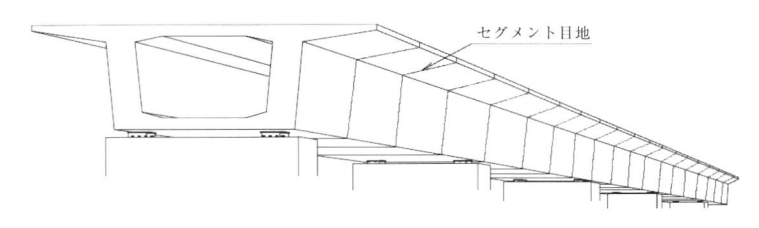

解説 図 3.2.21　プレキャストセグメント目地部

3.2.2　着目点の点検方法

　場所打ち桁橋における着目点の点検の方法は，近接目視によることを基本とし，必要に応じて触診や打音，非破壊試験などを併用するものとする。

【解　説】

　3.2.1 に示したコンクリート橋に共通する着目点における点検の方法は，Ⅱ編 1 章 1.2.2 に示されている。そのほかの場所打ち桁橋に特有の着目点における点検方法も，近接目視が基本となる。

　床版上面に生じたひび割れやせん PC 断鋼棒定着部の変状などは，舗装により直接目視できないため，舗装の変状に留意した点検が重要である。

3.2.3　変状の把握

（1）　点検の結果，変状を発見した場合には，変状の種類ごとに変状の状況を把握するものとする。この際，変状の状況に応じて，効率的な保全をするうえで必要な情報を詳細に把握するものとする。

（2）　変状は，部位・部材ごと，変状の種類ごとに，変状の程度を a〜e の区分で記録するものとする。

【解　説】

（1），（2）について　　コンクリート橋に共通する部位・部材における，ひび割れ，浮き，剥離，鋼材露出，漏水・エフロレッセンスの変状については，Ⅱ編 1 章 1.2.3 に示す変状の区分に従うものとする。

　ここでは，場所打ち桁橋に特有の変状について示す。

a．舗装のポットホール

　床版（舗装）に生じたポットホールは，抜け落ちとして解説 表 3.2.1 に示す変状の区分に従う。

解説 表 3.2.1　変状の区分（抜け落ち）

区分	変状の程度
a	変状なし。
b	—
c	ひび割れが生じているが，目視あるいは打音により，早期に抜け落ちる恐れはないと判断できる。
d	—
e	床版コンクリートまたは舗装に抜け落ちがある。または，たたき試験により早期に抜け落ちる恐れがあると判断できる。

b．箱桁内の滞水

　箱桁内の滞水については，それ自体がコンクリートの劣化や損傷を示す変状ではないが，滞水が鋼材腐食の発生要因になる可能性があるため，滞水として解説 表 3.2.2 に示す変状の区分に従う。

解説 表 3.2.2　変状の区分（滞水）

区分	変状の程度
a	変状なし。
b	—
c	—
d	—
e	箱桁内の滞水がある。

ｃ．張出し床版打継目部の目開き

　張出し床版打継目部の目開きについては，Ⅱ編 解説 表 1.2.2 に示すひび割れに対する変状の区分に従うものとする。

ｄ．せん断 PC 鋼棒定着部の変状

　せん断 PC 鋼棒定着部の変状により，舗装のひび割れや浮き，ポットホールなどが生じる場合があることから，舗装の変状として，解説 表 3.2.3 に示す変状の区分に従う。せん断 PC 鋼棒定着部に変状が生じる要因としては，PC 鋼材や定着具の腐食，PC 鋼材の破断などが想定される。

　コンクリート床版上面の定着部の変状を直接目視で確認できる場合には，定着部の変状として，解説 表 3.2.4 に示す変状の区分に従う。

解説 表 3.2.3　変状の区分（舗装の変状）

区分	変状の程度
a	変状なし。
b	―
c	舗装にひび割れ（幅 5 mm 未満）があるが，舗装の浮きはない。
d	―
e	舗装のひび割れ幅が 5 mm 以上，または舗装の浮きがある。

解説 表 3.2.4　変状の区分（定着部の変状）

区分	変状の程度
a	変状なし。
b	―
c	定着部のコンクリート（モルタル）にひび割れ（幅 0.2 mm 未満）がある。
d	定着部のコンクリート（モルタル）にひび割れ（幅 0.2 mm 以上）がある。またはコンクリート（モルタル）に浮きがある。
e	―

ｅ．ゲルバーヒンジ部の変状

　ゲルバーヒンジ部における一般的なコンクリートの変状は，Ⅱ編 1 章 1.2.3 に従い区分するものとする。ゲルバーヒンジ部に異常なたわみが生じている場合は，解説 表 3.2.5 に示す変状の区分に従う。

　またゲルバーヒンジ部に段差が生じている場合は，Ⅳ編 2 章 2.2.3 に示す伸縮装置の変状の区

解説 表 3.2.5　変状の区分（ゲルバーヒンジ部の異常なたわみ）

区分	変状の程度
a	変状なし。
b	―
c	―
d	―
e	ゲルバーヒンジ部に異常なたわみが認められる。

解説 表 3.2.6　変状の区分 (ゲルバーヒンジ部の段差)

区分	変状の程度
a	変状なし。
b	—
c	凹凸が生じているが，段差量は小さい (20mm 未満)。
d	—
e	凹凸が生じ，段差量が大きい (20mm 以上)。

分に準じた解説 表 3.2.6 に示す変状の区分に従う。また支承の変状が段差の要因となっている場合もあるため，Ⅳ編 1 章 1.2.3 を参照し，支承の変状を把握する。

ｆ．セグメント目地の変状

　セグメント目地部にモルタルやコンクリートを用いている場合，それらに生じているひび割れ，浮き・剥離・鋼材露出，漏水・エフロレッセンスなどの変状については，Ⅱ編 1 章 1.2.3 およびⅢ編 2 章 2.2.3 に示す変状の区分に従う。

ｇ．ストラット・リブの変状

　ストラット，リブ，ストラット接合部および受台，床版，エッジビームなどに生じているひび割れ，浮き・剥離・鋼材露出，漏水・エフロレッセンスなどの変状については，Ⅱ編 1 章 1.2.3 に示す変状の区分に従う。

ｈ．ドゥルックバンド橋の桁端部 PC 鋼棒の変状

　ドゥルックバンド橋における負反力，水平力に抵抗する PC 鋼棒の変状については，桁端部 PC 鋼棒の変状として，解説 表 3.2.7 に示す変状の区分に従う。

解説 表 3.2.7　変状の区分 (桁端部 PC 鋼棒の変状)

区分	変状の程度
a	変状なし。
b	—
c	シースが腐食しているが，鋼材の腐食は認められない。グラウトや防錆剤の防食機能は保持されている。
d	シースが腐食し，鋼材の腐食が若干認められる。または，グラウトや防錆剤の防食機能が失われている。
e	鋼材が著しく腐食または破断している。

3.3　詳 細 調 査

（1）　定期点検を行った結果，構造物に変状が確認され，劣化機構の推定や予測，評価および判定のためにより詳細な情報が必要と判断された場合には，詳細調査を行うものとする。

（2）　詳細調査の項目は，定期点検の結果を参考に，目的に応じた項目を選定し，場所打ち桁橋の特徴を考慮した適切な方法により実施するものとする。

【解　説】

（1），（2）について　　　場所打ち桁橋の特徴的な変状としては，3.2.1で述べたとおり，コンクリート橋に共通する変状以外に，施工時の初期欠陥に起因する変状がある。初期欠陥が環境作用などにより塩害や中性化などの進行性の劣化に進展している場合もあるため，必要に応じて鋼材腐食状況などの詳細調査を行い，評価および判定する必要がある。

　支間中央や連続桁構造の中間支点付近のひび割れは，想定以上の曲げモーメントの発生あるいはプレストレスの減少が主要因と考えられるため，詳細調査を実施してこれらの変状が生じた要因を確定するのがよい。

　中空床版橋の抜け落ちが生じているあるいは，舗装の大きなひび割れやポットホールが確認される場合は，舗装を一部撤去しコンクリートの変状を確認するのがよい。円筒型枠の浮き上がりなどの施工に起因する初期欠陥が要因であるか，凍結防止剤や水の浸透などによる劣化によるものか，せん断鋼棒定着部の変状（PC鋼棒の破断，後埋め部からの水の浸透によるPC鋼材定着部の腐食など）が要因であるかなどを詳細調査により明らかにすることが重要である。

　ゲルバーヒンジ部に異常なたわみや段差などの変状が確認される場合は，PC鋼材緊張力の消失あるいは減少や，ゲルバーヒンジ部の支承損傷などが要因であるかを，詳細調査により明らかにするのがよい。

　ストラット・リブ付き箱桁橋においてストラット，リブ，あるいはそれらの接合部に生じているひび割れ，エフロレッセンス，さび汁などの変状が確認される場合は，初期欠陥のひび割れが進行した変状であるか，供用後に作用する車両の繰り返し荷重が要因のひび割れかなどを，詳細調査により明らかにするのがよい。

　ドゥルックバンド橋において桁端部における伸縮装置部の段差や中央径間部の異常なたわみなどが確認される場合は，桁端部PC鋼棒に変状が生じている可能性があるため，PC鋼棒の腐食などを詳細調査で明らかにする必要がある。直接目視できない狭隘部では，ファイバースコープなどの工業用内視鏡の使用や非破壊のグラウト充填度調査などの詳細調査を行うとよい。

3.4　点検結果の評価および判定

3.4.1　評　　価

　点検や詳細調査によって得られた情報に基づき，場所打ち桁橋の構造的な特徴や環境条件などを考慮して変状の要因を推定し，評価しなければならない。

【解　説】

　Ⅱ編1章1.4.1により変状要因の推定および性能の評価を行うことを基本とする。

　箱桁内の滞水は，排水装置の損傷などによる漏水が要因となる場合が多いが，床版のひび割れからの漏水など構造体の劣化が要因となっている場合もあるため，水の浸入経路を特定することが重要である。

　打継目部のひび割れは，施工時に生じた初期ひび割れであるか，劣化によるものであるか，構

造特性や施工手順などの情報を基に把握する必要がある。また，これらの部位から漏水やさび汁などの変状が生じている場合は，水の浸入経路を調査するとともに，鋼材腐食の要因を推定する。

3.4.2　対策の要否判定

対策区分の判定は，点検結果および詳細調査を基に，劣化進行の予測および構造物の性能評価を考慮して，対策区分の判定を行うものとする。

【解　説】

Ⅱ編 1 章 1.4.2 により，対策区分の判定を行うことを基本とする。

床版に生じたポットホールなどの抜け落ちに対する対策の要否判定は，解説 表 3.4.1 に示す対策区分の判定を行うとよい。

解説 表 3.4.1　対策区分の判定の目安（床版の抜け落ち）

変状の区分	判定区分	判定の目安
a	A	－
c	C1	耐荷性能の低下や車両走行性への影響が軽微である。
e	E1	耐荷性能が低下している。
e	E2	車両走行性に大きな影響がある。

箱桁内の滞水に対する対策の要否判定は，発生要因が排水装置の損傷などであれば日常の維持工事で早急な対応を行う判定区分 M とし，ひび割れからの漏水など構造体の劣化が要因の場合は，それらの劣化に応じた対策区分の判定を行う必要がある。

張出し床版下面やウェブなどの水しみは，Ⅱ編 1 章 1.4.2 に示している漏水・エフロレッセンスの対策区分の判定を参考に行うとよい。

舗装の異常に対し，詳細調査によりせん断 PC 鋼棒定着部の変状が確認された場合には，変状の程度，グラウトの充填度などに応じて，解説 表 3.4.2 を参考に対策区分の判定を行うとよい。

箱桁橋におけるセグメント目地部の変状のうち，コンクリート橋に共通する変状についてはⅡ編

解説 表 3.4.2　対策区分の判定の目安（定着部の変状）

変状の区分	判定区分	判定の目安
a	A	
c, d	C1	PC 鋼材定着部の後埋めコンクリート（モルタル）にひび割れや肌隙があるが，PC 鋼棒と定着装置に腐食は認められない。
c, d	C2	PC 鋼棒や定着装置に軽微な腐食が認められる。グラウトの充填が不十分である。PC 鋼棒が破断し，せん断に対する耐荷性能が若干低下している。
c, d	E1	PC 鋼棒が破断し，せん断に対する耐荷性能が著しく低下している。
c, d	E2	PC 鋼棒や定着装置に著しい腐食があり，グラウトの充填が不十分であり，抜け出す可能性がある。

1章 1.4.2 に，セグメント目地部特有の変状についてはポストテンション方式プレキャスト桁橋（2章 2.4.2）に示している対策区分の判定に準じて行うとよい。

　ゲルバーヒンジ部の異常なたわみや段差に対する対策の要否判定は，変状の程度，耐荷性能，車両走行性を基準に，解説 表 3.4.3，解説 表 3.4.4 に示す対策区分の判定を行うとよい。

解説 表 3.4.3　対策区分の判定の目安（ゲルバーヒンジ部の異常なたわみ）

変状の区分	判定区分	判定の目安
a	A	－
e	C1	耐荷性能の低下や車両走行性への影響が軽微である。
	E2	車両走行性に大きな影響がある。

解説 表 3.4.4　対策区分の判定の目安（ゲルバーヒンジ部の段差）

変状の区分	判定区分	判定の目安
a	A	－
c	C1	車両走行性への影響が軽微である。
e	C1	車両走行性への影響が軽微である。
	E1	段差により，伸縮装置やその周辺の部位・部材の損傷や劣化が著しく進行する可能性がある。
	E2	車両走行性に大きな影響がある。

　ドゥルックバンド橋における桁端部 PC 鋼棒の変状は，構造系に大きな影響を与えることから，変状を適切に評価することが重要となるが，変状が十分に確認できない，変状の要因が特定できないなど，明確な変状評価が困難な場合には，より安全側となるように，解説 表 3.4.5 を参考に対策区分の判定を行うとよい。

解説 表 3.4.5　対策区分の判定の目安（桁端部 PC 鋼棒の変状）

変状の区分	判定区分	判定の目安
a	A	－
c	C1	PC 鋼棒緊張力の低下はほとんどない。PC 鋼棒の防食機能が保持されている。
d	C2	耐荷性能の低下がほとんどないが，PC 鋼棒の防食機能が失われている。
	E1	耐荷性能が低下している。
e	E1	耐荷性能が低下している。

3.5　対　　策

　対策が必要と判定された場合には，構造物の重要性，保全管理区分，残存設計供用期間，劣化機構，構造物の性能低下の程度などを考慮して目標とする性能を定め，対策後の保全の容易さや経済性を検討したうえで，適切な種類の対策を選定し，実施するものとする。

【解　説】

　Ⅱ編 1 章 1.5 により対策を行うことを基本とする。

　中空床版の抜け落ちの対策としては，上面増厚，床版の部分打替えあるいは全面打替えなどにより，所定の性能を確保する。凍結防止剤や水の浸透による土砂化が劣化要因の場合は，橋面防水を行う必要がある。

　打継目部など施工時に生じたひび割れに対しては，鋼材の腐食状況に応じて適切な対策を行う。

　腹圧力によるひび割れが生じている場合は，性能照査により必要に応じて鋼板・FRP 接着工法などにより補強を行う。

　箱桁張出し床版部下面や箱桁内部の水しみ・漏水は，橋面や地覆部からの水の浸入が要因と考えられるため，橋面防水を速めに実施することが望ましい。

　ドゥルックバンド橋における桁端部の PC 鋼棒に変状が認められた場合，ただちに PC 鋼棒の交換や，カウンターウェイトの設置などの対策を講じなければならない。対策が困難な構造の場合，また，点検によって変状の確認が容易でない場合には予防保全として，追加ケーブルを配置した事例がある（解説 図 3.5.1）。

解説 図 3.5.1　ドゥルックバンド橋の補強例（追加ケーブル）

参考文献

1）横山，本荘，徳光，田中：PC 箱桁橋を模擬した供試体によるグラウトホース伝い水の検証試験，土木学会第 69 回年次学術講演会講演概要集，Ⅴ－48，2014.9

2）渡辺，上杉，東田：PC3 径間連続有ヒンジ箱桁橋の連続化について（東北自動車道八幡平橋），コンクリート工学年次論文集，Vol.31，No.2，日本コンクリート工学会，2009.7

3）国土交通省国土技術政策総合研究所：国土技術政策総合研究所資料 道路橋の定期点検に関する参考資料（2013 年版）－橋梁損傷事例写真集－

4）国土交通省道路局：第 7 回道路技術小委員会 配付資料【資料 2】橋，高架の道路等の技術基準の改定について，p.4

5）国土交通省道路局：橋梁定期点検要領 H26.6 付録－1 損傷評価基準

6）国土交通省国土技術政策総合研究所：国土技術政策総合研究所資料 道路橋の定期点検に関する参考資料（2013 年版）－橋梁損傷事例写真集－

7）プレストレスト・コンクリート建設業協会：PC 構造物の維持保全－PC 橋の更なる予防保全に向けて－【2015 年版】，2015.3

4章 プレキャストウェブ橋

4.1 適用の範囲

（1） 本章は，現場打ちで施工される PC 箱桁橋のウェブをプレキャスト部材に置き換えたプレキャストウェブ橋の保全に適用するものとする。
（2） 保全にあたっては，プレキャストウェブ橋の構造特性，設計手法，施工方法を考慮した適切な保全計画を策定しなければならない。

【解　説】

（1）について　　プレキャストウェブ橋は，現場打ち PC 箱桁橋のウェブを工場で製作したプレキャスト部材に置き換えた合成桁橋である。ウェブにはプレテンション方式によるプレストレスが導入されている。プレテンション部材をウェブに用いることで，高いせん断抵抗性が確保される。ウェブ厚を減じることが可能となり主桁自重の軽減が図られるため，上部構造だけでなく下部構造の規模縮小にもつながり，橋梁建設の低コスト化が期待される。また，ウェブにプレキャスト部材を使用することでウェブの高品質化が図られるとともに，ウェブ施工のための型枠作業，コンクリート打設作業などが省略され，現場作業の省力化が可能となる。解説 図 4.1.1 にプレテンションウェブ橋の概念図を示す。

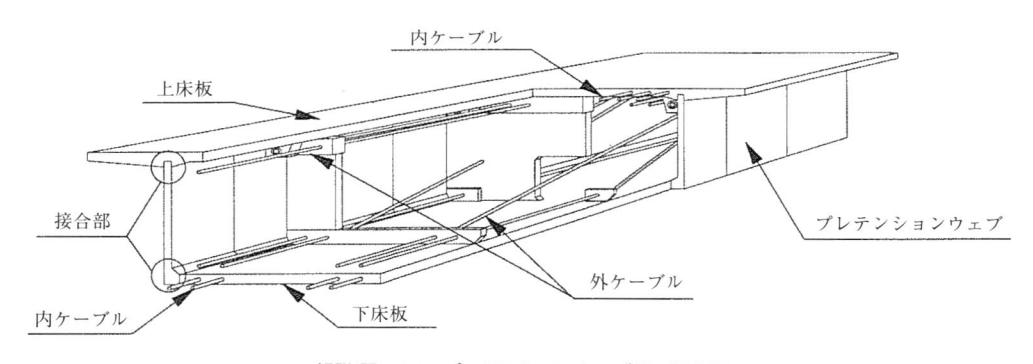

解説 図 4.1.1　プレテンションウェブ橋の概念図

　プレテンションウェブ橋は，工場で製作されるプレテンションウェブと場所打ち施工される上下床版で構成される。2007 年に張出し架設により初めて施工され（解説 図 4.1.2）[1),2)]，その後，固定支保工架設による施工事例などがある（解説 図 4.1.3）[3),4)]。
　通常の箱桁のウェブ部分に蝶型形状をしたプレキャスト製のコンクリートパネルを使用し，上部工重量の軽量化を目的とした新しい構造形式の橋梁を，通称「バタフライウェブ橋」と称している（以下，バタフライウェブ橋と記載）。本構造の構造特性は，せん断力がパネル内に圧縮力と引張力に分解されて伝達することが解析および実験により明らかになっている[5),6)]。引張力には PC 鋼材

で抵抗し，圧縮力にはコンクリートで抵抗する。解説 図 4.1.4 および解説 図 4.1.5 にバタフライウェブ橋のイメージ図を示す。

解説 図 4.1.2　張出し架設の事例

解説 図 4.1.3　固定支保工架設の事例

解説 図 4.1.4　バラフライウェブ橋のイメージ

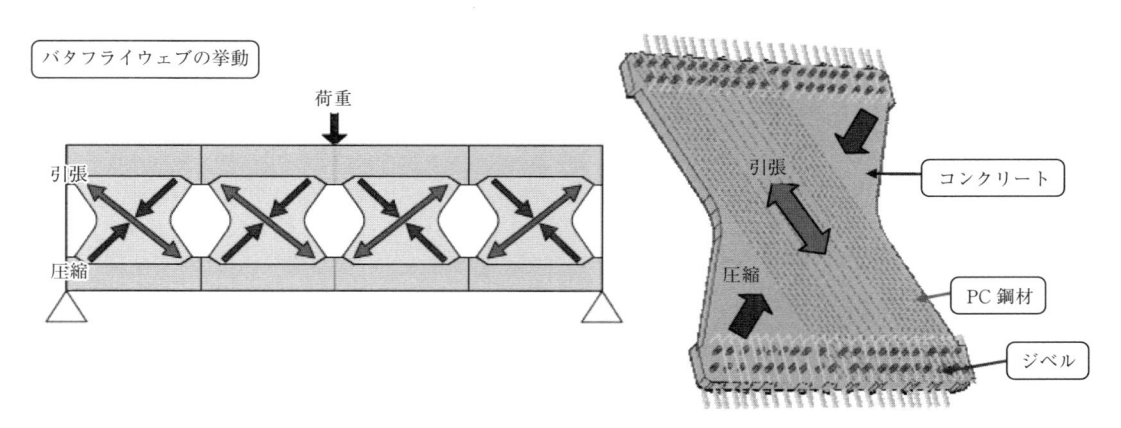

解説 図 4.1.5　バタフライウェブ橋の構造特性

　2013 年に国内で初めて建設され，2017 年までに計 4 橋が建設されている。解説 図 4.1.6 に張出し架設時の状況を，解説 図 4.1.7 に完成後の桁内の状況を示す。

解説 図 4.1.6　張出し架設時の状況

解説 図 4.1.7　桁内の状況

　本章は，プレキャストウェブ橋に特有の事項について規定したものであり，場所打ちポストテンション桁橋等の架設方法に特有の事項や，PC 箱桁橋や斜張橋およびエクストラドーズド橋と共通する構造形式に関する事項についてはそれぞれの章による。

（2）について

a. プレテンションウェブ橋

　プレテンションウェブ橋では，工場製作されたプレテンションウェブおよび上下床版コンクリー

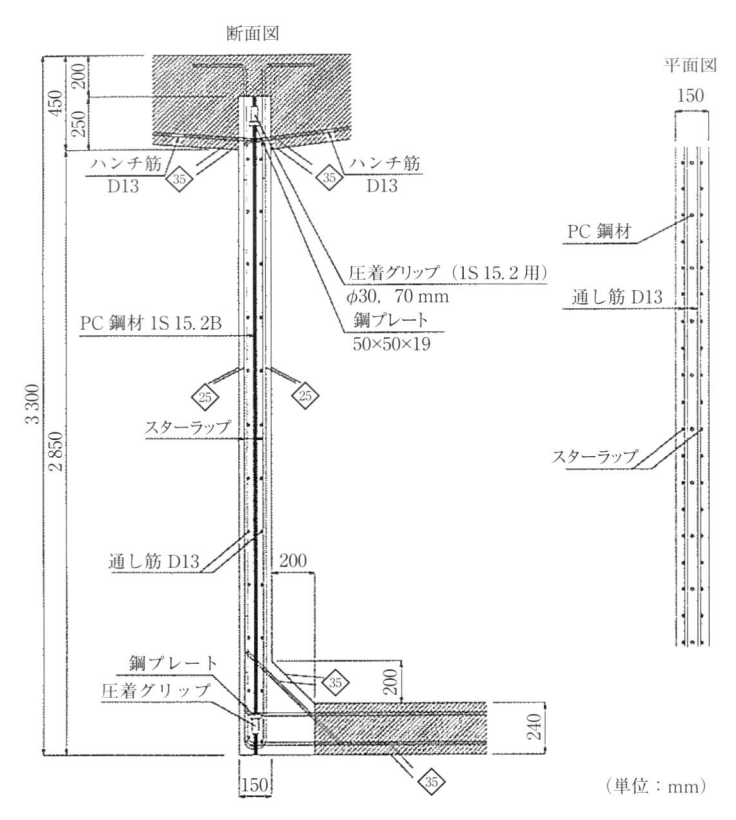

解説 図 4.1.8　プレテンションウェブと上下床版の接合部のイメージ図

トとの接合部は，本構造の重要な構成要素である。プレテンションウェブならびに上下床版コンクリートとの接合部のイメージ図を解説 図 4.1.8 に示す。

　一般の合成桁の設計に準じて接合部の設計をする場合，接合面積やずれ止め鉄筋量が非常に多くなり，施工性や経済性が著しく低下する。そのため，プレテンションウェブと上下床版の接合部は，ずれ止め鉄筋とコンクリートせん断キーを併用して接合する方法が採用されている。コンクリートせん断キーによるずれせん断力の伝達メカニズムを解説 図 4.1.9 に示す。

　ウェブと上下床版の接合構造の例を解説 図 4.1.10，解説 図 4.1.11 に示す。プレテンションウェブの接合面(上下面または側面)にコンクリートせん断キーを設け，場所打ち床版と接合する。上下床版との接合面は，付着性能を高めるため目荒らし等の処理が施される。

　プレキャストセグメントの接合には，大別して接合面にエポキシ樹脂系の接着剤を塗布して接合

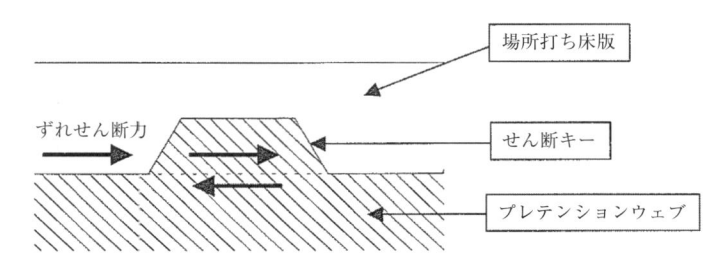

解説 図 4.1.9　コンクリートせん断キーによるずれせん断力の伝達メカニズム

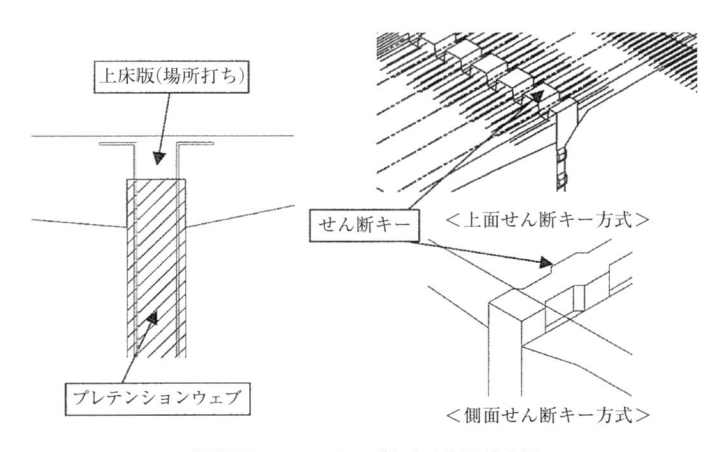

解説 図 4.1.10　ウェブと上床版の接合例

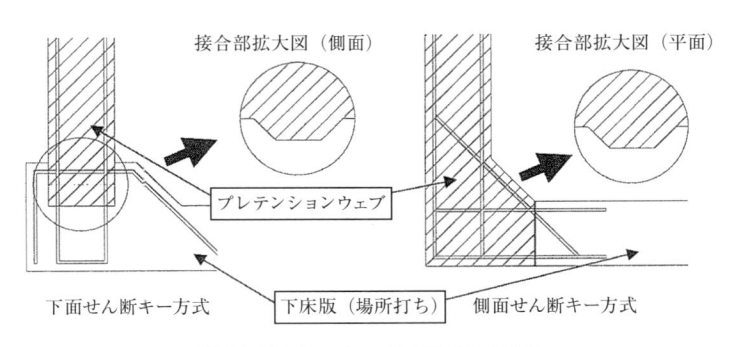

解説 図 4.1.11　ウェブと下床版の接合例

するドライジョイント方式と，コンクリートまたはモルタルを充填して接合するウェットジョイント方式がある。プレテンションウェブ橋におけるウェブ相互の接合では，施工性に優れ設計手法が道路橋示方書に示されているドライジョイント方式の採用が多い。また，ウェブが薄く，台形せん断キーや鋼製せん断キー方式は，ウェブ内の配筋が過密となるため，コンクリート多段接合キー方式が一般に採用されている（解説 図 4.1.12，解説 図 4.1.13）。一方，ウェットジョイントは調整目地部や線形条件が厳しい区間に採用されるが，せん断力の小さいところに設けられる。やむを得ず，せん断力の大きな箇所に設ける場合には，プレテンションウェブよりも部材厚を大きく設定するか，または高強度の材料を使用して斜引張応力への対処が行われる。

　箱桁断面形状の主桁では，上下床版ハンチの付根付近において斜引張応力度が最も大きくなるため，プレテンション方式のプレストレスによるせん断補強を行う場合には，付着定着長の影響を考慮する必要がある。対策としては，プレテンションウェブを上下床版に埋め込む，あるいはハンチまでプレキャスト化するなどにより，応力的に厳しい範囲で付着定着長の影響が小さくなる部材配置が採用される。また，インデント加工された PC 鋼材の使用や，圧着グリップ等の機械定着との併用による方法も採用されている（解説 図 4.1.14）。

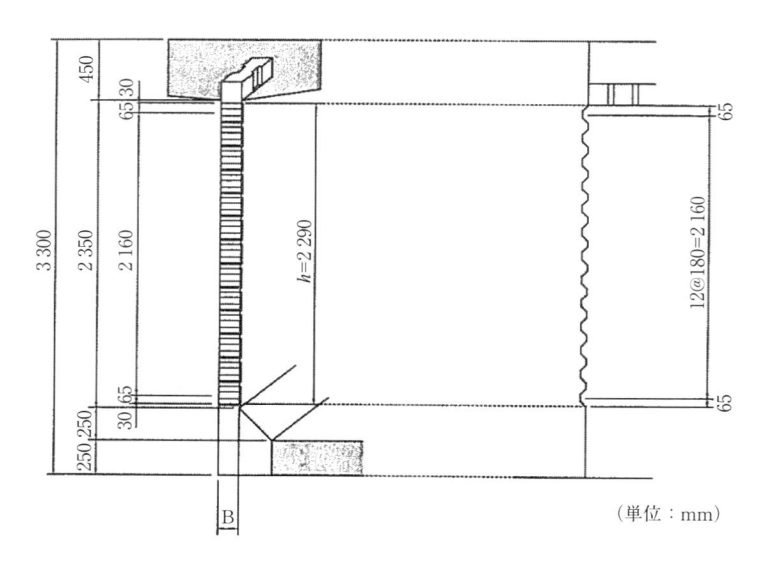

（単位：mm）

解説 図 4.1.12　せん断キーの配置例

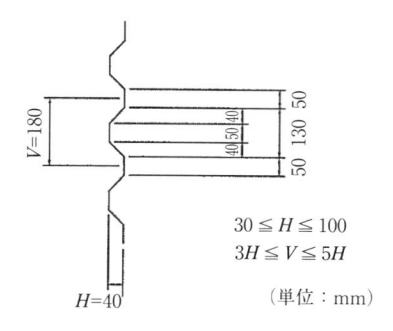

$30 \leq H \leq 100$
$3H \leq V \leq 5H$

（単位：mm）

解説 図 4.1.13　せん断キーの例

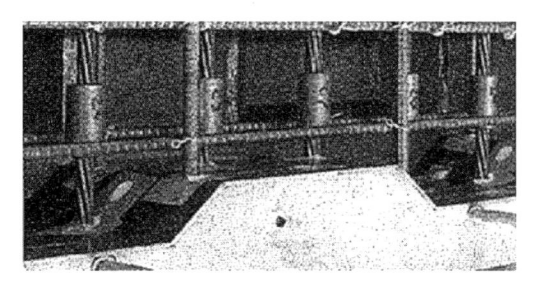

(a)　PC 鋼より線 + 圧着グリップ

(b)　PC 鋼棒 + ナット

解説 図 4.1.14　定着長を低減させる事例

b．バタフライウェブ橋

　ウェブパネルは工場で製作されたプレキャストパネルであり，設計基準強度 80N/mm^2 の高強度繊維補強コンクリートの採圧実績が多い。パネル内には，補強鉄筋は配置されておらず，鋼繊維を使用し，せん断耐力の向上を図っている（解説 図 4.1.15〜解説 図 4.1.17）。

　ウェブパネルと上下床版との接合は鋼管ジベルと鉄筋により一体化されている。鋼管ジベルは，鋼管内に無収縮モルタルを充填しており，高いせん断力を有する。鋼管ジベルの必要本数は，接合部を模擬した 2 面せん断試験（解説 図 4.1.18）を行い，ジベル 1 個あたりのせん断耐力を求め，必要本数を算出している[7]。

　ウェブパネルの主桁コンクリート内に埋め込む長さは，プレテンション PC 鋼材によるプレストレスの有効伝達長（端部からの付着定着長）が十分確保されるよう，決定されている。

解説 図 4.1.15　ウェブパネル

解説 図 4.1.16　ウェブパネルの製作状況

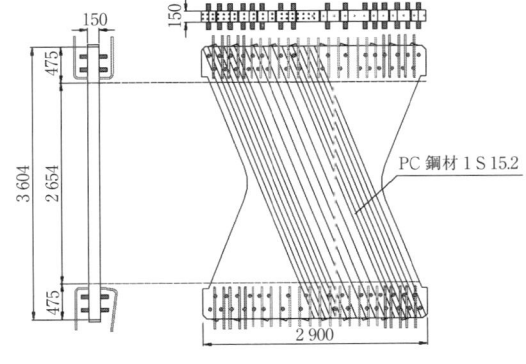

解説 図 4.1.17　ウェブパネルの構造図

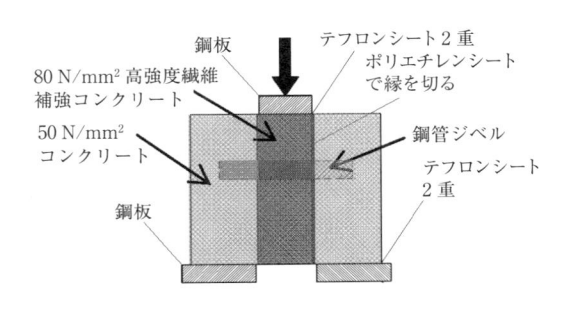

解説 図 4.1.18　2 面せん断試験概要

4.2　点　　検

4.2.1　点検の着目点

　プレキャストウェブ橋の点検にあたっては，3章3.2.1に示す関連する項目のほか，特にプレキャストウェブ橋に特有の部位，箇所にも留意して行うものとする。

　① 　ウェブ
　② 　接合部

【解　説】

　プレキャストウェブ橋の歴史は浅く施工実績も少ないため，本マニュアル作成時において重篤な変状は確認できていない。そのため，本項ではプレキャストウェブ橋に特有の事項を対象とし，設計の照査事項や既往の実験結果から発生が想定される変状について記載する。そのほか，場所打ち桁橋と共通する項目について，3.2.1に示されるプレキャストウェブ橋に関連する以下の項目によるものとする。

（ⅰ）　共通

　　①支間中央部，②支間長の1/4点付近，③連続桁の中間支点部，④支承・伸縮装置の周辺部，⑥断面急変部，⑦打継目部，⑧PC鋼材定着部，⑨施工時の開口の後埋め部，⑩外ケーブル

（ⅱ）　箱桁橋

　　①打継目部，②横桁部（人通孔周り含む），③張出し床版部，④下フランジ部，⑤外ケーブル定着部および偏向部，⑥箱桁内部の排水管，⑧その他

（ⅲ）　プレキャストセグメント橋

　　①セグメント目地部，②場所打ち調整目地

プレキャストウェブ橋に特有の部位

①　ウェブ

　プレストレスが導入されたプレキャスト部材であるウェブは，プレキャストウェブ橋特有の部材である。プレテンションウェブ橋のウェブは，せん断力およびねじりモーメントに対して，供用時にひび割れの発生を許容しない設計が行われるため，斜めひび割れの発生に着目する。梁供試体による載荷試験では，接合目地に影響されずに斜めひび割れが発生することが確認されている。横方向の曲げモーメントに対しても，ひび割れの発生を許容しないPC構造として設計されるため，曲げひび割れの発生に着目する。

②　接合部

　接合部には，ウェブと場所打ちされる上下床版コンクリートとの接合部と，ウェブ相互の接合部がある（解説 図4.2.1）。点検においてはこの2つの接合部に着目する。

（ⅰ）　ウェブと上下床版との接合部

　ウェブと上下床版との接合では，ウェブ本体（ウェブ自体が埋め込まれた構造の場合），ずれ止め鉄筋およびコンクリートせん断キーを介して断面力の伝達が行われる。また，プレキャストウェブ橋では，プレキャスト部材であるウェブと現場打ちされる上下床版が接合されるため，部

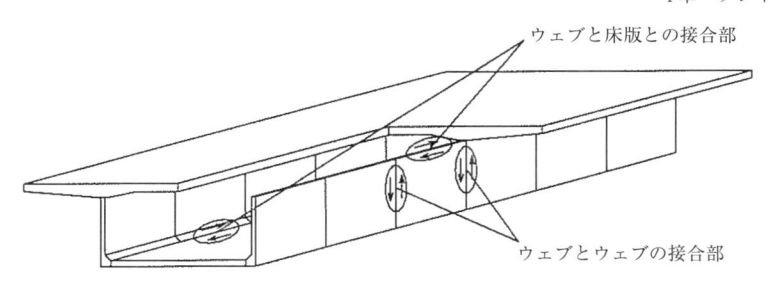

解説 図 4.2.1　接合部（プレテンションウェブ橋）

材の材齢差や温度差に伴う挙動による応力が接合部に作用する。

（ⅱ）　ウェブ相互の接合部（プレテンションウェブ橋のみ）

　ウェブ相互の接合部にはせん断力が作用し，コンクリートせん断キーおよびプレストレス力による接合面の摩擦力で抵抗させる設計手法が一般に用いられる。しかし，接着剤の未硬化や接着効果が低下する等，接着剤の状態によって一部のせん断キーにせん断力が集中することが懸念される。また，部材厚の薄いウェブを接合するため，ウェブ厚の差（偏心量）の影響により軸方向プレストレスに伴う局部応力が発生する。ウェブ厚が変化する区間では留意する。

　プレテンションウェブ橋はプレキャストセグメント橋と異なり，上下床版は現場打ちで一体施工されるため，設計では上下床版の縁応力度が照査される。ただし，主方向がひび割れの発生を許容する PPC 構造として設計される場合，ウェブ間には連続する鉄筋がなく目地開き等の発生が懸念されるため，ウェブ付根位置で応力を制御する設計が一般に行われる。対象とする橋梁が主方向を PPC 構造とする場合は留意する必要がある。

　なお，バタフライウェブ橋では，桁外からの紫外線や鳥害などによる変状もありうることから，8章に記載される外ケーブルに関連する事項を参考にするのがよい。

4.2.2　着目点の点検方法
　プレキャストウェブ橋における点検の方法は，近接目視によることを基本とし，必要に応じて触診や打音，非破壊試験などを併用するものとする。

【解　説】
　解説 表 4.2.1 にプレキャストウェブ橋における着目点の点検方法を示す。

解説 表 4.2.1　着目点の点検方法

部材	点検項目	点検の標準的方法	必要に応じて採用することができる方法の例
ウェブ	ひび割れ	目視，ひび割れ幅計測	写真撮影（画像解析による調査）
接合部	ひび割れ	目視，ひび割れ幅計測	写真撮影（画像解析による調査）

4.2.3　変状の把握

（1）　点検の結果，変状を発見した場合には，変状の種類ごとに変状の状況を把握するものとする。この際，変状の状況に応じて，効率的な保全をするうえで必要な情報を詳細に把握するものとする。

（2）　変状は，部位・部材ごと，変状の種類ごとに変状の程度を a〜e の区分で記録するものとする。

【解　説】

（1），（2）について　　ここでは，プレキャストウェブ橋に特有の事項について記載する。

a．ウェブのひび割れ

解説 表 4.2.2　変状の区分（ウェブの斜めひび割れ，曲げひび割れ）

区分	変状の程度
a	変状なし
b	－
c	－
d	ひび割れが生じている
e	ひび割れの進展，本数の増加がみられる

　バタフライウェブ橋のウェブパネル内には鋼繊維が混入しているが，コンクリート中に埋まっている鋼繊維は，海洋飛沫帯のような厳しい腐食環境であっても極めて高い耐食性を有し，ひび割れがない限り，腐食が進行しないことが知られている[8]。鋼繊維のうち表面に飛び出したものには点さびが発生するが，構造性能には影響はないと考えてよい。したがって，変状区分でひび割れがなく，鋼繊維の腐食が点さび程度であれば，区分を a としてよい。

b．接合部近傍のひび割れ

解説 表 4.2.3　変状の区分（接合部近傍のひび割れ）

区分	最大ひび割れ幅	
	上下床版との接合	ウェブ相互の接合
a	変状なし	
b	小（0.1 mm 未満）	
c	中（0.1mm 以上，0.2mm 未満）	
d	大（0.2mm 以上）	
e	－	

4.3　詳細調査

（1）　定期点検を行った結果，構造物に変状が確認され，劣化機構の推定や予測，評価および判定のために，より詳細な情報が必要と判断された場合には，詳細調査を行うものとする。

（2）　詳細調査の項目は，定期点検の結果を参考に，目的に応じた項目を選定し，プレキャストウェブ橋の特徴を考慮した適切な方法により実施するものとする。

【解　説】

（1）について　　本マニュアル作成時点において，プレキャストウェブ橋は施工実績も少なく，特有の変状とされる事例も報告されていない。また，本章に記載するプレキャストウェブ橋に特有の部材は，構造安全性を確保するうえで重要性が高く，今後の保全計画において適切な対応を行うためのデータを蓄積していく必要があることから，これらの部材に何らかの変状が認められた場合，詳細調査により要因を確定することが重要である。解説 表 4.3.1 にプレキャストウェブ橋に特有な部材に対する詳細調査の要否判定を示す。

解説 表 4.3.1　詳細調査の要否判定

部材	変状の種類		詳細調査実施の可否判定
ウェブ	斜めひび割れ		斜めひび割れを許容しない設計が行われるため，ひび割れの発生は部材の材料強度低下，想定しない荷重伝達等が懸念される。詳細調査により原因を解明し，対策区分を判定する必要がある。特に，ひび割れに進展がみられる場合は，重篤な損壊の要因となる可能性もあることから注意が必要である。
	曲げひび割れ		プレテンション方式で導入されるプレストレスにより，ウェブはひび割れの発生を許容しない PC 部材として設計される。ひび割れの発生は，部材の材料強度低下，想定しない荷重伝達等が懸念される。詳細調査により原因を解明し，対策区分を判定する必要がある。
接合部	ひび割れ	上下床版との接合部	許容ひび割れ幅を超えるひび割れや，許容ひび割れ幅以下でも複数本で間隔の狭いひび割れの発生は，設計で想定する接合部の構造的な安全性を確保できていないことが懸念される。詳細調査により原因を解明し，対策区分を決定する必要がある。
		ウェブ相互の接合部	適切な接合状態では，接合目地の形状に関係なく斜引張ひび割れは連続して生じることが確認されている。目地形状に影響されると判断されるひび割れの発生は，応力の伝達が正常でないことが懸念される。詳細調査により原因を解明し，対策区分を決定する必要がある。

（2）について　　プレキャストウェブ橋の調査項目は，最小限の調査項目で要因，進行度などの情報が得られるように計画しなければならない。そのためには，現況の変状から想定される原因をあらかじめ絞り，それを確認または立証するための調査を行うのがよい。解説 表 4.3.2 にプレキャストウェブ橋に特有な部材に対する詳細調査の例を示す。

解説 表 4.3.2　詳細調査の例

部材	変状の種類		想定される原因	必要な調査
ウェブ	斜めひび割れ 曲げひび割れ		地震等の過大な荷重作用	・ひび割れ調査（位置・幅・深さ） ・鋼材配置調査（電磁レーダー探査等） ・既存資料（設計図書，工事記録，実験結果等） ・FEM 解析等による検討 ・実橋，試験体による載荷実験
接合部	ひび割れ	上下床版と の接合部	地震等の過大な荷重作用	・ひび割れ調査（位置・幅・深さ） ・鋼材配置調査（電磁レーダー探査等） ・既存資料（設計図書，工事記録，実験結果等） ・FEM 解析等による検討 ・実橋，試験体による載荷実験
			乾燥収縮等コンクリート挙動の拘束作用	－
		ウェブ相互 の接合部	接合目地の不具合	・ひび割れ調査（位置・幅・深さ） ・目地開き調査（位置・幅） ・既存資料（設計図書，工事記録，実験結果等）

4.4　点検結果の評価および判定

4.4.1　評　　価

点検や詳細調査によって得られた情報に基づき，プレキャストウェブ橋の構造的な特徴や環境条件などを考慮して変状の要因を推定し，評価しなければならない。

【解　説】

（1）について　　ここでは，プレキャストウェブ橋に特有の事項について記載する。

a．プレテンションウェブ橋に関して

（ⅰ）　ウェブのひび割れ

プレテンションウェブ橋では，プレテンション方式によりウェブにプレストレスが導入されるため，付着定着長の影響を考慮し，せん断力および横方向の曲げモーメントに対して供用時にひび割れを許容しない設計が行われる（解説 図 4.4.1，解説 図 4.4.2）。ひび割れの発生要因の検討においては，設計図書に示される荷重条件等の他，ウェブに導入されたプレテンション鋼材の付着定着長の範囲についても確認する。なお，機械定着との併用等の方法により付着定着長を低減させる工夫が採用されることが多いため，要因の推定に際しては確認する必要がある。

（ⅱ）　接合部

1．上下床版との接合部

ウェブと上下床版の接合は，ずれ止め鉄筋とコンクリートせん断キーを併用して接合する方法

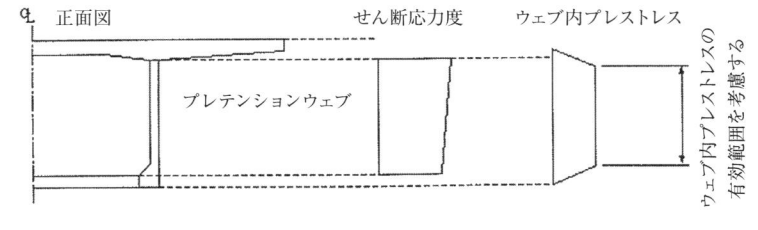

解説 図 4.4.1　ウェブ内のせん断応力度およびプレストレス分布

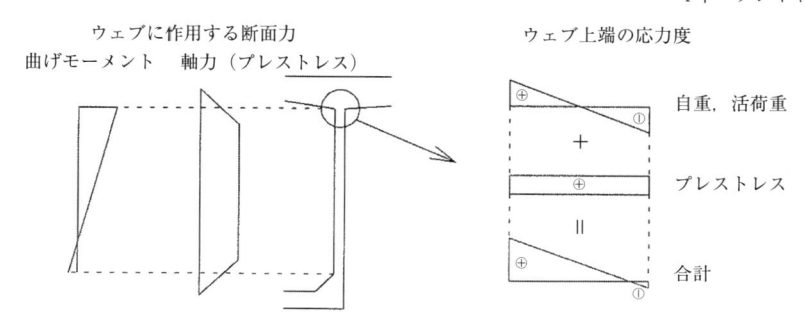

ウェブに作用する断面力
曲げモーメント　軸力（プレストレス）　　　　ウェブ上端の応力度

自重，活荷重

プレストレス

合計

解説 図 4.4.2　ウェブの曲げ応力度

が採用されている。2面せん断試験[9]の結果，ずれ止め鉄筋とせん断キーによる接合は，一体打ちと同等の一体性を有することが確認されている。破壊に至る性状としては，斜めひび割れ発生後にウェブの載荷点近傍のコンクリートが圧壊し耐力を失ったとされている（解説 図 4.4.3）。

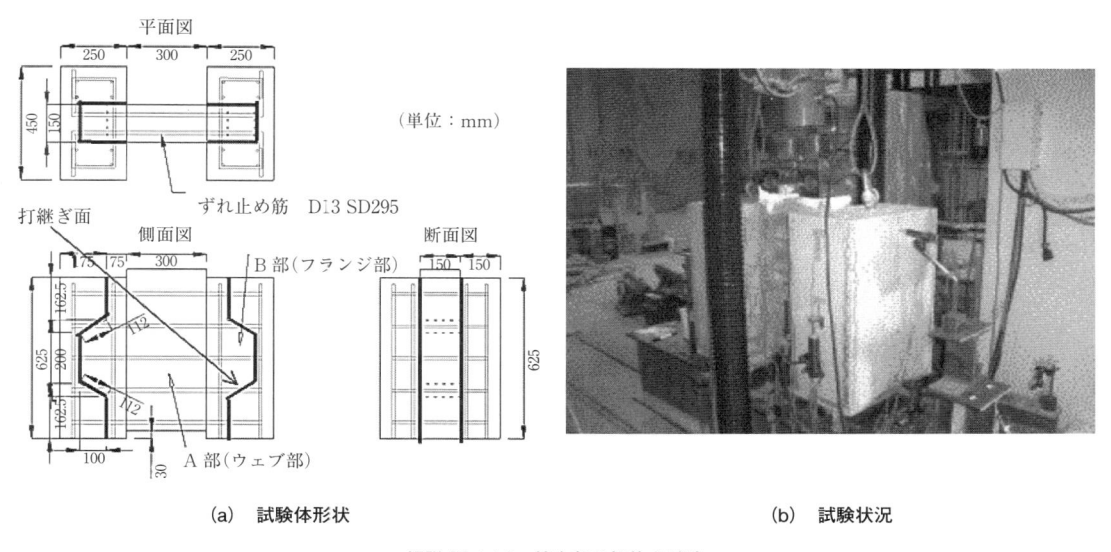

平面図
（単位：mm）

ずれ止め筋　D13 SD295

打継ぎ面
側面図　　　　　　　　　　断面図
B 部（フランジ部）

A 部（ウェブ部）

（a）　試験体形状　　　　　　　　　　（b）　試験状況

解説 図 4.4.3　接合部の押抜き試験

2. ウェブ相互の接合

　ウェブ相互の接合では，適切な接合が確保されていれば，ひび割れは接合形状に影響されないことが実験で確認されている[10]。また，道路橋示方書に示されるせん断キーおよびプレストレス力による接合面の摩擦力で抵抗させる設計手法では，接着剤の状態によって破壊形態やせん断耐力が異なること，せん断キーの凹凸内部に補強鉄筋を配置しない構造であることを考慮して，終局荷重作用時の安全率が3以上確保される設計が行われる。そのため，せん断キーの隅角部からのひび割れ等，接合部の形状に影響されるひび割れは，せん断力の局所的な集中が懸念される。

　ウェブ厚に変化がある場合，部材厚の差によって橋軸方向のプレストレスによる軸力に偏心量が生じ，局部付加応力が発生する場合がある。接合するウェブ厚の差が5 cm 程度であれば，不連続な接合でもひび割れ発生限界を超える付加応力は発生ないことが，FEM 解析による検討で

示されている[11]。

b．バタフライウェブ橋に関して

（ⅰ）　ウェブパネルのひび割れ

　　主桁のせん断力は，ウェブパネル内では圧縮力と引張力に分解されて伝達される（解説 図 4.1.5 参照）。引張力が発生する方向には PC 鋼材が配置され，プレテンション方式によりプレストレスが導入され，死荷重時では引張応力が発生せず，設計荷重時でひび割れが発生しないようプレストレス量が決定されている。

　　終局荷重時におけるせん断力に対しては，引張方向の PC 鋼材の降伏が先行するよう設計されており，その後に圧縮方向に圧壊が生じる破壊形態となる。ウェブパネルのせん断破壊実験における破壊状況を解説 図 4.4.4 に示す[6]。

（ⅱ）　ウェブパネル間の継目部（上・下床版）

　　ウェブパネルは連続していないため，ウェブパネル間の継目部では，主桁のせん断力に対してはコンクリート床版のみで抵抗し，さらに設計荷重を超えると，引張側の床版にはひび割れが生じていることから，せん断力は圧縮側の床版のみで伝達することになる。解説 図 4.4.5 に，バタフライウェブ梁試験体のせん断破壊試験を示す[12]。試験体の継目部は，構造的に最も不利となるプレキャストセグメントを想定し，鉄筋は連続しておらず，せん断キーを配置したものであ

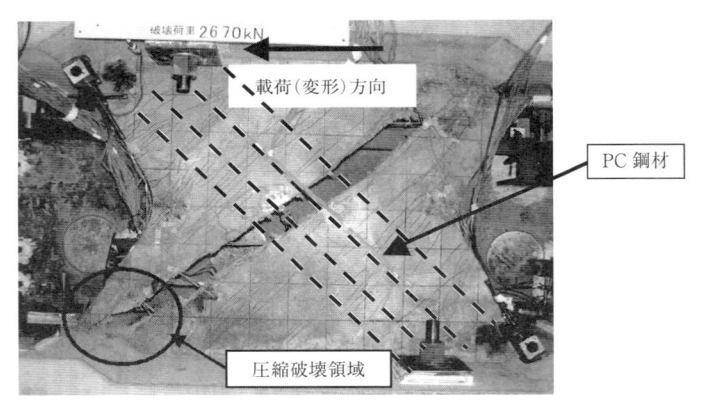

解説 図 4.4.4　ウェブパネルの破壊状況

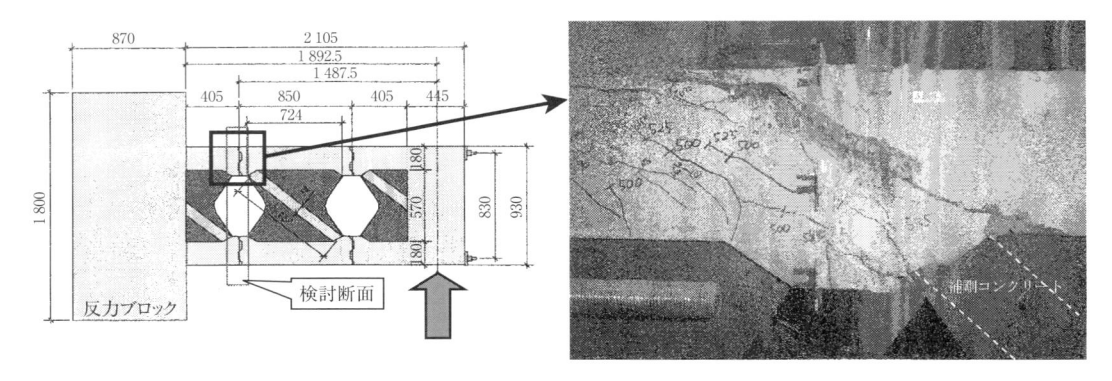

解説 図 4.4.5　バタフライウェブ梁試験体のせん断破壊試験

る。載荷実験の結果，継目部のせん断耐力は，土木学会「コンクリート標準示方書」におけるセグメント継目部のせん断伝達耐力式で算定可能であることが示されている。また，床版継目部のせん断破壊面は，ウェブパネルの圧縮ストラットの延長線方向に斜めに発生することが明らかとなっている。

4.4.2　対策の要否判定

　対策区分の判定は，点検結果および詳細調査をもとに，劣化進行の予測および構造物の性能評価を考慮して，対策区分の判定を行うものとする。

【解　説】

　プレキャストウェブ橋は，工場で製作されたプレキャスト部材である薄いウェブと現場打ちの上下床版が一体となって箱桁断面を構成する。一般の PC 箱桁橋と異なり，ウェブにプレテンション方式によるプレストレスを導入することで，極めて薄いウェブ厚を実現している。プレキャストウェブ橋は，これら PC 箱桁橋との構造特性の相違に留意したうえで性能を評価しなければならない。変状に対する対策の要否判定は，点検結果に基づく性能評価の結果，将来の性能の予測結果が安全性，耐久性，第三者影響度，および LCC を考慮した予防保全の観点から構造物の果たすべき機能を満足するか否かを指標として行う。

　ウェブは，一般に供用時にひび割れの発生を許容しない設計が行われる。終局荷重に対する耐力が付与されるため，比較的大きな地震の影響など一次的な荷重作用によるひび割れであれば，橋梁の安全性を損なうものではない。ただし，ひび割れの進展や本数の増加が見られる場合や，耐久性に影響を及ぼすことが想定される場合は，速やかに対応を検討する必要がある。解説 表 4.4.1 に，ウェブのひび割れに対する評価基準を示す。

　接合部近傍のひび割れは，一体性を損なうことが懸念される場合やひび割れに進展が確認され

解説 表 4.4.1　対策区分の判定の目安（ウェブのひび割れ）

点検項目	判定区分				
	B	C1	C2	E1	E2
斜めひび割れ 曲げひび割れ	－	－	ひび割れが生じている（変状の程度の目安：d）	ひび割れの進展がみられる	ひび割れからうきに進行し第三者被害の危険性が高い
				（変状の程度の目安：e）	

解説 表 4.4.2　対策区分の判定の目安（接合部近傍のひび割れ）

点検項目	判定区分				
	B	C1	C2	E1	E2
ひび割れ	－	接合部近傍のコンクリートにひび割れが部分的に生じている	接合部近傍のコンクリートにひび割れが局部的に生じている	接合部近傍のコンクリートにひび割れが広範囲に多数生じている	ひび割れからうきに進行し第三者被害の危険性が高い
		（変状の程度の目安：b）		（変状の程度の目安：c,d）	

る場合，接合部の耐久性に影響を及ぼすことが懸念される場合には，速やかに対応を行う必要がある。**解説 表** 4.4.2 に，接合部近傍のひび割れに対する評価基準を示す。

4.5　対　　　策

　対策が必要と判定された場合には，構造物の重要性，保全管理区分，残存予定供用期間，劣化機構，構造物の性能低下の程度などを考慮して目標とする性能を定め，対策後の保全の容易さや経済性を検討したうえで，適切な種類の対策を選定し，実施するものとする。

【解　説】

a．ウェブのひび割れ

　斜めひび割れおよび曲げひび割れの発生は，設計で想定していない荷重作用によることが懸念される。ひび割れの伸展が見られる場合には早急の対応が必要である。対応としては，ひび割れ補修後の鋼板接着や炭素繊維貼付け等の方法が想定される。

　斜めひび割れおよび曲げひび割れ以外のひび割れに対しては，耐久性の観点から有害と判断される場合，Ⅱ編 1 章 1.5 にならって対処するものとする。

b．接合部近傍のひび割れ

　上下床版とウェブとの接合部には，荷重作用に対するずれせん断力および曲げモーメントのほか，材齢および温度差に伴うコンクリートの収縮挙動に対する拘束力が作用する。接合部近傍のひび割れに関しては，耐久性上有害であると判断される場合は，適切な対処によりコンクリート内部の鋼材をひび割れから侵入する腐食因子から保護する必要がある。補修は，一般のコンクリート部材と同様の方法によってよい。ただし，接合部の性能を損なうことが懸念されたり，ウェブ本体に伸展が見られるような場合は，適切な方法により補強を行う必要がある。補強の方法としてはひび割れ補修を施した後，コンクリート表面に炭素繊維シートを貼り付ける等の方法が想定される。

参考文献

1）　中州，柳野 他：第二東名高速道路錐ヶ瀧橋（上り線）の設計，橋梁と基礎，2006.11

2）　小宇佐，干村 他：第二東名高速道路錐ヶ瀧橋（上り線）の施工，橋梁と基礎，2007.3

3）　和田，手塚 他：プレテンションウェブ橋の設計（中新田高架橋），橋梁と基礎，2008.11

4）　藤田，桶田 他：プレテンションウェブ橋の施工（中新田高架橋），橋梁と基礎，2009.5

5）　片，春日 他：新しいウェブ形式を有する複合橋に関する研究，第 13 回 PC シンポジウム，2004.10

6）　永元，春日 他：超高強度繊維補強コンクリートを用いた新しいウェブ構造を有する箱桁橋に関する研究，土木学会論文集 E，2010.4

7）　竹之井，篠崎 他：高強度コンクリートジベルを用いた鋼・コンクリートの接合方法に関する基礎的研究，第 19 回 PC シンポジウム，2010.10

8）　小林，星野，辻：海洋環境下における鋼繊維補強コンクリートの防食効果，土木学会論文集 第 414 号 /V-12，1990 年 2 月

9）　川口，二羽 他：コンクリート部材の一体化に関する実験的研究，コンクリート工学年次論文集 Vol.24，No.2，2002

10）　三宅，林 他：プレテンションウェブを有する PC 桁のせん断耐荷性能に関する実験的研究，プレストレストコンクリート Vol.45，No.2，2003.3

11）　プレテンションウェブ橋設計施工ガイドライン（案），プレストレストコンクリート技術協会，平成 15 年 11 月

12）　片，中積 他：新しいウェブ形式を有する複合橋の接合部に関する研究，第 15 回 PC シンポジウム，2006.10

5章 鋼橋の PC 床版

5.1 適用の範囲

（1） 本章は，鋼橋の PC 床版の保全に適用するものとする。

（2） 保全にあたっては，PC 床版の構造特性，設計手法，施工方法を考慮した適切な保全計画を策定しなければならない。

【解 説】

（1），（2）について　　PC 床版は，従来の RC 床版と比較して床版の長支間化に伴う少数主桁化が可能であり，プレストレス導入により優れた耐久性を有する。また，床版支間長も長く設定できるため，主桁配置の自由度が高く，より合理的な断面構成が可能となる。

　PC 床版には，工場製作された PC 床版を運搬して架設する「プレキャスト PC 床版」と，架設地点で直接コンクリートを打設する「場所打ち PC 床版」がある。橋梁規模や施工条件にも影響されるが，一般に線形変化や幅員変化が大きい場合には「場所打ち PC 床版」が，線形変化の度合いが緩やかでプレキャスト部材の運搬と架設が可能な場合には「プレキャスト PC 床版」が適している。

a．プレキャスト PC 床版

　プレキャスト PC 床版は，橋軸方向に分割したプレキャスト部材を接合させて一体化した PC 床版である（解説 図 5.1.1）。従来，非合成桁への適用が一般的であったが，近年では合成桁への適用事例も増えつつある。一般に，橋軸直角方向はプレテンション方式による PC 構造，橋軸方向はプレキャスト PC 床版同士をループ継手で継ぐ RC 構造として計画されるが，連続桁中間支点の負

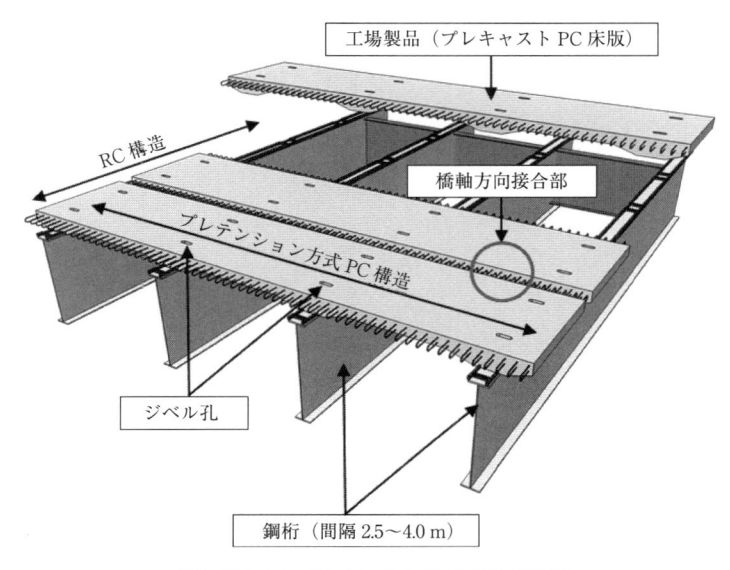

解説 図 5.1.1　プレキャスト PC 床版の概念図

曲げの影響が大きい場合などには，ポストテンション方式によって橋軸方向のプレストレス導入も可能である。

　プレキャストPC床版は，B活荷重に対する床版長さ（橋軸直角方向の長さ）7.9〜18.5mが規格化されている。

　プレキャストPC床版は新設橋だけでなく，既設RC床版の更新に適用されることが多くなっているが，PC床版の保全にあたっては，PC工学会「更新用プレキャストPC床版技術指針」[1]を参考にするとよい。

b．場所打ちPC床版

　場所打ちPC床版は，鋼鈑桁橋や鋼箱桁橋において用いられ，橋軸直角方向にポストテンション方式によりプレストレスを導入したPC床版である。施工においては，鉄筋のプレファブ化やプレグラウトPC鋼材の使用により，現場作業の合理化・省力化が可能となる。

　床版支間長は，一般に道路橋示方書に規定される支間内での実績が多いが，近年では鋼2主鈑桁橋において道路橋示方書の規定範囲を超える床版支間10m程度の事例も報告されている（解説 図5.1.2）。

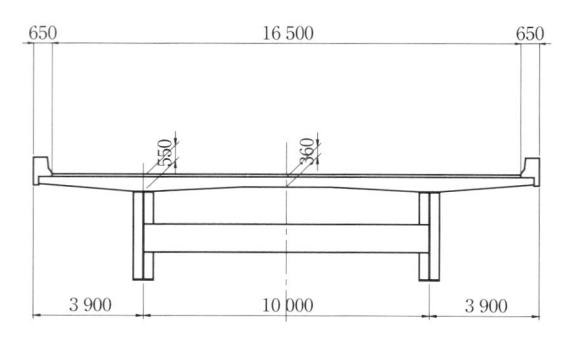

解説 図 5.1.2　場所打ち PC 床版の断面形状の例

5.2　点　　検

5.2.1　点検の着目点
　PC床版の点検にあたっては，特に以下の部位に留意して点検を行うものとする。

① 　床版下面
② 　床版相互の接合部
③ 　舗装面

【解　説】

① 　床版下面

　コンクリートの収縮が鋼桁に拘束されること，また中間支点付近の負の曲げモーメントによる引張応力度により，橋軸直角方向にひび割れが生じる可能性がある。特に場所打ちPC床版においては，セメントの水和に起因する収縮と乾燥収縮により，ひび割れが発生する可能性が増大す

る。プレキャスト PC 床版ではセメントの水和による収縮や架設前までの乾燥収縮による影響を除去できるのでひび割れが発生する可能性が低下する。プレキャスト床版相互の接合部や伸縮装置付近は，場所打ちで施工するので，収縮によるひび割れが生じやすいため注意が必要である。

　床版は輪荷重の繰返し載荷を受け，疲労による劣化が生じやすい部材であるが，水の浸入によって劣化が加速される。漏水・エフロレッセンスが生じている場合は貫通ひび割れとなっている可能性が高いため注意が必要である。

② 床版相互の接合部

　PC 床版は橋軸直角方向にプレストレスが導入されているため，一般に橋軸方向のひび割れは生じにくいと考えられる。しかし，プレキャスト PC 床版の間詰部は RC 構造であるため，橋軸直角方向にひび割れが生じ得る。また，場所打ち PC 床版の打継目やプレキャスト PC 床版と場所打ちで施工する接合部の継目にもひび割れが生じやすい。これら床版相互の接合部のひび割れおよび継目からの漏水，エフロレッセンスおよびさび汁に注意が必要である。

解説 図 5.2.1　プレキャスト PC 床版の漏水

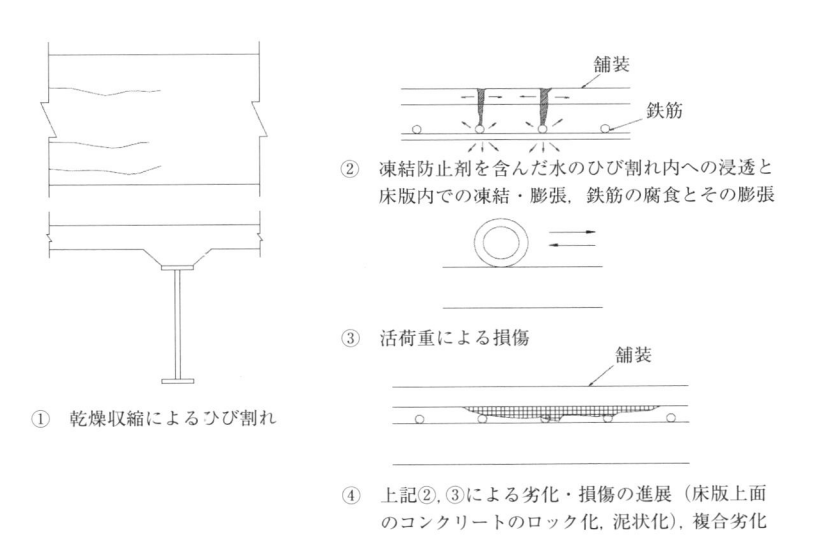

② 凍結防止剤を含んだ水のひび割れ内への浸透と床版内での凍結・膨張，鉄筋の腐食とその膨張

③ 活荷重による損傷

① 乾燥収縮によるひび割れ

④ 上記②，③による劣化・損傷の進展（床版上面のコンクリートのロック化，泥状化），複合劣化

解説 図 5.2.2　凍結防止剤による上面変状のメカニズム[2)]

③　舗装面の変状

　　床版の上面の劣化は目視では直接確認できないが，舗装の変状に現れていることがある。舗装のひび割れに石灰分を含んだ水跡が見られる場合は，その直下において床版コンクリートが劣化（砂利化）している可能性が高い（**解説 図5.2.2**）。

5.2.2　着目点の点検方法
　　鋼橋のPC床版における着目点の点検の方法は，近接目視によることを基本とし，必要に応じて触診や打音，非破壊試験などを併用するものとする。

【解　説】
　　輪荷重の繰返し載荷によるPC床版の疲労の進行は，一般に貫通ひび割れや下面引張の曲げひび割れを伴うため床版の下面から変状を発見できるが，床版の上面に発生する砂利化の現象は床版下面に変状が現れない場合があるため，舗装の点検も重要である。

5.2.3　変状の把握
（1）　点検の結果，変状を発見した場合は，変状の種類ごとに変状の状況を把握するものとする。この際，変状の状況に応じて，効率的な保全を行ううえで必要な情報を詳細に把握するものとする。
（2）　変状は，部位・部材ごと，変状の種類ごとに変状の程度をa〜eの区分で記録するものとする。

【解　説】
（1），（2）について　　コンクリート橋に共通するひび割れ，浮き・剥離・鋼材露出，漏水・エフロレッセンスの変状については，Ⅱ編1章1.2.3に示す変状の区分に従うものとする。
　　ここでは，鋼橋のPC床版に想定される上記以外の変状について示す。
　　PC床版の変状の区分の例を解説 表5.2.1に，舗装の変状の区分の例を解説 表5.2.2に示す。
　　解説 図5.2.3に示すように，PC床版では橋軸直角方向にプレストレスを導入するためRC床版と比較して橋軸直角方向のひび割れが卓越すること，押抜きせん断破壊の範囲が広くなることなど，変状や破壊の性状は異なる。そこで，PC床版の輪荷重走行試験のひび割れ性状を参考に，PC床版の変状の区分を例として示した。ただし，橋軸直角方向だけでなく，橋軸方向にもプレストレスを導入する場合があるが，その場合は橋軸直角方向のひび割れが増加する前に橋軸方向のひび割れが生じる可能性があるため，注意が必要である。

解説 表 5.2.1　変状の区分 (PC 床版の変状)

区分		変状の程度
a		床版は等方性に近い版。
b		乾燥収縮クラックの発生により異方性版に。
c		輪荷重により，ひび割れが増加。
d		橋軸方向のひび割れが発生。
e		橋軸方向ひび割れの増加。

解説 表 5.2.2　変状の区分 (舗装の変状)

区分	変状の程度
a	変状なし。
b	－
c	舗装のひび割れ幅が 5 mm 程度未満の軽微な変状がある。
d	－
e	舗装のひび割れ幅が 5 mm 以上であり，舗装直下の床版上面のコンクリートが土砂化している。

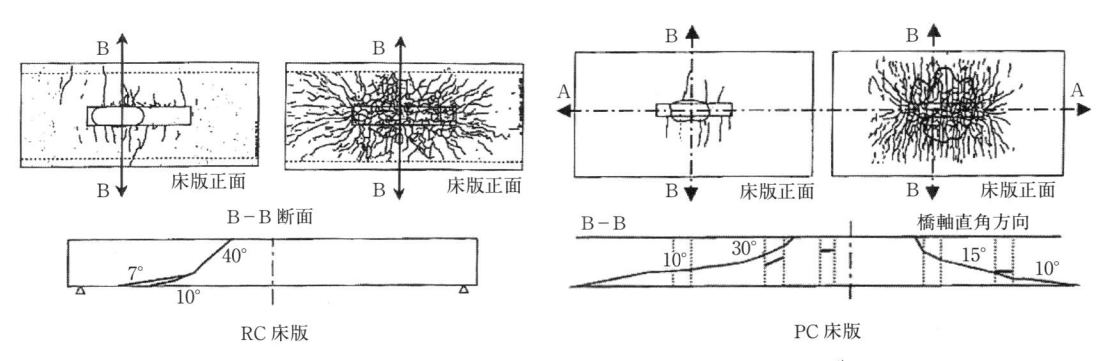

解説 図 5.2.3　輪荷重走行試験による床版の押抜きせん断破壊状況 [3]

151

5.3　詳細調査

（1）　定期点検を行った結果，構造物に変状が確認され，劣化機構の推定や予測，評価および判定のためにより詳細な情報が必要と判断された場合には，詳細調査を行うものとする。

（2）　詳細調査の項目は，定期点検の結果を参考に，目的に応じて項目を選定し，PC 床版の特徴を考慮した適切な方法により実施するものとする。

【解　説】

（1），（2）について　　PC 床版の特徴的な変状としては，5.2.1 で述べたとおり，①床版下面の橋軸直角方向のひび割れ，②プレキャスト PC 床版同士の接合目地または場所打ち間詰部からの漏水・エフロレッセンス・さび汁，③舗装面の変状がある。しかし，塩害や中性化などの劣化も生じること，劣化と輪荷重の繰返し作用による複合的な劣化などが生じることが考えられるため，必要に応じて詳細調査を行って評価および判定する必要がある。

5.4　点検結果の評価および判定

5.4.1　評　　価

　点検や詳細調査によって得られた情報に基づき，PC 床版の構造的な特徴や環境条件などを考慮して変状の要因を推定し，評価しなければならない。

【解　説】

　PC 床版は RC 床版に比べて耐疲労性が高いが，5.2.3 で述べたように輪荷重の繰返し載荷により疲労が進行し，RC 床版と同様に最終的には押抜きせん断破壊に至る。ただし，ひび割れの進行は異なるため，劣化機構の推定および性能評価は解説 図 5.2.2 を参考に行うのがよい。ただし，床版は凍結防止剤を含む水にさらされやすく，鉄筋の腐食に伴って床版上面が砂利化する変状も起こるため，注意が必要である（解説 図 5.2.2）。

5.4.2　対策の要否判定

　対策区分の判定は，点検結果および詳細調査をもとに，劣化進行の予測および構造物の性能評価を考慮して，対策区分の判定を行うものとする。

【解　説】

　PC 床版の変状の程度から対策区分の判定を行った例を解説 表 5.4.1 に，舗装の変状の程度から対策区分の判定の例を解説 表 5.4.2 に示す。PC 床版は RC 床版に比べて耐疲労性が高いが，前項で述べたように輪荷重の繰返し載荷により疲労が進行し，RC 床版と同様に最終的には押抜きせん

断破壊に至る。ただし，ひび割れの進行は異なるため，対策区分の判定は解説 表 5.4.1 を参考に行うのがよい。張出し床版にひび割れが生じる場合があるが，Ⅱ編 1 章に従って判定してよい。

解説 表 5.4.1　対策区分の判定の目安（PC 床版の変状）

変状の区分	判定区分	判定の目安
a	A	–
b	B	–
c	C1	ひび割れの増加やエフロレッセンスが見られ，床版の剛性の低下や鋼材の腐食が懸念される。
d	C2	橋軸方向にひび割れが生じており，疲労による変状が進行している。
e	E1	著しいひび割れが生じており，構造安全性が損なわれている。
	E2	抜け落ちによる第三者被害が懸念される。

解説 表 5.4.2　対策区分の判定の目安（舗装の変状）

変状の区分	判定区分	判定の目安
a	A	–
c	B	床版下面に変状は見られず，過去に舗装の補修はされていない。
	C1	床版下面にひび割れなどの変状がある。 または，過去に舗装の補修履歴がある。
e	C2	床版の抜け落ちの懸念がある。
	E2	車両の走行性に障害が発生する懸念がある。

5.5　対　　策

　対策が必要と判定された場合には，構造物の重要性，保全管理区分，残存予定供用期間，劣化機構，構造物の性能低下の程度などを考慮して目標とする性能を定め，対策後の保全の容易さや経済性を検討したうえで，適切な種類の対策を選定し，実施するものとする。

【解　説】

　PC 床版への対策は更新用プレキャスト PC 床版の対策が参考文献 1) に規定されている。場所打ちプレキャスト PC 床版もプレキャスト PC 床版と同様と考えられるため，解説 表 5.5.1 に示す対策を用いてよい。

解説 表 5.5.1　PC 床版特有の補修および補強の方針と工法

変状	補修・補強の方針	補修・補強工法の構成	目標とする性能を満たすために考慮すべき要因
床版同士または床版と鋼桁の接合部の劣化・損傷	・接合部のひび割れ、剥離進展の防止 ・一体化の確保	・ひび割れ注入工法 ・接合部コンクリートの打替え	・接合部のひび割れ進展度合い ・接合部からの劣化因子の侵入防止
過度のたわみ、段差	・変形、段差進行の防止 ・供用性の回復	・床版の取換え ・床版の増厚工法 ・支持点の増設	・PC 鋼材の腐食の程度 ・接合部の一体化の確保
鋼材の腐食や損傷	・PC 鋼材、鉄筋等の腐食防止 ・鋼材腐食因子の侵入抑制	・床版の取換え ・床版の部分打換え ・ひび割れ注入工法 ・防水、排水処理	・PC 鋼材、鉄筋の防錆処理 ・防水、排水処理システムの健全性
輪荷重などの疲労による損傷	・舗装損傷の回復 ・床版のひび割れ防止 ・部材剛性の回復 ・滞水・漏水の防止	・舗装の打替え ・ひび割れ注入工法 ・床版の増厚工法 ・接着工法 ・排水処理	・舗装のすりへり抵抗性 ・接合部の一体性 ・PC 鋼材の防錆処理 ・排水処理システムの健全性 ・防水、排水処理システムの健全性
コンクリートの変状（塩害、中性化、凍害、化学的侵食、アルカリシリカ反応）	・コンクリートのひび割れ、剥離、剥落等防止 ・鋼材の腐食防止 ・コンクリート表面の変色防止	・ひび割れ注入工法 ・断面修復工法 ・表面処理工法 ・電気化学的防食工法 ・防水、排水処理	・PC 鋼材、鉄筋の防錆処理 ・断面修復材の材質 ・表面処理材の材質と厚さ ・ひび割れ注入剤の材質と施工法 ・防水、排水処理システムの健全性
PC グラウトの充填不足	・PC 鋼材の腐食防止 ・コンクリートとの一体化確保	・PC グラウトの再注入工法 ・防水、排水処理	・再注入グラウトの材質と工法 ・PC 鋼材の腐食の程度と防錆処理

参考文献

1 ）　プレストレストコンクリート工学会：更新用プレキャスト PC 床版技術指針、2016 年 3 月

2 ）　東日本高速道路、中日本高速道路、西日本高速道路：保全点検要領（構造物編）補足資料（案）【技術資料】、2015 年 4 月

3 ）　長谷、上東：長支間 PC 床版の移動輪荷重走行疲労試験による耐久性評価、日本道路公団試験研究所報告、Vol.36、1999 年 11 月

6章　混合桁橋

6.1　適用の範囲

（1）　本章は，PC桁と鋼桁を複合部を介して直接接合した混合桁橋の保全に適用するものとする。

（2）　保全にあたっては，混合桁橋の構造特性，設計手法，施工方法を考慮した適切な保全計画を策定しなければならない。

【解　説】

（1）について　　混合桁橋の構造特性および設計手法は，「複合橋設計施工規準　V混合桁橋編」[1]に詳述されているので参照するとよい。ここでは構造について概説する。

解説 図 6.1.1　混合桁橋の例（牧港高架橋）

混合桁橋で採用される複合部（接合部とも言う）の各要素を解説 図 6.1.2 に示す。左より，コンクリート桁から伝達される断面力は，複合部鋼殻に充填した中詰めコンクリートのずれ止めによって鋼部材に遷移させるとともに，支圧板と分担・協働して全断面力を鋼桁に伝達する。この複合部

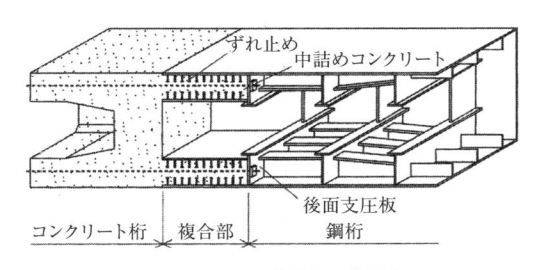

解説 図 6.1.2　複合部の各要素

においては，力の伝達方式によって複数の複合構造が設計・施工されている。

（2）について　　混合桁橋の複合部構造は種々の構造が採用されてきており，保全にあたっては，各複合構造の構造特性，施工方法，設計手法に応じた適切な保全計画を策定しなければならない。解説 図 6.1.3 に複合構造の分類と採用事例を示す。

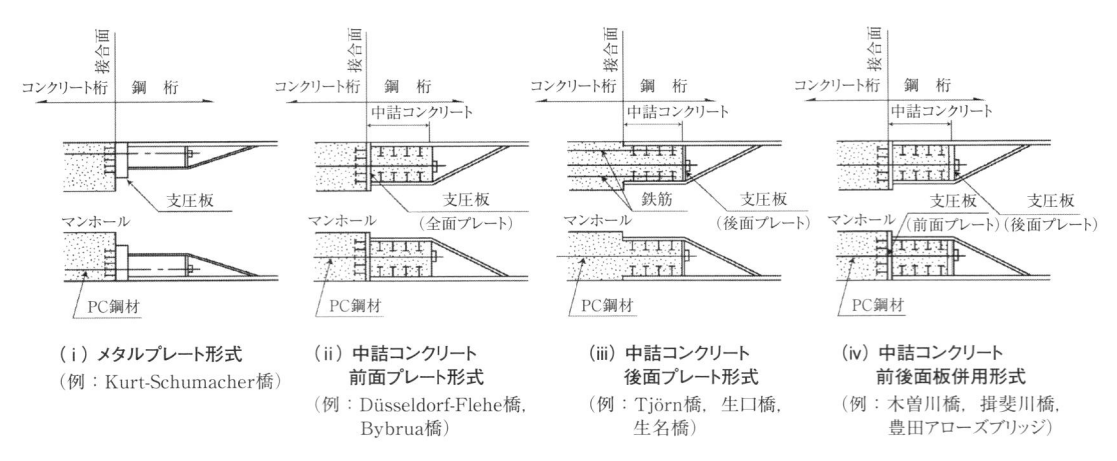

解説 図 6.1.3　複合部構造の分類と採用事例 [4]

各複合方式の特徴は以下のとおり。

（ⅰ）　メタルプレート形式は，支圧板を介してコンクリート桁に伝達される形式である。せん断力は支圧板前面のスタッドジベルで伝達される。採用事例として，ノルマンディー橋（フランス）や Kurt−Schumacher 橋（ドイツ）がある。

（ⅱ）　中詰コンクリート前面プレート形式は，軸応力の一部をスタッドジベルを介して中詰めコンクリートにも伝達することにより，支圧板の応力を均等化し，支圧板を薄くできる。せん断力は支圧板前面のスタッドジベルで伝達される。採用事例として Düsseldorf−Flehe 橋（ドイツ），Bybrua 橋（ノルウェー）などがある。

（ⅲ）　中詰コンクリート後面プレート形式は，軸応力は後方の支圧板およびスタッドジベルから伝達される。せん断力は中詰部のコンクリートに伝達される。コンクリートが複合部の中に入り込んだ構造でスタッドジベルや孔あきジベルを介して鋼桁に力を漸次伝達するので，応力集中を抑えやすい構造である。ただし，施工時にコンクリートの充填不良による空洞の発生に留意が必要である。また，施工後に境界部からの水・空気の侵入により腐食問題が発生すると補修が困難であるため，橋面防水に加え，境界部の防水に十分な配慮が必要である。採用事例は多く，新川橋（日本道路公団 四国支社），美濃関ジャンクション F ランプ橋（日本道路公団 中部支社，曲線橋），生口橋（本州四国連絡橋公団），多々羅大橋（本州四国連絡橋公団），大和橋（中日本高速），勅使西高架橋（四国地方整備局），大牟田連続高架橋（九州地方整備局），牧港高架橋（沖縄総合事務局），生名橋（愛媛県），末広住吉高架橋（徳島県），塩坪橋（福島県）などがある。

（ⅳ）　中詰コンクリート前後面併用形式は，軸応力は中詰部のスタッドジベルと前・後面の支圧板から伝達される。せん断力およびねじりモーメントは前面板のスタッドジベルで伝達される。力の伝達経路が多いので，分担比等については十分に検討して設計しなければならない。鋼・コ

ンクリート複合部は完全に密閉されるので，閉塞部での腐食は発生しにくい。前面支圧板の接合面では，エポキシ接着剤と硅砂で防食と付着に配慮した例もある。採用事例として，揖斐川・木曽川橋(JH)，豊田アローズブリッジ(JH)，浜北高架橋(中日本高速)などがある。

　混合桁橋に関しては，「事例に基づく複合構造の維持管理技術の現状評価」[2] における調査で，混合桁橋の変状事例の抽出を試みているが，問題となる事例は報告されていない。しかし複合部の補修・補強は困難であることが想定されるので，混合桁橋で留意すべき保全項目としては以下のように提言がなされているので留意するのがよい。

　① 　鋼とコンクリートとの境界部の腐食

　② 　目視できない箇所の保全

　③ 　応力急変部の疲労損傷

　これらを踏まえて，PC構造と鋼構造の過去の変状事例や複合部に発生する可能性がある変状を推定して，適切な保全を行う必要がある。

6.2　点　　　検

6.2.1　点検の着目点

　混合桁橋の点検にあたっては，一般のPC橋および鋼桁に共通する箇所のほか，以下に示すような混合桁橋に特有の部位，箇所に留意して点検を行うものとする。

　① 　複合部のコンクリート

　② 　複合部の鋼桁

　③ 　ケーブル定着部

【解　説】

　混合桁橋におけるPC構造一般部は，3章もしくは9章の形式が採用されており，各々に示されている点検，詳細調査，点検結果の評価および判定，対策に準ずるものとする。また鋼桁一般部についてはⅡ編2章によるほか，一般的な鋼橋の保全として位置付けてよい。混合桁における複合部のケーブル定着部は通常のPC橋の定着部と異なり，複合鋼殻部の鋼部材に定着しているため着目点として挙げている。

　① 　複合部コンクリート

　複合部のコンクリートを直接目視することはできないが，水分が侵入した場合に鋼コンクリート境界部からの漏水やエフロレッセンスとなって現れるので留意が必要である。水や腐食因子の侵入により腐食が発生した場合には，漏水にさび汁が含まれる可能性もある。

　水の侵入原因は鋼コンクリート境界部のシール材の変状や橋面防水工の変状によるものが考えられる。水が侵入している場合，横断勾配の低い側からの漏水となって現れる可能性があり点検時に注意するのがよい。複合部への水の侵入を点検するのは難しいが，複合部鋼殻下側に点検用のモニタリング孔(26.5 ϕ 程度)を設けておき，ここからの漏水で水の侵入を点検する方法もある。また，橋面防水工の変状を点検するのは難しいが，舗装工事の時に防水工やシールの健全性を確認

するのがよい。

　後面支圧板方式の場合，コンクリートが連続して複合内部に繋がっているので，腐食因子の侵入や腐食に対して特に留意しなければならない。鋼・コンクリート・水が集まる，いわゆるトリプルコンタクトポイントでの腐食因子の侵入に対しては2重3重の対策を施すマルチレイヤープロテクションの考え方で対策するのがよい。

　複合部のコンクリートのひび割れを目視することは難しいが，レベル2地震時には鋼コンクリート境界近傍で大きな応力集中が発生することも考えられるので，臨時点検で着目するのがよい。支圧接合方式やメタルプレート方式では特に大きな支圧力が作用するので，ひび割れ・変形等の点検が重要である。前面板形式の場合には，前面でのせん断耐力が非常に重要であるため，ずれなどの変状がないか留意するのがよい。

②　複合部の鋼桁

　腐食については前述の水の侵入よるものが考えられる。また，結露水などが滞水して腐食することもあるので，点検時に留意しなければならない。

　車両走行時の輪荷重により，複合部と鋼床版一般部の境界で著しく剛性が変化することから応力集中が発生する場合があるので疲労き裂に留意して点検しなければならない。たとえば，揖斐川橋・木曽川橋では複合部近傍を対象とした移動輪荷重試験を実施した結果，剛性急変部の鋼床版応力が高くなることが判明した。これに対して長期の疲労耐久性を確保（E等級疲労限界以下）するため一般部鋼床版厚18 mm（合理化鋼床版）に対して剛性急変部を26 mmに増厚して剛性変化を緩和することで耐久性を確保した事例もある[3]。

　なお，平成24年の道路橋示方書改訂でUリブを使用した鋼床版は，デッキプレート厚が12 mmから16 mmに増厚されて疲労耐久性が向上しているが，それ以前の場合は鋼床版各部の疲労に対して特に留意が必要である。

③　ケーブル定着部

　PCケーブルが鋼桁側で定着され圧縮応力を与えて複合部には供用限界（常時）には引張を作用させない設計となっていることが多い。プレストレスが有効に作用していることを確認するため定着部の点検が重要である。同様にPC鋼棒でも複合部に圧縮応力を与えている場合もある。

　なお，複合部は非常に剛性が高く，PC桁や鋼桁に先行して破壊することがないように設計されていることが多い。このため複合部近傍に負荷がかかり変状が発生することも考えられるので留意するのがよい。

6.2.2　着目点の点検方法

　混合桁橋における点検の方法は，近接目視によることを基本とし，必要に応じて触診や打音，非破壊試験などを併用するものとする。

【解　説】

　PC構造の一般部の点検方法はⅡ編1章，3章および9章によるのがよい。鋼構造の一般部についてはⅡ編2章により点検するのがよい。解説 表6.2.1に混合桁橋の特性に応じた着目点の点検方法を示す。

解説 表 6.2.1　着目点の点検方法

部材	点検項目	点検の標準的方法	必要に応じて採用することができる方法の例
①複合部コンクリート	漏水，エフロレッセンス	目視	－
	シール材	目視	－
	ひび割れ	目視	－
②複合部の鋼桁	腐食	目視，打音	超音波板厚計による板厚計測
	き裂	目視	超音波探傷試験，磁粉探傷試験 浸透探傷試験，渦流探傷試験 放射線透過試験，フェイズドアレイ超音波探傷試験
	防食機能の劣化	目視	写真撮影（画像解析による調査） インピーダンス測定，膜厚測定，付着性試験
③ケーブル定着部	変状，腐食，変形	目視	－

6.2.3　変状の把握

（1）　点検の結果，変状を発見した場合には変状の種類ごとに変状の状況を把握するものとする。この際，変状の状況に応じて，効率的な保全をするうえで必要な情報を詳細に把握するものとする。

（2）　変状は，部位・部材ごと，変状の種類ごとに変状の程度を a〜e の区分で記録するものとする。

【解　説】

（1），（2）について　　ここでは混合桁橋において特に留意すべき変状に対する変状区分について記載する。なお，ひび割れ，ケーブル定着部についてはⅡ編1章を，き裂および防食機能の劣化については，Ⅱ編2章を参照のこと。

解説 表 6.2.2　変状の区分（漏水，エフロレッセンス）

区分	変状の程度
a	変状なし。
b	－
c	－
d	－
e	複合部からの漏水，エフロレッセンスが見られる。

注）　モニタリング孔がある場合は，これにより確認。

解説 表 6.2.3　変状の区分（鋼コンクリート境界部のシール材）

区分	変状の程度
a	変状なし。
b	－
c	－
d	シール材が硬化している。
e	シール材の割れ，剥離，脱落が見られる。

解説 表 6.2.4　変状の区分（鋼コンクリート境界部の腐食）

区分	変状の程度
a	変状なし。
b	–
c	–
d	–
e	境界部にさびやさび汁が見られる。

6.3　詳細調査

（1）　定期点検を行った結果，構造物に変状が確認され，劣化機構の推定や予測，評価および判定のために，より詳細な情報が必要と判断された場合には，詳細調査を行うものとする。
（2）　詳細調査の項目は，定期点検の結果を参考に，目的に応じた項目を選定し，混合桁橋の特徴を考慮した適切な方法により実施するものとする。

【解　説】
　詳細調査はⅡ編1章，3章，9章およびⅡ編2章に示した非破壊試験手法などによるものとする。
　混合桁橋の特徴は鋼コンクリート境界部に注目して，点検結果と変状程度に対する詳細調査を行う要否判定を解説 表 6.3.1 に示す。

解説 表 6.3.1　混合桁橋の詳細調査の要否判定

部材	変状の種類	詳細調査の要否判定
①複合部コンクリート	鋼コンクリート境界部からの漏水，エフロレッセンス	複合部への水の侵入が漏水やエフロレッセンスとなって現れ，腐食因子の侵入が進行すると鋼部材の腐食が懸念される。複合部の補修・補強は困難が予想されるので，複合部の変状に対しては詳細調査を行うことを検討するのがよい。また鋼コンクリートが離反したり空隙が疑われる場合には空隙検査を行うことも有効である。
	鋼コンクリート境界部のシール材の割れ，剥離，脱落	
②複合部の鋼桁	鋼コンクリート境界部のさびやさび汁	
	鋼部材の疲労き裂	近接目視で疲労き裂が確認されたり，塗膜割れから疲労き裂が疑われる場合，非破壊試験により詳細調査を行うのがよい。
③ケーブル定着部	変状，腐食，変形	混合桁橋の複合部はプレストレスがあることを前提に応力伝達が行われるよう設計されている。ケーブルに変状が発生した場合，構造が不安定になるため詳細調査を行うのがよい。

　混合桁橋において懸念される鋼殻内部の空隙を検査する方法を解説 表 6.3.2 に示す。なお，境界部への水や腐食因子の侵入が疑われる場合は，橋面舗装下の防水工の健全性を確認することも重要である。

解説 表 6.3.2　複合部の空隙検査方法

調査方法	概　要	説明図
打音検査装置	【原理】 鋼板とコンクリートの間の剥離や滞水などの状態変化により打撃時の曲げ振動で生じる音の変化を検出する。	
	【長所】 計測が容易。定量的な判定が可能。低コスト。	
	【課題】 面的な測定に労力がかかる。	
	【参考】 磯ら：打音法による合成床版の非破壊試験手法に関する研究，川田技報，Vol.27，2008 磯ら：(37) 鋼板で覆われた床版の非破壊試験，第 9 回複合・合成構造の活用に関するシンポジウム，2011.11	
赤外線 サーモグラフィ	【原理】 物体表面から放出される赤外線エネルギー分布を赤外線センサーにより測定し，これを温度分布に換算・画像化することで，コンクリートの空隙を評価する。	
	【長所】 計測が容易。定量的な判定が可能。	
	【課題】 熱源が必要。評価の可否には事前確認が必要。	
	【参考】 水野ら：赤外線サーモグラフィを用いた合成床版の非破壊試験手法に関する研究，川田技報，Vol.33，2014	
超音波 探傷法	【原理】 周波数 20kHz 以上の弾性波を発生させる探触子で鋼板を振動させ，その反射波の伝搬特性から内部の状況を評価する手法。	
	【長所】 定量的な判定が可能。	
	【課題】 機材が重く作業性に難。面的な測定に労力がかかる。	
	【参考】 日本橋梁建設協会技術委員会床版小委員会：鋼・コンクリート合成床版の実橋調査－枝川ランプ橋の非破壊試験と秋田大橋の健全度調査－	

6.4　点検結果の評価および判定

6.4.1　評　　価

　点検や詳細調査によって得られた情報に基づき，混合桁橋の構造的な特徴や環境条件などを考慮して変状の要因を推定し，評価しなければならない。

【解　説】

　劣化機構の推定はPC構造の一般部についてはⅡ編1章，3章および9章によるのがよい。鋼構造の一般部についてはⅡ編2章によるのがよい。

　点検結果の評価は，設計図書，使用材料，施工管理および検査の記録，構造物の環境条件および使用条件を考慮し，点検結果に基づいて行うものとする。また，混合桁橋特有の，複合部への腐食因子の侵入，複合部の空隙，剛性急変の影響等の構造的な特性を十分に把握して劣化機構を推定しなければならない。

6.4.2　対策の要否判定

　対策区分の判定は，点検結果および詳細調査を基に，劣化進行の予測および構造物の性能評価を考慮して，対策区分の判定を行うものとする。

【解　説】

　評価および判定はPC構造の一般部についてはⅡ編1章，3章および9章によるのがよい。鋼構造の一般部についてはⅡ編2章によるのがよい。

　混合桁橋の鋼コンクリート境界部に着目した評価規準を解説 表6.4.1 に示す。ここでは複合部の補修・補強の困難さから通常よりも厳しい評価規準とした。これにより複合部を健全に保ち，変状が発生した場合には早急かつ予防保全の視点に立った保全を行うのがよい。

解説 表6.4.1　対策区分の判定の目安（鋼コンクリート境界部に着目）

変状の種類	判定区分			
	B	C1	C2	E1
漏水，エフロレッセンス	−	−	漏水，エフロレッセンス	−
			変状の程度の目安：e	
シール材	−	−	硬化，割れ，剥離，脱落	−
			変状の程度の目安：d,e	
腐食	−	−	さび，さび汁	−
			変状の程度の目安：e	

6.5　対　　　策

対策が必要と判定された場合には，構造物の重要性，保全管理区分，残存予定供用期間，劣化機構，構造物の性能低下の程度などを考慮して目標とする性能を定め，対策後の保全のしやすさや経済性を検討したうえで，適切な種類の対策を選定し，実施するものとする。

【解　説】

対策は PC 構造の一般部については II 編 1 章，3 章および 9 章によるのがよい。鋼構造の一般部については II 編 2 章によるのがよい。

混合桁橋の複合部における変状や補修・補強の事例はないが，発生した変状に対して速やかに対策を検討し実施するのがよい。応力の伝達機構が複雑なため，必要に応じて解析および設計検討を行い耐荷性・安全性を確保する必要がある。

複合部への水の侵入が認められる場合には，侵入経路の特定と遮断および排水対策について検討しなければならない。路面からの侵入に対して十分留意し，鋼コンクリート境界部のシールや路面防水工を健全に保つことが重要である。

複合部に空隙が発生し腐食因子の侵入によるさび汁などが認められる場合は，腐食部位の板厚減耗を確認し，必要があれば樹脂注入するとともに，さびを抑制するために空気の出入りを遮断するなどの対策が必要である。

参考文献

1)　プレストレストコンクリート技術協会：複合橋設計施工規準，2005.11
2)　土木学会 複合構造レポート 04：事例に基づく複合構造の維持管理技術の現状評価，2010.5
3)　池田，中須，明橋，古賀：木曽川・揖斐川における接合桁の設計と床版部の疲労試験，構造工学論文集，Vol.46A，2000.3
4)　土木学会：鋼構造シリーズ 20　鋼斜張橋−技術とその変遷− 2010 年版，p.131

7章 波形鋼板ウェブ橋

7.1 適用の範囲

（1） 本章は，PC箱桁橋のウェブを波形鋼板に置き換えた波形鋼板ウェブ橋の保全に適用するものとする。

（2） 保全にあたっては，波形鋼板ウェブ橋の構造特性，設計手法，施工方法を考慮した適切な保全計画を策定しなければならない。

【解 説】

（1）について　　波形鋼板ウェブ橋は，解説 図7.1.1 に示すように，PC箱桁橋のコンクリートウェブを鋼部材に置き換えることにより，死荷重の低減および現場作業の省力化を図った合成構造である。

1992年にわが国で初めて波形鋼板ウェブ橋[1]が施工され，現在までに多くの橋梁が供用されている。

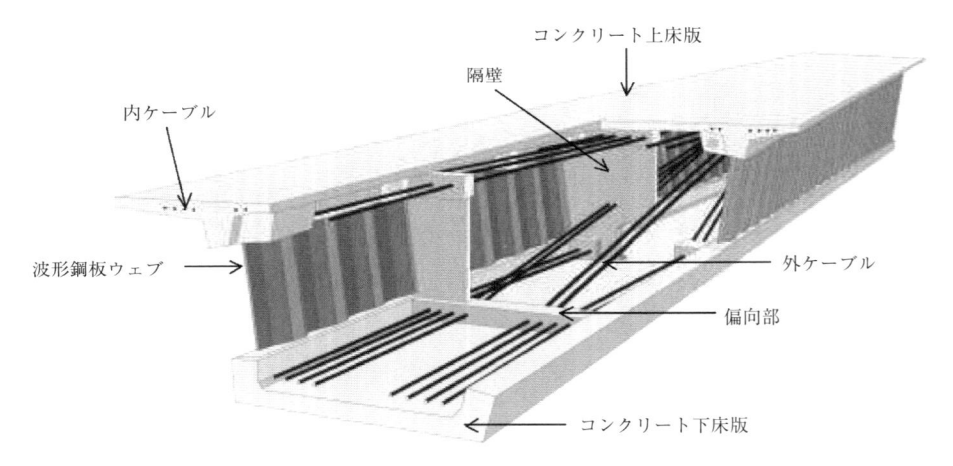

解説 図7.1.1　波形鋼板ウェブ橋の概念図

　波形鋼板ウェブは，アコーディオン効果によって主桁軸線方向の力に対しては自由に変形することができるが，波に対して直角な方向の力に対しては変形に抵抗する性質を有する。また，波の折れ線によって区切られるパネルが座屈に対して十分な抵抗を有する。このような性質を有する波形鋼板をウェブに用いた波形鋼板ウェブ橋は，ウェブの橋軸方向力に対する抵抗が少なく，通常のPC橋に比べてプレストレスの導入効率が向上する。このことは，既往の研究[1]からも明らかになっており，同じ板厚の平鋼板と比較した場合，波形鋼板ウェブの橋軸方向剛性が1/600程度以下に低下し，アコーディオン効果が十分に発揮されていることが確認されている。解説 図7.1.2 に波形鋼板の性質を示す。

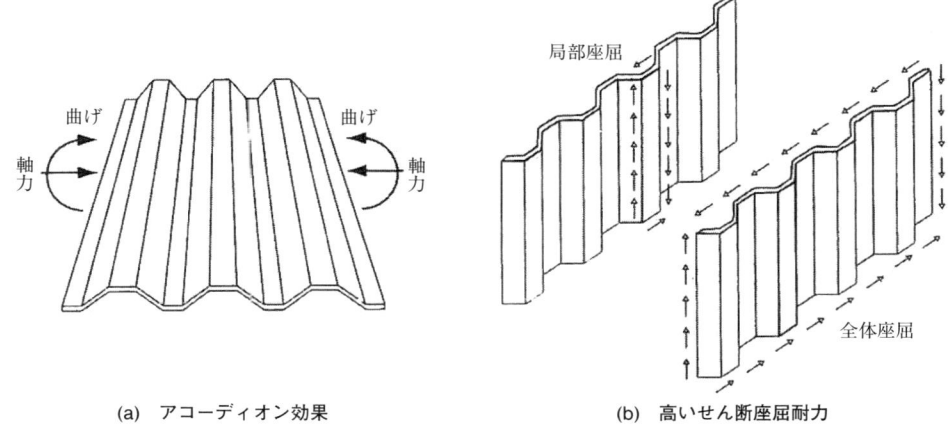

(a)　アコーディオン効果　　　　　　　　(b)　高いせん断座屈耐力

解説 図 7.1.2　波形鋼板の性質

　波形鋼板ウェブ橋は，主桁自重の軽減，プレストレス導入効率の向上，施工の省力化などが可能となる合理的な構造である。また，場所打ち工法，押出し工法および張出し工法などほとんどの施工方法に対応でき，多様な架橋条件に適用可能である。

　本章は，波形鋼板ウェブ橋に特有の事項について規定したものであり，場所打ちポストテンション桁橋などの架設方法に特有の事項や，PC 箱桁橋や斜張橋およびエクストラドーズド橋と共通する構造形式に関する事項については，それぞれの章による。

（２）について　　波形鋼板ウェブ橋の保全計画の策定にあたっては，その構造特性，施工方法や設計手法を十分理解して行わなければならない。以下に，波形鋼板ウェブ橋に特有の事項を示す。

a．コンクリート部材と波形鋼板ウェブとの接合構造

（ｉ）　波形鋼板ウェブと上下床版の接合構造

　波形鋼板ウェブと上下床版の接合部に用いるずれ止め（ジベル構造）は，わが国独自の方法も開発されており，実績では次の２種類に大別される。

1．フランジ鋼板を有するずれ止め（解説 図 7.1.3）

　波形鋼板に溶接したフランジ鋼板に取り付けた頭付きスタッドやアングルジベル，孔あき鋼板ジベルなどによりコンクリートと接合する形式である。実績では，上下床版や横桁，隔壁との接合に用いられている。

2．フランジ鋼板を有さないずれ止め（解説 図 7.1.4）

　波形鋼板を直接床版に埋め込み，波形鋼板によって囲まれた部分のコンクリートおよび波形鋼板端部で橋軸方向に溶接した接合鋼棒によるジベル効果，または波形鋼板にあけた孔のジベル効果によってコンクリートと接合する形式である。実績の大部分が下床版との接合に用いられている。

　波形鋼板ウェブとコンクリート床版の接合部は，構造上非常に重要な部位であり，特に下床版との接合部は雨水や結露などが直接作用する部位となる。特に埋込みウェブジベルの場合，コンクリート下床版に直接波形鋼板が埋め込まれているため，その界面に作用する雨水や結露などに対し，耐久性の低下を引き起こさないようシーリングなどの防水処理が施される。

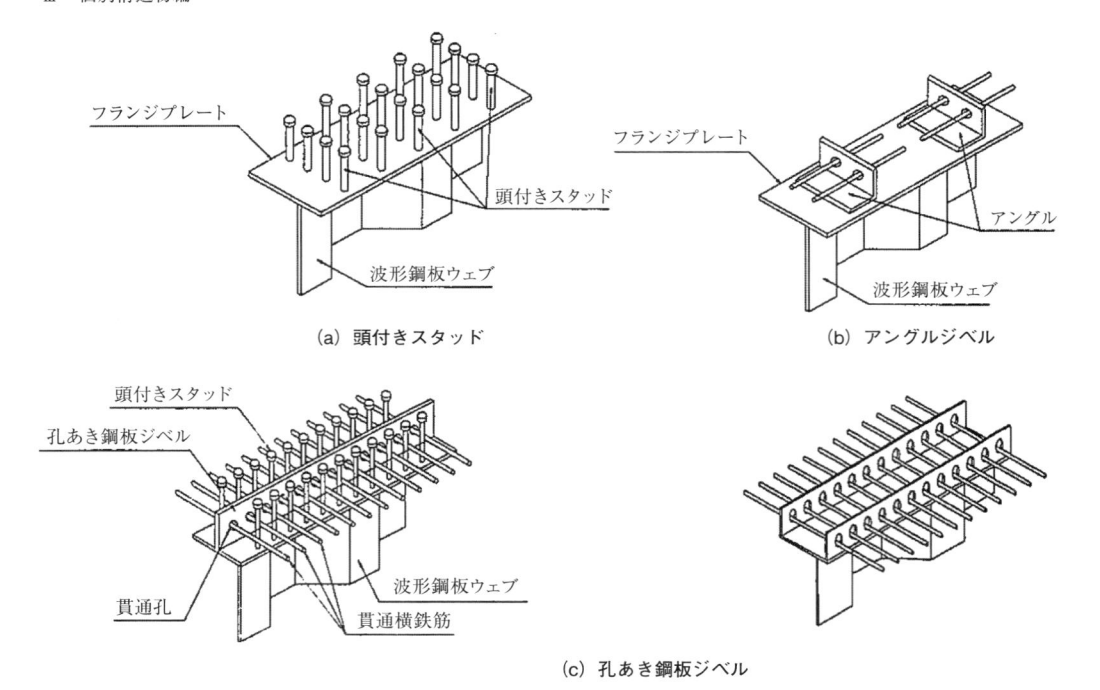

(a) 頭付きスタッド

(b) アングルジベル

(c) 孔あき鋼板ジベル

解説 図 7.1.3　フランジ鋼板を有するずれ止め

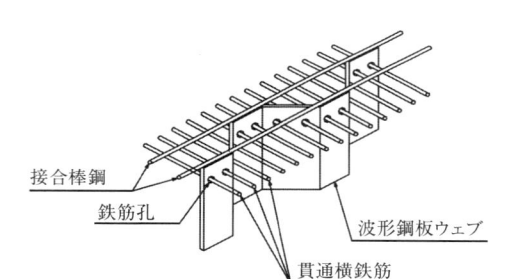

解説 図 7.1.4　埋込みウェブジベル

（ⅱ）　波形鋼板ウェブと横桁との接合構造

　波形鋼板ウェブと横桁の接合は，実績では以下の3方式が採用されている。

1.　孔あき鋼板ジベル（PBL）方式（解説 図 7.1.5）

　横桁内に埋設した波形鋼板に孔を設け，鉄筋を貫通させて孔あき鋼板ジベル方式として，横桁との接合を図った構造。

2.　アングルジベル方式（解説 図 7.1.6）

　床版と波形鋼板を接合する方法と同様にアングルジベルを用いて横桁と波形鋼板を接合する構造。

3. PBL方式とスタッドジベル方式の併用接合（解説 図 7.1.7）

　PBLとスタッドジベルを併用した構造である。

　波形鋼板ウェブとコンクリート横桁との接合部は，結露などによる浸水も想定されるため，下床版コンクリートとの接合部と同様に，シーリングなどの防水処理の実施が望ましい。

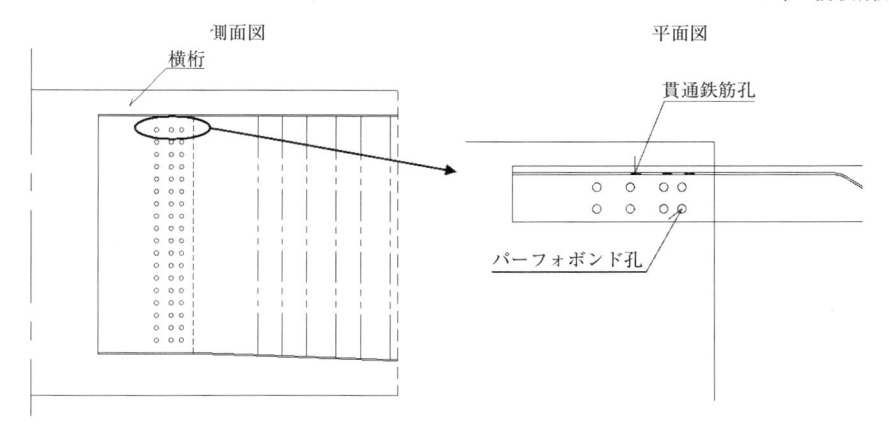

側面図　　　　　　　　　　　　平面図

横桁

貫通鉄筋孔

パーフォボンド孔

解説 図 7.1.5　孔あき鋼板ジベル（PBL）接合

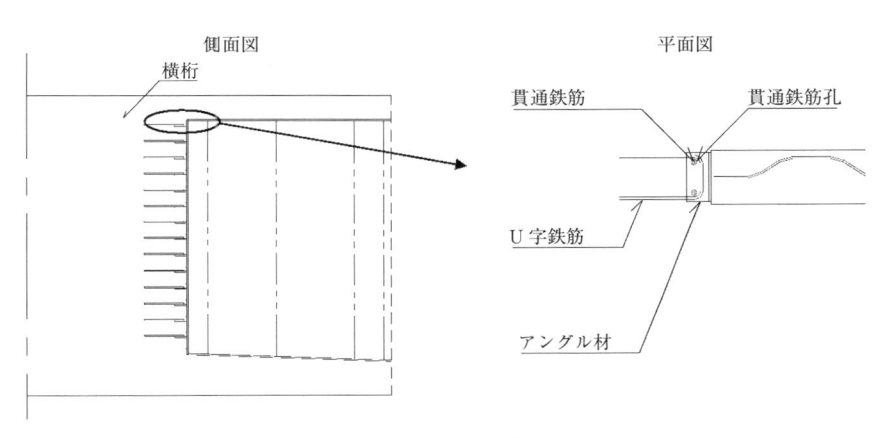

側面図　　　　　　　　　　　　平面図

横桁

貫通鉄筋　　　　　貫通鉄筋孔

U 字鉄筋

アングル材

解説 図 7.1.6　アングルジベル接合

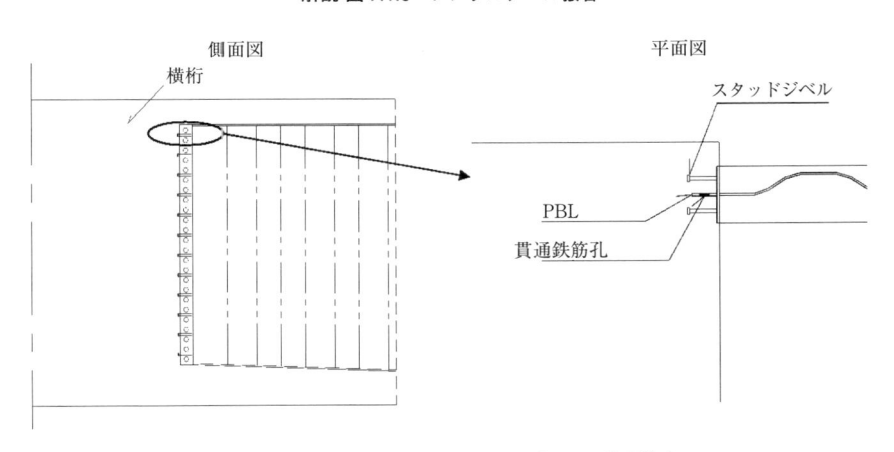

側面図　　　　　　　　　　　　平面図

横桁

スタッドジベル

PBL

貫通鉄筋孔

解説 図 7.1.7　PBL 方式とスタッドジベルの併用接合

（iii）　コンクリートによる補強構造

　柱頭部などでウェブ高の高い範囲，あるいは張出し架設における第 1 サイクルまでの範囲などにおいて，裏打ちコンクリート（解説 図 7.1.8）が設けられる場合がある．これは，波形鋼板の座屈防止を図るとともに，ウェブのせん断変形に起因して上下床版コンクリートに生じる局部曲

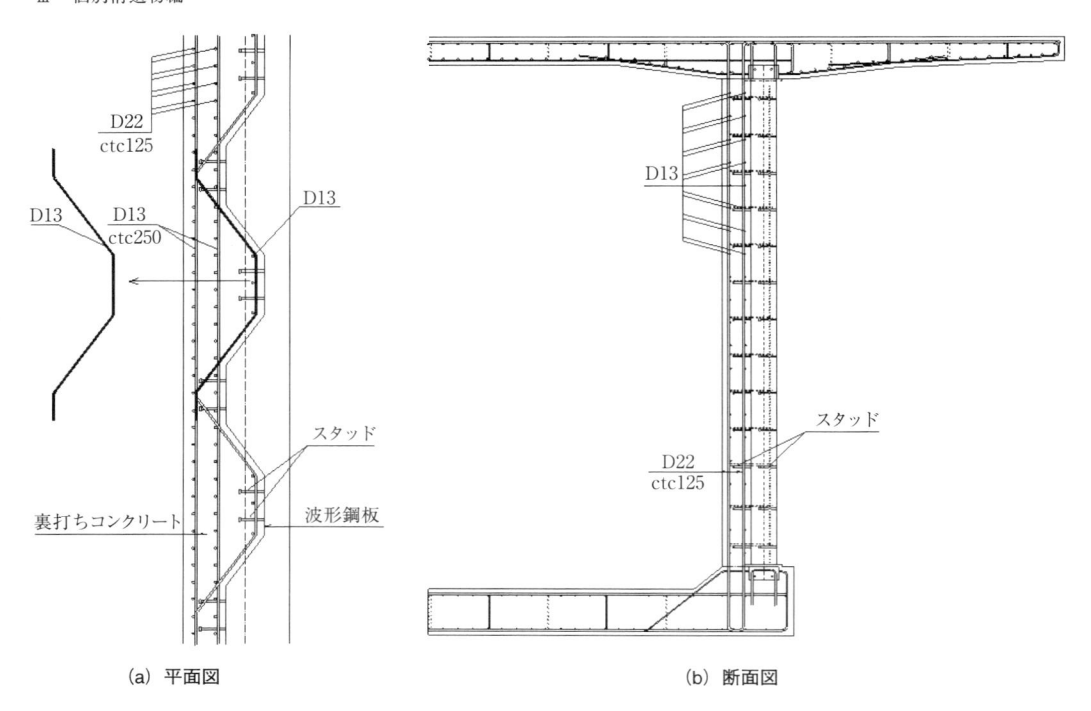

(a) 平面図	(b) 断面図

解説 図 7.1.8　裏打ちコンクリートの事例

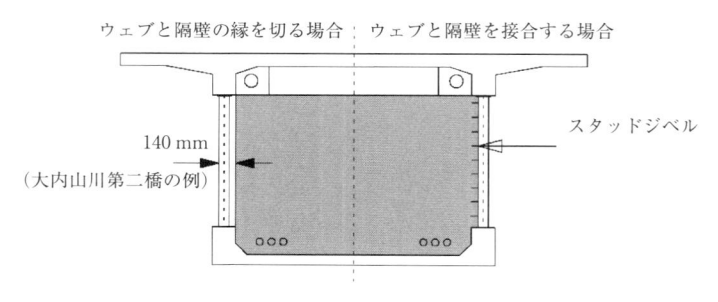

解説 図 7.1.9　コンクリート隔壁の事例

げモーメントを緩和することを目的としている。また，コンクリート隔壁では波形鋼板に接して
設置する場合がある（解説 図 7.1.9）。このような部分では，通常スタッドジベルを介してコン
クリートと波形鋼板を一体化する方法が採られている。

b．波形鋼板ウェブ相互の継手構造

　波形鋼板ウェブ相互の継手構造としては，鋼橋の継手構造として一般的な溶接継手および高力ボ
ルト継手が採用されている（解説 図 7.1.10）。溶接継手としては，突合わせ溶接あるいは重ねすみ
肉溶接が多く用いられている。高力ボルト継手としては，波形鋼板ウェブがせん断抵抗部材である
ことから，これまでの実績ではほとんどトルシア形高力ボルトによる 1 面摩擦接合が用いられている。

　重ねすみ肉溶接の場合，その上下端には溶接工のためのスカラップが設けられる。国内の橋梁に
おけるスカラップ形状の実績の一例としては，解説 図 7.1.11 に示す 2 通りがある。疲労耐久性上の
弱点となる溶接止端部は回し溶接とし，止端仕上げが行われる。また，鋼フランジと波形鋼板ウェ

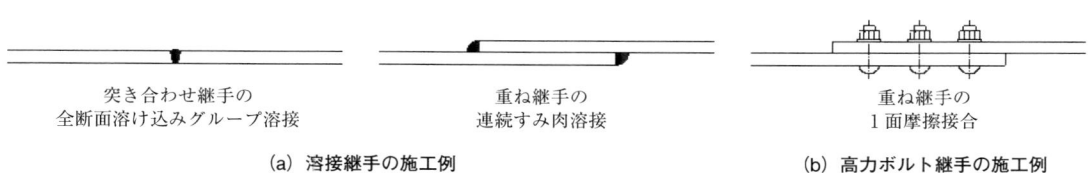

(a) 溶接継手の施工例

突き合わせ継手の
全断面溶け込みグルーブ溶接

重ね継手の
連続すみ肉溶接

(b) 高力ボルト継手の施工例

重ね継手の
1面摩擦接合

解説 図 7.1.10　波形鋼板相互の接合

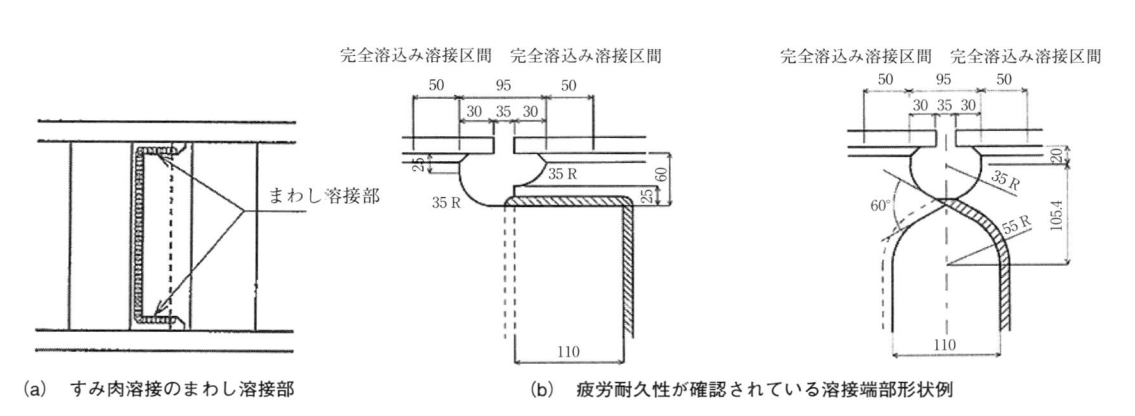

(a) すみ肉溶接のまわし溶接部

(b) 疲労耐久性が確認されている溶接端部形状例

解説 図 7.1.11　現場すみ肉溶接継手

ブの溶接は両側からのすみ肉溶接が一般的であるが，端部の回し溶接部から 50 mm の区間は完全溶込み溶接として，疲労耐久性の向上が図られている。これらのスカラップ形状は，これまで溶接施工試験や疲労試験により，良好な施工性と比較的高い疲労耐久性を有することが確認されている[2),3)]。

c．波形鋼板の防錆

鋼材は波形鋼板の防錆に関しては，Ⅱ編2章による。

d．PC 鋼材の配置

外ケーブルの確実な定着を図るためには，支点横桁や隔壁（ダイヤフラムやリブ）などのマッシ

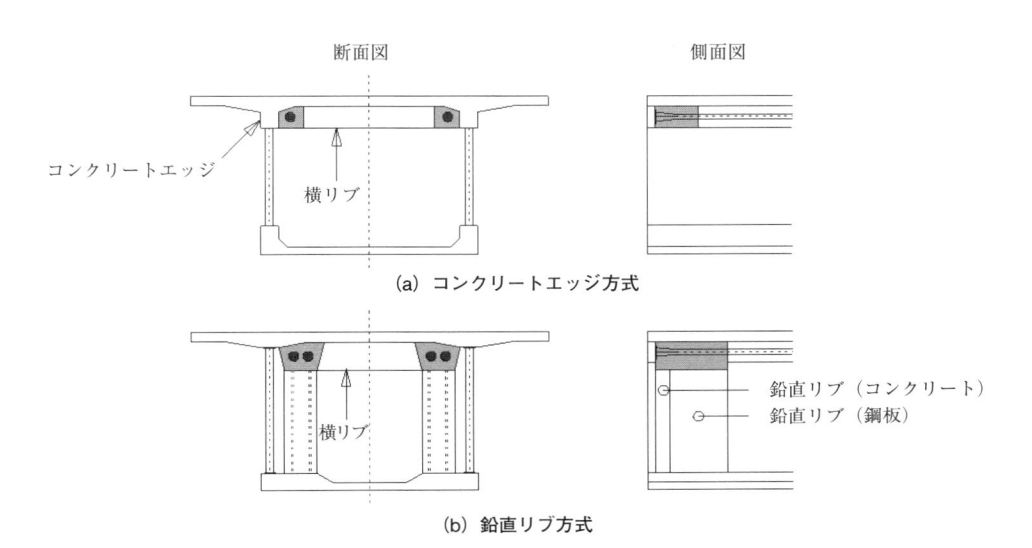

(a) コンクリートエッジ方式

(b) 鉛直リブ方式

解説 図 7.1.12　架設外ケーブル定着の例

ブな部分に定着する必要がある。外ケーブルを主桁途中に定着する場合，コンクリートウェブを有する箱桁橋は定着突起を床版とウェブの2面で支持することができる。しかし，波形鋼板ウェブ橋の場合，ケーブル緊張力は床版にしか伝達されないため，前者に比較して，コンクリート床版に発生する応力は大きくなる傾向にある。張出し架設ケーブルおよび連続ケーブルの突起定着の構造例を解説 図 7.1.12，解説 図 7.1.13 に示す。

　近年，エクストラドーズド橋や斜張橋に波形鋼板ウェブ構造が採用されているが，斜材の定着部に従来のコンクリート隔壁に比較して，主桁自重の大幅な軽減および施工の大幅な省力化が可能な鋼製ダイヤフラム構造が採用されている（解説 図 7.1.14）。

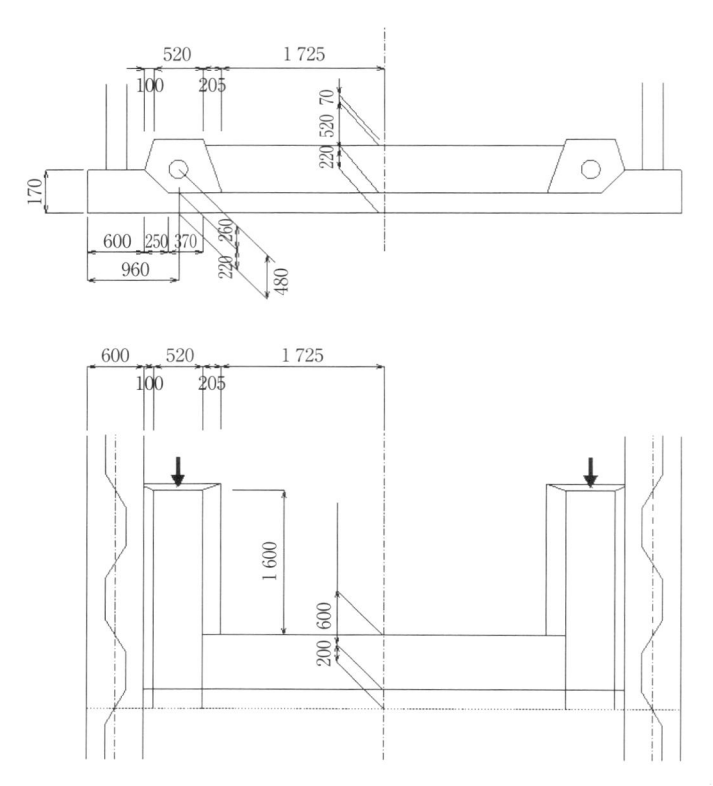

解説 図 7.1.13　連続ケーブルの定着部の例

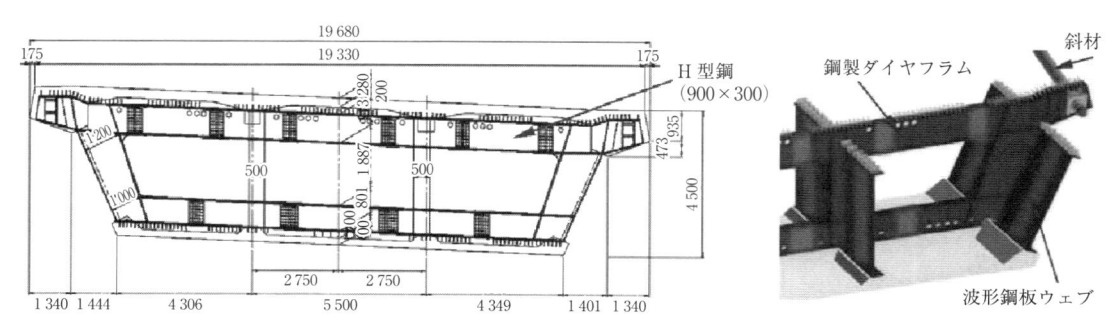

解説 図 7.1.14　鋼製ダイヤフラム構造の例

7.2　点　　検

7.2.1　点検の着目点

　波形鋼板ウェブ橋の点検にあたっては，3 章 3.2.1 に示す関連する項目のほか，特に波形鋼板ウェブ橋の特有の部位，箇所にも留意して点検を行うものとする。

① 　裏打ちコンクリート
② 　波形鋼板ウェブ
③ 　接合部

【解　説】

　波形鋼板ウェブ橋の歴史は浅く，軽微なものを除き本マニュアル作成時において重篤な変状などは報告されていない。そのため，波形鋼板ウェブ橋特有の部材を対象とし，設計の照査事項や既往の実験結果から発生が想定される変状に着目することとした。そのほか，場所打ち桁橋と共通する項目について，3 章 3.2.1 に示される波形鋼板ウェブ橋に関連する以下の項目によるものとする。

（ⅰ）　共通

　①支間中央部，②支間長の 1/4 点付近，③連続桁の中間支点部，④支承・伸縮装置の周辺部，⑥断面急変部，⑦打継目部，⑧ PC 鋼材定着部，⑨施工時の開口の後埋め部，⑩外ケーブル

（ⅱ）　箱桁橋

　①打継目部，②横桁部（人通孔周り含む），③張出し床版部，④下フランジ部，⑤外ケーブル定着部および偏向部，⑥雑桁内部の排水管，⑧その他

波形鋼板ウェブ橋に特有の部位

① 　裏打ちコンクリート

　裏打ちコンクリートは波形鋼板ウェブ橋特有の部材であり，作用せん断力に対して部材厚や配筋量が設定される。一般に供用時にはひび割れの発生を許容しない設計が行われるため，斜めひび割れの発生に着目する。また，裏打ちコンクリートは上下床版および支点横桁と 3 辺で接合され，一面は波形鋼板ウェブと一体化された部材であるため，小口部などにコンクリートの収縮に伴うひび割れの発生が懸念される。波形鋼板ウェブとの接合は，一般にスタッドジベルによる実績が多い。解説 図 7.2.1 に裏打ちコンクリートに発生が想定されるひび割れの例を示す。

② 　波形鋼板ウェブ

　波形鋼板は軸方向剛性が小さいため，せん断降伏またはせん断座屈などのせん断破壊が先行する部材である。せん断座屈には，上下床版間の波形鋼板ウェブが全体的に座屈する全体座屈（解説 図 7.2.2），折り曲げられたパネルが座屈する局部座屈（解説 図 7.2.3），これらが複合した連成座屈の 3 モードがある。せん断座屈が生じると，橋梁としての機能が損なわれるだけでなく，落橋などの重篤な損壊も想定されることに留意する。

　接合部ボルトの緩みや脱落，塗膜の劣化や腐食については，Ⅱ編 2 章 2.2.1 による。

　き裂に関しては溶接部に着目する。溶接部としては，波形鋼板ウェブ相互の溶接部，波形鋼板ウェブとフランジ鋼板との溶接部がある。波形鋼板ウェブ相互の接合を重ね継手のすみ肉溶接に

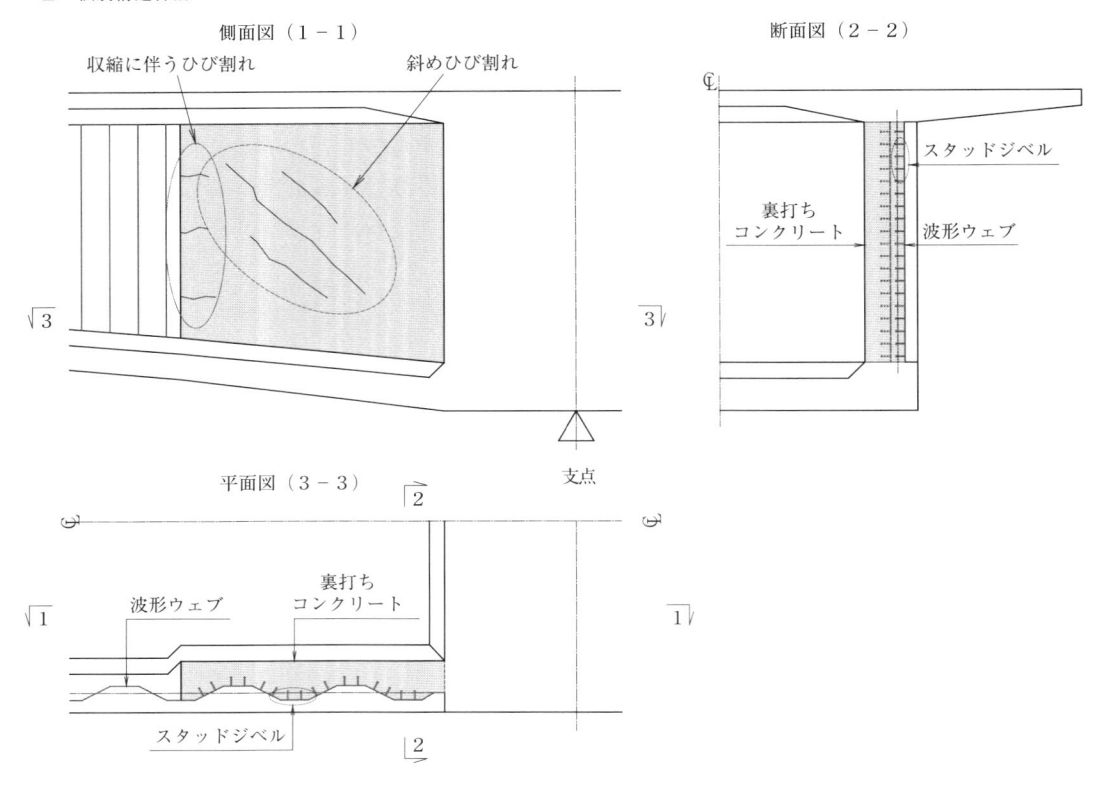

側面図（1－1）

収縮に伴うひび割れ　　　斜めひび割れ

√3　　　3√

支点

断面図（2－2）

スタッドジベル
裏打ち
コンクリート　　波形ウェブ

平面図（3－3）

√1　　　1√

波形ウェブ　　裏打ち
コンクリート

スタッドジベル

解説 図 7.2.1　裏込めコンクリートに想定されるひび割れの例

解説 図 7.2.2　全体座屈の例 [4]

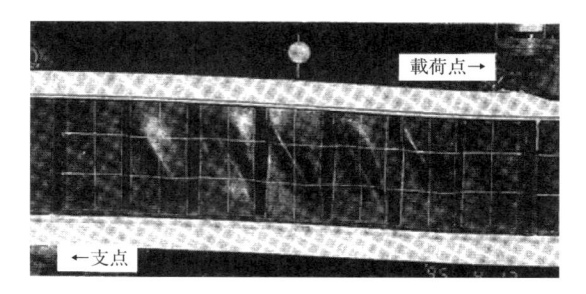

載荷点→

←支点

解説 図 7.2.3　局部座屈の例 [5]

　よる場合，上下端に設けられるスカラップ周辺には，局部的な応力集中が生じる。点検においては，解説 図 7.2.4 に示す回し溶接部などの応力集中部位に着目する。重ね継手のすみ肉溶接では，疲労き裂の発生は溶接止端部となる。

　波形鋼板ウェブとフランジ鋼板の溶接部には，水平せん断力および床版曲げモーメントが作用する。波形鋼板ウェブの折れ角部近傍など応力集中が懸念される部位は特に留意する。フランジ鋼板とジベル構造との溶接部については接合部に記載する。

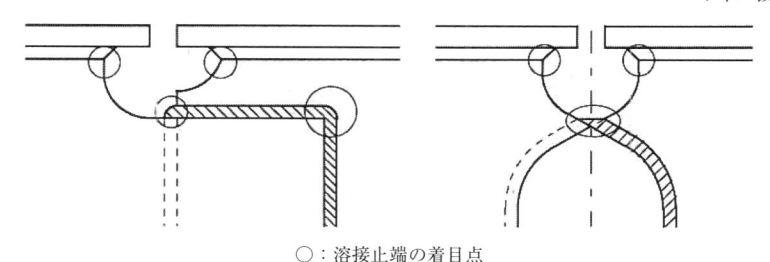

○：溶接止端の着目点

解説 図 7.2.4　溶接部のき裂に関する着目点の例

③　接合部

　波形鋼板ウェブとコンクリート部材とのジベル構造は，コンクリート部材に埋設されているため，変状に対する補修が難しいことに留意する。なお，ここでいう接合部とは，コンクリートに埋設されるジベル構造，接合境界近傍の鋼部材およびコンクリート部材を対象とする。

（ⅰ）　近傍コンクリートのひび割れ

　波形鋼板ウェブとコンクリート部材の接合では，埋設された個々のジベル構造を介して断面力の伝達が行われるため，ジベル構造近傍のコンクリートに局部的な応力が発生する。また，ジベル構造は乾燥収縮などのコンクリートの収縮挙動も拘束する。これらの作用が顕著な場合や設計で想定しない荷重が作用した場合，ジベル構造を起点とするひび割れの発生が想定される。接合部の性能低下は橋梁の安全性を損なう可能性があるため，接合部近傍コンクリートのひび割れに関しては，状況を詳細に把握する必要がある。解説 図 7.2.5 に接合部近傍に想定されるひび割れの例を示す。

（ⅱ）　肌隙

　フランジ鋼板とジベル構造との溶接部は，コンクリート部材に埋設されているため直接確認で

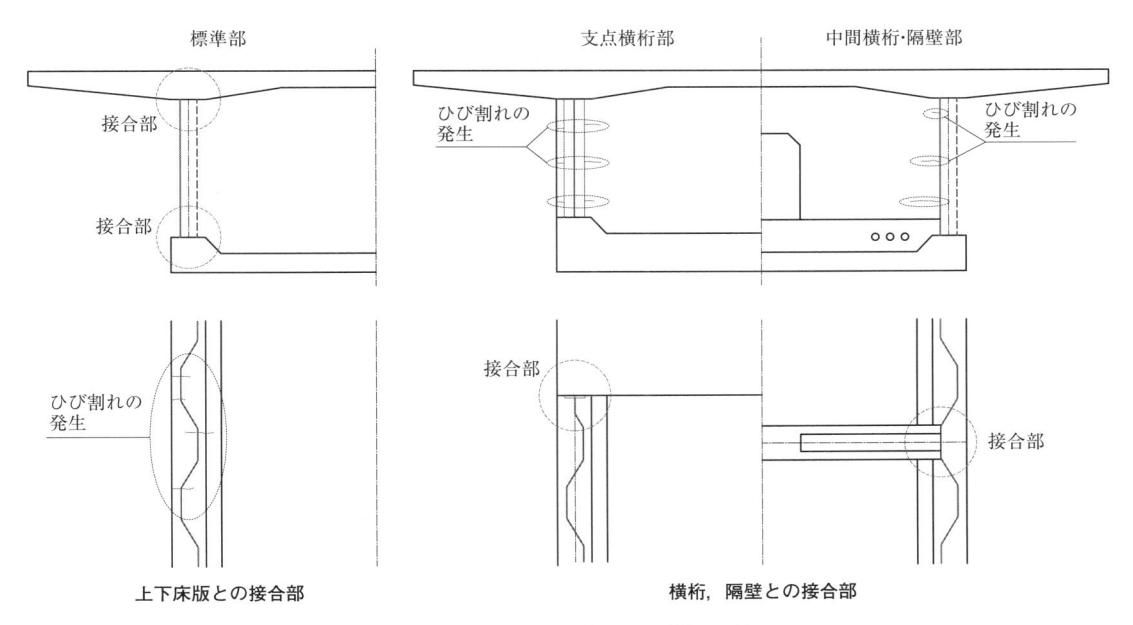

解説 図 7.2.5　接合部近傍のひび割れの例

きない。き裂発生によってフランジ鋼板とジベル構造の一体性が損なわれると，コンクリート床版とフランジ鋼板境界の肌隙となって顕在化することが想定される。

（ⅲ）　漏浸水，腐食，エフロレッセンス

腐食物質の侵入による変状としては，接合境界からのエフロレッセンスやさび汁の漏出，周辺コンクリートのひび割れなどが想定される。特に下床版との接合部は，接合境界から水などの劣化因子が侵入しやすい箇所であるため留意が必要である。

（ⅳ）　シール材，防水塗装の劣化・損傷

下床版との接合部は，雨水や結露などに対する排水・止水措置として，一般にシーリングや防水塗装が施される（解説 図7.2.6）。ジベル構造の腐食に対する予防保全の観点から，それら防食機能の劣化や損傷について留意が必要である。

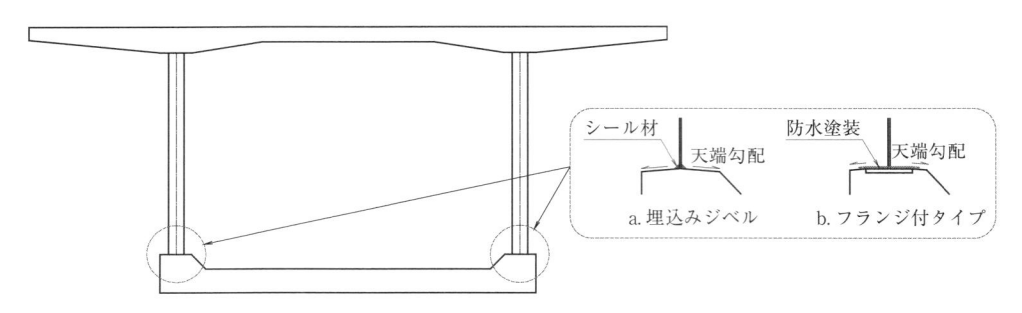

解説 図 7.2.6　下床版接合部の防錆処理の例

（ⅴ）　滞水

結露や漏水などにより境界部近傍に滞水させないことに留意する。解説 図7.2.7に示すような波形鋼板を貫通させて排水管がボックス内に配置される場合など，排水管の不具合などによる漏水や滞水の有無についても点検時に着目する。

解説 図 7.2.7　ボックス内の排水配置

7.2.2　着目点の点検方法

波形鋼板ウェブ橋における点検の方法は，近接目視によることを基本とし，必要に応じて触診や打音，非破壊試験などを併用するものとする。

【解　説】

解説 表7.2.1に波形鋼板ウェブ橋における着目点の点検方法を示す。波形鋼板ウェブ橋の点検

方法に関しては，近接目視やたたき点検による他，必要に応じて適切な非破壊試験の各方法を適用するのがよい。詳細はⅡ編 2 章 2.2.2 に記載される方法を参照するとよい。

解説 表 7.2.1　着目点の点検方法

部材	点検項目	点検の標準的方法	必要に応じて採用することができる方法の例
裏打ちコンクリート	ひび割れ	目視，ひび割れ幅計測	写真撮影（画像解析による調査）
波形鋼板ウェブ	変形・座屈	目視，変形量計測	－
	防食機能の劣化	第Ⅱ編 2 章 2.2.2 による	
	腐食		
	き裂（疲労）		
接合部（境界部）	ひび割れ	目視，ひび割れ幅計測	写真撮影（画像解析による調査）
	肌隙	目視，隙間計測	－
	漏水，腐食，エフロレッセンス	目視	－
	シール材，防水塗装の劣化	目視	－
	滞水	目視	－

7.2.3　変状の把握

（1）　点検の結果，変状を発見した場合には，変状の種類ごとに変状の状況を把握するものとする。この際，変状の状況に応じて，効率的な保全をするうえで必要な情報を詳細に把握するものとする。

（2）　変状は，部位・部材ごと，変状の種類ごとに変状の程度を a〜e の区分で記録するものとする。

【解　説】

（1），（2）について　　ここでは，波形鋼板ウェブ橋に特有の部材について記載する。

a．裏打ちコンクリートのひび割れ

解説 表 7.2.2　変状の区分（裏打ちコンクリートのひび割れ）

区分	変状の程度	
	斜めひび割れ	その他のひび割れ
a	変状なし。	Ⅱ編 1 章 1.2.3 による
b	－	
c	－	
d	ひび割れが生じている。	
e	ひび割れの進展，本数の増加がみられる。	

ｂ．波形鋼板ウェブ

（ⅰ）　変形・座屈

解説 表 7.2.3　変状の区分（変形・座屈）

区分	変状の程度
a	変状なし。
b	－
c	－
d	部分的な変形が見られる。
e	大きな変形，座屈が見られる。

（ⅱ）　溶接部の疲労き裂

解説 表 7.2.4　変状の区分（溶接部の疲労き裂）

区分	変状の程度
a	
b	
c	Ⅱ編 2 章 2.2.3 による
d	
e	

ｃ．接合部

（ⅰ）　接合部近傍コンクリートのひび割れ

解説 表 7.2.5　変状の区分（接合部近傍のひび割れ）

区分	最大ひび割れ幅
a	変状なし。
b	小（0.1 mm 未満）。
c	中（0.1mm 以上，0.2 mm 未満）。
d	大（0.2 mm 以上）。
e	－

（ⅱ）　鋼フランジとコンクリートの肌隙

解説 表 7.2.6　変状の区分（鋼フランジとコンクリートの肌隙）

区分	変状の程度
a	変状なし。
b	－
c	－
d	－
e	鋼フランジとコンクリートに肌隙が見られる。

（ⅲ）　漏水・腐食・エフロレッセンス

解説 表7.2.7　変状の区分（接合部近傍の漏浸水・腐食）

区分	変状の程度	
	漏浸水	腐食
a	変状なし。	
b	–	
c	ひび割れや接合境界面から漏水が生じている。	さび汁滲出の形跡がある。
d	ひび割れや接合境界面からエフロレッセンスが生じている。	局部的なさび汁の滲出が認められる。
e	ひび割れや接合境界面から著しい漏水やエフロレッセンスが認められる。	ひび割れや接合境界面から著しいさび汁が認められる。

（ⅳ）　シール材，防水塗装の劣化

解説 表7.2.8　変状の区分（接合部近傍のシール材，防水塗装の劣化）

区分	変状の程度
a	変状なし。
b	部分的な劣化が見られる。
c	劣化範囲が広い。
d	劣化範囲が著しい，はがれや逸脱が生じている。
e	–

（ⅴ）　接合部近傍の滞水

解説 表7.2.9　変状の区分（接合部近傍の滞水）

区分	変状の程度
a	変状なし。
b	接合部近傍に滞水が見られる。
c	接合部境界部に滞水している。
d	–
e	–

7.3　詳細調査

（1）　定期点検を行った結果，構造物に変状が確認され，劣化機構の推定や予測，評価および判定のためにより詳細な情報が必要と判断された場合には，詳細調査を行うものとする。
（2）　詳細調査の項目は，定期点検の結果を参考に目的に応じた項目を選定し，波形鋼板ウェブ橋の特徴を考慮した適切な方法により実施するものとする。

【解　説】
（1）について　　本マニュアル作成時点において，波形鋼板ウェブ橋に特有の変状とされる事例

解説　表 7.3.1　詳細調査の要否判定

部材	点検項目	詳細調査実施の要否判定
裏打ちコンクリート	斜めのひび割れ	斜めのひび割れを許容しない設計が先行われるため、詳細調査により原因を解明し、対策区分を判定する必要がある。特に、ひび割れに進展がみられる場合は、波形鋼板ウェブの損傷等の要因となる変状の重篤な変状であるため、対策区分が必要である。
	その他のひび割れ	II編 1章 1.3による
波形鋼板ウェブ	変形、座屈	波形鋼板ウェブの変形や座屈は、橋梁の安全性に直結する重篤な変状であるため、これらの変状が確認された場合は、早急な詳細調査により原因を解明し、対策区分を決定する必要がある。
	溶接部の疲労き裂	II編 2章 2.3による
接合部（境界部）	コンクリートのひび割れ — 上下床版との接合部	許容ひび割れ幅を超えるひび割れや、許容ひび割れ幅以下でも複数本で間隔の狭いひび割れの発生は、設計で想定する構造的な安全性を確保できていないことが懸念される。詳細調査により原因を解明し、対策区分を決定する必要がある。
	コンクリートのひび割れ — その他部材との接合部	フランジ鋼板とジベル構造の溶接部において生じるき裂の発生により一体性が損なわれると、鋼材面の肌隙となって顕在化することが想定される。目視で肌隙が確認できる段階は、かなり変状が進行し、原因を正確に把握し、状況を解明することとともに対策区分を決定する必要がある。
	肌隙	
	漏水、腐食、エフロレッセンス	―
	シール材・防水塗装の劣化	―
	滞水	

解説　表 7.3.2　詳細調査の例

部材	点検項目	想定される原因	必要な調査
裏打ちコンクリート	斜めのひび割れ	地震等の過大な荷重作用	・ひび割れ調査（位置・幅） ・鋼材配置調査（電磁レーダー探査等） ・既存資料（設計図書、工事記録、実験結果等） ・FEM解析等による検討 ・実橋、試験体による載荷実験
	その他のひび割れ		II編 1章 1.3による
波形鋼板ウェブ	変形、座屈	地震等の過大な荷重作用	・ひび割れ調査（位置・幅・深さ） ・FEM解析等による検討 ・実橋、試験体による載荷実験
	溶接部の疲労き裂		II編 2章 2.3による
接合部（境界部）	コンクリートのひび割れ — 上下床版との接合部	地震等の過大な荷重作用 乾燥収縮等コンクリート挙動の拘束作用	・ひび割れ調査（位置・幅・深さ） ・鋼材配置調査（電磁レーダー探査等） ・既存資料（設計図書、工事記録、実験結果等） ・FEM解析等による検討 ・実橋、試験体による載荷実験
	コンクリートのひび割れ — その他部材との接合部	地震等の過大な荷重作用 乾燥収縮等コンクリート挙動の拘束作用	―
	肌隙	地震等の過大な荷重作用	・隙間調査（位置・範囲） ・既存資料（設計図書、工事記録、実験結果等） ・FEM解析等による検討 ・実橋、試験体による載荷実験
	漏水、腐食、エフロレッセンス	防水処理の不備	―
	シール材・防水塗装の劣化	経年劣化	―
	滞水	排水不良、排水勾配の不備	―

が報告されていないため，発生した変状に対して目視などの標準的な点検方法による要因の推定は難しいことが懸念される。また，本章に記載する波形鋼板ウェブ橋に特有の部材は，構造安全性を確保するうえで重要性が高く，今後の保全計画において適切な対応を行うためのデータを蓄積していく必要があることから，これらの部材に何らかの変状が認められた場合，詳細調査により要因を確定することが重要である。**解説 表 7.3.1** に波形鋼板ウェブ橋に特有な部材に対する詳細調査の要否判定を示す。

（2）について　　調査項目は，最小限の調査項目で原因，進行度などの情報が得られるように計画しなければならない。そのためには，現況の変状から想定される原因をあらかじめ絞り，それを確認または立証するための調査を行うのがよい。詳細調査の方法は，一般的な PC 橋と共通する部材に関してはⅡ編 1 章 1.3 に，鋼部材に関してはⅡ編 2 章 2.3 によるものとする。**解説 表 7.3.2** に波形鋼板ウェブ橋に特有な部材に対する詳細調査の例を示す。

7.4　点検結果の評価および判定

7.4.1　評　　価
　点検や詳細調査によって得られた情報に基づき，波形鋼板ウェブ橋の構造的な特徴や環境条件などを考慮して変状の要因を推定し，評価しなければならない。

【解　説】
　ここでは，波形鋼板ウェブ橋に特有の事項について記載する。なお，前述したように波形鋼板ウェブ橋の歴史は新しく，現時点では重篤な変状などは報告されていないため，設計における照査事項や実験などに関する既存の論文，構造形状などから想定される事項について記載する。

a．裏打ちコンクリートのひび割れ

　裏打ちコンクリートは，支点近傍の卓越するせん断力に対し，波形鋼板ウェブの座屈防止と床版の局部的な付加曲げ緩和を目的として設置される。一般に，設計荷重作用時における斜引張応力度を制限値以下としてひび割れを発生させない設計が行われるため，発生したひび割れが斜引張応力によると懸念される場合には，設計で想定する作用荷重などの条件について実橋との相違を確認する必要がある。

　裏打ちコンクリートは比較的部材厚が厚く，連続する支点横桁および上下床版，波形鋼板ウェブによる拘束の影響により，温度応力や乾燥収縮に伴うひび割れが生じやすい。これらに起因するひび割れは，施工中や竣工後初期の段階で発生することが多い。また，支点横桁や床版部材と同時に構築される場合と，後打ちで構築される場合で作用する拘束応力が異なることにも留意が必要である。主桁のせん断力作用や，中間支点における下床版の軸圧縮力作用などによって生じる引張応力と複合し，条件が厳しい部分にひび割れが発生するため，要因の推定に際してはこれらについても留意する。

b．波形鋼板ウェブ

（ⅰ）　変形，座屈

　波形鋼板ウェブは，軸方向剛性が小さい特性から，せん断降伏またはせん断座屈などのせん断

破壊が先行する部材である。設計では，終局荷重作用時に対して安全な耐力が付与される。変形や座屈を生じさせる要因としては，床版などの他部材の変状に伴う構造変化による過大な断面力の伝達，腐食減厚などの波形鋼板自体の性能低下による影響などが想定される。また，せん断降伏よりもせん断座屈の方が先行するような諸元の場合には，波形鋼板製作時の誤差や架設時の自重，上床版コンクリートの横締めプレストレスなどにより生じるウェブの面外変形のため，せん断座屈強度が低下する場合があることも指摘されている[6]。

（ⅱ）　疲労き裂

　波形鋼板ウェブ相互の現場接合が，重ね継手のすみ肉溶接による場合，その上下端に設けられるスカラップ周辺には，せん断力や橋軸方向引張力により局部的に大きな応力集中が生じることがある。実橋載荷試験において，スカラップ近傍では継手の影響のない一般部に比較して2倍から3倍程度の局部応力の発生が確認されている[3]。

　ウェブと床版の接合部には，水平せん断応力や床版作用の伝達による橋軸直角方向の曲げによる鉛直応力などが作用する。波形鋼板ウェブと鋼フランジの溶接部にはこれらの応力が繰り返し作用し，波形鋼板ウェブの折れ角部近傍に応力集中が生じやすいことに留意する。

c．接合部の変状

（ⅰ）　荷重作用に伴うコンクリートのひび割れ

　変状の要因としては，ジベル構造の荷重伝達に伴う応力集中や，ジベル構造がコンクリートの収縮変形を拘束する影響，それらの複合的な作用が想定される。要因の推定に際しては，ひび割れの発生時期や状況，経時的な進展の有無などを把握する必要がある。

　以下に，一般に設計で考慮する荷重作用から想定されるひび割れの例を示す。

1．上下床版との接合部

　上下床版との接合部では，水平せん断力および首降りモーメントの作用に対して設計が行われる。これらの外力に伴って顕在化する変状としては，接合部近傍のコンクリートのひび割れが想定される（解説 図7.4.1）。

　水平せん断力に対して，埋込みウェブジベルは波形鋼板ウェブの斜パネル部分の支圧抵抗と，孔あきジベルのせん断抵抗で抵抗する。コンクリート表面では，波形鋼板ウェブの折角部や重ね継手の鋼板角部など支圧に伴う局部応力が生じやすい箇所でひび割れの発生が想定される。フランジを介する構造では，一定間隔で埋め込まれた個々のジベル構造が抵抗するため，ジベル構造を起点としたひび割れの発生が想定される。

　直角方向の首振りモーメントに対しては，解説 図7.4.2 に示すように埋込まれたジベル構造が抵抗するため，引抜き力の負担が大きい波形ウェブ凸側近傍でひび割れが顕在化すると想定される。

2．横桁・隔壁との接合部

　解説 図7.4.3 に，横桁・隔壁との接合構造の例を示す。中間横桁および隔壁は，ねじり剛性の小さい波形鋼板ウェブ橋の断面変形を抑える役割を担っている。波形鋼板ウェブと一体化される構造の場合，一般に平パネル部分に溶殖されたスタッドジベルで接合される。想定される変状としては，箱桁断面の形状保持に伴う抵抗力や外ケーブルの偏向力，コンクリートの収縮挙動をジベル構造が拘束することによるひび割れの発生が想定される。一般に，外ケーブルの偏向力に

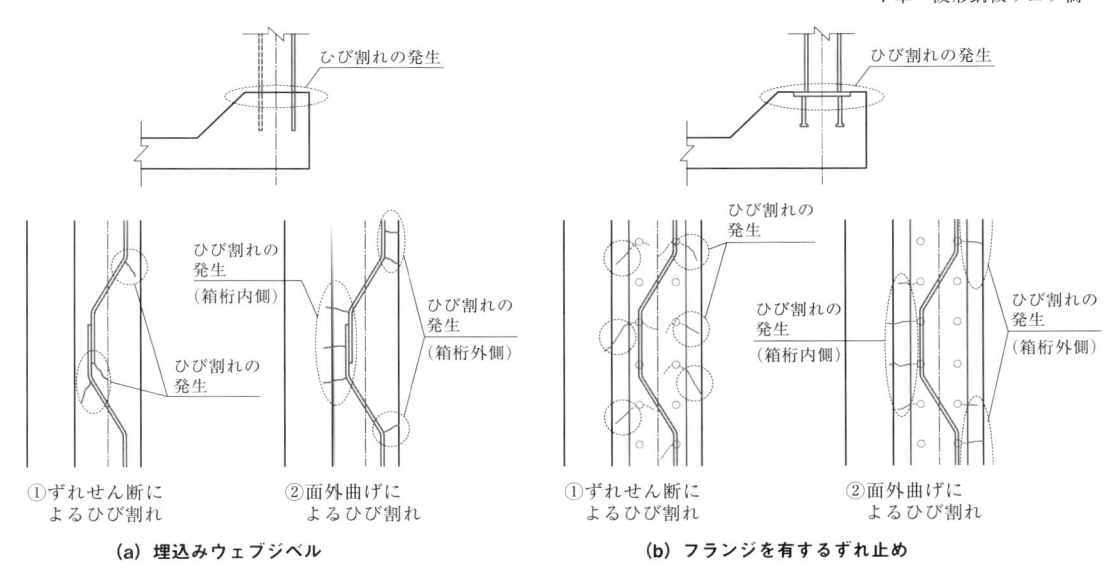

解説 図 7.4.1　下床版との接合部近傍の変状の例

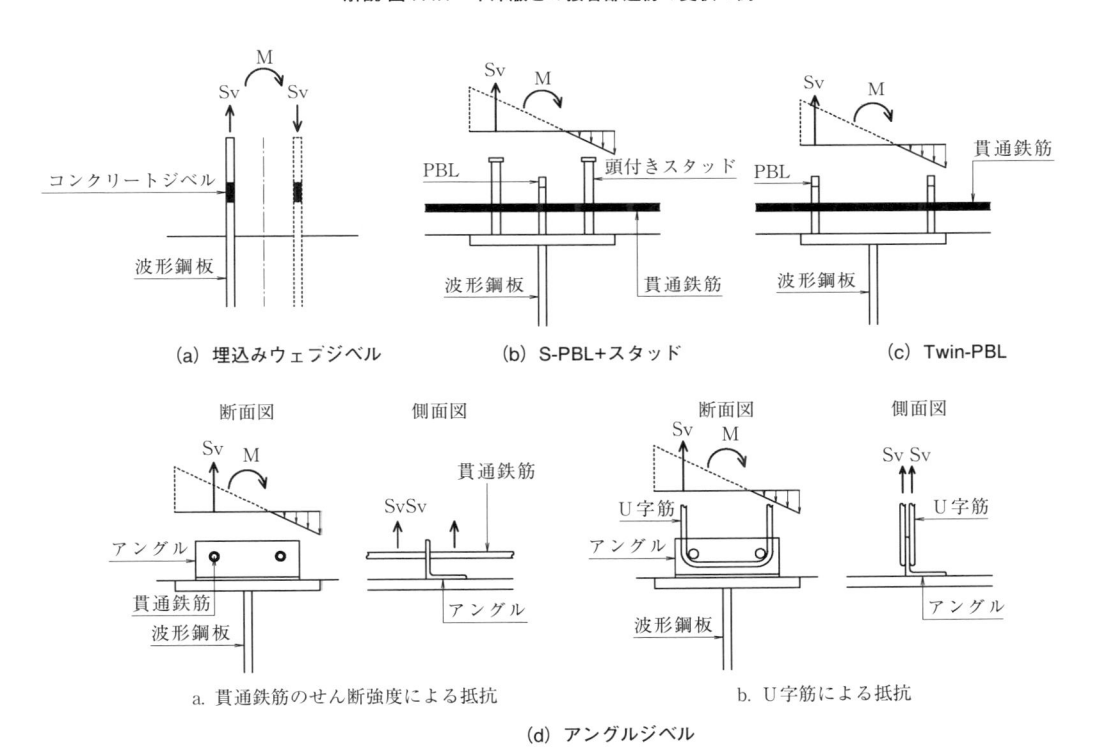

解説 図 7.4.2　各接合構造の面外方向（首振り）モーメントに対する抵抗の概念図

対して補強鉄筋量が照査される以外は，構造細目などに基づいて部材厚および配筋量が決定されている。

　横桁および隔壁との接合部に発生したひび割れに関しては，その進展性を追跡調査し，耐久性上の問題が懸念される場合は対応を検討する。

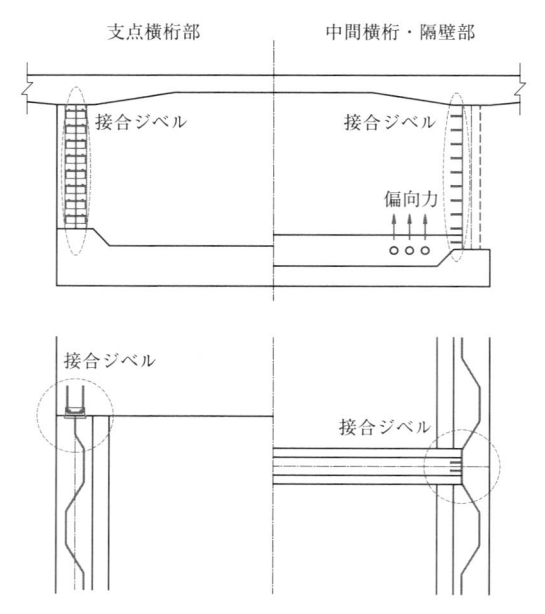

支点横桁部　　　　中間横桁・隔壁部

接合ジベル　　　　接合ジベル

偏向力

接合ジベル

接合ジベル

解説 図7.4.3　横桁，隔壁部の接合構造の例

　何れの構造もコンクリートに埋め込まれたジベル構造により断面力が伝達されるため，変状は応力が集中するジベル構造近傍での発生が想定される。以下に，参考として各ジベル構造に関する既往の論文などに記載される押抜き破壊および面外方向の曲げ破壊に関する性状などについて示す。

・スタッドジベル

　静的押抜き載荷実験[7]において，コンクリートの支圧破壊またはせん断によるスタッドの軸部破壊が観察されている（解説 図7.4.4）。破壊形態はスタッドの全高（H）/ 軸径（d）の比に依存し，H/d が5.5以上でせん断によるスタッドの軸部破断が，H/d が5.5未満でコンクリートの支圧破壊の破壊形態とされる。面外方向の曲げ載荷実験[8]において，波形鋼板の形状の影響から横方向の荷重に抵抗しないスタッドが存在し，解説 図7.4.5に示す範囲のスタッドを有効とした計算値とスタッド応力の実測値が整合することが報告されている。

解説 図7.4.4　コンクリートの支圧破壊[7]

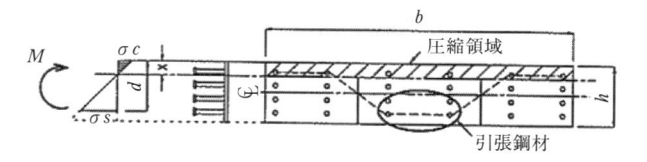

解説 図7.4.5　横方向曲げに抵抗する範囲[8]

・孔あき鋼板ジベル（S–PBL）＋スタッドジベル

　静的押抜き載荷実験[9]において，最大荷重近傍で貫通孔位置から発生したひび割れが供試体側面まで貫通し，ずれ変位が増加した後にスタッドがすべて破断し，以降は孔あき鋼板ジベル単体のケースと同じ挙動を示したとされている。面外方向の曲げに関しては，スタッドジベル接合と同様の挙動が想定される。

・孔あき鋼板ジベル 2 列配置（Twin–PBL）

　静的押抜き載荷実験[10]において，ジベル孔の貫通鉄筋が変形し，コンクリートジベルを中心に放射状にコンクリートが破壊する状況が報告されている（解説 図7.4.6）。また，縁端距離が小さいと貫通鉄筋が定着される縁端部コンクリートが損傷して耐力低下するとされており，コンクリートエッジ方式では留意する必要がある。面外方向の曲げ載荷試験[11]において，荷重－変位間の非線形性は波形鋼板および鋼フランジの変形により生じ，フランジプレートとコンクリートの目開きは確認されていない。パーフォボンドリブ孔は波形鋼板の凸部上のみが有効であったとされている。

・アングルジベル

　静的押抜き載荷実験において，破壊性状はアングル背面コンクリートの圧縮破壊であることが報告されている[12), 13]。面外方向の曲げ耐力は，貫通鉄筋の破断やU字筋の降伏に伴ってジ

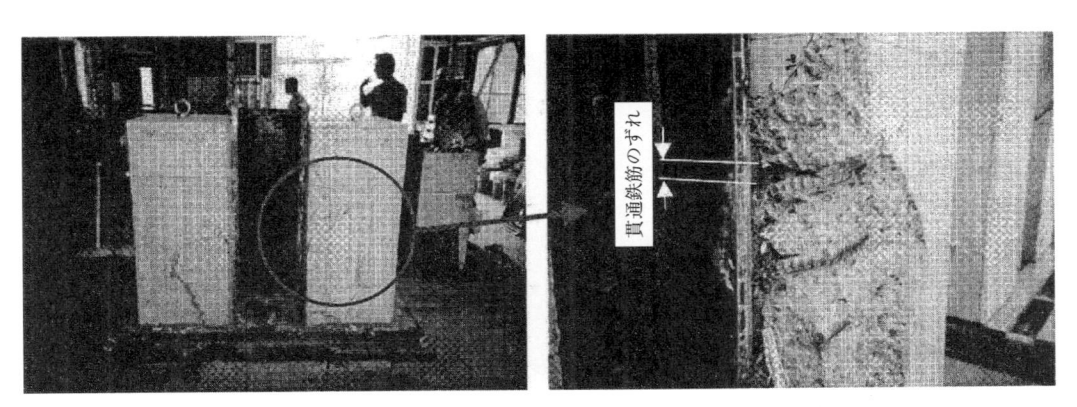

解説 図7.4.6　破壊状況（Twin-PBL）[10]

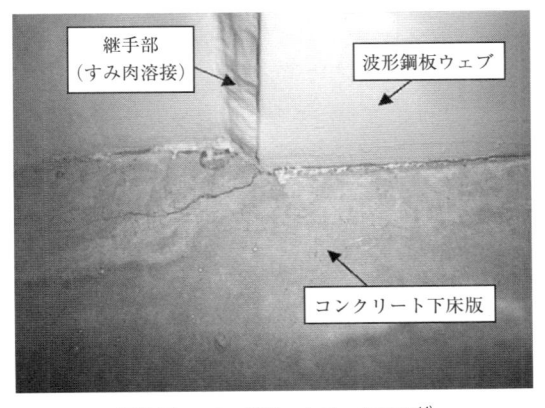

解説 図7.4.7　肌隙，クラック状況[14]

ベル近傍のコンクリートにひび割れなどの変状が想定される。

・埋込みウェブジベル

　　梁の曲げ載荷実験において，波形鋼板の軸変形によるずれ止め作用により，波形鋼板の斜め
パネル部でコンクリートとの肌隙が確認され，終局時には，コンクリートの局部的な支圧破壊
が確認されている[5]。また，実橋の変状の事例として，軸圧縮応力が卓越する支点部近傍の波
形鋼板とコンクリート界面の肌隙および重ね継手部から発生したひび割れの状況が報告されて
いる（解説 図 7.4.7）[14]。面外方向の曲げ試験[8]では，曲げ耐力は鋼板の降伏荷重とほぼ一致し
ており，埋め込まれた鋼板が降伏し変形が大きくなることにより，コンクリート部材が損傷し
て耐荷力を失うと推察されている。

（ⅱ）　鋼フランジとコンクリート境界の肌隙

　　鋼フランジとジベル構造の溶接部は直接目視できない。疲労き裂が進行して一体性が損なわれ
ると，フランジとコンクリート境界で肌隙の発生が想定される。一般に設計では，設計荷重作用
時の発生応力について照査され，ジベル構造の各寸法や部材厚，溶接サイズなどが設定される。
波形鋼板ウェブ橋は鋼プレートガーダー橋と異なり，ウェブの面外方向の剛性が大きいため，接
合部を介して床版から面外方向の曲げモーメントが伝達される。この曲げモーメント作用によ
り，フランジとジベル構造の溶接部には局所的な繰返し応力が発生する。

　　各ジベル構造に関しては，既往の実験により疲労耐久性が確認されている。以下に参考とし
て，各ジベル構造に関する既往の論文などに記載される疲労破壊の性状について示す。

　　文献 8）において，スタッドジベル接合およびアングルジベル接合，埋込み接合を対象とした
面外方向の曲げ疲労載荷実験が報告されている。スタッドジベルは，引張りを負担する最外列ス
タッドの破断により破壊に至ったとされている。アングルジベルは，Ｕ字筋のフレア溶接の止端
やアングルとフランジのすみ肉溶接のルート部からき裂が発生して破壊したとされている。埋込
みウェブジベルは，同様の載荷で変状は生じていない。

　　文献 11）では，ツインパーフォボンドリブ接合に関して同様の実験が行われている。最終的に
は，波形鋼板とフランジの溶接部のき裂が進展して破壊に至り，試験後の磁粉探傷試験により波
形鋼板凸部上のパーフォボンドリブのすみ肉溶接の接止端部にき裂が確認されている。疲労耐久
性については，アングルジベル接合と同等以上とされている。

（ⅲ）　接合部の変状（漏浸水，腐食，エフロレッセンス，シール材，防水塗装の劣化，滞水）

　　接合部は，トリプルコンタクトポイントと呼ばれるコンクリートと鋼，水の接点でもっとも腐
食しやすい環境にある。特に下床版との接合部は，結露や雨水などによる滞水が生じやいすいた
め，境界部にはシーリングや防水塗装が施される（解説 図 7.4.8）。これらの防水材料は，紫外
線などにより劣化するため，防水性能が確保されるよう，定期的に更新する必要がある。文献
15）では，埋込み接合を対象に，シーリングの有無およびコンクリートと波形鋼板ウェブの付着
の有無をパラメータとした塩水噴霧による促進腐食試験が行われている。試験の結果，波形鋼板
ウェブと床版コンクリートとの付着が損なわれても，シーリング材が水や塩分などの劣化因子の
侵入を遮断し，接合部の腐食耐久性の向上に有効であることが確認されている。

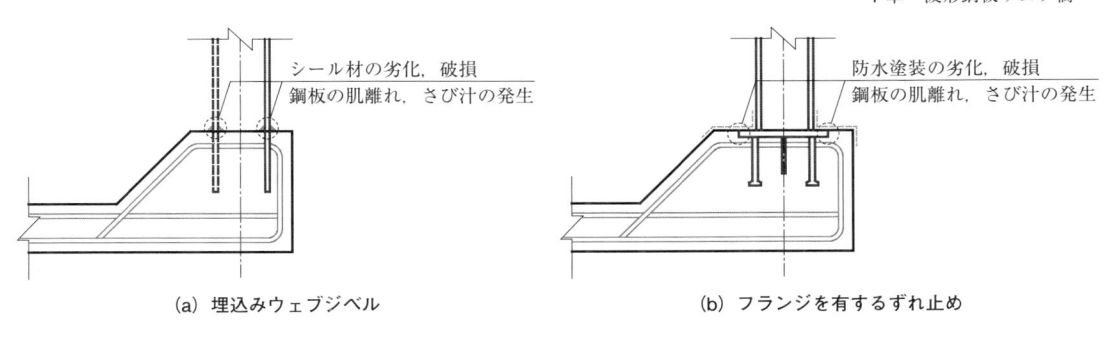

|(a) 埋込みウェブジベル|(b) フランジを有するずれ止め|

解説 図 7.4.8　下床版との接合部の防食

7.4.2　対策の要否判定

　対策区分の判定は，点検結果および詳細調査を基に，劣化進行の予測および構造物の性能評価を考慮して，対策区分の判定を行うものとする。

【解　説】

　波形鋼板ウェブ橋は，上下のコンクリート床版と波形鋼板ウェブが一体となって箱桁断面を構成し，特有の構造特性や応力性状を有するため，コンクリートと鋼両方の特性を理解したうえで性能を評価し，対策の可否を行わなければならない。変状に対する対策の要否判定は，点検結果に基づく性能評価の結果，将来の性能の予測結果が安全性，耐久性，第三者影響度，およびLCCを考慮した予防保全の観点から構造物の果たすべき機能を満足するか否かを指標として行う。

　裏打ちコンクリートは，せん断力が卓越する支点近傍に設けられ，一般に供用時には斜めひび割れの発生を許容しないよう設計される。そのため，斜めひび割れの対策区分の判定では，橋梁の安全性に留意する必要がある。裏打ちコンクリートには，終局荷重に対する耐力が付与されることから，比較的大きな地震の影響など一次的な荷重作用によるひび割れであれば，橋梁の安全性を損なうものではない。ただし，ひび割れの進展や本数の増加が見られる場合や，耐久性に影響を及ぼすことが想定される場合は，速やかに対応を検討する必要がある。解説 表 7.4.1 に，裏打ちコンクリートのひび割れに対する対策の要否判定を示す。

　波形鋼板ウェブ橋において，波形鋼板ウェブの変形や座屈は，脆性的な破壊につながる重篤な変状であることに留意する。その兆候が伺われる場合は，通行禁止などの処置をとり，直ちに詳細な調査を行い，必要な対応を検討しなければならない。解説 表 7.4.2 に，波形鋼板ウェブに対する評価基準を示す。溶接部の疲労ひび割れ，防食機能の劣化については II 編 2 章 2.4.2 を参照のこと。

解説 表 7.4.1　対策区分の判定（裏打ちコンクリートのひび割れ）

部材	点検項目	判定区分			
		B	C1	C2	E1
裏打ちコンクリート	斜めひび割れ	–	–	ひび割れが生じている（変状の程度の目安：d）	損傷の進展がみられる（変状の程度の目安：e）

解説 表 7.4.2　対策区分の判定の目安（波形鋼板ウェブ）

部材	点検項目	判定区分			
		B	C1	C2	E1
ウェブ（波形鋼板）	変形・座屈	–	–	変形が生じ，座屈に至ることが懸念される （変状の程度の目安：d）	大きな変形・座屈が生じ，構造物の耐荷力に影響を及ぼす恐れがある （変状の程度の目安：e）
	き裂（疲労）	Ⅱ編 2 章 2.4.2 による			

　波形鋼板ウェブ橋の特性を実現するためには，波形鋼板ウェブと上下コンクリート床版，横桁および隔壁が接合構造により適切に一体化される必要がある。そのため，接合部近傍コンクリートのひび割れについては，一体性を損なうことが懸念される場合や，ひび割れに進展が確認される場合，接合部の耐久性に影響を及ぼすことが懸念される場合には，速やかに対応を行う必要がある。

　接合部近傍において，エフロレッセンスやさび汁，漏水など接合部の腐食が懸念される変状が認められる場合，接合部自体の補修が困難であることに留意し，直ちに対応を行うことが望ましい。

　シール材は，接合部への腐食物質の侵入を防止する目的で，コンクリートと波形鋼板ウェブの界面に施される。シール材は恒久的なものではなく更新を前提としている。シール材自体の劣化は橋梁の安全性に直接影響しないが，コンクリートに埋め込まれた接合部が劣化・損傷した場合，現実問題として補修が困難であることを鑑み，シール材を健全な状態で維持することが重要である。

　接合部近傍の滞水に関しても同様に，接合部の重要性の観点から対応を検討する。**解説 表 7.4.3** に，接合部に関する対策の要否判定を示す。

解説 表 7.4.3　対策区分の判定の目安（接合部）

部材	点検項目	判定区分				
		B	C1	C2	E1	E2
接合部	ひび割れ	–	接合部近傍のコンクリートにひび割れが部分的に生じている	接合部近傍のコンクリートにひび割れが局部的に多数生じている	接合部近傍のコンクリートにひび割れが広範囲に多数生じている	ひび割れからうきに進行し第三者被害の危険性が高い
			（変状の程度の目安：b）		（変状の程度の目安：c,d）	
	肌隙	–	–	–	肌隙が生じている （変状の程度の目安：e）	–
	漏水・腐食・エフロレッセンス	部分的な漏水やさび汁の形跡が認められる （変状の程度の目安：c）	エフロレッセンスやさび汁が生じているが，接合構造の機能が損なわれるほどではない （変状の程度の目安：d）		著しい漏水やエフロレッセンス，さび汁が認められ，接合構造が損傷し，橋梁の構造安全性への支障が懸念される （変状の程度の目安：e）	–
	シール材，防水塗装の劣化	部分的な劣化が見られ，今後の進展が懸念される （変状の程度の目安：b）	劣化が著しく，はがれや逸脱が生じており，接合部に腐食物質の侵入が懸念される （変状の程度の目安：c, d）	–	–	
	滞水	接合部近傍に耐水が見られる （変状の程度の目安：b）	接合部境界部に耐水している （変状の程度の目安：c）	–	–	

7.5　対　　策

　対策が必要と判定された場合には，構造物の重要性，保全管理区分，残存予定供用期間，劣化機構，構造物の性能低下の程度などを考慮して目標とする性能を定め，対策後の保全の容易さや経済性を検討したうえで，適切な種類の対策を選定し，実施するものとする。

【解　説】

　波形鋼板ウェブについてはⅡ編2章2.5によるものとする。ここでは，波形鋼板ウェブ橋に特有の事項について記載する。

a．裏打ちコンクリートのひび割れ

　斜めひび割れの発生は，設計で想定していない荷重作用によることが懸念され，変状の進行に伴う裏打ちコンクリートの耐力低下から波形鋼板とのせん断力の分担比率が損なわれ，波形鋼板の座屈などの脆性的な損壊から最悪の場合落橋にもつながり得る。特にひび割れの伸展が見られる場合には早急の対応が必要である。

　斜めひび割れであることが疑われる場合は，ひび割れ補修後せん断補強を行う必要がある。せん断補強の方法としては，鋼板接着や炭素繊維貼付けなどの方法が想定される。

　斜めひび割れ以外のひび割れに対しては，耐久性の観点から有害と判断される場合，Ⅱ編 1 章1.5にならって対処するものとする。

b．波形鋼板ウェブ

（ⅰ）　変形，座屈

　波形鋼板ウェブに大きな変形や座屈が確認された場合は，直ちに橋面上への立入りを禁止し，使用を中止する。座屈に至ることが懸念されるような変形が確認された場合も，可能な限り早急な対応を行うことが望ましい。

　補修，補強の方法としては，裏打ちコンクリートの設置など座屈を防止する対応が必要となる。ただし，これらの変状が確認される段階では，接合部および床版などの周辺コンクリート部材にも変状が発生していることが想定されるため，それらに対しても適切な方法で補修，補強を行わなければならない。

（ⅱ）　疲労き裂

　疲労き裂の対処に関しては，その特徴に応じた補修方法を選定する必要がある。詳細は，Ⅱ編2章2.5によるものとする。

c．接合部の変状

（ⅰ）　荷重作用に伴うコンクリートのひび割れ

　ジベル近傍のコンクリートには，荷重作用に対するジベルとしての抵抗応力のほか，コンクリートの収縮挙動に対する拘束応力が局部的に作用するため，部分的なひび割れの発生は構造物の安全性に直結するものではない。接合部近傍のひび割れに関しては，発生したひび割れが耐久性上有害であると判断される場合は，適切な対処によりコンクリート内部の鋼材をひび割れから侵入する腐食因子から保護する必要がある。補修は，一般のコンクリート部材と同様の方法に

よってよい。ただし，ひび割れ発生の状況が，接合部の性能を損なうことが懸念される場合は，適切な方法により補強を行う必要がある。これまでにそのような変状の事例は報告されていないが，補強の方法としてはひび割れ注入処理を施した後，コンクリート表面に炭素繊維シートを貼り付けるなどの方法が想定される。

（ⅱ）　鋼フランジとコンクリート境界の肌隙

鋼フランジとコンクリートの境界に肌隙が確認される場合，ジベル構造またはそのジベル構造周辺コンクリートの変状，ジベル構造と鋼フランジの溶接部のき裂などが想定される。目視で肌隙が確認できる段階は，これらの変状がかなり進行していることが懸念され，早急な対応が必要な状況である。これまでに，そのような変状の事例は報告されていないが，ジベル性能を回復または別途付与することができる適切な方法により補修または補強を実施しなければならない。

（ⅲ）　漏水・腐食

接合部における鋼材とコンクリートの境界部，または接合部近傍のコンクリートのひび割れから生じた漏水や，内部鋼材の腐食を意味するさび汁など，接合部の耐荷性能を損なう恐れのある変状に対しては，ひび割れ補修ならびに境界部シーリングの更新を行い，それ以上の腐食因子の侵入を防止することが重要である。応力性状や荷重分担が変化するため，変状部をはつり出しての断面修復は基本的に難しいため，変状が軽微な段階で早急に対応する必要がある。

（ⅳ）　シール材・防水塗装の劣化

劣化したシール材，防水塗装は，更新により機能を回復する必要がある。保全計画において材料に応じた定期的な更新時期を設定する。シール材，防水塗装に劣化が生じた場合は，速やかに補修しなければならない。

（ⅴ）　滞水

滞水が生じた場合は，パテ材などによる排水勾配の設置や波形鋼板に排水用の削孔を行うなど，滞水が生じない対処を行う（解説 図7.5.1）。

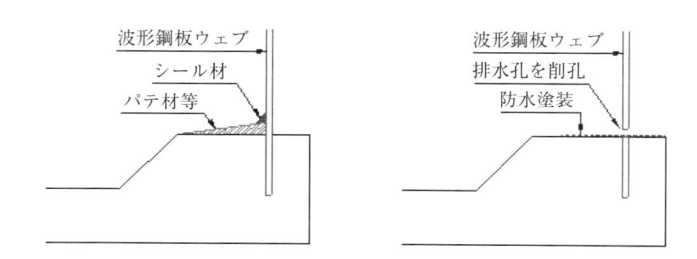

解説 図7.5.1　滞水箇所の処理例

参考文献

1）近藤，清水，小林，服部：波形鋼板ウェブ PC 箱桁橋新開橋の設計と施工，橋梁と基礎，Vol.28，No.9，pp.13-20，1994

2）青木，芦塚 他：波形鋼板ウェブ橋の現場継手構造に関する検討，土木学会第 56 回年次学術講演会論文集 1-A，pp.382-383，2001

3）芦塚，忽那 他：波形鋼板ウェブ橋の現場継手構造に着目した実橋載荷試験，土木学会第 57 回年次学術講演会論文集 1，pp.1255-1256，2002

4）沖見，狩野：波形鋼板ウェブの耐荷力および非線形解析，橋梁と基礎，2002.8

5）　山口，山口，池田：波形鋼叛をウェブに用いた複合プレストレストコンクリート桁の力学的挙動に関する研究，コンクリート工学論文集，第 8 巻第 1 号，pp.27–40，1997

6）　阿田，町 他：波形鋼板ウェブのせん断座屈耐力に関するパラメトリック解析，プレストレストコンクリート技術協会，第 11 回シンポジウム論文集，pp153–158，1997.10

7）　頭付きスタッドの押抜き試験方法（案）とスタッドに関する研究の現状，日本鋼構造協会，平成 8 年 11 月

8）　鈴木，紫桃 他：波形鋼板ウェブ橋におけるコンクリート床版接合部の横方向性状，コンクリート工学論文集，第 15 巻第 1 号，pp93–101，2004

9）　蔵本，小林 他：波形鋼板とコンクリート床版の接合部せん断耐力に関する研究，土木学会第 55 回年次学術講演会，2000 年 9 月

10）　桜田，東田 他：ツインパーフォボンドリブ接合の押抜きせん断実験，プレストレストコンクリート技術協会第 13 回シンポジウム論文集，2004.10

11）　東田，中村 他：波形鋼板ウェブ PC 橋におけるパーフォボンドリブ接合の面外曲げ疲労に関する実験的研究，土木学会第 58 回年次学術講演会，2003 年 9 月

12）　立神，蝦名 他：アングルジベルのせん断耐力に関する基礎的研究，プレストレストコンクリート技術協会第 9 回シンポジウム論文集，1999.10

13）　井ヶ瀬，鈴木 他：アングルジベルの水平せん断ずれ性状および疲労強度に関する実験的研究，土木学会第 57 回年次学術講演会，2002 年 9 月

14）　平，青木 他：波形鋼板ウェブ箱桁橋の下床版埋込み接合構造に関する一考察，構造工学論文集，Vol.55A，2009.3

15）　小野，長田 他：波形鋼板ウェブ橋における埋込み接合部の腐食特性，第 6 回複合構造の活用に関するシンポジウム，2005.11

8章　複合トラス橋

8.1　適用の範囲

（1）　本章は，コンクリート床版または縦桁などを鋼トラス材で結合し，内ケーブルあるいは外ケーブルによりプレストレスを与えた複合トラス橋の保全に適用するものとする。
（2）　保全にあたっては，複合トラス橋の構造特性，設計手法，施工方法を考慮した適切な保全計画を策定しなければならない。

【解　説】
（1）について　　複合トラス橋とは，一般に解説 図 8.1.1 に示す上下のコンクリート床版を鋼トラス材で結合したトラス構造の PC 橋梁である。

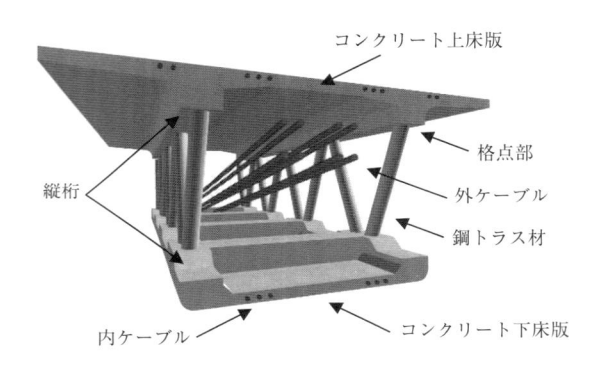

解説 図 8.1.1　複合トラス橋の概念図 [1]

　複合トラス橋の構造は，大別してトラスウェブ構造とスペーストラス構造に分類される。
　トラスウェブ構造は，通常の PC 箱桁橋におけるコンクリートウェブを鋼トラス材に置き換えた構造であり，以下の特徴を有する。

- ・PC 箱桁橋のコンクリートウェブは主桁重量の約 10～30 % を占めており，それを鋼トラス材で置換することで主桁の軽量化が図れるため，必要な PC 鋼材を削減でき，長支間化や橋脚および基礎の規模の縮小化も可能である。
- ・コンクリートウェブを鋼トラス材に置換することで，プレストレスの導入効率が向上するとともに，大きな自重の増加を伴うことなく桁高を高くすることができる。一方で，ウェブの型枠組立，コンクリートの打込が不要となり，施工の合理化が図れる。
- ・景観性を求められる場合，コンクリートウェブを鋼トラス材に置換することで透過性，透明性を上げることで，コンクリートの圧迫感を消失させ，周りの自然環境に溶け込み地域に調和した景観を創造できる。

　トラスウェブ構造の事例として，解説 図 8.1.2 に示すように，通常の PC 箱桁橋におけるコン

クリートウェブを鋼トラス材に置き換えたトラス構造，解説 図 8.1.3 に示すように，コンクリート弦材を鋼トラス材で結合した下路桁形式のトラス構造，あるいは，解説 図 8.1.4 に示すように，吊床版を鋼トラス材で結合したトラス構造などがある。

　また，スペーストラス構造は，解説 図 8.1.5 に示すように，トラスウェブ構造の更なる軽量化を図るために，コンクリートの下床版を鋼製鋼管の下弦材に替えた構造である。その軽量化により，エクストラドーズド橋や斜張橋と組み合わせることでトラスウェブ構造よりも長支間化も可能である。

　なお，本章は，複合トラス橋に特有な事項について規定したものであり，場所打ちポストテン

解説 図 8.1.2　PC 箱桁構造 [2]

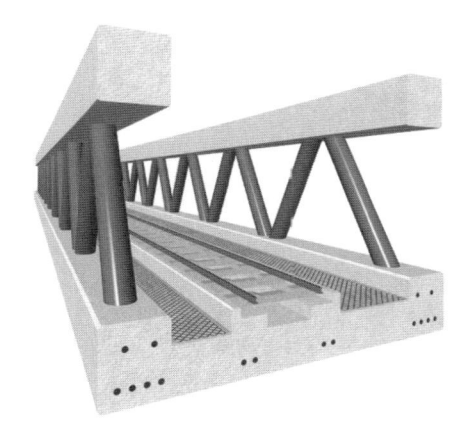

解説 図 8.1.3　下路桁構造 [3]

解説 図 8.1.4　上路式吊床版構造 [4]

解説 図 8.1.5　スペーストラス構造 [5]

ション桁などの架設方法に特有の事項や，PC 箱桁橋や斜張橋およびエクストラドーズド橋と共通する構造形式に関する事項については，それぞれの章による。

　また，複合トラス橋は，構造形式や種類により，部材の表現方法が変わるため，本章で説明する複合トラス橋の構造形式は，トラスウェブ構造を代表させて記載するものとする。

（２）について　　複合トラス橋の保全の策定にあたっては，構造特性，施工方法，設計手法を十分理解して行わなければならない。以下に複合トラス橋における特有の事項を示す。

a．格点部

　コンクリート床版および縦桁と鋼トラス材を接合する部分を格点部といい，この格点部の構造を格点構造という。この格点部には，交差する 2 本の鋼トラス材からの押込み力と引抜き力および床版からの軸方向力が作用する。これらを一方からほかの部材へ伝達する際，格点部では軸方向力がせん断力に変換され，偏心曲げが発生するなど複雑な挙動となる。さらに，鋼トラス材や床版からの曲げモーメントやせん断力も格点部に作用するため，応力状態は非常に複雑なものとなる。この格点構造は，いろいろなタイプの構造が考案されており，それぞれの設計思想や格点部における力の伝達機構も異なるため，確認実験などで設計手法の妥当性を確認されたものを適用しているのが現状である。

　解説 表 8.1.1 に国内の実橋に採用されている格点構造の種類を，格点部の構造例を解説 図8.1.6〜解説 図 8.1.13 にそれぞれ示す。

　格点構造には，鋼トラス材とコンクリート床版および縦桁との力の伝達を，鋼材間で直接的に作用力を伝達させる構造とコンクリートを介して作用力を伝達させる構造がある。また，鋼トラス材とコンクリート床版および縦桁との接合方法は，鋼トラス材を直接コンクリート部材に埋込むタイプと，鋼トラス材端部にエンドプレートを設けて鋼トラス材とコンクリート部材を鉄筋などの鋼材で接合するタイプに分類でき，一般的に鋼トラス材埋込みタイプは高軸力の場合が多い。接合方法によって，コンクリート床版および縦桁に発生するひび割れの形状などが異なるため，格点部の力の伝達機構を把握して点検することが重要である。

解説 表 8.1.1　主な格点構造の種類

タイプ			適用橋梁	構造図
鋼材間で直接的に作用力を伝達させる格点構造	T 型プレート＋U 字鉄筋構造	鋼材接合タイプ	SBS リンクウェイ橋 [5]	解説 図 8.1.6
	二面ガセット格点構造		猿田川橋・巴川橋 [2]	解説 図 8.1.7
コンクリートを介して作用力を伝達させる格点構造	鋼製ボックス構造	鋼トラス材埋込みタイプ	木ノ川高架橋 [1]・山倉川橋梁 [3]	解説 図 8.1.8
	鋼製ボックス構造＋側板 PBL		不動大橋（八ッ場ダム湖面 2 号橋）[6]	解説 図 8.1.9
	二重管格点構造		猿田川橋・巴川橋 [2]	解説 図 8.1.10
	リングシア・キー構造		志津見大橋 [7]	解説 図 8.1.11
	鉄筋接合構造	鋼材接合タイプ	青雲橋 [4]，永田橋 [8]	解説 図 8.1.12
	孔あき鋼板ジベル接合構造		青雲橋 [4]	解説 図 8.1.13

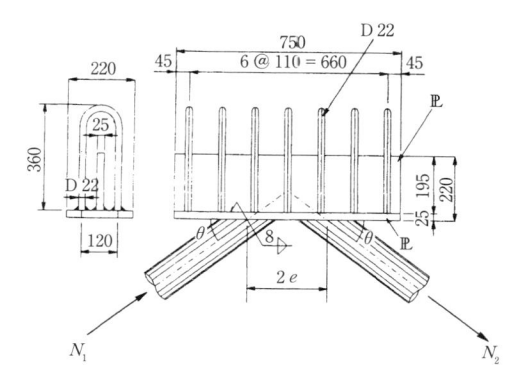

解説 図 8.1.6　Ｔ型プレート＋Ｕ字鉄筋構造 [5]

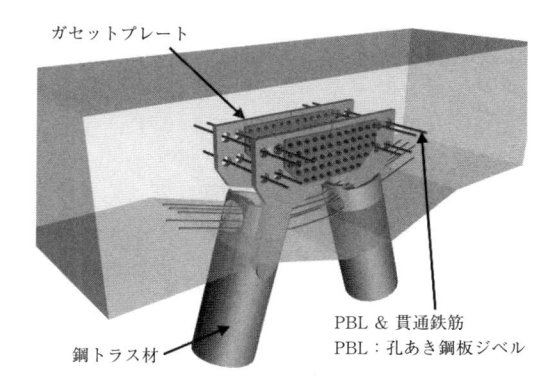

解説 図 8.1.7　二面ガセット格点構造 [2]

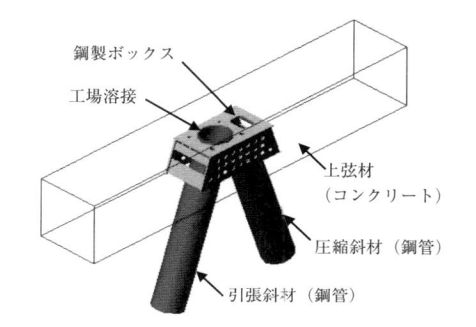

解説 図 8.1.8　鋼製ボックス構造 [1), 3)]

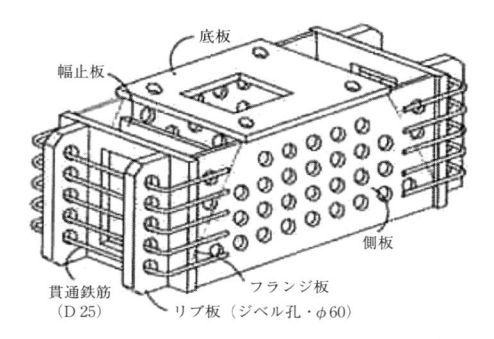

解説 図 8.1.9　鋼製ボックス構造＋側板 PBL [6]

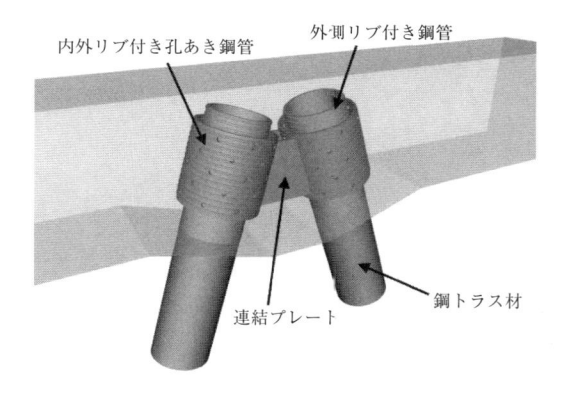

解説 図 8.1.10　二重管格点構造 [2]

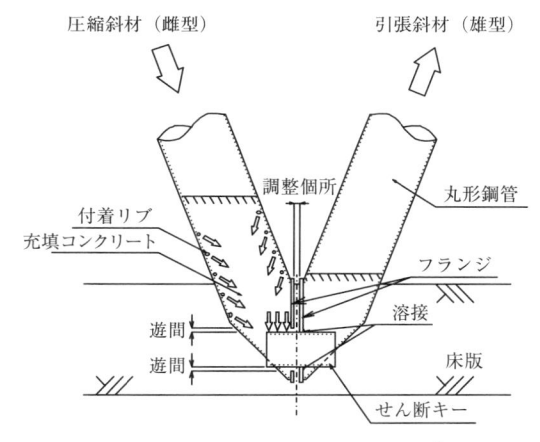

解説 図 8.1.11　リングシア・キー構造 [7]

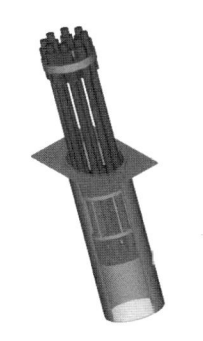

解説 図 8.1.12　鉄筋接合構造 [4]

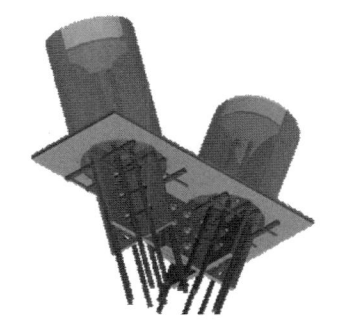

解説 図 8.1.13　孔あき鋼板ジベル接合構造 [4]

　格点部は，構造上，非常に重要な部位であるが，下側の格点部は，雨水や結露などの影響で鋼材に腐食が発生しやすい。また，荷重や日射による温度変化およびコンクリートの収縮などによって鋼管とコンクリートの境界部に微小な隙間が生じ，そこに雨水や結露などが浸入することも考えられる。よって，格点部には十分な耐久性を有する防錆処理やコンクリートの表面を含めて防水塗装，シール材施工が行われている。参考例を解説 図8.1.14 に示す。なお，シール材および防水塗装は供用期間における塗替え前提であるため，保全計画にあらかじめ塗替え時期を設定しておくのがよい。

解説 図8.1.14　防水塗装の例 [9]

b．鋼トラス材

　複合トラス橋に用いる鋼トラス材は，中空鋼管のままで用いるのが一般的である。しかし，トラス部材に卓越した軸力が作用する箇所においては，圧縮材では鋼管内部にコンクリートを充填した合成構造とする場合や，引張材では鋼管内部に PC 鋼材を配置することで板厚を低減する場合などがある。

　また，とくに軸力が卓越する箇所は，中間支点部，端支点部付近である。これは，複合トラス橋が PC 箱桁橋のコンクリートウェブを鋼トラス材に置換しているので，鋼トラス材には PC 箱桁橋の主桁せん断力に対応する軸力が生じるためであり，その軸力に応じた鋼トラス材の部材厚や格点構造が選択，設計されている。したがって，鋼トラス材の鋼管厚や構造の配置は，橋梁形式や施工方法などによりさまざまであるため，軸力の卓越箇所などをあらかじめ設計図書で把握しておく必要がある。

　鋼トラス材の防錆に関しては，Ⅱ編2章2.1.2 による。

c．偏向部

　複合トラス橋の偏向部は，一般にダイヤフラム形式やリブ形式とすることが困難であるため，サドル形式を採用することが多い。また，鋼トラス材の断面力の低減を目的として外ケーブルを配置して下床版に定着する場合がある。偏向部の例を解説 図8.1.15 に示す。

解説 図 8.1.15　偏向部の例 [1], [2]

8.2　点　　検

8.2.1　点検の着目点

　複合トラス橋の点検にあたっては，3 章 3.2.1 に示す関連項目のほか，とくに複合トラス橋に特有の部位，箇所にも留意して点検を行うものとする。

① 　床版，縦桁

② 　外ケーブル定着部，偏向部

③ 　外ケーブル，保護管・被覆材

④ 　格点部

⑤ 　鋼トラス材

【解　説】

　複合トラス橋の歴史は浅く，軽微なものを除き本マニュアル作成時において重篤な変状などは報告されていない。そのため，複合トラス橋の特有部材である①～⑤の部位を対象とし，設計の照査事項や既往の実験結果から発生が想定される変状に着目することとした。なお，ここに示す④格点部の範囲は，鋼トラス材の接合部を含むコンクリート床版および縦桁とし，解説 図 8.2.1 に示す

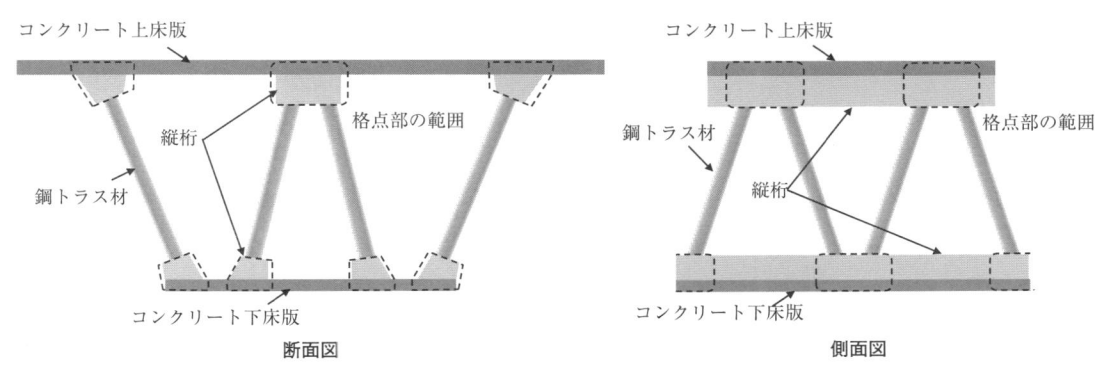

解説 図 8.2.1　格点部の範囲

範囲を対象とする。

そのほか，場所打ち桁橋と共通する項目について，3章3.2.1に示される複合トラス橋に関連する以下の項目によるものとする。

（ⅰ）　共通

　　①支間中央部，②支間長の1/4点付近，③連続桁の中間支点，④支承・伸縮装置の周辺部，⑥断面急変部，⑦打継目部，⑧PC鋼材定着部，⑨施工時の開口の後埋め部，⑩外ケーブル

（ⅱ）　箱桁橋

　　①打継目部，②横桁部（人通孔周り含む），③張出し床版部，④下フランジ部，⑤外ケーブル定着部および偏向部，⑥箱桁内部の排水管，⑧その他

　　次に，複合トラス橋の点検において，とくに着目すべき点や留意点などを部材別に記載する。

①　床版，縦桁

　　床版や縦桁の一般的なコンクリート橋に共通する事項については3章3.2.1によるものとする。

　　複合トラス橋の下床版は，一般的に格点部同士を繋ぐ橋軸方向の縦桁と外ケーブルのサドル形式の偏向部や定着部が縦桁同士を結び格子形状となっている。雨水や結露などによる滞水を防止するため，下床版には水抜き孔が設置されているが，大気からのチリや埃，落ち葉なども飛散し堆積しやすく，その堆積物により水抜き孔が閉塞する可能性もある（解説 図8.2.2）。よって，点検時には，それら堆積物を除去するとともに，下床版のひび割れや鋼材腐食などに着目して点検するのがよい。

　　また，複合トラス橋は，鳥の侵入を避けられない構造であるため，点検時には，巣の撤去，清掃や防鳥ネットなどの鳥害対策を実施するのがよい。

②　外ケーブル定着部，偏向部

　　外ケーブル定着部，偏向部に関連する事項については3章3.2.1によるものとする。

　　複合トラス橋の偏向部は，一般にダイヤフラム形式やリブ形式にすることが困難なため，サドル形式を採用することが多い。偏向力は，定着部や偏向部から鋼トラス材を介して上床版へ伝達しており，偏向部には局部的な応力が生じやすい。PC箱桁橋におけるサドル形式の偏向部のFEM解析例を参考にした主応力概念図を解説 図8.2.3に示す。概念図から分かるように，偏向部が接合した下床版および縦桁へも偏向力が伝達するのが確認できる。したがって，偏向部の周りの下

解説 図8.2.2　堆積状況の例

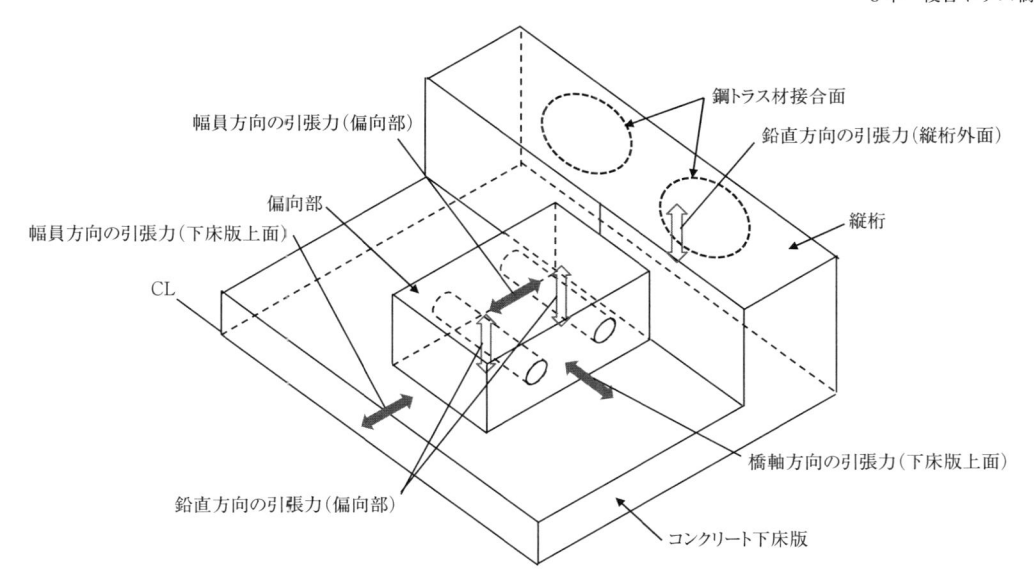

幅員方向の引張力(偏向部)　　　　　　鋼トラス材接合面

　　　　　　　　　　　　　　　　　鉛直方向の引張力(縦桁外面)

偏向部

幅員方向の引張力(下床版上面)　　　　　　　　　　縦桁

CL

　　　　　　　　　　　　　橋軸方向の引張力(下床版上面)

鉛直方向の引張力(偏向部)

コンクリート下床版

解説 図 8.2.3　サドル形式の偏向部の主応力概念図

床版や縦桁にも注目して点検することが重要である。また，サドル形式に定着する場合では，偏向力に加えて定着力が同時に作用することでより大きな局部応力が生じるため，留意が必要である。

③　外ケーブル，保護管・被覆材

　外ケーブルに関連する事項については 3 章 3.2.1 によるものとする。

　複合トラス橋の外ケーブルは，上下床版にプレストレスを与えるほか，鋼管トラスに働く軸力を軽減する役目で配置されており，構造上の重要部材である。しかし，PC 箱桁橋と違い，軽量化目的でコンクリートウェブを鋼トラス材に置換したことにより環境の影響を受けやすくなり，外ケーブル定着具や外ケーブル保護管，被覆材は，直射日光や雨水・結露などの影響，鳥の排泄物などにより腐食する可能性も考えられる。とくに外ケーブル定着具の腐食や外ケーブル保護管の劣化，被覆材の変色などに着目して点検するのがよい。

④　格点部

　格点部は，複合トラス橋を構成する重要構造部位のひとつであり，コンクリート床版および縦桁と鋼トラス材の一体化により主桁として構造系が成立している。よって，格点部の変状は，構造系全体の安全性，供用性が満足しなくなる可能性があるため，留意が必要である。

（ⅰ）　床版および縦桁のひび割れ

　格点部の力の伝達は，鋼トラス部材相互の力の伝達（鋼材間の伝達，コンクリートを介して伝達），鋼トラス材と上下弦材としての床版との間での力の伝達，輪荷重などにより床版に作用する力が鋼トラス材への伝達など複雑な力のやりとりが行われており，格点部の床版および縦桁のコンクリートにはひび割れ発生が懸念される。また，鋼トラス材埋込みタイプでは，比較的小さな縦桁などのコンクリート部材に大型の鋼トラス材が埋込まれるので，その近傍ではコンクリートのクリープ・収縮を拘束し，その周りのコンクリート部は，鉄筋などの補強鋼材が不連続になりやすく，構造的にもひび割れが発生しやすい部材である。よって，点検時には点検する橋梁に適用された格点構造の力の伝達機構や補強鉄筋の配筋状況をよく理解したうえで点検を行う必要がある。

鋼トラス材埋込みタイプと鋼材接合タイプの想定されるひび割れの例を解説 図 8.2.4 に示す。

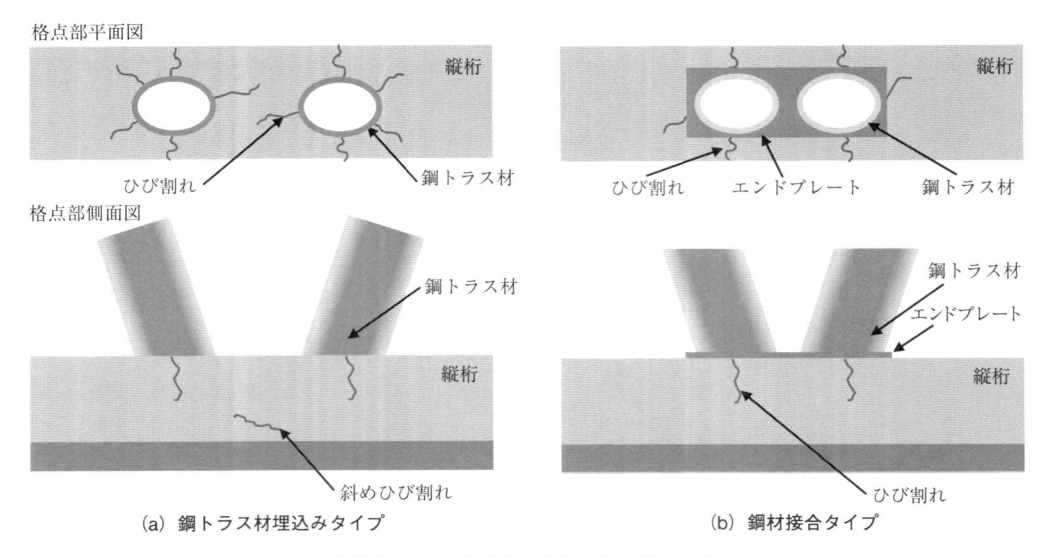

解説 図 8.2.4　格点部に発生するひび割れの例

（ⅱ）　接合部のエフロレッセンス・漏水・腐食，肌隙

　鋼トラス材埋込みタイプではクリープや乾燥収縮により鋼トラス材と縦桁コンクリートの境界部に剥離などが生じて肌隙が生じる場合や，鋼材接合タイプでは作用力などによりエンドプレートが反り上り，縦桁コンクリートとの間に肌隙が生じる場合が考えられる（解説 図 8.2.5）。その肌隙に雨水などが浸入しエフロレッセンスを生じさせたり，コンクリート内部の鋼トラス材や鋼材の腐食を招いたりすることが想定される。とくに鋼トラス材と下側の床版および縦桁との接合部は，鋼トラス材を伝った雨水や結露などが肌隙より浸入しやすいため，留意が必要である。

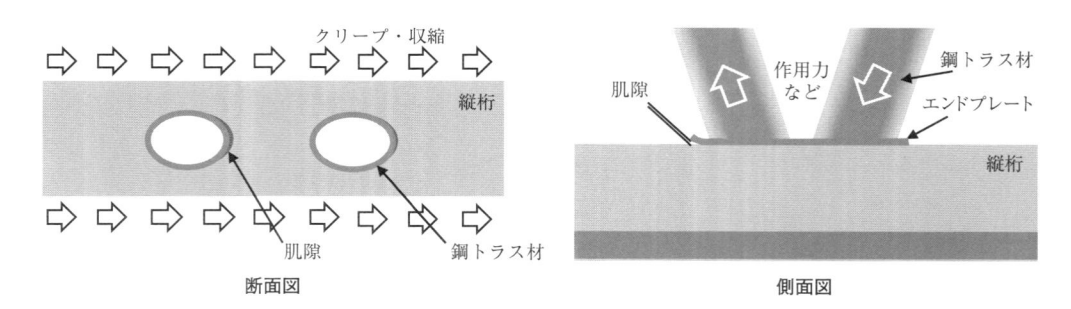

解説 図 8.2.5　格点部に発生する肌隙の例

（ⅲ）　シール材などの劣化

　鋼トラス材と床版および縦桁との接合部は，（ⅱ）で説明した肌隙への防水・止水対策として，耐久性を有するシール材やコンクリートの表面を含めた防水塗装が実施されている。シール材は，直射日光による紫外線の影響や外気温変動の繰返しによりシール材の伸縮性が損なわれ，シール材の劣化，ひび割れ，剥がれなどが懸念される。また，防水塗装も同様の劣化が考えられ，

塗膜割れや変色なども懸念される。

（iv）　溶接部の疲労き裂

　格点部の構造によっては，部分的に溶接接合を採用する場合もある。たとえば，鋼トラス材埋込みタイプでは，溶接部が床版および縦桁の外側へ出ている例（解説 図 8.2.6）や，鋼材接合タイプでは，エンドプレートと鋼トラス材を溶接接合で接続している例（解説 図 8.2.7）がある。格点部はさまざまな作用力の伝達により応力振幅が繰り返され，疲労き裂が発生しやすい箇所と考えられるため，溶接線に沿う疲労き裂の発生や塗膜割れの発生が想定される。

　また，解説 図 8.2.7 に示すように内部鋼材とエンドプレートの溶接部などの露出していない箇所は，同様に疲労き裂の可能性が考えられるが，エンドプレートの肌隙などの別の変状が起こらない限り点検による発見は困難である。

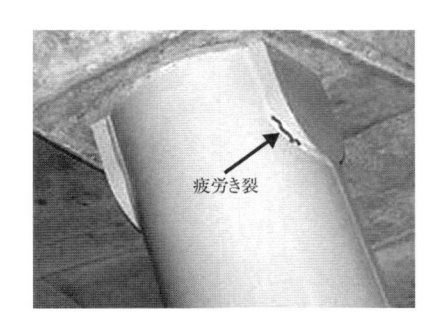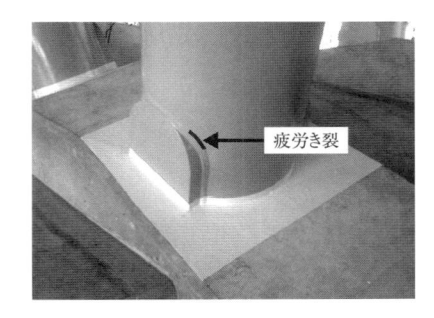

解説 図 3.2.6　鋼トラス材埋込みタイプの溶接箇所に発生するき裂の例

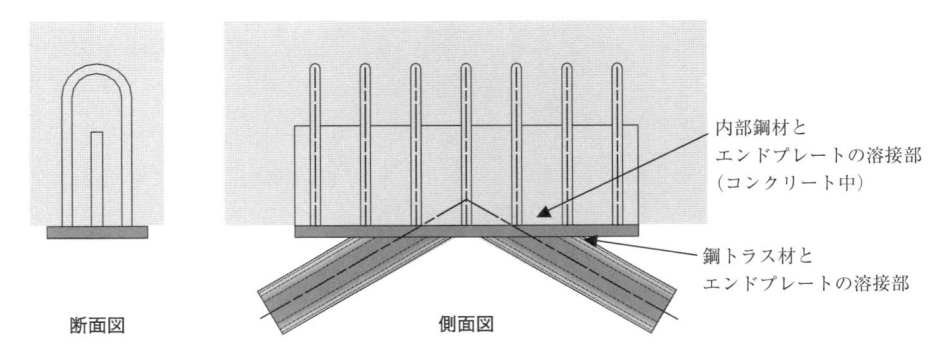

断面図　　　　　　　　　側面図

内部鋼材と
エンドプレートの溶接部
（コンクリート中）

鋼トラス材と
エンドプレートの溶接部

解説 図 8.2.7　鋼材接合タイプ（T 型プレート＋ U 字鉄筋構造）の溶接箇所

⑤　鋼トラス材

（i）　座屈

　鋼トラス材の座屈は不安定な破壊形式であるため，一般に有効座屈長や格点部の拘束度を安全側に設定し，座屈しないように設計されるため，生じにくい破壊である。しかしながら，レベル 2 地震時など，鋼トラス材が高圧縮軸力下で曲げ作用を受けた場合など，解説 図 8.2.8 に示すような鋼トラス材と縦桁の接合部付近で局部座屈により鋼

解説 図 8.2.8　鋼管が座屈した例

トラス材がはらむことや，塗膜割れを生じることが懸念される。

（ii）　防食機能の劣化，腐食

　鋼部材の防食機能の劣化，腐食に関しては，Ⅱ編2章2.2.1によるものとする。

　鋼トラス材の防錆は，橋梁が建設される環境に合わせて，鋼橋と同等の防錆処理が行われている。床版および縦桁を伝ったアルカリ性の水分などが鋼トラス材に流れることにより，その防錆処理の劣化や変色の有無を点検するのがよい。

> ### 8.2.2　着目点の点検方法
> 　複合トラス橋における着目点の点検方法は，近接に目視によることを基本とし，必要に応じて触診や打音，非破壊試験などを併用するものとする。

【解　説】

　複合トラス橋における着目点の点検・調査方法は，床版や鋼トラス材などの部位・部材では基本的には一般の橋梁と同様に実施できる。しかし，格点部など一般の橋梁にない部位・部材では，想定される変状に対する点検項目と劣化度の判定が可能な精度で実施できる点検方法を定めなければならない。部位・部材で分類した複合トラス橋の特有の着目点の点検項目および点検方法を解説表8.2.1に示す。

解説 表8.2.1　複合トラス橋の点検項目

部材		点検項目	点検の標準的方法	必要に応じて採用することができる方法の例
床版，縦桁		ひび割れ	Ⅱ編1章1.2.2，Ⅲ編3章3.2.2による	
		浮き，剥離，鉄筋露出		
		漏水，エフロレッセンス		
		床版ひび割れ		
外ケーブル定着部，偏向部		ひび割れ	Ⅱ編1章1.2.2，Ⅲ編3章3.2.2による	
		浮き，剥離，鉄筋露出		
		漏水，エフロレッセンス		
外ケーブル		張力低下・振動		
保護管・被覆材		損傷，変形，変色	目視	−
格点部	床版および縦桁部	ひび割れ	目視，ひび割れ幅計測	写真撮影（画像解析による調査）
		浮き，剥離，鉄筋露出	目視，打音	−
	接合部	エフロレッセンス，漏水，腐食	目視	−
		肌隙	目視，隙間計測	−
		シール材などの劣化	目視	−
	鋼トラス部	溶接部の疲労き裂	Ⅱ編2章2.2.2による	
鋼トラス材		変形，座屈		
		防食機能の劣化		
		腐食		

8.2.3　変状の把握

（1）　点検の結果，変状を発見した場合には，変状の種類ごとに変状の状況を把握するものとする。この際，変状の状況に応じて，効率的な保全をするうえで必要な情報を詳細に把握するものとする。

（2）　変状は，部位・部材ごと，変状の種類ごとに変状の程度を a〜e の区分で記録するものとする。

【解　説】

（1），（2）について　　一般的なコンクリート橋に共通する部材については II 編 1 章 1.2.3 や III 編 3 章 3.2.3 に，鋼トラス材については II 編 2 章 2.2.3 によるものとする。

ここでは，複合トラス橋の保護管・被覆材および格点部における変状種類ごとの点検評価基準を解説 表 8.2.2〜解説 表 8.2.8 に示す。

（i）　保護管・被覆材

解説 表 8.2.2　変状の区分（保護管・被覆材）

区分	変状の区分
a	変状なし。
b	－
c	部分的な損傷，劣化，変色が見られる。
d	全体的な損傷，劣化，変色が見られる。
e	外部変状が見られ，内部異常も確認できる。

（ii）　格点部 – 床版および縦桁部 – ひび割れ

解説 表 8.2.3　変状の区分（床版および縦桁部のひび割れ）

区分	床版および縦桁の接続面		床版および縦桁の側面	
	ひび割れ形状	ひび割れ幅	ひび割れ形状	ひび割れ幅
a	変状なし		変状なし	
b	単一ひび割れ	小 （0.1 mm 未満）	単一ひび割れ	小 （0.1 mm 未満）
c	単一ひび割れ	中 （0.1 mm 以上， 0.2 mm 未満）	単一ひび割れ	中 （0.1 mm 以上， 0.2 mm 未満）
d	単一ひび割れ	大 （0.2 mm 以上）	単一ひび割れ	大 （0.2 mm 以上）
	放射ひび割れ	小 （0.1 mm 未満）	斜めひび割れ	小 （0.1 mm 未満）
e	放射ひび割れ	中，大 （0.1 mm 以上）	斜めひび割れ	中，大 （0.1 mm 以上）

注）　単一ひび割れ，放射ひび割れ，斜めひび割れは，ひび割れ形状の判定基準を参照すること。

ひび割れ形状の判定基準

ひび割れ発生箇所	ひび割れ形状	ひび割れ例
床版および縦桁の接続面	単一ひび割れ	床版および縦桁／鋼トラス材／ひび割れ　　床版および縦桁／鋼トラス材／ひび割れ／エンドプレート
	放射ひび割れ	床版および縦桁／鋼トラス材／ひび割れ　　床版および縦桁／鋼トラス材／ひび割れ／エンドプレート
床版および縦桁の側面	単一ひび割れ	鋼トラス材／床版および縦桁／ひび割れ
	斜めひび割れ	鋼トラス材／床版および縦桁／斜めひび割れ

（iii）　格点部 – 床版および縦桁部 – 浮き，剥離，鉄筋露出

解説 表 8.2.4　変状の区分（床版および縦桁部の剥離，鉄筋露出）

区分	変状の程度
a	変状なし。
b	－
c	部分的に浮き，剥離が生じている。
d	部分的に剥離が生じており，鉄筋の露出も確認できる。
e	剥離が生じ，鉄筋が露出して，腐食も確認できる。

（iv）　格点部 – 接合部 – 漏水，エフロレッセンス，腐食

解説 表 8.2.5　変状の区分（床版および縦桁部の漏水，エフロレッセンス，腐食）

区分	漏水，エフロレッセンス	腐食
a	変状なし。	
b	－	
c	ひび割れや接合境界面から漏水が生じている。	さび汁の滲出の形跡がある。
d	ひび割れや接合境界面からエフロレッセンスが生じている。	局部的なさび汁の滲出が認められる。
e	ひび割れや接合境界面から著しい漏水やエフロレッセンスが生じている。	ひび割れや接合境界面から著しいさび汁が認められる。

（ⅴ）　格点部 – 接合部 – 肌隙

解説 表 8.2.6　変状の区分（床版および縦桁部の肌隙）

区分	変状の程度
a	変状なし。
b	–
c	–
d	–
e	床版および縦桁と鋼トラス材との間に肌隙が見られる。

（ⅵ）　格点部 – 接合部 – シール材などの劣化

解説 表 8.2.7　変状の区分（接合部のシール材などの劣化）

区分	変状の程度
a	変状なし。
b	部分的な劣化が見られる。
c	劣化が広がっている。
d	劣化が広がって，部分的な剥がれが見られる。
e	劣化が著しく，剥がれが広範囲に広がっている。

（ⅶ）　格点部 – 鋼トラス材 – 疲労き裂

解説 表 8.2.8　変状の区分（鋼トラス材の疲労き裂）

区分	変状の程度
a	
b	
c	Ⅱ編 2 章 2.2.3 による
d	
e	

8.3　詳 細 調 査

（1）　定期点検の結果，構造物に変状が確認され，劣化機構の推定や予測，評価および判定のためにより詳細な情報が必要と判断された場合には，詳細調査を行うものとする。

（2）　詳細調査は，定期点検の結果を参考に，目的に応じた項目を選定し，複合トラス橋の特徴を考慮した適切な方法により実施するものとする。

【解　説】

（1）について　　一般的なコンクリート橋に共通する部材についてはⅡ編 1 章 1.3 やⅢ編 3 章 3.3 に，鋼トラス材についてはⅡ編 2 章 2.3 によるものとする。本マニュアル作成時点では，複合トラス橋に特有の変状事例は報告されていないため，発生した変状に対して，目視などの標準的な点検方法によって要因を確定することは困難である。また，本章に記載する特有の部材は，複合ト

解説 表 8.3.1　詳細調査の要否判定

部材		変状の種類	詳細調査の実施の要否判定
保護管・被覆材		損傷，変形，変色	複合トラス橋では，コンクリートウェブを鋼トラス材へ置換したことにより，桁外からの紫外線や鳥害などにより劣化を生じる場合もあるため，その変状の範囲や発生箇所などから，その発生要因が断定または推定できない場合は，詳細調査を実施するものとする。
格点部	床版および縦桁部	ひび割れ	格点部は複合トラス橋の重要部材であり耐久性確保のため，供用限界状態時にひび割れの発生を許容させないのが一般的である。したがって，格点部のひび割れが生じた場合，その発生原因が断定または推定できない場合は，詳細調査を実施するものとする。
		浮き，剥離，鉄筋露出	Ⅱ編 1 章 1.3，Ⅲ編 3 章 3.3 による
	接合部	エフロレッセンス，漏水，腐食	漏水やエフロレッセンスやさび汁などが生じている場合には，床版および縦桁部のひび割れや接合部の肌隙などが生じた結果の変状であることが多い。したがって，漏水やエフロレッセンスやさび汁が確認された場合，その原因が断定または推定できない場合は，詳細調査を実施するものとする。
		肌隙	鋼トラス材と床版および縦桁の接合部に肌隙が生じた場合，そこから結露などの水分が浸入し，格点部の内部鋼材が腐食する可能性が高い。そのため，その発生原因が断定または推定できない場合は，詳細調査を実施するものとする。
		シール材などの劣化	肌隙と同様にシール材などの劣化や剥がれが生じた場合，格点部の内部鋼材へ繋がる可能性が高くなる。そのため，その発生原因が断定または推定できない場合は，詳細調査を実施するものとする。
	鋼トラス部	溶接部の疲労き裂	Ⅱ編 2 章 2.3 による

解説 表 8.3.2　詳細調査の例

部材		変状の種類	想定される原因	必要な調査
保護管・被覆材		損傷，変形，変色	紫外線	・変色範囲の調査と紫外線影響範囲の調査 ・既存資料の調査（使用材料の調査） ・保護管，被覆材の部分採取分析
			鳥害	・変色範囲の調査 ・営巣箇所などの調査 ・既存資料の調査（使用材料の調査） ・保護管，被覆材の部分採取分析
格点部	床版および縦桁部	ひび割れ	過度の荷重，地震	・ひび割れ調査（位置・幅・深さ） ・鋼材配置の調査 ・既存資料の調査（設計図書，実験結果，工事記録） ・FEM 解析（過度な荷重，地震） ・静的載荷試験（荷重車両による静的載荷）
			クリープ・乾燥収縮	・ひび割れ調査（位置・幅・深さ） ・鋼材配置の調査 ・既存資料の調査（設計図書，実験結果，工事記録） ・コア採取
		浮き，剥離，鉄筋露出		Ⅱ編 1 章 1.3，Ⅲ編 3 章 3.3 による
	接合部	エフロレッセンス，漏水，腐食		
		肌隙	過度の荷重，地震	・肌隙調査（位置・幅・深さ） ・鋼材配置の調査 ・既存資料の調査（設計図書，実験結果，工事記録） ・FEM 解析（過度な荷重，地震） ・静的載荷試験（荷重車両による静的載荷）
			クリープ・乾燥収縮	・肌隙調査（位置・幅・深さ） ・鋼材配置の調査 ・既存資料の調査（設計図書，実験結果，工事記録） ・コア採取
		シール材などの劣化	劣化，はがれ	・劣化範囲の調査 ・既存資料の調査（使用材料） ・シール材の部分採取，分析
	鋼トラス部	溶接部の疲労き裂		Ⅱ編 2 章 2.3 による

ラス橋の構造安全性を確保するうえで重要性が高く，今後の保全計画において適切な対応を行うためのデータを蓄積していく必要があることから，詳細調査を実施して要因を確定することが重要である。解説 表 8.3.1 に複合トラス橋の保護管・被覆材および格点部の詳細調査の要否判定を示す。

（2）について　複合トラス橋の詳細調査の項目は，最小限の調査項目で原因，進行度などの情報が得られるように計画しなければならない。そのためには，現況の変状から想定される原因をあらかじめ絞り，それを確認または立証するための調査を行うのがよい。

　複合トラス橋の保護管・被覆材および格点部の詳細調査の例を解説 表 8.3.2 に示す。

8.4　点検結果の評価および判定

8.4.1　評　　価

　点検や詳細調査によって得られた情報に基づき，複合トラス橋の構造的な特徴や環境条件などを考慮して，変状の要因を推定し，評価しなければならない。

【解　説】

　一般的なコンクリート橋に共通する部材については II 編 1 章 1.4.1 や III 編 3 章 3.4.1 に，鋼トラス材については II 編 2 章 2.4.1 によるものとする。ここでは，複合トラス橋の保護管・被覆材および格点部について記載するが，前述したように複合トラス橋は数橋の事例しかなく，格点構造も多種であるが，現時点で重篤な変状は報告されていない。そのため，ここでは設計における照査事項や留意事項，実験などに関する既往の論文などから想定される事項について記載する。

（i）　保護管・被覆材 – 損傷，変形，変色

　複合トラス橋における外ケーブルは，上下床版にプレストレス力を与えるだけでなく，鋼トラス材に発生する軸力を低減させるために配置されており，複合トラス橋における重要部材である。そのため，外ケーブルは保護管や被覆材でカバーすることで，紫外線や鳥害，そのほかの外力から外ケーブルを保護する役割があるが，逆に外ケーブルは保護管や被覆材にカバーされてしまうため，外ケーブルの変状はわかりにくいので，保護管や被覆材の変状から内部状態を判断することとなる。

　保護管，被覆材の損傷，変形，変色要因は，一般的には，紫外線，鳥害，酸性雨，外気温変動，風による枝などの飛散による傷などが考えられるため，現地条件や環境条件，変状範囲などから，要因を推定するのがよい。

（ii）　格点部 – 床版および縦桁 – ひび割れ

　一般的に格点部の設計は，供用限界状態においては耐久性を確保するためひび割れ発生の防止を基本としている。よって，格点部付近の床版および縦桁のひび割れが発生した場合には，その要因を推定し明らかにする必要がある。

　要因の推定方法の一つとして，適用の際に実施したそれぞれの格点部の確認実験などの結果から得られた格点部のひび割れ性状などと比較する方法がある。ここでは，鋼トラス材埋込みタイプと鋼材接合タイプの確認実験時のひび割れ図を紹介する。

　鋼トラス材埋込みタイプの代表として，同様の試験方法で行われた「鋼製ボックス構造」と「二重管格点構造」の静的耐荷力実験結果のひび割れ図を解説 図8.4.1[10]，解説 図8.4.2[11]に参考例として示す。なお，一般的に格点部が他部材に先行して破壊させないように設計するが，この試験は格点部の耐力を確認するための試験であり，格点部が破壊と見なされる現象が生じたのちのひび割れ図である。鋼トラス材埋込みタイプのひび割れの共通事項としては，①縦桁側面に現れる45°のせん断ひび割れ，②縦桁下面の鋼トラス材との接合部の鋼管まわりに発生する曲げひび割れ，③縦桁上面の加力直角方向に発生する曲げひび割れなどが挙げられる。鋼トラス材埋込みタイプの点検時には，この類似するひび割れが発生の有無を確認する。一般に，①のせん断ひび割れは供用限界状態時には発生しないように設計されており，とくに注意するひび割れである。また，②の曲げひび割れは，鋼トラス材が床版および縦桁のクリープや乾燥収縮を拘束することにより発生する拘束ひび割れも同箇所に発生する可能性がある。③の曲げひび割れは，格点部単独の曲げひび割れと橋梁全体曲げによる曲げひび割れも考えられるため，その発生範囲や箇所などから原因を特定する必要がある。

　鋼材接合タイプの代表をして，「T型プレート＋U字鉄筋構造」の静的耐荷力実験結果のひび割れ図を解説 図8.4.3[12]に参考例として示す。このひび割れ図は載荷途中（95.0 tf：設計荷重の約2倍）における図であり，最大荷重190.2 tfで圧縮トラス材座屈まで顕著なひび割れ進展はないと記載されているが，最終的に格点部が破壊に至っていないため，鋼トラス材埋込みタイプに

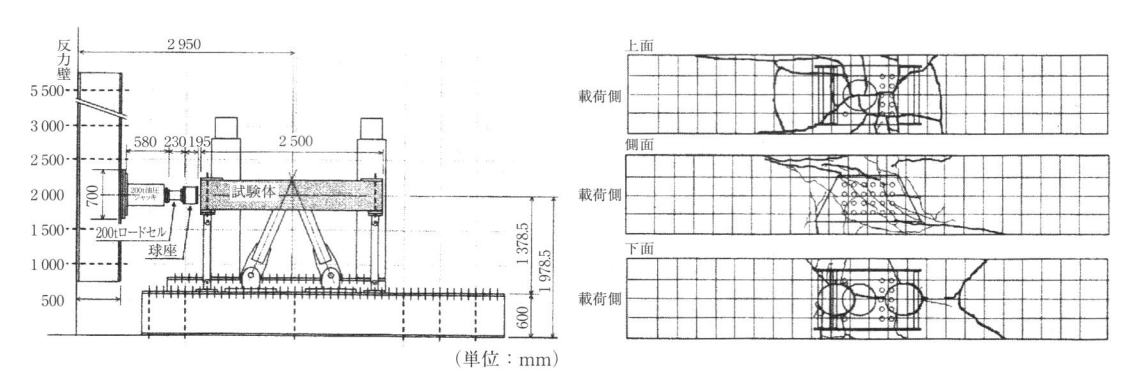

解説 図 8.4.1　鋼製ボックス構造の確認実験時のひび割れ図 [10]

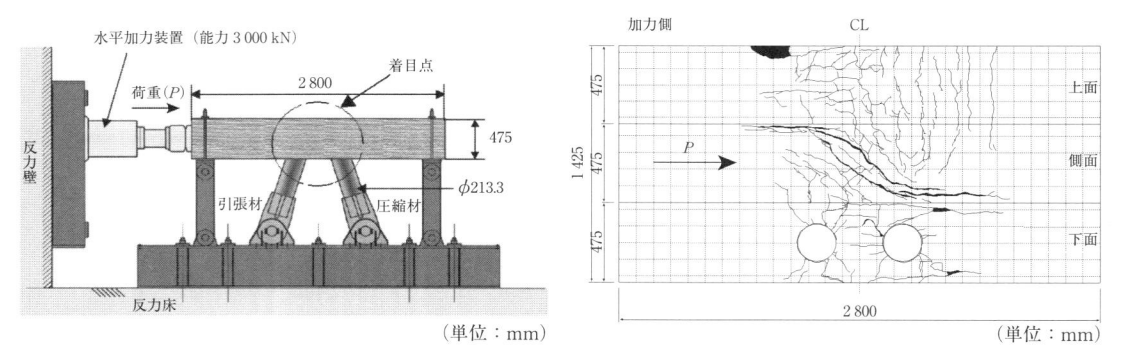

解説 図 8.4.2　二重管格点構造の確認実験時のひび割れ図 [11]

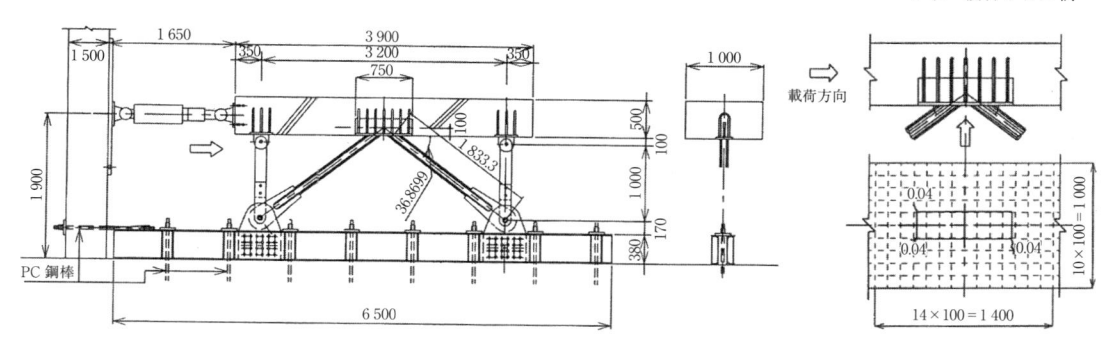

解説 図 8.4.3　Ｔ型プレート＋Ｕ字鉄筋構造の確認実験時のひび割れ図 [12)]

比べひび割れが少ない。この格点構造では，設計荷重の約2倍の荷重が載荷された状態で，接合面のエンドプレート部にひび割れ幅 0.04 mm 程度の放射ひび割れが発生しており，鋼材接合タイプはエンドプレート周りのひび割れは留意して点検するのがよい。しかし，鋼トラス材埋込みタイプと同様に，鋼トラス材が床版および縦桁のクリープや乾燥収縮を拘束することにより発生する拘束ひび割れも同箇所に発生する可能性がある。

　以上より，格点部にひび割れが確認された場合は，その橋梁に採用された格点構造の実験結果や同橋におけるほかの格点部のひび割れ発生状況の調査などの詳細調査を行い，原因の特定および評価を行うのがよい。

（iii）　格点部 − 接合部 − 肌隙

　肌隙に関しては，実験などで確認された変状ではなく想定である。しかし，過度な主桁コンクリートのクリープや乾燥収縮や地震力などによって軸方向力が生じた場合，コンクリートと鋼トラス材の接着強度を超えると肌別れして，隙間が生じると考えられる。もちろん，肌隙が生じることで，鋼トラス材と縦桁コンクリートとの接合面にひび割れを生じさせたり，ひび割れが鋼トラス材と縦桁コンクリートの接合部に進行し，肌隙を生じさせたりする可能性がある。

（iv）　格点部 − 接合部 − シール材などの劣化

　接合部は，トリプルコンタクトポイントと呼ばれるコンクリートと鋼，水の接点であり，もっとも腐食しやすい環境であるため，シール材や防水塗装が施されている。シール材や防水塗装は紫外線による劣化や温度変化による伸縮などを繰り返すことにより，接着性能や防水性能が徐々に低下していくと考えられる。したがって，劣化や剥がれが生じている箇所の環境条件やその発生範囲から，シール材や防水塗装に起因するものか，環境に起因するものかを判断し，原因を推定するのがよい。

（v）　格点部 − 鋼トラス部 − 溶接部の疲労き裂

　溶接部の疲労き裂については，Ⅱ編2章 2.4.1 によるものとする。

8.4.2　対策の要否判定

　　対策区分の判定は，点検結果および詳細調査を基に，劣化進行の予測および構造物の性能評価を考慮して，対策区分の判定を行うものとする。

【解　説】

　一般的なコンクリート橋に共通する部材についてはⅡ編1章1.4.2やⅢ編3章3.4.2に，鋼トラス材についてはⅡ編2章2.4.2によるものとする。複合トラス橋は，上下のコンクリート床版および縦桁と鋼トラス材が格点部を介して一体となって箱桁断面を構成し，荷重に抵抗する特有な構造性能を発揮するため，複合トラス橋の構造特性や格点部の荷重抵抗機構などを理解したうえで，発生した変状を的確に評価し，対策要否の判定をする必要がある。複合トラス橋の保護管・被覆材および格点部の変状の種類や程度に応じた評価基準の例を示す。

（ⅰ）　保護管・被覆材

　　保護管，被覆材は，基本的には経年的に変状が進行するものと推定される。よって，変状の進行を把握し，計画的に対策を検討するのがよい。ただし，部分的に一時的な作用などによる損傷や変形については，急激に変状が進むことも考えられるため，速やかに対策を検討するのがよい。保護管，被覆材の変状の種類や程度に応じた評価基準の例を解説 表8.4.1 に示す。

解説 表8.4.1　対策区分の判定の目安（保護管・被覆材）

部材	変状の種類	判定区分				
		B,M	C1	C2	E1	E2
保護管・被覆材	損傷，変形，変色	－	局部的に変色が見られる 局所的な損傷，変形が見られる	全体的に変色，損傷，変形が見られる	外部に変状が見られ，内部異常も確認できる	－
			（変状の程度の目安：c）	（変状の程度の目安：d）	（変状の程度の目安：e）	

（ⅱ）　格点部 – 床版および縦桁部

　　格点部の設計は，供用限界状態においては耐久性を確保するためひび割れ発生の防止を基本としているため，ひび割れや浮き，剥離などの変状は，発生しないはずである。そのため，格点部における床版および縦桁部に発生した変状の対策区分の判定は，橋梁の安全性に留意して判断する必要がある。とくにひび割れは，乾燥収縮の拘束ひび割れなどが生じる可能性があり，格点部は取替えできない構造であることを考慮して，耐久性の観点からひび割れはできる限る速やかに対策を検討する必要がある。

　　格点部における床版および縦桁部の変状の種類や程度に応じた評価基準の例を解説 表8.4.2 に示す。

（ⅲ）　格点部 – 接合部

　　格点部は取替えできない構造であるため，接合部にエフロレッセンスや漏水，肌隙が発生した場合には，その変状を拡大させることなく対処するため，できる限り速やかに対策を検討する必要がある。

解説 表 8.4.2　対策区分の判定の目安 (格点部における床版および縦桁部)

部材		変状の種類	判定区分				
			B,M	C1	C2	E1	E2
格点部	床版および縦桁部	ひび割れ	–	格点部の一部にひび割れが生じている	広範囲の格点部にひび割れが生じている	格点部の周りにひび割れが多数生じている。斜めひび割れが生じている	–
				(変状の程度の目安：c)	(変状の程度の目安：d)	(変状の程度の目安：e)	
		浮き，剥離，鉄筋露呂	–	部分的に剥離が生じている	部分的に剥離が生じており，鉄筋露出も生じている	全体的に剥離が生じており，鉄筋の露出し，腐食も生じている	第三者被害の危険性が高い
				(変状の程度の目安：c)	(変状の程度の目安：d)	(変状の程度の目安：e)	

解説 表 8.4.3　対策区分の判定の目安 (接合部)

部材		変状の種類	判定区分				
			B,M	C1	C2	E1	E2
格点部	接合部	エフロレッセンス，漏水，腐食	–	エフロレッセンスや漏水の形跡がみられる	エフロレッセンスや漏水の滲出が部分的に生じている	エフロレッセンスや漏水の滲出が著しく，さび汁も認められる	–
				(変状の程度の目安：c)	(変状の程度の目安：d)	(変状の程度の目安：e)	
		肌隙	–	–	–	肌隙が生じている	–
						(変状の程度の目安：e)	
		シール材などの劣化	–	劣化が広く生じ，はがれや逸脱が確認される	劣化が著しく，広範囲ではがれや逸脱も広がっている	–	–
				(変状の程度の目安：d)	(変状の程度の目安：e)		

シール材などは，接合部への漏水の浸入を防水する目的で，接合部に施工される。シール材などは恒久的なものではなく，保全における取替えを前提としている。そのため，定期点検ごとのシール材などの状態を監視のうえ，計画的に更新するのが望ましい。

格点部における接合部の変状の種類や程度に応じた評価基準の例を解説 表 8.4.3 に示す。

（iv）　格点部 – 鋼トラス材

格点部における溶接部の疲労き裂は，設計考慮した格点部構造の性能が発揮できなくなる可能性が高い。そのため，疲労き裂が確認された場合には，速やかに対策を検討する必要がある。なお，評価判定基準は，Ⅱ編 2 章 2.4.2 を参照する。

解説 表 8.4.4　対策区分の判定の目安 (鋼トラス材)

部材		変状の種類	判定区分				
			B,M	C1	C2	E1	E2
格点部	鋼トラス材	溶接部の疲労き裂	Ⅱ編 2 章 2.4.2 による				

8.5　対　　策

　　対策が必要と判定された場合には，構造物の重要性，保全区分，残存予定供用期間，劣化機構，構造物の性能低下の程度などを考慮して目標とする性能を定め，対策後の保全の容易さや経済性を検討したうえで，適切な種類の対策を選定し，実施するものとする。

【解　説】

　一般的なコンクリート橋に共通する部材についてはⅡ編1章1.5やⅢ編3章3.5に，鋼トラス材についてはⅡ編2章2.5によるものとする。ここでは，複合トラス橋の保護管・被覆材および格点部について記載する。

a．保護管・被覆材－損傷，変形，変色

　　保護管，被覆材については，Ⅱ編1章1.5によるものとする。

b．格点部－床版および縦桁部

（ⅰ）　ひび割れ

　　格点部周りの床版および縦桁コンクリートには，床版，縦桁から鋼トラス材へ，鋼トラス材から床版や縦桁へ，鋼トラス材同士など，さまざまな力のやりとりにより局部的な応力が作用するため，部分的なひび割れの発生が想定されるが，構造物の安全性に直結するものではない。格点部のひび割れは，発生したひび割れが耐久性上有害であると判断される場合や下側格点部周りのひび割れは，適切な対処によりコンクリート内部の鋼材を保護する必要がある。補修は，一般のコンクリート部材と同様の方法によってよい。また，ひび割れ発生の状況が，格点部の性能を損なうことが懸念される場合は，適切な方法により補強を行う必要がある。これまでにそのような変状の事例は報告されていないが，補強の方法としてはひび割れ注入処理を施したのち，コンクリート表面に炭素繊維シートを貼り付けるなどの方法が想定される。

（ⅱ）　浮き，剥離，鉄筋露出

　　ひび割れと同様の考え方に基づき，部分的な浮き，剥離，鉄筋露出などは，構造物の安全性に直結するものではない。しかし，コンクリートの剥落により第三者災害が想定される箇所の浮き，剥離は打音などにより積極的に排除しなければならない。また，耐久性上有害であると判断される場合や下側格点部周りの浮き，剥離，鉄筋露出は，適切な対処によりコンクリート内部の鋼材を保護する必要がある。補修は，一般のコンクリート部材と同様の方法によってよい。また，格点部の性能を損なうことが懸念される場合は，適切な方法により補強を行う必要がある。これまでにそのような変状の事例は報告されていないが，補強の方法としては，腐食した鋼材はさびを除去したのちに防錆剤などを塗布し，断面修復して，コンクリート表面に炭素繊維シートを貼り付けるなどの方法が想定される。

c．格点部－接合部

（ⅰ）　エフロレッセンス，漏水，腐食

　　鋼材とコンクリートの境界部，格点部近傍のコンクリートのひび割れから生じた漏水，エフロレッセンスや，内部鋼材の腐食を意味するさび汁など，格点部の耐荷性能を損なう恐れのある変

状に対しては，ひび割れ補修ならびに境界部シーリングの更新を行い，それ以上の腐食因子の侵入を防止することが重要である。変状部をはつり出しての断面修復は，橋梁全体の応力性状や荷重分担などが変化する可能性があるため，基本的には避けた方がよい。

（ⅱ）　肌隙

鋼トラス材とコンクリートの境界に肌隙が確認される場合，鋼トラス材埋込みタイプでは，格点部内部のコンクリートの変状，内部鋼材の損傷などが想定され，鋼材接合タイプでは，縦桁のコンクリートのひび割れ，接続鋼材の損傷，エンドプレートと接続鋼材の溶接部の疲労き裂などが想定される。目視で肌隙が確認できる段階は，これらの損傷がかなり進行していることが懸念され，早急な対応が必要な状況である。これまでに，そのような損傷の事例は報告されていないが，接合性能を回復または別途付与することができる適切な方法により補修または補強を実施しなければならない。

（ⅲ）　シール材などの劣化

劣化または損傷が生じたシール材，防水塗装は，更新により機能を回復する必要がある。保全計画において材料に応じた定期的な更新時期を設定する。シール材，防水塗装に劣化や損傷が確認された場合は，速やかに補修しなければならない。

ｄ．格点部 – 鋼トラス部 – 疲労き裂

鋼トラス部の疲労き裂については，Ⅱ編2章2.5を参照のこと。

参考文献

1）　木村，本田，山村，山口，南：那智勝浦道路木ノ川高架橋の設計 – 鋼・コンクリート複合トラス –，橋梁と基礎，Vol.36，No.10，pp.31–35，建設図書，2002

2）　青木，能登谷，加藤，高徳，上平，山口：第二東名高速道路猿田川橋・巴川橋の設計・施工 – 世界初の PC 複合トラスラーメン橋 –，橋梁と基礎，Vol.39，No.5，pp.5–11，建設図書，2005

3）　石田，木戸，小山，大久保：羽越線山倉川橋りょうの設計施工 – 鋼管トラスウエブ PC 開床式下路桁 –，プレストレストコンクリート，Vol.146，No.2，pp56–63，プレストレストコンクリート工学会，2004

4）　乗常，山崎，石原，齋藤，桑野：青雲橋の設計と施工 – 吊構造を利用した架設工法による単径間 PC 複合トラス橋 –，橋梁と基礎，Vol.39，No.4，pp.5–11，建設図書，2005

5）　春日，杉村，益子：SBS リンクウエイ橋の設計と施工 – 合成断面を有する斜張橋 –，橋梁と基礎，Vol.7，pp.2–8，1997

6）　原，野口，田中，葛野，中山，北野：八ッ場ダム湖面 2 号橋の計画・設計・実験 – 世界初の PC 複合トラス・エクストラドーズド橋 –，橋梁と基礎，Vol 44，No.11，pp.5–11，建設図書，2010

7）　藤原，正司，坂田，後小路，桃木，野呂：志津見大橋の設計・施工 – 変断面 PC 複合トラス橋 –，橋梁と基礎，Vol.39，No.11，pp.5–11，建設図書，2005

8）　大谷，今井，大植，根津，村尾，大久保：永田橋の設計と施工，橋梁と基礎，Vol.45，No.11，pp.17–22，建設図書，2011

9）　南，瀬戸，小野，尾鍋：那智勝浦道路木ノ川高架橋の施工 – 鋼管トラスウェブ PC 橋 –，橋梁と基礎，Vol.38，No.1，pp.13–19，建設図書，2004

10）　吉田，古市，日紫喜，山村：鋼・コンクリート複合トラス橋の新しい接合部構造の開発，鹿島技術研究所年報，No.48，pp.31–36，鹿島建設技術研究所，2000.9

11）　野村，寺田，本間，青木，加藤，大野：PC 複合トラス橋格点部の構造特性に関する研究，土木学会構造工学論文集，Vol.52A，pp.1109–1118，土木学会，2006.3

12）　星埜，大野，永井，大舘：鋼トラス・コンクリート接合部の実験的研究，土木学会構造工学論文集，Vol.45A，pp.1423–1430，土木学会，1999.3

9章　斜張橋・エクストラドーズド橋

9.1　適用の範囲

（1）　本章は，塔から吊った斜材により主桁を補剛した斜張橋およびエクストラドーズド橋の保全に適用するものとする。

（2）　保全にあたっては，斜張橋およびエクストラドーズド橋の構造特性，設計手法，施工方法を考慮した適切な保全を策定しなければならない。

【解　説】

（1）について　　　主桁・塔・斜材からなる斜張橋およびエクストラドーズド橋は，構造的には同じ範疇に属するため，本章では，保全を行ううえで斜張橋とエクストラドーズド橋を明確に区分せずに，同一のものとして取り扱うこととした。ただし，用語として本章ではひとつの橋梁形式として定義するのではなく，鉛直荷重に対して斜材のほうがより分担するものを斜張橋，桁のほうがより分担するものをエクストラドーズド橋と概念的に呼ぶこととする。これまでの実績による斜張橋とエクストラドーズド橋の特徴を解説 表 9.1.1 に示す。

本章は，塔がコンクリート構造，主桁がコンクリート構造またはコンクリート構造と鋼構造の複合構造（混合桁構造，波形鋼板ウェブ構造など）の斜張橋およびエクストラドーズド橋に特有の事項について規定したものであり，場所打ち桁橋などの架設方法に特有の事項や，混合桁構造や波形

解説 表 9.1.1　斜張橋とエクストラドーズド橋の特徴

分　類	項　目	斜張橋			エクストラドーズド橋		
構　造	実績最大支間長		国内	海外		国内	海外
		多径間	261 m	530 m	多径間	220 m	185 m
		2 径間	199 m	—	2 径間	142 m	—
		複　合	890 m	856 m	複　合	275 m	247 m
	斜　材	・斜材による主桁への作用は鉛直力成分が軸力（プレストレス力）成分よりも大きい			・斜材による主桁への作用は軸力（プレストレス力）成分が鉛直力成分よりも多いよりも大きい		
	主　桁	・桁高が径間長に比例しない ・桁高が低く桁下空間を大きくとれる			・桁高が径間長に比例して増加する ・斜張橋と桁橋の中間的な桁高となる		
	塔	・高い（一般に $H/L = 1/3〜1/5$ 程度）			・低い（一般に $H/L = 1/8〜1/15$ 程度）		
設　計	斜　材	・クリープにより斜材張力の減少および増加がある ・活荷重による応力変動が比較的大きい			・クリープにより斜材張力が減少する ・活荷重による応力変動が小さい		
施　工	斜　材	・桁応力度の限界値を確保するために施工中に斜材張力調整を行う ・斜材再緊張による主桁応力や変位の改善が容易			・施工中の斜材張力調整は行わないことが多い		
	張出し架設	・主桁がたわみやすく，施工中の精度管理が重要 ・桁高が一定となる施工性がよい			・主桁のたわみが少なく，施工管理が容易 ・支点上の桁高が必要で変断面となることが多い		
維持管理	斜材塔	・高い部位にある塔および斜材への点検時の配慮が必要			・斜張橋に比べ塔および斜材の点検はやや容易		

鋼板ウェブ構造などの構造形式に関する事項については，それぞれの章による。

（2）について　　斜張橋およびエクストラドーズド橋は，主桁，塔，斜材および橋脚で構成され，これらの結合条件や斜材の配置などは多種多様であり，きわめて設計自由度が高い橋梁形式である。

保全計画の策定にあたっては，構造特性，施工方法，設計手法を十分理解して行わなければならない。構成要素で分類した一般的な斜張橋およびエクストラドーズド橋で実績のある構造形式を以下に示す。

（ⅰ）　主桁の形式

── コンクリート桁形式（コンクリート・鋼複合構造桁形式）
└─ コンクリート・鋼混合桁形式

斜張橋の場合，主桁は斜材に支持される梁として最低限必要な剛性があれば主桁重量が軽いほど有利である。一方，エクストラドーズド橋では通常の桁橋における外ケーブル構造を基本に考えられており，断面力に抵抗するのはあくまでも主桁である。このため，エクストラドーズド橋の主桁は，一般的な桁橋と同様に支間長に応じた桁高（剛性）が必要となる。このことから，エクストラドーズド橋では桁剛性が比較的大きいため，通常の桁橋の張出し架設工法と同様により施工することができる。

（ⅱ）　主桁断面形状

── 箱桁
├─ 翼桁
└─ 端桁

一般的な斜張橋およびエクストラドーズド橋でこれまで採用されている主桁断面形状は解説表9.1.2のように大別される。

解説 表 9.1.2　主桁断面形状の分類

分類	断面形状	特徴
箱桁		・ねじり剛性が大きい ・施工上の制約から最小桁高が制限される ・広幅員への対応が容易 ・逆台形桁では耐風安定性に優れる ・添加物の配置と保全が容易である
翼桁		・主桁重量が軽い ・耐風安定性に優れる ・二面吊りに限定される ・桁高変化への対応が困難
端桁		・主桁重量が軽い ・ねじり剛性が小さい ・二面吊りに限定される ・等桁断面において施工性が優れる

（ⅲ）　塔の形状

── 独立一本柱
├─ 独立二本柱
├─ H 形柱（門形柱）
├─ A 形柱
└─ 逆 Y 形柱

　橋軸方向から見た場合の塔の正面形状は，斜材の側面形状とともに橋の景観を作用する大きな要素である。この正面形状は斜ケーブルの面数と側面形状，主桁の幅員構成などに応じて，これまで種々の形状が適用されている。塔正面形状の分類とその特徴を解説 表9.1.3 に示す。

解説 表9.1.3　塔正面形状の分類とその特徴

塔形状	塔形状図	特　徴
独立1本		・塔が主桁中心にあるため，中央分離帯などが広くなる ・面外の剛性が小さい ・一面吊りに限定される ・橋の利用者から見て空間が解放されている
独立2本		・塔の面外剛性が小さい ・二面吊りに限定される
H形 （門形）		・塔の面外剛性を増すために，塔に傾斜をつける場合もある ・橋面上に横梁があり積雪地域では配慮が必要 ・二面吊りに限定される
A形		・塔の面外剛性が高い ・橋脚幅が大きくなる ・傾斜した塔の施工に配慮が必要 ・二面吊りでは斜材が橋面上を覆った配置となる
逆Y形		・塔の面外剛性が高い ・橋脚幅が大きくなる ・傾斜した塔の施工に配慮が必要 ・二面吊りでは斜材が橋面上を覆った配置となる

（ⅳ）　斜材の配置形式

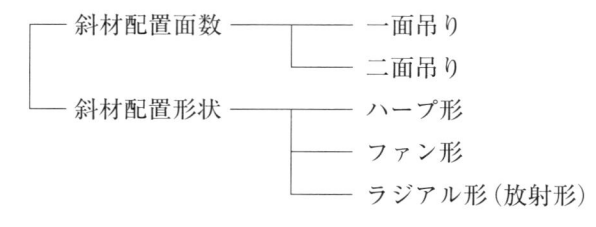

　斜材の配置面数について，解説 表9.1.4 に一面吊りと二面吊りの特徴を示す。また，橋梁側面から見た場合の斜材配置形状を大別すると，解説 表9.1.5 に示す3タイプとなる。

解説 表 9.1.4　一面吊りと二面吊りの特徴

	配置形状	特　徴
一面吊り		・橋脚の直角方向幅を小さくできる ・側面から見た場合斜材が交差して見えない ・橋の利用者から見て空間が解放されている ・ねじり剛性が必要な場合には桁断面を箱断面とするなどの配慮が必要である
二面吊り		・斜材により主桁のねじり抵抗性が増大する ・中央分離帯などを拡幅する必要がない ・橋脚の直角方向幅が大きくなる ・側面から見た場合斜材が交差して見える

解説 表 9.1.5　斜材配置形状の特徴

側面形状	配置形状	特　徴
ラジアル形 （放射形）	塔頂から斜材が放射状に張られた形状	・塔頂部の斜材定着構造が複雑 ・塔施工後，主桁の施工となる ・塔の作用断面力が大きくなる ・塔の座屈などに対して配慮が必要な場合がある ・斜材の吊り効率が良く斜材重量が少ない
ファン形	塔のある長さにわたり，斜材が扇状に張られた形状	・ラジアル形とハープ形の中間 ・塔斜材定着構造および主桁の軸力を考慮し，長大橋に適する
ハープ形	斜材が一定傾斜角度で張られた形状	・塔側の斜材定着部間隔が広くさばきが有利である ・塔と主桁の同時施工が可能である ・地震時に橋軸水平方向に揺れにくい ・クリープ・収縮による斜材張力変動が大きい ・斜材の吊り効率が悪く斜材重量が増す

（ⅴ）　塔への斜材定着方法

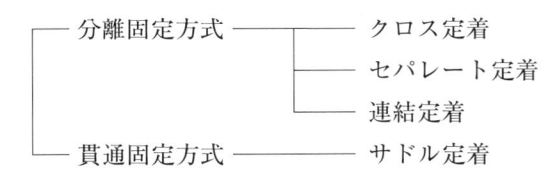

　塔への斜材定着方法，斜材挿入および緊張作業のスペース，保全のためのスペースなどを考慮して塔の断面形状が決定されることが多い。これまで実績のある塔の斜材定着方法と塔の断面形状を解説 表 9.1.6 に示す。

（ⅵ）　主桁への斜材定着方法

　主桁への斜材定着部は，斜張橋では鉛直荷重に対する斜材の分担率が高いため，十分な剛性を有する横桁または隔壁を用いることが多い。エクストラドーズド橋では鉛直荷重に対する主桁の分担率が高いため，横桁や隔壁を用いず，直接主桁ウェブに定着することが多い。ただし，一面吊りや広幅員の主桁などの場合は，斜材張力が確実に伝達されるよう横桁や隔壁などを用いる場合もある。また，近年の橋梁規模の拡大に伴い，自重の軽減や施工性の向上を目的として，斜材定着部を鋼製構造あるいは複合構造とする例がみられる。

解説 表 9.1.6　塔の斜材定着方法の分類

固定方式	分　離　固　定　方　式			貫通固定方式
名称	クロス定着	セパレート定着	連結定着	サドル定着
側面図・断面図				
構造	・充実断面として斜材を交差定着する ・施工実績が多い ・ねじりに対する配慮が必要	・中空断面として斜材を交差定着させない ・相互に定着された斜材張力に対し PC 鋼材や鋼殻で補強 ・斜材定着間距離を小さくできる ・斜材定着部の点検が容易	・中空断面として斜材を交差定着させない ・相互に定着された斜材張力に対し鋼製のはりで対応 ・断面が大きくなる ・斜材定着部の点検が容易	・充実断面として斜材を貫通させて配置 ・塔出口部等で左右の斜材張力差を固定 ・斜材定着間距離を小さくできる ・斜材の最小曲げ半径により部材幅が制約される

解説 表 9.1.7　主桁の支持形式と塔，橋脚，主桁の結合方法の分類

主桁の支持形式	塔，橋脚，桁の結合方法	概　要　図	特　徴
ラーメン形式	塔，桁および橋脚をすべて剛結する方法		・支承が不要で，張出し架設に適する ・3径間以上となる場合には，温度荷重，クリープ，収縮による影響を大きく受ける ・地震時の運動量が最も少ないが，柱頭部近傍の主桁断面力が大きくなる
連続桁形式	塔と桁を剛結し，塔と桁を支承で受ける方法		・各橋脚への反力分散が容易となる ・塔と桁の剛結断面が大きくなる ・支承は塔と桁を支えるので大規模となる ・張出し架設には仮固定が必要である ・地震時の上部工断面力が小さい ・地震時では1次の振動モードが卓越し，固有周期が短くなる ・上部工地震時慣性力の下部工への作用位置が低くなる
	塔と橋脚を剛結し，桁を支承で受ける方法		・各橋脚への反力分散が可能となる ・支承は桁の一部を支えるだけであるので小規模となる ・連続形式の主桁構造に適する ・張り出し架設には仮固定は必要である ・地震時の塔，橋脚の作用断面力が大きくなる
フローティング形式	塔と橋脚を剛結し，桁を支承で受けない方法		・固有周期が長くなり地震力を軽減できるが，桁の移動量が大きくなる ・支承が不要となるが，橋軸直角方向に固定支承が別途必要となる ・張出し架設には仮固定が必要である ・マルチケーブルタイプの斜張橋に限定される ・地震時の塔，橋脚の断面力が大きくなる

（vii）　主桁の支持形式と塔，橋脚，主桁の結合方法

```
┌── ラーメン形式 ────────── 塔，橋脚，主桁すべてを剛結
├── 連続桁形式 ──────┬─── 塔と主桁を剛結し，塔と主桁を支承で受ける
│                    └─── 塔と橋脚を剛結し，主桁を支承で受ける
└── フローティング形式 ───── 塔と橋脚を剛結し，主桁を支承で受けない
```

　斜張橋およびエクストラドーズド橋の基本構造である，主桁の支持形式と塔，橋脚，主桁の結合方法は，解説 表 9.1.7 に示す形式がある。

　主桁の支持形式と塔，橋脚，主桁の結合方法では，一般に不静定次数が高く，支承が不要となるなどの経済性，施工性を考慮するとラーメン形式が優れるが，橋脚高や径間数などの条件によって，連続桁形式やフローティング形式が採用されている。

9.2　点　　検

9.2.1　点検の着目点

　斜張橋およびエクストラドーズド橋の点検にあたっては，3 章 3.2.1 および II 編 2 章 2.2.1 に示す関連する項目のほか，特に斜張橋およびエクストラドーズド橋に特有の部位，箇所に留意して点検を行うものとする。

　　①　主桁側の斜材定着部（コンクリート構造）
　　②　主桁側の斜材定着部（鋼構造）
　　③　塔
　　④　鋼殻および塔側の斜材定着部
　　⑤　サドル部
　　⑥　斜材
　　⑦　支承

【解　説】

　斜張橋およびエクストラドーズド橋の保全において，斜材や塔など一般の橋梁にない重要な部位・部材があり，これらの点検・調査が安全性，供用性および耐久性に関する要求性能を保持するうえで重要となる。そのため，斜張橋およびエクストラドーズド橋の特有部材である①～⑦の部位を対象とし，既往の重篤な変状，設計の照査事項や既往の実験結果から発生が想定される変状に着目して固有の点検項目を設定することとした。

　主桁や床版などの一般の橋梁と同様に取り扱える部位・部材の点検・調査は 3 章 3.2.1 および II 編 2 章 2.2.1 により着目点と点検項目を設定することを基本とする。

　初期点検では，構造物または部材の状態，形状寸法，使用材料の品質などの確認を行い，要求どおりの施工がなされているかを点検，記録する。とくに斜材に関しては，竣工時の斜材張力の値，斜材の固有振動数と張力の関係および張力の経年変化の設計値を記録として残しておく必要がある。また，主桁のたわみについても，竣工時の高さの測量結果や高さの経年変化の設計値を記録と

して残しておく必要がある。

　なお，斜張橋およびエクストラドーズド橋の点検の際には，日射による温度変化の影響を受けやすいなど，その構造特性が通常の桁橋と異なることに留意しなければならない。

①　主桁側の斜材定着部（コンクリート構造）

　斜材定着部は，斜張橋およびエクストラドーズド橋を構成する重要構造部位のひとつであり，とくに主桁側の斜材定着部は，橋の支点部と同様に主桁を支持する重要な部位であるため，斜材定着部の変状は構造系全体の安全性に対して致命傷となる可能性がある。

　斜材定着部近傍は局部応力が発生する箇所であり，その一例を解説 図9.2.1 に示す。支圧板背面の支圧応力や割裂応力のほかに，定着部近傍には偏心曲げなどによる局部的な引張応力が生じる。また，斜材張力が大きく押抜きせん断に対する検討が不十分な場合には，定着部近傍にひび割れが生じる可能性がある。

②　主桁側の斜材定着部（鋼構造）

　鋼桁部の主な斜材定着構造を解説 図9.2.2 に示す。これらの構造は，PC 構造部の断面構成に合わせて適宜採用される。

　斜材定着部には十分な剛性が与えられているが，想定外の局部応力や斜材の振動による繰返し応力が作用することもあるため，斜材定着部および周辺の鋼部材について，き裂（疲労き裂）の有無を点検しなければならない。

　終局時に生じる可能性のある斜材定着部周辺の鋼部材の変状例を解説 図9.2.3 に示す。

③　塔

　斜張橋およびエクストラドーズド橋は塔に配置された斜材により主桁を支持する構造である。したがって，橋梁全体の安全性に影響する塔の傾斜を測定することが有効である。また，軸力および曲げの影響がもっとも大きい塔基部に着目し，近接目視などにより点検を行う必要がある。

④　鋼殻および塔側の斜材定着部

　鋼殻および塔側の斜材定着部は，斜材張力を円滑に塔に伝達させるとともに，張力変動による疲労に対する安全性確保，定着部の耐久性確保が重要であることを理解して，適切な点検を行わなければならない。

　塔側の斜材定着部には各種の定着方式があり，外観からその構造および変状を把握することが困難な場合もあるため，点検前に設計図書により定着方式などを確認し，点検項目および点検方

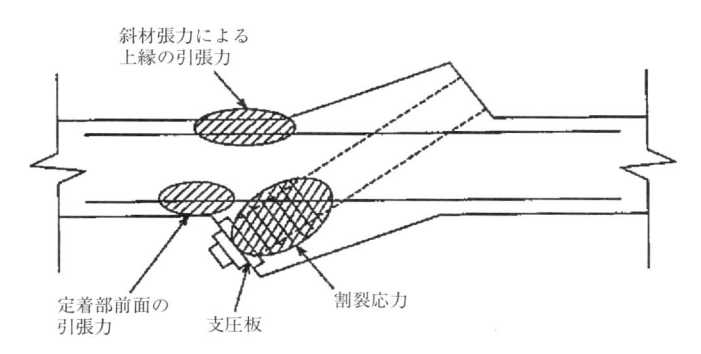

解説 図9.2.1　コンクリート構造の斜材定着部周辺に生じる局部応力の例

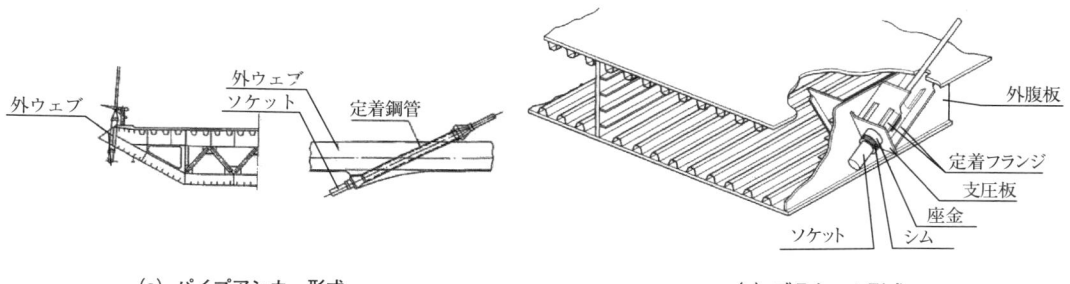

（a）パイプアンカー形式　　　　　　　　　　　　　（b）ブラケット形式

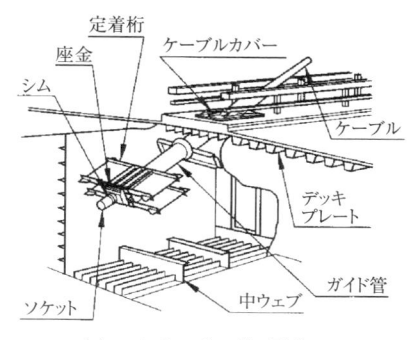

（c）アンカーガーダー形式

解説 図 9.2.2　鋼構造の斜材定着部の例

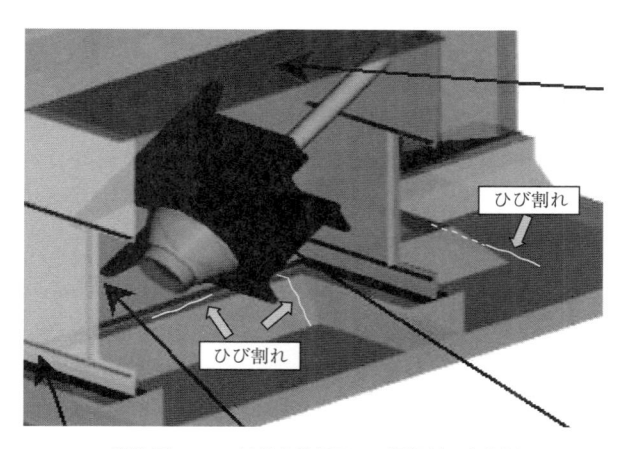

解説 図 9.2.3　斜材定着部周辺の鋼部材の変状例

法を決定しなければならない。

　また，塔形状および斜材定着部の塔断面形状はさまざまであり，それぞれの形状に合わせた点検計画を作成し，あらかじめ点検機器などを設けておき，点検を行う必要がある。点検設備が設置された塔内部の例を解説 図 9.2.4 に示す。

⑤　サドル部

　主としてエクストラドーズド橋に用いられるサドル部は，斜材の取り換えが可能なように内管および外管を有する二重管構造となっている。変動荷重や地震荷重によって斜材に生じる張力差

解説 図 9.2.4　揖斐川橋の塔内部

の伝達機構は，内管と斜材を固定する方法が採用されている例が多い。また，内管内がセメント
グラウトされており，斜材交換時には内管とともに交換する構造となっている事例もある。この
ように，サドル部は外観からその構造および変状を把握することが困難な場合もあるため，点検
前に設計図書によりサドル構造を確認し，点検項目および点検方法を決定しなければならない。

　さらに，サドル部コンクリートに斜材半径方向に働く腹圧力によって割裂応力が発生している
ことに留意が必要である。

⑥　斜材

　斜材は斜ケーブル，定着具，制振装置，保護管，充填材によって構成されている。したがって，
これらの構成部位ごとに点検項目と点検方法を定める必要がある。

　斜ケーブルは斜材の自由長部を構成する主要な部位であり，その材料は鋼より線，鋼線，鋼棒
などである。斜ケーブルの保有張力は斜材の健全性にはほとんど影響しないが，主桁の健全性を
確認するうえで非常に重要な項目である。したがって，斜ケーブルの保有張力が要因と推定され
る主桁の変状，斜ケーブルの振動や異常なたわみが確認された場合には，保有張力の調査を行う
のがよい。斜ケーブルの保有張力の調査方法は強制振動法が一般的であるが，磁歪センサによる
方法，斜材のサグを計測する方法，ロードセルを定着具にあらかじめ設置しておく方法もある。

　強制振動法の場合，保有張力の算出は式（9.2.1）による。

$$T = 4L^2 f^2 m \tag{9.2.1}$$

ここに，

　T：斜材の張力（N）

　L：斜材の自由長（m）

　f：斜材の 1 次振動数（1/s）

　m：斜材の単位質量（kg/m）

実橋においては自由長や単位質量が不確定であることが多いため，式（9.2.1）により求めら
れる張力は真値に対して誤差を含んでいると考えられる。そのため，施工時や初期点検時に式

（9.2.1）による初期張力を求めておき，以後の点検ではその初期張力に対する相対値で保有張力を判断することとなる。なお，施工時や初期点検時の保有張力の調査は全数に対して行っておくのが望ましいが，以後の点検時における保有張力の調査は必ずしも全数に対して行う必要はなく，点検費用や点検期間の制約によっては一部の斜ケーブルに対する調査でもよい。一般的には，斜ケーブル長の短いもので調査を行うことが簡便である。

　また，複数の高次の固有振動数とモード次数の関係式から直接，張力と曲げ剛性を同時に求める新しい高次振動法が実用化されており，吊橋や斜張橋などでは十分な精度を有していることが確認されている[1]。

　斜ケーブルの振動は風により引き起こされる場合が多い。斜ケーブルの振動は，風速・風向ばかりではなく，降雨・気温・日射などによっても影響されるため，ある風速・風向で振動していなくても，突然振動を始める場合がある。そのため，日常点検時に振動の様子を重点的に観察するのがよい。

　斜材定着部の例を解説 図 9.2.5 に示す。定着具は斜材張力を円滑に主桁に伝達させるための主要な部位であり，定着具の損傷・変形は斜材張力のロスにつながり，構造系全体の安全性に対して致命傷となる可能性がある。したがって，張力変動による疲労に対する安全性確保，定着部の耐久性確保が重要であることを理解して，適切な点検を行わなければならない。定着具は，一般的には目視により点検を行うが，詳細調査では変状の有無を確認するため超音波探傷試験が実施される例がある。

　定着具の点検における留意点として，雨水が斜材を伝わって定着部に侵入する事例がある。斜材定着部の変状事例を解説 図 9.2.6 および解説 図 9.2.7 に示す。主桁側の定着具に用いられるネオプレンゴムが気象作用の影響によりひび割れたり消失したりすることがあり，ここから水分が斜材定着具カバー内に侵入するとの報告がある。

　制振装置にはオイルダンパー，高粘度の粘性体のせん断抵抗力を利用した粘性せん断型ダン

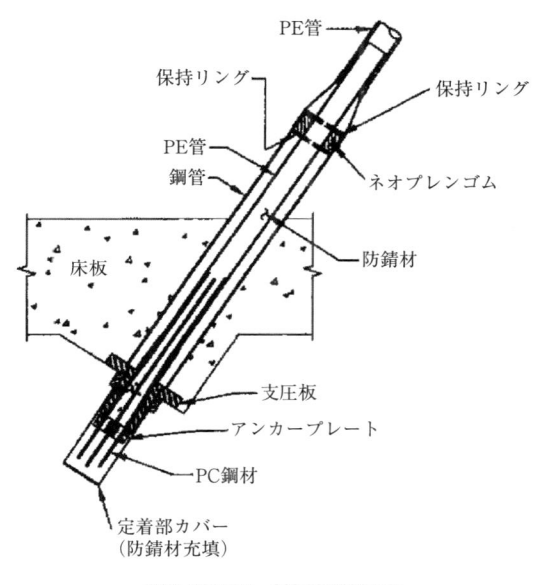

解説 図 9.2.5　斜材定着部の例

解説 図 9.2.6　斜材定着部ネオプレンゴムの例

解説 図 9.2.7　斜材定着部カバー内の浸入事例

パー，高減衰ゴムなどを使用したゴムダンパーが採用されている。オイルダンパーは歴史がもっとも古いが，1990 年以降はケーブル制振装置として開発された粘性せん断型ダンパー，高減衰ゴムダンパーが採用されている傾向がある。斜張橋では，ワイヤーやスペーサーによって並列するケーブル間を連結し，振動数の増加と減衰付加による制振装置も採用されている。制振装置の例を解説 図 9.2.8 に示す。

　保護管は鋼管や高密度ポリエチレン管が使用される事例が多い。また，制振対策として表面にディンプル加工のような特殊な処理がなされている場合もある。保護管の損傷・変形や塗装の劣

（a）　粘性せん断ダンパータイプの制振装置の例

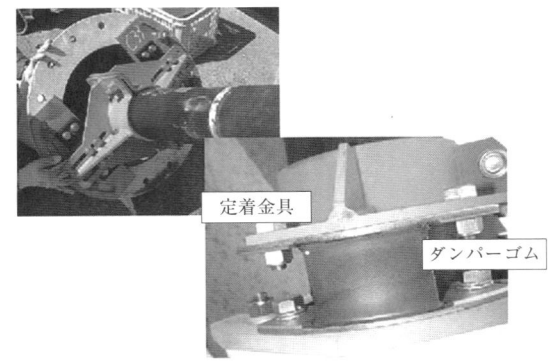

定着金具

ダンパーゴム

（b）　高減衰ゴムダンパータイプの制振装置の例

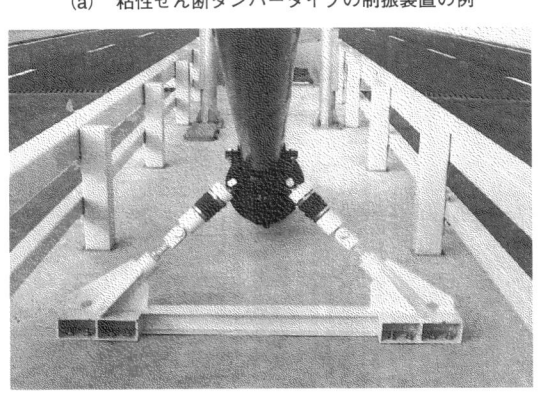

（c）　オイルダンパータイプの制振装置の例 [6]

（d）　ケーブル相互連結方式の制振装置の例 [6]

解説 図 9.2.8　制振装置の例

化に起因して，劣化因子の浸入による腐食や斜材システムが振動しやすくなることにともなう疲労による破断のおそれがあるため，入念に点検する必要がある。

　充填材には，セメントグラウト，モルタル，グリースなどが使用される事例が多い。不完全なセメントグラウト充填による斜ケーブルや定着具の腐食が報告されていることからも，斜材の防錆・防食に重要であることを理解して点検を行わなければならない。また，斜ケーブル，定着具前面パイプ内，定着具背面でおのおの異なる材料が使用されることが多いため，点検前に設計図書により充填材の仕様を確認し，使用箇所ごとに点検する必要がある。

⑦　支承

　支承は主桁，塔，下部構造間において荷重，変位などを伝達，抵抗，追随させるための装置である。橋梁全体の安全性，耐久性に関わる重要な部材であることから，支承が求められる機能は確実に保持される必要がある。

　斜張橋およびエクストラドーズド橋では，桁端部に浮き上がり防止構造が設置されている場合

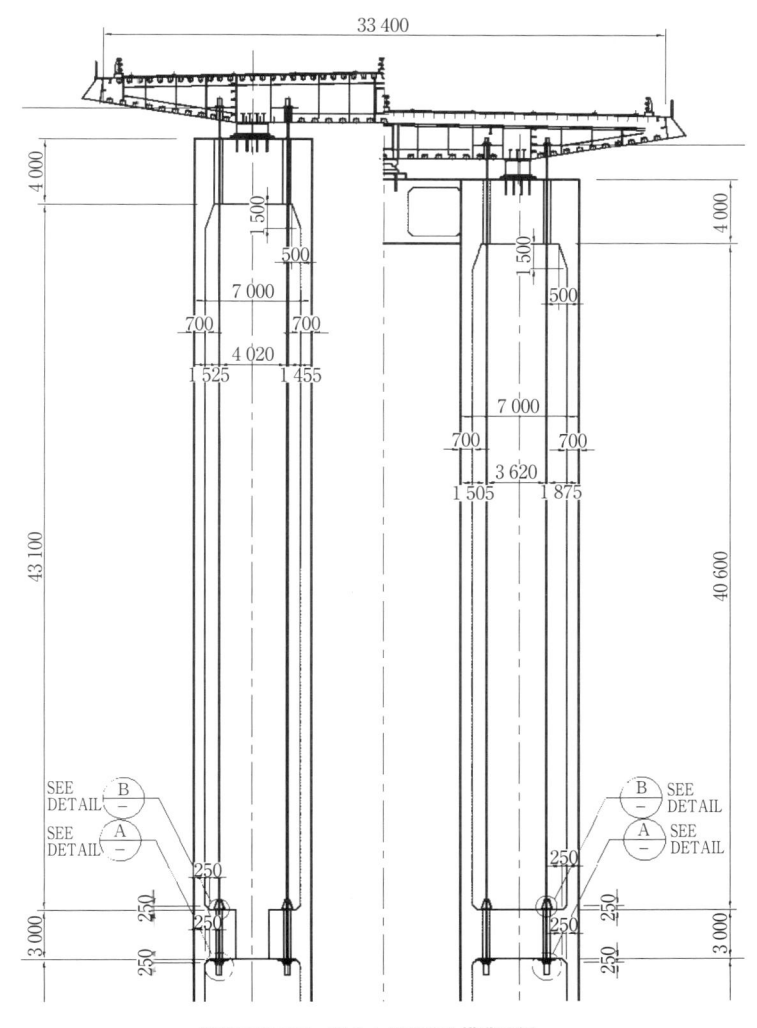

解説 図 9.2.9　浮き上がり防止構造の例

がある。浮き上がり防止構造の例を解説 図9.2.9 に示す。浮き上がり防止構造の点検は，滞水しやすい橋座面や下部工内マンホールから定着具の変状を確認するのがよい。

9.2.2　着目点の点検方法

　斜張橋およびエクストラドーズド橋における点検の方法は，近接目視によることを基本とし，必要に応じて触診や打音，非破壊試験などを併用するものとする。

【解　説】

（1）について　　斜張橋およびエクストラドーズド橋における着目点の点検・調査は，主桁や床版などの部位・部材では，基本的には一般の橋梁と同様に実施できる。しかし，斜材や塔など一般の橋梁にない部位・部材では，想定される変状に対する点検項目と変状の程度の把握が可能な精度で実施できる点検方法を定めなければならない。点検種別や点検対象によって点検方法が異なることから，それぞれにもっとも適した方法によって異常，変状の有無を確認することを基本とする。

　部位・部材で分類した斜張橋およびエクストラドーズド橋の固有の着目点の点検項目および実績のある点検方法を以下に示す。

（ⅰ）　主桁側の斜材定着部（コンクリート構造）

　コンクリート構造の斜材定着部に関する代表的な点検方法を解説 表9.2.1 に示す。

（ⅱ）　主桁側の斜材定着部（鋼構造）

　鋼構造の斜材定着部に関する代表的な点検方法を解説 表9.2.2 に示す。

　定着部周辺のボルト，ソケット，座金，シムプレートなどのゆるみ，脱落は，鋼桁と同様に打音にて行う。目視で確認できないき裂（疲労き裂）を調査する場合には，鋼桁や鋼床版と同様に非破壊試験を適宜併用して行う。

解説 表9.2.1　斜材定着部（コンクリート構造）の点検方法

部材	点検項目	点検の標準的方法	必要に応じて採用できる方法の例
斜材定着部（コンクリート）	ひび割れ	目視，ひび割れ幅計測	写真撮影（画像解析による調査）
	剥離・鉄筋露出	Ⅱ編1章1.2.2による	
	漏水・エフロレッセンス		
	浮き		

解説 表9.2.2　斜材定着部（鋼構造）の点検方法

部材	点検項目	点検の標準的方法	必要に応じて採用できる方法の例
斜材定着部（鋼構造）	変形・座屈	目視	―
	ゆるみ・脱落	Ⅱ編2章2.2.2による	
	塗膜劣化・腐食		
	漏水・滞水		
	き裂（疲労）		

（iii）　塔

　塔に関する代表的な点検方法を**解説 表9.2.3** に示す。

　塔の点検は一般的な橋脚と同様に行ってよいが，点検位置や塔形状などの物理的な理由で近接目視を行えない場合は，同等の精度で変状の程度を評価できる点検方法を定めなければならない。

解説 表9.2.3　塔の点検方法

部材	点検項目	点検の標準的方法	必要に応じて採用できる方法の例
塔全体	傾斜・沈下	目視	測定（トランシット，傾斜計，GPS）
塔基部	ひび割れ		
	剥離・鉄筋露出	Ⅱ編1章1.2.2による	
	漏水・エフロレッセンス		
	浮き		

（iv）　鋼殻および塔側の斜材定着部

　鋼殻および塔側の斜材定着部に関する代表的な点検方法を**解説 表9.2.4** に示す。

　塔外回りの点検は橋面上からの近接目視を基本とする。点検位置や塔形状などの物理的な理由で近接目視を行えない場合は，同等の精度で変状の程度を評価できる点検方法を定めなければならない。セパレート定着や連結定着など塔内部での点検も近接目視を基本とする。

解説 表9.2.4　鋼殻および塔側の斜材定着部の点検方法

部材	点検項目	点検の標準的方法	必要に応じて採用できる方法の例
塔側定着部コンクリート	ひび割れ	目視，ひび割れ幅計測	写真撮影（画像解析による調査）
	剥離・鉄筋露出		
	漏水・エフロレッセンス	Ⅱ編1章1.2.2による	
	浮き		
鋼殻	損傷・変形		
	塗膜劣化・腐食	Ⅱ編2章2.2.2による	
	漏水・滞水		
	き裂（疲労）		
鋼殻内定着体	損傷，変形，腐食	目視	—

（v）　サドル部

　サドル部に関する代表的な点検方法を**解説 表9.2.5** に示す。

　サドル部の点検は橋面上からの近接目視を基本とする。点検位置や塔形状などの物理的な理由で近接目視を行えない場合は，同等の精度で変状の程度を評価できる点検方法を定めなければならない。

　なお，直接目視が不可能であるサドル内部の斜材は，サドル部の変状や斜材の張力から変状を推定せざるを得ない。したがって，点検にあたってはサドルカバーを外すなどにより，可能な限り内部まで直接目視で変状の有無を確認しなければならない。また，必要に応じて斜ケーブルの張力測定を行うのがよい。

解説 表 9.2.5　サドル部の点検方法

部材	点検項目	点検の標準的方法	必要に応じて採用できる方法の例
サドル部 コンクリート	ひび割れ	目視，ひび割れ幅計測	写真撮影（画像解析による調査）
	剥離・鉄筋露出	Ⅱ編 1 章 1.2.2 による	
	漏水・エフロレッセンス		
	浮き		
サドル端部	ケーブルのずれ，角折れ	目視	測定
	損傷，変形，腐食	Ⅱ編 2 章 2.2.2 による	
サドルカバー	損傷，変形，腐食		

（ⅵ）　斜材

　斜材に関する代表的な点検方法を解説 表 9.2.6 に示す。近接目視を行えない場合は，同等の精度で変状の程度を評価できる点検方法を定めなければならない。また，直接目視を行えないサドル内部の斜材などの変状が疑われる場合には，非破壊試験などの詳細調査の実施を検討しなければならない。

　斜材定着具は，一般の桁橋の主ケーブルとして使用される定着具と構造や防錆方法が異なる。基本的な点検項目は同じであるが，設計図書で斜材定着具の細部構造を確認したうえで，より詳細な点検項目を定めなければならない。

　制振装置の点検は，損傷・変形・さびなどの外観のほか，定着具カバーやゴムブーツを外して粘性体の漏れ・高減衰ゴムの劣化の状況を目視にて観察しなければならない。

解説 表 9.2.6　斜材の点検方法

部材	点検項目	点検の標準的方法	必要に応じて採用できる方法の例
斜ケーブル	張力	―	強制振動法，磁歪センサ
	振動	目視	
	破断	目視	過流探傷法，全磁束法，超音波探傷法
定着具	定着具の損傷，変形，腐食	目視，ファイバースコープ	超音波探傷法，X 線
	ゆるみ	目視，打音	―
	水分の浸入	目視，ファイバースコープ	―
制振装置	損傷，変形，劣化	目視	―
保護管	損傷，変形，腐食	目視，イメージセンサー	―
充填材	充填状況	―	超音波探傷法，X 線
	充填材の漏出	目視，イメージセンサー	

（ⅶ）　支承

　支承の点検・調査は，基本的には一般の橋梁と同様にⅣ編 1 章 1.2.2 により行う。浮き上がり防止構造に関する代表的な点検方法を解説 表 9.2.7 に示す。

解説 表 9.2.7　浮き上がり防止構造の点検方法

部材	点検項目	点検の標準的方法	必要に応じて採用できる方法の例
浮き上がり防止ケーブル	被覆材の破損，さび，腐食，変形，変色	目視	—
浮き上がり防止定着具	カバーの脱落，ナットの緩み，さび，腐食，変形，変色	目視	—

（2）について　　塔や斜材の点検・調査のためには，塔頂部や斜材定着部の点検設備と，そこに行くための昇降設備を事前に設けておく必要がある。昇降設備が設けられていない場合には，橋梁点検車の使用による直接目視のほか，ポールカメラ，工業用ビデオスコープ，マルチコプターなどの機器を使用して撮影した動画や静止画を用いる方法や，ロープアクセス手法による調査も採用されている。とくに斜材のケーブルや保護管は，全本数を近接目視にて行うことが困難な場合が多く，ケーブル検査車，自走式点検ロボットなどの機器の使用や，過流探傷法や全磁束法などの非破壊試験による調査も採用されている。自走式斜材点検装置による調査例を解説 図 9.2.10 に示す。橋面上での点検作業では交通規制が必要となる方法を計画する場合には，保全計画の作成段階で考慮しておかなければならない。

また，塔の傾斜の測定，主桁たわみ測定，斜材張力測定には，点検装置が必要となるため，橋梁計画や保全計画の作成段階で考慮しておかなければならない。

解説 図 9.2.10　自走式斜材点検装置による調査例 [2]

9.2.3　変状の把握
（1）　点検の結果，変状を発見した場合には，変状の種類ごとに状況を把握するものとする。この際，変状の状況に応じて，効率的な保全をするうえで必要な情報を詳細に把握するものとする。
（2）　変状は，部位・部材ごと，変状の種類ごとに変状の程度を a〜e の区分で記録するものとする。

【解　説】
（1），（2）について　　ここでは，斜張橋およびエクストラドーズド橋に特有の事項について記載する。なお，現時点で報告されている数例の重篤な変状とあわせて，実験や構造解析に関する既

存の論文や構造形状などから想定される変状とその程度についても記載する。

　部位・部材で分類した斜張橋およびエクストラドーズド橋の固有の着目点の点検項目および変状の区分を以下に示す。

（ⅰ）　主桁側の斜材定着部（コンクリート構造）

　斜材定着部の点検項目に応じた変状の区分の例を解説 表9.2.8 に示す。

解説 表9.2.8　変状の区分（斜材定着部（コンクリート構造））

部材	点検項目	変状の程度				
		a	b	c	d	e
斜材定着部（コンクリート構造）	ひび割れ	変状なし	—	—	ひび割れが生じている。	ひび割れの進展，本数の増加が見られる。
	剥離・浮き	変状なし	—	浮きが生じている	剥離あるいは大きな浮きが生じている。	かぶりコンクリートが脱落する程度の剥離が生じている。
	鉄筋露出・腐食	変状なし	—	—	鉄筋露出が生じている。	鉄筋露出が生じ，腐食している。
	漏水・エフロレッセンス	変状なし	—	—	局部的に水やエフロレッセンスが滲出した形跡がある。	水やエフロレッセンスの滲出が見られる。

（ⅱ）　主桁側の斜材定着部（鋼構造）

　斜材定着部（鋼構造）の点検項目に応じた変状の区分の例を解説 表9.2.9 に示す。

解説 表9.2.9　変状の区分（斜材定着部（鋼構造））

部材	点検項目	変状の程度				
		a	b	c	d	e
斜材定着部（鋼構造）	変形・座屈	変状なし	—	—	局部的な変形が生じている。	大きな変形・座屈が生じている。
	ボルト，ソケット，座金，シムプレート等のゆるみ，脱落	変状なし	—	ボルト等にゆるみが生じている。	添接部に1箇所当たり1本以上の脱落がある。	添接部に1箇所当たり2本以上の脱落がある。
	塗膜劣化	Ⅱ編2章2.2.3による				
	腐食					
	漏水・滞水					
	き裂（疲労）					

（ⅲ）　塔

　塔の点検項目に応じた変状の区分の例を解説 表9.2.10 に示す。

解説 表 9.2.10　変状の区分（塔）

部材	点検項目	変状の程度				
		a	b	c	d	e
塔全体	傾斜，沈下	変状なし	—	—	—	傾斜や沈下が生じている。
塔基部	ひび割れ	変状なし	ひび割れ幅　小：0.2 mm 未満　ひび割れ間隔　小：0.5 m 以上	ひび割れ幅　小：0.2 mm 未満　ひび割れ間隔　大：0.5 m 未満 ひび割れ幅　中：0.2 mm 以上　0.3 mm 未満　ひび割れ間隔　小：0.5 m 以上	ひび割れ幅　中：0.2 mm 以上　0.3 mm 未満，ひび割れ間隔　大：0.5 m 未満 ひび割れ幅　大：0.3 mm 以上　ひび割れ間隔　小：0.5 m 以上	ひび割れ幅　大：0.3 mm 以上　ひび割れ間隔　大：0.5 m 未満
	剥離・浮き	変状なし	—	浮きが生じている。	剥離あるいは大きな浮きが生じている。	かぶりコンクリートが脱落する程度の剥離が生じている。
	鉄筋露出・腐食	変状なし	—	鉄筋露出が生じている。	鉄筋露出が生じ，腐食は軽微である。	鉄筋露出が生じ，著しく腐食している。
	漏水・エフロレッセンス	変状なし	—	ひび割れから漏水が生じている。	ひび割れからエフロレッセンスが生じている。	ひび割れから著しい漏水やエフロレッセンスが生じ，漏水にさび汁の混入が見られる。

（iv）　鋼殻および塔側の斜材定着部

塔側の斜材定着部の点検項目に応じた変状の区分の例を解説 表 9.2.11 に示す。

解説 表 9.2.11　変状の区分（塔側の斜材定着部）

部材	点検項目	変状の程度				
		a	b	c	d	e
定着部コンクリート	ひび割れ	変状なし	表面に極めて微細なひび割れ（0.05 mm 未満）が見られる。	微細なひび割れ（0.1〜0.05 mm 未満）が見られる。	鉛直方向または斜め方向にやや大きなひび割れ（0.1〜0.2 mm 未満）が見られる。	鉛直方向または斜め方向に大きなひび割れ（0.2 mm 以上）が見られる。
	剥離・浮き	変状なし	—	浮きが生じている。	剥離あるいは大きな浮きが生じている。	かぶりコンクリートが脱落する程度の剥離が生じている。
	鉄筋露出・腐食	変状なし	—	—	鉄筋露出が生じている。	鉄筋露出が生じ，腐食している。
	漏水・エフロレッセンス	変状なし	—	—	局部的に水やエフロレッセンスが滲出した形跡がある。	水やエフロレッセンスの滲出が見られる。
鋼殻	損傷・変形	変状なし	—	—	局部的な変形が生じている。	大きな損傷・変形が生じている。
	塗膜劣化	Ⅱ編 2 章 2.2.3 による				
	腐食					
	漏水・滞水					
	き裂（疲労）					

（ⅴ）　サドル部

サドル部の点検項目に応じた変状の区分の例を解説 表 9.2.12 に示す。

解説 表 9.2.12　変状の区分（サドル部）

部材	点検項目	変状の程度				
		a	b	c	d	e
サドル部コンクリート	ひび割れ	変状なし	表面に極めて微細なひび割れ（0.05 mm 未満）が見られる。	微細なひび割れ（0.1〜0.05 mm 未満）が見られる。	鉛直方向または斜め方向にやや大きなひび割れ（0.1〜0.2 mm 未満）が見られる。	鉛直方向または斜め方向に大きなひび割れ（0.2 mm 以上）が見られる。
	剥離・浮き	変状なし	―	浮きが生じている。	剥離あるいは大きな浮きが生じている。	かぶりコンクリートが脱落する程度の剥離が生じている。
	鉄筋露出・腐食	変状なし	―	―	鉄筋露出が生じている。	鉄筋露出が生じ，腐食している。
	漏水・エフロレッセンス	変状なし	―	―	局部的に水やエフロレッセンスが滲出した形跡がある。	水やエフロレッセンスの滲出が見られる。
サドル端部	ケーブルのずれ，角折れ	変状なし	―	―	―	斜材と偏向管にずれが生じている。
	損傷，変形，腐食	変状なし	―	―	局部的な損傷・変形・腐食が生じている。	大きな損傷・変形・腐食が生じている。
サドルカバー	損傷，変形，腐食	変状なし	―	―	局部的な損傷・変形・腐食が生じている。	大きな損傷・変形・腐食が生じている。

（ⅵ）　斜材

　斜材の点検項目に応じた変状の区分の例を解説 表 9.2.13 に示す。

　斜ケーブルの保有張力の減少量は，変状の区分によらず主桁に与える影響をもとに橋梁ごとに評価しなければならない。点検時の変状の区分に用いる保有張力の減少量の目安は，鋼材に対する材料係数が 1.05 であること，疲労限界状態に対する部材係数が 1.0〜1.1 かつ構造物係数が 1.0〜1.1 であること，強制振動法による測定誤差が 10 ％ 程度あることを考慮して，初期値から 30 ％ 以上減少している場合は変状の区分 e とした。

　斜ケーブルの破断は，変状の程度によらず変状の区分 e とした。斜ケーブルに平行線ケーブルや PC より鋼線を使用している場合，素線の破断は目視のほか保有張力の減少により確認できる。斜ケーブルに高強度ワイヤーを用いた場合は使用本数が多いため，破断本数が主桁に与える影響をもとに橋梁ごとに評価しなければならない。

　斜材の振動については，風により発生することが多く，主に以下の現象に分類される[3]。

　・レインバイブレーション

　　降雨を伴ったある方向の風が作用した場合に発生する斜材自身の振動。斜材の上下面に 2 本の水路が形成され，斜材断面が空気力学的に不安定な形状となることで顕在化する。

　・共振

　　斜張橋・エクストラドーズド橋の他の部材（主桁など）の振動により，斜材が共振する現象。

　・ギャロッピング

自励振動の一種であり，風向直角方向の曲げ 1 自由度の空力不安定振動現象。

・渦励振

　斜材に渦が周期的に作用して振動が起こる現象。作用する渦は，カルマン渦の放出または物体から剥離した流れが渦を形成することにより発生する。

・ウェークギャロッピング

　並列する斜材において，上流側斜材と下流側斜材の相互干渉により自励的な流体力が発生し，主に下流側の斜材が振動する現象。

・バフェッティング

　自然風の突発的変動により生じる不規則振動。

　制振装置の損傷，変形，さび，粘性体の漏れ（オイルダンパー，粘性せん断ダンパー），高減衰ゴムの破損や劣化（高減衰ゴムダンパー）があった場合には，斜ケーブルの振動および疲労に影響を与えるので，変状の程度を詳細に記録しなければならない。

解説 表 9.2.13　変状の区分（斜材）

部材	点検項目	変状の程度				
		a	b	c	d	e
斜ケーブル	張力	変状なし	初期値からの減少が微小である。	初期値から 5 % 以上減少している。	初期値から 15 % 以上減少している。	初期値から 30 % 以上減少している。
	振動	変状なし	微小かつ短時間の振動が観察される。	微小な振動が長時間観察される。	大きな振動が観察される。	大きな振動が常時発生している。
	破断	変状なし	—	—	—	破断，大きな損傷・変形・破損が生じている。
定着具	定着具の損傷，変形，腐食	変状なし	—	—	局部的な損傷・変形・腐食が生じている。	大きな損傷・変形・腐食が生じている。
					—	定着具にき裂，ひび割れ，腐食による断面欠損が生じている。
	ゆるみ	変状なし	—	—	—	くさびあるいは定着ナットが緩んでいる。
	水分の浸入	変状なし	—	—	局部的に水が浸入・滲出した形跡がある。	水が浸入・滲出している。
制振装置	損傷，変形，さび，粘性体の漏れ，高減衰ゴムの破損等	変状なし	—	—	局部的な損傷・変形・破損が生じている。	大きな損傷・変形・破損が生じている。
保護管	損傷，変形，腐食	変状なし	—	変色，劣化が見られる。	局部的な損傷・変形・腐食が生じている。	大きな損傷・変形・腐食が生じている。
充填材	充填状況	変状なし	—	—	充填材が漏出した形跡がある。	充填材が漏出している。
	充填材の漏出					

（ⅶ）　支承

　橋梁構造物に共通の支承部についてはⅣ編 1 章 1.2.3 によることとし，本項では，斜張橋およびエクストラドーズド橋の桁端部に設置される浮き上がり防止構造の点検項目に応じた変状の区分の例を解説 表 9.2.14 に示す。

解説 表 9.2.14　変状の区分（浮き上がり防止構造）

部材	点検項目	変状の程度				
		a	b	c	d	e
浮き上がり防止ケーブル	被覆材の破損，さび，腐食，変形，変色	変状なし	被覆材に破損や変形が見られる。	被覆材に破損や変形し，ケーブルにさびが見られる。	被覆材が大きく破損し，ケーブルに腐食やさびが見られる。	被覆材が大きく破損し，ケーブルが著しく腐食している。
浮き上がり防止定着具	カバーの脱落，ナットの緩み，さび，腐食，変形，変色	変状なし	定着具に軽微な変状が見られる。	定着具の一部に変状が見られる。	定着具の半分程度の領域に変状が見られる。	定着具全面にわたって変状が見られる。

9.3　詳細調査

（1）　定期点検を行った結果，構造物に変状が確認され，劣化機構の推定や予測，評価および判定のために，より詳細な情報が必要と判断された場合には，詳細調査を行うものとする。
（2）　詳細調査の項目は，定期点検の結果を参考に，目的に応じた項目を選定し，斜張橋およびエクストラドーズド橋の特徴を考慮した適切な方法により実施するものとする。

【解　説】
（1）について　　本マニュアル作成時点では，斜張橋およびエクストラドーズド橋に特有の変状とされる事例報告が少なく，発生した変状に対して，目視などの標準的な点検方法による要因の確定は難しいことが想定される。
　　また，ここで取り扱う特有の部材は，斜張橋およびエクストラドーズド橋の構造安全性を確保するうえで重要性が高く，詳細調査を実施して変状要因を確定し，今後の保全計画において適切な対応を行うためのデータを蓄積していく必要がある。
（2）について　　斜張橋およびエクストラドーズド橋の詳細調査の項目は，最小限の調査項目で要因，進行度などの情報が得られるように計画しなければならない。そのためには，現況の変状から想定される要因をあらかじめ絞り，それを確認または立証するための調査を行うのがよい。
　　斜張橋およびエクストラドーズド橋に特有の部材に用いられる詳細調査の例を解説 表9.3.1 に，斜材に用いられる詳細調査の例を解説 表9.3.2 に示す。

解説 表 9.3.1　詳細調査の例

詳　細　調　査　の　方　法		得　ら　れ　る　情　報　の　例
非破壊試験機器を用いる方法	反発度に基づく方法	反発度法	①コンクリートの強度
	電磁誘導を利用する方法	鋼材の導電性および磁性を利用する方法・コンクリートの誘電性を利用する方法	①コンクリート中の鋼材の位置，径，かぶり ②PC鋼材の張力 ③コンクリートの含水状態
	磁性体を利用する方法	磁粉探傷試験	①鋼部材のひび割れ
	弾性波を利用する方法	打音法 超音波法 衝撃弾性波法 アコースティック・エミッション 超音波探傷試験	①コンクリートの圧縮強度，弾性係数などの品質 ②コンクリートのひび割れ深さ ③コンクリート中の浮き，剥離，空隙 ④コンクリート厚さなどの部材寸法 ⑤シース内のグラウトの充填状況・PC鋼材の破断の有無 ⑥鋼部材のひび割れおよび溶接部の欠陥
	電磁波を利用する方法	X線法 電磁波レーダ法 赤外線法	①コンクリート中の鋼材の位置，径，かぶり ②コンクリート中の浮き，剥離，空隙 ③コンクリートのひび割れの分布状況 ④シース内のグラウトの充填状況 ⑤鋼部材のひび割れおよび溶接部の欠陥
	電気化学的方法	自然電位法 分極抵抗法 四電極法	①コンクリート中の鋼材の腐食傾向 ②コンクリート中の鋼材の腐食速度 ③コンクリートの電気抵抗
	振動を利用する方法		①PC鋼材の張力
	塗料などの浸透液を利用する方法		①鋼部材のひび割れ
	光ファイバースコープを用いる方法		①コンクリート内部の状況 ②シース内のグラウトの充填状況
局部的に材料を切り出す方法		コア採取による方法 はつりによる方法 ドリル削孔粉を用いる方法 鋼材を採取する方法	①ひび割れ深さ ②コンクリートの圧縮強度，引張強度，弾性係数(載荷試験) ③コンクリートの中性化深さ ④コンクリートの分析(化学分析，蛍光X線分析，X線回折，熱分析，光学顕微鏡，偏光顕微鏡，走査電子顕微鏡，EPMA) ⑤塩化物イオンの状況(塩化物イオン濃度および濃度分布) ⑥配合分析 ⑦コンクリートの解放膨張量および残存膨張量 ⑧コンクリートの透気性，通気性 ⑨細孔径分布 ⑩コンクリートの気泡分布 ⑪コンクリート中の鋼材の腐食状況(はつりによる方法) ⑫鉄筋の引張強度(鉄筋の採取による方法)

解説 表 9.3.2　斜材に用いられる詳細調査の例 [4]

詳細調査の方法		評価の方法と得られる情報
非破壊試験機器を用いる方法	過流探傷法	コイルに交流電流を流して磁界を発生させ，そのコイルを試験対象である導電性物質に近づけて移動させ，腐食状況に応じた信号の変化を検知することにより腐食の発生位置や腐食量を評価する方法
	全磁束法	ケーブルを軸方向に飽和磁化させたときにケーブル内部に流れる磁束(全磁束)を測定することによって，腐食などによるケーブルの断面欠損を定量的に評価する方法
	超音波探傷法	定着体端のワイヤ端部が露出した部分より超音波を送り，その反射波を検知することで断線を検出する方法(ボタンヘッド加工を施す平行線新定着法で海外の2～3件の橋梁に適用例あり)
レプリカ法		ケーブル表面のさびをワイヤブラシなどを用いて除去したのち，シリコン印象材を用いて外層素線表面腐食形態のレプリカを採取し，断面マクロ観察や拡大観察を行うことによって素線の断面状況を評価する方法
強制振動法		ケーブルの曲げ振動方程式から導いた振動法によりケーブルの張力を算出する方法

9.4　点検結果の評価および判定

9.4.1　評　　価

　点検や詳細調査によって得られた情報に基づき，斜張橋およびエクストラドーズド橋の構造的な特徴や環境条件などを考慮して変状の要因を推定し，評価しなければならない。

【解　説】

　ここでは，斜張橋およびエクストラドーズド橋に特有の事項について記載する。なお，現時点で報告されている数列の重篤な変状とあわせて，実験や構造解析に関する既存の論文や構造形状などから想定される変状要因について記載する。

　点検結果から性能評価を行うにあたり，橋梁構造物としての安全性に対する構造種別ごと，部材種別ごとに重要度が異なるため，着目点および点検項目ごと区分して評価するものとする。

（ⅰ）　主桁側の斜材定着部（コンクリート構造）

（ⅱ）　主桁側の斜材定着部（鋼構造）

　斜材定着部は斜材張力を主桁に円滑に伝達するとともに，斜材張力による局部応力に抵抗する耐荷性能を有する構造となっている。斜材定着部の性能評価においては，これらの役割や性能が十分に発揮できる状態にあるかどうかを見極める必要がある。したがって，対象とする斜材定着部の構造特性を理解し，適切な方法により性能評価を行わなければならない。

　鋼構造の斜材定着部の変形・座屈，著しい腐食およびひび割れがみられる場合は，耐荷力が失われる可能性があるので，すみやかに適切な調査方法を用いて詳細点検のうえ，適切な対策を行わなければならない。

　塗膜劣化などの性能評価は，構造物の残存予定供用期間，重要度，保全管理区分，景観性などを考慮のうえ，適切に行わなければならない。

　斜材定着装置に腐食がある場合は，すみやかに防錆処理を行う。き裂や変形がある場合は，斜ケーブルが抜け出したり張力が低下したりする恐れがあるため，すみやかに補修または交換を行う。水分の侵入が見られる場合は，水分が侵入した経路を調査して対策を講じるとともに，水分を排出しなければならない。

（ⅲ）　塔

　斜張橋およびエクストラドーズド橋において塔は，軸方向力，曲げモーメントなどに対する耐荷力とともに耐久性が要求される重要な部材であり，特有の構造特性を有する。したがって，塔の構造特性を理解したうえで，適切な方法により性能評価を行わなければならない。

（ⅳ）　鋼殻および塔側の斜材定着部

　鋼殻および塔側の斜材定着部には各種の定着方式があり，それぞれ耐荷力，耐久性に関する要求性能が異なることを考慮して，適切な方法により性能評価を行わなければならない。

　変状要因が斜材張力に起因すると推定される場合は，詳細調査によりその要因を調査し，斜材に対しても対策を講じなければならない。

（ⅴ）　サドル部

主としてエクストラドーズド橋に用いられるサドル部は，取り換え可能な二重管構造の採用，斜材の張力差に対処するための内管と斜材を固定する方法，サドル部コンクリートに斜材半径方向に働く腹圧力によって割裂応力が発生していることなどの構造特性を理解したうえで，適切な方法により性能評価を行わなければならない。

なお，直接目視が不可能であるサドル内部の斜材は，サドル部の変状や斜材の張力から変状を推定せざるを得ない。サドル部に生じている変状や斜材の張力低下など，サドル内部の斜材の変状が疑われる場合には，詳細調査によりサドル内部の斜材の状況を確認しなければならない。

サドル端部にケーブルのずれが発生している場合には，サドル内の斜ケーブルの張力を固定している部材が変状している恐れがあるので，発生要因を調査して対策を講じる必要がある。

（vi） 斜材

斜材は斜ケーブル，制振装置，定着具，制振装置，保護管，充填材によって構成されている。したがって，これらの構成部位ごとに性能評価を行わなければならない。

斜ケーブルは疲労や風などによる振動の影響を受けやすく，場合によっては破断する可能性がある。斜張橋およびエクストラドーズド橋の斜ケーブルの破断は致命的であるため，破断していないことを確認する必要があり，保有張力と初期張力の関係から性能評価を行わなければならない。斜ケーブルの供用時の張力は，斜張橋では引張強度の 40 % 以下に，エクストラドーズド橋では引張強度の 60 % 以下とする設計が行われている。したがって，点検による張力計測結果が設計時に設定された値を超える場合は，十分な検討が必要となる。張力の最小値は，張力の低下により主桁などのひび割れやその他の変状を発生させない値を算定し，これを限界値として性能評価を行う必要がある。斜材の張力がこれら限界値を超える場合は，斜ケーブルの破断や定着具の変状の恐れがあるので，詳細調査を実施して変状要因を明らかにする必要がある。

斜ケーブルの定期点検間の張力変動については，張力測定の誤差が現状では一般に数 % あることなどから，前述の張力の最大値と最小値との範囲にありかつ前回の計測値との差が 10 % 程度以上の場合は，詳細な検討や調査が必要と考えてよい。

また，斜ケーブルは風などによる振動により発生する曲げ疲労（定着部近傍の角変化）に対しては，制振装置により一定の振幅以下となるよう制御されている。したがって，対象橋梁の振幅の限界値を超えた振動が確認された場合は，すみやかに制振装置の詳細調査を行い，制振装置の交換などの対策を講じなければならない。損傷，変形，さび，粘性体の漏れ，高減衰ゴムの破損や劣化があった場合には，すみやかに補修または交換などを行う必要がある。

斜ケーブルに高強度ワイヤーが用いられている場合は使用本数が多く，どの程度破断した場合に緊急的な対策を講じる必要があるかの判断が重要となる。このような場合には，米国の規準である PTI（Post-Tensioning Institute, PTI DC45.1-12: Recommendations for Stay-Cable Design, Testing, and Installation など）が参考にできる。

（vii） 支承

支承は主桁，塔，下部構造間において荷重，変位などを伝達，抵抗，追随させるための装置である。橋梁全体の安全性，耐久性に関わる重要な部材であることから，支承が求められる機能は確実に保持される必要がある。浮き上がり防止構造においても，設計で求められる機能をよく理解したうえで，適切な方法により性能評価を行わなければならない。

9.4.2　対策の要否判定

　対策区分の判定は，点検結果および詳細調査を基に，劣化進行の予測および構造物の性能評価を考慮して，対策区分の判定を行うものとする。

【解　説】

　斜張橋およびエクストラドーズド橋は，主桁，塔，斜材および橋脚で構成され，特有の構造特性や応力性状を有するため，部位・部材の特性を理解したうえで性能を評価し，対策の要否を判定しなければならない。変状に対する対策の要否判定は，点検結果に基づく性能評価の結果，将来の性能の予測結果が安全性，耐久性，第三者影響度，およびLCCを考慮した予防保全の観点から構造物の果たすべき機能を満足するか否かを指標として行う。

（ⅰ）　主桁側の斜材定着部（コンクリート構造）

　斜材定着部の変状の種類や程度に応じた評価基準の例を解説 表 9.4.1 に示す。

解説 表 9.4.1　対策区分の判定の目安（斜材定着部（コンクリート構造））

部材	点検項目	判定区分			
		B	C 1	C 2	E 1
斜材定着部（コンクリート構造）	ひび割れ	―	―	斜材定着部にせん断方向以外のひび割れが見られる。	斜材定着部にせん断ひび割れが見られる。
					（変状の程度の目安：e，d）
	剥離・浮き	―	局部的な浮きが見られる。	剥離あるいは大きな浮きがある。または，剥離（浮き）が散在している。	かぶりコンクリートが脱落する程度の剥離が生じている。
			（変状の程度の目安：c）	（変状の程度の目安：d）	（変状の程度の目安：e）
	鉄筋露出・腐食	局部的な鉄筋露出が見られる。	局部的な鉄筋露出が見られ，腐食している。	鉄筋露出が著しく鉄筋の腐食が進行している。	鉄筋露出が著しく鉄筋の断面欠損が進行している。
		（変状の程度の目安：d）	（変状の程度の目安：e）		
	漏水・エフロレッセンス	局部的に水やエフロレッセンスが滲出した形跡があるが，乾燥している。	局部的に水やエフロレッセンスの滲出が見られるが，小規模である。	水やエフロレッセンスの滲出が著しく，鋼材を腐食させていることが認められる。	―
		（変状の程度の目安：d）		（変状の程度の目安：e）	

（ⅱ）　主桁側の斜材定着部（鋼構造）

　斜材定着部（鋼構造）の変状の種類や程度に応じた評価基準の例を解説 表 9.4.2 に示す。

解説 表 9.4.2　対策区分の判定の目安（斜材定着部（鋼構造））

部材	点検項目	判定区分			
		B	C 1	C 2	E 1
斜材定着部（鋼構造）	変形・座屈	—	—	局部的な変形が生じている。	大きな変形・座屈が生じ，構造物の耐荷力に影響を及ぼす恐れがある。
				（変状の程度の目安：d）	（変状の程度の目安：e）
	ボルト，ソケット，座金，シムプレート等のゆるみ，脱落	—	添接部に1箇所当たり1本以上の脱落がある。	主部材の添接部に1箇所当たり2本以上の脱落がある。	—
			（変状の程度の目安：d）	（変状の程度の目安：e）	
	塗膜劣化	—	全体的に塗膜のひび割れ，はがれ，ふくれまたはさびなど，発生している面積が小さい。	全体的に塗膜のひび割れ，はがれ，ふくれまたはさびなど，発生している面積が大きい。	—
			（変状の程度の目安：d）	（変状の程度の目安：e）	
	腐食	—	減厚や孔食に進行する恐れのある腐食やさびが見られる。	腐食により部材に減厚が生じている。	腐食により主部材に孔食や著しい断面減少が生じ，構造物の耐荷力に影響を及ぼす恐れがある。
			（変状の程度の目安：d）	（変状の程度の目安：e）	
	漏水・滞水	—	少量の滞水が見られる。	多量の滞水が見られる。	—
			（変状の程度の目安：d）	（変状の程度の目安：e）	
	き裂（疲労）	—	—	ひび割れが発生している。	溶接線長の2/3以上の長さにひび割れが進展している。
				（変状の程度の目安：e）	

（iii）　塔

　塔の変状の種類や程度に応じた評価基準の例を解説 表 9.4.3 に示す。

解説 表 9.4.3　対策区分の判定の目安（塔）

部材	点検項目	判定区分			
		B	C 1	C 2	E 1
塔全体	傾斜, 沈下	—	継続観測が必要な傾斜や沈下が生じている。	ただちに構造安全性に影響するレベルではないが，注意を要する傾斜や沈下が生じている。	ただちに構造安全性に影響するレベルの傾斜や沈下が生じている。
				（変状の程度の目安：e）	
塔基部	ひび割れ	継続観測が必要なひび割れが生じている。	耐久性に影響するレベルのひび割れが生じている。	ただちに構造安全性に影響するレベルではないが，注意を要するひび割れが生じている。	ただちに構造安全性に影響するレベルのひび割れが生じている。
		（変状の程度の目安：d）		（変状の程度の目安：e）	
	剥離・浮き	—	局所的な浮きが見られる。	剥離または浮きが確認される。	かぶりコンクリートが脱落する程度の剥離が生じている。
			（変状の程度の目安：d）	（変状の程度の目安：e）	
	鉄筋露出・腐食	局部的な鉄筋露出が見られる。	局部的な鉄筋露出が見られ，腐食している。	鉄筋露出が著しく鉄筋の腐食が進行している。	鉄筋露出が著しく鉄筋の断面欠損が進行している。
		（変状の程度の目安　c）	（変状の程度の目安：d）	（変状の程度の目安：e）	
	漏水・エフロレッセンス	局部的に水やエフロレッセンスが滲出した形跡があるが，乾燥している。	局部的に水やエフロレッセンスの滲出が見られるが，小規模である。	水やエフロレッセンスの滲出が著しく，鋼材を腐食させていることが認められる。	—
		（変状の程度の目安：d）		（変状の程度の目安：e）	

（ⅳ）　鋼殻および塔側の斜材定着部

塔側の斜材定着部の変状の種類や程度に応じた評価基準の例を解説 表9.4.4 に示す。

解説 表9.4.4　対策区分の判定の目安（塔側の斜材定着部）

部材	点検項目	判定区分			
		B	C 1	C 2	E 1
定着部コンクリート	ひび割れ	継続観測が必要なひび割れが生じている。	耐久性に影響するレベルのひび割れが生じている。	ただちに構造安全性に影響するレベルではないが，注意を要するひび割れが生じている。	ただちに構造安全性に影響するレベルのひび割れが生じている。
			（変状の程度の目安：d）		（変状の程度の目安：e）
	剥離・浮き	—	局所的な浮きが見られる。	剥離または浮きが確認される。	かぶりコンクリートが脱落する程度の剥離が生じている。
			（変状の程度の目安：d）		（変状の程度の目安：e）
	鉄筋露出・腐食	局部的な鉄筋露出が見られる。	局部的な鉄筋露出が見られ，腐食している。	鉄筋露出が著しく鉄筋の腐食が進行している。	鉄筋露出が著しく鉄筋の断面欠損が進行している。
		（変状の程度の目安：c）	（変状の程度の目安：d）	（変状の程度の目安：e）	
	漏水・エフロレッセンス	局部的に水やエフロレッセンスが滲出した形跡があるが，乾燥している。	局部的に水やエフロレッセンスの滲出が見られるが，小規模である。	水やエフロレッセンスの滲出が著しく，鋼材を腐食させていることが認められる。	—
		（変状の程度の目安：d）	（変状の程度の目安：e）		
鋼殻	損傷・変形	—	—	局部的な変形が生じている。	構造安全性に影響する大きな損傷，変形が発生している。
				（変状の程度の目安：d）	（変状の程度の目安：e）
	塗膜劣化	—	全体的に塗膜のひび割れ，はがれ，ふくれまたはさびなど，発生している面積が小さい。	全体的に塗膜のひび割れ，はがれ，ふくれまたはさびなど，発生している面積が大きい。	—
			（変状の程度の目安：d）	（変状の程度の目安：e）	
	腐食	減厚や孔食に進行する恐れのある腐食やさびが見られる。	局部的に軽い程度の腐食が発生している。	定着体全体に腐食が生じている。	著しい断面減少が生じ，構造物の耐荷力に影響を及ぼす恐れがある。
		（変状の程度の目安：d）		（変状の程度の目安：e）	
	漏水・滞水	—	少量の滞水が見られる。	多量の滞水が見られる。	—
			（変状の程度の目安：d）	（変状の程度の目安：e）	
	き裂（疲労）	—	—	ひび割れが発生している。	溶接線長の2/3以上の長さにひび割れが進展している。
					（変状の程度の目安：e）

（ⅴ）　サドル部

サドル部の変状の種類や程度に応じた評価基準の例を解説 表9.4.5 に示す。

解説 表 9.4.5　対策区分の判定の目安（サドル部）

部材	点検項目	判定区分			
		B	C 1	C 2	E 1
サドル部コンクリート	ひび割れ	継続観測が必要なひび割れが生じている。	耐久性に影響するレベルのひび割れが生じている。	ただちに構造安全性に影響するレベルではないが，注意を要するひび割れが生じている。	ただちに構造安全性に影響するレベルのひび割れが生じている。
		（変状の程度の目安：d ）		（変状の程度の目安：e ）	
	剥離・浮き	―	局所的な浮きが見られる。	剥離または浮きが確認される。	かぶりコンクリートが脱落する程度の剥離が生じている。
			（変状の程度の目安：d ）	（変状の程度の目安：e ）	
	鉄筋露出・腐食	局部的な鉄筋露出が見られる。	局部的な鉄筋露出が見られ，腐食している。	鉄筋露出が著しく鉄筋の腐食が進行している。	鉄筋露出が著しく鉄筋の断面欠損が進行している。
		（変状の程度の目安：c ）	（変状の程度の目安：d ）	（変状の程度の目安：e ）	
	漏水・エフロレッセンス	局部的に水やエフロレッセンスが滲出した形跡があるが，乾燥している。	局部的に水やエフロレッセンスの滲出が見られるが，小規模である。	水やエフロレッセンスの滲出が著しく，鋼材を腐食させていることが認められる。	―
		（変状の程度の目安：d ）	（変状の程度の目安：e ）		
サドル端部	ケーブルのずれ，角折れ	―	―	―	斜材と偏向管にずれが生じている。
					（変状の程度の目安：e ）
	損傷，変形，腐食	―	軽微な変状が見られる。	―	比較的大きな変状が見られる。
			（変状の程度の目安：d ）		（変状の程度の目安：e ）
サドルカバー	損傷，変形，腐食	―	サドルカバーにゆるみがある。	―	サドルカバーが大きく外れるか変形している。
			（変状の程度の目安：d ）		（変状の程度の目安：e ）

（vi）　斜材

　斜材の変状の種類や程度に応じた評価基準の例を解説 表 9.4.6 に示す。

　斜ケーブルの破断は，変状の区分によらず E1 とした。斜ケーブルに高強度ワイヤーを用いた場合は使用本数が多いため，破断本数が主桁に与える影響をもとに橋梁ごとに判定しなければならない。

（vii）　支承

　橋梁構造物に共通の支承部については Ⅳ編 1 章によることとし，本項では，斜張橋およびエクストラドーズド橋の桁端部に設置される浮き上がり防止構造に関する評価基準の例を解説 表 9.4.7 に示す。

解説 表 9.4.6　対策区分の判定の目安（斜材）

部材	点検項目	判定区分			
		B	C 1	C 2	E 1
斜ケーブル	張力	—	継続観測が必要な張力低下が生じている。	ただちに構造安全性に影響するレベルではないが，注意を要する張力低下が生じている。	ただちに構造安全性に影響するレベルの張力低下が生じている。
			（変状の程度の目安：c）	（変状の程度の目安：d）	（変状の程度の目安：e）
	振動	—	継続観測が必要な振動が生じている。	ただちに構造安全性に影響するレベルではないが，注意を要する振動が生じている。	ただちに構造安全性に影響するレベルの振動が生じている。
			（変状の程度の目安：c）	（変状の程度の目安：d）	（変状の程度の目安：e）
	破断	—	—	—	破断，大きな損傷・変形・破損が生じている。
					（変状の程度の目安：e）
定着具	定着具の損傷，変形，腐食	定着具に軽微な変状が見られる。	定着具の一部に変状が見られる。	定着具の半分程度の領域に変状が見られる。	定着具全面にわたって変状が見られる。
		（変状の程度の目安：d）		（変状の程度の目安：e）	
		—	—	—	定着具にき裂，ひび割れ，腐食による断面欠損が生じている。
					（変状の程度の目安：e）
	ゆるみ	—	—	—	くさびあるいは定着ナットが緩んでいる。
					（変状の程度の目安：e）
	水分の浸入	水分が浸入した形跡がある。	水分が浸入している。	水分により定着具が腐食している。	水分により定着具が著しく腐食している。
		（変状の程度の目安：d）		（変状の程度の目安：e）	
制振装置	損傷,変形,さび,粘性体の漏れ,高減衰ゴムの破損等	軽微な変状が見られる。	比較的大きな変状が見られる。	変状により，斜ケーブルの振動が止まりにくい。	変状により，制震機能を喪失している。
		（変状の程度の目安：d）		（変状の程度の目安：e）	
保護管	損傷，変形，腐食	軽微な変状が見られる。	比較的大きな変状が見られる。	保護管の一部が損傷している。	変状により，保護機能を喪失している。
		（変状の程度の目安：c）	（変状の程度の目安：d）	（変状の程度の目安：e）	
充填材	充填状況充填材の漏出	充填材が漏出した形跡がある。	少量の充填材が漏出している。	充填材が漏出している。	多量の充填材が漏出し，防錆機能を損なう恐れがある。
		（変状の程度の目安：d）		（変状の程度の目安：e）	

解説 表 9.4.7　対策区分の判定の目安（浮き上がり防止構造）

部材	点検項目	判定区分			
		B	C 1	C 2	E 1
浮き上がり防止ケーブル	被覆材の破損,さび,腐食,変形,変色	被覆材に破損や変形が見られる。	被覆材に破損や変形し，ケーブルにさびが見られる。	被覆材が大きく破損し，ケーブルに腐食やさびが見られる。	被覆材が大きく破損し，ケーブルが著しく腐食している。
		（変状の程度の目安：b）	（変状の程度の目安：c）	（変状の程度の目安：d）	（変状の程度の目安：e）
浮き上がり防止定着具	カバーの脱落,ナットの緩み,さび,腐食,変形,変色	定着具に軽微な変状が見られる。	定着具の一部に変状が見られる。	定着具の半分程度の領域に変状が見られる。	定着具全面にわたって変状が見られる。
		（変状の程度の目安：b）	（変状の程度の目安：c）	（変状の程度の目安：d）	（変状の程度の目安：e）

9.5　対　　　策

　対策が必要と判定された場合には，構造物の重要性，保全管理区分，残存予定供用期間，劣化機構，構造物の性能低下の程度などを考慮して目標とする性能を定め，対策後の保全の容易さや経済性を検討したうえで，適切な種類の対策を選定し，実施するものとする。

【解　説】

ここでは，斜張橋およびエクストラドーズド橋に特有の事項について記載する。

（ⅰ）　主桁側の斜材定着部（コンクリート構造）

　コンクリート構造の斜材定着部に対する補修，補強の方法は，Ⅱ編1章1.5によることを基本とする。ただし，斜材張力による局部応力に抵抗する耐荷性能を有する構造であることから，とくにひび割れについては補修のみでなく，発生要因を十分に検討したうえで，必要に応じて適切な方法により補強を行わなければならない。

（ⅱ）　主桁側の斜材定着部（鋼構造）

　鋼構造の斜材定着部に対する補修，補強の方法は，Ⅱ編2章2.5によることを基本とする。ただし，コンクリート構造の斜材定着部と同様に，変形・座屈や疲労き裂については補修のみでなく，発生要因を十分に検討したうえで，必要に応じて適切な方法により補強を行わなければならない。

（ⅲ）　塔

　塔における補修，補強の方法は，Ⅱ編1章1.5によることを基本とする。ただし，一般的な橋脚と異なり，傾斜や沈下，ひび割れによる剛性低下などが斜材張力の減少の要因となり，構造安全性に大きな影響を及ぼすことを十分に勘案したうえで，適切な方法により補修，補強を行わなければならない。

（ⅳ）　鋼殻および塔側の斜材定着部

　鋼殻に対する補修，補強の方法は，Ⅱ編2章2.5に，塔側の斜材定着部（コンクリート構造）に対する補修，補強の方法は，Ⅱ編1章1.5によることを基本とする。鋼殻および塔側の斜材定着部の変状に対しても補修のみでなく，発生要因を十分に検討したうえで，必要に応じて適切な方法により補強を行わなければならない。

（ⅴ）　サドル部

　サドル部に対する補修，補強の方法は，Ⅱ編1章1.5によることを基本とする。ただし，コンクリート構造の斜材定着部と同様に，とくにひび割れについては補修のみでなく，発生要因を十分に検討したうえで，必要に応じて適切な方法により補強を行わなければならない。また，サドル内部の斜材の変状が認められる場合には，斜材の交換を検討しなければならない。

（ⅵ）　斜材

　斜材は斜ケーブル，定着具，制振装置，保護管，充填材によって構成されている。したがって，これらの構成部位ごとに適切な方法で補修，補強を行わなければならない。斜ケーブルの破断は致命的であるため，保有張力が初期張力から大きく減少している場合には，再緊張や交換などの

対策を講じなければならない。腐食の影響が懸念される場合には，斜ケーブルの交換を検討しなければならないが，斜ケーブルの交換は実績が少なく，腐食が軽微で取替えが困難な場合には，ケーブルの延命策を図るケースが多くある。亜鉛めっきケーブルのめっきが減少している場合，酸化重合型防食テープ巻きにより腐食進行を抑制する補修工法が実用化されている。

　制振装置の変状は斜材の損傷や破断につながる恐れがある。とくにダンパーでは，損傷，変形，さび，粘性体の漏れ，高減衰ゴムの破損や劣化があった場合には，すみやかに補修または交換を検討しなければならない。保護管，充填材は斜ケーブルの保護機能が確実に保持されるよう補修を行う必要がある。

　なお，斜材システムの変状事例と対策について，参考文献4）および5）にも詳述されているので，参考にするのがよい。

（vii）　支承

　斜張橋およびエクストラドーズド橋の桁端部に設置される浮き上がり防止構造に対する補修，補強の方法は，Ⅱ編2章2.5およびⅣ編1章1.5による。浮き上がり防止構造において，設計で求められる機能をよく理解したうえで，適切な方法により補修，補強を行わなければならない。

参考文献

1）　河村，奥村，細居，堀井：高次振動法による PC 外ケーブルの張力測定，プレストレストコンクリート，Vol.56，No.6，pp.41–46

2）　酒井，大橋：斜材点検用非破壊検査装置の開発と運用—自走式斜材点検装置—，コンクリート工学，Vol.55，No.8，2017.8，pp.651–656

3）　横山，上東，窪田：橋梁マネージメントシステム（JH–BMS）の構築，日本道路公団技術情報，No.170，2003.7

4）　酒井，白濱，細居：斜材システムの維持管理に関する現状と今後の課題，プレストレストコンクリート，Vol.58，No.5，pp.18–25

5）　酒井，白濱，細居：斜材システムと定着部の維持管理方法について—性能創造型設計法に基づく高耐久化を目指して—，プレストレストコンクリート，Vol.59，No.5，pp.49–56

6）　日本風工学会：日本風工学会誌，特集 橋梁ケーブルの制振対策，37 巻，第 4 号（通号第 133 号），平成 24 年 10 月

10 章　吊床版橋

10.1　適用の範囲

（1）　本章は，吊床版ケーブルの水平力を地盤に伝達させる他碇式吊床版橋の保全に適用するものとする。

（2）　保全にあたっては，吊床版橋の構造特性，設計手法，施工方法を考慮した適切な保全計画を策定しなければならない。

【解　説】

（1）について　　吊床版橋は，橋台や橋脚の間に張り渡した PC 鋼材を薄いコンクリートで包み込んで床版とした形式の橋である。吊床版橋には，その構造から橋台に大きな水平力が作用するが，この水平力は，床版取付け部，橋台を介して，グラウンドアンカーにて抵抗する構造（他碇式）が多く採用されている。この水平力の伝達機構（橋台内部での吊床版ケーブルとグラウンドアンカーの伝達構造，グラウンドアンカーの緩み等）が損なわれた場合，全体構造が成立しなくなり，落橋など致命的な変状に繋がる可能性があるため，保全によりこれらの兆候を早期に検知することが重要である。近年，橋台部に重大な変状が生じ，落橋にいたった事例（水鳥橋）があるので保全計画に際し参照されたい（参照：福岡県粕屋町 HP　http://www.town.kasuya.fukuoka.jp/）。

吊床版橋は，吊床版自体を橋面とする直路式と，吊床版を支保工としてウェブまたは支柱および上床版を構築する上路式に分類される（解説 図 10.1.2）。

2001 年以降，この上路式吊床版において，施工直後の水平力を上床版の両端部に盛り換えて定

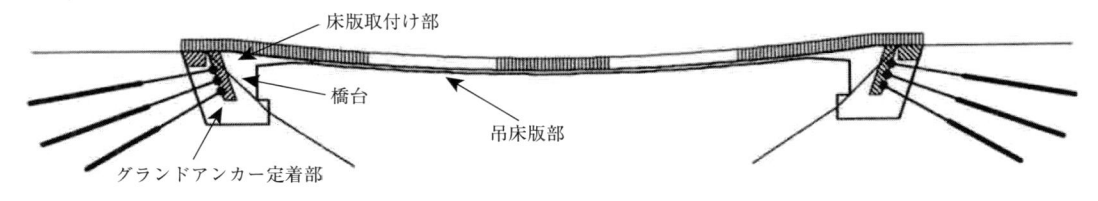

解説 図 10.1.1　吊床版橋の各部位

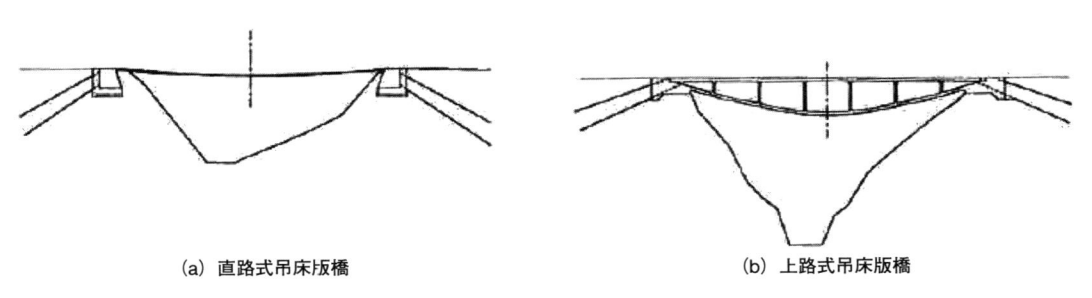

(a)　直路式吊床版橋　　　　　　　　　　　(b)　上路式吊床版橋

解説 図 10.1.2　吊床版橋の分類

着し，自碇式とした新しいタイプの吊床版も数橋架設されている。この自碇式吊床版は，施工中には一般的な吊床版同様，グラウンドアンカーを必要とするが，完成後にはグラウンドアンカーは必要なくなり，開放されることが多い。したがって，完成後は複合トラス橋と同様な構造となり，曲弦トラス橋とも呼ばれている。この自碇式吊床版（曲弦トラス橋）は，8 章を参照するものとし，本章の適用範囲外とする。

（2）について

a．概要

吊床版橋の年度ごとの国内実績の推移を解説 図 10.1.3 に示す。2017 年時点で竣工している吊床版橋は，他碇式 93 橋（直路式 85 橋，上路式 8 橋），および自碇式 6 橋の計 99 橋である。

吊床版橋は，1990 年頃から，さかんに建設されてきたが，2008 年以降はほとんど建設されていない。直路式吊床版は，その道路線形，柔構造であるため，基本的に歩道橋のみとなる。上路式吊床版は創成期の 1977 年竣工の速日峰橋が道路橋として建設され，道路橋としての発展も期待されたが，道路橋は，この後，1997 年竣工の湯の花橋のみの計 2 橋であった。

b．構造特性

基本的にケーブル構造の橋であるため座屈の問題がなく，材料の特性を生かした軽くて薄い構造

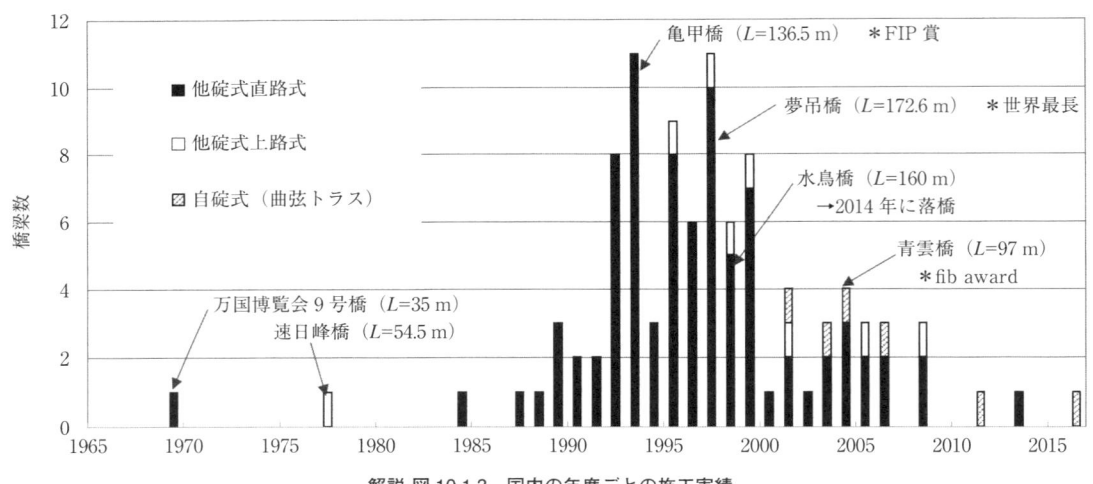

解説 図 10.1.3　国内の年度ごとの施工実績

解説 図 10.1.4　他碇式直路式吊床版

解説 図 10.1.5　他碇式上路式吊床版[3]

が可能となる。ケーブルを包むコンクリートは，ケーブルに対する防護の役割を担っているが，構造系に伸び剛性，曲げ剛性およびねじり剛性を与えるため，荷重の載荷により曲げモーメントやねじりモーメントが生じることになる。特に，吊床版取付け部が剛結構造である場合，一般部に比べ大きな曲げモーメントが生じるので注意が必要である。

吊床版橋は，吊構造であるため，支間中央にサグが生じることは避けられない。上路式では，水平力を低減するために比較的大きなサグで計画されることが多い。一方，直路式は，歩行者の通行性に配慮して，小さいサグ量で計画されている（解説 図 10.1.7）。

吊床版内部には，あらかじめ張り渡しておき，懸垂架設するコンクリート床版を固定するための1次ケーブルとコンクリート床版にプレストレスを与えるための2次ケーブルが配置されている

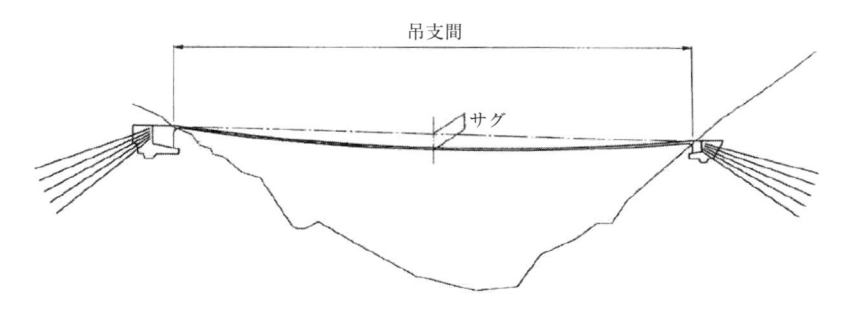

解説 図 10.1.6　吊支間およびサグ

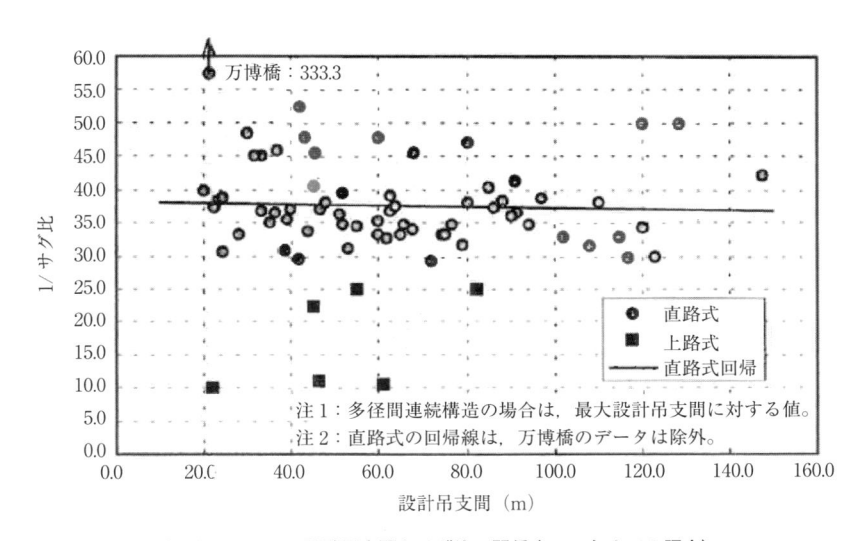

解説 図 10.1.7　設計吊支間とサグ比の関係（1999 年までの調査）

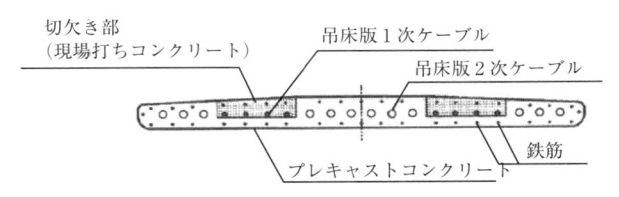

解説 図 10.1.8　吊床版 1 次，2 次ケーブルの配置

（解説 図 10.1.8）。

　床版と橋台の接合方法は，初期の吊床版橋では嘴状の片持ち梁で支持した床版形式が用いられてきたが数は少なく，ほとんどの吊床版橋が耐久性や施工性を理由に，橋台と床版を剛結する形式を採用している（解説 図 10.1.9）。

　橋台頂部およびグラウンドアンカー定着部周辺には，吊床版橋に作用する水平力を橋台およびグラウンドアンカーに確実に伝達させるための補強筋が多数配置されている（解説 図 10.1.10，図 10.1.11）。

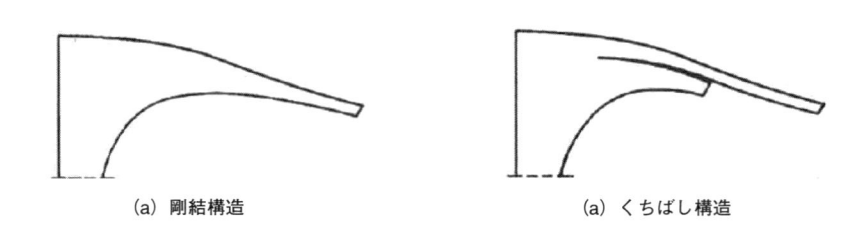

(a) 剛結構造　　　　　　　　　　　　　(a) くちばし構造

解説 図 10.1.9　吊床版取付部の構造

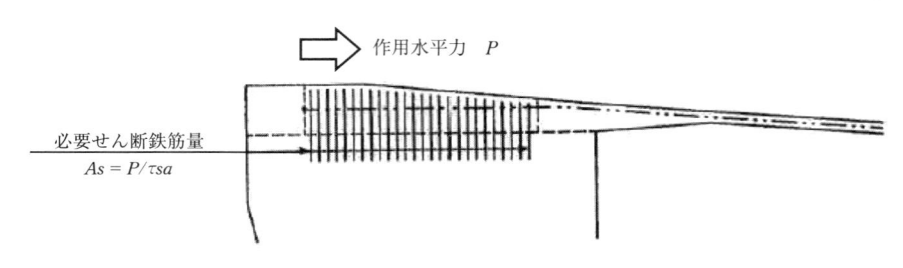

作用水平力　P

必要せん断鉄筋量
$As = P/\tau sa$

解説 図 10.1.10　橋台頂部の補強筋

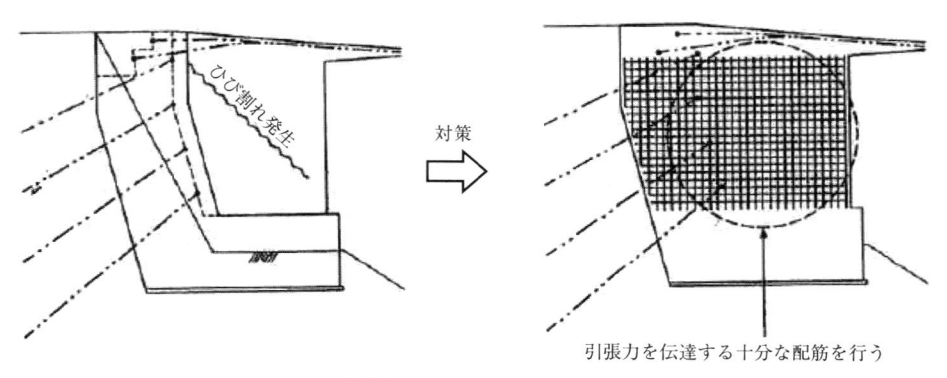

ひび割れ発生

対策

引張力を伝達する十分な配筋を行う

解説 図 10.1.11　橋台の補強筋

ｃ．施工方法

　直路式吊床版橋のほぼすべてが懸垂架設工法により建設されている。その手順を解説 図 10.1.12 に示す。

1. 橋台施工，グランウドアンカー施工

1）グラウンドアンカーは，施工段階毎の地盤反力によっては段階的に緊張。

2. 1次ケーブル架設

　1次ケーブル架設　　ウインチなど

　ワイヤブリッジ

2）ワイヤブリッジは，プレキャストセグメントの接合部構造や橋下空間の条件などによっては不要。

3. プレキャストセグメント架設，サグ調整

　プレキャストセグメント

4. プレキャストセグメント接合，吊床版後打ち部施工

　接合部型枠

3）接合部型枠は，プレキャストセグメントの接合部構造によっては不要。

5. 吊床版取付部施工

　支保工または吊支保工

4）吊床版取付部は，吊床版後打ち部施工後に施工することを原則とする。

6. 2次ケーブル緊張，グラウト工

　2次ケーブル

2）2次ケーブルの緊張は，サグの変化量も管理項目とする。

7. ケーブル定着部保護工，防水層，舗装，高欄施工

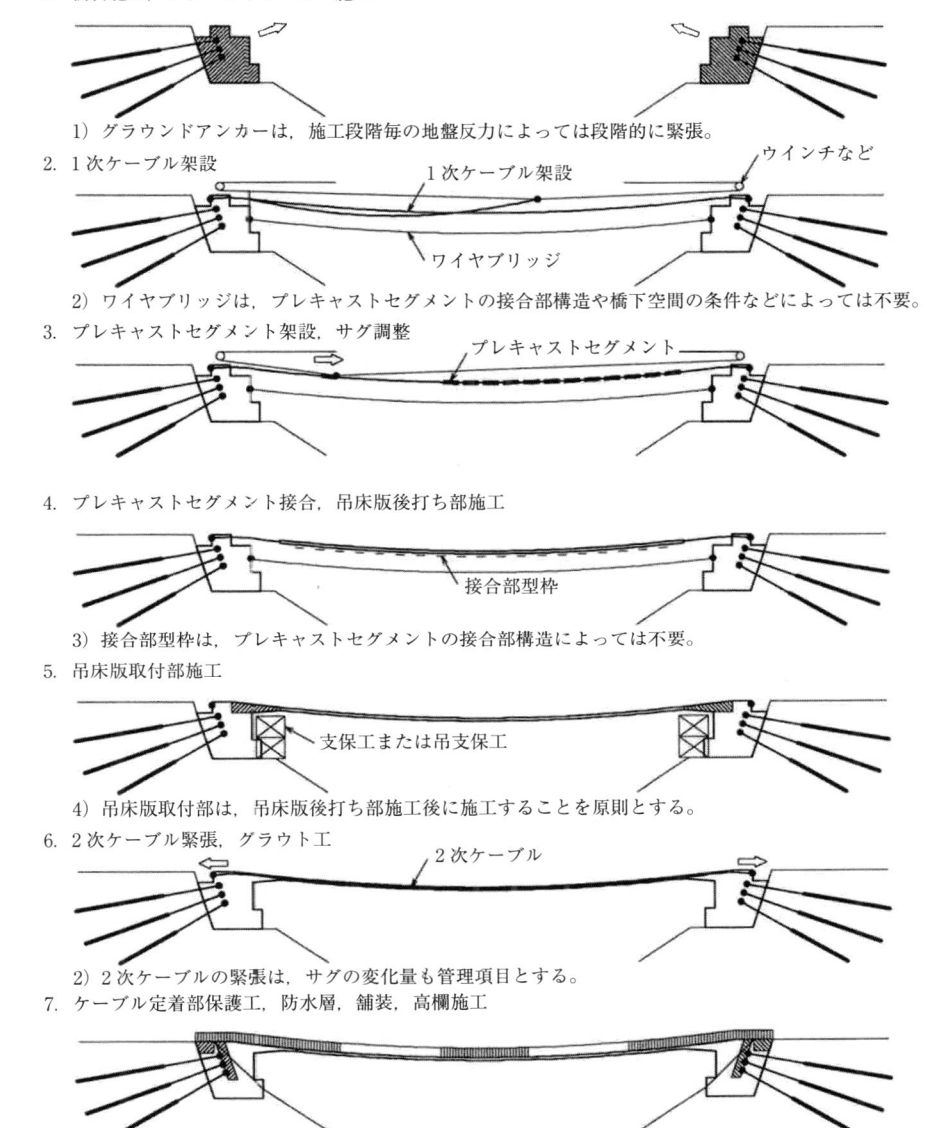

解説 図 10.1.12　懸垂架設工法による施工手順例

10.2　点　　検

10.2.1　点検の着目点

吊床版橋の点検にあたっては，特に以下の部位，箇所に留意して点検を行うものとする。

① サグ量

② 吊床版部

③ 吊床版取付け部

④ 橋台

⑤　グラウンドアンカー

【解　説】

　解説 表10.2.1 に，点検種別ごとの点検部位・箇所および点検項目を示す。

　吊床版部の水平力の変状は，サグ量を測定することで推定することが可能である。この吊床版部水平力は，吊床版取付け部，橋台を介してグラウンドアンカーに伝達される。吊床版取付け部および橋台部の点検にあたっては，吊床版ケーブルの定着部およびグラウンドアンカー定着部の位置関係およびそれに伴う力の伝達方向，補強筋の配置，施工継目の存在等を十分に事前調査し，変状の位置，方向性を把握することが重要である。

　グラウンドアンカー定着部は橋台内部に埋め殺されている等，不可視部分となる場合が多く，通常の近接目視点検だけでは容易ではない。そこで，これらの兆候を検知するため，橋台の移動量を測量により経時観察（モニタリング）することを標準とする。また，橋台の移動量および傾斜を測量するほか，周辺地盤のき裂の有無や，橋台と背面地盤の空きや舗装のひび割れを特に入念に点検することが重要である。

解説 表 10.2.1　点検種別ごとの点検項目

部材・箇所	点検項目	初回点検	日常点検	定期点検	臨時点検	備考
吊床版部	サグ量	●	△	●	●	測量 → 経時観察（温度補正が必要）
	ひび割れ，剥離	○		○		
吊床版取付け部	ひび割れ，剥離	○	○	○	○	
橋台	ひび割れ	○	○	○	○	
	洗掘	○	○	○	△	
	橋台の移動，傾斜	●	△	●	●	測量 → 経時観察
	橋全長					
グラウンドアンカー	（可能な場合）定着部の異常	○		○＊	○＊	＊構造上，不可視の場合，下段項目及び橋台移動量により推定
	・橋台と背面地盤の空き ・舗装のひび割れ ・周辺地盤のき裂，変形	○		○	○	

注）　○：点検を実施する項目（目視点検）
　　　●：点検を実施する項目（測量，経時観察）
　　　△：責任技術者の判断により，必要に応じて点検を実施する項目

10.2.2　着目点の点検方法

　吊床版橋における点検の方法は，近接目視点検および測量による経時観察を基本とし，必要に応じて触診や打音，非破壊試験などを併用するものとする。

【解　説】

a．近接目視点検

　近接目視に際し，吊床版橋は歩道橋がほとんどであるため，橋梁点検車が使用できない場合が一

般的である。特に，吊床版部下面の点検は，河川や湖面上の場合は，ボートに足場を構築しての点検や渓谷等，桁下空間が大きい場合にはロープアクセスやワイヤブリッジの構築等，一般の点検では使用しない特殊な設備が必要になる場合が多いので，点検計画に際しては，現地踏査を十分に行い，アプローチのための施工計画が必要である。

吊床版部下面および側面の点検に，橋面上からポール型カメラを使用した事例を解説 図 10.2.1 に示す。また，UAV 搭載カメラの使用等，ロボット技術の活用が現地踏査など，近接目視点検前の事前調査や特定の変状を経過観察する際に有用である。

b．測量による経時観察（モニタリング）

サグ量および橋台移動量，橋全長の測定は，一般的には，レベルおよびトータルステーションにより

解説 図 10.2.1　ポール型カメラを使用した調査事例

行う。サグ量は，温度によって変動するため，測量時の気温および 1 日の平均気温を記録する。

橋台移動量の測量に際しては，橋梁周辺で確実に不動点となる基準点をあらかじめ設置しておくことが重要である。解説 図 10.2.2 に，吊床版橋の測量点検調書の例を示す。

測量データの評価は，温度補正等の影響が大きく，5 年に 1 回程度の実施では，その傾向を掴むことが難しいことが多い。そのため，極力，日常点検などでも多くのデータが得られることが望ま

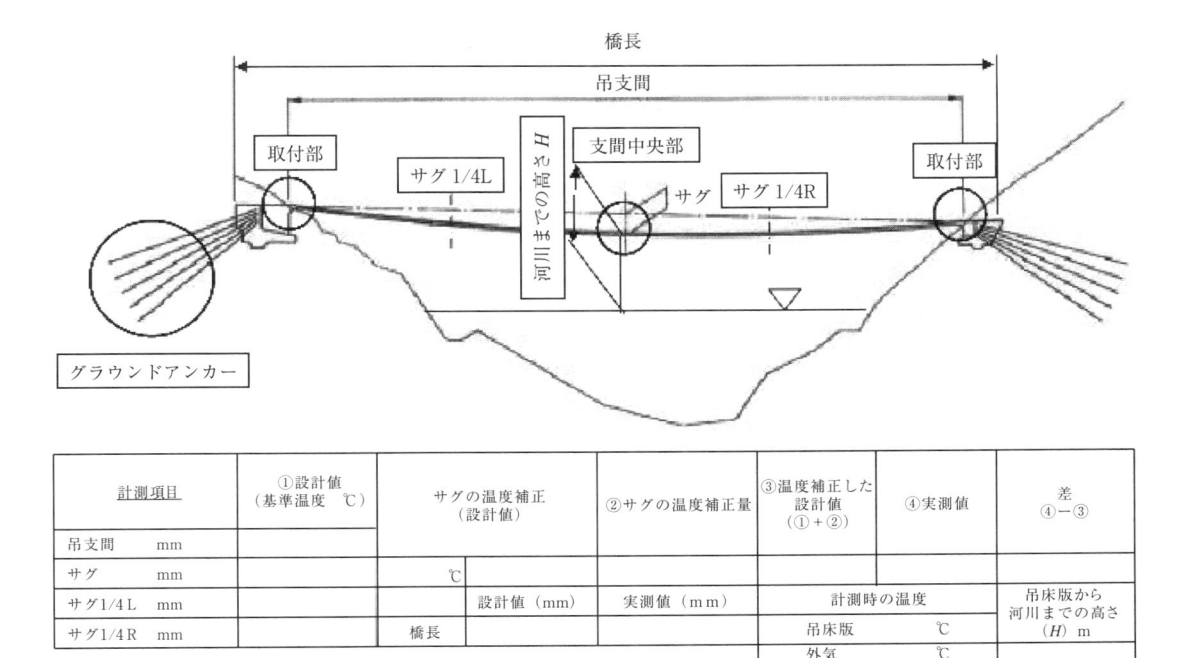

計測項目	①設計値 （基準温度　℃）	サグの温度補正 （設計値）		②サグの温度補正量	③温度補正した 設計値 （①＋②）	④実測値	差 ④－③
吊支間　　　mm							
サグ　　　　mm		℃					
サグ1/4L　mm		設計値（mm）	実測値（mm）		計測時の温度		吊床版から 河川までの高さ （H）m
サグ1/4R　mm		橋長			吊床版	℃	
					外気	℃	

解説 図 10.2.2　測量調書の例

しい。近年，構造物の保全において，構造物および不動点にあらかじめ，認識用マーカを設置し，全景遠望写真から画像解析により，構造物の変形量を測定する方法が報告されている[1]（解説 図10.2.3）。3 000万画素のデジタルカメラを使用した場合，橋長 30 m の全景写真から 1 mm の精度で変位を算出することが可能である。より効率的に，測量データを得る一つの方法として構造物管理者と協議の上，これらの方法を検討することも有用である。

解説 図 10.2.3　デジタルカメラ画像による変位解析に使用されたマーカの事例[1]

10.2.3　変状の把握
（1）　点検の結果，変状を発見した場合には，変状の種類ごとに変状の状況を把握するものとする。この際，変状の状況に応じて，効率的な保全をするうえで必要な情報を詳細に把握するものとする。
（2）　変状は，部材・部位ごと，変状の種類ごとに変状の程度を a〜e の区分で記録するものとする。
（3）　測量結果は，必要に応じてグラフ化を行う等，その経時変化を記録する。変化の兆候を確認した場合，複数の測量結果から，変状が生じている部位の推定を行う。

【解　説】
（2）について　　吊床版部における，ひび割れ，浮き，剥離，鋼材露出，漏水・エフロエッセンスの変状については，Ⅱ編に従うものとする。

　橋台部の変状は，中性化や塩害といった一般的な経年劣化による変状と，水平力伝達機構による構造的な変状，グラウンドアンカー等，地盤変状によるもののいずれであるかを把握できるよう，その方向性，位置を把握することが重要である。

　中性化や塩害といった一般的な経年劣化による変状については，Ⅱ編に従うものとするが，橋台側面の水平ひび割れは水平力伝達に伴うせん断ひび割れの可能性が高いため，詳細調査に移行するとともに，調査中にも変状が促進されないよう早期にひび割れ注入等の対策を講じなければならない。また，橋台前面の浮きはグラウンドアンカー定着部の変状の可能性が高いため，カバーコンクリートを取除く等により，グラウンドアンカー定着部の変状具合を直接確認する必要がある。

（3）について　　橋台の移動量・傾斜および橋全長は全く変化していないことを確認する。測量誤差等を鑑み，多少のばらつきは許容するものの，5 mm 以上の変化が生じた場合は橋台またはグラウンドアンカーに異常が生じたものとみなし，ただちに対策を検討しなければならない。また，

橋台に移動が生じた場合，サグ量にも大きな変動が現れ，床版取付け部および橋台にも大きな変状が生じている可能性が高いので，あわせて確認することができる。

　次に，橋台の移動がなく，サグ量のみが基準値を大きく外れた場合，コンクリート床版内部の PC鋼材の異常を疑うことになる。サグ量は，等分布荷重に比例し，吊床版の水平力に反比例し，次式が成立する。荷重変化がない場合，サグ量の変化は，吊床版の水平力が変化したとみなすことになる。

$$f = \frac{q \cdot L^2}{8 \cdot H}$$

ここに，

　　f：サグ量

　　H：水平力

　　L：吊支間長

　　q：等分布荷重

　また，サグ量は，気温によっても変化していることに注意が必要である。温度補正量は，一般に設計計算書等より得られるが，温度補正量の設定が困難な場合，1年間の内に数度の測定を行い，その測量結果から，温度補正量を設定することも有効である。参考までに，過去の設計計算事例から，温度 1 ℃ 当りのサグ量の変化は，0.2〜0.3 % 程度であり，年間では ± 5 % 程度，変動しているものと考えられる。

　サグ量の基準値は，クリープ乾燥収縮が終了した時点のサグ量とする。設計値は参考程度とし，初回点検時の測定実測値を基準値とすることが望ましい。この際，建設時の竣工書類等から建設直後のデータも参考にするのがよい。

　温度補正の誤差や測量誤差等から，基準値と測量値が完全に一致することは難しいため，なんらかの許容値を定めなければならない。基本的には，構造計算により許容値を定め，温度補正の精度等を鑑みて設定すべきものであるが，既往の経験等から，解説 表 10.2.2 を参照してもよい。

解説 表 10.2.2　変状の区分（サグ量）

区分	変状の程度
a	温度補正後のサグ実測値が基準値の ± 5 % 以内
b	−
c	温度補正後のサグ実測値が基準値の ± 5〜10 %
d	
e	温度補正後のサグ実測値が基準値の ± 10 % より大きい

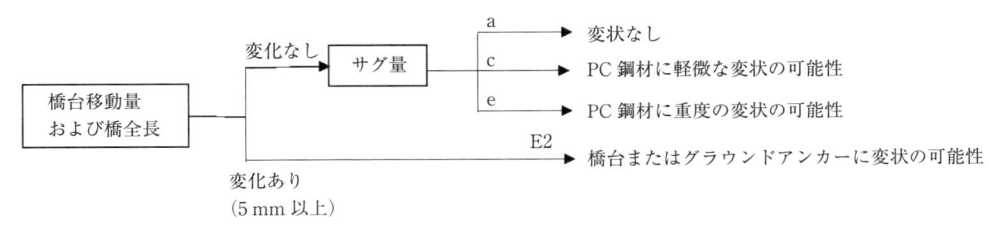

解説 図 10.2.4　測量結果の評価フロー

10.3　詳 細 調 査

（1）　定期点検を行った結果，構造物に変状が確認され，劣化機構の推定や予測，評価および判定のためにより詳細な情報が必要と判断された場合には，詳細調査を行うものとする。
（2）　詳細調査の項目は，定期点検の結果を参考に，目的に応じた項目を選定し，吊床版橋の特徴を考慮した適切な方法により実施するものとする。

【解　説】

サグ量の変状区分が，cまたはeとなった場合，目視点検では把握困難であるPC鋼材や定着部に異常が生じる等，構造系に異常が生じているものと考えなければならない。これらを把握するためには，非破壊試験によるコンクリート内部の詳細調査や，重量載荷試験，振動試験等の構造系全体のマクロ調査を実施して，その原因を早期に調査する必要がある。

10.4　点検結果の評価および判定

10.4.1　評　　　価

点検や詳細調査によって得られた情報に基づき，吊床版橋の構造的な特徴や環境条件などを考慮して変状の要因を推定し，評価しなければならない。

【解　説】

吊床版部の評価は，プレキャスト部材に生じるものと，あと施工部および接合部の継目に分けて行う。ひび割れの要因としては，乾燥収縮，温度変化，プレストレスの損失，疲労，地震，台風等がある。
吊床版取付け部は，剛結構造となっているものがほとんどであり，局部的に過大な曲げモーメントが生じるため，PPC構造として設計し，ひび割れを許容しているものがある。また，橋台躯体の拘束によりクリープ乾燥収縮ひび割れが生じやすい。
橋台は，吊床版ケーブルおよびグラウンドアンカーが定着される構造であり，多くの補強鉄筋が配置されたマスコンクリートである。定着部を緊張するため，施工上，一括打設ではなく，分割施工される事例も多く，施工打継ぎ目の存在に留意する必要がある。

10.4.2　対策の要否判定

対策区分の判定は，点検結果および詳細調査を基に，劣化進行の予測および構造物の性能評価を考慮して，対策区分の判定を行うものとする。

【解　説】

測量結果により，橋台移動量および橋全長が変化ありと確認された場合は，ただちにE2と判定

する。測量結果に変化がなく，コンクリート部に生じた変状は，Ⅱ編1章に従い，評価および判定を行えばよい。

10.5　対　　　策

　対策が必要と判定された場合には，構造物の重要性，保全管理区分，残存予定供用期間，劣化機構，構造物の性能低下の程度などを考慮して，目標とする性能を定め，対策後の保全のしやすさや経済性を検討したうえで，適切な対策を設定し，実施するものとする。

【解　説】

　橋台移動および橋全長の変化を伴わない，コンクリート部に生じた一般的な変状についてはⅡ編によることを基本とする。

　サグ量の異常は，走行性等の機能障害を生じているだけでなく，重大変状の兆候である可能性も高いため，ただちに通行規制を実施し，詳細調査によりその要因を十分に検討したうえで，適切な方法により対策を行わなければならない。

　橋台の大きな割れや傾斜等により橋台移動が確認された場合，躊躇無く，通行規制を実施し，大規模な補強対策または架替え等の検討を行う必要がある。

参考文献

1）　玉置，杉谷，菅沼，森川：ICT を活用した新しい維持管理手法の提案，第 26 回プレストレストコンクリートの発展に関するシンポジウム，2017
2）　福岡県粕屋町：粕屋町水鳥橋復旧検討委員会 報告書（概要版）　http://www.town.kasuya.fukuoka.jp/
3）　宮崎橋の日実行委員会：宮崎の橋「101」選 詳細　http://www.hashinohi.jp/miyazaki/101sen/syousai/23.html

IV 付属物・付帯工編

1章 支 承

1.1 適用の範囲

（1） 本章は，コンクリート橋に設置する支承の保全に適用するものとする。

（2） 保全にあたっては，支承の各構造機構，設計方法，施工方法および材料特性を考慮した適切な保全計画を策定しなければならない。

【解 説】

（1），（2）について　　支承は上部構造と下部構造の間に設置され，鉛直荷重支持機能，回転機能，可動機能，水平荷重支持機能，荷重分散機能，免震機能などを有する重要な部材であり，その機能は確実に保持される必要がある。アンカーボルトなどの取付け部材や沓座モルタルなどを含めて支承部と呼ぶ場合もある。

　支承の主な分類と構造を以下に示す[1), 2)]。

　PC橋が本格的に普及しはじめた昭和30年代の桁橋は線支承が主流であり，床版橋はエラスタイト（瀝青材）を支承部に配置するだけの単純な支承が主流であった。昭和30年代の中頃にわが国独自の規格によるゴムパッドが開発され，パッド型ゴム支承が誕生した。パッド型ゴム支承はゴム本体に移動制限装置がないので別途アンカーボルトを設置する構造である。その後パッド型ゴム支承は構造の単純さ，施工の簡便さから利用が増大し，昭和30年代末から中小支間のPC橋に利用されて単純T桁橋のほとんどはパッド型ゴム支承である。近年，多径間連続橋に地震時水平力を各橋脚に分散させる反力分散支承や免震支承としての積層ゴム支承も開発され用途が拡大している。一方，昭和30年代に上沓と下沓の間に摩擦係数の低い支承板を入れた支承板支承（ベアリング支承）も開発され，昭和40年代以後の伸縮量の比較的大きな形式の橋などに利用されている。また，コンクリートヒンジのなかでも一般によく使用されてきたメナーゼヒンジは，現在においても斜材付π型ラーメン橋などに採用されている。

（ⅰ）　線支承

　主に橋長が30m程度以下の小規模橋梁に使用されてきた。下沓の曲面と上沓の平面が接触し，鉛直荷重の支持，水平移動および回転に追随している。解説 図1.1.1に線支承を，解説 図1.1.2に適用例を示す。

（ⅱ）　支承板支承（ベアリング支承）

　支承板支承には高力黄銅支承板支承（BP・A支承）と密閉ゴム支承板支承（BP・B支承）の二種類がある。BP・A支承は球面接触するベアリングプレートとすべり板で回転と水平移動に追随している。BP・B支承はベアリングプレートに代わりゴムプレートで回転に追随する構造である。解説 図1.1.3にBP・A支承を，解説 図1.1.4にBP・A支承の分解図を示す。

（ⅲ）　ピン支承

　ピン部材で一方向の回転にのみ追随し，反力が大きな場合に適する。ピン支承の構造は二種類

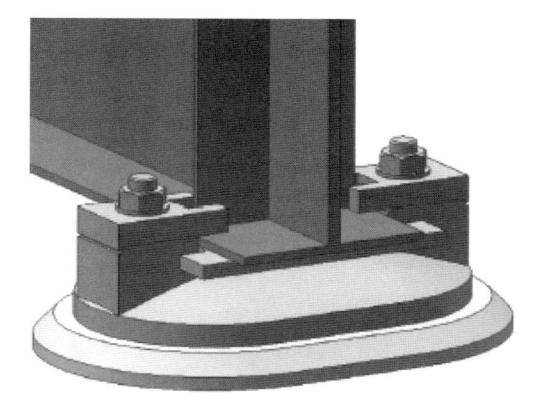

解説 図 1.1.1　線支承 [2]

解説 図 1.1.2　線支承の適用例 [1]

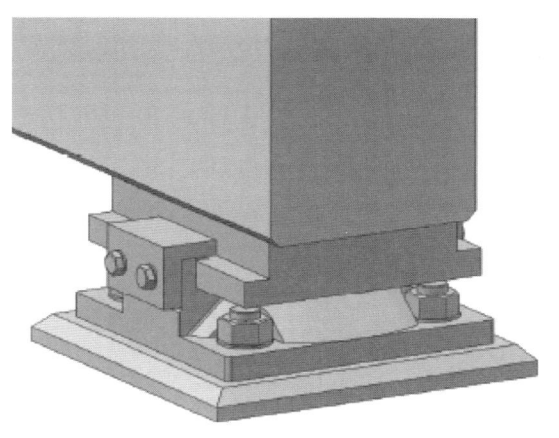

解説 図 1.1.3　BP・A 支承 [2]

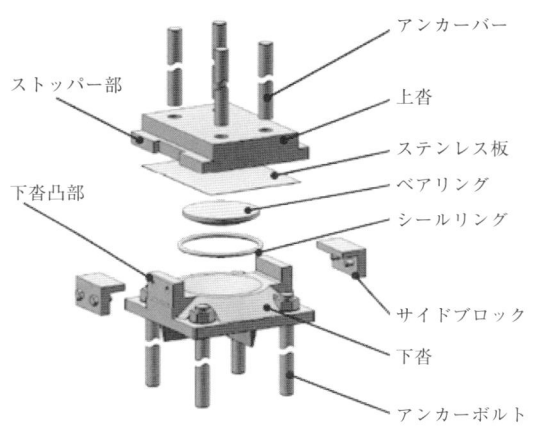

解説 図 1.1.4　BP・A 支承分解図 [2]

解説 図 1.1.5　ピンローラー支承 [2]

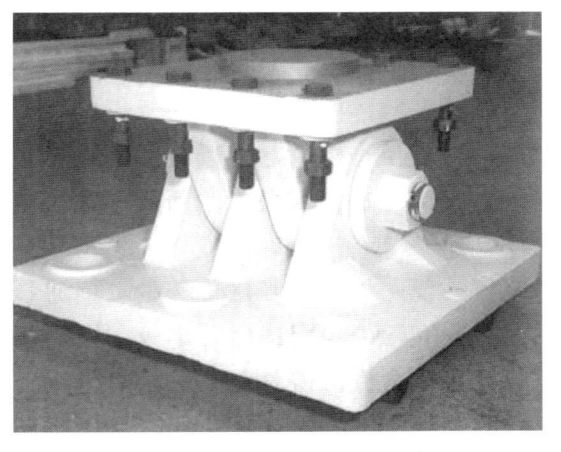

解説 図 1.1.6　せん断型ピン支承 [1]

あり，支圧型ピン支承とせん断型ピン支承がある。可動支点では複数ローラーと組み合わせて用いられる。解説 図 1.1.5 に支圧型のピンローラー支承を示す。また，解説 図 1.1.6 にせん断型ピン支承を示す。

（ⅳ）　ピボット支承

　球面形状部で鉛直荷重を支持し，全方向の回転に追随可能な支承である。可動支点では複数ローラーと組み合わせて用いられる。解説 図1.1.7 にピボットローラー支承を示す。また，解説 図1.1.8 にピボット支承の分解図を示す。

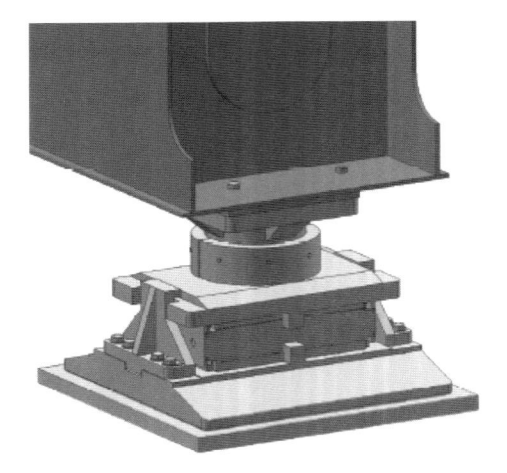

解説 図 1.1.7　ピボットローラー支承 [2]

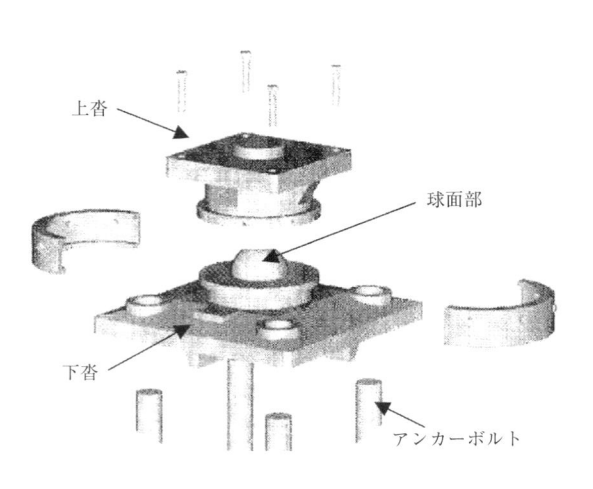

解説 図 1.1.8　ピボット支承の分解図

（ⅴ）　ゴム支承

　積層型ゴム支承は上沓，下沓を持たないゴム支承として使用されてきた（パット型ゴム支承とも呼ばれる）。下部構造の沓座に載せているだけであり，水平力には別途アンカーバーにより抵抗する。解説 図1.1.9 に積層型ゴム支承を，解説 図1.1.10 に適用例を示す。

解説 図 1.1.9　積層型ゴム支承 [1]

解説 図 1.1.10　積層型ゴム支承の適用例 [1]

　一方上沓，下沓の鋼材を有するゴム支承はレベル 1 地震動に対応するタイプ A の支承と，レベル 2 地震動に対応するタイプ B の支承が適用されてきた。地震力を複数の下部構造に分散させる場合は，地震時水平力分散ゴム支承として用いられている。また免震支承はゴム支承により固有周期を長周期化するとともに超高減衰ゴムなどを用いて地震時の応答を低減するものである。解説 図1.1.11 および解説 図1.1.12 にゴム支承を，解説 図1.1.13 および解説 図1.1.14 に免震支承を示す。

解説 図 1.1.11　ゴム支承

解説 図 1.1.12　可動型ゴム支承 [1]

解説 図 1.1.13　免震支承 [1]

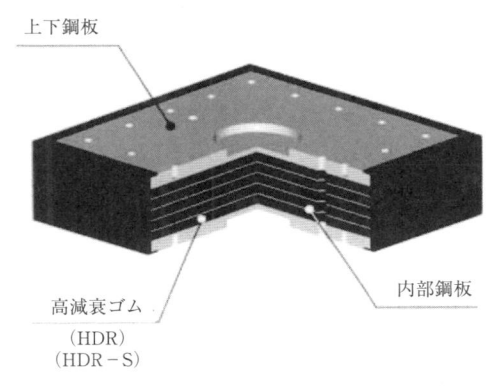

上下鋼板

内部鋼板

高減衰ゴム
（HDR）
（HDR－S）

解説 図 1.1.14　免震支承本体構造図 [1]

（vi）　コンクリートヒンジ [3]

　コンクリートヒンジの形式は，解説 図 1.1.15 に示すようなものがあるが，現在一般に使用されているのは (d)～(g) の形式である。

　(a)，(b) は RC ブロックを使用したものであり，(b)，(c) の接触部には，鉛板，鋼板，ゴム板などが使用されている。(a)～(c) は回転に対しては良好であるが，張力に対してはまったく無抵抗であり，せん断力に対しては，接触面の摩擦によって抵抗させることになるので移動が生ずる。そこで，接触面に鉄筋を挿入して，せん断力に抵抗させた形式が (d)～(g) である。

　(e)，(f) は交差鉄筋を使用したもので，これらをとくにメナーゼヒンジといい，これを開発したフランス人の名前をとって名付けられたものである。(f) は中央部分にコンクリートを残したメナーゼヒンジであり，回転に対しては(e) よりも劣るが，実用上はその影響は無視できるので，(f) の形式が一般に使用されている。(g) は帯鉄筋で補強した平行鉄筋を挿入したもので，回転に対しては (f) よりも劣るが，軸力やせん断力が大きい場合に使用すれば有利な形式である。

　コンクリートヒンジは，コンクリート構造の床版橋，小規模な斜材付π型ラーメン橋や方杖ラーメン橋のヒンジ部材やヒンジ支承として用いられている。コンクリートヒンジのなかでも，一般によく使用されているメナーゼヒンジ (f) が採用されている代表的な構造形式は，解説 図 1.1.16 に示すようなものである。

　解説 図 1.1.17 に示すような橋脚の上下両端にヒンジを有するロッキング橋脚は，高速道路建

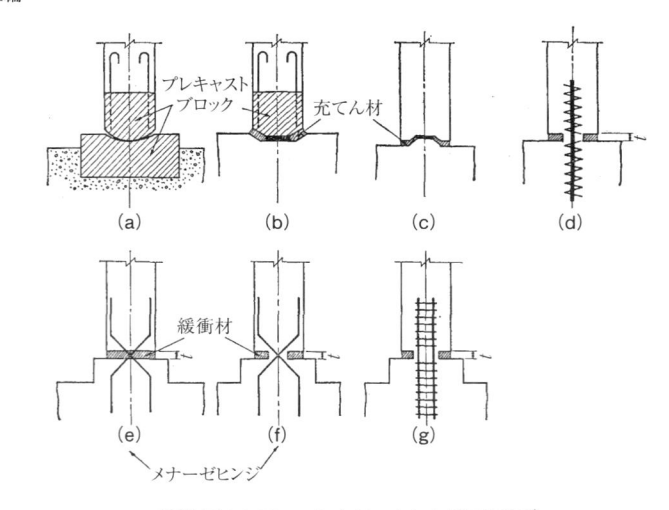

解説 図 1.1.15　コンクリートヒンジの種類 [3)]

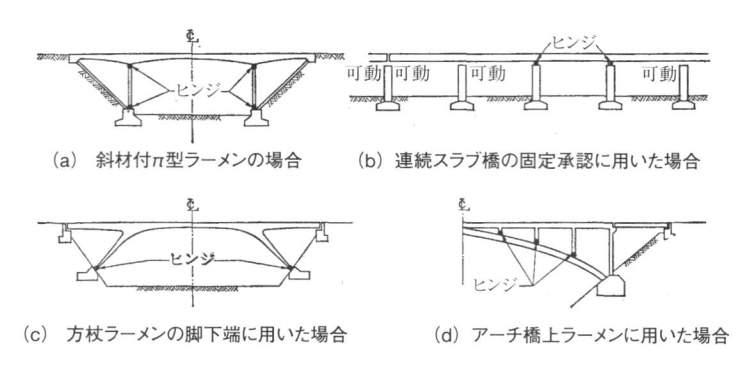

（a）斜材付π型ラーメンの場合　　（b）連続スラブ橋の固定承認に用いた場合

（c）方杖ラーメンの脚下端に用いた場合　　（d）アーチ橋上ラーメンに用いた場合

解説 図 1.1.16　メナーゼヒンジの使用例 [3)]

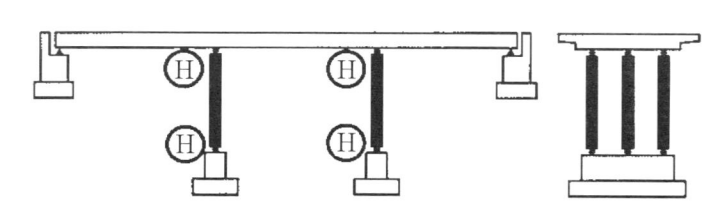

解説 図 1.1.17　ロッキング橋脚を有する橋梁の例

設初期に採用された形式であり，斜π橋が適用できない市街地で，跨道橋やランプ橋など視認性や景観性を求められる場合に採用されている事例が多い。完全固定と考える橋台の 1 箇所に橋梁全体の地震時安全性を依存し，被災時のフェールセーフの機能を有していない構造であったことなどから，昭和 50 年代初頭からは採用が控えられるようになり，平成初期に各設計規準から削除された。

　現存するロッキング橋脚を有する橋梁では，橋台部に変位制限構造を設置するなどの補強により耐震性が向上されてきたが，想定以上の地震動が作用した場合に，橋台固定部の水平方向の安全性が失われることで，橋梁全体の地震時構造の安定性も失われてしまうことから，橋台固定部

の強化，全支点剛結構造，中間橋脚剛結構造などの構造変更により，ヒンジ支点の大きな回転により即座に構造の安定性を失うことがないよう，耐震補強が実施されているところである。

1.2　点　　検

1.2.1　点検の着目点

　支承の点検にあたっては，橋梁に設置されている支承の種類を把握し，構造を十分理解したうえで，着目点を定めなければならない。

【解　説】

　解説 表 1.2.1 に点検の着目点を，解説 図 1.2.1 に支承および支承部の変状例を示す。なお，本章ではコンクリートヒンジのなかでも一般によく使用されているメナーゼヒンジを対象とするが，接触面に鉄筋が挿入されたコンクリートヒンジにも適用してよい。

　支承は狭隘な空間にあることが多く，補修が難しい構造部材の一つである。変状が生じると，騒音・振動の原因にもなり，放置すれば上・下部構造にまで損傷が進行することがある。また，沓座モルタルは漏水・滞水により劣化しやすくなり，地震時に割れたり圧壊したりすることがある。伸縮装置に段差が生じている場合は沓座モルタルの損傷が原因である場合がある。したがって，点検においては支承のみでなくアンカーボルトなどの取付け部材や沓座モルタルなどを含めた支承部全体を入念に点検する必要がある。

　上部構造が曲線桁の場合には，支承の据付け方向と桁の移動方向が異なる場合もあり，これが支承の損傷や異常音の原因となっている可能性がある。

　中央径間に比べて側径間が著しく短い橋梁，斜角が急な橋梁では，支承に負反力が発生して，これが支承および支承部の損傷の原因となっている可能性がある。

　ごみや土砂などの堆積や伸縮装置からの漏水は支承および支承部の腐食の原因となる。とくに，凍結防止剤が漏水に含まれている場合には，著しく腐食することがある。

　近年ゴム支承にき裂が発生している事例が見られる。ゴムのき裂は一般に，熱，油，オゾンによる劣化が原因になるが，橋梁のゴム支承の場合，熱や油が原因になりにくいので，耐オゾン性に問題があるケースと考えられている。解説 図 1.2.2 および解説 図 1.2.3 にオゾンクラックの例を示す。

　このような場合，き裂が被覆ゴムで止まっているか，積層ゴムまで及んでいるかを確認することが重要である。被覆ゴムまでのき裂の場合，加硫補修を施したうえで表面にコーティングを行うなどの補修がなされている。き裂が積層ゴムまで及んでいる場合は，地震時の水平耐力の低下が懸念されるので，ゴム支承本体の取替えを検討することが必要である。

解説 表 1.2.1　点検の着目点

支承分類	点検の着目点
共通	アンカーボルトの変状（破断・抜出し），腐食
	沓座モルタル，沓座コンクリートの変状
	セットボルトの破断
	土砂詰まり
線支承	下沓本体の割れ，腐食
	サイドブロック立上り部の割れ
	ピンチプレートの破損
	上沓ストッパー部の破損
支承板支承 （ベアリング支承）	下沓本体の割れ，腐食
	ベアリングプレートの変状（飛出し）
	サイドブロック取付部の割れ，サイドブロックボルトの破断
	上沓ストッパー部の破損
複数 ローラー支承	上沓，下沓，底板の損傷，腐食
	ローラー部の損傷（ローラーの抜出し，ピニオンの破損），腐食
	サイドブロックの接触損傷，サイドブロックボルトの破断
	下沓ストッパー部の破損
	ピン部またはピボット部の損傷
	保護カバーの破損
ゴム支承	ゴム本体の損傷，劣化（割れの有無，オゾンクラック）
	ゴム本体の変位・逸脱
	ゴムのはらみなどの異常の有無
	ゴム本体と上沓との接触面に肌すきの有無
	サイドブロックの損傷，サイドブロックボルトの破断
	上沓ストッパー部の破損
メナーゼヒンジ	ひび割れ，浮き，剥離（コンクリート部材）
	エフロレッセンス，漏水・滞水
	腐食（鉄筋）
	緩衝材部のあきの異常
	緩衝材の劣化，ひび割れ，脱落

沓座モルタル破損

沓座付近の
下部工の破損

(1)

(2)

アンカーボルトの
抜出し

隙間
約1.5mm

支承転倒

(3)

(4)

アンカーボルトの
破断

上沓ストッパー部
の破損

(5)

(6)

ローラー逸脱

サイドブロックおよび
取付けボルト破損

(7)

(8)

解説 図 1.2.1　支承および支承部の変状例

解説 図 1.2.2　オゾンクラックの例（1）

解説 図 1.2.3　オゾンクラックの例（2）

1.2.2　着目点の点検方法

　支承の点検は，近接目視によることを基本とし，必要に応じて打音や非破壊試験を行うものとする。

【解　説】

　支承の点検は近接目視および触診や打音などの非破壊試験が基本である。

　ローラー支承のローラー部やベアリング支承のベアリングプレートの変状を目視で確認することは困難であるが，ローラーボックス内からのさび汁や車両走行時の発生音・振動などから変状の有無を推測することができる。

　可動支承や水平力分散支承の場合は，点検時の外気温度を考慮して支承の移動状況を点検するのがよい。あわせて桁と桁の遊間や，桁と下部工パラペットの遊間にも着目して点検を行うのがよい。

　メナーゼヒンジでは，コンクリート内部の鉄筋の変状は目視で確認することができないため，周辺のコンクリート部材のひび割れ，エフロレッセンスやさび汁から推測する。

解説 表 1.2.2　着目点の点検方法

支承の種類	部材	点検の標準的方法	必要に応じて採用することができる方法の例
線支承 ベアリング支承 複数ローラー支承 ゴム支承	鋼支承本体 セットボルト アンカーボルト	目視，打音	膜厚測定，磁粉探傷試験，浸透探傷試験 超音波パルス反射法によるボルト長測定
	ゴム支承本体	目視，打音	－
	沓座	目視，打音	－
メナーゼヒンジ	コンクリート部材，鉄筋	Ⅱ編 1 章 1.2.2 による	
	あき，緩衝材	目視，計測	－

1.2.3　変状の把握
　点検の結果，変状を発見した場合には，変状の種類ごとに変状の程度を a〜e の区分で記録するものとする。

【解　説】
　解説 表 1.2.3 に変状の区分を示す。変状を詳細に区分することは難しいが，支承の基本的な機能である鉛直荷重支持機能，回転機能，可動機能，水平荷重支持機能，荷重分散機能，免震機能な

解説 表 1.2.3　変状の区分

部材	主な点検項目	変状の程度				
		a	b	c	d	e
鋼支承本体 セットボルト アンカーボルト	腐食，き裂，ゆるみ，脱落，破断，防食劣化，漏水・滞水，変形・欠損	Ⅱ編 2 章 2.2.3 による				
ゴム支承本体	劣化，割れ，逸脱，はらみ，上沓との肌すき	変状なし	－	－	変状あり	著しい変状
沓座	沓座モルタル・コンクリートの変状	Ⅱ編 1 章 1.2.3 による				
コンクリート部材，鉄筋 （メナーゼヒンジ）	ひび割れ	変状なし	－	方向の統一性がないひび割れが生じている	交差鉄筋の埋込み部に直行する方向のひび割れが生じている	交差鉄筋の埋込み部と同一方向のひび割れが生じている
	浮き，剥離	変状なし	－	－	浮き，剥離が生じている	鋼材が露出している
	エフロレッセンス，漏水・滞水，腐食（鉄筋）	Ⅱ編 1 章 1.2.3 による				
あき，緩衝材 （メナーゼヒンジ）	緩衝材部のあきの異常，緩衝材の劣化，ひび割れ，脱落	変状なし	－	－	変状あり	著しい変状

どに影響がある場合はすべて区分 e と考えなければならない。

　メナーゼヒンジでは，コンクリートに埋め込まれた鉄筋の付着によって軸力が伝達されるため，交差鉄筋の埋め込み部には割裂力が作用する。交差鉄筋の埋め込み部周辺のひび割れは荷重支持機能の低下につながるため，一般のコンクリート部材とは異なり，ひび割れ幅の大小にかかわらず変状の程度を把握しなければならない。同様に，浮き，剥離についても鉄筋が著しく腐食または破断に至り，支承としての機能を損なう状態となるため，一般のコンクリート部材とは異なり，鋼材の腐食の程度に関わらず変状の程度を把握しなければならない。

1.3　詳 細 調 査

（1）　定期点検を行った結果，変状が確認され，劣化機構の推定や予測，評価および判定のためにより詳細な情報が必要と判断された場合には，詳細調査を行うものとする。
（2）　詳細調査の項目は定期点検の結果を参考に，目的に応じた項目を選定し，支承の特徴を考慮した適切な方法により実施するものとする。

【解　説】
（1），（2）について　　支承の変状の多くは近接目視で点検が可能である。ゴム支承にき裂などが認められる場合，疲労によるものか，異常な水平反力が作用したものかを詳細な情報により判断する必要がある。また変状の原因には温度の日変化や年変化により想定しない移動方向や部材の接触状況となることもあり，これらは詳細に観察・調査し対策を講じなければならない。
　鋼部材の詳細調査の方法は，解説 表 1.2.2 において必要に応じて採用することができる方法の例として示す。また，Ⅱ編 1 章およびⅡ編 2 章に示される非破壊試験手法も参考にするとよい。

1.4　点検結果の評価および判定

1.4.1　評　　価
　点検によって得られた情報に基づき，支承の構造的な特徴や環境条件などを考慮して変状の要因を推定し，評価しなければならない。

【解　説】
　点検結果の評価は，設計図書，使用材料，施工管理および検査の記録，構造物の環境条件および使用条件を考慮し，点検結果に基づいて行うものとする。

1.4.2 対策の要否判定

対策区分の判定は，点検結果および詳細調査を基に，劣化進行の予測および構造物の性能評価を考慮して，対策区分の判定を行うものとする。

【解 説】

Ⅱ編1章1.4およびⅡ編2章2.4に従って，評価および判定を行えばよい。

メナーゼヒンジでは，交差鉄筋および交差鉄筋の埋め込み部周辺のコンクリート部材の変状は荷重支持機能の低下につながるため，速やかに対策を講じるのが望ましい。

解説 表1.4.1 対策区分の判定の目安

部材	主な点検項目	判定区分			
		B	C1	C2	E1
鋼支承本体	腐食，き裂，ゆるみ，脱落，破断，防食劣化，漏水・滞水，変形・欠損	–	移動機能，回転機能が低下している	鉛直支持機能の軽度の変状 ローラー，ベアリングプレートに軽度の変状	上沓，下沓，底板が損傷し，鉛直支持機能を果たせていない ローラー，ベアリングプレートの逸脱
		–	（変状の程度の目安：d）		（変状の程度の目安：e）
ゴム支承本体	劣化，割れ，逸脱，はらみ，上沓との肌すき	–	ゴムの一部にひび割れ，はらみ，ずれ，めくれがある	ゴム全体にひび割れ，はらみ，ずれ，めくれがある	ゴム沓本体が損傷し，鉛直支持機能を果たせていない
		–	（変状の程度の目安：d）		（変状の程度の目安：e）
セットボルトアンカーボルト	ゆるみ，脱落，ボルト破断，防食劣化，変形・欠損	–	セットボルトゆるみ，アンカーボルト用ナットのゆるみ	セットボルト破断，アンカーボルト破断，抜け出し	–
		–	（変状の程度の目安：d）		（変状の程度の目安：e）
沓座	沓座モルタル・コンクリートの変状	–	ひび割れ，剥離が生じている	ひび割れが生じ一部空洞化している	損傷し，鉛直荷重支持機能が果たせない
		–	（変状の程度の目安：d）		（変状の程度の目安：e）
コンクリート部材，鉄筋（メナーゼヒンジ）	ひび割れ，浮き，剥離，エフロレッセンス，漏水・滞水，腐食(鉄筋)	–	耐荷性に影響の少ないひび割れが生じている	交差鉄筋の埋込み部に直行する方向のひび割れが生じている ひび割れからの漏水やさび汁が見られる 浮き，剥離が生じている。	交差鉄筋の埋込み部と同一方向のひび割れが生じている 浮き，剥離が生じて鉄筋が露出している
		–	（変状の程度の目安：c）	（変状の程度の目安：d）	（変状の程度の目安：e）
あき，緩衝材（メナーゼヒンジ）	緩衝材部のあきの異常，緩衝材の劣化，ひび割れ，脱落	–	緩衝材の劣化などの軽微な変状がある	緩衝材が劣化し緩衝効果が低下している 設計上のあきより極端に広いか狭い	緩衝材の劣化が著しく，緩衝効果が期待できないあきの異常により，コンクリートの角欠けやヒンジ鉄筋の露出が生じている
		–	（変状の程度の目安：d）		（変状の程度の目安：e）

1.5　対　　　策

　対策が必要と判定された場合，目標とする性能を定め，対策後の保全のしやすさや経済性を検討したうえで，適切な対策を講じなければならない。

【解　説】
　Ⅱ編1章1.5およびⅡ編2章2.5により対策を行うことを基本とする。

　変状が軽微なものは滑動面の清掃と潤滑油注入および支承全体の塗替えで機能を回復することもある。変状が著しく荷重支持機能などが失われたものについては，原則として取替え対象と考えるのがよい。また変状の程度に加え，分散支承や免震支承などのゴム支承に取り替えて耐震性および耐久性の向上が図られることもある。

　メナーゼヒンジは取替えが不可能であることから，ひび割れ補修や交差鉄筋埋め込み部周辺のコンクリート部材の補強などに因り難い場合は，変位制限構造などの代替機能の設置やヒンジ部剛結化などの支承条件の変更を検討しなければならない。

参考文献
1）　土木学会 鋼構造シリーズ 17：道路橋支承部の改善と維持管理技術，2008.5
2）　日本支承協会：ホームページ　http://www.bba-jp.org/organization/technology/
3）　道路橋支承便覧，日本道路協会，1973.4

2章　伸縮装置

2.1　適用の範囲

（1）　本章は，コンクリート橋に設置する伸縮装置の保全に適用するものとする。
（2）　保全にあたっては，伸縮装置の各構造機構，設計手法，施工方法および材料特性を考慮した適切な保全計画を策定しなければならない。

【解　説】

（1），（2）について　　伸縮装置は，桁の温度変化，コンクリートのクリープおよび乾燥収縮，活荷重などによる橋の変形（桁端の伸縮，回転変位）が生じた場合にも，車両が支障なく通行できる路面の平坦性を確保するために設置される。伸縮装置の構造形式は，荷重の支持構造から分類すると，床版遊間で車両荷重を直接支持する荷重支持型と支持しない突き合わせ型に大別できる。設計伸縮量が比較的小さな場合は埋設ジョイントおよびゴムジョイント（突き合わせ型）が使用される。設計伸縮量の大きな場合は荷重支持型の伸縮装置が一般的であり，設計伸縮量の小さい順でゴムジョイント（荷重支持型），簡易鋼製ジョイントおよび鋼製フィンガージョイントならびビーム型ジョイントなどがある。なお，ここに紹介する伸縮装置は代表例であり，さまざまな材料や形状，タイプが開発されている。

　伸縮装置は取替えを前提とした橋梁付属物であり，それぞれのタイプで耐用年数も相違するため，保全計画時には，伸縮装置の取替えも視野に入れて策定する必要がある。

（ⅰ）　埋設ジョイント

　床版遊間部をシール材などで止水処理し，特殊合材を表面に設置あるいは舗装下に設置して，伸縮および変位を吸収・分散することにより路面の連続性を確保した構造である（解説 図 2.1.1，解説 図 2.1.2）。

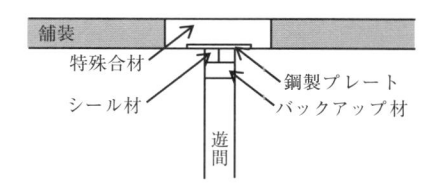

解説 図 2.1.1　伸縮吸収型の断面例

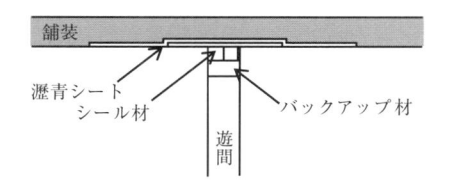

解説 図 2.1.2　伸縮分散型の断面例

（ⅱ）　ゴムジョイント（突き合わせ型）

　床版遊間部にシール材またはゴムだけの止水部を設けた構造であり，床版遊間部で輪荷重を支持しない構造である（解説 図 2.1.3）。

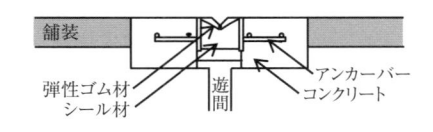

解説 図 2.1.3　ゴムジョイント（突き合わせ型）の断面例

（ⅲ）　ゴムジョイント（荷重支持型）

　床版遊間部にゴムの止水部を設け鋼板などを挟み込んで，床版遊間部で輪荷重を支持する構造である（解説 図 2.1.4）。

解説 図 2.1.4　ゴムジョイント（荷重支持型）の断面例

（ⅳ）　簡易鋼製ジョイント，鋼製フィンガージョイント

　床版切欠き部に鋼材で組み立てた櫛型を設置して，伸縮遊間の一方から他方にくし型の部材を掛け渡し，輪荷重を支持する構造である（解説 図 2.1.5，解説 図 2.1.6）。

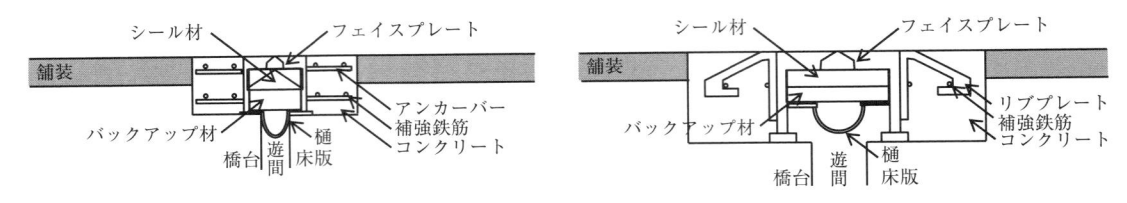

解説 図 2.1.5　簡易鋼製ジョイントの断面例

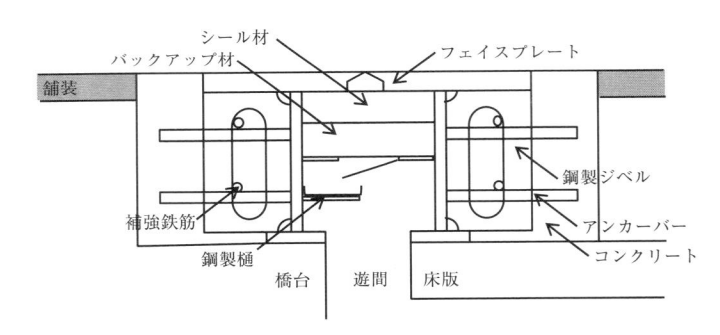

解説 図 2.1.6　鋼製フィンガージョイントの断面例

（ⅴ）　ビーム型ジョイント

　床版切欠き部に設置して，型鋼とシールゴムを組み合わせて，輪荷重を支持する構造である（解説 図 2.1.7）。

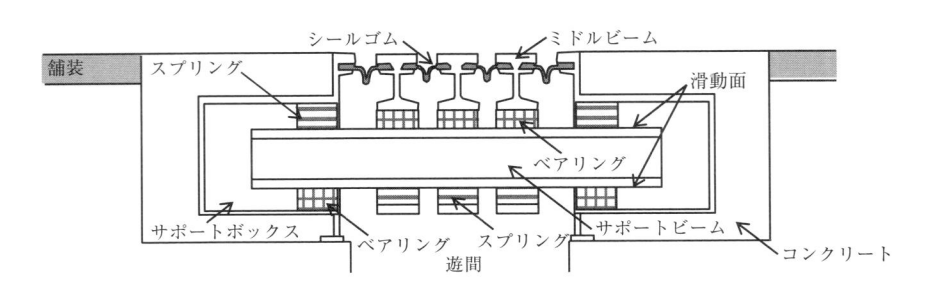

解説 図 2.1.7　ビーム型ジョイントの断面例

　伸縮装置の設計は，設計計算から設計伸縮量を算出し，その設計伸縮量に対応可能な伸縮装置を設置するのが一般的である。設計伸縮量は，常時設計伸縮量と地震時設計伸縮量とがある。常時設計伸縮量は，桁の温度変化，コンクリートのクリープおよび乾燥収縮，活荷重によって生じるたわみによる上部構造の伸縮量および施工時の余裕量を考慮して設定する。地震時設計伸縮量は，レベル1地震動における設計伸縮量を考慮して設定する。耐震設計の照査では，レベル1地震動に対しては「橋としての健全性を損なわない性能（耐震性能1）」を確保するために損傷を生じないように照査し，レベル2地震動に対しては「損傷が限定的で橋としての機能の回復を速やかに行え得る性能（耐震性能2）」や「損傷が橋として致命的とならない性能（耐震性能3）」は照査しない。これは，伸縮装置が損傷しても，橋の耐震性能に影響を及ぼすような被害を引き起こす可能性は低く，鉄板などの応急復旧により緊急交通への対応も可能であることに基づいている。なお，従来の設計では，レベル1地震動に対して必要な伸縮装置の水平耐力を確保する場合やジョイントプロテクターにより伸縮装置を保護する場合には，地震時設計伸縮量を確保していない場合もある。

2.2　点　　　検

2.2.1　点検の着目点

　伸縮装置の点検にあたっては，橋梁に設置されている伸縮装置の種類を把握し，構造を十分理解したうえで，着目点を定めなければならない。

【解　説】

　伸縮装置は，橋梁の温度変化，車両荷重などによる桁端の変位に対して追随できるとともに，車両などが橋面を支障なく走行できる必要がある。また，橋梁の耐久性を損なうことのないように，桁端部からの橋座面への水の浸入を防止できる構造となっている。伸縮装置の点検にあたっては，これらの機能を十分理解したうえで，点検を行うことが重要である。主な点検の着目点を解説 表2.2.1 に示す。

　とくに，伸縮装置の変状は，解説 図2.2.1 に示す車両による輪荷重やその衝撃が繰り返される箇所で発生しやすい。また，伸縮装置からの漏水は，伸縮装置の劣化，シール材の劣化や排水樋の土砂詰まりなどにより発生し，その漏水が桁端部を伝わって橋座面に流れることで，桁端部のコンクリートの劣化，内部鉄筋の腐食，外ケーブル定着部の腐食を招いた事例や，橋座面の支承を腐食させた事例が数多く報告されているため，留意して点検するのがよい。

　一般的には，伸縮装置の製造会社が保全要領などを用意している場合が多いため，その要領にしたがって，点検の着目点の設定や点検項目を参考とするのがよい。

　各種構造における伸縮装置の代表的な変状事例を解説 図2.2.2～解説 図2.2.13 に示す。

解説 表 2.2.1　点検の着目点

伸縮装置分類	部材	点検項目
共通	本体構造など	異常音
		漏水
		遊間の異常
		段差, 陥没
		土砂詰まり*
埋設ジョイント(伸縮吸収型)	特殊合材	剥離(浮き), 損傷, 脱落
	弾性シール材, バックアップ材	脱落
	舗装	剥離(浮き), ひび割れ
埋設ジョイント(伸縮分散型)	舗装	剥離(浮き), ひび割れ
	弾性シール材, バックアップ材	脱落
ゴムジョイント(突き合わせ型)	ゴム材	剥離(浮き), 損傷, 脱落
	鋼材・アンカー材	損傷, 腐食
	舗装	剥離(浮き), ひび割れ
	後打ち材(コンクリート)	剥離(浮き), ひび割れ
ゴムジョイント(荷重支持型)	ゴム材	剥離(浮き), 損傷, 脱落
	取付けボルト	損傷, 腐食
	アンカー材	損傷, 腐食
	舗装	剥離(浮き), ひび割れ
	後打ち材(コンクリート)	剥離(浮き), ひび割れ
簡易鋼製ジョイント 鋼製フィンガージョイント	フェースプレート, リブプレート	破断, 損傷, 腐食
	アンカー部	損傷, 腐食, 溶接部のき裂・破断
	舗装	剥離(浮き), ひび割れ
	後打ち材(コンクリート)	剥離(浮き), ひび割れ
	排水樋, 排水管	損傷, 脱落, 土砂詰まり
ビーム型ジョイント	シールゴム	剥離(浮き), 損傷, 脱落
	ベアリング	損傷, 劣化, 脱落
	ミドルビーム, サポートビーム	損傷, 腐食
	舗装	剥離(浮き), ひび割れ
	後打ち材(コンクリート)	剥離(浮き), ひび割れ

＊　埋設ジョイントは除く。

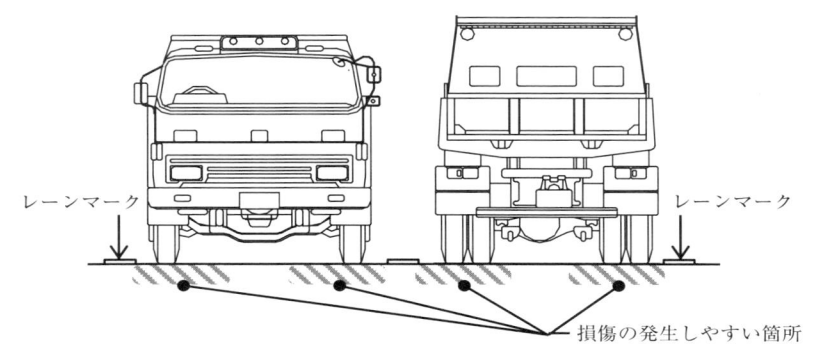

解説 図 2.2.1　変状が発生しやすい箇所

解説 図 2.2.2　遊間の異常の例 1[1]

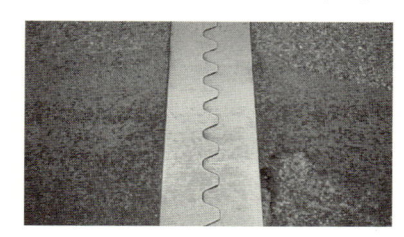

解説 図 2.2.3　遊間の異常の例 2[1]

解説 図 2.2.4　段差の例 [1]

解説 図 2.2.5　土砂詰まりの例 [1]

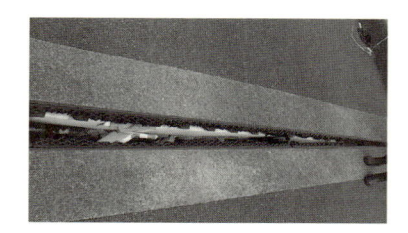

解説 図 2.2.6　ゴム材の変状の例 1[1]

解説 図 2.2.7　ゴム材の変状の例 2[1]

解説 図 2.2.8　後打ち部コンクリートの剥離の例 [1]

解説 図 2.2.9　舗装と後打ち部の段差の例 [1]

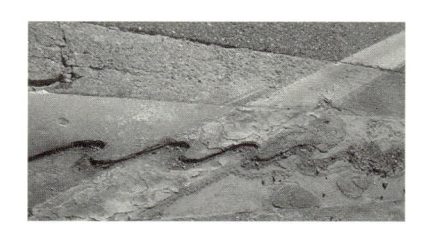

解説 図 2.2.10　フェースプレートの腐食の例 [1]

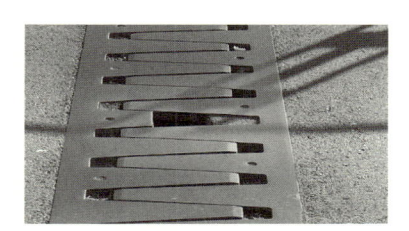

解説 図 2.2.11　フェースプレートの破断の例 [1]

解説 図 2.2.12　ビーム型ジョイントのミドルビームの破断の例

解説 図 2.2.13　ビーム型ジョイントのサポートビームの破断の例

2.2.2　着目点の点検方法

　伸縮装置の点検は，近接目視によることを基本とし，必要に応じて触診や打音，非破壊試験などを行うものとする。

【解　説】

　伸縮装置における着目点の点検・調査方法は，路面からの近接目視によることを原則とするが，漏水状況や異常音の確認においては，橋梁下面からの直接目視も適宜行うこととする。

（ⅰ）　共通

　伸縮装置における共通の点検項目と点検方法を解説 表2.2.2 に示す。

解説 表2.2.2　共通の点検項目

伸縮装置分類	部材	点検項目	点検の標準的な方法	必要に応じて採用することができる方法の例
共通	本体構造など	異常音	目視	騒音計
		漏水	目視	－
		遊間の異常	目視	遊間の計測
		段差，陥没	目視	段差の計測
		土砂詰まり*	目視	－

＊　埋設ジョイントは除く。

（ⅱ）　埋設ジョイント

　埋設ジョイントに関する代表的な点検項目と点検方法を解説 表2.2.3 に示す。

解説 表2.2.3　埋設ジョイントの点検項目

伸縮装置分類	部材	点検項目	点検の標準的な方法	必要に応じて採用することができる方法の例
埋設ジョイント（伸縮吸収型）	特殊合材	剥離（浮き），損傷，脱落	目視，ひび割れ幅計測	－
	弾性シール材バックアップ材	脱落	目視	－
	舗装	剥離（浮き），ひび割れ	目視	－
埋設ジョイント（伸縮分散型）	舗装	剥離（浮き），ひび割れ	目視	－
	弾性シール材バックアップ材	脱落	目視	－

（ⅲ）　ゴムジョイント（突き合わせ型）

　ゴムジョイント（突き合わせ形）に関する代表的な点検項目と点検方法を解説 表2.2.4 に示す。

解説 表2.2.4　ゴムジョイント（突き合わせ型）の点検項目

伸縮装置分類	部材	点検項目	点検の標準的な方法	必要に応じて採用することができる方法の例
ゴムジョイント（突き合わせ型）	ゴム材	剥離（浮き），損傷，脱落	目視，打音	－
	鋼材，アンカー材	損傷，腐食	目視，打音	－
	舗装	剥離（浮き），ひび割れ	目視，打音	－
	後打ち材（コンクリート）	剥離（浮き），ひび割れ	目視，打音	－

（iv）　ゴムジョイント（荷重支持型）

　ゴムジョイントに関する代表的な点検項目と点検方法を解説 表2.2.5 に示す。

解説 表2.2.5　ゴムジョイント（荷重支持型）の点検項目

伸縮装置分類	部材	点検項目	点検の標準的な方法	必要に応じて採用することができる方法の例
ゴムジョイント（荷重支持型）	ゴム材	剥離（浮き），損傷，脱落	目視，打音	－
	取付けボルト	損傷，腐食	目視，打音	－
	アンカー材	損傷，腐食	目視	－
	舗装	剥離（浮き），ひび割れ	目視，打音	－
	後打ち材（コンクリート）	剥離（浮き），ひび割れ	目視，打音	－

（v）　簡易鋼製ジョイント，鋼製フィンガージョイント

　簡易鋼製ジョイントおよび鋼製フィンガージョイントに関する代表的な点検項目と点検方法を解説 表2.2.6 に示す。

解説 表2.2.6　簡易鋼製ジョイント，鋼製フィンガージョイントの点検項目

伸縮装置分類	部材	点検項目	点検の標準的な方法	必要に応じて採用することができる方法の例
簡易鋼製ジョイント 鋼製フィンガージョイント	フェースプレート リブプレート	破断，損傷，腐食	目視，打音	－
	アンカー部	損傷，腐食，溶接部のき裂・破断	目視	－
	舗装	剥離（浮き），ひび割れ	目視，打音	－
	後打ち材（コンクリート）	剥離（浮き），ひび割れ	目視，打音	－
	排水樋，排水管	損傷，脱落，土砂詰まり	目視	－

（vi）　ビーム型ジョイント

　ビーム型ジョイントに関する代表的な点検項目と点検方法を解説 表2.2.7 に示す。

解説 表2.2.7　ビーム型ジョイントの点検項目

伸縮装置分類	部材	点検項目	点検の標準的な方法	必要に応じて採用することができる方法の例
ビーム型ジョイント	シールゴム	剥離（浮き），損傷，脱落	目視，打音	－
	ベアリング	損傷，劣化，脱落	目視	－
	ミドルビーム サポートビーム	損傷，腐食	目視，打音	－
	舗装	剥離（浮き），ひび割れ	目視，打音	－
	後打ち材（コンクリート）	剥離（浮き），ひび割れ	目視，打音	－

2.2.3　変状の把握

点検の結果，変状を発見した場合には変状の種類ごとに変状の程度を a～e の区分で記録するものとする。

【解　説】

解説 表 2.2.8～解説 表 2.2.13 に変状程度の区分を示す。なお，コンクリート部材については，Ⅱ編 1 章 1.2.3 を，鋼部材については，Ⅱ編 2 章 2.2.3 を参考にして判断する。

解説 表 2.2.8　変状の区分（共通）

伸縮装置分類	部材	点検項目	変状の程度				
			a	b	c	d	e
共通	本体構造など	異常音	変状なし	–	–		異常音が発生している
		漏水	変状なし	–	–	–	漏水が発生している
		遊間の異常	変状なし	–	左右の遊間が極端に異なる。遊間が橋軸直角方向にずれているなどの異常がある	–	遊間が以上に広く伸縮装置の櫛などが完全に離れている。または，桁とパラペットあるいは桁同士が接触している
		段差，陥没	変状なし	–	凹凸が生じているが，段差量は小さい（20 mm 未満）	–	凹凸が生じているが，段差量は大きい（20 mm 以上）
		土砂詰まり*	変状なし	–	–	–	土砂詰まりがある

＊　埋設ジョイントは除く。

解説 表 2.2.9　変状の区分（埋設ジョイント）

伸縮装置分類	部材	点検項目	変状の程度				
			a	b	c	d	e
埋設ジョイント（伸縮吸収型）	特殊合材	剥離(浮き)，損傷，脱落	変状なし	–	変状が生じている	–	変状が生じ，車両走行性に問題がある
	弾性シール材バックアップ材	脱落	変状なし	–	脱落している	–	脱落し，漏水がある
	舗装	ひび割れ，剥離(浮き)	変状なし	–	変状が生じている	–	変状が生じ，車両走行性に問題がある
埋設ジョイント（伸縮分散型）	舗装	ひび割れ，剥離(浮き)	変状なし	–	変状が生じている	–	変状が生じ，車両走行性に問題がある
	弾性シール材バックアップ材	脱落	変状なし	–	脱落している	–	脱落し，漏水がある

解説 表 2.2.10　変状の区分 (ゴムジョイント (突き合わせ型))

伸縮装置分類	部材	点検項目	変状の程度				
			a	b	c	d	e
ゴムジョイント (突き合わせ型)	ゴム材	剥離(浮き), 損傷, 脱落	変状なし	–	変状が生じている	–	変状が生じ, 車両走行性に問題がある
	鋼材, アンカー材	損傷, 腐食	Ⅱ編2章 2.2.3 による				
	舗装	剥離(浮き), ひび割れ	変状なし	–	変状が生じている	–	変状が生じ, 車両走行性に問題がある
	後打ち材 (コンクリート)	剥離(浮き), ひび割れ	Ⅱ編1章 1.2.3 による				

解説 表 2.2.11　変状の区分 (ゴムジョイント (荷重支持型))

伸縮装置分類	部材	点検項目	変状の程度				
			a	b	c	d	e
ゴムジョイント (荷重支持型)	ゴム材	剥離(浮き), 損傷, 脱落	変状なし	–	変状が生じている	–	変状が生じ, 車両走行性に問題がある
	取付けボルト	損傷, 腐食	Ⅱ編2章 2.2.3 による				
	アンカー材	損傷, 腐食					
	舗装	剥離(浮き), ひび割れ	変状なし	–	変状が生じている	–	変状が生じ, 車両走行性に問題がある
	後打ち材 (コンクリート)	剥離(浮き), ひび割れ	Ⅱ編2章 1.2.3 による				

解説 表 2.2.12　変状の区分 (簡易鋼製ジョイント, 鋼製フィンガージョイント)

伸縮装置分類	部材	点検項目	変状の程度				
			a	b	c	d	e
簡易鋼製ジョイント 鋼製フィンガージョイント	フェースプレート, リブプレート	破断, 損傷, 腐食	Ⅱ編2章 2.2.3 による				
	アンカー部	損傷, 腐食, 溶接部のき裂・破断	Ⅱ編2章 2.2.3 による				
	舗装	剥離(浮き), ひび割れ	変状なし	–	変状が生じている	–	変状が生じ, 車両走行性に問題がある
	後打ち材 (コンクリート)	剥離(浮き), ひび割れ	Ⅱ編1章 1.2.3 による				
	排水樋, 排水管	損傷, 脱落, 土砂詰まり	変状なし	–	–	–	損傷, 脱落している

解説 表 2.2.13　変状の区分 (ビーム型ジョイント)

伸縮装置分類	部材	点検項目	変状の程度				
			a	b	c	d	e
ビーム型ジョイント	シールゴム	剥離(浮き), 損傷, 脱落	変状なし	–	変状が生じている	–	変状が生じ, 車両走行性に問題がある
	ベアリング	損傷, 劣化, 脱落	変状なし	–	変状が生じている	–	変状が生じ, 車両走行性に問題がある
	ミドルビーム サポートビーム	損傷, 腐食	Ⅱ編2章 2.2.3 による				
	舗装	剥離(浮き), ひび割れ	変状なし	–	変状が生じている	–	変状が生じ, 車両走行性に問題がある
	後打ち材 (コンクリート)	剥離(浮き), ひび割れ	Ⅱ編1章 1.2.3 による				

2.3　詳 細 調 査

（1）　定期点検を行った結果，変状が確認され，劣化機構の推定や予測，評価および判定のためにより詳細な情報が必要と判断された場合には，詳細調査を行うものとする。

（2）　詳細調査の項目は，定期点検の結果を参考に，目的に応じた項目を選定し，伸縮装置の特徴を考慮した適切な方法により実施するものとする。

【解　説】

（1）について　　コンクリート部材はⅡ編1章1.3を，鋼部材はⅡ編2章2.3を参考とし，伸縮装置の特殊部材は伸縮装置の製造会社などに確認することとして，ここでは，伸縮装置の共通の点検項目について，解説 表2.3.1に詳細調査の要否判定を示す。

　また，伸縮装置の各部材の変状が，何度補修しても短期間で同様の変状を繰り返す場合には，間接的な別要因の可能性も考えられるため，詳細調査を行い，要因を確定するのがよい。

解説 表2.3.1　詳細調査の要否判定

伸縮装置分類	部材	点検項目	詳細調査の実施の要否判定
共通	本体構造など	異常音	異常音の発生は，伸縮装置の部材やその他の橋梁付属物などの変状により，発生することが多いため，伸縮装置の点検結果などを参考にして，発生箇所や発生要因を特定するのがよい。しかし，その発生箇所や発生要因が特定できない場合には，詳細調査を実施するものとする。
		漏水	漏水の発生は，伸縮装置の変状により，発生することが多いため，伸縮装置の点検結果などを参考にして，発生箇所や発生要因を特定するのがよい。しかし，その発生箇所や発生要因が特定できない場合には，詳細調査を実施するものとする。
		遊間の異常	遊間の異常は，一般的に主桁の異常変形や橋台の移動などによって，発生することが多い。そのため，橋梁全体の点検結果を参考にして，発生要因を特定するのがよい。しかし，その発生箇所や発生要因が特定できない場合には，詳細調査を実施するものとする。
		段差，陥没	段差は，伸縮装置の桁側と橋台側との段差の場合には，伸縮装置の変状のほか，支承や橋台の変状なども考えられるため，橋梁全体の点検結果を参考にして，発生要因を特定するがよい。しかし，その発生箇所や発生要因が特定できない場合には，詳細調査を実施するものとする。
		土砂詰まり*	－

＊　埋設ジョイントは除く。

（2）について　　伸縮装置の詳細調査の項目は，最小限の調査項目で原因，進行度などの情報が得られるように計画しなければならない。そのためには，現況の変状から想定される原因をあらかじめ絞り，それを確認または立証するための調査を行うのがよい。

　伸縮装置の共通の点検項目についての詳細調査の例を，解説 表2.3.2に示す。

解説 表 2.3.2　詳細調査の例

伸縮装置分類	部材	点検項目	必要な調査
共通	本体構造など	異常音	・現地での異常音の発生源の特定 ・車両通行との因果関係の調査 ・外気温変動との因果関係の調査
		漏水	・伸縮装置内部の調査 ・橋面からの浸水試験
		遊間の異常	・橋梁全体の遊間異常箇所の把握とその周り（支承や橋台）の調査 ・既存資料の調査（設計図書，実験結果，工事記録）
		段差，陥没	・橋梁全体の遊間異常箇所の把握とその周り（支承や橋台）の調査 ・既存資料の調査（設計図書，実験結果，工事記録）
		土砂詰まり*	－

＊　埋設ジョイントは除く。

2.4　点検結果の評価および判定

2.4.1　評　　価

　点検や詳細調査によって得られた情報に基づき，伸縮装置の構造的な特徴や環境条件を考慮して変状の要因を推定し，評価しなければならない。

【解　説】

　伸縮装置の変状の原因は，直接的な走行車両による影響，桁伸縮による影響，地震による影響，雨水や漏水の影響，伸縮装置部材の劣化などが主たる要因で発生する。そのため，伸縮装置の構造的特徴を把握して，変状の要因や劣化の要因を推定するのがよい。また，伸縮装置の製造会社が作成した保全要領なども参考にするとよい。

2.4.2　対策の要否判定

　対策区分の判定は，点検結果および詳細調査を基に，劣化進行の予測および構造物の性能評価を考慮して，対策区分の判定を行うものとする。

【解　説】

　コンクリート部材はⅡ編1章1.4.2を，鋼部材はⅡ編2章2.4.2を参考とし，伸縮装置の特殊部材は伸縮装置の製造会社が作成した保全要領や製造会社へのヒアリングなどで確認することとして，ここでは，伸縮装置の共通の点検項目について，解説 表2.4.1に詳細の要否判定を示す。

解説 表 2.4.1　対策区分の判定の目安（共通）

伸縮装置分類	部材	点検項目	判定区分					
			B	M	C1	C2	E1	E2
共通	本体構造など	異常音	−	−	異常音が発生している （変状の程度の目安：e）	異常音が発生し，住民からの苦情がある	−	−
		漏水	−	遊間部から漏水が発生している （変状の程度の目安：e）	−	遊間部から漏水が発生し，橋梁部材に悪影響をおよぼしている （変状の程度の目安：e）	−	−
		遊間の異常	−	−	遊間が設計よりも広がったり，狭まったりしている （変状の程度の目安：c）	遊間が閉塞されているか，異常に開いている （変状の程度の目安：e）	−	−
		段差,陥没	−	−	車両走行性に問題がない程度である （変状の程度の目安：c）	−	−	車両走行性に問題がある （変状の程度の目安：e）
		土砂詰まり*	−	土砂詰まりが発生している （変状の程度の目安：e）	−	−	−	−

＊　埋設ジョイントは除く。

2.5　対　　策

　対策が必要と判断された場合，目標とする性能を定め，対策後の保全の容易さや経済性を検討したうえで，適切な対策を講じなければならない。

【解　説】

　伸縮装置の変状の中には，車両走行性などに支障がある場合は早急に対応する必要があるが，比較的容易に通常の維持工事で対応可能なものがあるため，変状の種類と規模や発生箇所を考慮して判断するのがよい。また，路線の交通量や大型車混入率によっても変状の進行が変わるため，とくに1日の交通量が多い重交通路線では予防保全の観点から早めの対策を実施するのが望ましい。

　伸縮装置の本体の変状に対する対策は，部分補修や部材交換などが可能な場合もあるため，伸縮装置の製造会社が作成した保全要領や製造会社へのヒアリングなどを行い，対策を立案するのがよい。また，伸縮装置は，取替え前提の橋梁付属物であり，伸縮装置の種類によって目標耐用期間が定められ，伸縮装置の種類にもよるが10〜50年程度である。補修や補強が困難な場合や多数の変状が認められる場合には，保全計画に基づいて，取替えの検討も視野に入れるのがよい。

参考文献

1）玉越，大久保，星野，横井，強瀬：道路橋の定期点検に関する参考資料（2013年版）−橋梁損傷事例写真集−，国総研資料第748号，2013.7

3章　落橋防止システム

3.1　適用の範囲

（1）　本章は，落橋防止システムの保全に適用するものとする。

（2）　保全にあたっては，落橋防システム各構造機構，設計手法，施工方法および材料特性を考慮した適切な保全計画を策定しなければならない。

【解　説】

（1），（2）について　　落橋防止システムは，地震による橋梁上部構造の落下を防止するために設置されるシステムで，桁かかり長，落橋防止構造，変位制限構造，段差防止構造で構成される。落橋防止システムにジョイントプロテクターは含まれていないが，同様の材料で構成されるためここに記載する。また，落橋防止システムは，規準の改定に伴い後から設置されるケースがあり，橋梁個別の条件に対応してさまざまな材料形状のものがある。以下に各構造の概要を示す。また，**解説 表**3.1.1 に道路橋の落橋防止システムに関する規定の変遷を示す。

解説 表3.1.1　**落橋防止システムに関する規定の変遷** [1]

	昭和43年 道路橋下部 構造設計指針	昭和46年 道路橋 耐震設計指針	昭和55年，平成2年 道示V	平成8年，平成14年 道示V	平成24年 道示V
桁かかり長 S_E （支承縁端距離 S）	（支承縁端距離） ・$l \leq 100$ m $S \geq 0.2+0.005\,l$ ・$l=100 \sim 150$ m $S \geq 0.3+0.004\,l$	（支承縁端距離） ・$l \leq 100$ m $S \geq 0.2+0.005l$ ・$l \geq 100$ m $S \geq 0.3+0.004\,l$ ・重要な橋，4種地盤 $S \geq 0.35$ ・かけ違いの場合 （ゲルバー形式） $S \geq 0.6$ $S \geq 0.7$（4種地盤）	・$l \leq 100$ m $S_E \geq 0.7+0.005l$ ・$l \geq 100$ m $S_E \geq 0.8+0.004l$	$S_E=u_R+u_G \geq S_{EM}$ $S_{EM}=0.7+0.005l$ $u_G=\varepsilon_G L$	$S_{ER}=u_R+u_G \geq S_{EM}$ $S_{EM}=0.7+0.005l$ $u_G=\varepsilon_G L$
落橋防止構造 （落橋防止装置） （桁間連結装置）	なし	設置規定はあるが設計 荷重の規定なし	$H_R=2k_hR_d$	$H_F=1.5R_d$	（上下部構造を連結） $H_F=P_{LG} \leq 1.5R_d$ （2連の桁を相互に連結） $H_F=1.5R_d$
横変位拘束構造 （変位制限構造）	なし	なし	なし	$H_S=3k_hR_d$	$H_S=P_{TR} \leq 3k_hR_d$
変位制限構造 （移動制限装置）	なし	$1.5k_hR_d$ （可動支承部）	$1.5k_hR_d$ （可動支承部）	$H_S=3k_hR_d$ （タイプAの支承部）	なし

注）　（　）は従前用いられていた名称

（i）　桁かかり長

　上下部構造間に予期しない大きな相対変位が生じた場合にも，上部構造が下部構造頂部から逸脱して落橋するのを防ぐために確保する，桁端部から下部構造頂部端までの距離（**解説 図**

3.1.1）。また，規準の改定に準じて，所定の桁かかり長が確保できるようコンクリートまたは鋼製のブラケット材などを後設置している橋梁もある（解説 図 3.1.2）。

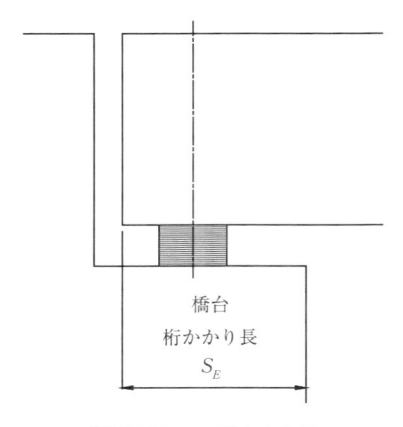

解説 図 3.1.1　桁かかり長

解説 図 3.1.2　鋼製部材で拡幅した事例[2]

（ⅱ）　落橋防止構造

　上下部構造間に予期しない大きな相対変位が生じた場合に，これが桁かかり長を超えないようにするための構造。下部構造と上部構造，上部構造と上部構造を PC 鋼材やチェーンで連結する構造や，コンクリートなどのブロックで変位を拘束する構造などがある（解説 図 3.1.3〜解説 図 3.1.6）。

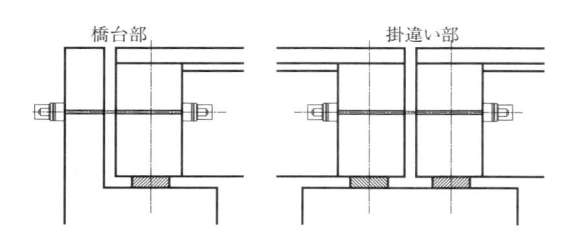

解説 図 3.1.3　PC 連結方式

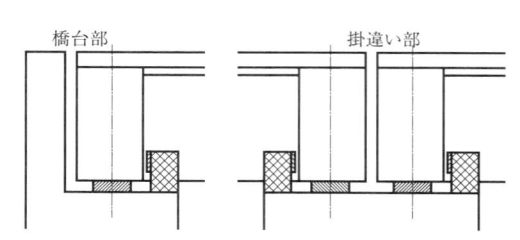

解説 図 3.1.4　突起方式

解説 図 3.1.5　PC 連結方式（後設置）[3]

解説 図 3.1.6　鋼製チェーン方式（後設置）[4]

（ⅲ）　変位制限構造

　支承部と補完し合ってレベル 2 地震動に対する慣性力に抵抗することを目的としたもので，支

承が破損しても上下部構造間に大きな相対変位が生じるのを防止するための構造。アンカーバー方式やコンクリートブロック方式が多く用いられる（解説 図 3.1.7，解説 図 3.1.8）。

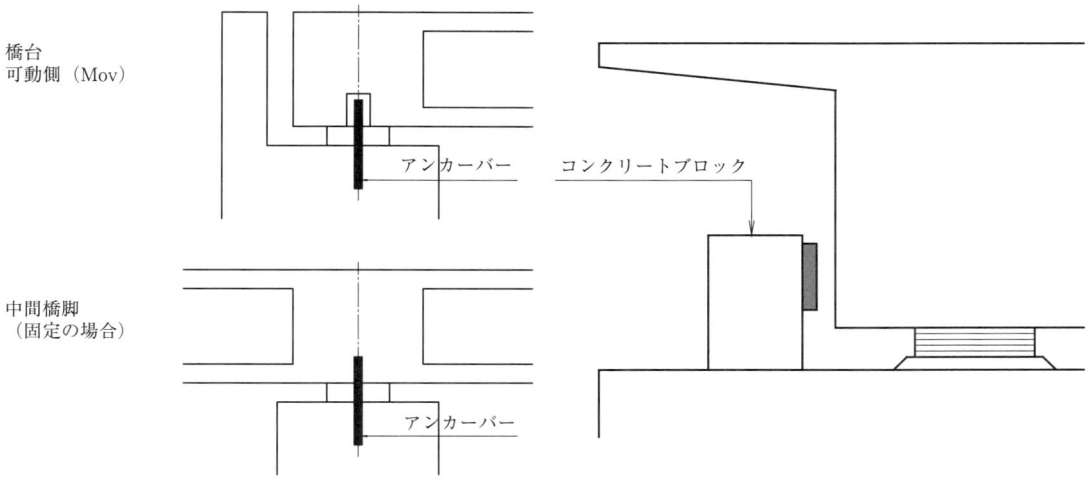

橋台
可動側（Mov）

中間橋脚
（固定の場合）

アンカーバー

コンクリートブロック

アンカーバー

解説 図 3.1.7　アンカーバー方式　　　　　　解説 図 3.1.8　コンクリートブロック方式

（**iv**）　段差防止構造

支承高さが高い支承部が破損した場合に，路面に車両の通行が困難となる段差が生じるのを防止するための構造（解説 図 3.1.9）。

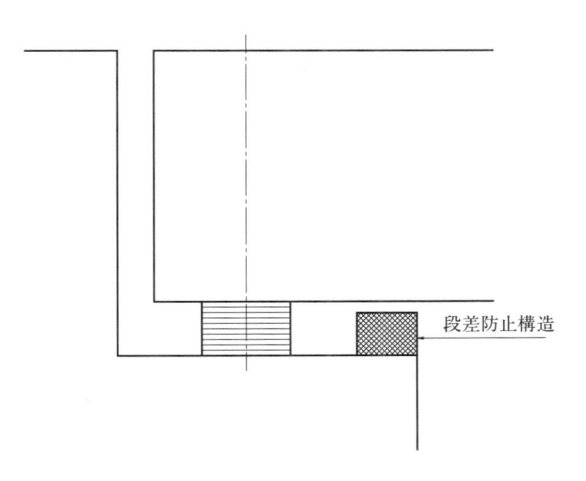

段差防止構造

解説 図 3.1.9　段差防止構造

（**v**）　ジョイントプロテクター

伸縮装置の許容伸縮量が地震時設計変位よりも小さい場合に，レベル 1 地震動に対して伸縮装置を保護するための構造。新設ではアンカーバー方式による場合が多く，変位制限装置が兼ねていることもある。なお，平成 24 年 3 月の道路橋示方書では，ジョイント自体にレベル 1 地震動に耐えることを標準としている。

3.2　点　　検

3.2.1　点検の着目点

　落橋防止システムの点検にあたっては，橋梁に設置されている落橋防止システムの種類を把握し，構造を十分理解したうえで，着目点を定めなければならない。

【解　説】

　落橋防止システムは，地震動に伴う上下部構造の挙動に対して作動するため，作動前の供用下では，基本的に各構成材料の経年的な劣化が点検の対象となる。解説 表3.2.1 に点検の着目点を，解説 図3.2.1 および解説 図3.2.2 に劣化事例を示す。ただし，落橋防止システムの作動が想定される地震発生後には，臨時点検において各構造の作動状況を確認する必要がある。

解説 表 3.2.1　点検の着目点

部　　材	点検の着目点
コンクリート部材	ひび割れ・剥離（浮き）
	エフロレッセンス・漏水
鋼部材，PC鋼材	防食機能の劣化
	腐食
	ボルトのゆるみ・脱落
その他	遊間異常
	緩衝ゴムの劣化，ひび割れ，脱落

　点検種別や点検対象によって点検方法が異なることから，それぞれにもっとも適した方法によって変状の有無を確認することを基本とする。

　なお，落橋防止システムに関しては，あと施工の鋼製ブラケットなどを固定するアンカーボルトの定着長不足や，ブラケットを構成する鋼板の溶接方法が正規の方法と異なるなどの設計施工の不良が過去に問題となった。落橋防止システムは，日常は機能しない構造であるため，設計図書や施工の記録，実構造物の点検により所要の性能を確認する。

解説 図 3.2.1　落橋防止装置の劣化 (1) [5]

解説 図 3.2.2　落橋防止装置の劣化 (2) [5]

3.2.2　着目点の点検方法

　落橋防止システムの点検は，近接目視によることを基本とし，必要に応じて打音や非破壊試験を行うものとする。

【解　説】

　解説 表 3.2.2 に落橋防止システムにおける着目点の点検方法を示す。コンクリート部材の点検方法はⅡ編 1 章 1.2.2 による。鋼部材および PC 鋼材の点検方法はⅡ編 2 章 2.2.2 による。

　鋼製ブラケットのアンカーボルトの定着長に関しては，国土交通省より「超音波パルス反射法によるアンカーボルト長さの測定要領（案）」が示されている。溶接方法に関しては，放射線透過試験や超音波探傷試験などの非破壊試験により確認できるので，性能の確認が必要な場合は速やかな対応を検討するものとする。

解説 表 3.2.2　着目点の点検方法

部　材	点検項目	点検の標準的手法	必要に応じて採用することができる方法の例
コンクリート部材	ひび割れ・剥離（浮き）	Ⅱ編 1 章 1.2.2 による	
	エフロレッセンス・漏水		
鋼部材，PC 鋼材	防食機能の劣化	Ⅱ編 2 章 2.2.2 による	
	腐食		
	ボルトのゆるみ・脱落		
その他	緩衝ゴムの劣化，ひび割れ，脱落遊間異常	目視，遊間計測	－

3.2.3　変状の把握

　点検の結果，変状を発見した場合には変状の種類ごとに変状の程度を a～e の区分で記録するものとする。

【解　説】

　解説 表 3.2.3 に変状の区分を示す。コンクリート部材および鋼部材，PC 鋼材については，Ⅱ編 1 章 1.2.3 およびⅡ編 2 章 2.2.3 による。

解説 表 3.2.3　変状の区分

部　材	点検項目	変状の程度				
		a	b	c	d	e
コンクリート部材	ひび割れ・剥離（浮き）	Ⅱ編 1 章 1.2.3 による				
	エフロレッセンス・漏水					
鋼部材，PC 鋼材	防食機能の劣化	Ⅱ編 2 章 2.2.3 による				
	腐食					
	ボルトのゆるみ・脱落					
その他	緩衝ゴムの劣化，ひび割れ，脱落遊間異常	変状なし	－	－	変状あり	著しい変状

3.3　詳 細 調 査

（1）　定期点検を行った結果，変状が確認され，劣化機構の推定や予測，評価および判定のためにより詳細な情報が必要と判断された場合には，詳細調査を行うものとする。

（2）　詳細調査の項目は，定期点検の結果を参考に，目的に応じた項目を選定し，落橋防止システムの各構造の特徴を考慮した適切な方法により実施するものとする。

【解　説】

（1），（2）について　　落橋防止システムの各構造が対象とする地震荷重が作用する前の段階では，各構造の構成材料の経年的な劣化が対象となるため，コンクリート部材に関しては，Ⅱ編1章1.3ならびにⅡ編2章2.3によって詳細調査実施の可否を判断してよい。

　一方，各構造が対象とする地震力の作用が想定された段階では，各構造の作動状況および損傷状況を確認するため，必要とする適切な方法により詳細調査を実施しなければならない。

3.4　点検結果の評価および判定

3.4.1　評　　　価

　点検や詳細調査によって得られた情報に基づき，落橋防止システムそれぞれの構造的な特徴や環境条件などを考慮して変状の要因を推定し，評価しなければならない。

【解　説】

　落橋防止システムは地震荷重の作用に対するものであるため，対象とする地震荷重が作用するまでの期間は，所用の耐荷性能が確保され，かつ正常な稼動状態で維持されなければならない。落橋防止システムの性能が損なわれる要因は，使用される材料の経年的な劣化による性能低下が主である。コンクリート部材に関しては，Ⅴ編Ⅴ-ⅰ3章を，鋼部材に関しては，Ⅱ編2章2.4.1を参照願いたい。落橋防止構造の緩衝ゴムは，直接日照を受けない環境でも気中にあると次第に弾力性が低下し，ひび割れの発生やひどい場合は所定の位置からの脱落が生じるものもある。経年的な劣化のほか，地震作用や橋台部の地盤沈下などによる上下部構造の移動により，各構造の遊間異常などが顕在化することが想定される。

　外力作用に対して，落橋防止システムを構成する各構造は，対象とする地震力だけでなく耐荷機構も異なる。落橋防止構造を例とすると，PC鋼材やチェーンによる連結構造，コンクリートブロック構造など，構成材料や耐荷機構がことなり，変状の進行や性能の評価においてはそれぞれの材料や構造上の特徴を考慮して適切に実施する必要がある。

3.4.2　対策の要否判定

　　対策区分の判定は，点検結果および詳細調査を基に，劣化進行の予測および構造物の性能評価を考慮して，対策区分の判定を行うものとする。

【解　説】

　落橋防止システムも各構造は，対象とする地震荷重が作用するまで，健全な状態が保持されなければならない。解説 表 3.4.1 に落橋防止システムに関する点検項目と評価基準を示す。

解説 表 3.4.1　対策区分の判定の目安

点検部位	点検項目	判定区分			
		B,C1	C2	E1	E2
コンクリート部材	ひび割れ・剥離（浮き）	Ⅱ編 1 章 1.4.2 による			
	エフロレッセンス・漏水				
鋼部材	防食機能の劣化	Ⅱ編 2 章 2.4.2 による			
	腐食				
	ボルトのゆるみ・脱落				
	アンカーボルトの腐食，ゆるみ，脱落				
	ボルトのゆるみ・脱落				
その他	緩衝ゴムの劣化，ひび割れ，脱落遊間異常	劣化等の軽微な変状がある	ゴムが劣化し緩衝効果が低下している。設計上の遊間より極端に広いか狭い	ゴムの劣化が著しく，欠損および剥落が生じ緩衝効果が期待できない	－
			（変状の程度の目安：d）	（変状の程度の目安：e）	

3.5　対　　策

　　対策が必要と判断された場合，目標とする性能を定め，対策後の保全のしやすさや経済性を検討したうえで，適切な対策を講じなければならない。

【解　説】

　落橋防止システムは，経年的な劣化などにより各構造の性能が低下しないよう健全な状態を維持することが重要となる。コンクリート部材に関しては，Ⅱ編 1 章 1.5 を，鋼部材に関しては，Ⅱ編 2 章 2.5 によるものとする。緩衝ゴムは，落橋防止装置に急激な力が集中して作用することを防止する目的で設置されるため，所定の緩衝性能が損なわれている場合には交換する必要がある。

参考文献

1）　道路橋示方書・同解説 Ⅴ耐震設計編に関する参考資料，日本道路協会，2015.3
2）　泉建設工業 HP　http://www.izumikensetsu.co.jp/activity/a-index.html
3）　エスイー提供
4）　ショーボンド建設：パンフレット「緩衝チェーン G タイプ」
5）　国土技術政策総合研究所：国総研資料第 748 号 道路橋の定期点検に関する参考資料（2013 年版）－橋梁損傷事例写真集

4章　排 水 装 置

4.1　適用の範囲

（1）　本章は，排水装置の保全に適用するものとする。
（2）　保全にあたっては，排水装置の各構造機構，設計手法，施工方法および材料特性を考慮した適切な保全計画を策定しなければならない。

【解　説】
（2）について　　橋梁排水装置は，通行車両の支障となる橋面の雨水を速やかに排除する機能を受け持つと同時に，橋梁下への漏水を防止することによって，コンクリートや鋼部材の劣化を防止し，さらには第三者への影響を防止する機能を受け持っている。

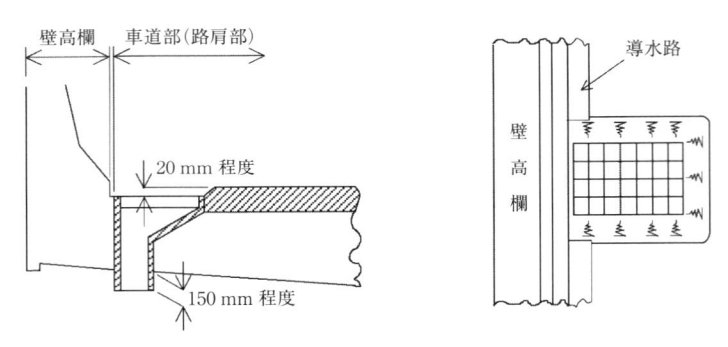

解説 図 4.1.1　排水ますの設置例

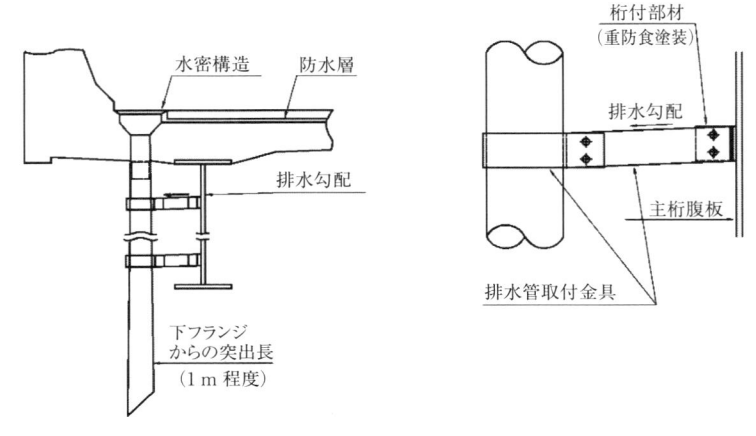

解説 図 4.1.2　排水ます周辺，縦引き管，取付金具等

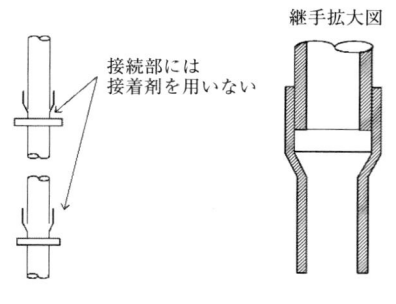

継手拡大図

接続部には
接着剤を用いない

解説 図 4.1.3 継ぎ手部

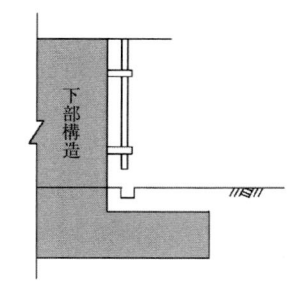

下部構造

解説 図 4.1.4 端末部の処理

4.2 点 検

4.2.1 点検の着目点

　排水装置の点検にあたっては，橋梁に設置されている排水装置の種類を把握し，構造を十分理解したうえで，着目点を定めなければならない。

【解 説】

　橋梁排水装置の変状として多いのは，排水管本体の変状（腐食，割れ），接続部の不良，取付金具の腐食および土砂やじん埃などによる排水ますのつまりである。橋梁排水装置の変状のうち，じん埃などによる排水管または排水ますの詰りは，日常の保全を行うことによって防ぐことができる。

　なお，橋梁排水装置の変状は，物理的あるいは化学的な原因によるものばかりではなく，排水勾配や排水方向あるいは取付け方法の不備によって生じることも多い。地震後には，排水管の変状が生じている可能性が大きく，特に注意が必要である。

　近年，多発している局所的なゲリラ豪雨等により，鉛直排水管に許容できる流量以上の雨水が浸

解説 表 4.2.1 点検着目箇所と変状

部位		主な変状
排水ます	本体	本体の変形
		ごみ，土砂の堆積り
		溢流，湧水
	蓋	蓋の変形
		蓋のはずれ，破損，損傷による車両走行時の打撃音
排水管	本体	管の割れ，破損
		溢流，湧水
	接続部	接続部の破損，はずれ
		目開きによる漏水
		ごみ，土砂の堆積り
取付金具		排水管や取付部材からのはずれ

入した場合，排水管内部に負の圧力が発生し，排水管よりも耐圧性能が低い伸縮継手において閉塞現象が生じ，やがて変状に至るという事例が報告されている（解説 図 4.2.2）。

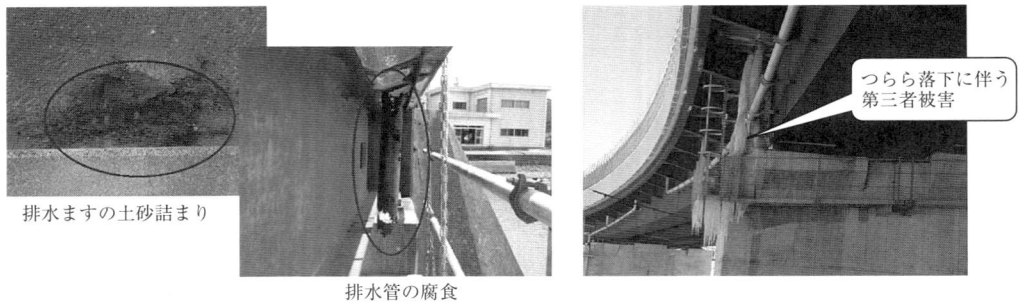

排水ますの土砂詰まり

排水管の腐食

つらら落下に伴う第三者被害

鋼製排水溝の土砂詰まり

排水ますへの雑草の繁茂（土砂詰まり）

解説 図 4.2.1　排水装置の変状事例 [1]

解説 図 4.2.2　負圧による変状事例 [2]

4.2.2　着目点の点検方法

排水装置の点検は，可能なかぎり近接目視によることを基本とし，必要に応じて打音や非破壊試験を行うものとする。

【解　説】

目視点検は，水の流れる降雨時または降雨直後が望ましい。点検業務を問わず，機会を逃さずに写真等で記録を残しておくことが必要である。晴天時に点検を行う場合は，水の流れた跡，石灰質，さび汁の流れ等に着目して点検を行う。

遠望目視により点検を行う場合，双眼鏡等を用いて，主として破損，はずれが点検項目となる。

4.2.3　変状の把握

　点検の結果，変状を発見した場合には変状の種類ごとに変状の程度を a〜e の区分で記録するものとする。

【解　説】

　基本的には，評価は変状の有無のみであるが，変状の位置を記録することが重要である。

解説 表 4.2.2　変状の区分

		a	b	c	d	e
排水ます	本体の変形	変状なし	—	局部的な変形	—	著しい変形
	ごみ，土砂の堆積	変状なし	—	—	—	ある
	溢流，湧水	変状なし	—	—	—	ある
	蓋の変形	変状なし	—	局部的な変形	—	著しい変形
	車両走行時の打撃音	変状なし	—	—	—	ある
排水管	管の割れ，破損	変状なし	—	—	—	ある
	溢流，湧水	変状なし	—	—	—	ある
	接続部の破損，はずれ	変状なし	—	—	—	ある
	目開きによる漏水	変状なし	—	—	—	ある
	ごみ，土砂の堆積	変状なし	—	—	—	ある
取付金具	はずれ	変状なし	—	—	—	ある

4.3　点検結果の評価および判定

4.3.1　評　　価

　点検によって得られた情報に基づき，排水装置の構造的な特徴や環境条件などを考慮して変状の要因を推定し，評価しなければならない。

【解　説】

　点検結果の評価は，設計図書，使用材料，施工管理および検査の記録，構造物の環境条件および使用条件を考慮し，点検結果に基づいて行うものとする。

4.3.2　対策の要否判定

　対策区分の判定は，点検結果を基に，劣化進行の予測および構造物の性能評価を考慮して，対策区分の判定を行うものとする。

【解　説】

　対策判定は，基本的に判定区分 M（維持工事で対応）のみであるが，その後の点検で経過を観察

し，同じことを繰り返す場合には，その原因を推定し，対策を講じることが必要である。

4.4　対　　　策

　対策が必要と判断された場合，目標とする性能を定め，対策後の保全のしやすさや経済性を検討したうえで，適切な対策を講じなければならない。

【解　説】

　土砂の堆積に対しては，清掃により機能を復旧することを基本とするが，高圧洗浄を行う場合は，排水管に過大な力が作用するため，排水管の設計条件に配慮が必要である。

　変形，破損に対しては，交換が基本となる。

参考文献

1）　国交省中国地方整備局：橋梁の基礎知識と点検のポイント，平成 24 年度自治体支援講習会資料
2）　国交省東北地方整備局：パトロール時の異常発見（案）：日常巡回における橋梁異常の気づきと報告，平成 22 年

5章　防水システム

5.1　適用の範囲

（1）　本章は，道路橋のコンクリート床版上面に施す床版防水およびコンクリート表面近傍を
被覆，含浸にて施すコンクリート表面保護の保全に適用する。
（2）　保全にあたっては，床版防水およびコンクリート表面保護の構造特性，設計手法，施工
方法および材料特性を考慮した適切な保全計画を策定しなければならない。

【解　説】

（1）について　　　床版は，輪荷重を直接支える支持部材で，疲労の影響を受けやすい部材である。
また，路面への凍結防止剤の散布地域や，海岸付近で波しぶきがかかる場所においては，舗装から
床版上面にまで水や塩化物イオンが到達し，床版内部へ浸透すると，床版内部の鋼材の腐食が発生
しやすくなる。これらの変状により，コンクリート床版の耐荷性能，耐久性能が低下するとともに，
路面ポットホールの発生により走行性能が低下する場合もある。このことから，床版の耐久性能を確
保させるため，アスファルト舗装を行う場合のコンクリート床版の上面に防水層を設置することが道路
橋示方書・同解説で義務付けられている。床版防水は鉄筋コンクリート床版（RC 床版），プレストレ
ストコンクリート床版（PC 床版），鋼床版など床版形式に関わらず設置されており，新設橋梁に限ら
ず，既設橋梁においてもアスファルト舗装打替え時に床版防水を設置することが多くなってきている。

　コンクリート表面保護は，コンクリートの劣化の要因となる外面からの劣化因子の浸入を防止ま
たは抑制することを目的として，コンクリート構造物の表面近傍に保護層を形成し，構造物の耐久
性能の向上を図るものである。凍結防止剤の散布地域や，海岸付近などの環境条件や劣化要因，橋
座面および桁端部周辺などの漏水・滞水の影響を受けやすい構造部位を勘案して使用される。

　本章は，コンクリート床版上面に施す床版防水およびコンクリート構造物の表面近傍に施すコン
クリート橋面保護の保全に特有の事項について規定したものであり，橋梁の構造形式および構造部
位に関する事項については，それぞれの章による。また，鋼床版に施す床版防水については，「道
路橋床版防水便覧（日本道路協会）」によるのがよい。
（2）について　　　床版防水は，解説 図5.1.1 に示すように，床版防水層および排水設備で構成さ

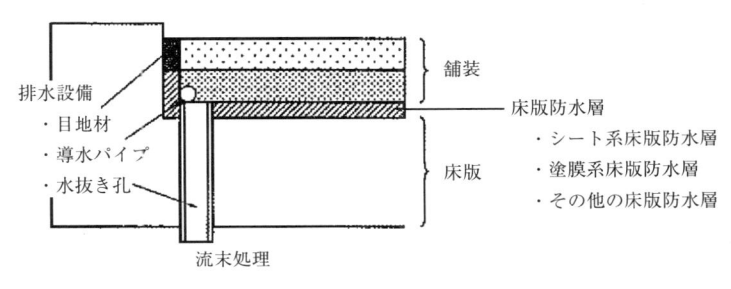

解説 図 5.1.1　床版防水の構成例

れる。なお，床版防水の各構成要素の名称は発注機関などによって異なる場合があるため，留意しなければならない。

（ⅰ）　床版防水層

　　国内でもっとも多く用いられているコンクリート床版の床版防水層は，シート系床版防水層（流し貼り型）であり，次いで塗膜系床版防水層（アスファルト加熱型）となっている。シート系床版防水層は貼付方法に改良が加えられたものが開発されてきている。塗膜系床版防水層（反応樹脂型）では従来エポキシ樹脂を使用した反応樹脂型が一般的に用いられてきたが，最近ではウレタン樹脂系やメタクリル樹脂系なども使用されている。昨今では様々な種類の床版防水材料が開発されてきており，耐用年数も様々であるが，中には耐久性の高い材料も多々存在している。また，変状が見られなくても，舗装の更新と同時に床版防水層も更新することが一般的である。

（ⅱ）　排水設備

　　床版防水を構成する排水設備は，橋面および床版防水上に到達した雨水などを滞留させることなく，速やかに排水を行うことを目的として設置され，導水パイプ，導水帯，水抜き孔，排水ますなどの排水資材と目地材などから構成される。壁高欄，地覆立上げ部などの床版防水層の端部には，目地材のかわりに床版防水層と同等以上の性能を有する端部防水層を設置する場合もある。

　　コンクリート表面保護は，表面被覆と表面保護に大別される。概念図を解説 図 5.1.2 に示し，それぞれの適用範囲を解説 表 5.1.1 に示す。

（ⅲ）　表面被覆

　　表面被覆は，コンクリート表面を有機系材料（合成樹脂塗料）や無機系材料（ポリマーセメント塗布材など）の表面被覆材により被覆するもので，コンクリートや内部の鋼材を劣化させる外部影響因子(酸素，水，炭酸ガスなど)の浸透を遮断する効果に優れている。とくに有機系材料は，エポキシ樹脂系，アクリル樹脂系，ポリウレタン樹脂系など，その組成が多種多様であり，また，同一組成であっても配合によって施工性，硬化後の性能などが異なるため，それぞれの材料の特徴，用途，要求性能などの諸条件によって使い分けられる。

　　表面被覆材は，コンクリート表面に被膜を形成するもので，①下地処理材，②不陸調整材，③主材，④仕上げ材などで構成される。その性能を十分に発揮するためには，表面被覆材の施工時におけるコンクリートの下地処理がもっとも重要であり，下地処理が不十分な場合は，表面被覆材の膨れ，はがれなどが生じやすくなる。

　　昨今では様々な種類の表面被覆材料が開発されてきているものの，材料特性のみならず施工される部位や環境条件によっても耐用年数が変わるため，変状が見られなくても定期的に更新することが望ましい。

（ⅳ）　表面含浸

　　表面含浸は，コンクリート表層部から表面含浸材を含浸させることにより，コンクリート表層部の組織の改質やコンクリート表層部への特殊機能を付与するものである。これにより，外面からの劣化因子の浸透を抑制し，構造物の劣化進行の速度を抑制することが可能である。また，コンクリート表面に塗膜を形成しないものが多く，外観を著しく損ねることがないため，コンクリート表面の経年劣化が観察可能であり，保全における点検・調査が容易に行える。しかし，構造物の劣化進行を抑制する効果については，塗膜を形成しないため，劣化因子の浸透を遮断する

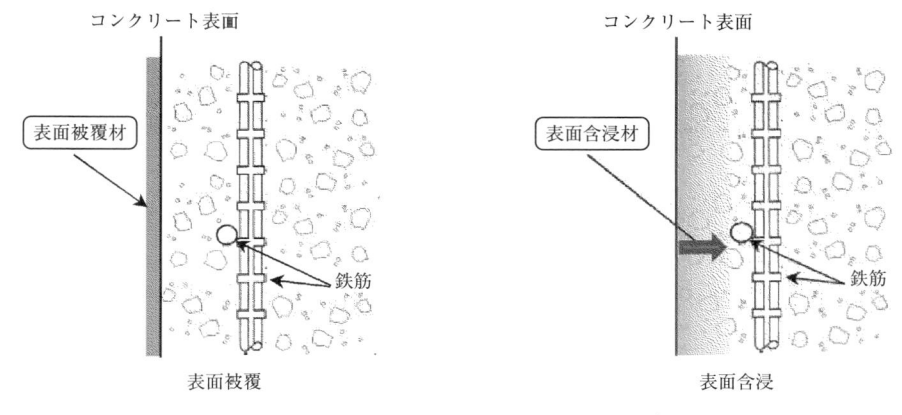

解説 図 5.1.2　コンクリート表面保護の概念図 [1]

解説 表 5.1.1　構造物の要求性能に対する表面保護の適用範囲の例 [1]

項　目		表面被覆材	表面含浸材
劣化に対する抵抗性	中性化	◎	△
	塩害	◎	○
	凍害	○	△
	化学侵食	△	―
	ASR	△	△
	乾湿繰返し	◎	○
	摩耗	◎	△
保全における点検性	外観維持	―	○

◎：適用対象（外面からの劣化因子の浸透を遮断する効果）　　○：適用対象（外面からの劣化因子の浸透を抑制する効果）
△：適用する場合に検討が必要　　　　　　　　　　　　　　　　―：適用対象外

までの性能を有していないことに注意が必要である。

　表面含浸材は，一般に，コンクリート表層部に吸水防水層を形成して，水分や劣化因子の浸入を抑制するシラン系のものと，コンクリートへのアルカリ付与や表層部，脆弱部などの強化および緻密化を主目的としたけい酸系のものが用いられる。表面含浸材は，塗布するコンクリート母材の劣化状況によって得られる性能が異なるため，コンクリート表面の品質が比較的安定している建設時および補修補強時の新設コンクリート面に対して使用することが望ましい。とくに，下地となるコンクリート表層部が多量の水分を含む場合など，表層部の状態によっては十分な性能を発揮できない場合もあるため十分な注意が必要である。

5.2　点　　　検

5.2.1　点検の着目点

　床版防水およびコンクリート表面保護は，施工された部位・部材の保護および耐久性能の確保が主な目的である。したがって，床版防水およびコンクリート表面保護の点検にあたっては，施工された部位・部材の構造特性を把握し，そこに作用している荷重や環境条件を十分理解したうえで，着目点を定めなければならない。

【解　説】

　床版防水は，床版およびアスファルト舗装に発生する変状と密接な関係がある。コンクリート床版に発生する変状のうち，とくにひび割れについては輪荷重の影響による疲労現象である場合が多く，変状が進むと最終的には部分的な抜け落ちに至る可能性がある。床版防水は，ひび割れへの雨水などの劣化因子の浸入を抑制し，エフロレッセンスや鉄筋腐食といった床版の変状の進行を遅らせることを期待されるものである。また，排水設備により橋面および床版防水上に到達した雨水などを滞留させることなく，速やかに排水を行うことで，アスファルト舗装の路面ポットホールの発生を防止することを期待されるものである。したがって，床版防水として単独での点検は現実的ではなく，床版とアスファルト舗装における点検に付随して，変状の状況によって床版防水に着目することとなる。

　同様に，コンクリート表面保護は，施工された部位・部材の保護および耐久性能の確保が主な目

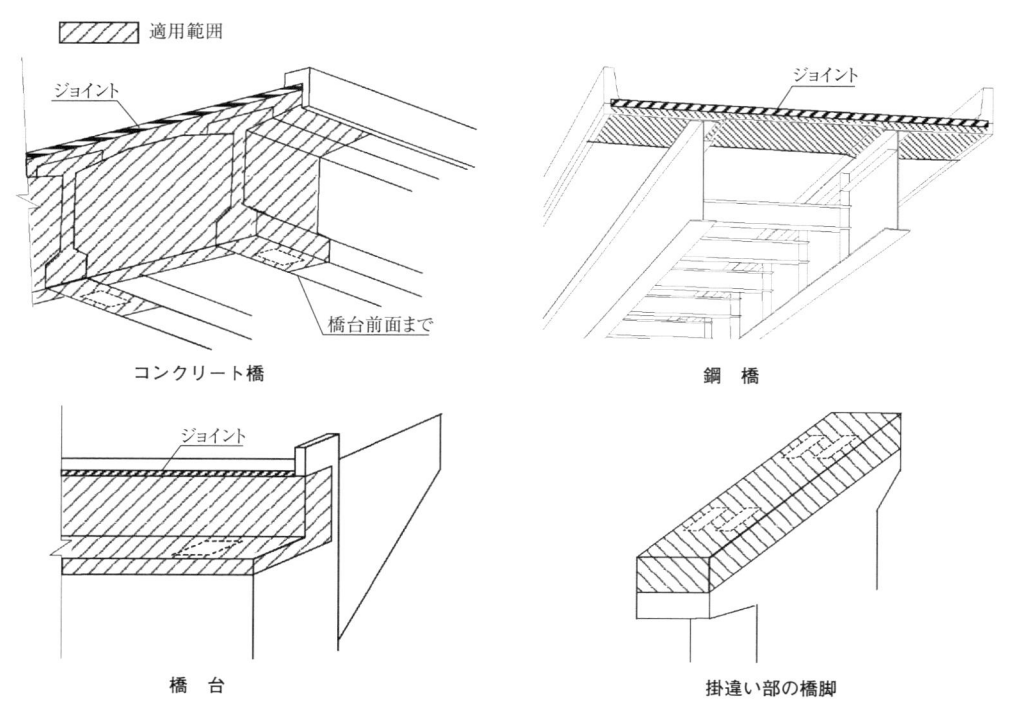

解説 図 5.2.1　桁端部における表面被覆材の施工範囲 [1]

的である。したがって，施工された部位・部材の構造特性を十分に把握し，そこに作用している荷重や環境条件をよく考えたうえで，コンクリート表面保護としての耐久性能が確保されているかに着目して，コンクリート表面保護の異常および変状の有無を確認することを基本とする。

　桁端部における表面被覆材の施工範囲の例を解説 図 5.2.1 に示す。表面被覆は，表面被覆材自体にひび割れが生じると劣化因子を遮蔽できないため，施工される部位・部材のひび割れに追従する性能が必要となる。また，紫外線などの影響により表面被覆材が劣化するため，効果を期待する期間内において，表面被覆材としての性能が維持されているかに着目して点検する必要がある。

　表面含浸は，耐久性向上のためさらなる塩害抑制効果を求める場合に用いられ，壁高欄，床版張出し部，排水装置周辺など，凍結防止剤や飛来塩分などの影響を受け塩害が生じやすい部位に適用されることが多い。

5.2.2　着目点の点検方法
（1）　床版防水の点検・調査は，床版およびアスファルト舗装で定められた方法により行うものとする。
（2）　コンクリート表面保護の点検・調査は，コンクリート表面保護が施工されたそれぞれの部位・部材ごとに定めた方法により行うものとする。

【解　説】
（1）について　　床版防水層は，床版と舗装との間に位置するため，その状態を直接確認することが困難である。したがって，床版下面と舗装表面における変状の有無を入念に確認することが，床版防水層の状態を把握することになる。

　たとえば，上側端鉄筋上部のかぶりコンクリートに欠陥が生じた場合でも，ひび割れが貫通し，エフロレッセンスが下面に到達するまでには，かなりの時間を要する。このため，上面からの劣化がかなり進行した場合でも，下面からの点検では劣化を見落とす可能性もある。同時に，とくに凍結防止剤を定常的に使用している積雪寒冷地の路線では，凍結防止剤の作用により，上面からの劣化が加速される可能性がある。しかし，床版上面の状況を詳細に観察するためには，全面にわたり舗装を撤去して調査する必要がある。この調査は大掛かりなものとなるため，日常点検において記録した橋面舗装の状態を確認し，床版下面の評価・判定の都度，橋面舗装の評価・判定も実施するものとする。なお，ポットホールの発生頻度が高く，床版上面の開削調査や舗装表面から電磁波レーダーによる非破壊試験などの詳細調査を実施した場合は，その調査結果を踏まえた評価・判定を実施するものとする。

　床版防水に関連する各部位の代表的な点検項目は，「道路橋床版防水便覧」による。舗装に関する点検項目は，「舗装試験法便覧」，「舗装試験法便覧別冊（暫定試験方法）」によるほか，各発注機関が定める点検項目および点検方法による。
（2）について　　コンクリート表面保護は，施工された部位・部材の保護および耐久性能の確保が主な目的である。そのため，コンクリート表面保護を単独で保全するのではなく，施工された部位・部材と同時に点検を行うのが一般的である。したがって，コンクリート表面保護の点検・調査は，コンクリート表面保護が施工されたそれぞれの部位・部材ごとに定めた方法により点検・調査

することとなる。

　表面被覆は，表面被覆材のひび割れなどの損傷および紫外線などの影響による劣化が目視確認できるため，表面被覆材そのものの変状の程度を判断することができる。なお，表面被覆材の変状が確認された場合には，必要に応じて表面被覆材を剥がすなどして，表面被覆が施工された部位・部材の変状の有無を入念に確認することが重要である。

　表面含浸は，コンクリート表面に塗膜を形成しないものが多く，施工された部位・部材の点検・調査が容易に行える。しかし，表面含浸材そのものの劣化を点検・調査するのは困難であり，目視による外観変化の確認しか行えないのが現状である。

5.2.3　変状の把握

　点検の結果，変状を発見した場合には，変状の種類ごとに変状の程度を a～e の区分で記録するものとする。

【解　説】

（1），（2）について　　床版防水層は，床版と舗装との間に位置するため，その状態を直接確認することが難しい。したがって，床版下面と舗装表面に床版防水に関連する変状が確認された場合には，変状の種類ごとに変状の範囲を適切な方法で記録し，状態を注意深く観察することで，間接的に床版防水の変状を把握することとなる。

　コンクリート表面保護のうち，表面被覆は表面被覆材そのものの変状を塗装における防食機能の劣化と同じ要領で点検し，変状の程度を把握する。表面被覆材の変状の区分を解説 表 5.2.1 に示す。

解説 表 5.2.1　変状の区分（表面被覆材）

区分	変状の程度
a	変状なし。
b	
c	最外層の塗膜に変色が生じたり，局所的な浮きが生じている。
d	部分的に塗膜が劣化・剥離し，下地が露出している。
e	塗膜の劣化・剥離範囲が広く，下地に変状が発生している。

　表面含浸は，コンクリート表面に塗膜を形成しないものが多く，表面含浸材そのものの劣化を点検・調査するのは困難であるため，施工された部位・部材の点検・調査により，間接的に変状を把握することとなる。

5.3　詳　細　調　査

（1）　定期点検を行った結果，変状が確認され，劣化機構の推定や予測，評価および判定のために，より詳細な情報が必要と判断された場合には，詳細調査を行うものとする。

（2）　詳細調査の項目は，定期点検の結果を参考に，目的に応じた項目を選定し，床版防水およびコンクリート表面保護の特徴を考慮した適切な方法により実施するものとする。

【解　説】

（1），（2）について　　　床版防水の変状要因や変状範囲を推定し，補修の要否やその方法を決定するため，詳細調査を行う場合がある。以下に詳細調査の例を示す。

（i）　引張接着強度の確認

　床版，床版防水層，舗装相互の接着状況を確認するため，コアカッターにて床版まで切り込みを入れて現地にて引張接着試験を実施する。その際，所定の引張接着強度が得られない場合は，破断位置を注意深く確認する。破断位置がアスファルト舗装にある場合は，アスファルト混合物を採取して破断面付近におけるアスファルト皮膜の剥離状態を観察する。また，必要に応じてアスファルトの老化を判断するため針入度試験などを行う。

（ii）　変状の程度の確認

　引張接着試験の結果，床版と床版防水層または床版防水層と舗装との間で破断し，所定の引張接着強度が得られない場合は，床版，床版防水層，舗装相互の接着状態を確認するため，開削調査を行う。開削調査では，まず，舗装表面の変状の程度（形状，規模など）を確認し，開削する範囲を確定する。次いで，アスファルト舗装をブレーカなどで取り除いて床版防水層を露出させ，舗装と床版防水層および床版防水層と床版の接着状況を調べ，接着不良位置を確認する。その際，床版防水層を傷つけないように注意する。床版防水層に変状が認められる場合は，床版防水層を採取し変状の程度を把握するとともに，必要に応じて床版防水層の性能試験のために試験に供する。また，アスファルト舗装が施工時に設定した適切な混合物であるか否かを判断するため，必要に応じてアスファルト抽出試験，アスファルト混合物の最大密度試験などを行い，アスファルト量，骨材粒度，空隙率などを調査する。

（iii）　変状範囲の推定

　引張接着試験および開削調査などにより，舗装と床版防水層または床版防水層と床版に接着不良が確認された場合は，接着不良範囲の特定を行う。接着不良に確認を非破壊で行う場合は，現在のところ打音調査で行われる。なお，赤外線カメラを用いて行うこともあるが，水分，日照，風などの気象条件の影響を受けやすいので，使用にあたっては注意が必要である。

5.4　点検結果の評価および判定

5.4.1　評　　　価

（1）　床版防水は，点検によって得られた情報に基づき，床版下面と舗装表面の劣化状況，設計・施工条件，環境条件，材料特性などを総合的に考慮して，変状の要因を推定し，評価しなければならない。

（2）　コンクリート表面保護は，点検によって得られた情報に基づき，コンクリート表面保護および施工されたコンクリート部材の劣化状況，設計・施工条件，環境条件，材料特性などを総合的に考慮して，変状の要因を推定し，評価しなければならない。

【解　説】

（1）について　　供用後の床版，舗装はさまざまな要因で損傷を受ける。これらの損傷は，床版
または床版防水層に要因がある場合，舗装に要因がある場合，それらの両方が複合して発生する場
合がある。さまざまな種類の変状を適切な方法により補修するには，変状要因および劣化機構をあ
らかじめ推定しておくことが，その後の対策を行ううえで重要である。解説 表 5.4.1 に供用後に
みられる変状の種類と発生要因を推定する際の目安を示す。

　また，壁高欄，地覆立上げ部などに端部防水層を設置している場合は，車両や凍結防止剤に直接

解説 表 5.4.1　供用後にみられる変状の種類と発生要因を推定する際の目安[2)]

部材	点検項目		変状の状況，考えられる要因等	主な発生位置	原因と考えられる層		
					床版	床版防水層	舗装
床版下面	漏水		床版防水層の変状，端部処理不良 舗装のひび割れからの水の流入	床版下面端部 床版打継目 ひび割れ	◎	○	―
	エフロレッセンス		床版防水層の変状，端部処理不良 舗装のひび割れからの水の流入	床版下面端部 床版打継目 ひび割れ	◎	○	―
	さび汁		床版防水層の変状，端部処理不良 舗装のひび割れからの水の流入	床版下面端部 床版打継目 ひび割れ	◎	○	―
	腐食（鋼床版）		床版防水層の変状，端部処理不良 舗装のひび割れからの水の流入	鋼床版の縦リブ 主桁上	―	○	○
舗装表面	ひび割れ	線上	大型車の走行によるわだち掘れ	走行軌跡部	―	―	◎
			床版のたわみによる縦方向の線上ひび割れ	鋼床版の縦リブ 主桁上	◎	―	○
		亀甲状	混合物の劣化 床版防水層と混合物の接着不良 コンクリート床版の破損	走行軌跡部から 発生し，舗装面 全面へ	○	○	○
	わだち掘れ		混合物の耐流動性不足による塑性変形 床版防水層の種類による可能性もある	走行軌跡部	―	○	◎
	平坦性の低下		混合物の強度 締固め不足によるさざ波上の舗装面のしわ こぶ状のより，床版の凹凸 床版防水層と混合物の接着不良	走行軌跡部	○	○	◎
	段差		伸縮装置と舗装の剛性の違い 伸縮装置取付部の混合物の締固め不足	伸縮装置部	―	―	◎
	すべり抵抗性の低下		アスファルト過多混合物の使用によるフラッシュ，骨材のポリッシング	走行軌跡部	―	―	◎
	ずれ		床版防水層と混合物の接着不良 タックコートの過多やムラ	走行軌跡部 排水不良箇所	―	◎	○
	ポットホール		混合物の強度不足により生じた舗装表面の穴 水の流入による骨材の剥離 亀甲状のひび割れをともなう場合あり	ひび割れ部 排水不良箇所	○	○	◎
	ブリスタリング		コンクリート床版の乾燥不足と緻密な混合物の使用，鋼床版のケレン不足		○	○	○
	目地の開き		目地部の接着不良 混合物の締固め不足	施工目地部	―	―	◎

注）　◎：要因として特に可能性の大きいもの　　　○：要因として可能性のあるもの

的に接触する箇所であるとともに，紫外線などにさらされるなど，舗装下面に設置した床版防水層と比べて経年劣化しやすい環境となり，耐候性を有する端部保護材により被覆保護されている場合もある。それらの材料についても変状要因および劣化機構を推定しておく必要がある。

（2）について　　コンクリート表面保護は，材料の性能照査および品質管理，施工方法や施工条件などの施工管理は確立されているものの，施工後の保全に関する規準は定められていないのが現状である。そのため，施工されたコンクリート部材の表面近傍の変状要因および劣化機構から，コンクリート表面保護の本来の目的である，コンクリートの劣化の要因となる外面からの劣化因子の浸入を防止または抑制を継続して行い得る状態にあるかを推定することが基本である。

5.4.2　対策の要否判定

　床版防水およびコンクリート表面保護の対策区分の判定は，点検結果を基に変状要因の推定，劣化進行の予測および性能評価を考慮して，対策区分の判定を行うものとする。

【解　説】

　床版防水は，床版防水層の性能を持続させなければならない。コンクリート表面保護は，コンクリート構造物の表面近傍の保護層の性能を持続させなければならない。これらの性能が確保できていないと判定された場合には，速やかに対策を行うことが望ましい。ただし，施工された部位・部材の対策の要否の判定を考慮しなければならない。

5.5　対　　　策

　対策が必要と判断された場合には，目標とする性能を定め，対策後の保全の容易さや経済性を検討したうえで，適切な対策を講じなければならない。

【解　説】

　コンクリート表面保護は，施工された部位・部材の変状要因および劣化進行の予測にあわせて総合的な対策を検討する必要がある。その際，表面含浸は，表面含浸材そのものの変状の判定が困難な場合があるため，施工された部位・部材の変状要因の推定および劣化進行の予測を行う際に，表面含浸材の適用性および有効性について再検討したうえで対策を検討するのがよい。

参考文献

1）　設計要領 第二集 橋梁建設編，東日本高速道路株式会社，中日本高速道路株式会社，西日本高速道路株式会社，2016.8
2）　道路橋床版防水便覧，日本道路協会，2007.3

V 参考資料編

V-i　コンクリート構造物および鋼構造物の変状と特徴

1章　はじめに

　コンクリート構造物における変状は，初期ひび割れ，豆板，コールドジョイント，内部欠陥，表面気泡，砂すじ，PC グラウト充填不足などの施工に起因する変状とひび割れ・浮き・剥離，さび汁，エフロレッセンス，汚れ（変色），すり減りなどの経年による変状，たわみ，変形，振動などによる構造的変状がある。実際の構造物は，これら変状が複合的に生じていることが多く単純なものではない。しかし，これらを診断する技術者は各種変状に関する基本的な知識を身につけなければならない。そして，各種変状に対し，調査・測定を行い，劣化機構を明確にする必要がある。そこで，本編では，コンクリート構造物における施工に起因する変状の原因や対策，各種劣化機構における発生メカニズムや劣化の進行過程について記載した。また，近年，外ケーブルを使用した橋梁や波形鋼板ウェブ橋などに代表される複合構造物も多く建設されている。診断技術者は，コンクリートに関する知識以外にも鋼材や鋼構造に関する知識も求められることから，ケーブルの腐食や疲労，鋼部材の防食機能の劣化や腐食劣化，鋼構造の疲労に関する基本的事項について記載した。

2章　施工に起因する変状

2.1　初期ひび割れ

施工時あるいは施工後まもなく生じるひび割れは，材料や施工，使用環境，構造・外力に影響を受けさまざまな要因により発生する。ここでは，乾燥収縮ひび割れ，自己収縮ひび割れ，温度ひび割れ，沈下ひび割れおよび構造的ひび割れについて記述する。

乾燥収縮ひび割れは，セメントゲル細孔中の水分の蒸発に伴って，セメントペースト部分が収縮する。この自由収縮が，コンクリート中の骨材や鉄筋，あるいは接合部材によって拘束されることにより引張応力が生じ，コンクリートに乾燥収縮ひび割れが発生する。単位セメント量，単位水量が多いほど生じやすくなる。また，水セメント比が大きいほど発生しやすい。その対策として，配合の見直しにより収縮量を低減する方法，拘束を緩和する方法，膨張材や収縮低減剤の使用が挙げられる。

自己収縮ひび割れは，水とセメントが水和反応により硬化する際に，コンクリート中の水分が失われることにより生じる収縮であり，高強度コンクリートや高流動コンクリートなど水セメント比が低いほど増大する。その対策としては，低発熱型のセメントの使用，フライアッシュや石灰石微粉末，膨張材や収縮低減剤の使用が挙げられる。

温度ひび割れは，セメントの水和熱に伴うコンクリートの温度上昇または温度低下による部材の自由変形が拘束されると，内部拘束応力および外部拘束応力が生じ，これらの引張応力により温度ひび割れが生じる。水和熱の大きいセメントの使用や単位セメント量の多い配合で躯体が厚く外部拘束が大きい部材ほど熱の発散効率は悪く，大きなひび割れを起こす。

沈下ひび割れは，ブリーディングに伴って，コンクリートが沈下するが鉄筋付近はコンクリートが拘束されるため，周囲との沈下量の差によりひび割れが生じる。

これらのひび割れは，施工に起因し，コンクリートの品質に悪影響を及ぼすことは少ないが，ひび割れから水や空気の浸入による鋼材腐食を防止するために，早期に補修しなければならない。

一方で，構造的ひび割れは，過大な外力の作用や設計ミスによる過小設計や補強筋不足，施工不

図 2.1.1　温度ひび割れの事例

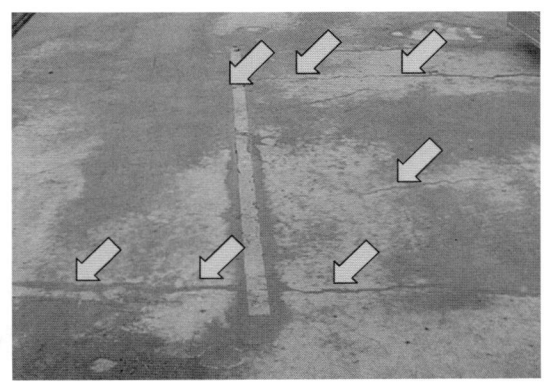

図 2.1.2　乾燥収縮ひび割れの事例

良による設計図書と異なった配筋や養生の不良，型枠支保工の早期撤去または，使用コンクリートの強度不足などによるコンクリートに生じた構造的な応力（曲げ・引張・せん断）によるひび割れであり，耐力低下が考えられる場合には，構造安全性の観点から補強の検討を行わなければならない。

2.2　豆板（充填不良）

　コンクリート打設時の締固め不足または材料分離，型枠からのセメントペーストの漏れによりモルタル分が粗骨材間のすき間に十分に行きわたらず，粗骨材が露出した状態になることをいう。豆板（充填不良）は，鉄筋が密集した箇所や，PCシースが並列に設置された箇所の下部や高い橋脚，壁高欄，カルバートボックスなどコンクリートが打ち込みにくい場所に生じやすい。発生防止策は，ワーカビリティの良い配合としバイブレーターで十分な締固めを行うことである。豆板（充填不良）の生じたコンクリートは，強度がほとんど期待できないだけでなく，密実性が小さく水や空気が浸入するため，中性化や塩害に対する抵抗性が低下し，鉄筋の腐食が早期に発生するため，早期に補修しなければならない。

図 2.2.1　豆板の事例 (1)

図 2.2.2　豆板の事例 (2)

2.3　コールドジョイント

　コールドジョイントとは，コンクリートを2層以上に分けて打ち込む場合に，適切な打重ね時間（許容打重ね時間）を過ぎてコンクリートを打設し，上層と下層が一体とならずに不連続な面が生じることをいう。発生防止策は，コンクリートを連続して打ち込み，打継位置の十分な締固めを行うことやコンクリートの打設方法や順序を検討し，打設時の適正な人員配置を行うことである。コールドジョイントは構造的な弱点となるほか，ひび割れを生じやすいので，中性化や塩害の進行が構造物内部にまで早期に達する原因となるため，早期に補修しなければならない。なお，コールドジョイントは設計や施工計画により設けられる打継目とは異なる。

図 2.3.1　コールドジョイントの事例 (1)

図 2.3.2　コールドジョイントの事例 (2)

2.4　内部欠陥

　適切でない設計や施工により構造物内部に生じた構造的あるいは耐久性に影響を及ぼす弱点を内部欠陥といい，鉄筋のかぶり不足や，コンクリートの充填不足による空洞，PC 橋における不適切なケーブル配置などがこれにあたる。供用初期段階においては構造物表面に変状が現れていないことが多く，発見が難しいが，内部欠陥に起因する変状が構造物表面で観測された時点では，構造物として致命的な状態になっていることもあるので注意が必要である。

図 2.4.1　鉄筋のかぶり不足の事例

2.5　表面気泡

　表面気泡は，型枠に接するコンクリート表面にコンクリート打込み時に巻き込んだ空気・エンドラップドエアがなくならずに露出し硬化した状態である。傾斜をもつ型枠面で発生しやすい。発生防止策は，コンクリート表面に気泡が残らないように打込み速度や締固めの管理を行うことである。表層部にブリーディング水が残存すると，表層部の強度低下を起こす。また，中性化の進行が構造物内部まで早期に達する恐れがある。

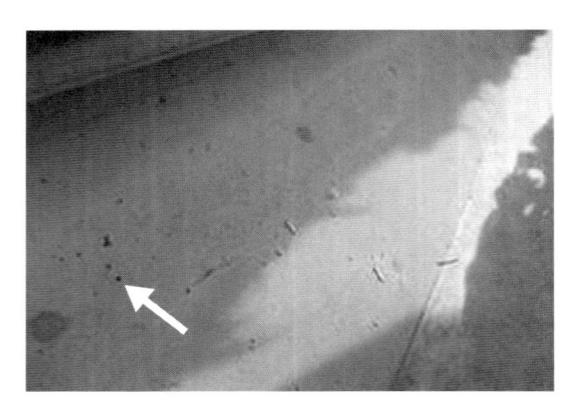

図 2.5.1　表面気泡の事例

2.6　砂　す　じ

　コンクリート中のセメントペースト分が分離し，構造物表面に細骨材が縞状に露出している部分を砂すじという。型枠の継目からセメントペーストが漏れ出した場合に生じるほか，型枠に沿ってコンクリートのブリーディング水が上方に流れ出す場合に生じる。コンクリート表面の浮き水を十分に除去せずに打ち重ねた場合や，軟練りコンクリートにおいて過度に締固めた場合に発生する。

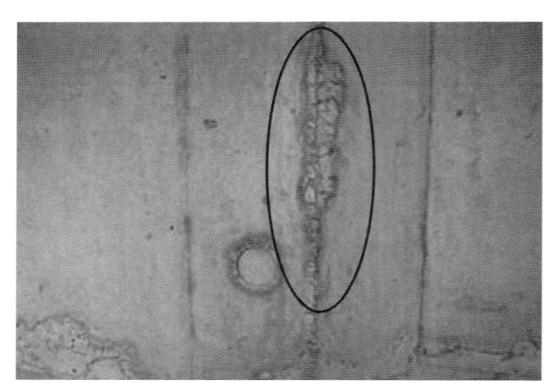

図 2.6.1　砂すじの事例 (1)

図 2.6.2　砂すじの事例 (2)

2.7　PC グラウト充填不足

　PC グラウトがダクト内に完全に充填されていない状態または，一部充填されていない状態をいう。PC グラウト材料や施工方法，施工機械などに関する技術水準の未熟さが原因となり生じている。主に 1990 年代以前の橋梁についてそのリスクは高いとされている。詳細については，「既設ポストテンション橋の PC 鋼材調査および補修・補強指針，PC 工学会，平成 28 年 9 月」を参照するとよい。発生防止策は，シース配置に応じて使用する粘性タイプを選定し，適切な位置に注入口や排気口を設けるとともに，ノンブリーディングタイプの材料の使用することである。

図 2.7.1 PC グラウト充填不足事例

3章　コンクリート構造物の劣化機構

3.1　塩　　　害

　塩害とは，コンクリート中に存在する塩化物イオン（Cl⁻）の作用により，コンクリートの鉄筋（鋼材）が腐食し，コンクリート構造物に変状を与える現象のことをいう。コンクリートは，アルカリ性が高いため，コンクリート中の鉄筋の表面には，緻密な不動態被膜が形成される。不動体被膜は鉄筋を腐食から保護する役割を果たす。しかし，コンクリート中に塩化物イオンが存在すると，不動態被膜が部分的に破壊され，鉄筋表面の電位が不均一となり，アノード部（陽極）とカソード部（陰極）が生じて電流が流れ，鉄筋の腐食が始まる。鉄筋の腐食に伴い鉄筋体積は膨張し，その膨張圧によって鉄筋に沿ったひび割れが発生する。ひび割れが発生することで，酸素と水分の供給は容易となり，鉄筋の腐食はさらに加速し，かぶりコンクリートの剥落や鉄筋の断面積の減少による部材の耐力が低下へと進展する。その概念図を図 3.1.1 に示す。

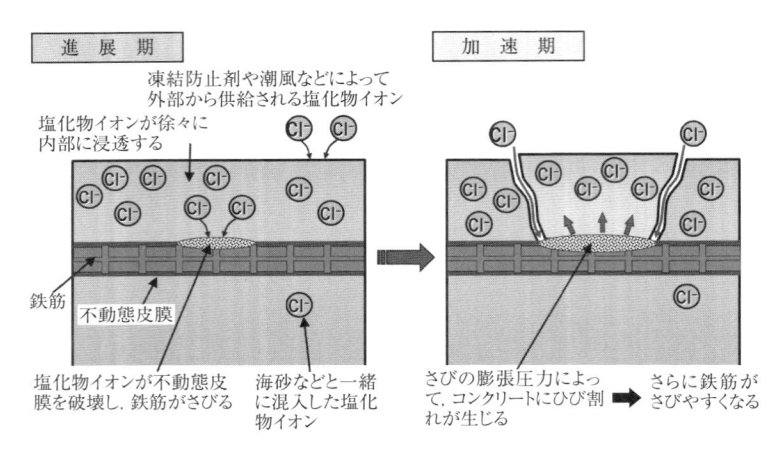

図 3.1.1　塩害の概念図

　コンクリート中の鉄筋の腐食を防止するための建設時の対策としては，コンクリート製造時の塩化物イオン量の制限，外部からコンクリートへの塩化物イオンの侵入・浸透を抑制，鉄筋表面への塩化物イオンの到達を抑制などがある。また，塩害が発生する原因には，細骨材として海砂が用いられた場合，海水の飛沫など飛来塩分による場合，寒冷地において融雪剤や凍結防止材の散布による場合などがある。これらの影響により，コンクリート中に塩化物イオンが侵入した場合，電気防食によりコンクリート内部の電位を抑制する方法や，脱塩工法や断面修復工法のように，侵入した塩化物イオンを取り除く方法が挙げられる。なお，「2012 年 制定コンクリート標準示方書［設計編］」では，鋼材腐食発錆限界濃度の算定式が示されている。普通セメントの場合，1.75〜2.5 kg/m³（$W/C = 0.30 \sim 0.55$ の場合）の範囲を鋼材腐食の発生限界としている。

　コンクリートの塩害による劣化と性能低下の関係を図 3.1.2，グレード区分と劣化過程および劣化状況について表 3.1.1 に示すとおりである。

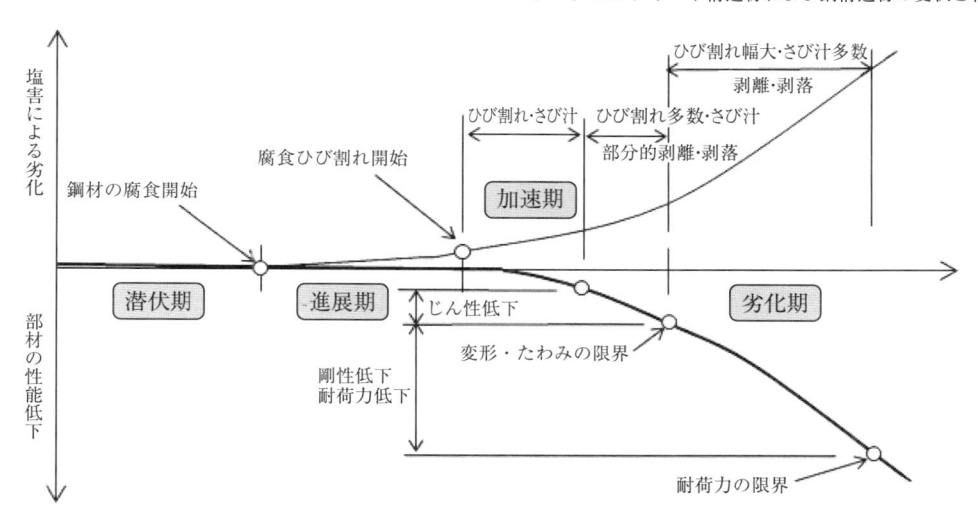

図 3.1.2　塩害による劣化と性能低下

表 3.1.1　グレード区分と劣化過程および劣化状況

グレード	劣化過程	定義	劣化の状況
グレードⅠ	潜伏期	鋼材の腐食が発生するまでの期間	外観上の変化なし。
グレードⅡ	進展期	鋼材の腐食開始から腐食ひび割れ発生までの期間	不動態被膜が破壊され，鉄筋の腐食
グレードⅢ－1	加速期前期	腐食ひび割れ発生により鋼材の腐食速度が増大する期間	腐食ひび割れが発生，さび汁が発生
グレードⅢ－2	加速期後期		腐食ひび割れが多数発生，さび汁が発生 部分的な剥離・剥落
グレードⅣ	劣化期	鋼材の腐食量の増加により耐力の低下が顕著な期間	ひび割れ幅の拡大し，酸素・水分が供給され，腐食が進行。 かぶりコンクリートの剥落，鉄筋の断面欠損

図 3.1.3　塩害による鋼材の破断

図 3.1.4　塩害による剥落，さび汁

3.2　中　性　化

　中性化とは，硬化したコンクリート中の水酸化カルシウム［$Ca(OH)_2$］が大気中の二酸化炭素

［CO₂］の作用によって，除々に炭酸カルシウム［CaCO₃］になり，コンクリートのアルカリ性が低下（pH が低下）する現象のことで，次式によって表され，その概念図を図 3.2.1 に示す。

$$Ca(OH)_2 + CO_2 \rightarrow CaCO_3 + H_2O$$

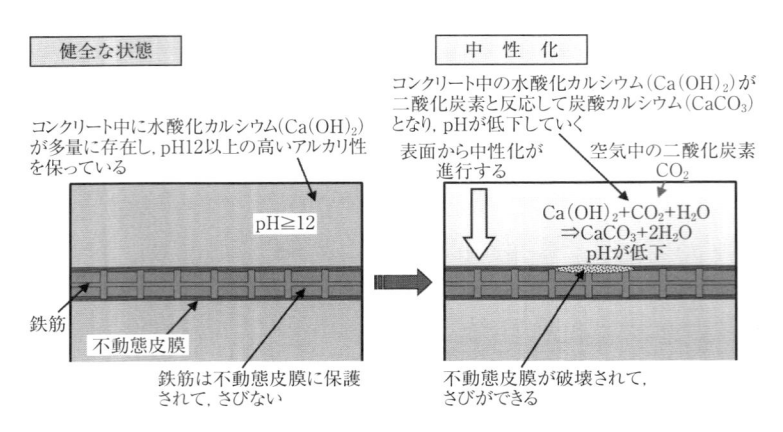

図 3.2.1　中性化の概念図

　コンクリートの中性化は，フェノールフタレイン溶液（95 % エタノール 90 mL にフェノールフタレインの粉末 1 g を溶かし，水を加えて 100 mL とした溶液：JIS A 1152）をコンクリート表面に噴霧し，赤紫色に呈色しない部分を中性化部分と判断する。このフェノールフタレイン溶液は，pH が 8 程度では無色だが，pH が 10 を超えると赤紫色に呈色するため，pH が 10 を下回ると中性化と判断される。

　コンクリートが中性化してもただちにコンクリートの性能やコンクリート構造物の機能が低下するわけではない。中性化に伴ってコンクリートの組織が緻密になり，強度や硬さが向上する場合もある。しかし，中性化がコンクリート中の鉄筋位置まで達すると，鉄筋の不動体被膜が破壊され，水や酸素の浸透によって鉄筋が発錆し，構造物の安全性や耐久性が損なわれる。

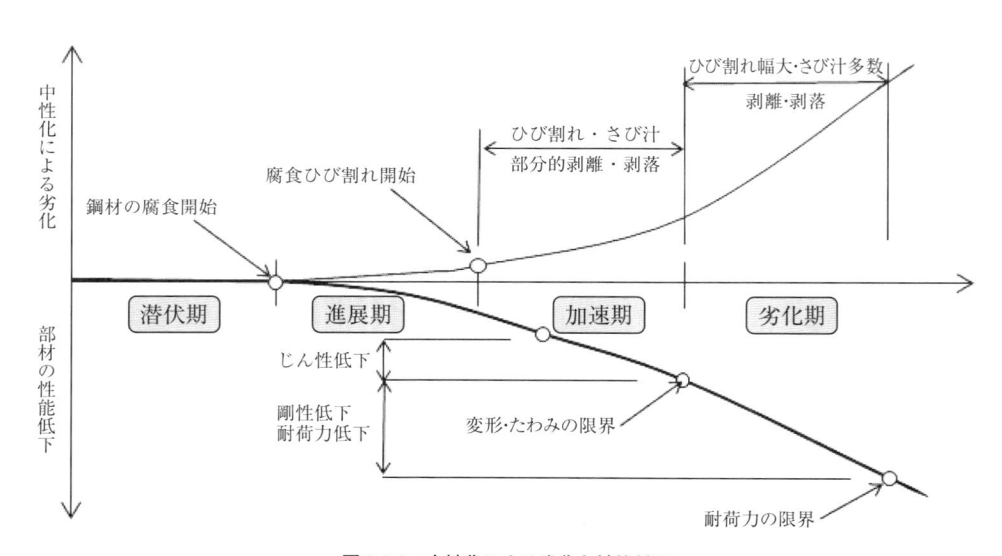

図 3.2.2　中性化による劣化と性能低下

　中性化は，コンクリートの配合条件，使用材料，環境条件などによってその進行速度は異なる。とくにPC構造物は，設計基準強度が36 N/mm² 以上のコンクリートを使用することから，水セメント比が小さく密実なコンクリートとなることから，中性化速度は遅くなる。

　コンクリートの中性化による劣化と性能低下の関係を図3.2.2，グレード区分と劣化過程および劣化状況について表3.2.1 に示すとおりである。

表3.2.1　グレード区分と劣化過程および劣化状況

グレード	劣化過程	定義	劣化の状態
グレードⅠ	潜伏期	鋼材に腐食が発生するまでの期間。	外観上の変化なし。
グレードⅡ	進展期	鋼材の腐食開始から腐食ひび割れ発生までの期間。	外観上の変化なし。 腐食が開始。
グレードⅢ－1	加速期	腐食ひび割れ発生により鋼材の腐食速度が増大する期間。	腐食ひび割れが発生。
グレードⅢ－2			腐食ひび割れ伸長，剥離・剥落が生じる。
グレードⅣ	劣化期	鋼材の腐食量の増加により耐力の低下が顕著な期間。	腐食ひび割れとともに剥離・剥落が生じる。 鋼材の断面欠損が生じている。

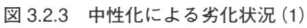

図3.2.3　中性化による劣化状況（1）

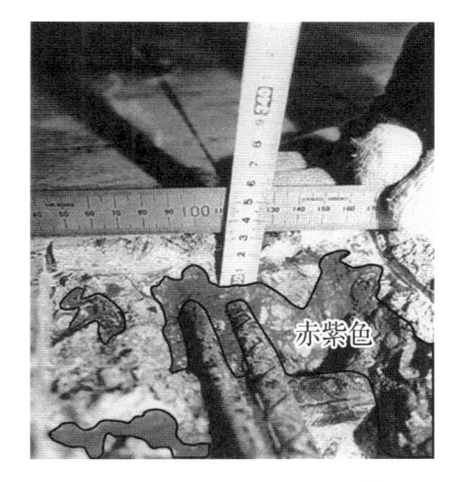

図3.2.4　中性化による劣化状況（2）

3.3　凍　　害

　コンクリートの凍害とは，コンクリートの細孔中に含まれる水分が凍結し，凍結膨張に伴う膨張圧，融解の際の水の供給という凍結融解作用の繰り返しによりコンクリートが徐々に劣化する現象のことである。凍害を受けた構造物は，コンクリート表面にスケーリング，微細ひび割れ，ポップアウトなどが顕在化する。スケーリングと微細ひび割れは，セメントペースト部分の品質が悪い場合や適切な空気泡（エントレイドエア）が連行されない場合に発生する。ポップアウトは骨材の品質に左右される。その概念図を図3.3.1 に示す。

ポップアウト

吸水性のある粗骨材が表層部にある
場合は，凍結時の膨張圧によって，
コンクリート表層部が円錐状に破壊
し剥落する

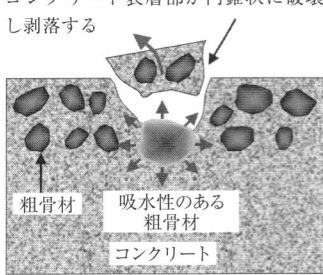

スケーリング

凍結と融解の繰返しにより，表面の
モルタル分が薄片状に剥離・剥落し，
進行すると粗骨材も剥離する

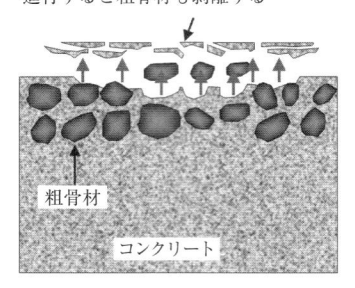

図 3.3.1　凍害の概念図

　耐凍害性が劣る骨材を使用すると，骨材の破壊に起因するコンクリートの劣化が生じる。一般に吸水率の大きい粗骨材は耐凍害性が劣るといわれているが，JIS の規格値の範囲であれば影響はないとされている。また，コンクリートの耐凍害性は空気量と密接な関係があり，粗骨材の最大寸法に応じて 3〜6 ％程度のエントレイドエアを連行することにより，コンクリートの耐凍害性は大きく向上する。

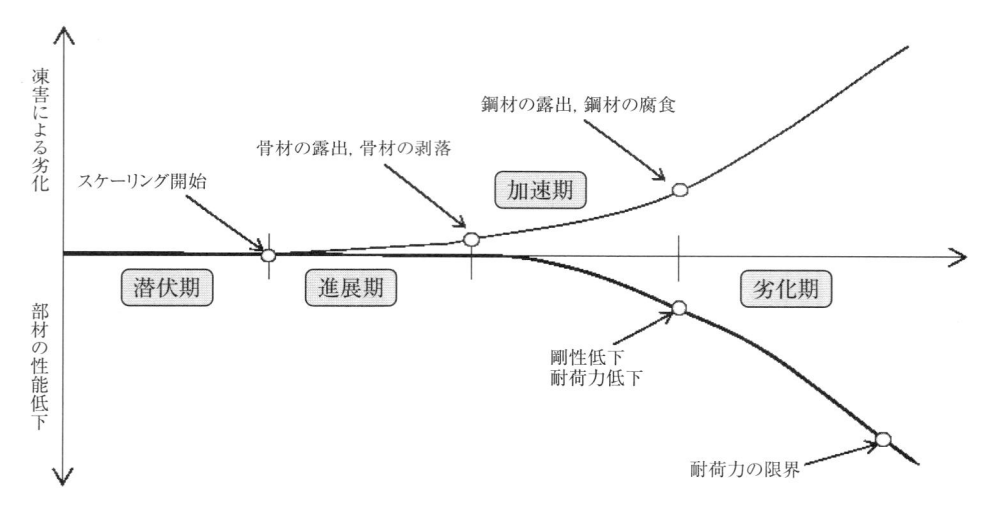

図 3.3.2　凍害による劣化と性能低下

表 3.3.1　グレード区分と劣化過程および劣化状況

グレード	劣化過程	定義	劣化の状態
グレードⅠ	潜伏期	凍結融解作用を受けスケーリング，微細ひび割れ，ポップアウトが発生するまでの期間	凍結融解作用を受けるが，外観上の変状が認められない
グレードⅡ	進展期	スケーリング，微細ひび割れ，ポップアウトが発生し骨材が露出するまでの期間	スケーリング，微細ひび割れ，ポップアウトが発生
グレードⅢ	加速期	スケーリング，微細ひび割れ，ポップアウトが進展し，骨材の露出や剥落が発生する期間	スケーリング，微細ひび割れ，ポップアウトが進展，骨材の露出や剥落の発生
グレードⅣ	劣化期	かぶりコンクリートが剥落し，鋼材の露出や腐食が発生する期間	かぶりコンクリートの剥落，鋼材の露出や腐食の発生

　コンクリートの凍害による劣化と性能低下の関係を図 3.3.2，グレード区分と劣化過程および劣化状況について表 3.3.1 に示すとおりである。

図 3.3.3　凍害による床版下面の劣化

図 3.3.4　凍害による橋台の劣化

3.4　アルカリシリカ反応（ASR）

　ASR とは，コンクリートの細孔溶液中の水酸化アルカリ（KOH，NaOH）と骨材中の反応性鉱物との化学反応のことであり，反応生成物の生成や吸水による膨張により，コンクリートにはひび割れ，ゲルの析出，目地のずれなどの現象が生じる（図 3.4.1）。ASR によるひび割れは，膨張を拘束する状態により異なり，無筋コンクリートまたは鋼材量の少ない構造物の場合は拘束力が小さいため，亀甲状に発生する。膨張が拘束されている鉄筋コンクリートやプレストレストコンクリートの場合は，PC 鋼材に沿って発生する。なお，ポストテンション橋とプレテンション橋ではプレストレスの導入機構が異なるため，評価が異なることに留意が必要である。また，ひび割れにより部材耐力が直ちに低下することは少ないが，膨張圧により鉄筋の曲げ加工部周辺などで鉄筋が破断した事例もある。

　ASR による膨張は，①反応性鉱物を含む骨材が一定量以上存在すること，②細孔溶液中に水酸化アルカリが一定量以上存在すること，③コンクリートが湿潤状態に置かれていることの 3 つの条件が同時に成立して発生する。したがって，その対策としては，①コンクリート中のアルカリ総量

反応性骨材がセメントの中のアルカリ成分と反応して，ゲル（給水膨張性のある物質）を生成する

ゲルが給水，膨張して，コンクリートにひび割れが生じる

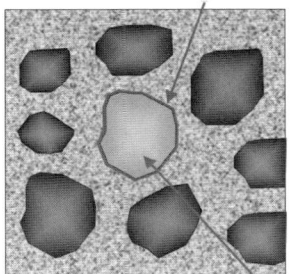

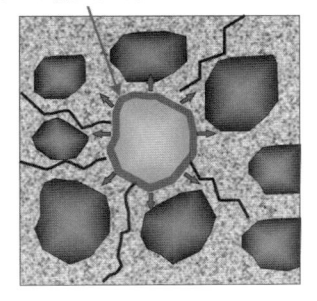

反応性骨材

図 3.4.1　ASR の概念図

を抑制，②抑制効果のある混合セメントなどの使用，③無害とされた骨材の使用が挙げられる。

ASR による劣化と性能低下の関係を図 3.4.2，グレード区分と劣化過程および劣化状況について表 3.4.1 に示すとおりである。

図 3.4.2　ASR による劣化と性能低下

表 3.4.1　グレード区分と劣化過程および劣化状況

グレード	劣化過程	定義	劣化の状態
グレード I	潜伏期	ASR そのものは進行するものの膨張およびそれに伴うひび割れがまだ発生しない期間	外観上の変状は見られない。
グレード II	進展期	水分とアルカリの供給下において膨張が継続的に進行し，ひび割れが発生するが，鋼材腐食がない期間	ひび割れが発生し，変色，アルカリシリカゲルの滲出が見られる。
グレード III	加速期	ASR による膨張速度が最大を示す段階で，ひび割れが進展し，鋼材腐食が発生する場合もある期間	ひび割れの幅および密度が増大する。また，鋼材腐食によるさび汁が見られる場合もある。
グレード IV	劣化期	ひび割れの幅および密度が増大し，部材としての一体性が損なわれる。鋼材の腐食による断面減少が生じる。鋼材の劣化による耐力低下が顕著な期間	段差，ずれやかぶりの部分的な剥離・剥落が発生する。鋼材腐食が進行しさび汁が見られる。変位・変形が大きくなる。

図 3.4.3　ASR による桁へのひび割れ (1)

図 3.4.4　ASR による桁へのひび割れ (2)

3.5　化学的侵食

　化学的侵食は，コンクリートが外部から化学的作用を受け，セメント硬化体を構成する水和生成物が変質もしくは分解されることにより，コンクリートが侵食されていく現象である。化学的作用の種類としては，各種の酸（塩酸や硫酸などの無機酸，酢酸や乳酸などの有機酸，動植物性油などに含まれる脂肪酸など）土壌や工場廃水などに含まれる硫酸塩，塩化水素や硫化水素などの腐食性ガスなどが挙げられる。そのメカニズムから2種類に大別でき，一方は，コンクリート中のセメント水和物と化学反応を起こし，水に溶けにくいセメント水和物を可溶性物質に変化させることにより，コンクリート組織が多孔質化したり分解したりすることにより劣化させるもので，劣化因子の例として酸，動植物油，無機塩類，腐食性ガス，炭酸ガス，硫酸の生成を伴う微生物の作用などが挙げられる。他方はコンクリート中のセメント水和物と反応して新たに膨張性化合物を生成し，生成時の膨張圧によりコンクリートを劣化させるもので，劣化因子の例として動植物油，硫酸塩，海水，アルカリ濃厚溶液などがあげられる。グレード区分と劣化過程と劣化状況について表3.5.1に示すとおりである。

表3.5.1　グレード区分と劣化過程および劣化状況

グレード	劣化過程	定義	劣化の状態
グレードⅠ	潜伏期	コンクリートへ劣化因子が侵入し，コンクリートの変質が生じるまでの期間	外観上の変状は見られない。
グレードⅡ	進展期	コンクリートにひび割れが発生するまでの期間，あるいはコンクリート中の骨材が露出し，剥離し始めるまでの期間	ひび割れ，コンクリート表面があれた状態。
グレードⅢ	加速期	コンクリートの侵食深さが増大し，劣化因子が鋼材位置に達して鋼材腐食が開始するまでの期間	ひび割れの幅および密度が増大し断面欠損が生じる。また，骨材露出，剥離・剥落が生じる。
グレードⅣ	劣化期	コンクリートの断面欠損および鋼材の断面減少などにより耐力の低下が顕著な期間	コンクリートが剥離・剥落し，鋼材腐食が進行し断面減少している。

3.6　疲　　労

　一般的に引張強度あるいは降伏点に対し小さいレベルの荷重作用を繰り返し受けることにより破壊に至る現象をいい，コンクリート構造物の場合，鉄筋やPC鋼材あるいはコンクリートにひび割れが繰り返し荷重により発生し，それが進展することにより常時の荷重作用下において部材が破壊に至る現象である。

　ここでは，RC床版の疲労について記載する。床版の疲労については，曲げモーメントが支配的であることから，静的荷重に対し弾性薄板曲げ理論に基づく許容応力度設計による設計照査で繰り返し荷重に対し十分安全である認識があった。しかし，昭和39年以前の道路橋示方書で設計された床版は，大型車量や過積載車両により曲げひび割れが発生しやすく，主桁の拘束による乾燥収縮によるひび割れが発生しやすい。また，主鉄筋に比べ配力筋が少なくひび割れが発生しやすかった。これらにより発生したひび割れに雨水が浸透することでさらに疲労が促進される。さらに，凍結防止剤を散布している地域では，床版の上側鋼材に沿ったひび割れが進展し，コンクリートの土砂化が

317

顕在化している。図 3.6.1 にコンクリート床版の劣化過程について示し，以下にその説明を記述する。

　段階①は，版として機能する変状が軽微な段階の床版である。

　段階②は，乾燥収縮などの影響により，1 方向にひび割れが発生し，並列の梁状となった段階である。乾燥収縮に伴うひび割れは，床版の形状などに起因して，橋軸直角方向に生じ易い。橋軸直

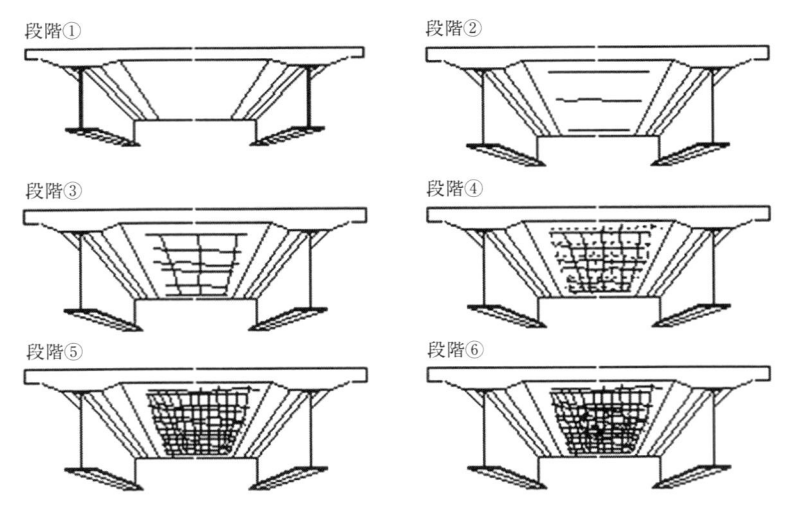

図 3.6.1　コンクリート床版の劣化過程

図 3.6.2　鋼橋 RC 床版の劣化（段階②）

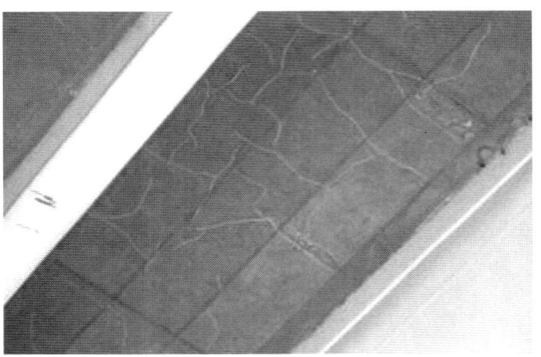

図 3.6.3　鋼橋 RC 床版の劣化（段階③）

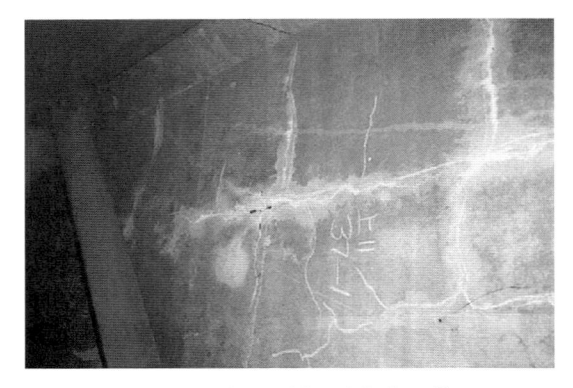

図 3.6.4　鋼橋 RC 床版の劣化（段階④）

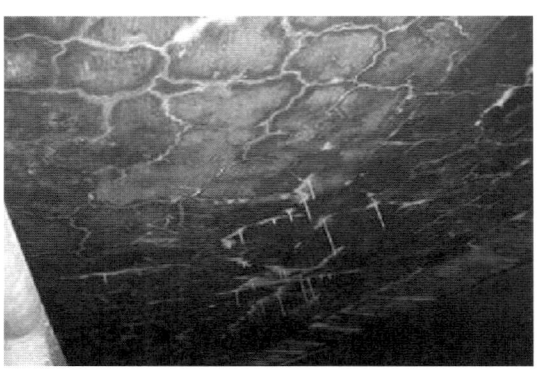

図 3.6.5　鋼橋 RC 床版の劣化（段階⑤）

角方向にひび割れが発生すると，配力鉄筋方向の曲げ剛性は，主鉄筋方向の曲げ剛性に比べて著しく低下し，床版は等方性版から異方性版へと変化する。

　段階③は，縦横のひび割れが交互に発生し，格子状のひび割れ密度が増加する段階である。この段階では活荷重の作用により，橋軸・橋軸直角方向に曲げモーメントが発生する。その結果，縦横のひび割れが徐々に進行し，せん断，ねじりせん断剛性が徐々に低下してゆく。

　段階④は，下面から発生した曲げひび割れが交通荷重の影響で上面にまで貫通する段階である。この段階になると，2方向のひび割れが進行する間に，さらに新しいひび割れが発生し，ひび割れは亀甲状となる。

　段階⑤では，貫通したひび割れの破面ですり磨き現象が生じ，破面は平滑化され，せん断抵抗力を徐々に失ってゆく。せん断抵抗力の低下は，水が存在する場合にとくに著しい。貫通ひび割れから浸透した雨水は，すり磨き現象と同時に，コンクリート中の石灰分を溶解し，エフロレッセンスが床版下面に沈着するようになる。また，鉄筋のさび汁も付着するようになる。

　段階⑥では，亀甲状ひび割れが 20〜30 cm 角程度にまで進行すると，ひび割れ密度の増加は停止する。しかしながら，押抜きせん断強度は著しく低下しているので，これを超える輪荷重により，抜落ちが生じる。

3.7　複合劣化

　コンクリート構造物の変状は，複数の原因により発生している場合がある。コンクリート構造物の変状には，施工時に材料の品質不良が介在することも少なくなく，これが中性化や塩害などの劣化を加速している場合が見られる。また，コンクリートはこれまでに述べてきたような劣化機構があり，建設された環境下でさまざまな作用を受ける。これら劣化機構が2つ以上複合して起こることを複合劣化といい，一般的に相互作用により単一作用の場合と比べて劣化が促進されるので，その診断には十分な注意が必要である。複合劣化は，その劣化機構を推定することが困難な場合もあるが，複合しているそれぞれの単一の劣化機構を適切に考慮した複合劣化モデルを作成し，劣化機構を推定することが望まれる。

　塩害と疲労：塩害と疲労の複合作用は，道路橋の RC 床版に多く見られる。通常，RC 床版の引張鉄筋においてはダウエル効果が期待できる。塩害により引張鉄筋に腐食がある場合は，鉄筋の腐食によるひび割れで鉄筋のダウエル効果による支圧力はほとんど効かなくなり逆にダウエル効果で水平方向ひび割れが進展する挙動になるだけでなく，ひび割れ幅が大きいほど骨材のかみ合い効果が低下し，耐荷性能の低下につながると考えられている。

　塩害と中性化：塩化物イオンを固定化している水和物が中性化によって破壊され，塩化物が解離し可溶性塩化物イオンとなる。この塩化物イオンが内部に拡散した場合，中性化が鉄筋近傍まで達しておらず，コンクリート中に存在する塩化物イオン総量が少なくとも，鉄筋近傍の塩化物イオン濃度が発錆限界を超えることが考えられている[1]。

　塩害と凍害：塩害と凍害が複合している場合，コンクリート内部では浸透した塩化物イオンとセメント水和物との反応により $Ca(OH)_2$ が溶出し，細孔組織がポーラスになる。これにより凍結融解による膨張圧が高まり凍害による劣化が促進される[1]。

　塩害と ASR：安山岩や粘板岩に代表される反応性骨材が，主にセメントからのアルカリ成分＋水分の条件下において膨張性シリカゲルを生成し，コンクリートに膨張ひび割れが発生するとともに，圧縮強度やヤング係数が低下し，コンクリートにひび割れが発生する（ASR による劣化）。ここに，飛来塩分や凍結防止剤などから供給される塩化物イオンの侵入が助長されることで，不動態被膜が破壊され鉄筋が腐食する塩害を助長する。また，塩化物イオンに含まれる Na^+ から，アルカリ成分が供給されるため ASR をさらに促進させてしまう。

3.8　想定外の収縮・クリープ挙動に起因する劣化

　コンクリートの乾燥収縮は，コンクリートが時間の経過に伴い収縮する現象であり，コンクリート中のセメントペーストが乾燥することによって収縮するメカニズムである。この収縮作用に何らかの拘束を受けるとコンクリートにひび割れが発生する。乾燥収縮に影響を及ぼす要因としては，仮想部材厚（部材断面積／外気に接する周長），相対湿度，温度，コンクリートの単位水量および鉄筋比などがある。

　クリープは一定の応力が作用し続けると時間の経過とともにひずみが増加していく現象であり，PC構造物の場合，クリープひずみによりプレストレスの減少が生じる。この影響で耐荷性能の低下やひび割れの発生によるほかの劣化機構の発生，変形の進行による使用性の低下などが劣化として現れる。

　水，セメントとも単位量が大きい配合の下で使用した骨材の影響によりコンクリートの自己収縮と乾燥収縮が当初想定よりも大きくなり，この収縮が多量の鉄筋により拘束されたことによりひび割れが分散し本数の増加につながる。この多数のひび割れによる桁の剛性低下が結果的にクリープや収縮差を増加させ，桁中央部のたわみが大きくなった事例がある[2]。なお，本事例における骨材は JIS 規格を満足していたものの，同じ原石山から産出された骨材の特性から，骨材自体が若干軟らかく，セメントペーストの収縮拘束効果が小さかったことが考えられており，骨材の選定・配合設計においても留意が必要である。

3.9　高速道路橋における変状事例[3]

　高速道路橋で良く見られる変状事例を紹介する。図 3.9.1 は，コンクリート床版上面の変状であり，舗装にまで変状が及んでいることがある。NEXCO では，平成 10 年以降に床版防水工を設置することとしており，それ以前の橋梁では防水工は設置されていない。このため，冬季の凍結防止剤（NaClが主流）散布により，床版上面で塩害を引き起こしている。床版上面は，舗装により隠れているため，目視などでは容易に発見できず，舗装変状により舗装を除去して初めて劣化が確認されている。図3.9.2 は，桁端部での変状である。伸縮装置に設置してある樋などが劣化・損傷し，漏水してしまい，さらに凍結防止剤を含んだ漏水によって，桁端部で塩害を引き起こしている。最新の伸縮装置では，非排水構造とし，さらに疲労試験を課して非排水構造を堅牢なものとしているが，従来の伸縮装置は，容易に漏水する構造であったため，このような損傷が多数見受けられている。このように，NEXCOが管理する橋梁では，凍結防止剤に起因する損傷・劣化が顕著なことが特徴といえる。

　橋梁の変状・劣化に対し，大きな影響を与えると推測される要因は，供用後の経過年数に伴う交

図 3.9.1　RC 床板の劣化状況 [3]

図 3.9.2　桁端部の劣化状況 [3]

通量（とくに大型車交通量），飛来塩分，凍結防止剤散布量などの供用環境の影響と，荷重・応力度・材料・施工方法などの設計・施工時の基準やそののちの規制緩和による影響などが考えられるが，前述したように，凍結防止剤による影響は，NEXCO の場合，とくに大きい。

　図 3.9.3 は，RC 床版における累積凍結防止剤散布量 1 000 t/km を超える場合と，超えない場合の健全度の状況を示している。1 000 t/km を超える環境の RC 床版では，明らかに健全度が悪く，凍結防止剤の影響により劣化が進行していることが伺える。

　累積 10 t 換算軸数 3 000 万軸未満と 3 000 万軸以上での健全度を比較したものを，図 3.9.4 に RC 床版を，図 3.9.5 に鋼桁の状況を示す。明らかに 3 000 万軸以上の環境では，健全度が悪化しており，大型車交通量の影響により損傷が増加している。なおここで，劣化要因は無とは，想定される劣化要因（大型車，塩害，ASR など）が無いまたは小さい路線の橋梁である。ここで累積 10 t 換算軸数とは，総重量 20 t の大型ダンプが供用開始からどの程度走行したかに相当する数値であり，この数値が大きいほど，過酷な使用状況と言えるものである。

　飛来塩分・内在塩分の影響の有無による健全度の状況を，図 3.9.6 に RC 橋（主桁）を，図 3.9.7 に PC 橋（主桁）に示すが，影響がある場合は，明らかに健全度が悪くなっていることが伺える。

　図 3.9.8 は高速道路橋における主な劣化要因（凍結防止剤，飛来塩分，内在塩分，交通量，ASR）による劣化が生じている橋梁数を取りまとめたものである。劣化要因の大半を凍結防止剤による影響が占め，それに複合して交通量や ASR による劣化も多いことが示されている。また，内在塩分や飛

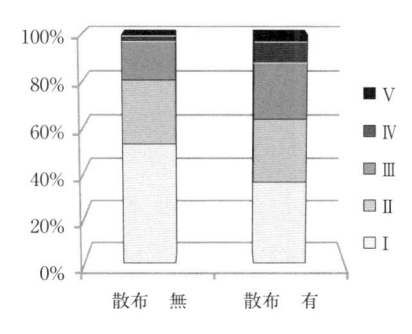

図 3.9.3　凍結防止剤散布の有無による RC 床版の健全度 [3]

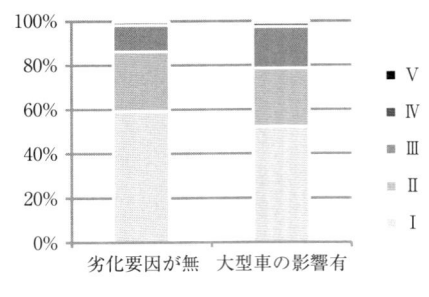

図 3.9.4　RC 床版の健全度[3]

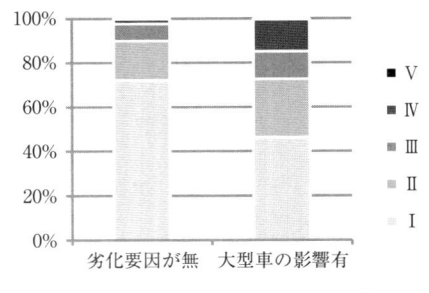

図 3.9.5　鋼桁（床版除く）の健全度[3]

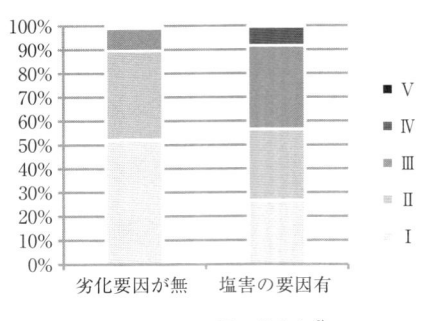

図 3.9.6　RC 橋の健全度[3]

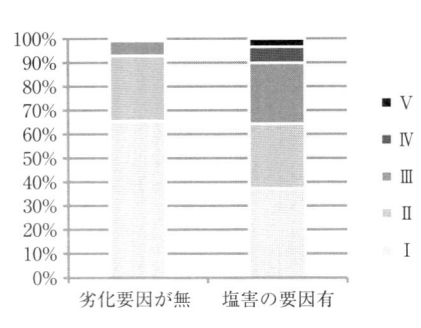

図 3.9.7　PC 橋の健全度[3]

全橋梁数　　　　　　　　　：18 306橋
下記劣化要因に該当せず：10 230橋（55.9％）
下記劣化要因に該当する：　8 076橋（44.1％）

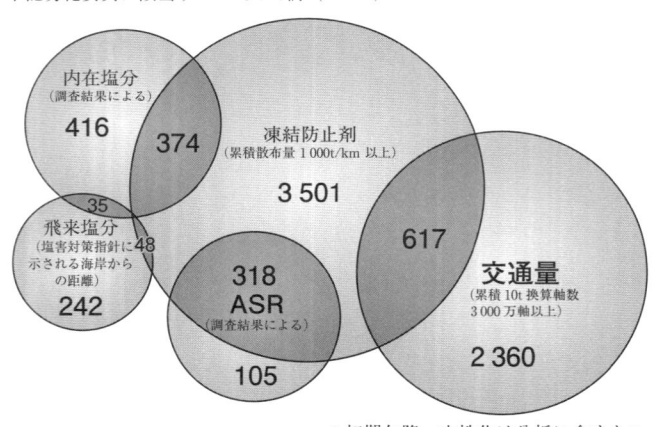

＊初期欠陥・中性化は分析に含まない

図 3.9.8　高速道路橋における主な劣化要因

来塩分により凍結防止剤による塩害がさらに助長されている橋梁も存在することが明らかになった。

参考文献

1）　材料研究室，コンクリートの複合劣化，開発土木研究所月報，NO.484，1993 年 9 月
2）　垂井高架橋損傷対策特別委員会　中間報告書　土木学会，2005.9.12
3）　既設ポストテンション橋の PC 鋼材破断に関する調査及び補修・補強指針，プレストレストコンクリート工学会，2016 年
　　9 月

4章　外ケーブルや斜材の腐食・疲労

4.1　概　　要

　外ケーブルPC箱桁橋，斜張橋，およびエクストラドーズド橋に用いられる外ケーブルや斜材の劣化機構は，「PC斜張橋・エクストラドーズド橋維持管理指針」[10]によると，表4.1.1に示すように「腐食」と「疲労」に分けられる。

表 4.1.1　外ケーブルや斜材の劣化機構，要因，現象，指標例 [10]

劣化機構	劣化要因	劣化現象	劣化指標の例
腐食	塩化物イオン，酸性物質・酸素，雨水など	防錆機能が失われ浸透雨水と酸素によりPC鋼材の腐食が進行し，破断に至る	防錆機能の健全性 PC鋼材の破断
疲労	繰返し載荷，風・振動	車両などの荷重の繰返し載荷や風あるいは交通振動による繰返し応力によりPC鋼材が破断する	張力 PC鋼材の破断

　外ケーブルや斜材の防食方法は，鋼材の素線防食方法として亜鉛めっき，エポキシ樹脂被覆，PE充填密着被覆などがあり，ケーブル防食方法としてセメントグラウト，グリース，ワックス，ポリウレタンの注入などがある。一般に，裸線に保護管＋充填材を組合せたタイプや裸線にエポキシ樹脂被覆で防食したタイプなどが使用されている。斜材の防食方法は，かつてはワイヤラッピング＋塗装が一般的であったが，そののち，保護管＋充填材が使用されるようになった。現在では，グラウト注入作業を省略できる一括押出PE被覆や被覆PC鋼材より線を用いた現場製作斜材システムなどのノングラウトタイプの斜材が使用されている。外ケーブル，斜材の防食方法の実績を表4.1.2に示す。

表 4.1.2　外ケーブル，斜材の防食方法の実績（文献 1)，2) を改変)

ケーブル種類	ワイヤーロープ		平行線ケーブル		
	スパイラルロープ	ロックドコイルロープ			
鋼材防食方法	亜鉛めっき	亜鉛めっき	亜鉛めっき	亜鉛めっき，裸線	亜鉛めっき
ケーブル防食方法	無塗装（塗装もあり）	無塗装（塗装もあり）	ラッピング＋塗装，プラスチックカバリング	保護管＋充填剤	一括押出しPE被覆
鋼材断面					
主な用途	斜材	斜材	斜材	斜材	斜材

ケーブル種類	PC鋼より線						
鋼材防食方法	エポキシ被覆，PE充填密着被覆	亜鉛めっき＋防錆剤鉛＋PE被覆	亜鉛めっき，エポキシ被覆，PE充填密着被覆	防錆油	裸線	エポキシ被覆	エポキシ被覆，PE充填密着被覆
ケーブル防食方法	保護管	一括押出しPE被覆	一括押出しPE被覆	一括押出しPE被覆	保護管＋充填剤	PE被覆	―
鋼材断面							
主な用途	斜材	斜材	外ケーブル，斜材	外ケーブル，斜材	外ケーブル，斜材	外ケーブル	外ケーブル

斜張橋およびエクストラドーズド橋の塔への斜材定着方法は，Ⅲ編 解説 表9.1.6 に示すように，分離固定方式と貫通固定方式に分類される。分離固定方式には，斜材定着部の点検に配慮したセパレート定着や連結定着がある。図4.1.1 に主塔内検査路の例を示す。一方で，主にエクストラドーズド橋で採用される貫通固定方式のサドル構造は，サドル部近傍の斜材の一般部を含めて十分な防錆処理を行うことで，耐久性を確保している。また，サドル部の構造は，斜材の取替えが可能であることが望ましく，一般に，内管および外管を有する二重管構造とすることで，取替え時には，斜材を一般部で切断し，内管を引き出すことができる。二重管構造の例を図4.1.2，図4.1.3 に示す。

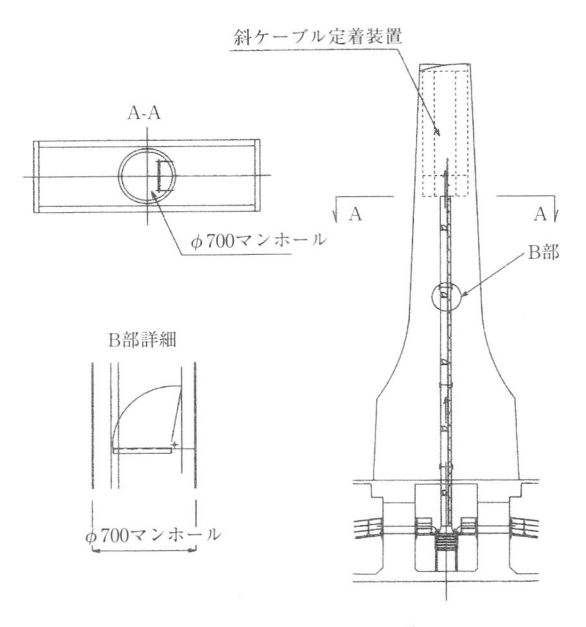

図 4.1.1　主塔内検査路の例 [3]

図 4.1.2　設置前のサドル部の外観

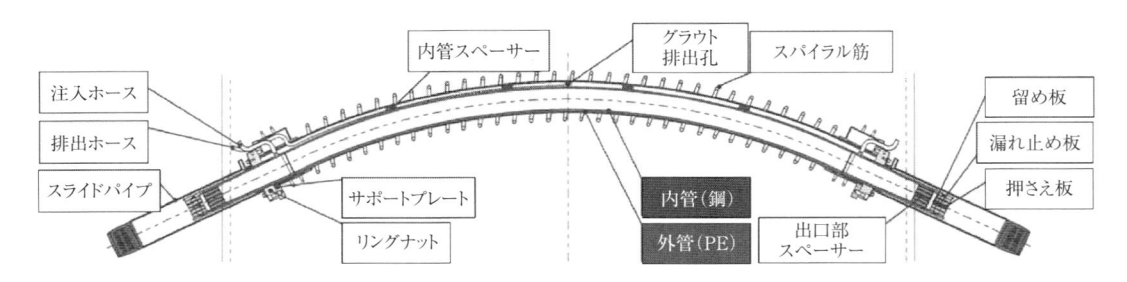

図 4.1.3　サドル部の二重管構造の概要

4.2　腐　　　食

腐食は，ケーブルの防錆機能が失われたのち，劣化の要因となる塩化物イオン，酸性物質・酸素および雨水（結露）などの侵入により，PC鋼材の腐食が進行する現象である。腐食を放置した場合，破断に至る可能性もあるため，速やかに防錆機能の回復などの対策を行うことが望ましい。

　海外では，斜材として使用された亜鉛めっき塗装を施したロープ素線が，不適切な保守や海洋性の気候により腐食・破断した事例がある（図 4.2.1）。腐食による劣化には，PC 鋼材のほかに，定着体（図 4.2.2），偏向部，サドル部，および制振装置の劣化も含まれるため，点検時に留意する必要がある。

　ケーブルの防錆機能に影響するのは，保護管，充填材，被覆材，止水材などケーブルを保護する部材の健全性，および定着部や偏向部，塔のコンクリートのひび割れなどが考えられる。腐食による劣化の原因を表 4.2.1 に示す。とくに斜材の定着部は，供用中の風による斜材の振動や気温の変化により伸縮を繰り返すため，防水カバーなどで止水性を確保することで，雨水などが斜材ケーブルやその保護管を伝って定着体内部に侵入することを防止する必要がある。国内においては，何らかの原因で止水性が確保されず，外部から定着部の鋼管内に水が浸入し，斜材ケーブルが破断した事例もある（図 4.2.3）。

図 4.2.1　斜材の腐食による破断例 [1)]

図 4.2.2　外ケーブル定着体の腐食例 [4)]

表 4.2.1　腐食による劣化の原因

部位・部材	劣化の原因
外ケーブル，斜材	・ケーブルの塗膜に繰り返しひずみ，化学的劣化と紫外線，熱などが複合的に作用して割れを生じる ・保護管や被覆材に架設時の損傷や供用中の外的作用によりひび割れなどを生じる（図 4.2.4） ・保護管接続箇所の溶接部にき裂などを生じる ・充填材注入口（排気口）の溶接部の割れにより充填材の漏れを生じる（図 4.2.5） ・グラウトの不完全な施工により保護管中に空隙を生じたり，ブリーディング水が滞留したりする ・外ケーブルの塗装に施工時の傷付きなどにより損傷を生じる（図 4.2.6）
定着部周辺	・定着部の止水ゴムの劣化や斜材ケーブル保持材の損傷により雨水などが侵入する（図 4.2.7） ・定着部近傍の保護管接続部の損傷，接続部不良などにより雨水などが侵入する（図 4.2.8） ・グラウトの不完全な施工により定着部付近に空隙やブリーディング水が滞留したりする（図 4.2.9） ・定着部コンクリートのひび割れから雨水などが侵入する ・桁端部の定着部に伸縮装置からの漏水などにより直接雨水などが侵入する
偏向部 サドル部	・偏向部やサドル部のコンクリートのひび割れから雨水などが侵入する ・グラウトの不完全な施工により偏向部やサドル部に空隙やブリーディング水が滞留したりする ・サドル部の防水構造の損傷などにより雨水などが侵入する
制震装置	・斜材定着部や箱桁内に雨水などが浸入する

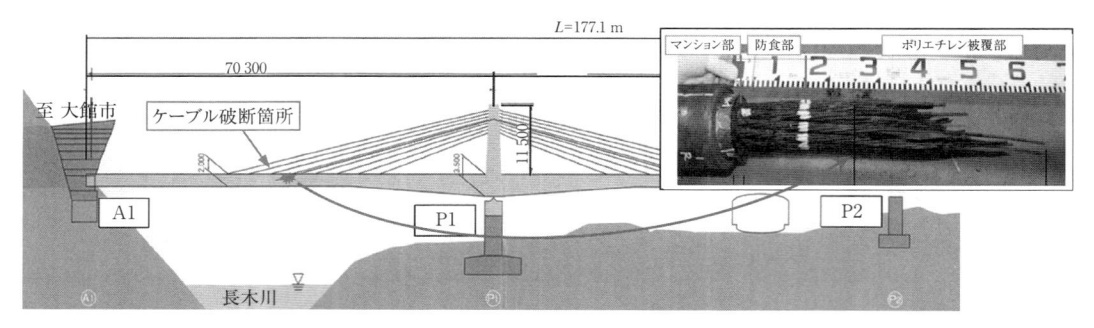

図 4.2.3　エクストラドーズド橋の定着部への水の浸入によりケーブル破断した事例[8]

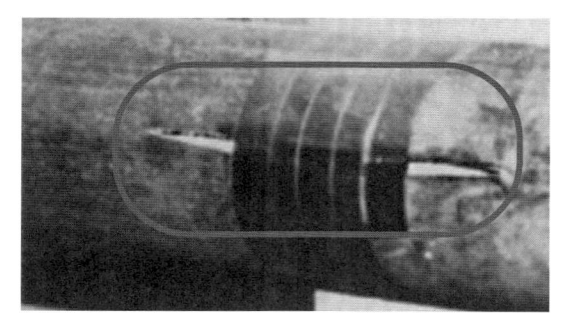

図 4.2.4　グラウト硬化後にき裂が生じた保護管[1]

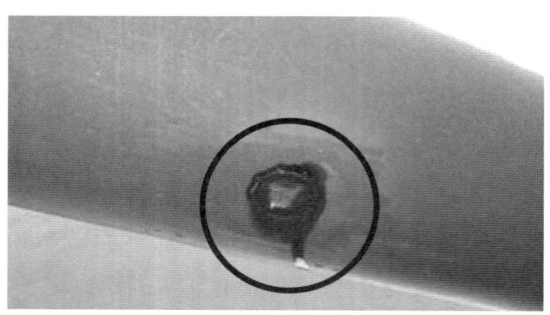

図 4.2.5　充填口の割れ状況[1]

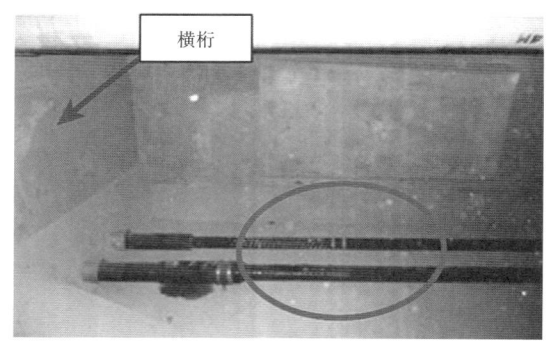

（ぶつけ傷の多い箇所）

（エポキシ樹脂被覆が傷付きさびが生じた例）

図 4.2.6　外ケーブルに使用されたエポキシ樹脂被覆 PC 鋼より線の施工時の傷付きの例[6]

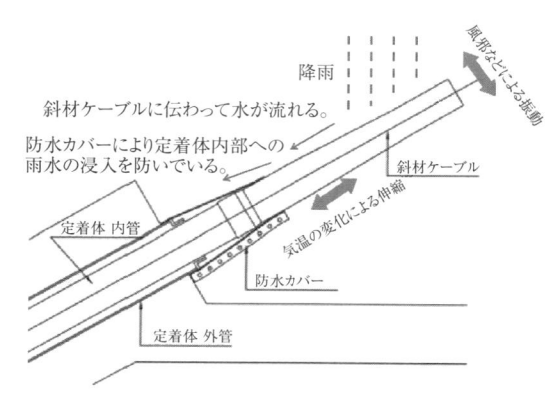

図 4.2.7　斜材の定着部への水の浸入の概念[7]

図 4.2.8　斜材の主塔側定着部付近の保護管の漏水[4]

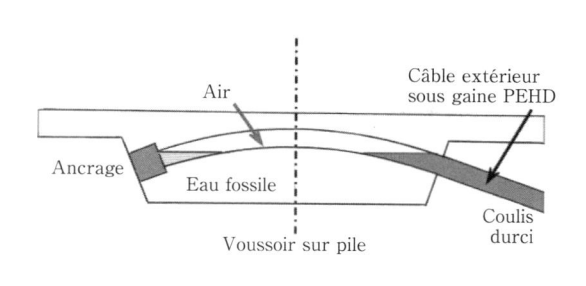

図 4.2.9　外ケーブルの上床版の定着部付近のグラウト未充填によりケーブル破断した事例 [9]

4.3　疲　　　労

　疲労は，橋を通行する車両荷重の繰返し載荷が主な要因となる。また，ケーブルが桁外に配置され，ケーブル張力の振幅が大きい斜張橋・エクストラドーズド橋の場合には，風や雨，車両荷重による振動現象も要因となる。これらの劣化要因によって，繰返し応力がケーブルに作用し続けると，場合によっては PC 鋼桁の破断に至る可能性がある。

　疲労による劣化は，偏向部のフレッティング疲労や角折れによる PC 鋼材の損傷，繰り返し応力による定着体や偏向具，制振装置などの疲労損傷もある。図 4.3.1 は，外ケーブル（19S15.2）を対象としたフレッティング疲労実験の破断状況である。風や雨による振動現象は，主に，レインバイブレーション（降雨と風の作用による振動，図4.3.2），主桁などほかの部材との共振，ギャロッピング（風向直角方向の曲げ 1 自由度の不安定振動），過励振（渦が部材に周期的に作用し起こる現象，図 4.3.3），ウェークギャロッピング（並列する斜材の相互干渉で，主に下流側の斜材の振動），およびバフェッティング（自然風の突発的変動による不規則振動）などに分類される [1]。疲労による劣化の原因を表 4.3.1 に示す。

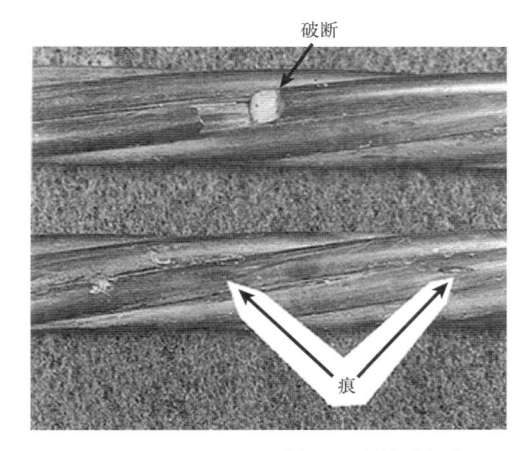

図 4.3.1　フレッティング痕および破断状況 [5]

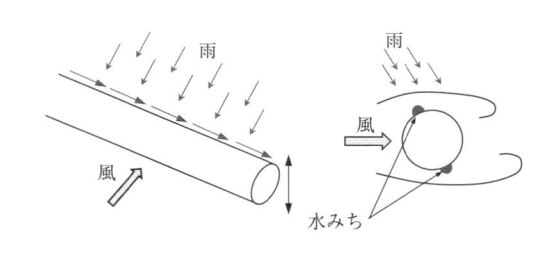

図 4.3.2　レインバイブレーションのイメージ

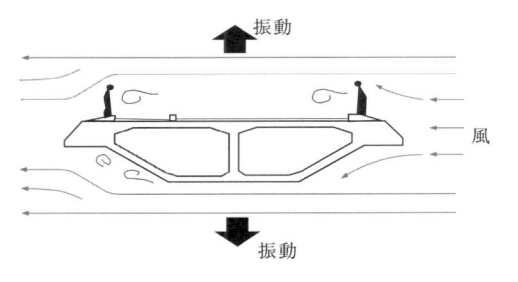

図 4.3.3　渦励振のイメージ

表 4.3.1　疲労による劣化の原因

部位・部材	劣化の原因
外ケーブル斜材	・繰返し荷重による軸疲労により損傷する ・風などにより想定以上に斜材が振動し，過大な変形を繰り返しき裂や破断に至る ・活荷重や風によりケーブルと主桁振動が共振し，き裂や破断に至る
定着部	・繰返し荷重や振動が定着具に作用することで疲労損傷する ・斜材の２次曲げ（ケーブル保持材の機能低下）により定着具付け根部が損傷する
偏向部サドル部	・緊張力による腹圧力と繰返し荷重でフレッティング疲労を生じ，PC 鋼材や偏向具などの損傷が発生する（図4.3.4） ・施工時の偏向具やサドルの配置誤差により，ケーブルが角折れ状態となり応力集中によってケーブルが損傷する
制震装置	・高減衰ゴムタイプでは，繰返し荷重や振動による高減衰ゴムの破損する（図 4.3.5） ・粘性材タイプでは，繰返し荷重や振動による粘性体の漏れを生じる ・そのほか，制振装置の部材の変形，損傷や取付け架台が損傷する

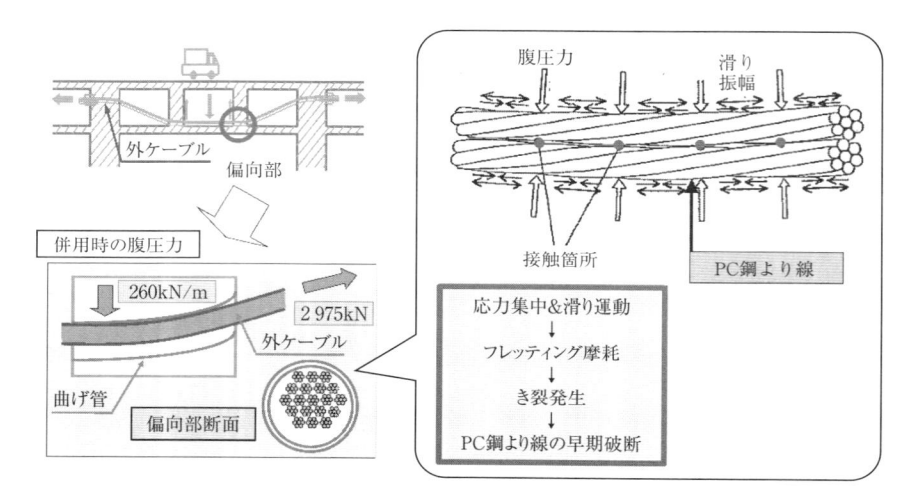

図 4.3.4　フレッティング疲労の概念図[5]

図 4.3.5　高減衰ゴムダンパーの破損状況[10]

4.4　そのほかの損傷

　斜材のそのほかの損傷として，落雷や外的要因によるものが考えられる。

　落雷による損傷としては，2005 年に斜張橋のリオン・アンティリオン橋（ギリシャ）の斜材に落雷があり，最上段の斜材が炎上し破断した事例がある[11]。落雷に対する対策としては，主塔上部への避雷針の設置が一般的であり，通常，斜材のような構造は良く通電するため，落雷に対しても抵抗性があり，特別な避雷対策は必要ないと考えられていた。事故後，斜材が直接受雷する回数を減らすために，斜材の上側に避雷ケーブルを配置し，さらに落雷の誘発ポイントに難燃性の材料を用いるなどの対策が実施された。また，国内の斜張橋でも落雷対策として，避雷ケーブルを設置している事例がある（図 4.4.1）。

　外的要因による損傷としては，2010 年に Binh 橋（ベトナム）に台風で流された 3 隻の貨物船が衝突して損傷を与えるという事故が発生し，斜材を取り替えた事例がある[1]（図 4.4.2）。

図 4.4.1　避雷ケーブル設置例

図 4.4.2　損傷した Binh 橋の斜材[1]

参考文献

1)　酒井，白濱，細居：斜材システムの維持管理に関する現状と今後の課題，プレストレストコンクリート，Vol.58，No.5，2016
2)　エポキシ樹脂を用いた高機能 PC 鋼材を使用するプレストレストコンクリート設計施工指針（案），土木学会，2010
3)　水口，藤田，諸橋：揖斐川橋・木曽川橋の維持管理設備，第 10 回シンポジウム論文集，pp.807-810，2010
4)　道路橋の定期点検に関する参考資料（2013 年版）―橋梁損傷事例写真集―，国総研資料 第 748 号，2013
　　（国土技術政策総合研究所ホームページ　http://www.nilim.go.jp/lab/bcg/siryou/tnn/tnn0748.htm）
5)　新井，藤田，梅津，鮒子多，上田：大容量 PC 鋼より線の曲げ配置部におけるフレッティング疲労特性，土木学会論文集，No.627/V44，pp.205-222，土木学会，1998 年 8 月（写真 -1 と写真 -3 を加工）
6)　竈本，長谷，寺田：高速道路橋におけるエポキシ樹脂被覆 PC 鋼材の実態調査，第 19 回シンポジウム論文集，2010
7)　板谷，山口，熊谷，宮内：斜材ケーブル用防水カバー，第 23 回シンポジウム論文集，pp.217-220，2014
8)　国土交通省東北地方整備局：雪沢大橋ケーブル破断への対応と今後の維持管理について，東北地方整備局管内業務発表会資料，2014（図 -1 と写真 -3 を加工）

9)　2010 欧州 PC 橋維持管理調査報告書（巻末資料 収集資料 2-2-4 より），高速道路総合技術研究所，2011

10)　PC 斜張橋・エクストラドーズド橋維持管理指針，プレストレストコンクリート技術協会，2011

11)　　A.Rousseau, L.Boutillon, A.Huynh，（抄訳）永元直樹：斜張橋ケーブルの避雷設備，橋梁と基礎，Vol.41，No.9，2007

5章　鋼部材の防食機能の劣化と腐食劣化

　PC橋，複合橋における鋼部材の強度機能の劣化は，腐食劣化と疲労劣化により惹起される。この章では，鋼部材の腐食劣化を防ぐために付加されている防食機能の劣化と，その結果生じる腐食劣化について記述する。

　PC橋，複合橋は比較的新しい構造物であるため，その一部を構成する鋼部材の防食機能として，重防食塗装系が採用されている。重防食塗装系の劣化は，今まで長年使用されてきた一般塗装とは異なるため，保全に注意が必要である。また，重防食塗装系が鋼橋に採用され始めてから，まだ年月が比較的浅いため，現在提案されている保全の手法も今後のデータの蓄積により検証，再評価されると考えられ，その動向に注意しておく必要がある。

5.1　鋼部材における変状

5.1.1　防食機能の劣化

（1）　重防食塗装の特徴

　鋼材は，水と空気などの腐食因子に触れることにより，その部分から腐食する。また，Cl などの腐食促進因子の浸入は腐食を促進する。塗装とは，鋼材の表面に皮膜を形成し，このような因子を遮断すると共に犠牲防食作用を付加することにより腐食を防ぐものである。

　重防食塗装系は，犠牲防食作用を有した防食下地と環境因子の高い遮断性を持つ下塗り層，高耐候性を持つ上塗り層から構成され，長年使用されてきた一般塗装系に比べ，優れた防食機能を有している。

　重防食塗装系の特徴
　・犠牲防食作用を有した防食下地
　　無機ジンクリッチペイント，有機ジンクリッチペイント，金属溶射，溶融亜鉛めっきなど
　・腐食因子（水，酸素，塩類など）を遮断し，防食下地と密着する下塗り層
　　エポキシ樹脂塗料下塗り，変性エポキシ樹脂塗料下塗り，弱溶剤型変性エポキシ樹脂塗料下塗り，長厚膜形エポキシ樹脂塗料など
　・耐候性に優れた上塗り層
　　ポリウレタン樹脂塗料，シリコン変性アクリル樹脂塗料，フッ素樹脂塗料など

　この防食機能により，重防食塗装の通常の塗装面の劣化は，表面の上塗り塗装から光沢の劣化，消耗，粉化と進み，徐々に下塗り塗装が透けて見えてくる。さらに，そのまま放置すれば，下塗りが白化，粉体化して消耗，防食下地が見えてくる。このように重防食塗装では，塗膜劣化が表面から進む。塗装の全面塗替えは，下塗りが透けて見えてきた時点で行うことが通常のため，防食機能が保たれた状態となり，塗替えする塗膜面にさびが無い状態で行われる。

　一方，一般塗装は，表面からの劣化は重防食塗装と同じように進む（劣化速度は早い）が，同時に遮断機能が弱く腐食因子が塗膜を通過して鋼材へ到達し，防食下地の犠牲防食作用が不十分なため塗膜の内側の鋼材表面に腐食が発生し，さびが塗装上面に現れてくる。そのため，塗替え時期を

迎えた鋼橋の塗膜面は，少なからずさびを伴っている。この塗膜内側からのさび発生の有無が，両塗装系の大きな相違点である。

表 5.1.1　重防食塗装系と一般塗装系塗膜の透湿度と酸素透過係数の目標値 [1]

項目	透湿度 $(g \cdot m^{-2} \cdot 24h^{-1})$	酸素透過係数 $(cm^3 \cdot cm \cdot cm^{-2} \cdot sec^{-1} \cdot cmHg^{-1}) \times 10^{-11}$
重防食塗装系[*1]	3 以下	1 以下
一般塗装系[*2]	8 以下	100 以下

注)　*1　重防食塗装系塗膜は，社団法人日本道路協会「鋼道路橋塗装便覧」(1995)に記載された C4 塗装系を想定している。
　　　*2　一般塗装系塗膜は，A 塗装系(フタル酸樹脂仕様)や B 塗装系(塩化ゴム系)を想定している。

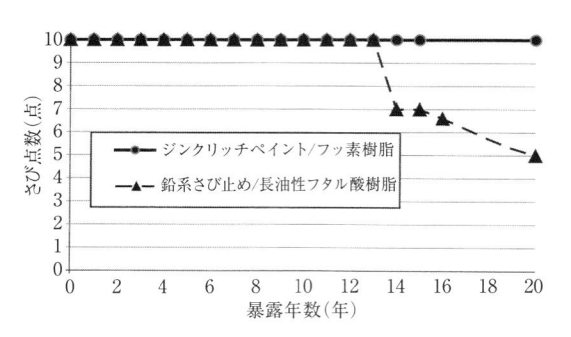

図 5.1.1　海洋技術総合研究施設海上暴露 20 年の結果 [2]

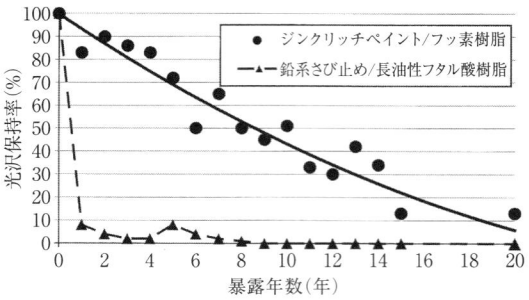

図 5.1.2　海洋技術総合研究施設海上暴露 20 年の結 [3]（光沢保持率）

表 5.1.2　重防食塗装系 C-5 塗装系 [4]

塗装工程		塗料名	使用量 (g/m^2)	目標膜厚 (μm)	塗装間隔
製鋼工場	素地調整	ブラスト処理 ISO Sa 2 1/2			4 時間以内
	プライマー	無機ジンクリッチプライマー	(160)	(15)	
橋梁製作工場	2 次素地調整	ブラスト処理 ISO Sa 2 1/2			6 ケ月以内 4 時間以内
	防食下地	無機ジンクリッチペイント	600	75	2 日～10 日
	ミストコート	エポキシ樹脂塗料下塗	160	－	1 日～10 日
	下塗	エポキシ樹脂塗料下塗	540	120	1 日～10 日
	中塗	フッ素樹脂塗料用中塗	170	30	1 日～10 日
	上塗	フッ素樹脂塗料用上塗	140	25	

(2)　重防食塗装系に発生する塗膜変状

　基本的に，重防食塗装の塗膜変状は，塗膜の消耗として現れる。塗膜の消耗は，紫外線による分解，加水分解，酸素による酸化，塗料中の酸化チタンの光触媒作用による分解を主たる原因として

生じる。紫外線による消耗速度は，

上塗り	フッ素樹脂塗料	$0.5\sim1\,\mu\mathrm{mm}/$年
上塗り	ポリウレタン樹脂塗料	$1\sim2\,\mu\mathrm{mm}/$年
下塗り	エポキシ樹脂塗料	$10\,\mu\mathrm{mm}/$年

と言われている。下塗りに使用されているエポキシ樹脂は，明らかに紫外線に弱く，上塗りが消耗して下塗りが見えてきた段階で塗替えが必要となる一つの要因である。

　その他，発生し得る塗膜変状として，さび，はがれ，無機ジンクリッチペイントの凝集破壊がある。

　さびは，鋼材の腐食の結果であり，重大な塗膜変状である。重防食塗装においてさびが発生するのは，現地継手部（ボルト，添接板角，溶接部），鋼材の角部，架設時に使用された部材撤去跡，水が滞水する部位などが多い。このような箇所は，現地塗装において膜厚確保が難しい部位，現地溶接部のように入念な下地処理が必要な部分，架設時の塗装あて傷を補修した箇所などである。さびを発見した場合は，速やかに補修するのが望ましい。さびを放置すると局部的な腐食へ進行し，重大な劣化となる場合がある。

　はがれは，塗膜の付着力が低下し，素地，塗膜間で剥離する変状である。許容された塗装間隔を超えて塗装したような場合や塗膜間に異物が付着していた場合，塗膜の消耗進行，付着力劣化が起こった場合に発生する。はがれの一種として，素地からはがれる場合によく発生するのが，次に説明する無機ジンクリッチペイントの凝集破壊である。

　防食下地である無機ジンクリッチペイント層の凝集破壊や付着力低下によるはがれは広範囲に広がることが多く重度の劣化となるため，注意する必要がある。この破壊は，防食下地施工時の湿度不足（無機ジンクリッチペイントは空気中の水分により縮合重合反応により硬化するため相対湿度50 % 以上を保って塗装する）によることが多いとされているが，原因が特定できない場合もある。鋼床版の橋面舗装による高温履歴（160 ℃ 程度）や飛来塩分が多い環境でも生じやすいとされている。また，このはがれは，橋の供用後，年月を経過してから発生することもある。

5.1.2　防食機能の補修

（1）　全面塗替え

　重防食塗装の一般部は上塗り塗装から徐々に消耗し，下塗りは紫外線による消耗速度が早いため，下塗りが透けて見えて来た時点で行うことが望ましい。この時点で塗替えの施工を行うことで，防食下地の劣化を最小限に留め，防食機能を長期に保つことができる。また，この時点での塗替えは，素地調整が3種，4種ケレンですみ，防食下地である無機ジンクリッチペイントをケレンせずにすむため1種ケレンが不要となる。これにより，作業が減り効率も上がるため塗替えコストを抑えることができる。

　一方，防食下地が劣化しさびが発生している場合は，防食下地である無機ジンクリッチペイントを剥がしてから再塗装しなければならない。無機ジンクリッチペイントは，湿式の塗装剥離材では除去することができず，ブラストを使用することになるため，発生する粉塵に対して，作業員の健康対策，周囲への飛散防止対策が必要になる。

（2）　部分，局部補修

　通常，重防食塗装は，優れた防食機能を持っているが，部分的に劣化することがある。それは，

鋼部材の角などで膜厚不足が一部にあった場合，輸送時や架設時，供用後のあて傷などにより塗膜劣化がある場合，常に水が耐水することによる早期の塗膜劣化などがある。

　このような部分劣化は，その劣化がどの層に及んでいるかによって補修塗装の仕様を決める必要がある。さびが発生している場合は，防食下地が劣化しているため，防食下地までケレンする必要がある。さびは，局部的に鋼板に喰い込んでいることがあるので，注意する。ブリストルブラスターのような，さびの凹凸に対応でき，1種ケレン相当の素地調整を得られる器具も開発されているので，このような機器を使うことも考える。下フランジの上面などが，雨水の滞水によってさびてしまった場合の対策補修では，さびによる凹みを補修し滞水しないように配慮するとともに，水を根本的に断つことを考える必要がある。また，さびによる断面欠損が，部材耐力に影響するような場合は，腐食劣化として扱わなければならない。

5.1.3　腐食劣化

(1)　腐　　食

　腐食は，JIS において「金属がそれをとり囲む環境部質によって，化学的又は電気化学的に侵食されるか，もしくは材質的に劣化する現象」と定義されている。橋梁において使用される鋼材の腐食は，構造物の一部が電気化学的に侵食されるため，安全性，耐久性に影響を与える劣化として捉える必要がある。PC 構造物においては，鋼材がコンクリートと接触するため，腐食現象は環境部質となるコンクリートのアルカリの影響を受ける。また，腐食促進因子である塩化物の影響が加わると塩害と知られるような腐食が発生する。

(2)　腐食の化学反応

　鋼材の腐食は，鋼材の置かれた環境部質により変化する。最もよく見られる腐食環境部質である水と鋼材が接触する場合，水の pH により電気化学的な反応が異なる。一般的な中性環境においては，鋼材は水の溶存酸素（8～10 ppm）の酸化力により腐食する。

$$Fe \rightarrow Fe^{2+} + 2\,e^- \tag{5.1.1}$$

$$1/2\,O_2 + H_2O + 2\,e^- \rightarrow 2\,OH^- \tag{5.1.2}$$

$$Fe + 1/2\,O_2 + H_2O \rightarrow Fe^{2+} + 2\,OH^- \tag{5.1.3}$$

　式 (5.1.1) のような反応を酸化反応（アノード反応），式 (5.1.2) のような還元反応（カソード反応）と言う。水と接触している鋼材の表面では，局部的なアノードとカソードが原子サイズの局部電池を形成している。

　また，酸性環境（pH 4 以下）では，カソード反応において溶存酸素の代わりに水素イオンが働き以下のような反応となる。

$$Fe \rightarrow Fe^{2+} + 2\,e^- \tag{5.1.4}$$

$$2\,H^+ + 2\,e^- \rightarrow H_2 \tag{5.1.5}$$

$$Fe + 2\,H^+ \rightarrow Fe^{2+} + H_2 \tag{5.1.6}$$

　このような酸性環境は，PC 構造物が建設される外気環境ではあり得ないが，隙間腐食や糸状腐食の先端では腐食に伴う加水分解によって H⁺ が生成され局部的に pH が 2 以下の酸性環境になることがある。

　アルカリ環境（pH 10 以上）においては，鋼材の表面に不動態皮膜と呼ばれる特殊な酸化物皮膜生

成され，金属がイオンとなって溶け出さなくなる。この膜は，2〜5 nm 厚の非常に薄い膜となる。コンクリート内は，約 pH 12.5 のアルカリ性環境のため，不動態皮膜が生成される。

5.1.4　様々な腐食劣化

(1)　腐食の分類

　腐食の定義にあるように，「とり囲む環境部質」，特に液体状の水の存在により，腐食性状が大きく異なる。このため，まず腐食は，液体状の水が作用するかしないかにより，湿食と乾食に分類される。この内，橋梁の置かれる常温の環境下においては，湿食のみが問題となる。乾食は，気体の酸素と鋼材が反応して酸化する反応となるが，常温では速度が遅く問題とならない（高温下（数 100 ℃ 以上）においては，その速度は極めて早い）。

(2)　異種金属接触腐食

　ステンレス鋼と炭素鋼のような異種金属が接触し，水分のある環境下に置かれると，電位差により電子の流れが起こり電位の低い側の金属，ステンレス鋼と炭素鋼であれば炭素鋼が腐食する。一般に，金属は水中で自然電位を持つ。二種の金属を考えた時，電位が高い金属を貴な金属，低い側を卑な金属と言い，両者を接触させると貴な金属が＋，卑な金属が－となり，卑な金属から貴な金属に向かって電子移動が発生し，卑な金属から金属イオンが水中へ析出する。炭素鋼のみの場合，腐食は，式 (5.1.1) と式 (5.1.2) によって進むが，ステンレスと接触していると，式 (5.1.1) の Fe^+ イオンの流出は炭素鋼から発生し，溶存酸素による式 (5.1.2) の e^- の消費は炭素鋼とステンレス鋼の両方で発生する。このため，ステンレス鋼と炭素鋼の表面積比が大きい程，炭素鋼が激しく腐食（減肉）することになる。たとえば，鋼桁にステンレス鋼のボルトを組み合わせた場合，ステンレス鋼に比べ炭素鋼の表面積が圧倒的に大きいため腐食は穏やかであるが，逆の場合は炭素鋼のボルトが激しく腐食することになる。

(3)　隙 間 腐 食

　鋼材と鋼材の間に隙間があり，その中が水分によって満たされている場合，隙間内で式 (5.1.1) と式 (5.1.2) の腐食が発生すると，隙間内の溶存酸素が消費されるまでは，普通の腐食が発生する。しかし，隙間内の溶存酸素は，式 (5.1.2) により速やかに消費されてしまう。すると隙間内は，式 (5.1.1) の Fe^{2+} イオンの流出のみが発生し，式 (5.1.2) の溶存酸素による e^- 消費は隙間外の鋼材表面で起こるようになる（アノードとカソードの分離）。隙間と隙間外の面積比は概して大きいため，隙間内の腐食が進むことになる。このような，溶存酸素の濃度差による腐食を通気差腐食と言う。

　ステンレス鋼の隙間では，ステンレス鋼の不動態保持電流に伴い溶存酸素の還元が進む。隙間内の溶損酸素が消費されると隙間内がアノード，外がカソードとなる場所的分離が生成される。すると隙間の内は，アノード反応としての金属イオン Mn^+ 増加と金属イオン Mn^+（Cr^{3+} など）の加水分解による水素イオン H^+ が発生する。これら＋イオンに引かれ，隙間外から Cl^- などの流入と pH 低下が発生，低 pH，高濃度の金属塩化物という環境となる（炭素鋼の隙間腐食は，加水分解がそれほど進まない）。このような環境下において，ステンレス鋼 pH は，1〜3 となり，隙間内の局所的な酸性腐食が発生する。

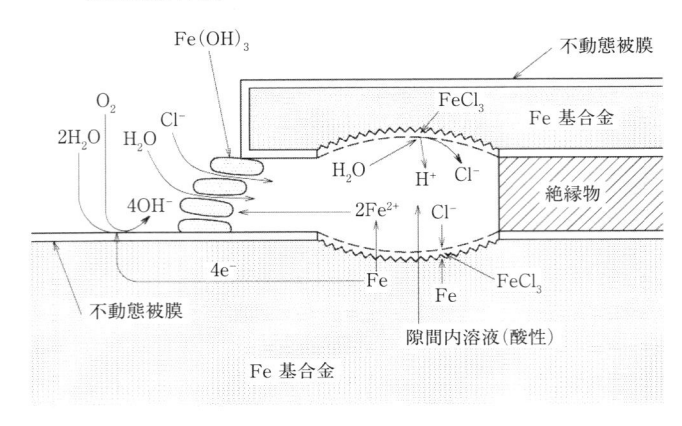

図 5.1.3　隙間腐食 [5]

（4）　孔　　食

　孔食は，隙間腐食と現象は同じ。初めが鋼材の自由表面であることが違うが，何らかの原因によりアノードとカソードが場所的に分離することにより，アノード側が腐食することにより発生する。ステンレス鋼のように不動態皮膜が生成される場合に，局所的な腐食が進むことになる。

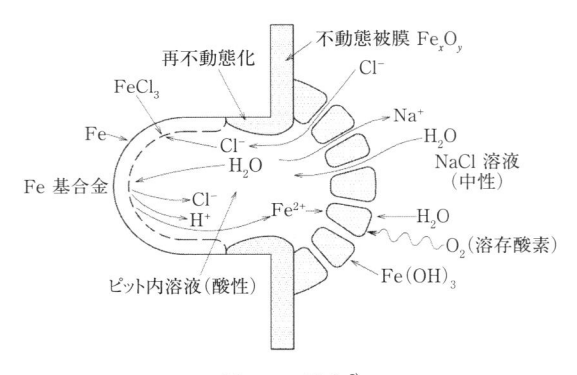

図 5.1.4　孔食 [5]

（5）　地 際 腐 食

　コンクリートに埋め込まれた高欄や道路標識の支柱が，コンクリートからの立上がり部で腐食することがある。これを地際腐食と言う。鋼材は，コンクリートのアルカリ環境下において表面が不動態化している。支柱の塗装皮膜が，コンクリートの表面のアルカリにより劣化し，劣化した後にコンクリート表面が中性化すると，コンクリートに埋め込まれた鋼材の不動態化した部分との間で電位差発生し，地表に出た部分が腐食することになる。地際の腐食する部分がアノード，コンクリートに埋め込まれた部分がカソードとして分離するため，アノード（コンクリート表面と鋼材の界面（地際））に比べてカソード（コンクリート内の鋼材面）の面積が大きいと地際は激しく腐食する。

　コンクリートと鋼板の接触部において地際部分をシール材にて保護した部分とシール材無しの場合，図 5.1.5 のような差異が生じることもある。

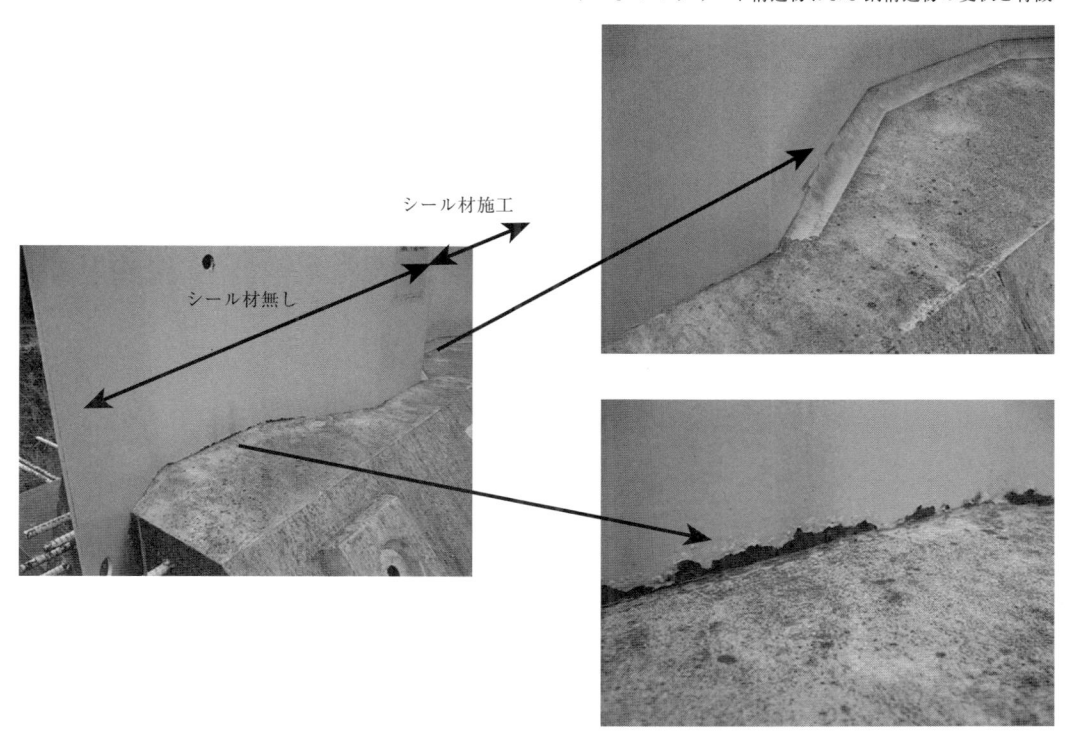

シール材施工

シール材無し

図 5.1.5　コンクリートと鋼の境界点シール材施工有無による差

参考文献

1)　海洋構造物の耐久性向上技術に関する共同研究報告書（海上大気部の長期防錆塗装技術に関する研究第 3 分科会）―海洋暴露 20 年の総括報告書―，土木研究所・土木研究センター 共同研究報告書整理番号 354 号，2007

2)　高耐候性被覆材料の利用技術の開発に関する共同研究報告書，建設省土木研究所，関西ペイント，大日本塗料，日本ペイント，旭硝子，アクリルシリコン会，共同研究報告書整理番号 253 号，1991

3)　岩見，糟谷，門田，守屋：鋼構造物塗替塗装の性能規定化，Structure Painting，Vol.32，No.2，pp.807–810，2010

4)　日本道路協会：鋼道路橋塗装便覧，2014.3

5)　杉本克久：金属腐食工学，内田老鶴圃，2009.3

6章　鋼構造の疲労

6.1　疲労損傷

　鋼材は，静的な終局作用に対して良好な延性を持って終局に至る。そのため，構造細部における局部的な応力集中は考慮せずに，断面保持の仮定に基づく梁理論から算出される公称応力により設計評価が可能である。しかし，鋼材の疲労においては，発生時には局部的な疲労き裂が，その進展により，全体強度へ大きな影響を与える可能性を持つことが重要となる。鋼材の疲労の原因は，構造物の任意点における応力振幅とその繰返しによるため，梁理論では捉えられない局部的な構造による応力集中も考慮する必要がある。言い換えると，断面全体の静的な終局状態は，局部的に応力集中により応力が数倍となる局部があるとしても，その局部が塑性化するのみで，大きな影響を受けない。しかし，鋼材の疲労損傷（き裂）は応力振幅と繰返しにより生じるため，局部的な応力集中が発生する場合，その局部は周りに比べて数倍の応力振幅を受け疲労損傷を受ける。すなわち，局部的な疲労き裂が発生する。疲労き裂は，局部的であったとしても徐々に進展し，ある時点で急激な進展へ変化し，脆性的な全体破壊に繋がる可能性がある。

6.2　疲労強度

　鋼材の疲労強度は，どのように整理されているかについて説明する。一般に点検の現場では，疲労損傷を探す際に，き裂を探すことになる。そのため，疲労強度は，疲労き裂発生寿命（Nc）で整理されていれば良さそうだが，一般の疲労試験において Nc は計測されておらず，疲労破断寿命（Nf）が記録されている。これは，疲労試験に要する荷重載荷繰り返し回数が多大で疲労き裂発生を特定することや，小型の試験片において破断する前にき裂を確認することが難しいことなどによる。また，疲労き裂発生寿命（Nc）と疲労破断寿命（Nf）の関係は，Nc を深さ 1〜2 mm の表面き裂と限定しても，Nc/Nf の比が 0.2〜0.8 とばらついており，Nc 自身をどう定義するかも難しい。更に，実際の構造物において入念な目視で発見可能なき裂長は，10 mm 以上と言われており，このようなき裂長は小型試験片では疲労破断寿命（Nf）に近い。このようなことから，疲労強度は，疲労設計曲線として，疲労試験の疲労破断寿命（Nf）をもとに整理されている。実際には，疲労試験の結果が下限，または非超過確率 97.7% の範囲に入るように疲労設計曲線が設定されている。

6.3　疲労設計曲線

　疲労には局部応力が重要であるが，この影響を考慮するために，構造物毎に局部的な応力状態を計算することは実用的ではない。このため，既往の研究を利用し，典型的な継手種類に対して疲労設計曲線を定義している。対象構造物に形状と応力方向が類似する継手の種類を選び，疲労設計曲線を選定することは，幾何学的な形状，溶接残留応力，溶接形状と言った総合的な応力状態を考慮した疲労設計曲線を選定することになる。

ここでは，具体的に，「横方向面外ガセット溶接継手　2.すみ肉溶接　(2)フィレットなし l > 100 mm」を取り上げて説明する。ここで，継手に関する記号は，「道路橋示方書・同解説 平成29年11月」に準じている。

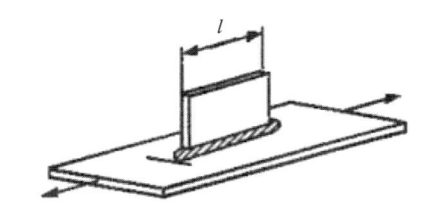

図6.1.1　横方向面外ガセット溶接継手 [1]

この継手は，鋼橋では非常に一般的な構造であり，たとえば主桁のウェブに溶接されている横桁の下フランジ，水平補剛材，横構のガセット等に見られ，複合構造においてもよく見られる構造となる（図6.1.2参照）。この継手においては，面外ガセットの端部の廻し溶接止端部に疲労き裂が発生する。このき裂は，主桁の直応力に対し直交する方向に発生するため，き裂先端部の応力集中により，ウェブを分断する方向（縦方向）に伸びる可能性がある危険性の高いものであり，十分に注意する必要がある。ガセット端部の廻し溶接部における止端破壊に対する強度等級は "G"，2×10^6 回基本許容応力範囲 $\Delta\sigma_f$ は 50 N/mm² である。こ

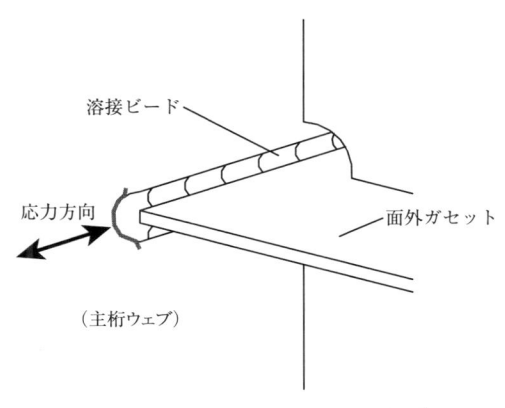

図6.1.2　横方向面外ガセット溶接継手 [2]

の継手に関する試験結果を疲労寿命曲線と共にプロットしたものを図6.1.3，図6.1.4に示す。さらに，この試験結果について統計処理を行い，50 %，97.7 % の非超過確率を満足する疲労強度を表6.1.1に示す。上段が小型試験片，下段は大型試験体での結果を示している。疲労強度は，それぞれ73 N/mm²，54 N/mm² となり，大型試験結果の値が低くなっている。その理由は，溶接による残留応力が小型試験片では再現し難いためと考えられている。2×10^6 回の基本疲労強度，疲労強度等級は，この結果から決められている。

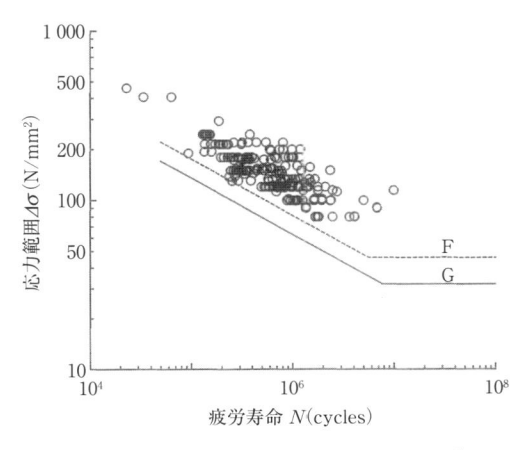

図6.1.3　ガセットをすみ肉溶接した継手 [3]

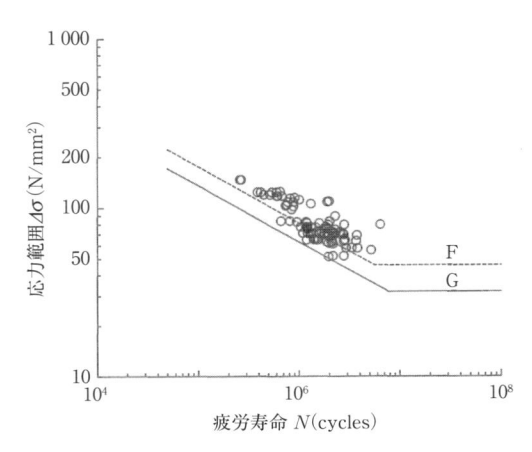

図6.1.4　ガセットをすみ肉溶接した継手（桁）[3]

表 6.1.1 横方向面外ガセット溶接継手の 2 × 10⁶ 回疲労強度 [3]

継手の種類	データ数	非超過確率		2 × 10⁶ 回 基本疲労強度	疲労強度等級
		50%	97.7%		
面外ガセット，2)すみ肉溶接，(2)フィレットなし (1 > 100 mm)，非仕上げ	200	107	73	50	G
同上（桁）	94	72	54	50	G

図 6.1.3 を見ると，小型試験片では強度等級 "F" の疲労設計曲線を満足しているが，大型試験においては強度等級 "G" が妥当であることが分かる。

疲労設計曲線は，応力範囲が小さい範囲において水平に引かれており，この水平線の下側の応力範囲であれば，その応力に対して疲労寿命は無限と見做すことになる。この水平線は，応力範囲の打切り限界を示しており，一定振幅応力と変動振幅応力が定義される。継手強度等級 "G" に対して「道路橋示方書・同解説 平成 29 年 11 月」は，表 6.1.2 のように整理している。

表 6.1.2 横方向面外ガセット溶接継手の疲労強度

強度等級区分	2 × 10⁶ 回基本疲労強度 $\Delta\sigma_f (\mathrm{N/mm^2})$	一定振幅応力の場合 $\Delta\sigma_{ce} (\mathrm{N/mm^2})$	変動振幅応力の場合 $\Delta\sigma_{ve} (\mathrm{N/mm^2})$
G	50	32	15

疲労設計曲線の右下がりの斜線の部分は，傾き $-1/3$（$m = 3$，直応力に対する係数）で定義されている。疲労設計曲線は両対数グラフのため，この傾きは，疲労寿命が応力振幅の 3 乗と反比例することを意味する（作用応力を $1/2$ になった場合，疲労寿命は 8 倍（$= 1 / (1^3/2^3)$））。

設計荷重に対して発生する応力が一定振幅応力の打切り限界以下になるようであれば，設計耐久期間において疲労耐久性が確保されていることになる。これを超えた応力が発生する場合，また供用下の橋梁のように変動応力が発生する場合は，変動振幅応力の打切限界以上の応力について発生頻度を考慮した累積疲労損傷を考慮することとなる。

6.4 累積疲労損傷

実構造物では，一定振幅応力がかかることはむしろ珍しく，様々に変動する応力が発生する。そのような場合における疲労照査方法として，線形累積被害則を用いて変動応力の影響を考慮する。線形累積被害則では，部材に発生する様々な応力範囲（$\Delta\sigma_i$）が，設計供用期間中に何回発生するか（n_i）を考え，その応力に対応する設計疲労曲線の値（N_i）との比を算出，その総和（$\Sigma n_i/N_i$）が線形累積損傷度（D）となり，その値が 1 未満であれば疲労耐久性が確保されていることになる。

たとえば，50 MPa と 60 MPa の 2 種類の応力範囲が作用し，それぞれの発生回数が 1.0×10^6，0.5×10^6 であれば，線形累積損傷度は，以下のように計算される。

$$D = \sum \left(\frac{n_i}{N_i} \right) = \frac{0.50 \times 10^6}{1.16 \times 10^6} + \frac{1.00 \times 10^6}{2.00 \times 10^6} = 0.931 < 1.00$$

ここに，$1.16 \times 10^6 \left(= 2 \times 10^6 \times \dfrac{50^3}{60^3} \right)$ は，応力範囲 50 Mpa に対する疲労設計曲線上の値である。

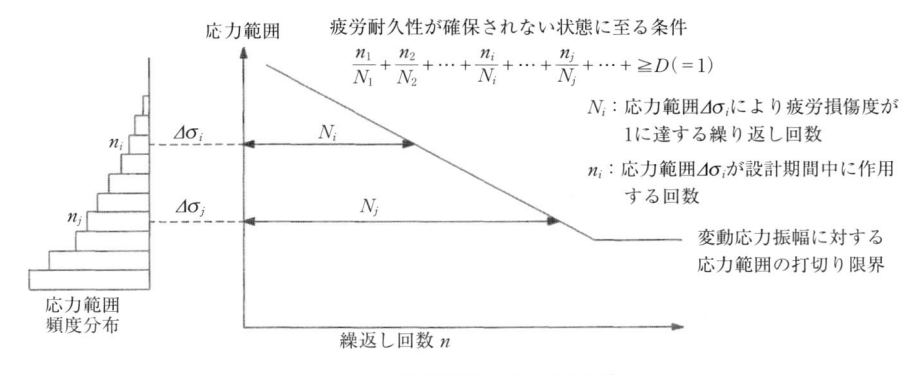

図 6.1.4　線形累積被害則の考え方[1]

　実際の構造物において，応力計測を行い，その値により累積損傷度を計算するためには，応力頻度をレインフロー法により計数すれば良い。

参考文献

1)　道路橋示方書・同解説 II 鋼橋・鋼部材編，日本道路協会，2017 年 11 月
2)　鋼橋診断指針（疲労編）（案），中日本高速道路 東京支社，2013 年 2 月
3)　鋼構造物の疲労設計指針・同解説 —付・設計例— 2012 年改訂版，日本鋼構造協会，2012 年

V-ii 評価および判定方法, 判定結果に基づく対策事例

1章 鋼部材の腐食と防食

1.1 変状評価方法

鋼構造部の腐食に関わる変状評価は, さびの程度により, 次の2種類に分けて行う。これは, 変状に対する対策が, 腐食による鋼部材の板厚減少の補修を伴う防食機能回復か, または防食機能回復のみかの2種類に分類されるためである。

防食機能の劣化:防食機能(塗装, めっき, 溶射)にはがれ, 割れ, 膨れ, きず, 変退色, 消耗, 汚れなどの劣化, または, 防食された鋼材に板厚減少まで至っていない軽微なさび(点さび, 軽い浮きさび等)が生じている状態

腐食:鋼材に発生したさびにより, 板厚減少, 断面欠損を生じている状態

腐食と判定されるような変状がある場合, その周りは防食機能の劣化を伴うことが一般的である。そのような場合は, 両者を記録する。

また, 塗装の防食機能の劣化は, 一般塗装系と重防食塗装系により, 着目すべき変状が異なるため, 両者を区別して評価する必要がある。変状の区分は, 「橋梁定期点検要領[1]」を基本とした。

1.1.1 防食機能の劣化(重防食塗装系)

(1) 変状程度の評価区分

複合橋は比較的新しい構造物であるため, その鋼部材には重防食塗装系が用いられていることが殆どである。また, 重防食塗装系は, 採用され始めてから年月が浅く, 塗替えや補修されている経験が少ないため, 現時点て最良と考えられる保全の考え方を記載する。重防食塗装系を採用した橋梁は, 基本的に防食下地の無機ジンクリッチペイントの変状が少ない状態で塗り替えるのがライフサイクルコストを抑えることに繋がると考えられている。そのため, 塗替えは, 基本的に上塗り塗膜の変状である消耗(下塗り塗装の露出)によって判定するのが望ましい。

表 1.1.1 変状区分 (重防食塗装系 防食機能の劣化)

区分	消耗はがれの状況	その他一般的状況
a	1, 2	
b		局所的に塗膜が劣化しさびが見られる
c		最外層の防食塗膜に変色が生じたり, 局所的なうきが生じている
d	3	部分的に防食塗膜が消耗, 剥離し, 中塗り塗装が露出している
e	4	無機ジンクリッチペイント層からの剥離が見られる

　しかし，重防食塗装系が適用された橋梁でも環境条件や部分的なきずにより局部的に防食機能が劣化することがあり，そのような場合は，部分塗替えや局部補修を行うか，構造物の安全性に影響の無い範囲での部分的な劣化は許容した簡単な補修塗りに留め全面塗替えを待つことも考える。

　変状の評価区分は，表 1.1.1 による。

(2)　消耗，はがれ変状

　消耗，はがれの変状区分は，「鋼道路橋防食便覧[2)]」に示されている，JIS のはがれ等級と関連させた評価を使用する。

評価	JIS K 5600-8-5：1999 はがれの量の等級	上塗り塗膜の消耗 （中塗り塗膜の露出の面積％）
1	0	0
2	3	1
3	4	3
4	5	15

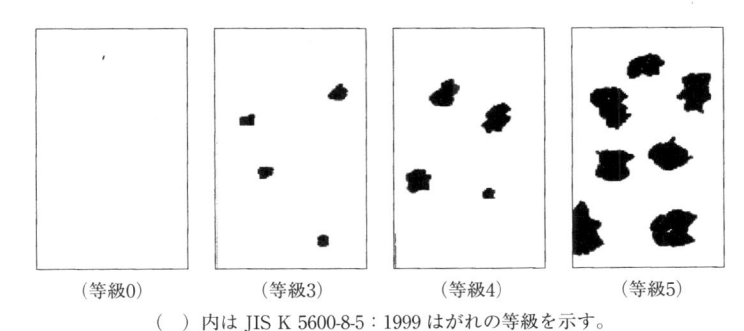

（等級0）　　　　（等級3）　　　　（等級4）　　　　（等級5）

（　）内は JIS K 5600-8-5：1999 はがれの等級を示す。

図 1.1.1　上塗り塗膜の消耗の標準図 [2)]

　以下に，参考として事例を示す。

事例 1　　点検時は，上塗り層のはがれが見られ，変状区分は "e" と記載された（図 1.1.2）。調査診断の結果，無機ジンクリッチペイント塗装の層内剥離と診断され，対策区分 "C1"，健全性 " Ⅲ " と判定された。補修方法は，素地調整に 1 種ケレンを使用した防食下地からの全面塗替えとされている。

事例 2　　点検時は，上塗り層の浮きが確認され，変状区分 "e" と記載された（図 1.1.3）。調査診

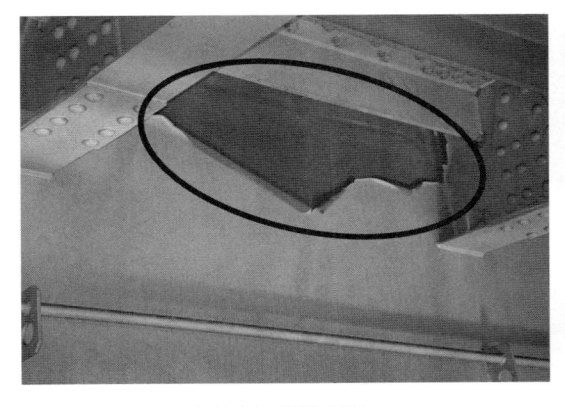

図 1.1.2　塗装はがれ

図 1.1.3　塗装の浮き

断の結果，無機ジンクリッチペイント塗装の層内剥離と診断され，対策区分 "C1"，健全性 " Ⅲ " と判定された。補修方法は，素地調整に１種ケレンを使用した防食下地からの全面塗替えとされた。

事例３　　点検時は，上塗り層の消耗と中塗り層の露出が確認され，変状区分 "d" と記載された（図1.1.4，図1.1.5）。調査診断の結果，上塗り層の消耗と診断され，その広がりから対策区分 "C1" 健全性 " Ⅱ " と判定された。補修方法は，素地調整に３種または４種ケレンを使用した上塗り層からの全面塗替えとされた。

図1.1.4　上塗り層の消耗

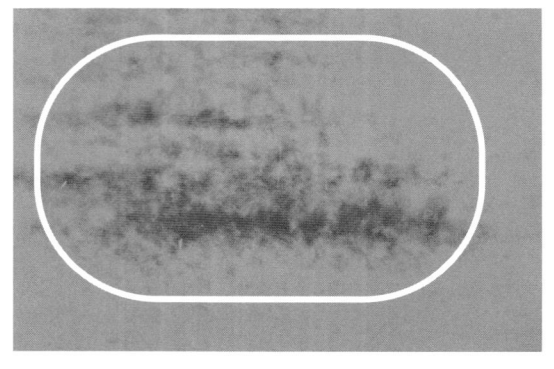

図1.1.5　上塗り層の消耗（部分）

事例４　　点検時は，局部的な劣化とさびが確認され，変状区分 "b" と記載された（図1.1.6，図1.1.7）。調査診断の結果，架設時の吊りピースおよび現場溶接部の局部的な現場塗膜劣化と診断され，対策区分 "M" 健全性 " Ⅱ " と判定された。補修方法は，局部的な，１種ケレンを使用した防食下地層からの塗替えとされた。

図1.1.6　局部的な塗膜劣化

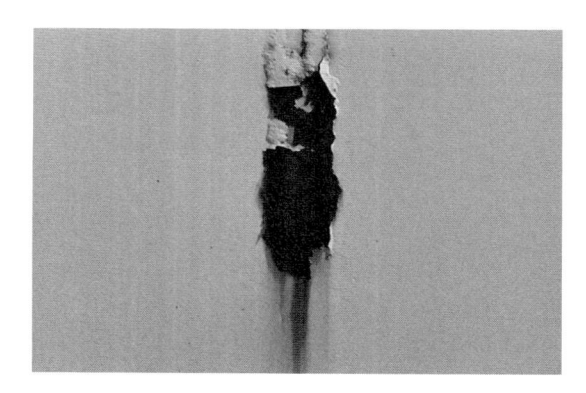

図1.1.7　塗膜劣化部

（3）　対策区分判定

　　対策区分判定は，「橋梁定期点検要領[1]」を基本とし，注意事項を追記した。

a．判定区分 M：維持工事で対応が必要な変状

　変状評価が "b" の場合において，構造物全体に変状が分布せず，部分的な小さなあてきずや環境

因子の影響などによって生じた塗膜劣化，さびが見られるような状態で，措置のしやすい場所にある状況では，維持工事で対応することが妥当と判断できる。

ｂ．判定区分 B, C1, C2：補修などが必要な変状

　大規模なうきや剥離が生じており，施工不良などによって急激にはがれ落ちることが懸念される状況や，異常な変色があり，材料の不良，火災などによる影響などが懸念される状況などにおいては，次回の定期点検までに補修するかどうかを判断する必要がある。

　橋梁全体的な変状評価が"d"および"e"の場合，どちらも"C1"と判定するが，"d"の場合は数年後に塗替えを計画し，"e"の場合は早い時期での塗替えを検討する。防食機能の全体的な劣化は，定期点検間隔（5年程度以内）程度において，構造物の安全性が著しく損なわれることはないが，予防保全の観点から，このような判定とした。局部的な防食機能の劣化が見られ腐食劣化に繋がるような箇所がある時は「腐食」としても扱う必要がある。

　重防食塗装の場合，防食下地である無機ジンクリッチペイントに広く劣化があると1種ケレンによる素地調整が必要となり，大掛かりな施工となることに注意しておかねばならない。

1.1.2　防食機能の劣化　一般塗装系（参考）

　一般塗装系は，複合構造に使用されていないが，管理者にとっては長年管理した経験があり，この劣化には馴染みが深いため，この劣化評価について知ることは，重防食塗装系との違いを把握するのに重要と考えられるため，参考として記載する。

（1）　変状程度の評価区分

　一般塗装系における変状評価は，「鋼道路橋防食便覧[2)]」を参考にし，橋全体のさびとはがれの程度の状況から判断した評価値の組合せと状況から，評価区分は表1.1.2のように行う。

表 1.1.2　変状区分（一般塗装系 防食機能の劣化）

区分	さび，はがれの状況		その他一般的状況
	さびの程度	剥がれの程度	
a	1，2	1，2	
b			
c			最外層の防食塗膜に変色が生じたり，局所的なうきが生じている
d	1，2 3	3，4 1，2	部分的に防食塗膜が剥離し，下塗りが露出している
e	3 4	3，4 1，2，3，4	防食塗膜の劣化範囲が広く，点さびが発生している

表 1.1.3　変状区分とはがれ，さびの関係（一般塗装系 防食機能の劣化）

		はがれの程度			
		1	2	3	4
さびの程度	1	A		d	
	2				
	3	D			
	4		e		

(2)　さびとはがれの状況

a．さび

橋の全体を見たさび発生面積により，評価を行う。

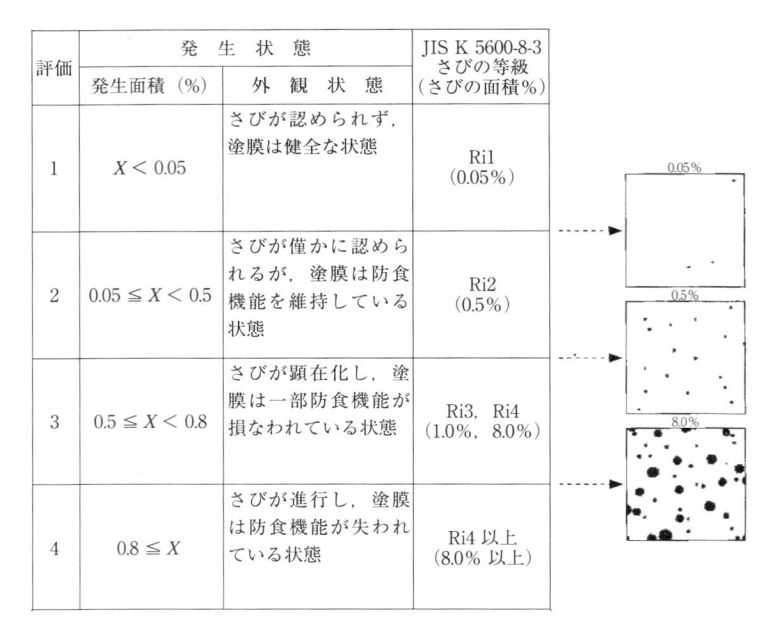

評価	発 生 状 態		JIS K 5600-8-3 さびの等級（さびの面積%）
	発生面積（%）	外 観 状 態	
1	$X < 0.05$	さびが認められず，塗膜は健全な状態	Ri1（0.05%）
2	$0.05 \leqq X < 0.5$	さびが僅かに認められるが，塗膜は防食機能を維持している状態	Ri2（0.5%）
3	$0.5 \leqq X < 0.8$	さびが顕在化し，塗膜は一部防食機能が損なわれている状態	Ri3，Ri4（1.0%，8.0%）
4	$0.8 \leqq X$	さびが進行し，塗膜は防食機能が失われている状態	Ri4 以上（8.0% 以上）

図 1.1.8　さびの評価[2]

b．はがれ

評価	JIS K 5600-8-5：1999 はがれの量の等級	はがれの面積（%）
1	0	0
2	3	1
3	4	3
4	5	15

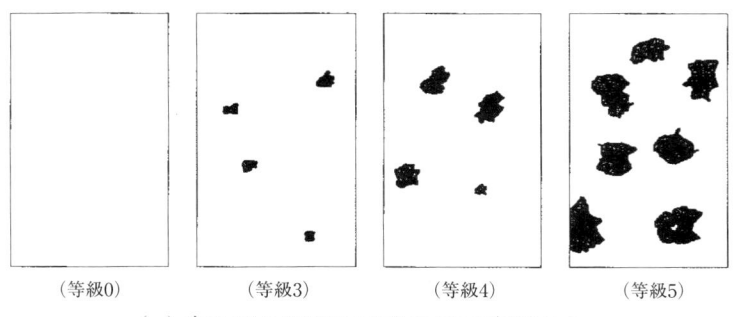

（等級0)　　　　（等級3)　　　　（等級4)　　　　（等級5)

（　）内は JIS K 5600-8-5：1999 はがれの等級を示す。

図 1.1.9　はがれの評価[2]

(3)　対策区分判定

対策区分判定は，「橋梁定期点検要領[1]」による。

ａ．判定区分 M：維持工事で対応が必要な変状

　状評価が "b" の場合において，構造物全体に変状が分布せず，部分的な小さなあてきずや環境因子の影響などによって生じた塗膜劣化，さびが見られるような状態で，措置のしやすい場所にある状況では，維持工事で対応することが妥当と判断できる。

ｂ．判定区分 B, C1, C2：補修などが必要な変状

　大規模なうきや剥離が生じており，施工不良や塗装系の不適合などによって急激にはがれ落ちることが懸念される状況や，異常な変色があり，環境に対する塗装系の不適合，材料の不良，火災などによる影響が懸念される状況などにおいては，次回の定期点検までに補修するかどうかを判断する必要がある。

　橋梁全体的な変状評価が "d" および "e" の場合，どちらも "C1" と判定するが，"d" の場合は数年後に塗替えを計画し，"e" の場合は早い時期での塗替えを検討する。防食機能の全体的な劣化は，定期点検間隔（5 年程度以内）程度において，構造物の安全性が著しく損なわれることはないが，予防保全の観点から，このような判定とした。局部的な防食機能の劣化が見られ腐食変状に繋がるような箇所がある時は「腐食」としても扱う必要がある。

1.1.3　腐　　食

　鋼部材の板厚減少などを伴う腐食の変状評価は，腐食変状深さと変状面積の状況から判断した組合せによって行う。腐食の場合，板厚減少などが伴うため，対策は構造物の断面補修の必要性を検討する必要がある。変状の区分は，「橋梁定期点検要領[1]」に準拠した。変状面積のとり方については，注意事項を追記した。

（1）　変状程度の評価区分

表 1.1.4　変状区分（腐食）[1]

区分	腐食変状		備考
	変状深さ	変状面積	
a			
b	小	小	
c	小	大	
d	大	小	深さ大の場合，さび発生の部位を考慮し，判定区分を e にする
e	大	大	

注）　変状深さが "大" の場合，変状面積が "小" であっても発生部位によっては，き裂発生要因となることも考えられるため，注意を喚起するため評価区分は "e" とする。注意喚起すべき部位は，既往の事例として，疲労き裂の発生が見られるような部位，応力が高いと考えられる部位である。

（2）　腐食変状の一般的状況

ａ．変状深さ

表 1.1.5　変状深さ（腐食）[1]

	一般的状況
大	鋼材表面に著しい膨張（層状さび，コブさびなど）が生じている。または明らかな板厚減少が視認できる。
小	さびは表面的であり，著しい板厚減少は視認できない。

注）　さびの状態（層状，孔食，隙間腐食，コブなど）にかかわらず，板厚減少などの有無によって評価する。

ｂ．変状の面積

表 1.1.6　変状面積（腐食）¹⁾

	一般的状況
大	着目部分の全体にさびが生じている。または着目部分に広がりのある発錆箇所が複数ある。
小	変状箇所の面積が小さく局所的である。

　着目部分とは，設計における照査単位と考えるのが良い。大小の閾値の目安は，50 % とする。

　たとえば，トラス部材のコンクリート埋込部であれば，考えるべき設計照査単位はトラス断面であるから，断面の周長に対し 50 % 以上の発錆が視認される場合に "大" と評価する。

　面積評価における着目部分の例を以下に示す。

　　支点部：支点断面照査を行う断面の長さに対し，さびによる板厚減少などが疑われる長さ比率

　　支点部近傍の腹板：支点補剛材と第一垂直補剛材に囲まれた腹板の面積

　　主桁断面（支間中央付近）：主桁を構成するフランジの幅

　　主桁断面（支点付近）：主桁を構成する腹板高さ，フランジと腹板の溶接長さ（支点補剛材から第一垂直補剛材の区間）

　　軸組構造断面（トラス，アーチ垂直材など）：断面周長

　　格点（トラス，アーチなど）：想定ガセット破断長

　以下に，参考として事例を示す。

事例１　　点検時は，さびによる変状　深さ "大"，面積 "小" ではあるが，層状さびが確認でき，変状部位がトラスの弦材と主要構造部材であるため，変状区分は "e" とされた（図 1.1.10）。腐食面積は，トラス弦材の上面半分のため，設計単位である断面周長に比べ 50 % 以下 "小" の判定となる。診断は，腐食部位がトラスの下弦材で引張部材であることから対策区分 "C2"，健全度 " Ⅲ " と判定され，当て板による補修が行われた。図 1.1.10 が点検検時，層状さびが見られる。さびを除去後が図 1.1.11，さびによる深い断面欠損が確認された。

事例２　　点検時は，さびによる変状　深さ "大"，面積 "大"，変状区分は "e" とされた（図 1.1.7）。層状さびが確認され，トラス弦材の上面と側面にもさびが確認されているため，トラス周長の

図 1.1.10　トラス下弦材上面の腐食

図 1.1.11　トラス下弦材上面腐食除去後

図 1.1.12　トラス下弦材上面腐食

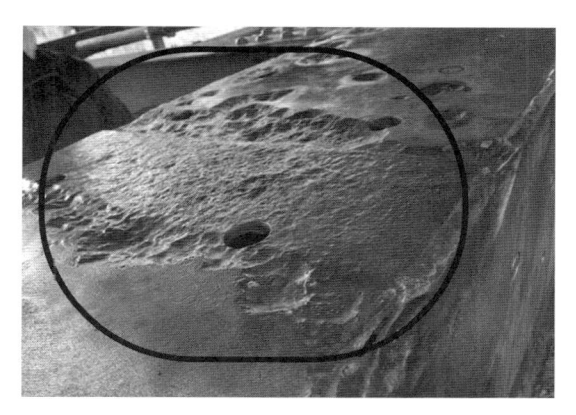

図 1.1.13　トラス下弦材上面腐食除去後

50 % 以上と判定した。層状さびとコブさびが見られる。診断は，腐食部位がトラスの下弦材で引張部材であることから対策区分 "C2"，健全度 " Ⅲ " と判定され，当て板による補修が行われた。さび除去後を図 1.1.12 示す。さびによる断面欠損が見られる。

事例３　　点検時は，鈑桁支点上に腐食変状事例。さびによる変状　深さ "大"，面積 "大"，変状区分 "e" とされた（図 1.1.14，図 1.1.15）。

図 1.1.14　鈑桁支点部腐食（1）

図 1.1.15　鈑桁支点部腐食（2）

腹板には腐食による孔があき，ソールプレート前側の下フランジは破断，支点上の腹板の腐食は，支点上の設計単位であるソールプレートの長さ以上となっている（50 % 以上）。この事例のような場合は「破断」としても点検報告を行う必要がある。支点上補剛材の端部も全幅腐食しているので，ここでも面積は"大"と判定する。診断は，鈑桁の支点部の腹板と下フランジが腐食により破断してことから対策区分"E1"，健全度"Ⅳ"と判定され，即座に段差防止措置が計られ，部材取替補修が行われた。

（3） 対策区分判定

対策区分判定は，「橋梁定期点検要領[1]」による。

ａ．判定区分 E1：橋梁構造の安全性の観点から，緊急対応が必要な変状

変状評価が"e"の場合において，構造安全性を著しく損なっており，緊急対応が妥当と判断できる場合には，以下のような例がある。

ケーブル構造のケーブル部材に著しい腐食が生じている。

鈑桁の桁端の腹板に著しい板厚減少が生じている。

アーチ，トラスの格点部などに著しい板厚減少が生じている。

支点上の腹板と下フランジの溶接部，支点上補剛材と下フランジの溶接部に著しい腐食が生じている。

ｂ．判定区分 M：維持工事で対応が必要な変状

変状評価が"b"の場合において，構造物全体に変状が分布せず，部分的な小さなあてきずなどによって生じた腐食であり，変状の規模が小さく措置のしやすい場所にある状況などにおいては，維持工事で対応することが妥当と判断できる場合がある。

ｃ．判定区分 B, C1, C2：補修などが必要な変状

変状評価が"d"，"e"の場合において，腐食生成物が付着していて板厚減少が判断できない場合，腐食生成物を除去して詳細調査を実施する。腐食生成物により，鋼材表面に著しい膨張（層状さび，さびコブなど）が生じている場合，鋼材の局部的な板厚減少が見られることもあり，注意が必要である。

変状評価が"b"，"c"の場合，予防保全の観点から補修の時期を判断する。

1.2 防食機能の劣化対策

1.2.1 塗替え時期

塗替え，もしくは補修時期は，全面塗替えと部分塗替え，局部補修により異なる。全面塗替えは，上塗り塗装の消耗度合いにより判断する。上塗りが消耗し，下塗りが露出している面積比が 3 % 程度になったら全面塗替えを計画し，数年以内に塗替えるのが良い。

部分塗替えは，環境のきびしい部分や無機ジンクリッチペイントの凝集破壊によるはがれが見られるような場合に実施する。はがれが発生した場合，発生している範囲に対して，はがれの面積が3 % 程度で塗替えの判断としているが，はがれを発見した場合は直ぐにはがれの原因と波及範囲を検討しておくのが良い。この場合は，部分のみの塗替えで良いか，一般部全体の上塗り消耗度も調査し検討する。全体と部分塗替えを行う部分の塗装寿命を考慮し，塗替え塗装系と範囲を考える。

局部補修は，局部的なさびやボルト頭のはがれなどが発生した場合に行う。この補修は，発見し

たら直ぐに行うのが望ましい。定期点検の際に発見した場合は，周囲も確認しさらに発生することが予想されるようなこともあるため，一時的な塗装を行い，観察することも考慮する。

1.2.2　塗替え方式

（1）　全面塗替え

重防食系の全面塗替えの場合，どの層まで劣化しているかにより，塗替えの塗装系を考える必要がある。上塗りの消耗により塗替えを施工する場合，素地調整は3種，4種ケレンですむ部分がほとんどである。部分的に防食下地まで劣化しさびが発生している箇所がある場合は，（3）局部補修と同様に扱う。

一方，防食下地が広範囲に劣化している場合は，防食下地である無機ジンクリッチペイントをはがしてから再塗装しなければならない。無機ジンクリッチペイントは，湿式の塗装剥離材では除去することができず，ブラストを使用することになるため，施工時に発生する粉塵に対して，作業員の健康対策，周囲への飛散防止対策が必要になる。

（2）　部分塗替え

部分的に塗膜劣化が進行した部材や部位を塗替える場合がこれに相当する。無機ジンクリッチペイントの凝集破壊によるはがれが一部に見られる場合や，路面からの水漏れが発生した桁端部で塗膜劣化が発生した場合などに適用する。一般塗装系に対しては，「鋼道路橋の部分塗替え塗装要領（案）[3]」が示されており，重防食塗装系にもこれを適用することができるのが望ましい。

（3）　局部補修

局部的にさびが発生している場合は，動力工具にてさびの周囲をケレンし，さび発生部位についてはブリストルブラスターのような工具によりさびを除去しブラストと同等の表面素地調整を行った上で，有機ジンクリッチペイントより塗装するのが望ましい。

1.2.3　塗替え塗装仕様

塗替え塗装仕様は，「鋼道路橋防食便覧[2]」に規定されている仕様において，防食下地が劣化している塗替えの場合は Rc－Ⅰ，健全（上塗りの消耗）であれば Rc－Ⅳ を使用する。

表 1.2.1　Rc－Ⅰ 塗装系（スプレー）[2]

塗装工程	塗料名	使用量（g/m²）	塗装間隔
素地調整	ブラスト処理 ISO Sa 2 1/2		4 時間以内
防食下地	有機ジンクリッチペイント	600	
下塗	弱溶剤形変性エポキシ樹脂塗料下塗	240	1 日～10 日
下塗	弱溶剤形変性エポキシ樹脂塗料下塗	240	1 日～10 日
中塗	弱溶剤形フッ素樹脂塗料用中塗	170	1 日～10 日
上塗	弱溶剤形フッ素樹脂塗料上塗	140	1 日～10 日

表 1.2.2　Rc-Ⅱ塗装系（はけ，ローラー）[2]

塗装工程	塗料名	使用量（g/m²）	塗装間隔
素地調整	2 種		4 時間以内
防食下地	有機ジンクリッチペイント	（240）	1 日～10 日
下塗	弱溶剤形変性エポキシ樹脂塗料下塗	200	1 日～10 日
下塗	弱溶剤形変性エポキシ樹脂塗料下塗	200	1 日～10 日
中塗	弱溶剤形フッ素樹脂塗料用中塗	140	1 日～10 日
上塗	弱溶剤形フッ素樹脂塗料上塗	120	

表 1.2.3　Rc-Ⅳ塗装系（はけ，ローラー）[2]

塗装工程	塗料名	使用量（g/m²）	塗装間隔
素地調整	4 種		4 時間以内
下塗	弱溶剤形変性エポキシ樹脂塗料下塗	200	1 日～10 日
中塗	弱溶剤形変性フッ素樹脂塗料用中塗	140	1 日～10 日
上塗	弱溶剤形変性フッ素樹脂塗料用上塗	120	

　Rc-Ⅱは，局部的に腐食が発生して防食下地が傷んでいるような箇所に使用することを想定しているが，2 種ケレンでは十分な除錆度が得られず，耐久性に劣るため，局部的にブラストと同等の素地調整を行える器具を使い Rc-Ⅰを適用することが望ましい。

1.2.4　塗替え塗装の施工
（1）　塗替え塗装用作業足場
　塗替え時の旧塗膜ケレンの際に人体に有害な物質が発生することが予想される場合を含めて，粉じん等が外部へ飛散しないように対策する必要がある。また，素地調整においてブラストを使用するような場合は，研掃材が足場の上に堆積するため，その重量に耐えられるように計画する必要がある。
（2）　素 地 調 整
　素地調整は，どの層までケレンするかにより作業環境が大きく変わることになる。最も作業環境に注意しなければならないのが，無機ジンクリッチペイントをケレンしなければならない状態である。無機ジンクリッチペイントを有効に剥離できる湿式剥離材は現在存在しないためブラストを使用することになる。ブラストを使用する場合，作業に伴い発生する粉塵に対して，作業員の健康対策，飛散防止対策を実施する必要がある。また研掃材の搬入，ブラスト投射後の研掃材と塗膜くずの搬出，産廃処理を計画的に行う必要がある。今後，無機ジンクリッチペイントを剥離可能な湿式剥離材が開発された場合も，湿式剥離材のみでは鋼材の下地処理ができないため，下地処理をどのように行うかについて注意する。現在，実用化している剥離工法として IH，バキュームブラストなどがあるが，効率的に塗替えを行うために，どの工法を使用するか，またこれらをどのように組み合わせて施工するかを考える必要がある。湿式ブラストについては，戻りさびを防ぐためのインヒビターと防食下地となる有機ジンクリッチペイントの相性に経験が不足しており，今後の研究開発が待たれる。
　上塗りの消耗により，全面塗替えとなった場合は，どの層までケレンするかに注意して 3 種，も

しくは4種ケレンを行う。塗替え時には，局部的な劣化，はがれ，さびなどが発生している部位があるので，その部位は，ブリストルブラスターのようなケレンと下地処理を行える工具を使用しさびを除去する。

(3) 塗替え塗装作業

防食下地より塗替えを行う場合は，下地処理後鋼材表面に戻りさびが発生する前（一般的には下地処理後4時間以内）に，防食下地を塗布しなければならない。そのため，下地処理と防食下地塗装は，サイクル工程となるので，施工計画時に配慮する必要がある。

重防食塗装系の塗替えは，どの層までケレンを行ったか（どの層まで劣化が進んでいたか）によって塗装系が異なるので，注意する必要がある。

1.3 腐食対策

(1) 著しい腐食による断面欠損評価

重防食塗装系を採用している部材に著しい腐食が発生することは，少ないと考えられる。しかし，点検時に見え難い部位などにおいて，局部的なさびが発生する可能性があり，それを見逃していると，さびが犠牲防食作用が機能する範囲を超える大きさとなり，局所的に著しい腐食となることが考えられる。このような事象が発生した場合，腐食による断面欠損を評価し対処する必要がある。断面欠損は，さびを除去して直接腐食深さを深さゲージなどで計測するなり，裏面から超音波板厚計測機にて正常な鋼材厚を計測するなりして，鋼材の板厚減少を把握する。次に，この板厚減少に対して構造物の力学的性能評価を行う。板厚減少が，力学的要求性能を満足しない場合は，鋼材補強，炭素繊維補強などで断面を補修するか，板厚減少範囲が広い範囲の場合は部材取替を検討する。力学的性能評価において，死荷重応力のように常に入っている応力は，板厚減少により増加し，単に鋼板や炭素繊維で補強しても変化しないことに注意する必要がある。

(2) 断面増強工法

この工法としては，鋼板当て板工法，炭素繊維シート接着工法などがある。どちらも腐食によって失われた鋼材部分に補強する部材を取付けるものである。この工法の補強部材は，一般的に取付け後の荷重（後荷重）に対してのみ有効に働く。腐食した部材に作用する応力は，補強部材取付け前に作用している死荷重（前荷重）応力と補強部材の断面積と弾性係数により低減された後荷重による応力となる。新たに示方書に導入された部分係数設計法により，劣化した鋼材と補強鋼材にそれぞれ適切な部分係数を与えるような設計法が考案される可能性もあり，今後の研究が待たれる。

(3) 断面補強工法

この工法としては，外ケーブル補強工法が上げられる。外ケーブルを用いたプレストレッシングにより，構造物全体の耐荷性能向上を図る工法である。この工法は，死荷重のような補強前の荷重に対しても有効に働く。主桁の下フランジなどでは，支間中央などでは非常に有効だが，中間支点では，ケーブル高さが床版で拘束され偏向量が取れず，さらに外ケーブルのプレストレッシングによる軸圧縮力が作用するため注意する必要がある。また，外ケーブルでプレストレッシングを入れて腐食した鋼材の応力を下げ，断面補強工法や部材取替え工法を併用することも可能である。

（4）　部材取替え工法

　腐食による減肉がひどい場合は，その部材を取替えることも考えられる。部材を取替えるためには，腐食部材を取り除いた状態で構造物を安定に保つ必要があり，そのためには，仮支点（ベント）で支える，バイパス材と応力調整工法の併用を行うなどの補助工法を適用する。

参考文献

1)　国土交通省 国道・防災課：橋梁定期点検要領，2004.3
2)　日本道路協会：鋼道路橋塗装便覧，2014.3
3)　国土技術政策総合研究所：鋼道路橋の部分塗替え塗装要領（案），2009,9

2章　鋼部材の疲労

2.1　変状評価方法

　鋼構造部の疲労に関わる変状評価は，鋼材に発見された「き裂」と「破断」により行う。「橋梁定期点検要領[1]」において，鋼材表面に発生する割れは，一般に外観性状からは原因が判定できないため，位置や大きさなどには関係なく「き裂」として，また，鋼材の割れやき裂の進展により部材が切断された場合は「破断」として扱う。ここで，変状区分，対策区分の判定は，「橋梁定期点検要領[1]」を基本とした。

2.1.1　き　　裂

　鋼材のき裂は，応力集中の生じやすい部材の急変部，溶接接合部，部材端の回し溶接部などに多く現れる。

　塗装されている鋼材のき裂は，塗膜の割れから発見されることが多い。明確に鋼材にき裂が入っていることが分かることもあるが，小さな塗膜の割れの場合は，その割れ方，位置により，き裂として扱う。き裂の多く現れる部材の急変部や溶接接合部は塗膜が厚くなることが多く，それに伴う塗膜割れの場合もあるが，見分けることが難しいので「防食機能の劣化」とともに「き裂」として扱う。

　初期の疲労き裂は，極めて小さく，割れ幅も小さい。溶接部では，溶接と母材の境目，溶接金属上の凹凸模様に沿って発生することが多く，目視では見分けが難しい。

　鋼材のき裂が発生しやすい部位は，既往の事例から類推することがある程度可能なため，既往の事例を調べておくことが重要となる。

（1）　変状程度の評価区分

表 2.1.1　変状区分 (き裂)[1]

区分	状況
a	変状なし
b	
c	断面急変部，溶接接合部，回し溶接部などに塗膜割れ (塗膜下の鋼材にき裂発生が疑われるもの) が確認できる。 き裂が生じているものの，線状でないか，線状であってもその長さが極めて短く (3 mm 未満)，さらに数が少ない場合。
d	
e	線状のき裂が生じている，または直下にき裂が生じている疑いを否定できない塗膜割れが生じている。

　注)　入念な目視による発見可能なき裂長は，10 mm 以上あると考えられている。

事例 1　　点検時に，カバープレートの溶接止端部に塗膜割れが確認され変状区分 "c" とされた(図 2.1.1)。カバープレートの疲労等級が低いため，詳細調査として塗膜剥離，磁粉探傷を実施，鋼材のき裂は確認されなかった。診断の結果は，対策区分 "B"，健全性 " Ⅱ " と判定された。

　塗膜割れが，必ずしも鋼材のき裂を伴っているとは言えないが，過去に疲労き裂が確認されている構造部位における塗膜割れは調査を行うべきである。特に構造安定性に係る部位については，詳細調査を実施しなければならない。

図2.1.1　カバープレート溶接部の塗膜割れ

事例２　　鋼材に衝突による変状が発生後，点検時に，変状の先に塗装割れとそこからのさび汁が確認され，変状区分 "e" とされた（図2.1.2）。詳細調査の結果，鋼材割れが確認され（図2.1.3），対策区分 "E1" 健全性 " Ⅳ " と判定された。

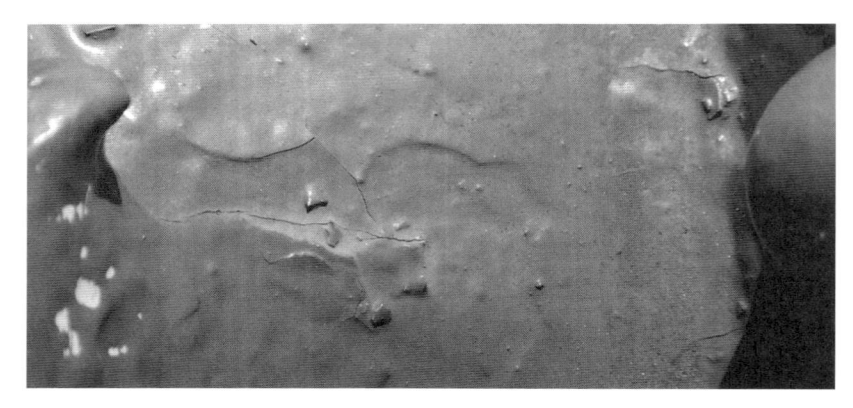

図2.1.2　損傷部先端部からの塗膜割れ

図2.1.3　MT試験により確認された疲労き裂

事例3 　点検時に，鋼床版の縦リブと横リブ交差部に塗装割れが確認されたため，塗装割れの一部を剥ぎ，鋼材割れを目視にて確認し，変状区分 “e” とされた（図2.1.4）。診断は，既往の事例から，このき裂の急激に進展して構造安定性に影響を及ぼす可能性は低いが，速やかに補修することが望ましいと判断され，対策区分 “C2”，” Ⅲ ” と判定された。

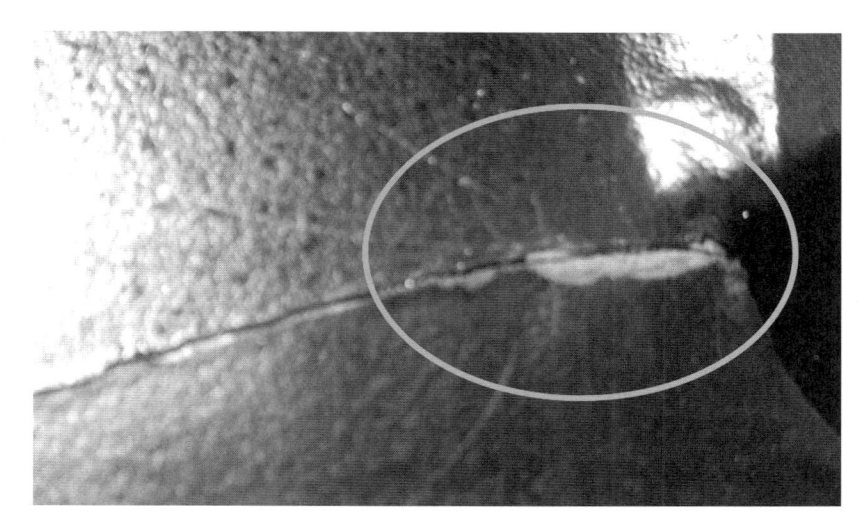

図2.1.4　横リブスカーラップからの塗膜割れを伴うき裂

（2）　対策区分判定

ａ．判定区分 E1：橋梁構造の安全性の観点から，緊急対応が必要な変状

　変状評価が “e” の場合において，明確なき裂が見られ，その急激な進展が，構造安全性を損なう可能性があり，緊急対応が妥当と判断できる場合には，以下のような例がある。

　ソールプレート前面溶接や横桁のフランジ端部の溶接部にき裂があり，鈑桁の腹板にき裂が進展している。

　鋼製橋脚の隅角部の溶接にき裂が見られ，腹板へ進展している。

　アーチ，トラスの格点部などの応力変動が生じることのある箇所のき裂。

　ゲルバー構造における切欠き桁の桁高さ変化部のフランジと腹板の溶接部のき裂。

ｂ．判定区分 E2：その他，緊急対応が必要な変状

　変状評価が “e” の場合。鋼床版と縦リブの溶接から鋼床版側へき裂が進展している場合は，その直上が輪荷重位置と一致することが多い。そのような箇所は，鋼床版の陥没に伴い路面陥没が発生する可能性があるため，緊急対応が妥当と判断できる場合がある。

ｃ．判定区分 C1：補修などが必要な変状

　詳細調査や，既往の事例により，き裂の急激な進展がないと判断され要観察となった場合は，追跡調査を行い判断を再確認する。応急処置としてストップホールを明けた場合も追跡調査を行う必要がある。

　鋼材のき裂が確認され，既往の事例により確実に原因と進展性を判断でき，詳細調査を行わない場合は，基本的に “C2” と判定し，き裂の進展防止措置や補修を行うのが良い。

2.1.2　疲労き裂の詳細調査手法

(1)　疲労き裂の詳細調査

　き裂を検出する非破壊試験方法には種々の方法があり，想定されるきずの性状や塗膜の除去の可否などを勘案して，適切な手法で行わなければならない。

(2)　磁粉探傷（MT）試験

　強磁性体が磁化されると，材料内部には磁束が発生する。きずが存在すると，磁束の流れが遮られることになり，多くの磁束がきず部を迂回し，強磁性体の表層部の磁束はきずの近傍で空間に漏洩する。

　きずがある強磁性体中を左から右方向に磁束がながれるときずの漏洩磁束が生じる。磁束が空間に出るところにはN極が，磁束が強磁性体中にはいるところにはS極が形成され，この磁石の強さはきずの漏洩磁束が多いほど強くなる。

　このようなところに磁粉を散布すると，磁粉は磁化されて両端に磁極をもった小さな磁石となり，磁粉同士がつながってきず部に凝集・吸着し，磁粉模様ができる。

　この探傷方法は，微細なき裂を検知することができるため，初期の疲労き裂のようなき裂が開いていないような薄いき裂も検知可能である。地震で発生したき裂が開いた延性き裂の先端がどこまで延びているかなどの判定にも適している。一方，溶接まま（グラインダー仕上げされていない）の状態で残されている溶接ビードのしわや微細なアンダーカットも指示模様として検知するため，き裂か否かの判定には注意する必要がある。まぎらわしい場合は，溶接ビード表面，アンダーカットをグラインダーにより仕上げてから探傷することも考慮する。ただし，構造物を削ることになるため，構造的に問題が無いことを確認の上，実施する。一般的にビードの表面の凹凸やアンダーカットのみを切削することは，構造上の問題とはならないことが多い。

　この探傷法は，磁化機，ブラックライト（紫外線のライト）を使用するため，電源が必要となる。

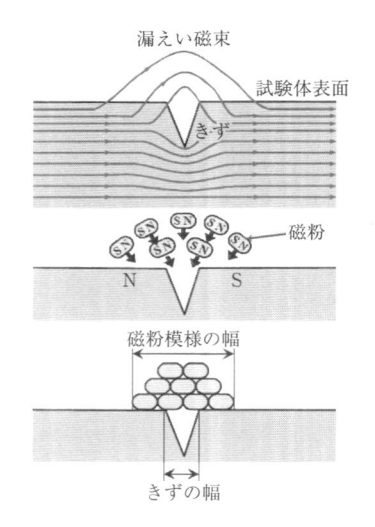
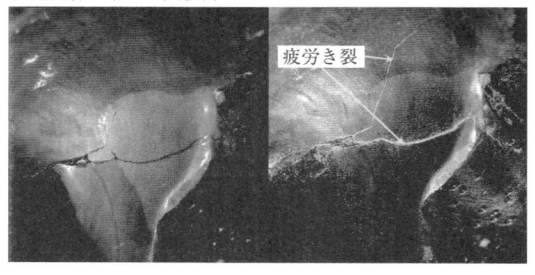

図 2.1.5　磁粉探傷（MT）試験

(3)　浸透探傷試験

　この方法は，き裂に浸透液を毛細管現象を利用して染み込ませ，浸透した液を現像剤で着色し検知できるようにする方法である。

検査手順を以下に示す。

① 試験前

きずのなかには，ごみ，油脂類などが詰まっている

② 前処理

きずの中のごみなどを洗浄剤で除去する

③ 浸透処理

浸透液をきずの中に浸透させる

④ 除去処理

鋼材表面の余剰な浸透液を除去する

⑤ 現像処理

現像剤により表面に指示模様を形成させる

⑥ 観察

指示模様の有無および形状を観察する

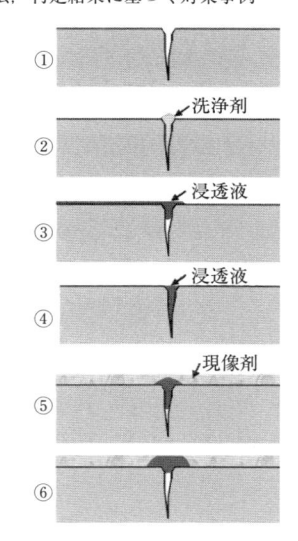

図 2.1.6 浸透探傷試験 [2]

この試験は，磁粉探傷法と違い，電源を必要とする磁化機，ブラックライト（紫外線ライト）が不要なため，簡単な方法である。このため，溶接後の表面割れのチェックなどでよく使用されている。しかし，検知精度が，磁粉探傷法よりも若干劣る。

（4） 渦流探傷試験

① 交流を流したコイルを導体に近づけると，電磁誘導による起電力のために，導体内には円形電流が誘導される。この誘導電流を渦電流という。渦電流はコイルの交流磁束を打ち消すような磁束を発生する性質があるため，渦電流が流れると，コイルが発生した交流磁束は打ち消されて小さくなる。

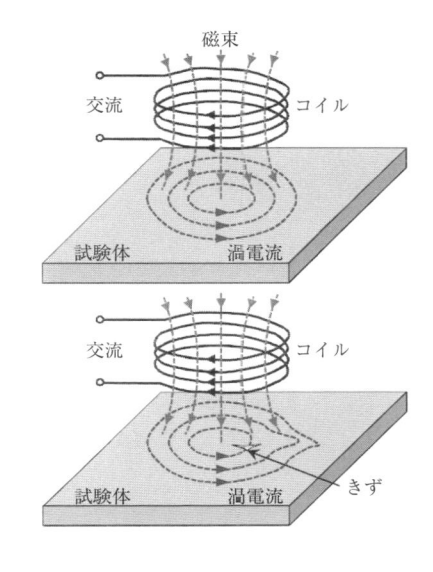

図 2.1.7 渦流探傷試験 [2]

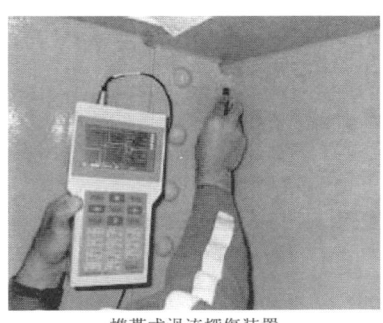

携帯式渦流探傷装置

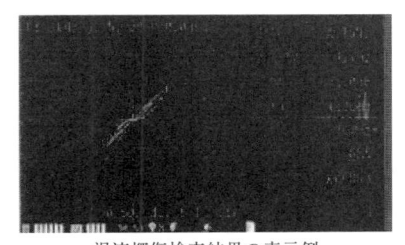

渦流探傷検査結果の表示例

図 2.1.8 携帯式渦流探傷試験 [2]

② 導体の表面に割れなどの不連続があると，渦電流の流れが変わるため，コイルにおける磁束が変わり，コイルのインピーダンスが変わることになる。したがって，コイルの起電力の変化から，金属の表面におけるきずを検出できる。

(5) 携帯式渦流探傷装置

鋼橋において，母材や溶接部表面のき裂は，その疲労強度に大きな影響を及ぼすため，できるだけ速やかに検出することが必要である。

携帯式渦流探傷装置は，塗料やさび除去などの前処理の必要がなく，き裂の検出ができる（表面および表面付近の欠陥の検出用）。

特徴

・損傷（き裂）を波形とアラーム信号で認識

・き裂が塗膜割れ または 溶接部割れか判定可

・小型軽量（1〜1.5 kg）

・一人で操作可能

この方法は，微細な塗装割れの状態，発生箇所が箱桁の内面などで，早急な補修塗装を必要としない場合は，有用な方法である。

しかし，一般的に疲労き裂を調査する際は，塗膜割れが発生している箇所を調査するため，ある程度以上の塗膜割れでさび発生があれば，検査後に補修塗装が必要となるので，塗装剥離などの前処理の有無の差はあまり有意にならない。そのため，詳細調査においては，直接的にき裂を検出できる磁粉探傷法が使われる傾向にある。

(6) 超音波探傷試験

① 試験体の表面に超音波を発信したり受信したりすることのできる探触子をあてて内部に超音波を伝搬させ，内部で反射されて戻ってきた超音波（エコーという）が受信されると，試験体の内部にきずがあると判断する。きずの位置は，送信された超音波が受信されるまでの時間から測定する。きずの大きさは，受信されたエコーの高さあるいはきずエコーの出現する範囲から測定する。

② 探触子には，試験体表面に垂直に超音波を伝搬させる垂直探触子，試験体表面から斜めに伝搬させる斜角探触子，表面に沿って伝播させる表面探触子などがある。

疲労き裂調査においては，これらの探触子を推定される疲労き裂によって使い分けながら，き裂の深さやき裂の原因となった内部のきずなどを確認する。

超音波探傷試験は，鋼材内に超音波を反射するような何らかの要因があることを検知する機械に過ぎないため，きずか否かの判断となるエコー高さ（検出レベル）に何を使用するか（L, $L/2$ など）を事前に検討しておくことが望ましい（後述するフェイズドアレイも同じ）。また，既設の鋼板に平行なきずのエコーが検出されることがあり，ラメラティアが疑われるような場合，鋼材製作時の検査は垂直探傷で実施され，判定レベルも異なるので，現地でよく使う斜角探傷とは異なっていることに注意する必要がある。

(7) フェイズドアレイ超音波探傷器

・フェイズドアレイ超音波探傷器は目に見えない鋼部材の溶接部のクラックなどの変状を高精度に検出できる。（詳細調査に適用）

電子的にコントロール可能な複数の振動子が組込まれた探触子により，超音波を発信する間隔

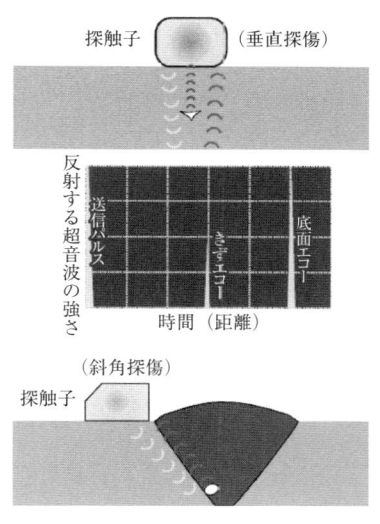

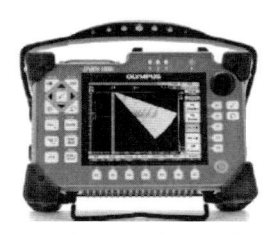

フェイズドアレイ超音波探傷器

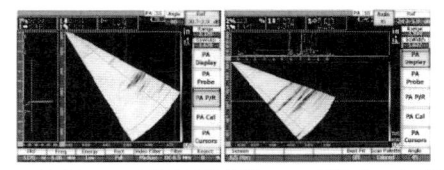

フェイズドアレイ超音波探傷器による損傷部の表示例

図 2.1.9　超音波探傷試験[2]

図 2.1.10　フェイズドアレイ超音波探傷試験[2]

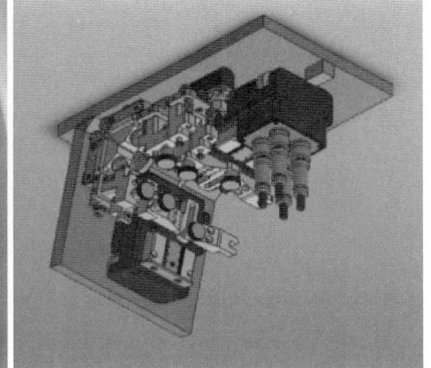

図 2.1.11　PAUT の走査装置

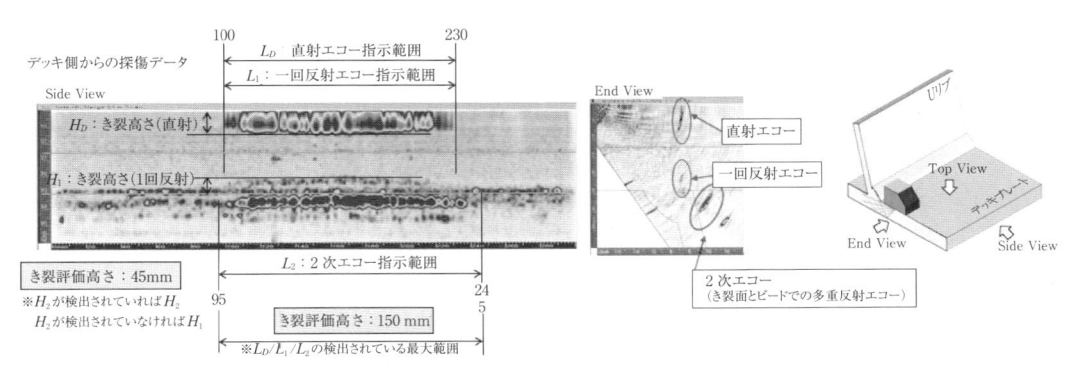

図 2.1.12　デッキ進展型疲労き裂試験体探傷画像例

を変えることにより，ある距離に焦点を合わせたり，探傷角度を振ることができる。複数の素子から超音波を発信するため，きずに対し異なる角度から超音波があたるため見逃しが減り，探傷角度を振ることで面的な広がり（扇型）を持って反射源を確認することができる。

・断面を映像化できる。データのデジタル保存が可能。扇型の探傷範囲を見ることができるため，そこへ鋼板の板組や溶接を書き込むことで，どこにきずがあるのかを視覚的につかめる。

・従来の超音波探傷試験に比べ検査時間が短縮し検出精度が向上する。

・小型軽量（3.5～4.5 kg），一人で操作可能

・鋼床版の溶接部などの不可視なき裂調査のため，探触子に走行装置を組み込み，溶接の長手方向に3次元的にきずの位置を探傷可能な装置も開発されている。

(8)　記　　録

　詳細調査により，疲労き裂状況を詳細に把握した際には，き裂状況を適切に評価するための判断材料としてき裂の詳細な発生位置や形態を把握できる写真やスケッチを記録する必要がある。なお，写真ではき裂の詳細な状況を的確に伝えることが難しく，強く伝えるべき事項を強調することができないため，写真と併せてスケッチを点検システムなどにデータ記録することが非常に重要である。

　記録するスケッチは，調査結果として現地メモを基に電子データで作図する場合が多いが，現地メモから写し取る内容を間違えたり，感覚的なものが的確に表現できない場合がある。したがって，電子データで作図したものをデータ記録する場合にも，必ず現地メモも併せてデータ記録することとする。

　経年データを蓄積することにより，変状の進展状況や補修履歴などの記録が補完されて活用範囲が広がることから，点検システムなどを使用してデータを適切に記録することが重要である。

　き裂が急激に進展するとは考えられない場合などに，詳細調査後の経過観察を行うことがある。詳細調査後は，鋼材の防錆を考えて簡易塗装などを施すため，き裂が隠れてしまう。このため，mm 単位のき裂進展を正確に残すには，き裂先端に軽くポンチを打つ，き裂長さの計測ポイントを詳細に記録するなどの工夫をする必要がある。

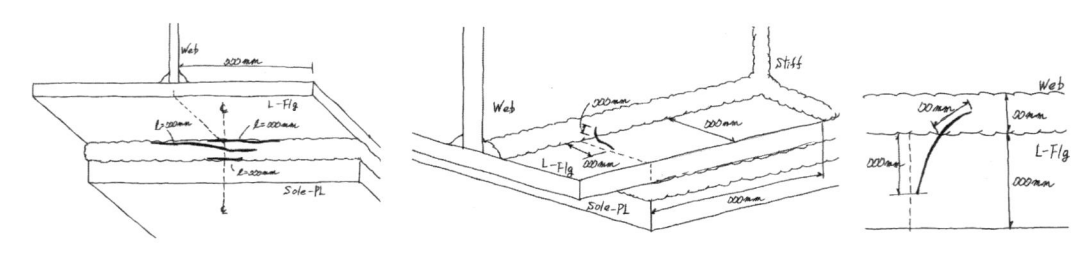

図 2.1.13　き裂発生状況の現地メモ例 [3]

2.2　補修・補強設計事例

　鋼橋で発生する典型的な疲労き裂の分類と特徴を，橋梁の耐荷性能に与える影響が大きい順に示す。

(1)　面外ガセット溶接部き裂（G 型き裂）

　直応力方向に平行な鋼板を溶接した構造として面外ガセット（疲労継手区分）がある。図は，その典型的な例である主桁ウェブに溶接した面外ガセットを示す。面外ガセットの廻し溶接部は疲労等級が低く，主桁の応力交番部のように活荷重応力比率が高い箇所においては，疲労設計でもきび

しくなることがある。

　この部位（すみ肉溶接止端部）に疲労き裂が発生し，ある程度進展すると，主桁ウェブ上で急激に進展し脆性的に破壊，落橋につながる可能性があるため，最も注意が必要なき裂である。G型き裂の典型例を図2.2.1に示す。

　面外ガセット構造は，複合構造においても，鋼桁の水平補剛材，ケーブル定着点の支持梁フランジ，横リブフランジなどに見られるため，注意を払う必要がある。

（2）　ソールプレート溶接部き裂（SP型き裂）

　鋼桁の支承上のソールプレート前面溶接部に発生するき裂である。原因は，鋼製支承の回転機能が腐食により固着することにより発生する付加的な応力である。このため，近年採用されているゴム支承においては，回転機能の耐久性が高く，今後の発生頻度は下がるものと考えられる。

　主桁下フランジを貫通し，主桁ウェブに進展した場合には，落橋につながる可能性があるため，注意が必要である。主桁下フランジまでき裂が進展した事例や，主桁ウェブにまで進展した事例が確認されている。SP型き裂の典型例を図2.2.2に示す。

（3）　主桁ウェブと上フランジ間のき裂（D型き裂）

　G型き裂やSP型き裂と比較すれば落橋に至るなどの橋梁の耐荷性能へ与える影響は小さいが，主桁に発生するき裂であるため注意が必要である。さらに，き裂が進展すれば大規模な対策が必要となる。D型き裂の形状を図2.2.3に示す。

（4）　対傾構取付部などのき裂

　単独で発生した場合には上記のき裂と比較して橋梁全体の性能へ与える影響は小さいが，剛性低下などの本来の性能からの機能低下が懸念されるため注意が必要である。図2.2.4に詳細図を示す。

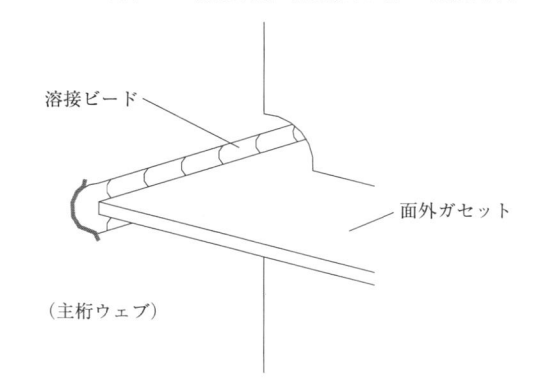

図2.2.1　面外ガセット溶接部き裂[3]

溶接ビード
面外ガセット
（主桁ウェブ）

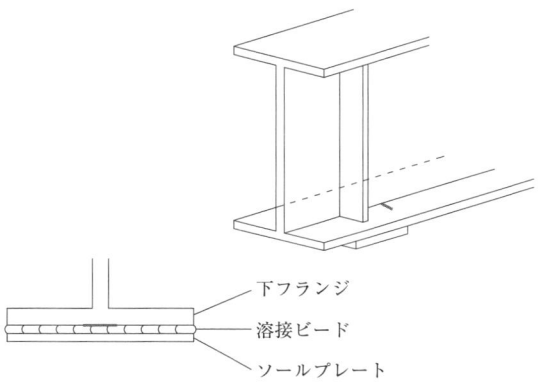

下フランジ
溶接ビード
ソールプレート

図2.2.2　ソールプレート溶接部き裂[3]

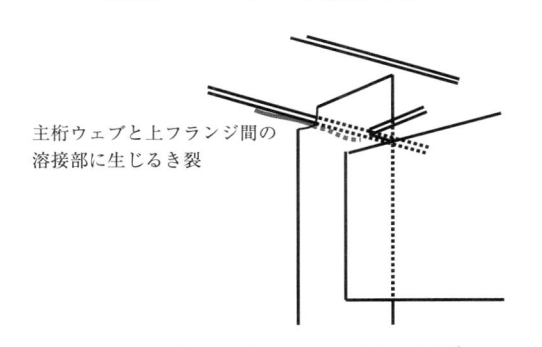

主桁ウェブと上フランジ間の溶接部に生じるき裂

図2.2.3　主桁ウェブと上フランジ間 のき裂[3]

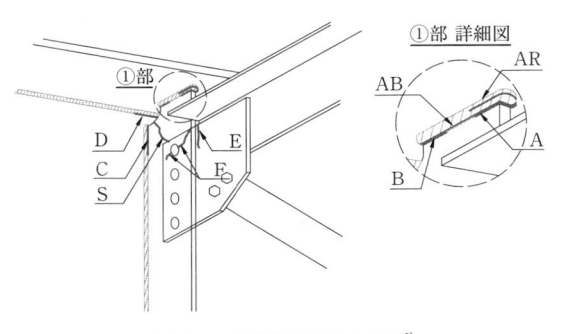

①部　詳細図

図2.2.4　対傾構取付部のき裂[3]

（5）　横桁および縦桁切欠き部のき裂

横桁および縦桁の切欠き部からウェブに進展するき裂。図 2.2.5 に詳細図を示す。

（6）　鋼床版部のき裂

鋼床版のき裂に対するタイプ別の記号例を図 2.2.6 に示す。

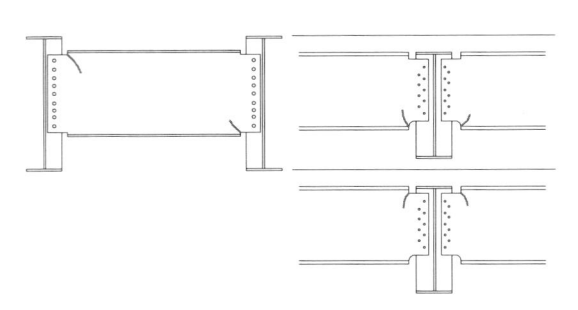

図 2.2.5　横桁および縦桁切欠き部のき裂 [3]

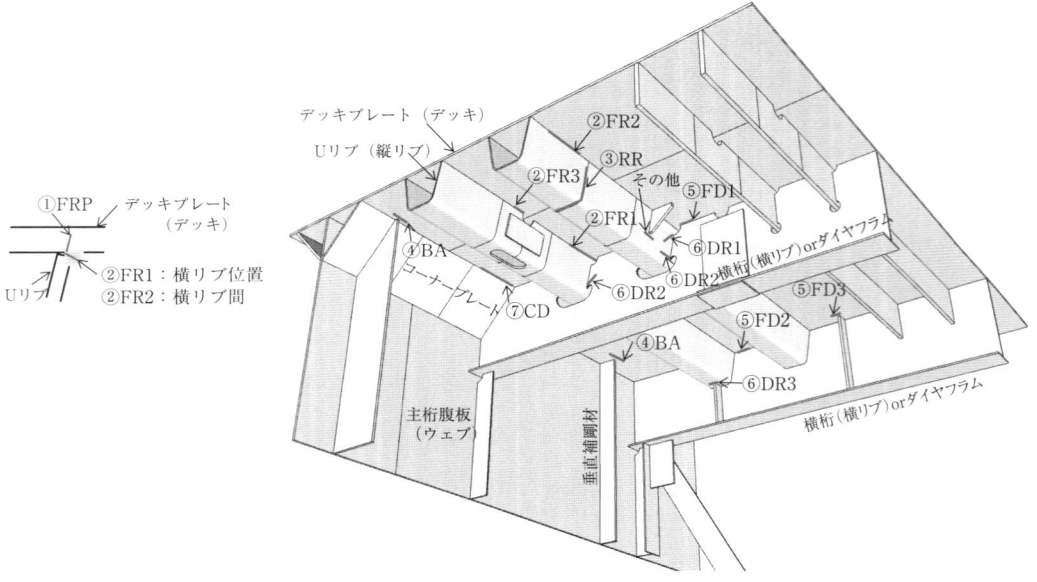

番号	き裂タイプ	定義
①	FRP	デッキプレートとＵリブ溶接部のデッキ進展型き裂
②	FR1	デッキプレートとＵリブ溶接部のビード進展型き裂で横リブを跨ぐもの
	FR2	デッキプレートとＵリブ溶接部のビード進展型き裂で FR1 以外
	FR3	デッキプレートとＵリブ溶接部のスカラップ部
③	RR	Ｕリブの突合せ溶接部
④	BA	デッキプレートと垂直補剛材の溶接部
⑤	FD1	デッキプレートと横リブ溶接部のスカラップ部
	FD2	デッキプレートと横リブ溶接部の一般部
	FD3	デッキプレートと横リブ溶接部の横リブ垂直補剛材部
⑥	DR1	横リブとＵリブ溶接部の上側スカラップ部
	DR2	横リブとＵリブ溶接部の下側スカラップ部
	DR3	横リブとＵリブ溶接部の横リブ垂直補剛材部
⑦	CD	コーナープレートの溶接部
	その他	その他

図 2.2.6　鋼床版に発生するき裂

参考文献

1) 国土交通省 国道・防災課：橋梁定期点検要領，2004.3
2) 酒井：高速道路の維持管理の課題と高耐久化について～ライフサイクルコストの削減を目指して～，特定非営利活動法人 道路の安全性協議会 講演会資料，2014.12
3) 中日本高速道路 東京支社：鋼橋診断指針（疲労編）（案），2013.2
4) 中日本高速道路 東京支社：鋼橋補修・補強設計施工指針（疲労編）（案），2013.2

3章　事　例　集

3.1　コンクリート構造物の判定・対策事例集

変状事例一覧

種別	連番	構造	部位	変状状況	推定要因
塩害	1	ポストテンション式 PCT 桁橋	中間横桁	剥落・鉄筋露出	飛来塩分による塩害
	2	RC 中空床版橋	主版下面および側面	剥落・鉄筋露出	飛来塩分による塩害
	3	ポストテンション式 PCT 桁橋	中桁の下フランジ	剥落・鉄筋露出	飛来塩分による塩害
凍害	4		地覆	粉状化	凍害
	5	鋼橋 RC 床版	張出床版下面	スケーリング	凍害
漏水	6	PC 箱桁橋	箱桁内	滞水	破損排水管からの漏水
	7	ポストテンション式 PCT 桁橋	張出床版, ウェブ, 下フランジ	剥落・鉄筋露出	排水管からの漏水による塩害
	8	PC ゲルバー桁橋	ゲルバーヒンジ受け部	漏水・ひび割れ・ゲル析出	伸縮装置からの漏水による ASR
浸水	9	鋼橋 RC 床版	床版下面	水シミ	橋面からの浸水
	10	ポストテンション式 PCT 桁橋	場所打ち床版	漏水・エフロレッセンス・さび汁	橋面からの浸水
	11	鋼橋 RC 床版	床版下面	多方向ひび割れ・エフロレッセンス	橋面からの浸水による塩害
	12	ポストテンション式 PC 連続合成桁橋	中間支点連続 PC 鋼材定着部	水シミ・エフロレッセンス	橋面からの浸水による塩害
	13	ポストテンション式 PC 合成桁橋	場所打ち RC 床版下面	ひび割れ・エフロレッセンス・水シミあと	橋面からの浸水による塩害
	14	プレテンション式 PC 中空スラブ桁橋	主桁下面	ひび割れ・ゲル析出・エフロレッセンス	橋面からの浸水による ASR
	15	プレテンション式 PC スラブ桁橋	主桁下面および主 PC 鋼材	ひび割れ・剥落・さび汁・PC 鋼材露出・発錆	橋面からの浸水による ASR
	16	RC 多主版桁橋	主桁側面	亀甲状ひび割れ・ゲル堆積	橋面排水の注水による ASR
	17	ポストテンション式 PCT 桁橋	ウェブおよび下フランジ	ひび割れ・エフロレッセンス	上縁定着部からの浸水
	18	プレテンション式 PCT 桁橋	主桁端部	剥落・PC 鋼材露出	伸縮装置からの漏水
	19	ポストテンション式 PCT 桁橋	主 PC 鋼材	PC 鋼材の破断	上縁定着部からの浸水
	20	PC 箱桁橋	ウェブ内連続 PC 鋼棒	PC 鋼棒の破断	上縁定着部からの浸水
	21	PC 箱桁橋	ウェブ内せん断 PC 鋼棒	PC 鋼棒の破断・突出	上縁定着部からの浸水
	22	PC 箱桁橋	下床版定着突起	漏水・エフロレッセンス・さび汁	橋面からグラウトホースに沿った浸水
	23	PC 箱桁橋	下床版定着 PC 鋼棒	PC 鋼棒の破断・突出	橋面からグラウトホースに沿った浸水
	24	ポストテンション式 PCT 桁橋	主桁下フランジ	ひび割れ・剥離・PC 鋼材の破断	ダイヤフラムあと打ち孔からの浸水
その他	25	ポストテンション式 PCT 桁橋	ウェブ	ひび割れ	せん断力
	26	プレテンション式連結 PCT 桁橋	支承付近主桁側面	ひび割れ	支点沈下か連結化不静定力
	27	PC 箱桁橋	箱内外ケーブル被覆	母材 PC 鋼材露出	外的要因による被覆の損傷
	28	PC 箱桁橋	箱内外ケーブル定着（偏向）支点横桁	ひび割れ	プレストレスの腹圧
	29	RC 中空床版橋	RC 床版（ボイド上部）	床版陥没	かぶり不足
	30	鋼斜張橋	斜ケーブルおよび制振ダンパー	斜ケーブル被覆損傷・制振ダンパー破断	レインバイブレーション
支承	31	ゴム支承	鋼材部	発錆	伸縮装置からの漏水
	32	ゴム支承	被覆ゴム	表面にひび割れ	オゾン劣化
	33	ゴム支承	弾性ゴム	破断	大規模地震
伸縮装置	34	荷重支持型ゴム被覆伸縮装置	フェイスゴム	剥離・脱落	加硫接着部の疲労および劣化
	35	荷重支持型伸縮装置	ミドルビーム	ミドルビームの破断	ベアリングの損傷
	36	鋼製フィンガージョイント	フェイスプレート	フェイスプレートの段差	物理的な接触
	37	鋼製フィンガージョイント	フェイスプレート	接触による可動不良とき裂	支承の変形とフェイスプレートの疲労破壊
	38	鋼製フィンガージョイント	フェイスプレート	フェイスプレートの破断	フェイスプレート溶接部の疲労破壊

[1]

①構造形式	ポストテンション式PCT桁橋
②部材, 部位, 位置	中間横桁
③状況写真	
④構造図（模式図）	 場所打ち床版／剥落／主桁／横桁
⑤状況	・海岸線に位置しており、飛来塩分の影響を受ける ・中間横桁下部が剥落・鉄筋露出している
⑥調査 ＊今後の劣化進展を加味した調査項目と結果	・飛来塩分による塩害が疑われるため、塩分量を調査する ・具体的対策を決定するため、使用期間中の塩分浸透予測を行う
⑦劣化要因の推定 ＊劣化機構の推定（判断の目安や考え方）、複合劣化が多いことに留意	・剥落部における鉄筋位置の塩分量が推定される発錆限界値を超えている ・飛来塩分による塩害により、鉄筋が腐食膨張して剥落したと推測される
変状区分	d
対策判定	C1
健全性	Ⅱ
⑧対策方針	・飛来塩分の浸透防止
⑨具体的対策の例	・表面除去＋断面修復＋表面被覆 ・表面除去＋防錆剤入りPCM＋断面修復＋表面被覆 （PCM：ポリマーセメントモルタル）

[2]

①構造形式	RC中空床版橋
②部材, 部位, 位置	主版下面および側面
③状況写真	
④構造図（模式図）	 剥落／ボイド
⑤状況	・海岸線に位置しており、飛来塩分の影響を受ける ・主版下面から側面にかけて剥落・鉄筋露出している
⑥調査 ＊今後の劣化進展を加味した調査項目と結果	・飛来塩分による塩害が疑われるため、塩分量を調査する ・具体的対策を決定するため、使用期間中の塩分浸透予測を行う
⑦劣化要因の推定 ＊劣化機構の推定（判断の目安や考え方）、複合劣化が多いことに留意	・剥落部における鉄筋位置の塩分量が推定される発錆限界値を超えている ・飛来塩分による塩害により、鉄筋が腐食膨張して剥落したと推測される
変状区分	d
対策判定	C1
健全性	Ⅱ
⑧対策方針	・飛来塩分の浸透防止
⑨具体的対策の例	・表面除去＋断面修復＋表面被覆 ・表面除去＋防錆剤入りPCM＋断面修復＋表面被覆 （PCM：ポリマーセメントモルタル） ・電気防食

[4]

①構造形式	
②部材, 部位, 位置	地覆
③状況写真	
④構造図（模式図）	 縁石／地覆高欄／張出床版
⑤状況	・積雪地域に立地し、日射の影響を受ける ・縁石コンクリートが粉状になっている
⑥調査 ＊今後の劣化進展を加味した調査項目と結果	・コンクリート強度や配合などの施工情報を調査する ・水分供給状況（除雪状況や含む）を照査する ・現地の最低温度を調査する ・塩分（凍結防止剤）供給状況および中性化状況を調査する
⑦劣化要因の推定 ＊劣化機構の推定（判断の目安や考え方）、複合劣化が多いことに留意	・AE材未使用のコンクリート配合。積雪地域のため冬季も水分供給があり、かつ冬季の最低温度が連日氷点下であることから凍害と推測される
変状区分	c
⑧対策方針	・水分供給の遮断 ・耐凍害性能の高い材料への置換
対策判定	C2
⑨具体的対策の例	・AE材使用縁石への置換 ・場所打ち部は断面修復および表面被覆
健全性	Ⅲ

[3]

①構造形式	ポストテンション式PCT桁橋
②部材, 部位, 位置	中桁の下フランジ
③状況写真	
④構造図（模式図）	 場所打ち床版／主桁／横桁／剥落
⑤状況	・海岸線に位置しており、飛来塩分の影響を受ける ・主に下フランジ側面に剥落・鉄筋露出している
⑥調査 ＊今後の劣化進展を加味した調査項目と結果	・飛来塩分による塩害が疑われるため、塩分量調査を行う ・具体的な対策を決定するため、供用期間中の塩分浸透予測を行う
⑦劣化要因の推定 ＊劣化機構の推定（判断の目安や考え方）、複合劣化が多いことに留意	・剥落部における鉄筋位置の塩分量が推定される発錆限界値を超えている ・飛来塩分による塩害により、鉄筋が腐食膨張して剥落したと推測される
変状区分	d
⑧対策方針	・飛来塩分の浸透防止
対策判定	C1
⑨具体的対策の例	・表面除去＋断面修復＋表面被覆 ・表面除去＋防錆剤入りPCM＋断面修復＋表面被覆（PCM：ポリマーセメントモルタル） ・電気防食
健全性	Ⅱ

【5】

①構造形式	鋼橋 RC 床版		
②部材，部位，位置	張出床版下面		
③状況写真			
④構造図（模式図）	張出床版　主桁　スケーリング		
⑤状況	・積雪地域に立地している ・張出床版下面にスケーリングが見られる		
⑥調査 ＊今後の劣化進展を加味した調査項目と結果	・コンクリート強度や配合などの施工情報を調査する ・水分供給状況（除雪状況含む）を照査する ・現地の最低温度を調査する ・塩分（凍結防止剤）供給状況および中性化状況を調査する		
⑦劣化要因の推定 ＊劣化機構の推定（判断の目安や考え方），複合劣化が多いことに留意	・AE材未使用のコンクリート配合，積雪地域のため冬季も水分供給があり，かつ冬季の最低温度が連日氷点下であることから凍害と推測される		
変状区分	b	⑧対策方針	・水分供給の遮断 ・対凍害性能の高い材料への置換
対策判定	B	⑨具体的対策の例	・床版防水 ・断面修復および表面被覆
健全性	Ⅱ		

【6】

①構造形式	PC 箱桁橋		
②部材，部位，位置	箱桁内		
③状況写真			
④構造図（模式図）			
⑤状況	・箱桁内に滞水が見られる		
⑥調査 ＊今後の劣化進展を加味した調査項目と結果	・水分侵入経路を調査する ・排水管および排水升の漏水，割れなどを調査する		
⑦劣化要因の推定 ＊劣化機構の推定（判断の目安や考え方），複合劣化が多いことに留意	・排水管の破損が主原因と推定される		
変状区分	e	⑧対策方針	・排水管からの漏水防止 ・排水経路の変更 ・排水管の更新
対策判定	E2	⑨具体的対策の例	・排水管の漏水防止措置 ・排水経路の変更または排水管の更新
健全性	Ⅳ		

[7]

① 構造形式	ポストテンション式PCT桁橋
② 部材・部位・位置	橋面排水排水管近傍の張出床版、ウェブおよびフランジ
③ 状況写真	
④ 構造図（模式図）	 排水管／漏水痕、剥落
⑤ 状況	・積雪地域で凍結防止剤散布を行っている ・橋面排水枡および排水管が破損している ・主桁ウェブとフランジが剥落し、鉄筋が露出している
⑥ 調査 ＊今後の劣化進展を加味した調査項目と結果	・排水枡周辺から張出床版下面までの橋面排水の漏水有無を調査する ・排水以外の水分供給経路を調査する ・主桁の塩分量を調査する
⑦ 劣化要因の推定 劣化機構の推定 ＊判断の目安や考え方、複合劣化が多いことに留意	・排水枡周辺から張出床版下面までの漏水が認められるため、散布塩分を含んだ橋面排水による塩害により鉄筋が腐食膨張して剥落したと推測される
変状区分	e
対策判定	E2
健全性	Ⅳ
⑧ 対策方針	・橋面排水の漏水を防止する ・漏水の主桁への浸透防止
⑨ 具体的対策の例	・排水枡の補修 ・排水枡周辺の漏水防止 ・表面除去＋断面修復＋表面被覆

[8]

① 構造形式	PCゲルバー桁橋
② 部材・部位・位置	ゲルバーヒンジ受け部
③ 状況写真	 4年後
④ 構造図（模式図）	 路肩側ゲルバー部ひび割れ詳細図
⑤ 状況	・ゲルバー受け桁部および吊桁部にひび割れが生じている ・伸縮装置からの漏水が多く確認できる
⑥ 調査 ＊今後の劣化進展を加味した調査項目と結果	・ひび割れ形態からASRである可能性があるため、ASRに関する調査 ・設計図書などから現状の耐荷力を推定する
⑦ 劣化要因の推定 劣化機構の推定 ＊判断の目安や考え方、複合劣化が多いことに留意	・ASRによる膨張性の確認 ・構造形式状からの水が滞積しやすく、漏水により水分が常に存在する状況によりASRが進行
変状区分	e
対策判定	E1
健全性	Ⅳ
⑧ 対策方針	・構造上の重要部位である ・ASRの進行抑制
⑨ 具体的対策の例	・ASRの進行により劣化した部位を撤去し、新しい部材へ取り替え ・構造形式の変更（連続化）

[10]

①構造形式	ポストテンション式PCT桁橋
②部材，部位，位置	場所打ち床版
③状況写真	
④構造図（模式図）	
⑤状況	・場所打ち床版からさびを伴うエフロレッセンスを伴う漏水が見られる
⑥調査 ※今後の劣化進展を加味した調査項目と結果	・浸水経路を調査する ・床版上面の状況を調査する ・広帯域超音波によりPCグラウト充てん調査を行う ・減衰磁束法によりPC鋼材破断調査を行う ・ファイバースコープによりPCグラウトとPC鋼材の状況調査を行う ・設計図書などから現状の耐荷力を推定する
⑦劣化要因の推定 ※劣化機構の推定（判断の目安や考え方），複合劣化が多いことに留意	・主桁と場所打ち床版の継目部から浸水し，横締めPC鋼材が腐食していると推測される
変状区分	e
対策判定	E1
健全性	Ⅳ
⑧対策方針	・継目部への浸水防止 ・鋼材の腐食反応停止
⑨具体的対策の例	・床版防水 ・電気防食 ・犠牲陽極材の設置 ・PCグラウト再注入

[9]

①構造形式	鋼橋RC床版
②部材，部位，位置	床版下面
③状況写真	
④構造図（模式図）	（RC床版，水しみ，主桁）
⑤状況	・天候に関係なく床版下面にしみが見られる
⑥調査 ※今後の劣化進展を加味した調査項目と結果	・浸水経路を調査する ・床版上面の状況を調査する ・浸水している床版は劣化の進展が早いことに留意し，コンクリートの弾性係数など材料面も調査する
⑦劣化要因の推定 ※劣化機構の推定（判断の目安や考え方），複合劣化が多いことに留意	・ひび割れなどの脆弱部から浸水していると推測される ・床版防水が機能していないと推測される ・コンクリートの弾性係数が低下していると推測される
変状区分	d
対策判定	C2
健全性	Ⅲ
⑧対策方針	・橋面排水の床版への浸透防止 ・床版耐荷力の回復
⑨具体的対策の例	・床版防水 ・床版増厚 ・部分的な床版打替

[12]

①構造形式	ポストテンション式PC連結合成桁橋
②部材、部位、位置	中間支点上連続PC鋼材定着部付近の床版
③状況写真	 横桁／主桁／連結PC鋼材定着部（床版下面）／水しみ／中間支点
④構造図（模式図）	
⑤状況	・積雪地域で凍結防止剤散布を行う ・定着部付近の水しみおよびエフロレッセンスを伴ううひび割れが発生している
⑥調査 ＊今後の劣化進展を加味した調査項目と結果	・散布塩分による塩害が疑われるので、塩分量調査を行う ・エフロレッセンスが発生しているので、床版上面の劣化度や水平ひび割れを確認するためのコア調査を行う ・非破壊調査では、床版上面の劣化度を3次元電磁波レーダ、水平ひび割れを衝撃弾性波などで調査する
⑦劣化要因の推定 ＊劣化機構の推定（判断の目安や考え方）、複合劣化が多いことに留意	・鉄筋位置の広い範囲で塩分量が推定される発錆限界値を超えているため、散布塩分による塩害と推測される ・水平ひび割れが部分的に生じた結果、床版の耐荷力が失われたと推測される
変状区分	d
対策判定	C2
健全性	Ⅲ
⑧対策方針	・主桁を連結するプレストレスが導入されているため、部分的な打替えは主桁の耐荷力が失われる ・連続桁（主桁）の耐荷力が確保できる方法で床版の耐荷力を回復する
⑨具体的対策の例	・床版防水 ・連続PC鋼材を含む場所打ち床版の打替

[11]

①構造形式	鋼橋 RC床版
②部材、部位、位置	床版下面
③状況写真	
④構造図（模式図）	 RC床版／ひび割れ／主桁
⑤状況	・積雪地域で凍結防止剤散布を行う ・エフロレッセンスを伴ううひび割れが多方向に発生している
⑥調査 ＊今後の劣化進展を加味した調査項目と結果	・散布塩分による塩害が疑われるので、塩分量調査を行う ・エフロレッセンスが広く発生しているので、床版上面の劣化度や水平ひび割れを確認するためのコア調査を行う ・非破壊調査では、床版上面の劣化度を3次元電磁波レーダ、水平ひび割れを衝撃弾性波などで調査する
⑦劣化要因の推定 ＊劣化機構の推定（判断の目安や考え方）、複合劣化が多いことに留意	・鉄筋位置の広い範囲で塩分量が推定される発錆限界値を超えているため、散布塩分による塩害と推測される ・水平ひび割れが部分的に生じた結果、床版の耐荷力が失われたと推測される
変状区分	d
対策判定	C2
健全性	Ⅲ
⑧対策方針	・塩分浸透防止 ・水平ひび割れの修復
⑨具体的対策の例	・床版防水 ・水平ひび割れ部の打替 ・床版取替

①構造形式	ポストテンション式PC合成桁橋		
②部材, 部位, 位置	場所打ちRC床版		
③状況写真			
④構造図（模式図）			
⑤状況	・積雪地域で凍結防止剤散布を行う ・場所打ち床版に漏水痕があり，エフロレッセンスを伴うひび割れが発生している		
⑥調査 ＊今後の劣化進展を加味した調査項目と結果	・散布塩分による塩害が疑われるので，塩分量調査を行う ・エフロレッセンスが発生しているので，床版上面の劣化度や水平ひび割れを確認するためのコア調査を行う ・非破壊調査では，床版上面の劣化度を3次元電磁波レーダ，水平ひび割れを衝撃弾性波などで調査する		
⑦劣化要因の推定 ＊劣化機構の推定（判断の目安や考え方），複合劣化が多いことに留意	・鉄筋位置の広い範囲で塩分量が推定される発錆限界値を超えているため，散布塩分による塩害と推測される		
変状区分	c	⑧対策方針	・塩分浸透防止
対策判定	C1	⑨具体的対策の例	・床版防水 ・部分的あるいは全面的な床版打替
健全性	Ⅱ		

①構造形式	プレテンション式PC中空スラブ桁橋		
②部材, 部位, 位置	主桁下面		
③状況写真			
④構造図（模式図）			
⑤状況	・プレテンションPC桁の下面に橋軸方向ひび割れが発生し，ひび割れからゲルが析出している ・間詰め部から漏水に伴うエフロレッセンスが析出している		
⑥調査 ＊今後の劣化進展を加味した調査項目と結果	・床版防水有無を含め，桁下面までの水分供給経路を調査する ・コアサンプルなどから骨材を採取し，ASR反応性を調査する ・PC鋼材の腐食状況と残存プレストレスを調査する ・設計図書などから現状の耐荷力を推定する		
⑦劣化要因の推定 ＊劣化機構の推定（判断の目安や考え方），複合劣化が多いことに留意	・桁下面まで水分供給があり，ひび割れからゲルが析出していることからASRと推測される		
変状区分	e	⑧対策方針	・ASR反応を抑制するため，水分供給を遮断 ・耐荷力の回復
対策判定	E1	⑨具体的対策の例	・床版防水 ・断面修復 ・外ケーブル補強
健全性	Ⅳ		

[16]

①構造形式	RC 多主版桁橋
②部材, 部位, 位置	主桁側面
③状況写真	
④構造図（模式図）	亀甲ひび割れ
⑤状況	・主桁側面に亀甲状のひび割れが発生している ・ひび割れにはゲルが見られる
⑥調査　*今後の劣化進展を加味した調査項目と結果	・骨材を採取して ASR 反応を調査する ・設計図書などから現状の耐荷力を推定する
⑦劣化要因の推定　*劣化機構の推定（判断の目安や考え方）、複合劣化が多いことに留意	・ASR 反応性骨材を使用したことにより亀甲状のひび割れが発生したと推測される
変状区分	C
対策判定	B
健全性	Ⅱ
⑧対策方針	・注水を防止する ・ASR 反応を抑制する
⑨具体的対策の例	・水切り補修 ・表面被覆 ・亜硝酸リチウム配合材料によるひび割れ注入

[15]

①構造形式	プレテンション式 PC スラブ桁橋
②部材, 部位, 位置	主桁下面および主 PC 鋼材
③状況写真	
④構造図（模式図）	橋面排水が壊石面から主桁内に浸水、さび汁を伴う橋軸方向のひび割れが発生
⑤状況	・凍結防止剤散布を行う ・主桁下面の橋軸方向にさび汁を伴うひび割れが発生している ・床版防水が未施工である
⑥調査　*今後の劣化進展を加味した調査項目と結果	・骨材を採取して ASR 反応を調査する ・塩分量を調査する ・浸水経路を調査する ・設計図書などから現状の耐荷力を推定する
⑦劣化要因の推定　*劣化機構の推定（判断の目安や考え方）、複合劣化が多いことに留意	・ASR 反応性骨材を使用し、かつ凍結防止剤の塩分を含む橋面排水が地覆前面から主桁内に浸水したため、PC 鋼材が腐食膨張したと推測される ・アルカリ金属イオン（Na^+）の供給により、ASR 反応が活性化した複合劣化も疑われる
変状区分	e
対策判定	E1
健全性	Ⅳ
⑧対策方針	・橋面排水の浸水を防止する ・電気化学的に塩分対策を行う
⑨具体的対策の例	・床版防水 ・電気防食 ・脱塩 ・亜硝酸リチウム含有モルタルによる断面修復

[18]

①構造形式	プレテンション式 PCT 桁橋
②部材，部位，位置	主桁端部
③状況写真	
④構造図（模式図）	
⑤状況	・斜橋隅角部の主桁端部に剥落が生じている
⑥調査 ＊今後の劣化進展を加味した調査項目と結果	・伸縮装置からの漏水など，注水経路や滞水状況を調査する ・鉄筋探査機による配筋調査を行い，設計図面と乖離がないか調査する
⑦劣化要因の推定 ＊劣化機構の推定（判断の目安や考え方），複合劣化が多いことに留意	・伸縮装置からの漏水により PC 鋼材が腐食膨張したと推測される ・桁端部の PC 鋼材に対して拘束筋が少ないと推測される
変状区分	d
対策判定	C1
健全性	Ⅱ
⑧対策方針	・注水防止
⑨具体的対策の例	・伸縮装置の排水装置補修 ・防錆剤入り PCM ＋断面修復＋表面被覆 （PCM：ポリマーセメントモルタル）

[17]

①構造形式	ポストテンション式 PCT 桁橋
②部材，部位，位置	ウェブおよび下フランジ
③状況写真	
④構造図（模式図）	
⑤状況	・PC 鋼材に沿ってエフロレッセンスを伴うひび割れが生じている
⑥調査 ＊今後の劣化進展を加味した調査項目と結果	・上縁定着の有無を調査する ・床版上面の状態を調査する ・浸水経路を調査する ・設計図書などから現状の耐荷力を推定する
⑦劣化要因の推定 ＊劣化機構の推定（判断の目安や考え方），複合劣化が多いことに留意	・上縁定着部より浸水し，PC 鋼材が腐食膨張を生じたため，PC 鋼材の沿ったひび割れが発生したと推測される ・PC グラウト未充填区間が存在していると推測される
変状区分	d
対策判定	C2
健全性	Ⅲ
⑧対策方針	・浸水防止 ・鋼材の腐食反応停止
⑨具体的対策の例	・床版防水 ・電気防食 ・犠牲陽極材の設置 ・PC グラウト再注入

[19]

①構造形式	ポストテンション式PCT桁橋
②部材, 部位, 位置	主PC鋼材
③状況写真	
④構造図（模式図）	
⑤状況	・上縁定着があるPC鋼材のシース内にPCグラウトが充てんされていない ・シースとPC鋼棒が腐食、破断している
⑥調査 ※今後の劣化進展を加味した調査項目と結果	・浸水経路を調査する ・広帯域超音波によりPCグラウト充てん調査を行う ・漏洩磁束法によりPC鋼材破断調査を行う ・ファイバースコープによりPCグラウトとPC鋼材の状況調査を行う ・設計図書などから現状の耐荷力を推定する
⑦劣化要因の推定 ※劣化機構の推定（判定の目安や考え方）、複合劣化が多いことに留意	・PCグラウト未充てんシース内に上縁定着から浸水したことによるPC鋼材の腐食および破断と推定される
変状区分	e
対策判定	E1
健全性	Ⅳ
⑧対策方針	・浸水経路を特定して浸水防止 ・PCグラウト未充填部の防錆処理 ・損失プレストレスを外ケーブルにより導入
⑨具体的対策の例	・PCグラウト再注入 ・外ケーブル補強 ・床版防水

[20]

①構造形式	PC箱桁橋
②部材, 部位, 位置	ウェブ内連続PC鋼棒
③状況写真	
④構造図（模式図）	
⑤状況	・上縁定着があるPC鋼材のシース内にPCグラウトが充てんされていない ・シースとPC鋼棒が腐食、破断している
⑥調査 ※今後の劣化進展を加味した調査項目と結果	・浸水経路を調査する ・広帯域超音波によりPCグラウト充てん調査を行う ・漏洩磁束法によりPC鋼材破断調査を行う ・ファイバースコープによりPCグラウトとPC鋼材の状況調査を行う ・設計図書などから現状の耐荷力を推定する
⑦劣化要因の推定 ※劣化機構の推定（判定の目安や考え方）、複合劣化が多いことに留意	・PCグラウト未充てんシース内に上縁定着から浸水したことによるPC鋼材の腐食および破断と推定される
変状区分	e
対策判定	E1
健全性	Ⅳ
⑧対策方針	・浸水経路を特定して浸水防止 ・PCグラウト未充填部の防錆処理 ・損失プレストレスを外ケーブルにより導入
⑨具体的対策の例	・PCグラウト再注入 ・外ケーブル補強 ・床版防水

[22]

①構造形式	PC箱桁橋	
②部材，部位，位置	下床版定着突起	
③状況写真		
④構造図（模式図）	グラウトホース　空隙部	
⑤状況	・下床版ケーブル突起付近のウェブから漏水，さび汁，エフロレッセンスが見られる ・排水管からの漏水は見られない	
⑥調査 ＊今後の劣化進展を加味した調査項目と結果	・舗装を切削して床版上面のPCグラウト排出口の状況を確認する ・PC鋼材の状況調査を行う ・PC鋼材の破断も疑われるため，設計図書などから現状の耐荷力を推定する	
⑦劣化要因の推定 ＊劣化機構の推定 （判断の目安や考え方），複合劣化が多いことに留意	・多数束ねたPCグラウト排出ホース間の空隙より浸水したと推測される	
変状区分	d	
対策判定	C2	
健全性	Ⅲ	
⑧対策方針	・床版上面からの浸水を防止する	
⑨具体的対策の例	・浸水箇所の部分的な修復 ・床版防水	

[21]

①構造形式	PC箱桁橋	
②部材，部位，位置	ウェブ内せん断PC鋼棒	
③状況写真		
④構造図（模式図）	埋設鋼材　連続鋼材　PC鋼棒破断　せん断鋼棒　PC鋼棒破断	
⑤状況	・舗装がはく離している ・ウェブ内せん断PC鋼棒が破断し，床版上面に突出している	
⑥調査 ＊今後の劣化進展を加味した調査項目と結果	・広帯域超音波法によりPCグラウト充てん調査を行う ・漏洩磁束法によりPC鋼材破断調査を行う ・ファイバースコープによりPCグラウトとPC鋼材の状況調査を行う ・設計図書などから現状の耐荷力を推定する	
⑦劣化要因の推定 ＊劣化機構の推定 （判断の目安や考え方），複合劣化が多いことに留意	・PCグラウトが不十分なせん断鋼棒の上縁定着部より浸水し，PC鋼棒が破断したと推定される	
変状区分	e	
対策判定	E2	
健全性	Ⅳ	
⑧対策方針	・必要なせん断耐力を確保する ・せん断鋼棒の破断に備え，突出防止対策を行う	
⑨具体的対策の例	・鋼板接着や連続繊維シート接着によりせん断耐力を確保する ・橋面にせん断鋼棒突出防止対策を行う	

[24]

①構造形式	ポストテンション式PCT桁橋
②部材・部位、位置	主桁下フランジ
③状況写真	あとうち施工ダイヤフラムの施工用開口部から浸水
④構造図（模式図）	
⑤状況	・積雪地域で凍結防止剤散布を行っている ・下フランジが剥離している ・鉄筋が破断している ・PC鋼材が破断している
⑥調査 ＊今後の劣化進展を加味した調査項目と結果	・塩分が疑われるので、塩分供給経路と塩分量を調査する ・ダイヤフラムの施工方法を調査する ・広帯域超音波によりPCグラウト充てん状況調査を行う ・漏洩磁束法によりPC鋼材破断調査を行う ・ファイバースコープによりPCグラウトとPC鋼材の状況調査を行う ・設計図書などからPCグラウトとPC鋼材の現状の耐荷力を推定する
⑦劣化要因の推定 ＊劣化機構の推定（判断の目安や考え方）、複合劣化が多いことに留意	・あとうち施工ダイヤフラムの施工用開口部から浸水したことによる塩害と推測される ・PCグラウトは再充てんされていたが、マクロセル腐食により腐食、破断に至ったと推測される
変状区分	e
対策判定	E1
健全性	Ⅳ
⑧対策方針	・浸水を防止する ・マクロセル腐食を防止する ・損失プレストレスを回復する
⑨具体的対策の例	・床版防水 ・電気防食 ・外ケーブル補強

[23]

①構造形式	PC箱桁橋
②部材・部位、位置	下床版定着PC鋼棒
③状況写真	
④構造図（模式図）	グラウトホース／空隙部／グラウトホース
⑤状況	・下床版ケーブル突起および近接ウェブから漏水、エフロレッセンスが見られる ・定着突起あと埋部からさび汁とエフロレッセンスが見られる ・PC鋼材が破断し、定着突起あと埋め部から突出している
⑥調査 ＊今後の劣化進展を加味した調査項目と結果	・浸水経路を調査する ・舗装切削して床版上面のPCグラウト排出口の状況を確認する ・広帯域超音波によりPCグラウト充てん調査を行う ・漏洩磁束法によりPC鋼材破断調査を行う ・ファイバースコープによりPCグラウトとPC鋼材の状況調査を行う ・設計図書などからPCグラウトとPC鋼材の現状の耐荷力を推定する
⑦劣化要因の推定 ＊劣化機構の推定（判断の目安や考え方）、複合劣化が多いことに留意	・PCグラウト未充てんシース内に多数束ねたPCグラウト排出ホース間の空隙より浸水したことによるPC鋼材の腐食および破断と推定される
変状区分	e
対策判定	E1
健全性	Ⅳ
⑧対策方針	・浸水経路を特定して浸水防止 ・PCグラウト未充填の防錆処理 ・損失プレストレスを外ケーブルにより導入
⑨具体的対策の例	・PCグラウト再注入 ・外ケーブル補強 ・床版防水

[26]

①構造形式	プレテンション式連結PCT桁橋
②部材，部位，位置	支承付近主桁側面
③状況写真	
④構造図（模式図）	（場所打ち部／固定支承アンカーバー／支承／可動・固定／ひび割れ）
⑤状況	・固定支承橋脚上において、支承付近主桁側面にひび割れが生じている ・ひび割れ幅は 0.4mm である ・隣接可動支承橋脚には生じていない
⑥調査 ＊今後の劣化進展を加味した調査項目と結果	・中間支点横桁のひび割れ確認を確認するための衝撃弾性波調査を行う ・支点沈下や平面位置など、橋台、橋脚の建設時からの変位・変形を調査する ・主桁の変位・変形を調査する ・横締め PC 鋼材の腐食状況を調査する
⑦劣化要因の推定 ＊劣化機構の推定（判定の目安や考え方）、複合劣化が多いことに留意	・支点沈下などの異常変位が主桁連結化により生じる不静定力（二次力）が想定以上に作用したと推測される ・一般に、連結部に生じる不静定力は下縁が引張となる正曲げが作用するため、ベンドアップされて下縁付近のプレストレスが減少していることにも留意
変状区分	e
対策判定	C2
健全性	III
⑧対策方針	・下部工の変位や変形、あるいは連結化不静定力の進展を調査し、設計供用期間中の最終変形を加味して反力調整を行う
⑨具体的対策の例	・反力調整 ・ひび割れ注入

[25]

①構造形式	ポストテンション式PCT桁橋
②部材，部位，位置	ウェブ
③状況写真	
④構造図（模式図）	
⑤状況	・せん断力による斜めのひび割れが生じている
⑥調査 ＊今後の劣化進展を加味した調査項目と結果	・PC 桁にせん断力による斜めのひび割れが生じている場合、プレストレスが失われている可能性があるため、残存プレストレスを調査する
⑦劣化要因の推定 ＊劣化機構の推定（判定の目安や考え方）、複合劣化が多いことに留意	・上縁定着鋼材が腐食破断し、プレストレスが失われて斜めのひび割れが生じたと推測された
変状区分	d
対策判定	C1
健全性	III
⑧対策方針	・浸水防止 ・PC 鋼材の腐食反応停止 ・不足プレストレスの導入
⑨具体的対策の例	・床版防水 ・PC グラウト再注入 ・外ケーブル補強

[28]

PC箱桁橋	
①構造形式	
②部材、部位、位置	外ケーブル定着（偏向）支点横桁部
③状況写真	
④構造図（模式図）	
⑤状況	・偏向管と偏向管を結ぶ45°方向にひび割れが発生している
⑥調査 ＊今後の劣化進展を加味した調査項目と結果	・施工記録や保全記録から、ひび割れ発生要因を調査する
⑦劣化要因の推定 ＊劣化機構の推定（判断の目安や考え方）、複合劣化が多いことに留意	・プレストレスの偏心による偏向管からのせん断ひび割れと推測される
変状区分	b
対策判定	B
健全性	Ⅱ
⑧対策方針	・劣化要因の進入防止
⑨具体的対策の例	・ひび割れ注入 ・表面被覆

[27]

①構造形式	PC箱桁橋、PC波型鋼板ウェブ箱桁橋
②部材、部位、位置	外ケーブル被覆
③状況写真	
④構造図（模式図）	
⑤状況	・エポキシ樹脂被覆が損傷を受け、母材PC鋼材が露出している
⑥調査 ＊今後の劣化進展を加味した調査項目と結果	・外観目視調査を行う ・損傷要因調査を行う ・渦流探傷装置で母材PC鋼材の損傷を調査する
⑦劣化要因の推定 ＊劣化機構の推定（判断の目安や考え方）、複合劣化が多いことに留意	・外的要因による打撃、衝突と推測される
変状区分	b
対策判定	M
健全性	Ⅰ
⑧対策方針	・劣化要因を除外する ・露出したPC鋼材を防錆する
⑨具体的対策の例	・タッチアップ

[29]

① 構造形式	RC 中空床版橋
② 部材，部位，位置	RC 床版（ボイド上部）
③ 状況写真	
④ 構造図（模式図）	 製作時にボイドが浮き上がってしまったためかぶりが著しく小さくなったかぶり／設計通りのボイドかぶり
⑤ 状況	・路面にポットホールが生成している ・床版コンクリートが土砂化している ・床版が陥没している
⑥ 調査 ＊今後の劣化進展を加味した調査項目と結果	・舗装路面から電磁波レーダによりボイドかぶり厚を調査する ・舗装切削し、床版の状況を確認する ・設計図書などから現状の耐荷力を推定する
⑦ 劣化要因の推定 ＊劣化機構の推定（判定の目安や考え方），複合劣化が多いことに留意	・主桁製作時にコンクリートの浮力によりボイドが浮き上がってかぶりが小さくなったと推測される ・ボイドかぶりが著しく小さいため、疲労によりボイドかぶりが土砂化して陥没し、ポットホールを生成したと推測される
変状区分	e
対策判定	E2
健全性	Ⅳ
⑧ 対策方針	・床版の疲労耐久性を確保する ・ボイド管への浸水を防止する
⑨ 具体的対策の例	・かぶり不足部の除去 ・繊維補強コンクリートによる増厚打替 ・床版防水

[30]

① 構造形式	鋼斜張橋
② 部材，部位，位置	斜ケーブルおよび制振ダンパー
③ 状況写真	
④ 構造図（模式図）	 斜ケーブル基部の制振ダンパー破断およびケーブル被覆の損傷
⑤ 状況	・斜ケーブル基部の制振ダンパーが破断している ・斜ケーブル基部のケーブル被覆が損傷している
⑥ 調査 ＊今後の劣化進展を加味した調査項目と結果	・破断、損傷要因を明確にするため、斜ケーブルの振動状況を調査する
⑦ 劣化要因の推定 ＊劣化機構の推定（判定の目安や考え方），複合劣化が多いことに留意	・雨天時の風により斜ケーブルがレインバイブレーションを生じたと推定される ・供用時の振動などにより、制振ダンパーが疲労破壊を生じたと推定される
変状区分	d
対策判定	C2
健全性	Ⅲ
⑧ 対策方針	・斜ケーブルの制振対策を強化する
⑨ 具体的対策の例	・制振ゴムダンパーに高減衰タイプを用いる

[32]

①構造形式	ゴム支承
②部材、部位、位置	被覆ゴム
③状況写真	
④構造図（模式図）	
⑤状況	・ゴム支承の表面にひび割れが生じている
⑥調査　*今後の劣化進展を加味した調査項目と結果	・ゴム支承の常時変形量を調査する ・使用ゴムの耐オゾン性能を調査する
⑦劣化要因の推定　*劣化機構の推定（判定の目安や考え方）、複合劣化が多いことに留意	・ゴム支承の常時変形ひずみが大きいため、被覆ゴムがオゾン劣化を生じたと推定される
⑧対策方針	・ゴムの耐オゾン性能を高くする
⑨具体的対策の例	・ゴムひび割れ部分の補修 ・高耐オゾン性能を有するゴム支承への取替
変状区分	d
対策判定	C2
健全性	Ⅲ

[31]

①構造形式	ゴム支承
②部材、部位、位置	鋼材部
③状況写真	 鋼部材全体に腐食
④構造図（模式図）	
⑤状況	・鋼部材に腐食が生じている
⑥調査　*今後の劣化進展を加味した調査項目と結果	・腐食部の減肉量を調査する ・水分供給経路を調査する ・塩分量を調査する ・腐食主桁の腐食とき裂を調査する ・減肉量から部材耐力が問題ないか検討する
⑦劣化要因の推定　*劣化機構の推定（判定の目安や考え方）、複合劣化が多いことに留意	・かけ違い伸縮装置からの漏水により鋼材腐食に至ったと推定される
⑧対策方針	・漏水を防止する ・腐食拡大を抑制する
⑨具体的対策の例	・伸縮装置の防水対策を行う ・劣化部を除去して防錆処理を行う
変状区分	b
対策判定	B
健全性	Ⅰ

V－ⅱ 評価および判定方法，判定結果に基づく対策事例

[34]

①構造形式	荷重支持型ゴム被覆伸縮装置
②部材，部位，位置	フェイスゴム
③状況写真	フェイスゴムの脱落
④構造図（模式図）	
⑤状況	・フェイスゴムの剥離と脱落が見られる
⑥調査 ＊今後の劣化進展を加味した調査項目と結果	・フェイスゴムの付着状況を調査する
⑦劣化要因の推定 ＊劣化機構の推定（判断の目安や考え方），複合劣化が多いことに留意	・加硫接着部の疲労および劣化により生じたと推定される
変状区分	c
対策判定	C2
健全性	Ⅲ
⑧対策方針	・応急措置を実施して取替
⑨具体的な対策の例	・伸縮装置取替

[33]

①構造形式	ゴム支承
②部材，部位，位置	弾性ゴム
③状況写真	ゴム沓本体の破断／上沓・下沓の縁切れ
④構造図（模式図）	
⑤状況	・ゴム支承がせん断破壊を生じている
⑥調査 ＊今後の劣化進展を加味した調査項目と結果	・不等沈下等を調査する ・主桁端部や落橋防止装置の損傷を調査する ・下部構造の損傷を調査する ・支承の再設計が必要か下部工の復旧を含めて検討する
⑦劣化要因の推定 ＊劣化機構の推定（判断の目安や考え方），複合劣化が多いことに留意	・大規模地震によるゴム支承のせん断破壊と推定される
変状区分	e
対策判定	E1
健全性	Ⅳ
⑧対策方針	・支承取替
⑨具体的な対策の例	・支承取替

383

[35]

①構造形式	荷重支持型伸縮装置	
②部材、部位、位置	ミドルビーム	
③状況写真		
④構造図（模式図）		
⑤状況	・ビームに段差がみられる	
⑥調査 ＊今後の劣化進展を加味した調査項目と結果	・荷重支持機構（ベアリング、サポートビーム）の調査	
⑦劣化要因の推定 ＊劣化機構の推定（判断の目安や考え方）、複合劣化が多いことに留意	・ベアリングの損傷によるサポートビームの破断→ミドルビームの破断	
変状区分	e	⑧対策方針 |・応急措置を実施して取替
対策判定	E2	⑨具体的対策の例 |・伸縮装置取替
健全性	Ⅳ		

[36]

①構造形式	鋼製フィンガージョイント	
②部材、部位、位置	フェイスプレート	
③状況写真	 10mm以上20mm未満の段差	
④構造図（模式図）		
⑤状況	・フェイスプレートに10～20 mmの段差が生じている	
⑥調査 ＊今後の劣化進展を加味した調査項目と結果	・打音調査を行い、溶接状態を推定する	
⑦劣化要因の推定 ＊劣化機構の推定（判断の目安や考え方）、複合劣化が多いことに留意	・物理的な接触が原因でフェイスプレートが曲がったと推定される	
変状区分	c	⑧対策方針 |・車両進行方向を勘案し、取替の判断を行う
対策判定	B	⑨具体的対策の例 |・点検強化
健全性	Ⅱ		

①構造形式	鋼製フィンガージョイント
②部材, 部位, 位置	フェイスプレート
③状況写真	
④構造図（模式図）	
⑤状況	《左》・フェイスプレートが接触し, 可動不良を生じている 《右》・フェイスプレートにき裂が生じている
⑥調査 ＊今後の劣化進展を加味した調査項目と結果	《左》・支承の状態を調査する ・不等沈下など, 上下部構造の相対変位を調査する 《右》・フェイスプレートの溶接切れを調査する
⑦劣化要因の推定 ＊劣化機構の推定（判断の目安や考え方）, 複合劣化が多いことに留意	《左》・支承の橋軸直角方向変形と推定される 《右》・フェイスプレート溶接部とフェイスプレート自体の疲労破壊と推定される

変状区分	d	⑧対策方針	《左》・取替 《右》・応急措置を実施して取替
対策判定	E2		
健全性	Ⅳ	⑨具体的対策の例	《左右》・伸縮装置取替

①構造形式	鋼製フィンガージョイント
②部材, 部位, 位置	フェイスプレート
③状況写真	
④構造図（模式図）	
⑤状況	・フェイスプレートが脱落している
⑥調査 ＊今後の劣化進展を加味した調査項目と結果	・フェイスプレートの溶接切れを調査する
⑦劣化要因の推定 ＊劣化機構の推定（判断の目安や考え方）, 複合劣化が多いことに留意	・フェイスプレート溶接部とフェイスプレート自体の疲労破壊と推定される

変状区分	e	⑧対策方針	・応急措置を実施して取替
対策判定	E2		
健全性	Ⅳ	⑨具体的対策の例	・伸縮装置取替

V-iii　技術の変遷

1章　規準類の変遷

1.1　プレストレストコンクリート工学会における技術規準の変遷

　1958 年に前身のプレストレストコンクリート技術協会が設立されて以来，技術規準類の整備については，土木学会が先行して PC に関する指針や示方書を定めてきたので当学会の独自の規準類の整備活動は 1994 年の PC 技術規準研究委員会設立以降に多くの規準類を発刊している（**表 1.1.1**，**表 1.1.2**）。各規準の基本となるコンクリート構造規準の基本概念が 2011 年に発刊した「コンクリート構造設計施工規準—性能創造型設計—」に示され，この新しい概念の展開に沿った形で「PC 橋の耐久性向上マニュアル」を見直し「PC 構造物高耐久化ガイドライン」が制定された。

表 1.1.1　技術規準の変遷

発　行　年	書　　籍　　名
1968 年 12 月	プレキャストブロック工法施工マニュアル
1977 年 10 月	穴あき PC 板の設計施工指針・同解説（案）
1987 年 12 月	穴あき PC 板設計施工指針・同解説
1987 年 12 月	穴あき PC 板の設計施工指針・同解説（改訂版）
1996 年 3 月	PPC 構造設計規準（案）
1996 年 3 月	外ケーブル構造・プレキャストセグメント工法設計施工規準（案）
1996 年 3 月	プレストレストコンクリート橋の耐久性向上のための設計・施工マニュアル（案）−抜粋−
1997 年 3 月	PC 橋の耐久性向上のための設計・施工マニュアル
1999 年 10 月	PC 橋脚の耐震設計ガイドライン
1999 年 12 月	複合橋設計施工規準（案）
1999 年 12 月	PC 構造物耐震設計規準（案）
1999 年 12 月	PC 斜張橋・エクストラドーズド橋設計施工規準（案）−抜粋−
2000 年 11 月	PC 斜張橋・エクストラドーズド橋設計施工規準（案）
2000 年 11 月	PC 吊床版橋設計施工規準（案）
2000 年 11 月	PC 橋の耐久性向上マニュアル
2003 年 11 月	プレテンションウェブ橋設計施工ガイドライン（案）
2003 年 11 月	高強度鉄筋 PPC 構造設計指針
2005 年 6 月	外ケーブル構造・プレキャストセグメント工法設計施工規準
2005 年 11 月	複合橋設計施工規準
2005 年 12 月	PC グラウトの設計施工指針
2008 年 10 月	高強度コンクリートを用いた PC 構造物の設計施工規準
2009 年 4 月	PC 斜張橋・エクストラドーズド橋設計施工規準
2011 年 9 月	コンクリート構造設計施工規準−性能創造型設計−
2012 年 4 月	PC 箱桁外ケーブルに用いる防錆被覆 PC 鋼材の性能照査指針
2012 年 12 月	PC グラウトの設計施工指針改訂版
2015 年 4 月	PC 構造物高耐久化ガイドライン
2015 年 8 月	PE シースを用いた PC 橋の設計施工指針（案）
2016 年 3 月	更新用プレキャスト PC 床版技術指針
2016 年 9 月	既設ポストテンション橋の PC 鋼材調査および補修・補強指針

表 1.1.2　PC 定着工法および PC 橋架設工法の変遷

発　行　年	書　　籍　　名
1977 年 11 月	PC 定着工法 1977 年版
1982 年 3 月	PC 定着工法 1982 年版
1984 年 4 月	PC 橋架設工法総覧
1988 年	プレストレストコンクリート Vol.30 特別号　PC 定着工法
1989 年	プレストレストコンクリート Vol.31 特別号　最新の PC 橋架設工法
2000 年 12 月	PC 定着工法 2000 年版
2002 年 8 月	PC 橋架設工法 2002 年版

1.2　道路橋設計規準の変遷

(1)　設計規準の変遷 [1),2),3)]

　表 1.2.1 に設計規準の変遷を示す。わが国における PC の発展は戦後から始まる。PC 橋では 1951（昭和 26）年に架設された長生橋が最初であり，その 2 年後には土木学会にプレストレストコンクリート委員会が設置され，1955（昭和 30）年に「プレストレストコンクリート設計施工指針」が制定された。

　土木学会では上記の「プレストレストコンクリート設計施工指針」の大幅な見直しを行い，1978（昭和 53）年に「プレストレストコンクリート標準示方書」を制定した。これは，指針制定後の国内外の研究や新技術に基づいたのはもちろんであるが，欧州コンクリート委員会（CEB）・国際 PC 協会（FIP）モデルコードの新しい概念も参照して，PC を Ⅰ 種～Ⅲ 種に分類し，ひび割れを許容する Ⅲ 種 PC の規定を導入した。

　1986（昭和 61）年には限界状態設計法に基づく「コンクリート標準示方書［設計編］」が発刊された。これまでの「コンクリート標準示方書」は無筋コンクリートおよび RC を対象としていたのに対して，PC，SRC などを包含するものとなった。その後 1991 年（平成 3 年）の改訂と続き，1996（平成 8）年の改訂では，PC 構造・PRC 構造という分類がなされた。

　2002（平成 14）年の改訂は，限界状態設計法に移行して 3 度目の改訂にあたるが，基本的な方針は，静的な荷重に対する構造性能の定量評価法の精度向上と適用範囲の拡張に主眼を置いたものである。なお，名称が「設計編」から「構造性能照査編」に改められた。

　2008（平成 20）年の改訂では，2002（平成 14）年版の構造性能照査編と耐震性能照査編を統合するとともに，本来設計段階で行う耐久性照査とひび割れ照査を施工編から設計編に移行し，設計図書に照査の前提として施工条件を示すこととした。

　2012（平成 24）年の改訂では，「基本原則編」が新設され，コンクリート標準示方書全体を通じての基本理念や，体系に関する理解を容易とすることに加えて，「環境」に対するコンクリート標準示方書の役割を含めることで，コンクリート標準示方書の持続可能な社会の発展に貢献する姿勢を表したものとなっている。

　一方，道路橋を対象とした PC 設計規準に関しては，1968（昭和 43）年に「プレストレストコンクリート道路橋示方書」が発刊された後，1978（昭和 53）年には RC に対する示方書と統合して，「道路橋示方書・同解説 Ⅲ ［コンクリート橋編］」が制定された。そこでは，RC，PC ともに設計荷重作

用時に対する照査と終局荷重時に対する照査を行うこととした。

　その後，1990（平成 2）年の改訂時には「斜張橋」，1996（平成 8）年の改訂時には「プレキャストセグメント橋」の章が追加された。2002（平成 14）年の改訂では，性能規定型の技術規準を目指して，要求性能と仕様規定を併記する書式とし，耐久性の向上に関する事項を追記して，規定の見直しおよび解説の充実がなされた。

　2012（平成 24）年の改訂では，近年の技術開発による新しい構造の記述，保全の確実性および容

表 1.2.1　設計規準の変遷 [2]

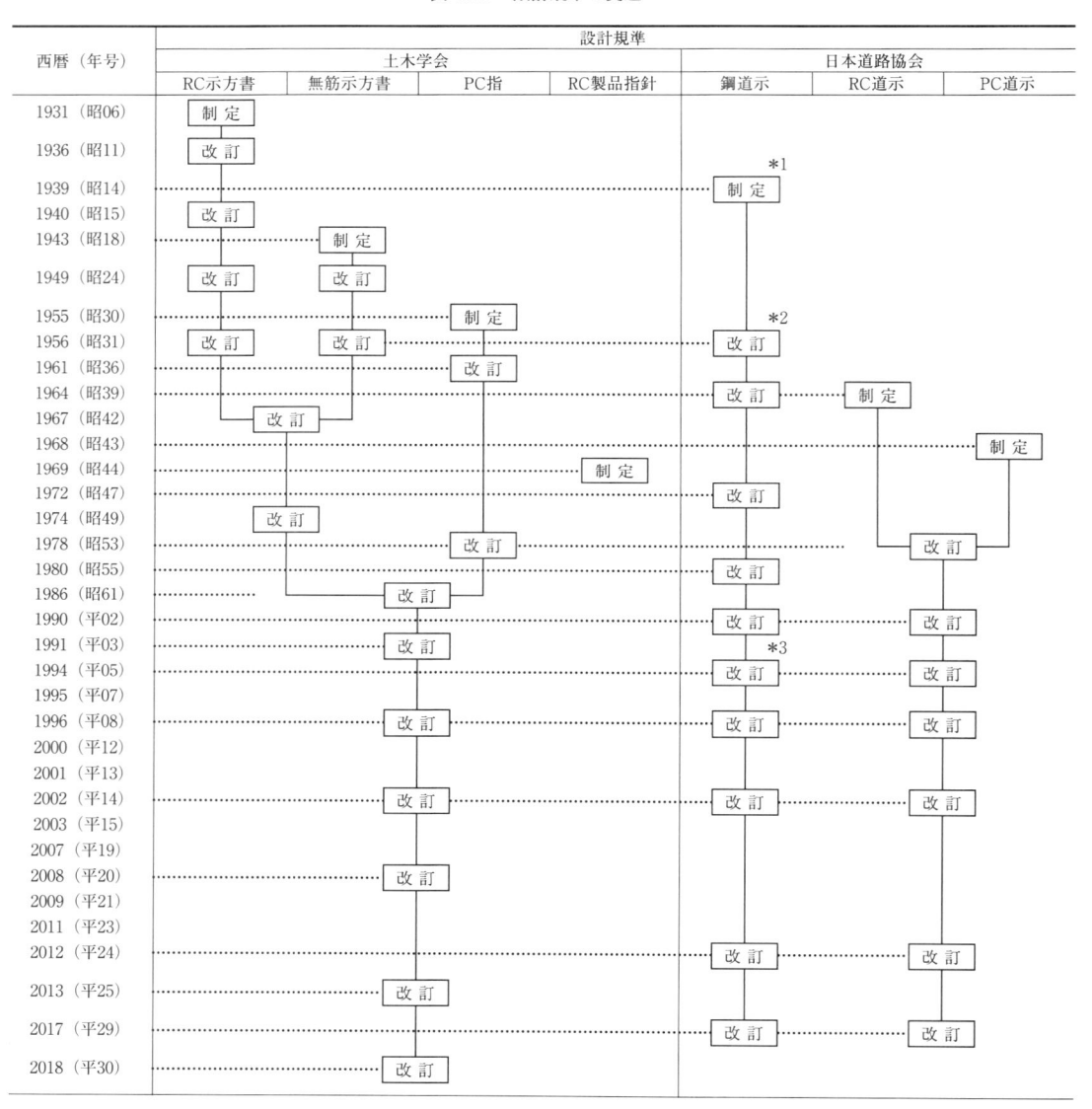

注）　RC 示方書：鉄筋コンクリート標準示方書，無筋示方書：無筋コンクリート標準示方書，PC 指：プレストレストコンクリート設計施工指針（案），RC 製品指針：鉄筋コンクリート工場製品設計施工指針（案），鋼道示：鋼道路橋示方書，RC 道示：鉄筋コンクリート道路橋示方書，PC 道示：プレストレストコンクリート道路橋示方書
＊1：一等橋（車両荷重：13 tf）および二等橋（車両荷重：9 tf）に対する活荷重が定められた
＊2：一等橋に対する TL–20（車両荷重：20 tf），二等橋に対する TL–14（車両荷重：14 tf）の荷重体系が定められた
＊3：25 tf の大型車の走行頻度が高い状況を想定した B 活荷重と低い状況を想定した A 活荷重が設定された

易さへの対応として，塩害対策の近年の事例の追記や，点検結果の保管の重要性の記述がなされた。また，2017（平成29）年の改訂では，許容応力度設計法が廃止され，部分係数設計法が導入された。

（2）　活荷重の変遷

　　活荷重に関する規準は，それぞれの時代の自動車交通に対する社会的な要請に応じて定められてきたものである。活荷重は，橋梁の特に上部構造に与える影響が大きな荷重である。

　　活荷重がわが国ではじめて定められたのは1886（明治19）年：「道路築造保存方法」であり，道路全般の築造および保存方法を定めている。

　　1939（昭和14）年改訂の「鋼道路橋設計示方書」において一等橋（車両荷重：13 tf）および二等橋（車両荷重：9 tf）に対する活荷重が定められた。その後，1956年（昭和31年）には一等橋に対するTL–20（車両荷重：20 tf），二等橋に対するTL–14（車両荷重：14 tf）の荷重体系が定められ，1973（昭和48）年には「道路橋示方書Ⅰ［共通編］」においてTT–43（車両荷重：43 tf）が規定された。

　　また，1993（平成5）年には橋の等級が廃止され，「道路構造令」の設計自動車荷重が従来の20tfが25 tfに改訂されたことにともない，「道路橋示方書［Ⅰ共通編］」では，25 tfの大型車の走行頻度が高い状況を想定したB活荷重と走行頻度が低い状況を想定したA活荷重が設定され，現在に至っている。

表 1.2.2　荷重の変遷 (1)[4]

名称	橋の等級		活荷重				載荷の方法	衝撃係数
	道路の種類	等級	車道		等分布荷重〔大正 8 年, 15 年では群衆荷重と称す年では群衆荷重と称す〕	群衆荷重〔昭和 14 年では, 等分布荷重と称す〕		
			自動車道	転圧機		歩道		
明治 19 年 8 月 (1886) 国県道の築造標準 (内務省訓令第 13 号)	国道 県道	規定なし	規定なし		車道・歩道の区分なし 400 貫 / 坪 (450 kgf/m²)		橋上全面に積載する	規定なし
大正 8 年 12 月 (1919) 道路構造令および街路構造令 (内務省令)	街路	規定なし	3 000 貫 (11 250kgf)	15 tf	15 貫 / 尺² (≒613 kgf/m²) 径間に応じ相当軽減することを得			規定なし
	国道	規定なし	2 100 貫 (7 875 kg f)	12 tf	12 貫 / 尺² (≒490 kgf/m²) 径間に応じ相当軽減することを得			
	府県道	規定なし	1 700 貫 (6 375 kg f)	別に規定なし	12 貫 / 尺² (≒490 kgf/m²) 径間に応じ相当軽減することを得			
大正 15 年 6 月 (1926) 道路構造に関する細則案 (内務省土木局)	街路	一等橋	12 tf	14 tf	○主げた, 主構 $\frac{120\,000}{170+l} \leq 600$ kgf/m² ○主げた, 主構以外 600 kgf/m²	○主げた, 主構 $\frac{100\,000}{170+l} \leq 500$ kgf/m² ○主げた, 主構以外 600 kgf/m²	1. 自動車は橋梁の縦方向に 1 台とする 2. 転圧機は 1 橋梁につき 1 台とし他の車両と同時に載荷しない 3. 車両は横の方向に 4 台まで 4. 群衆荷重は自動車転圧機の左右前後に等布する	$i = \frac{20}{60+l} \geq 0.3$ 〔群衆荷重, 転圧機荷重は衝撃を生ぜしめない〕
	国道	二等橋	8 tf	11 tf	○主げた, 主構 $\frac{100\,000}{170+l} \leq 500$ kgf/m² ○主げた, 主構以外 600 kgf/m²	○主げた, 主構 $\frac{80\,000}{170+l} \leq 400$ kgf/m² ○主げた, 主構以外 600 kgf/m²		
	府県道	三等橋	6 tf	8 tf	二等橋に同じ	二等橋に同じ		
昭和 14 年 2 月 (1939) 鋼道路橋設計示方書案 (内務省土木局)	国道および小路 (Ⅰ) 等以上の街路	一等橋	13 tf	17 tf	$l < 30$ m　　40.0 kgf/m² 30 m $\leq l \leq 120$ m　(545 − 1.5 l) kgf/m²		1.自動車は縦方向に 1 台。横方向に載荷しない 2. 転圧機は 1 橋 1 台で他の活荷重と同時に載荷しない 3. 等分布荷重は自動車の前後左右に分布する。車道の床版縦げたの設計には考えない	$i = \frac{20}{50+l}$ 〔歩道の分布荷重, 転圧機荷重は衝撃を生ぜしめない〕
	府県道および小路 (Ⅱ) 等以上の街路	二等橋	9 tf	14 tf	$l < 30$ m　　40.0 kgf/m² 30 m $\leq l \leq 120$ m　(430 − l) kgf/m²			

注)　小路 (Ⅰ) 等‥‥幅員 8 m 以上の街路
　　　小路 (Ⅱ) 等‥‥幅員 4 m 以上 8m 未満の街路

表 1.2.3　荷重の変遷 (2)[4]

名称	橋の等級 道路の種類	等級	活荷重 車道					歩道 群衆荷重	載荷の方法	衝撃係数

昭和 31 年 5 月 (1956) 鋼道路橋設計示方書（建設省道路局長）

道路の種類：一級国道／二級国道／主要地方道　等級：一等橋　20 tf (T-20)

	荷重	載荷重	等分布荷重	
			$l \leqq 80$	$l > 80$
	L-20	$a \times 5\,000\ \mathrm{kgf/m^2}$	$a \times 350\ \mathrm{kgf/m^2}$	$a \times (430 - l)\ \mathrm{kgf/m^2}$

歩道 群衆荷重：500 kgf/m² 主桁 350 kgf/m²

道路の種類：都道府県道／市町村道　等級：二等橋　14 tf (T-14)　L-14　一等橋の 70%

注）床および床組の設計 ‥‥ T 荷重
　　主桁の設計 ‥‥‥‥‥ L 荷重

注）　$a = 1 - \dfrac{w - 5.5}{50}$　$(1 \geqq a \geqq 0.75)$
　　$w = $ L 荷重の載荷幅 (m)

載荷の方法：
1. 床版および床組の車道部は T 荷重とし，自動車は縦方向に 1 台，横方向に制限しない
2. 主げたには L 荷重とし載荷範囲は制限しない。荷重は 1 橋につき 1 個

衝撃係数：$i = \dfrac{20}{50 + l}$　歩道の群衆荷重は衝撃を生ぜしめない

昭和 39 年 8 月 (1964) 鋼道路橋設計示方書（建設省道路局長）

道路の種類：同上　等級：同上

		主載荷荷重（幅 5.5m）		従載荷荷重
荷重	載荷重 P kgf/m	等分布荷重 p　kgf/m²		主載荷荷重の 50%
		$l \leqq 80$	$l > 80$	
L-20	5 000	350	$430 - l \geqq 300$	
L-14		一等橋の 70%		

歩道 群衆荷重：同上　載荷の方法：同上　衝撃係数：同上

昭和 47 年 3 月 (1972) 道路橋示方書 I 共通編（建設省都市局長，道路局長）

道路の種類：一般国道／都道府県道／市町村道　等級：一等橋　20 tf (T-20)

同上

道路の種類：都道府県道／市町村道　等級：二等橋　14 tf (T-14)

注）床および床組の設計 ‥‥ T 荷重
　　主桁の設計 ‥‥‥‥‥ L 荷重

支間 (m)	$l \leqq 80$	$80 < l \leqq 130$	$130 < l$
荷重（kgf/m²）	350	$430 - l$	300

歩道 群衆荷重：床版および床組 500 kgf/m² 主げたは下段にする

載荷の方法：同上

橋種	衝撃係数	備考
鋼橋	$i = \dfrac{20}{50 + l}$	
鉄筋コンクリート橋	$i = \dfrac{20}{50 + l}$	T 荷重
	$i = \dfrac{7}{20 + l}$	L 荷重
プレストレストコンクリート橋	$i = \dfrac{20}{50 + l}$	T 荷重
	$i = \dfrac{7}{20 + l}$	L 荷重

昭和 48 年 4 月 (1973) 特定の路線にかかる橋，高架の道路等の技術基準について（建設省都市局長，道路局長）

道路の種類：湾岸道路／高速自動車国道／その他　43 tf (TT-43)

載荷の方法：
1. 床板および床組の車道部は TT-43 を縦方向 1 台，横方向 T-20 を載荷する
2. 主げたには L-20 とし主載荷重部に TT-43 を横方向に 2 台載荷する

表 1.2.4　荷重の変遷 (3)[4]

名称	橋の等級		活荷重							衝撃係数		
			車道					歩道	載荷の方法			
	道路の種類	等級	車両荷重	等分布荷重				群衆荷重		衝撃係数		
					主載荷荷重 (5.5m)		従載荷荷重			橋種	衝撃係数	備考
昭和55年2月(1990) 道路橋示方書I共通編 (建設省都市局長, 道路局長)	一般国道 都道府県道 市町村道	一等級	20 tf (T-20)	荷重	載荷重 P kgf/m²	等分布荷重 p kgf/m²	主載荷荷重の50%	床版および床組 500 kgf/m² 主桁は下段にする	1. 床版および床組の車道部はT荷重とし,自動車は縦方向に1台,横方向に制限しない 2. 主桁にはL荷重とし,載荷範囲は制限しない。最荷重は1橋につき1個	鋼橋	$i = \dfrac{20}{50+l}$	
						l≤80 / l>80				鉄筋コンクリート橋	$i = \dfrac{20}{50+l}$ / $i = \dfrac{7}{20+l}$	T荷重 / L荷重
	都道府県道 市町村道	二等級	14 tf (T-14)	L-20	5 000	350 / 430 − l ≧ 300						
				L-14	1等橋の70%					プレストレストコンクリート橋	$i = \dfrac{20}{50+l}$ / $i = \dfrac{10}{25+l}$	T荷重 / L荷重
				支間 (m)	l≤80 / 80<l≤130 / 130<l							
	注) 床および床組の設計 ····· T荷重　主桁の設計 ············ L荷重			荷重 (kgf/m²)	350 / 430 − l / 300							
	湾岸道路 高速自動車国道 その他 (昭和48年4月 (1973) 特定の路線にかかる橋, 高架の道路等の技術基準について (建設省都市局長, 道路局長))		43 tf (TT-43)						1. 床版および床組の車道部はTT-43を縦方向に1台,横方向に2台とし,横方向にT-20を載荷する 2. 主桁にはL-20とし主載荷部にTT-43を横方向に2台載荷する。			
平成2年2月 (1990) 道路橋示方書I共通編 (建設省都市局長, 道路居長)	同上		同上	同上					同上	同上		

表 1.2.5　荷重の変遷 (4) [4]

名称	道路の種類	活荷重									歩道	載荷の方法	衝撃係数
		車道									群衆荷重		
		設計自動車荷重		T荷重〔1組の集中荷重〕	L荷重								
			荷重の区分		主載荷重（幅5.5m）					従載荷荷重		1. 床版および床組の車道部はT荷重を，軸方向に1組，橋軸直角方向に制限しないで載荷する 2. 床組はB活荷重の場合，断面力に係数を乗じる 3. 主桁はL荷重とし，載荷範囲は制限しない	
						等分布荷重 $p1$		等分布荷重 $p2$					
					載荷長 D (m)	荷重 (kgf/m^2)		荷重 (kgf/m^2)			床版および床組は500 kgf/m^2 主桁は等分布荷重 $p2$ と同じ		
						曲げモーメントを算出する場合	せん断力を算出する場合	支間長 L (m)					
平成5年11月(1993) 道路橋示方書I共通編（建設省都市局長，道路局長）	高速自動車国道 一般国道 都道府県道 幹線市町村道	25 tf						$L \leqq 80$	$80 < L \leqq 130$	$130 < L$			同上
	その他市町村道		B活重	10		1 000	1 200	350	$430 - l$	300	従載荷荷重の50% 主載荷荷重の50%		
		20 tf	A活重	6									

注）　床および床組の設計‥‥‥‥‥T荷重
　　　主桁の設計‥‥‥‥‥‥‥‥L荷重
　　　平成2年とT荷重，L荷重のモデルは異なる

部材の支間長 L (m)	$L \leqq 4$	$L > 4$
床組等の設計に用いる係数（B活荷重のみ）	1.0	$\dfrac{L}{32} - \dfrac{7}{8} \leqq 1.5$

表 1.2.6　コンクリート橋の変遷 [4]

No	年・月（西暦）	基準等	コンクリートの品質	コンクリート圧縮応力度（kg/cm²）曲げ圧縮応力度	軸圧縮応力度	鉄筋の許容引張応力度（kg/cm²）種類	引張応力
1	T15 (1926)	道路構造に関する細則	規定値なし	σ₂₈/3 ≦ 65（軸方向を伴う場合も含む）	35（配合 1:2:4）		1 200
2	S6 (1931)	鉄筋コンクリート標準示方書	T15 年と同じ	T15 年と同じ	σ₂₈/4 ≦ 50		T15 年と同じ
3	S15 (1940)	鉄筋コンクリート標準示方書	T15 年と同じ	σ₂₈/3 ≦ 70（軸方向を伴う場合も含む）	σ₂₈/4 ≦ 55	SS41	T15 年と同じ
4	S24 (1949)		T15 年と同じ				T15 年と同じ
5	S31 (1956)	鉄筋コンクリート標準示方書	T15 年と同じ	σ₂₈/3（軸方向を伴う場合も含む）	—	SS39,SS41,SSD39 / SS49,SS50,SSD49	1 400 / 1 600
6	S39 (1964)	鉄筋コンクリート道路橋設計示方書	σ₂₈ ≧ 180	180 以上 200 未満 / 200 以上 240 未満 / 240 以上　σ₂₈/3	—	SS39,SS41,SSD39 / SS49,SS50 / SSD49	S31 年と同じ / S31 年と同じ / 1 800
7	S53 (1978)	道路橋示方書・Ⅲコンクリート橋編	σ₂₈ ≧ 210	210:70 / 240:80 / 270:90 / 300:100	210:55 / 240:65 / 270:75 / 300:85	一般の部材 / 床版および支間 10 m 以下の床版橋　SR24,SD24 / SD30 / SD35	1 400・1 400 / 1 800・1 400 / 1 800・1 400
8	S59 (1984)	道路橋示方書・Ⅲコンクリート橋編	S53 年と同じ	S53 年と同じ		S53 年と同じ	
9	H2 (1990)	道路橋示方書・Ⅲコンクリート橋編	S53 年と同じ	S53 年と同じ		SR24 / SD30A,SD30B / SD35	1 400・1 400 / 1 800・1 400 / 1 800・1 400
10	H6 (1994)	道路橋示方書・Ⅲコンクリート橋編	S53 年と同じ	S53 年と同じ		H2 年と同じ	
11	H8 (1996)	道路橋示方書・Ⅲコンクリート橋編	S53 年と同じ	S53 年と同じ		H2 年と同じ	
12	H14.3 (2002)	道路橋示方書・Ⅲコンクリート橋編	σ₂₈ ≧ 21（N/mm²）	S53 年と同じ（表示は SI 単位系となっている）		H2 年と同じ（表示は SI 単位系となっている）	
13	H24.3 (2012)	道路橋示方書・Ⅲコンクリート橋編	H14 年と同じ	H14 年と同じ		単位（N/mm²）一般の部材部材 / 床版および支間 10 m 以下の床版橋　SD345 / SD390 / SD490	180・140 / 180・140 / 180・140

表1.2.7　プレストレストコンクリート橋の変遷 [4]

項目		昭和30年（プレストレストコンクリート設計施工指針）	昭和36年（プレストレストコンクリート）／同左	昭和43年（プレストレストコンクリート道路橋示方書）	昭和53、平成2、6年（道路橋示方書・Ⅲコンクリート橋編）	同左（平成8年）	同左（平成14年）	同左（平成24年）
コンクリートの品質	プレテンション方式	$\sigma_{28}\geqq400$	$\sigma_{28}\geqq350$	S36年と同じ	S36年と同じ	S36年と同じ	$\sigma_{28}\geqq36$（N/mm²）	H14年と同じ
	ポストテンション方式	$\sigma_{28}\geqq300$	S30年と同じ	S30年と同じ	S30年と同じ	S30年と同じ	$\sigma_{28}\geqq30$（N/mm²）	H14年と同じ
	（備考）					H8年と同じ	H8年と同じ／ただし、単位はSI単位系となっている。	H14年と同じ
コンクリートの許容応力度		（σ_{28}：300／400／500）	（σ_{28}：300／400／500）	（σ_{28}：300／400／500）	（σ_{28}：300／400／500）	（σ_{28}：300～500／600）		
曲げ圧縮応力度　部材引張部（プレストレッシング直後）　矩形（長方形）断面		140／180／210	110／145／170	S36年と同じ	150／190／210	300～500：S53年と同じ／600：230	H8年と同じ	H14年と同じ
I（Ⅰ）形、中空（箱形）断面		130／170／200	S30年と同じ	S36年と同じ	140／180／200	300～500：S53年と同じ／600：220	H8年と同じ	H14年と同じ
部材圧縮部（その他）　短形（長方形）断面		110／140／160	S30年と同じ	S36年と同じ	120／150／170	300～500：S53年と同じ／600：190	H8年と同じ	H14年と同じ
I（Ⅰ）形、中空（箱形）断面		100／130／150	S30年と同じ	S36年と同じ	110／140／160	300～500：S53年と同じ／600：180	H8年と同じ	H14年と同じ
軸方向圧縮応力度　引張部材（プレストレッシング直後）		80	S30年と同じ	S36年と同じ	110／145／160	300～500：S53年と同じ／600：170	H8年と同じ	H14年と同じ
圧縮部材（その他）		130	S30年と同じ	S36年と同じ	85／110／135	300～500：S53年と同じ／600：150	H8年と同じ	H14年と同じ
軸方向引張応力度		12／15／18	（フルプレストレスの場合）0／（パーシャルプレストレスの場合）12／15／18	0／0	0（床版およびブロック目地に対しては0）	0	S36年と同じ	S53年と同じ
曲げ引張応力　フルプレストレス　全死荷重作用前　部材圧縮部		8／10／12	S30年と同じ	S30年と同じ	S36年と同じ	S53年と同じ	H8年と同じ	H14年と同じ
全死荷重作用後　部材引張部		0／0／0	S30年と同じ	0	S36年と同じ	S53年と同じ	H8年と同じ	H14年と同じ
設計荷重作用前　部材引張部		0／0／0	S30年と同じ	0	S36年と同じ	S53年と同じ	H8年と同じ	H14年と同じ
パーシャルプレストレス　全死荷重作用前		8／10／12	S30年と同じ	12／15／18	S36年と同じ	20（床版およびブロック目地に対しては0）	H8年と同じ	H14年と同じ
全死荷重作用後		0／0／0	S30年と同じ	0	S36年と同じ	0	H8年と同じ	H14年と同じ
設計荷重作用後　部材引張り部が断面下側にあるとき、および断面上側にあるが防水層があるとき		20／25／30	S30年と同じ	12／15／18	S36年と同じ	S53年と同じ	S36年と同じ	S53年と同じ
部材引張り部が断面上側にあり、防水層がないとき		12／15／18	S30年と同じ	18	S36年と同じ	S53年と同じ	S36年と同じ	S53年と同じ
PC鋼材の許容引張応力度 設計荷重作用時		0.60σpu 以下	0.60σpu 以下	S36年と同じ	S36年と同じ	S36年と同じ	S36年と同じ	S36年と同じ
ポストテンション方式の場合のプレストレッシング直後		（伸びが助けられ、定着装置に押込みがある場合）0.9σpy 以下	0.7σpu または0.85σpy のうち小さい方。ただし、プレストレッシング中は0.80σpu または0.9σpy のうち小さい方	S36年と同じ	0.7σpu または0.85σpy のうち小さい方	S53年と同じ	S53年と同じ	S53年と同じ
最初に引張力を与える時		（設計断面で0.8σpu 以下）（ポストテンションの場合で次に引張力を与えるとき）0.85σpy 以下	（プレテンション方式の場合）0.7σpu または0.8σpy のうち小さい方	S36年と同じ	0.8σpu または0.9σpy のうち小さい方	S53年と同じ	S53年と同じ	S53年と同じ

注）PC鋼材の許容引張応力度は、σpu：PC鋼材の引張強度、σpy：PC鋼材の降伏点を示す。

表 1.2.8　鋼橋の変遷 [4]

No.	年・月 (西暦)	基準等	鋲	溶接	HIB	40キロ鋼	50キロ鋼	53キロ鋼	60キロ鋼	床版コンクリート σ_{ck}	曲げ σ_a	備　考
1	S14.2 (1939)	鋼道路橋設計示方書案 製作 〃	○			1 300 (1 100)	—	—	—		45 or $\sigma_{28}/3$	・支間 120 m 以下の構造用鋼を使用する鋲結鋼橋 ・橋桁の製作は本示方書および設計図による
2	S31.5 (1956)	鋼道路橋設計示方書案 製作 〃	○			1 300 (1 200)	—	—	—		70 or $\sigma_{28}/3$	・荷重改正：1 等橋 TL-14 → TL-20　2 等橋 TL-9 → TL-14 ・1 方向版としての床版曲げモーメント式と配力鉄筋は主鉄筋の 25% 以上としている
3	S32.7 (1957)	溶接鋼道路橋示方書		○		1 300 (1 200)	—	—	—			・板厚および施工条件により使用鋼材質明確化 ・許容応力度を高くする ・工場突合せ溶接強度＝母材強度 ・合成応力に対する許容応力度を規定 ・繰り返し応力および応力集中に対する注意点
4	S35.1 (1960)	鋼道路橋の合成桁設計施工指針	○	○		1 300 (1 200)	—	—	—		80 or $\sigma_{28}/4$	・原則として単純合成桁を扱っている。連続, ゲルバー桁は範囲外 ・施工の良否が橋全体の強度を左右すると忠告
5	S39.6 (1964)	鋼道路橋設計示方書案 製作 〃	○			1 400 (1 300)	1 900 (1 800)	—	—		80 or $\sigma_{28}/3$	・適用支間長を 120 m から 150 m に拡大 ・50 キロ級の許容応力度を追加 ・40 キロ鋼の許容応力度を改正
6	S39.5 (1964)	溶接鋼道路橋示方書		○		1 400 (1 400)	1 900 (1 900)	—	—			・40 キロ鋼の許容応力度を改正 ・鋼床版構造の規定 ・現場溶接の許容応力度を工場の 90% と規定 ・「4 章修理および補強」を掲載, リベット構造を溶接で補強する場合の注意を掲載
7	S48.2 (1973)	道路橋示方書II鋼橋編		○	○	1 400 (1 400)	1 900 (1 900)	2 100 (2 100)	2 600 (2 600)	非合成 $\sigma_{ck} > 210$ 合成 > 280 プレストレス導入 > 300	100 or $\sigma_{ck}/3$　100 or $\sigma_{ck}/3.5$	・道路教示方書が I 共通編, II 鋼橋編, III コンクリート橋編, IV 下部工編, V 耐震設計編に分冊 ・アーチ, ケーブル, 鋼管構造, ラーメン構造を新設 ・耐候性鋼材を新規追加 ・許容圧縮応力度をたわみ, 残留応力の影響を考慮した溶接主体型に改訂 ・許容曲げ圧縮応力度を横倒れ座屈耐荷力から決定 ・高力ボトル規定 ・腹板厚の規定改訂, 合成応力の検算規定新設 ・連続合成桁の適用を容認 ・鋼管構造, ラーメン構造の規定新設
8	S55.2 (1980)	道路橋示方書II鋼橋編		○	○	1 400 (1 400)	1 900 (1 900)	2 100 (2 100)	2 600 (2 600)	非合成 $\sigma_{ck} > 210$ 合成 > 280 プレストレス導入 > 300	100 or $\sigma_{ck}/3$　100 or $\sigma_{ck}/3.5$	・SM58 材の許容応力の追加 ・板と補剛板への局部座屈の影響考慮 ・高力ボルト摩擦接合の応力伝達方式による計算方式の改訂 ・SM50Y と SM58 材の鋼床版適用への規定追加 ・縦リブに対する疲労を考慮した許容応力度 ・アーチ変形の影響の判定式＆終局強度照査 ・高力ボルト接合面の防錆処理
9	H2.2 (1990)	道路橋示方書II鋼橋編		○	○	S55 年と同じ						・RC 床版厚の規定を改定 ($d = k1 \times k2 \times d0$) ・斜長橋のケーブル安全率 3.5 → 2.5
10	H6.2 (1994)	道路橋示方書II鋼橋編		○	○	S55 年と同じ				非合成 $\sigma_{ck} > 210$ 合成 > 270 プレストレス導入 > 300	S55 年と同じ	・40 〜 60 キロ鋼について引張試験により機械的性質を掲載 ・活荷重を 25 t とし, A・B 活荷重とした
11	H8.12 (1996)	道路橋示方書II鋼橋編		○	○	40 以上 1 400 / 40 〜 70 1 300 / 70 〜 100 1 300	40 以上 1 900 / 40 〜 70 1 750 / 70 〜 100 1 750	40 以上 2 100 / 40 〜 70 2 000 / 70 〜 100 1 950	40 以上 2 600 / 40 〜 70 2 500 / 70 〜 100 2 450	S55 年と同じ		・鋼部材の板厚 40 以下, 40 〜 75, 75 〜 100 mm について許容応力度を分類
12	H14.3 (2002)	道路橋示方書II鋼橋編		○	○	H8 年と同じ（表示は SI 単位系となっている）						・疲労の影響を考慮し, 耐久性の向上を図った ・溶接構造用耐候性鋼の標準的な板厚を 100 mm とした ・鋼力ボルト引張接合継手, プレストレストコンクリート床版についての規定
13	H24.3 (2012)	道路橋示方書II鋼橋編		○	○	H8 年と同じ（表示は SI 単位系となっている）						・高力ボルト摩擦接合のすべり係数の見直し 0.4 → 0.45（無機ジンクリッチペイントを塗布した場合）

表 1.2.9　RC 床版の変遷 [4)]

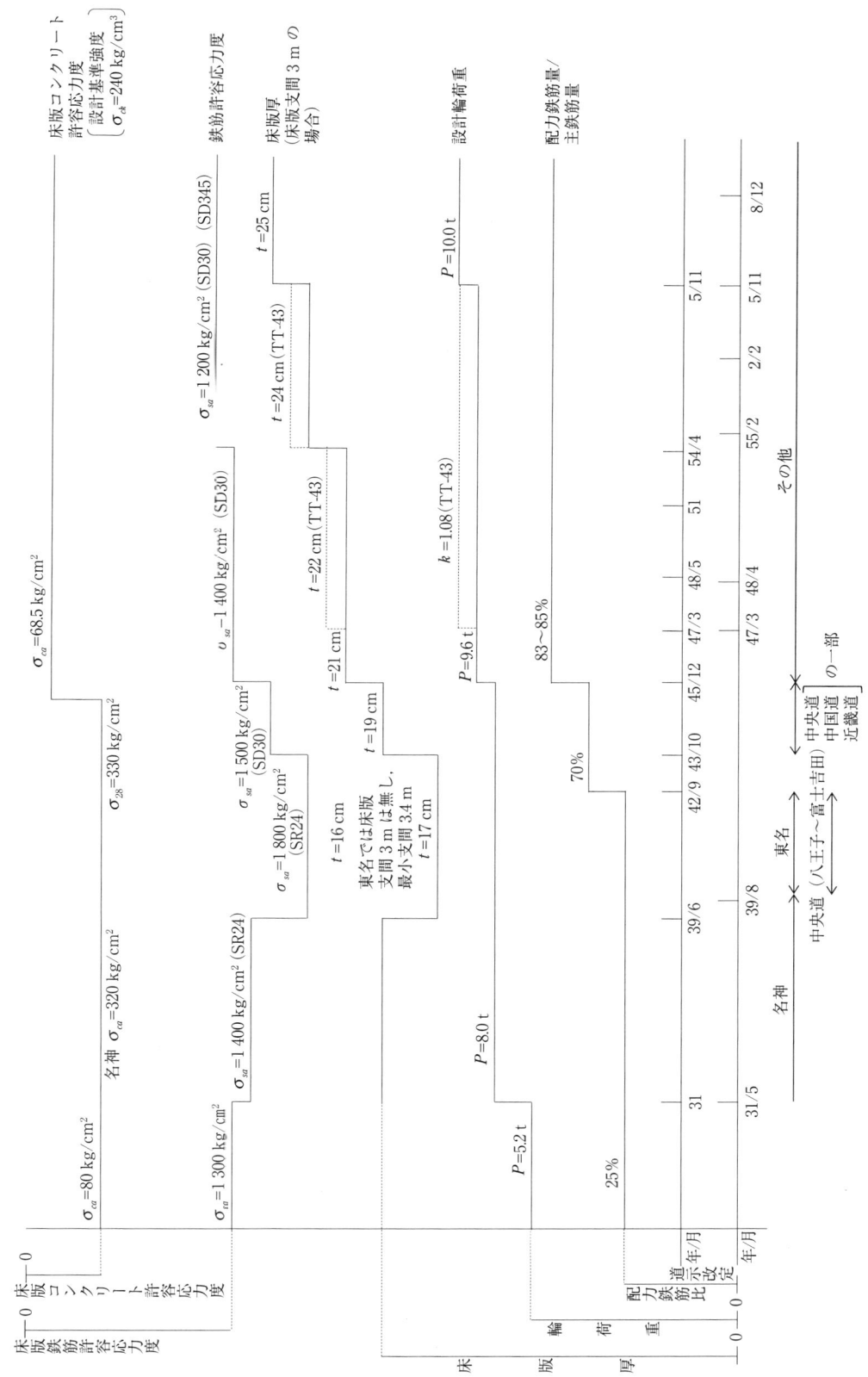

2章　材料の変遷

2.1　コンクリートの変遷 [5), 6)]

表 2.1.1 にコンクリートの変遷，表 2.1.2 に塩化物イオン量の規制に関する変遷，表 2.1.3 にアルカリシリカ反応に関する規制の変遷を示す。

表 2.1.1　コンクリートの変遷 [7)]

西暦（年号）	事　項	内　容
1824（文政 7）	・セメント	・ポルトランドセメントの製造がイギリスではじまる。
1865（慶応 1）	・セメント	・日本にはじめてポルトランドセメントが輸入される。
1871（明 04）	・構造物	・日本最初の RC 構造物である横須賀造船所のドッグが輸入ポルトランドセメントで建設される。
1875（明 08）	・セメント	・コンクリートの長期耐久試験が小樽港で開始される。
1896（明 29）	・試験	・日本でポルトランドセメントの製造が開始される。
1900（明 33）	・構造物	・日本最初のコンクリートダムである五本松ダムが建設される。
1903（明 36）	・構造物	・日本最初の RC 橋梁が琵琶湖疎水運河に建設される。
1904（明 37）	・構造物	・日本最初の RC 建築物である佐世保重工ポンプ小屋が建設される。
1913（大 02）	・セメント	・日本で高炉セメントの製造が開始される。
1918（大 07）	・配合	・エブラムス（Duff Andrew Abrams）の水セメント説が発表される。
1921（大 10）	・セメント	・日本でシリカセメントの製造が開始される。
1923（大 12）	・地震	・関東大震災が発生し，以降の RC 造が増えるきっかけとなる。
1926（昭 01）	・試験	・スランプコーンを用いた試験が開始される。
1929（昭 04）	・セメント	・日本で早強セメントの製造が開始される。
	・製造	・フランス製のコンクリートポンプが試用される。
1934（昭 09）	・セメント	・日本で中庸熱ポルトランドセメントの製造が開始される。
1935（昭 10）	・構造物	・アメリカで Hoover ダムが完成。
1940（昭 15）	・研究	・吉田徳次郎先生が『最高強度コンクリートの製造について』を発表。
1948（昭 23）	・材料	・日本で AE 剤が導入される。
1950（昭 25）	・材料	・日本で異形鉄筋が紹介される。
	・材料	・日本でリグニン系 AE 減水剤が導入される。
	・材料	・米国からフライアッシュが紹介される。
	・製造	・大型のバッチャープラントが採用され，国産のコンクリートポンプが導入される。
1953（昭 28）	・コンクリート	・JIS A 5308『レディーミクストコンクリート』が制定される。
1957（昭 32）	・コンクリート	・生コンクリートが普及。
1962（昭 37）	・材料	・高性能減水剤が発明される。
1967（昭 42）	・材料	・高炉スラグ微粉末，膨張剤の販売が開始される。
1969（昭 44）	・材料	・超早強ポルトランドセメントの販売が開始される。
1971（昭 46）	・材料	・袋詰めセメントの重量が，50kg → 40kg となる。
1975（昭 50）	・コンクリート	・流動化コンクリートが普及。
1983（昭 58）	・コンクリート	・NHK で塩害問題の番組が放送されるとともに，アルカリシリカ反応も問題となった。
1984（昭 59）	・材料	・シリカフュームが初めて輸入される。
	・材料	・低アルカリセメントの製造，販売が発表される。
1987（昭 62）	・材料	・高性能 AE 減水剤が開発される。
1988（昭 63）	・コンクリート	・ハイパフォーマンスコンクリートが実用化される。
1991（平 03）	・試験	・NEWRC でコンクリート強度・60 N/mm^2，100 N/mm^2 の実物大施工実験が行われる。
1996（平 08）	・材料	・袋詰めセメントの重量が，40 kg → 25 kg となる。
1997（平 09）	・規格	・JIS R 5210『ポルトランドセメント』が改訂され，低熱ポルトランドセメントが新設された。

表 2.1.2　塩化物イオン量の規制の変遷 [7]

西暦年号)	規　準・通　達　等	規　制　内　容
1957（昭 32）	・JASS 5	・細骨材に塩分が含まれているおそれのある場合は，その許容限度は細骨材の絶乾重量に対して 0.01 %（NaCl として）としている。
1974（昭 49）	・土木学会「RC 標準示方書」	・一般の鉄筋コンクリート構造物に用いるコンクリートで，海砂に含まれる塩化物の許容限度の標準は海砂の絶乾重量に対し，NaCl に換算して 0.1 % とする。
1978（昭 53）	・土木学会「PC 標準示方書」	・プレテンション部材あるいはポストテンション部材の PC グラウトには，砂の絶乾重量に対して 0.03 % 以下（NaCl 換算），その他の場合には，セメント量の 0.1 % に相当する量以下としている。
	・建設省技術調査室長通達「土木工事に係るコンクリート細骨材としての海砂の使用について」	・シース内のグラウトおよびプレテン部材に対して，細骨材の絶乾重量に対して NaCl 換算で 0.03 % 以下としている。
	・JIS A 5308（レディーミクストコンクリート）	・土木用骨材に対する細骨材に含まれる塩化物の許容限度は，原則として細骨材の絶乾重量に対して NaCl に換算して 0.1 % 以下としている。
1986（昭 61）	・建設省技術調査室長通達「コンクリート中の塩化物総量規制について」	1) 鉄筋コンクリート部材，ポストテンション方式のプレストレストコンクリート部材（シース内のグラウトを除く）および用心鉄筋を有する無筋コンクリート部材における許容塩化物量は 0.60 kg/m^3（Cl$^-$ 重量）とする。 2) プレテンション方式のプレストレストコンクリート部材，シース内のグラウトおよびオートクレーブ養生を行う製品における許容塩化物は 0.30 kg/m^3（Cl$^-$ 重量）とする。 3) アルミナセメントを用いる場合，電食のおそれのある場合等は，試験結果等から適宜定めるものとし，特に資料がない場合は 0.30 kg/m^3（Cl$^-$ 重量）とする。
	・土木学会「コンクリート標準示方書施工編」	・コンクリート中の塩化物含有量が規定され，解説中に建設省通達および JIS A 5308（レディーミクスコンクリート）とほぼ同様の内容が記述された。
	・JIS A 5308（レディーミクストコンクリート）	・コンクリートに含まれる塩化物量は，荷卸し地点で，塩素イオンとして 0.30 kg/m^3 以下でなければならない。ただし，購入者の承認を受ける場合は，0.60 kg/m^3 以下とすることができる。
1991（平 03）	・土木学会「コンクリート標準示方書施工編」	・コンクリート中の塩化物含有量の限度が条文中にが規定され，「練り混ぜ時におけるコンクリート中の全塩化物イオン量は，原則として 0.30 kg/m^3 以下とする。」とし，解説中では，場合によってはその値を 0.60 kg/m^3 としてよいとした。
1996（平 08）	・JIS A 5308（レディーミクストコンクリート）	・「塩素イオン」の用語が「塩化物イオン」と改訂される。
2003（平 15）	・JIS R 5210（ポルトランドセメント）	・塩化物イオンの規格値が「0.02 % 以下」から「0.035 % 以下」と改訂される。

表 2.1.3　アルカリシリカ反応に関する規制の変遷 [7]

西暦（年号）	規 準 ・ 通 達 等	規 制 内 容
1984（昭 59）	・建設省技術調査室長通達「土木工事に係るコンクリート用骨材の取扱いについて」	・アルカリシリカ反応でひび割れを生じた構造物に対しては遮水措置をとること，過去にアルカリシリカ反応を生じたと思われる骨材に対して ASTM の試験をして確認すること等が示された。
1986（昭 61）	・建設省技術調査室長通達「アルカリ骨材反応暫定対策について」	・骨材の選定，低アルカリ型セメント，抑制効果のある混合セメント等の使用，コンクリート中のアルカリ総量の抑制の4つの対策が示された。同時に，骨材の試験法として化学法とモルタルバー法の建設省暫定案が示された。
	・JIS A 5308（レディーミクストコンクリート）	・本文に，アルカリシリカ反応の抑制方法を購入者に報告することが義務づけられた。 附属書1「レディーミクストコンクリート用骨材」に附属書7の化学法は附属書8のモルタルバー法で試験し，無害と判断された骨材でなければならないとした。ただし，附属書6「セメントの選定等によるアルカリ骨材反応の制御対策の方法」に示された低アルカリ型セメント，抑制効果のある混合セメント等の使用，コンクリート中のアルカリ総量の抑制の3つの対策を講じた場合には，無害と判定されない骨材を使用可能であるとした。
	・JIS R 5210（ポルトランドセメント）	・低アルカリ型セメントが規定される。
1989（平 01）	・建設省技術調査室長通達「アルカリ骨材反応抑制対策について」	・「アルカリ骨材反応暫定対策について」の通達の内，抑制効果のある混合セメント等の使用に関する記述と，化学法およびモルタルバー法の試験方法が小改訂された。
	・JIS A 5308（レディーミクストコンクリート）	・アルカリシリカ反応対策関係の記述が修正された。
1992（平 04）	・JIS A 1804（コンクリートの生産工程管理用試験方法・骨材のアルカリシリカ反応性試験方法（迅速法））	・JIS A 1804（コンクリートの生産工程管理用試験方法・骨材のアルカリシリカ反応性試験方法（迅速法））が制定された。
2002（平 14）	・国土交通省大臣官房技術調査課等通達「アルカリ骨材反応抑制対策」	・土木において，対策の優先順位は「アルカリ総量規制」「高炉セメント B 種の使用」「試験により無害と判断された骨材の使用」の順とした。
2003（平 15）	・JIS A 5308（レディーミクストコンクリート）	・付属書2「アルカリ骨材反応抑制対策の方法」が見直され，記述の順番を「アルカリ総量規制」「混合セメント（混和材）の使用」「安全な骨材の使用」とした。

2.2　PC 鋼材の変遷 [2)]

　表 2.2.1 に PC 鋼材規格の変遷を示す。わが国で初めて PC 鋼材の規格を定めたのは，1955（昭和 30）年の「プレストレストコンクリート設計施工指針」である。同指針 1961（昭和 36）年版では，PC 鋼より線および PC 鋼棒の規格が規定された。その後，関連 JIS の改正に伴い，規格が定められる鋼材の種類も増加し，PC 橋の設計の選択範囲が広がることとなった。

表 2.2.1　PC 鋼材規格の変遷 [2]

PC 鋼線および PC 鋼より線

プレストレストコンクリート設計施工指針（昭和 30 年）			同 左（昭和 36 年）				プレストレストコンクリート道路橋示方書（昭和 43 年）		
直径 (mm)	引張強度 (kgf/mm²)	降伏点応力度 (kgf/mm²)	記号	呼び名	引張強度 (kgf/mm²)	降伏点応力度 (kgf/mm²)	呼び名	引張強度 (kgf/mm²)	降伏点応力度 (kgf/mm²)
5.0	165 以上	140 以上	SWPC1	5.0 mm	同 左	145 以上	5.0 mm	同 左	同 左
							6.0 mm	162 以上	140 以上
7.0	155 以上	130 以上	SWPC1	7.0 mm	同 左	135 以上	7.0 mm	同 左	同 左
							8.0 mm	155 以上	135 以上
2.0	215 以上	170 以上	SWPC2	2.0 mm	207 以上	183 以上	2.0 mm	同 左	同 左
2.9	195 以上	165 以上	SWPC2	2.9 mm	195 以上	175 以上	2.9 mm	同 左	同 左
			SWPC2	2.0 mm 2 本より	207 以上	183 以上	2.0 mm 2 本より	同 左	同 左
			SWPC2	2.9 mm 2 本より	195 以上	175 以上	2.9 mm 2 本より	同 左	同 左
			SWPC7	9.3, 10.8, 12.4 mm 各 7 本より	177 以上	150 以上	9.3, 10.8, 12.4 mm 各 7 本より	同 左	同 左

SWPC 材は JISG3536「PC 鋼線および PC 鋼より線」

PC 鋼棒（JISG3536「PC 鋼棒」）

種類	記号	引張強度 (kgf/mm²)	降伏点応力度 (kgf/mm²)
PC 鋼棒 1 種	SBPC 80	80 以上	65 以上
PC 鋼棒 2 種	SBPC 90	95 以上	80 以上
PC 鋼棒 3 種	SBPC 110	110 以上	95 以上
PC 鋼棒 4 種	SBPC 125	125 以上	110 以上

PC 鋼材の引張応力度

	設計施工指針（昭和 30 年）	道路橋示方書（昭和 43 年）
緊張作業時	設計断面で $0.8\sigma_{py}$ 以下　ポステン緊張時緊張端 $0.85\sigma_{py}$ 以下	プレテン：$0.7\sigma_{pu}$ または $0.8\sigma_{py}$ のうち小さい値　ポステン：$0.8\sigma_{pu}$ または $0.9\sigma_{py}$ のうち小さい値
緊張直後	$0.8\sigma_{py}$	$0.7\sigma_{pu}$ または $0.8\sigma_{py}$ のうち小さい値
設計荷重作用時	$0.6\sigma_{py}$	$0.6\sigma_{pu}$ または $0.75\sigma_{py}$ のうち小さい値

備考

昭和 30 年	昭和 36 年	昭和 43 年
・わが国初めて鋼材の規格値が定められた　・PC 鋼線の引張強度、降伏点応力度、伸びについて品質規格が示された　・PC 鋼より線は PC 鋼線の延長としての記述にとどまっている	・昭和 35 年に制定された JIS G 3536「PC 鋼線および PC 鋼より線」によることとし、PC 鋼棒の品質が新たに規定された	・JIS に規定されていない 5 mm、6 mm、8 mm の PC 鋼線について も品質規格が規定された　・PC 鋼棒は 1 種、2 種、3 種を標準とし、4 種、5 種については応力腐食、置土破壊などの未解明な点が多いため用いないこととしている。

道路橋示方書・コンクリート橋編 (昭和53年)				道路橋示方書・コンクリート橋編 (平成2, 6年)				同左 (平成8,14,24年)			
記号	呼び名	引張強度 (kgf/mm²)	降伏点応力度 (kgt/mm²)	記号	呼び名	引張強度 (kgf/mm²)	降伏点応力度 (kgf/mm²)	記号	呼び名	引張強度 (kgf/mm²)	降伏点応力度 (kgf/mm²)
SWPR1 および SWPD1	5 mm 7 mm 8 mm 9 mm	同左 同左 150 以上 145 以上	同左 同左 13C 以上 125 以上	SWPR1 および SWPD1	同左			SWPR1AN SWPR1AN SWPD1N SWPD1L	5 mm 7 mm 8 mm 9 mm	同左	同左
								SWPR1BN SWPR1BL	5 mm 7 mm 8 mm	175 以上 165 以上 160 以上	155 以上 145 以上 140 以上
SWPR2	2.9 mm 2本より	同左		SWPR2	同左			SWPR2N SWPR2L	2.9 mm 2本より	同左	同左
SWPR7A	9.3,10.8, 12.4 mm 各7本より 15.2 mm 7本より	175 以上 165 以上	同左 140 以上	SWPR7A	9.3,10.8, 12.4 mm 各7本より 15.2 mm 7本より	同左 175 以上	同左 150 以上	SWPR7AN SWPR7AL	9.3,10.8, 12.4,15.2 mm 各7本より	同左	同左
				SWPR7B	9.5,11.1, 12.7 mm 各7本より 15.2 7本より	同左 190 以上	同左 160 以上			同左	同左
				SWPR19	17.8,19.3 mm 各19本より 21.8 19本より	190 以上 185 以上	160 以上 160 以上	SWPR19N SWPR19L	17.8,19.3 mm 各19本より 21.8 19本より	同左	同左
SWPR，SWPD 材は JIS3536「PC鋼線およびPC鋼より線」				同左				同左 (記号のNは通常品，Lは低リラクセーション品を示す)			

種類		記号	引張強度 (kgf/mm²)	降伏点応力度 (kgf/㎜²)	種類	記号	引張強度 (kgf/mm²)	降伏点応力度 (kgf/mm²)	種類		記号	引張強度 (kgf/mm²)	降伏点応力度 (kgf/mm²)
丸棒 A種	1号	SBPR80/95	95 以上	80 以上			同左		丸棒 A種				
	2号	SBPR80/105	105 以上	〃						2号	SBPR785/1030	同左	同左
丸棒 B種	1号	SBPR95/110	110 以上	95 以上					丸棒 B種	1号	SBPR930/1080		
	2号	SBPR95/120	120 以上	〃						2号	SBPR785/1180		
JIS G 3109「PC鋼棒」					同左				同左				
$0.7\sigma_{py}$ または $0.8\sigma_{pu}$ のうち小さい値					同左				同左				
$0.7\sigma_{py}$ または $0.8\sigma_{pu}$ のうち小さい値					同左				同左				
同左					同左				同左				
・昭和46年のJIS G 3536の改定により異形PC鋼線，高強度PC鋼より線および太径の鋼線が加えられた(昭和53年) ・昭和46年にJIS G 3109「PC鋼棒」が制定されたことを受け，PC鋼棒はこの規定によることとし，丸鋼はA種1号，2号，B種1号，2号を用いることを原則としている(昭和53年)					・昭和56年のJIS G 3536改訂を受けて19本より線(SWPR19)が追加され，昭和59年に同JISに7本より線15.2 mm(B種)が新たに加えられたので示方書の使様材料に追加された(平成2年)				・平成6年にJIS G 3536の改訂を受け，低リラクセーション鋼材が追加された ・使用実績などを考慮してPC鋼棒のA種1号が削除された				

2.3　鉄筋の変遷

　表 2.3.1 に鉄筋コンクリート用棒鋼の変遷を示す。わが国で初めて丸棒が生産されたのは 1901（明治 34）年であるが，それ以降も鉄筋コンクリート用棒鋼は大半が輸入材であった。その後，アメリカの ASTM 規格を参考にして 1953（昭和 28）年に日本工業規格「JIS G 3110 異形棒鋼」が制定された。

　わが国においても異形棒鋼を用いた鉄筋コンクリート部材の研究開発が行われ，異形鉄筋の特性が理解され，国内の建築物においても徐々に使用されはじめた。1953（昭和 28）年には建設省通達「異形鉄筋を使用した鉄筋コンクリート造について」が出された。1960（昭和 35）年の建設省告示によって高強度の異形棒鋼が認定され，1964（昭和 39）年の「JIS G 3112–1964」では降伏点が 24，30 kgf/mm^2 の棒鋼に加え，35，40，45 kgf/mm^2 の棒鋼が規格化された。

表 2.3.1　鉄筋コンクリート用棒鋼の変遷[8]

JIS G 3101-1959「一般構造用圧延鋼材」

		JIS G 3112「鉄筋コンクリート用棒鋼」				
			1964 年制定	1975 年制定	1985 年制定	1987 年制定	2004 年制定

鋼板 形鋼 棒鋼 平鋼	SS34 SS41 SS50
棒鋼（鉄筋用）	SS39 SS49

	1964 年制定		1975 年制定	1985 年制定	1987 年制定	2004 年制定
	SR24 SR30	熱間圧延棒鋼（丸鋼）	SR24 SR30	SR24 SR30	SR24/SR235 SR30/SR295	SR235 SR295
	SD24 SD30 SD35 SD40 SD50	熱間圧延異形棒鋼	SD24 ─× SD30 SD35 SD40 SD50	SD30A SD30B SD35 SD40 SD50	SD30A/SD295A SD30B/SD295B SD35/SD345 SD40/SD390 SD50/SD490	SD295A SD295B SD345 SD390 SD490
	SDC40 SDC50	冷間加工異形棒鋼	— —	— —	— —	— —
	1. 種類記号を降伏点表示に変更 2. SD35～SD50を追加 3. SDCを追加 4. 呼び名D41を追加		1. SDCを削除 2. 呼び名D51を追加	1. 種別呼称を廃止 2. SD24を廃止 3. SD30をSD30Aとし，SD30Bを追加 4. SR30及びSD30Aの引張強さの上下限値を修正 5. SD30～SD50の降伏上の上限値を追加（引張強さは下限値だけ） 6. SD30B及びSD35に協定による曲げ戻し試験を追加	1. 従来単位とSI単位を併記 2. SI単位への切替期限を明記（1991年1月1日）	1. 従来単位を削除 2. 3号引張試験片を削除し，14A号引張試験片を規定 3. 異形棒鋼に呼び名D4，D5,D8を追加

JIS G 3110-1953（1965年廃止）「異形丸鋼」

異形丸鋼	SSD39 SSD49
異形丸鋼（再生）	SRD39 SRD49

3章　JIS化・標準化の変遷

3.1　プレテンション橋桁の変遷 [9]

　表3.1.1に橋梁用プレテンション桁の変遷を示す。また，表3.1.2〜表3.1.6に断面形状の変遷を示す。

　PC専門建設業各社がそれぞれ独自に開発したけた断面の橋桁が建設されていた。プレテンション橋の普及とともに，規格化・標準化が計られ，1959年（昭和34年）にはスラブ桁のJIS A 5313が制定され，引き続き1960年（昭和35年）に，けた橋桁のJIS A 5316が，1963年（昭和38年）には農道，林道用の軽荷重スラブ桁 JIS A 5319が制定された。

3.2　ポストテンション橋桁の変遷 [2],[9]

　表3.2.1に断面形状の変遷を示す。わが国最初のポストテンション方式のPC桁は1953（昭和28）年に，東京駅6番，7番ホームの受け梁（桁長10.52 m）として使用された。これらのポストテンション単純T桁もプレテンション桁と同様に，開発当時は断面の細部は統一されていなかったが，標準設計として，1969（昭和44）年に建設省標準設計「ポストテンション方式PC単純T桁橋」が制定され，その後，1980（昭和55）年および1994（平成6）年に改訂されている。

　初期のポストテンション桁から1969（昭和44）年の標準設計までは，一般に主方向PC鋼材の一部は主桁上縁に定着されていた。切欠き定着部への雨水の進入やPC鋼材の損傷が生じるリスクを回避し，PC鋼材の大容量化に対応して，1994（平成6）年の改訂では主方向のPC鋼材をすべて桁端部に定着するように変更された。また，労務の省力化と型枠の転用を図ることを目的に，ウェブと下フランジの幅が同じ寸胴タイプのT形の形状となった。

　プレキャストブロック工法においては，「道路橋示方書Ⅲ［コンクリート編］」にブロック目地部に関する規定があるが，主として箱桁を対象としており，T桁については，1992（平成4）年発刊の日本道路協会「プレキャストブロック工法によるプレストレストコンクリート桁道路橋設計施工指針」で初めて規定された。

表 3.1.1 プレテンション橋桁の変遷 [2)]

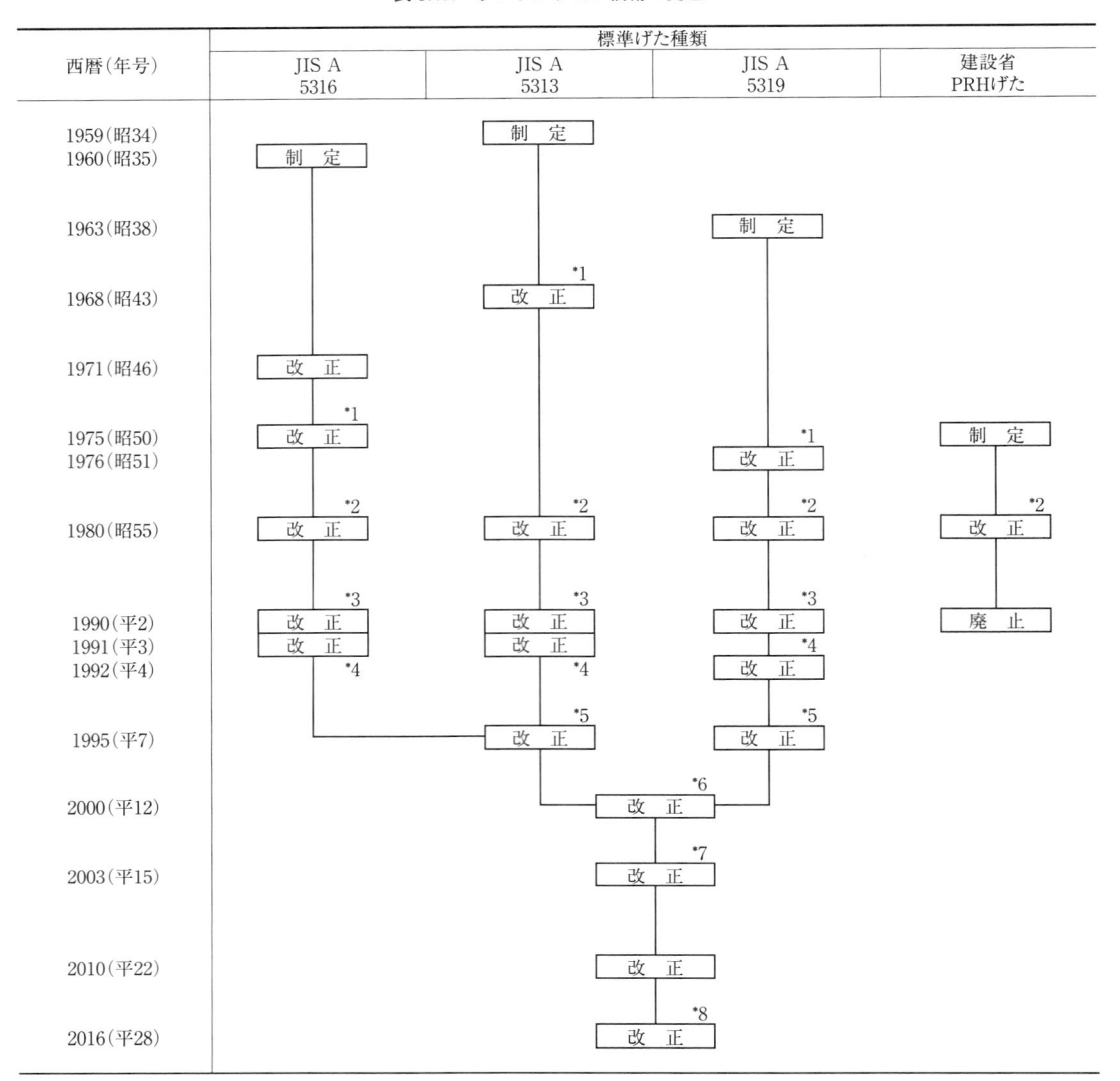

西暦(年号)	標準げた種類			
	JIS A 5316	JIS A 5313	JIS A 5319	建設省 PRHげた
1959(昭34)		制 定		
1960(昭35)	制 定			
1963(昭38)			制 定	
1968(昭43)		改 正 *1		
1971(昭46)	改 正			
1975(昭50)	改 正 *1		改 正 *1	制 定
1976(昭51)				
1980(昭55)	改 正 *2	改 正 *2	改 正 *2	改 正 *2
1990(平2)	改 正 *3	改 正 *3	改 正 *3	廃 止
1991(平3)	改 正	改 正	改 正 *4	
1992(平4)	*4	*4		
1995(平7)		改 正 *5	改 正 *5	
2000(平12)		改 正 *6		
2003(平15)		改 正 *7		
2010(平22)		改 正		
2016(平28)		改 正 *8		

注) ＊1 国際単位(SI)併記のみ改正
   ＊2 道路橋示方書改訂に対応した改正
   ＊3 塩化物量の規制およびアルカリシリカ反応抑制に関する改正
   ＊4 断面形状・鋼材種別・適用支間長の変更，ボンドコントロール工法の採用
   ＊5 A 5316 を A 5313 に統合，設計自動車荷重の変更
   ＊6 基本規格(グループⅠ A 5361～A 5362)
      構造別製品郡規格(グループⅡ A 5373)
      用途別性能・推奨仕様規格(グループⅢ)
      に改正
   ＊7 性能規定化に対応
   ＊8 より一層の性能の明確化

表 3.1.2　JIS A 5313「スラブ橋用プレストレストコンクリート橋桁」の断面形状の変遷 [10)]

項目　　　　種別	昭和 34 年制定	昭和 55 年改正	平成 3 年改正
断面寸法	200,230 / 80 / 320 / 250〜600	同　左	640 / 700 / 275〜800 ・短支間は充実断面 ・長支間は中空断面
活荷重 適用支間 コンクリート強度 PC 鋼材	T–20，T–14 5〜13 ｍ 500 kg/cm² 以上 2.9 mm	TL–20，TL–14 同左 同左 SWPR7A 7 本より 9.3 mm および 10.8 mm	同左 5〜21 m 同左 SWPR7B 12.7 mm および 15.2 mm

表 3.1.3　JIS A 5316「けた橋用プレストレストコンクリート橋桁」の断面形状の変遷 [10)]

項目　　　　種別	昭和 35 年制定	昭和 46 年改正	昭和 55 年改正	平成 3 年改正
断面寸法	500 / 130 / 130 / 300 / 500〜900	750 / 160 / 150 / 350 / 600〜1 000	750 / 160 / 150 / 350 / 600〜1 000	750 / 160 / 240 / 750〜1 050
活荷重 適用支間 コンクリート強度 PC 鋼材	T–20，T–14 8〜15 m 500 kgf/cm² 以上 5 mm の PC 鋼線または SWPC7 の 9.3 mm	同左 10〜21 m 同左 SWPR7A 12.4 mm	同左 同左 同左 同左	同左 14〜21 m 同左 SWPR7B 15.2 mm

表 3.1.4　JIS A 5313-1995「プレストレストコンクリート橋桁」の断面形状の変遷 [10)]

項目　　　　種別	スラブ橋げた	けた橋げた
断面寸法	640 / 700 / 350〜1 000 ・短支間は充実断面 ・長支間は中空断面	800 / 160 / 300 / 900〜1 300
活荷重 適用支間 コンクリート強度 PC 鋼材	A，B 活荷重 5〜24 m 500 kgf/cm² 以上 SWPR 7BN 12.7 mm，15.2 mm	同左 18〜24 m 同左 SWPR 7BN 15.2 mm

表 3.1.5　JIS A 5319「軽荷重スラブ橋用プレストレストコンクリート橋桁」の断面形状の変遷[10]

項目　種別	昭和 38 年制定	昭和 55 年改正	平成 4 年改正
断面寸法			
活荷重 適用支間 コンクリート強度 PC 鋼材	T–14，T–10 5〜13 m 500 kgf/cm² 以上 SWPC1 2.9 または SWPC2 2.9 2 本より	T–10 同左 同左 SWPR7A 7 本より 9.3 mm および 10.8 mm	同左 同左 700 kgf/cm² 以上 SWPR7B 12.7 mm および 15.2 mm

表 3.1.6　旧建設省標準「プレテンション PC 単純中空げた」の断面形状の変遷[10]

項目　種別	昭和 50 年制定	昭和 55 年改正	平成 3 年廃止・統合
断面寸法		同　左	JIS A 5313（平成 3 年）に統合
活荷重 適用支間 コンクリート強度 PC 鋼材	L–20，L–14 10〜20 m 500 kgf/cm² 以上 SWPR7A 12.4mm	PC 鋼材本数が増えた以外は，左と同じ。	

表 3.2.1　旧建設省標準「ポストテンション PC 単純 T げた」の断面形状の変遷[10]

項目　種別	昭和 44 年制定	昭和 55 年改正	平成 4 年改正
断面寸法			
活荷重 適用支間 コンクリート強度 PC 鋼材	TL–20，TL–14 14〜40 m 400 kgf/cm² 以上 ・支間 $L \leqq 20$ m の場合 　PC ケーブル　12 φ 5 ・支間 $L \geqq 21$ m の場合 　PC ケーブル　12 φ 7	同左 20〜40 m 同左 ・支間 $L \leqq 27$m の場合 　PC ケーブル　12 φ 7 ・支間 $L \geqq 28$ m の場合 　PC ケーブル　12T12.4	B 活荷重 20〜45 m 同左 ・支間 $L \leqq 25$ m の場合 　PC ケーブル　7S12.7B ・支間 25m $< L \leqq 38$ m の場合 　PC ケーブル　12S12.7B ・支間 38 m $< L$ の場合 　PC ケーブル　12S15.2

　昭和40年前半頃から，PC専業者各社はJIS A 5313の型枠を利用して独自の中空げたを開発してきた。以下に各社の中空げたの概要を示す。なお，社名については，旧社名および現社名を併記した。

(1)　オリエンタルコンクリート，オリエンタル建設（現：オリエンタル白石）

名　称	OHL	OHS
断面寸法	OHL–116 	OHS–115
活荷重 適用支間 コンクリート強度 PC鋼材	TL–20，TL–14 10～25 m 500 kg/cm^2 SWPR7A　12.4mm	TL–20，TL–14 10～15m 500 kg/cm^2 SWPR7A　12.4mm
中埋コンクリート強度	240 kg/cm^2	240 kg/cm^2

名　称	OHK	OHH
断面寸法	OHK–120 	OHH–120
活荷重 適用支間 コンクリート強度 PC鋼材	TL–20，TL–14 10～21 m 600 kg/cm^2 SWPR7A　12.4 mm	TL–20，TL–14 10～21 m 600 kg/cm^2 SWPR7A　12.4mm
中埋コンクリート強度	300 kg/cm^2	300 kg/cm^2

(2)　住友建設（現：三井住友建設）

名　称	HSL	HSK
断面寸法	HSL–120 	HSK–120
活荷重 適用支間 コンクリート強度 PC鋼材	TL–20，TL–14 10～25 m 500 kg/cm^2 SWPR7A　12.4 mm	TL–20，TL–14 10～22 m 500 kg/cm^2 SWPR7A　12.4 mm
中埋コンクリート強度	300 kg/cm^2	300 kg/cm^2

名　　称	HSA
断面寸法	HSA-120 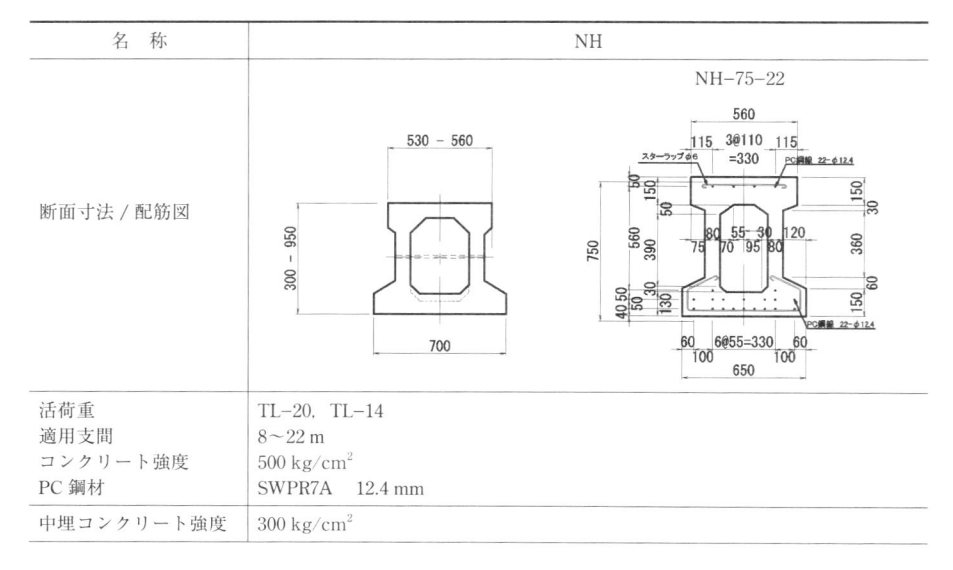
活荷重 適用支間 コンクリート強度 PC 鋼材	TL-20，TL-14 14〜25 m 500 kg/cm² SWPR7A　12.4 mm
中埋コンクリート強度	300 kg/cm²

（3）　北海道ピー・エス・コンクリート（現：ドーピー建設工業）

名　　称	DHS
断面寸法 / 配筋図	DHS-120-600
活荷重 適用支間 コンクリート強度 PC 鋼材	TL-20，TL-14 10〜25 m 750 kg/cm² SWPR7A　12.4 mm
中埋コンクリート強度	240 kg/cm²

（4）　日本鋼弦コンクリート（現：安部日鋼工業）

名　　称	NH
断面寸法 / 配筋図	NH-75-22
活荷重 適用支間 コンクリート強度 PC 鋼材	TL-20，TL-14 8〜22 m 500 kg/cm² SWPR7A　12.4 mm
中埋コンクリート強度	300 kg/cm²

（5）　九州鋼弦コンクリート，富士ピー・エス・コンクリート（現：富士ピー・エス）

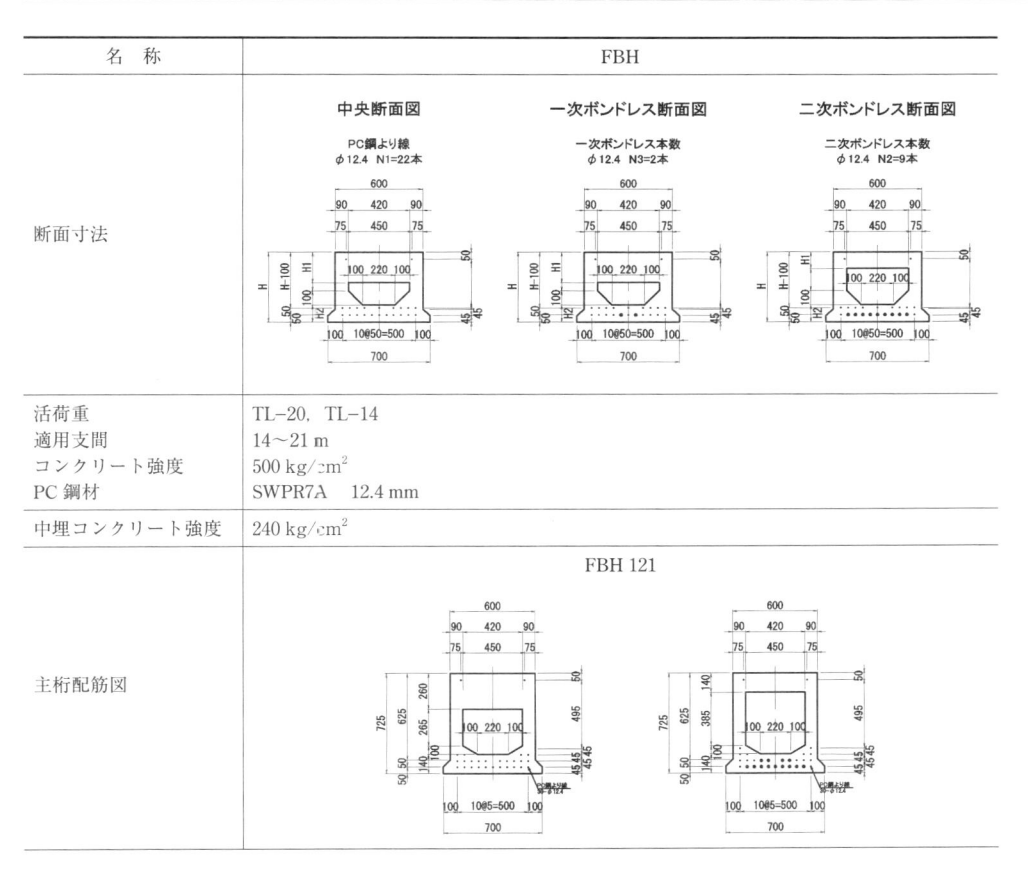

名　称	FH	変断面
断面寸法／配筋図	FH 120・218	中央断面　端部断面
活荷重 適用支間 コンクリート強度 PC 鋼材	TL−20，TL−14 9〜21 m 500 kg/cm² SWPR7A　12.4 mm	TL−20，TL−14 14〜21 m 500 kg/cm² SWPR7A　12.4 mm
中埋コンクリート強度	240 kg/cm²	240 kg/cm²

名　称	FBH
断面寸法	中央断面図　　一次ボンドレス断面図　　二次ボンドレス断面図
活荷重 適用支間 コンクリート強度 PC 鋼材	TL−20，TL−14 14〜21 m 500 kg/cm² SWPR7A　12.4 mm
中埋コンクリート強度	240 kg/cm²
主桁配筋図	FBH 121

（6）　ピー・エス・コンクリート，ピー・エス　（現：ピーエス三菱）

名　称	PHH
断面寸法	（断面図：600, 700, 420, 90, 30, H3, H2, H1, 50, 90, H の寸法記載）
活荷重 適用支間 コンクリート強度 PC 鋼材	TL–20，TL–14 10〜21 m 600 kg/cm² SWPR7A　12.4 mm
中埋コンクリート強度	240 kg/cm²

（7）　ピーシー橋梁（現：IHI インフラ建設）

名　称	PH	PCH
	PH110–375	PCH 120–700
断面寸法／配筋図	（断面図：550, 640 ほか寸法記載）	（断面図：610, 670 ほか寸法記載）
活荷重 適用支間 コンクリート強度 PC 鋼材	TL–20，TL–14 8〜15 m 500 kg/cm² SWPR7A　9.3mm および 10.8mm	TL–20，TL–14 14〜25 m 500 kg/cm² SWPR7A　12.4 mm
中埋コンクリート強度	240 kg/cm²	300 kg/cm²

（8）　昭和コンクリート工業

名　称	PC．Ⅰ型	PC．Ⅱ型
	HS110	SH120（n=24）
断面寸法	（断面図：560, 650 ほか寸法記載）	（断面図：560, 650 ほか寸法記載）
活荷重 適用支間 コンクリート強度 PC 鋼材	TL–20，TL–14 10〜15 m 500 kg/cm² SWPR7A　12.4 mm	TL–20，TL–14 13〜25 m 500 kg/cm² SWPR7A　12.4 mm
中埋コンクリート強度	240 kg/cm²	300 kg/cm²

（9）　安部工業所　（現：安部日鋼工業）

名　称	AH−A 型	AH−B 型
	AH−114−500	BH−120−750
断面寸法		
活荷重 適用支間 コンクリート強度 PC 鋼材	TL−20，TL−14 10〜15 m 500 kg/cm² SWPR7A　12.4 mm	TL−20，TL−14 15〜21 m 500 kg/cm² SWPR7A　12.4mm
中埋コンクリート強度	240 kg/cm²	300 kg/cm²

4章　施工技術の変遷

4.1　PC 定着工法の変遷 [1]

　表 4.1.1 に定着工法の変遷を示す。1928（昭和 3）年に，フレシネーはそれまで 20 年にわたって研究を進めてきた PC 技術の総まとめとなる PC に関する基本特許「補強［コンクリート］製品ノ製造方法」をフランス国に出願した。その 1 年後，1929（昭和 4）年に同じ特許をわが国にも出願した。そして，1936（昭和 11）年にアルジェリアのポルト・ド・フェールダムのゲート上に，支間 19 m，幅員 4.6 m の世界初の PC 橋をプレテンション方式により施工した。

　また，フレシネーは 1939（昭和 14）年に出願したポストテンション方式のフレシネー定着方法を実用化し，ルザンシー橋に適用した。施工は 1941（昭和 16）年に開始され，途中ドイツ軍の命令で中断したが，1945（昭和 20）年に完成した。この時期わが国では，国鉄の技術研究所において，プレテンション方式の研究が開始された。

　第二次世界大戦終了直後にフレシネーの PC に関する基本特許が切れて以来，欧米では各種ポストテンション工法が競って開発された。終戦直後は鋼材が不足していたので PC は時代にマッチした工法であった。工法としては，フランスの GTM・クーポン工法，ベルギーのマニュエル工法，スイスの BBRV 工法，VSL 工法，ドイツのディビダーク工法等，30 以上のポストテンション定着工法が開発された。

　これら定着工法のうち，特徴のある主要な工法がわが国に導入されるとともに，国産の PC 定着工法も次々と開発された。

4.2　PC グラウト施工の変遷 [9]

　表 4.2.1 に PC グラウト技術の変遷を示す。グラウトの規準に関わる事項としては，硬化前のグラウト性状の違いにより 1992（平成 4）年を境として前期と後期に大別できる。

　グラウト注入後にシース内で生じるブリーディングについては，前期においては上限値を設定してブリーディングを許容し，生じたブリーディング水は膨張剤を用いることによりシース外へ排出するものとしていた。後期においては，ノンブリーディングタイプの混和剤の開発にともないノンブリーディングタイプのグラウトが推奨され，これを使用する場合はグラウトの膨張を必要としないこととなった。ノンブリーディングタイプのグラウトは，従来型グラウトに増粘剤を添加したものであり，さらに添加量を増加させたものがノンブリーディング高粘性型グラウトである。後期の後においては，下り勾配の先流れ現象による空気溜りに着目し，先流れの起きにくい高粘性型グラウトが使用されるようになった。さらに近年は，低粘性型，超低粘性型のものも施工方法や施工条件を考慮して使用されるようになってきている。

　PC グラウトの技術規準の主な変遷およびポステン橋の実態から PC グラウト充填不足，PC 鋼材の腐食や破断が発生するリスクを表 4.2.3 に示した。文献 10）では，そのリスクを高，中，低で示され，当時の技術規準では，対象とする要因に対して不備，もしくは未記載であったものを「高」，

要因対策が開始されているがその途中であるものを「中」，すでに要因対策が完了しており PC グラウト充填不足や PC 鋼材の腐食や破断が発生する可能性が低い場合を「低」と表現している。

表 4.1.1　定着工法の変遷 [1]

タイムライン：1930　1940　1950　1960　1970　1980　1990　2000

右端縦ラベル：プレテンション方式／ポストテンション方式

プレテンション方式

- 1928　フレシネー基本特許出願
- 1936　世界初のPC橋施工（プレテン）
- 1951　わが国初のプレテン橋施工
- 1988　新素材PC橋の施工（プレテン）

ポストテンション方式

- 1939　フレシネー工法出願
- 1951　マニュエル工法によるわが国初のポステン橋施工
- 1992　NAPP工法の開発
- 1941　世界初のポステン橋施工
- 1952　フレシネー工法日本導入　マルチワイヤーシステム
- 1978　モノグルーブシステム
- 1980　FKKフレシネー工法に変更
- 1961　マルチストランドシステム
- 1957　BBRV工法日本導入
- 1986　BBR工法に変更
- コナ・マルチシステム
- 1958　ディビダーク工法日本導入　鋼棒システム
- 1980　ストランドシステム
- 1959　パウル・レオンハルト工法日本導入
- 1987　レオンハルト工法に変更
- 1961　レオバ工法　工法日本導入
- 1968　SEEE工法日本導入　Fシステム
- 1984　PACシステム
- 1968　VSL工法日本導入
- 1970　CCL工法日本導入　シングルストランド，マルチフォースシステム
- 1975　HiAm工法日本導入　HiAmシステム

左欄（特許経緯）

1928年10月2日　フレシネー PCの基本特許『補強「コンクリート」製品ノ製造法』をフランス国に出願

1928年11月19日　同上，特許成立

1929年10月1日　フレシネー 同上特許を日本に出願

1932年3月14日　同上，特許成立

1939年8月26日　フレシネー工法特許『PC構造物施工における張力を受けたケーブルの定着システム』をフランス国に出願

1947年10月3日　同上，特許成立

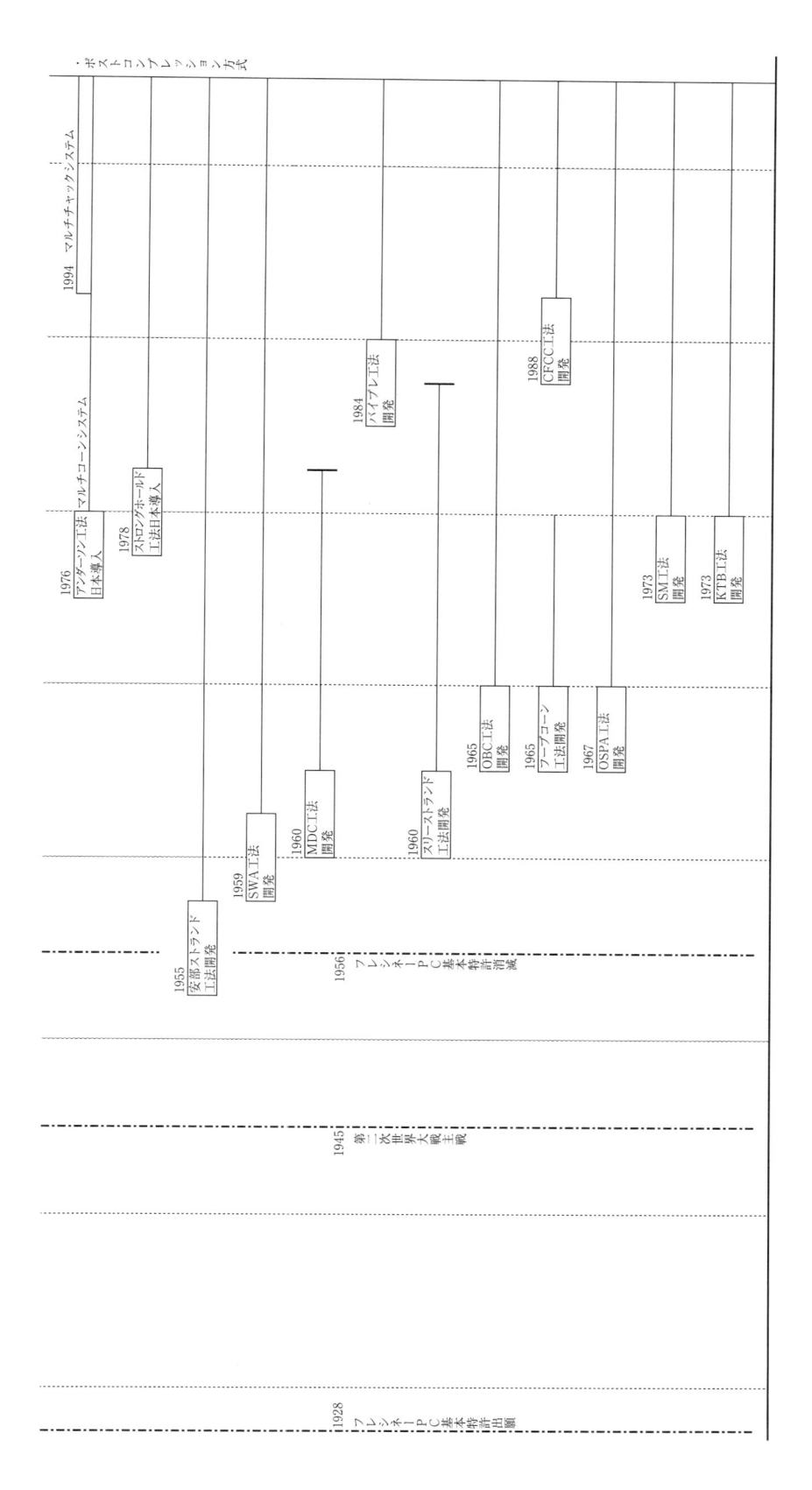

表 4.2.1　グラウト技術の変遷 (1)[11]

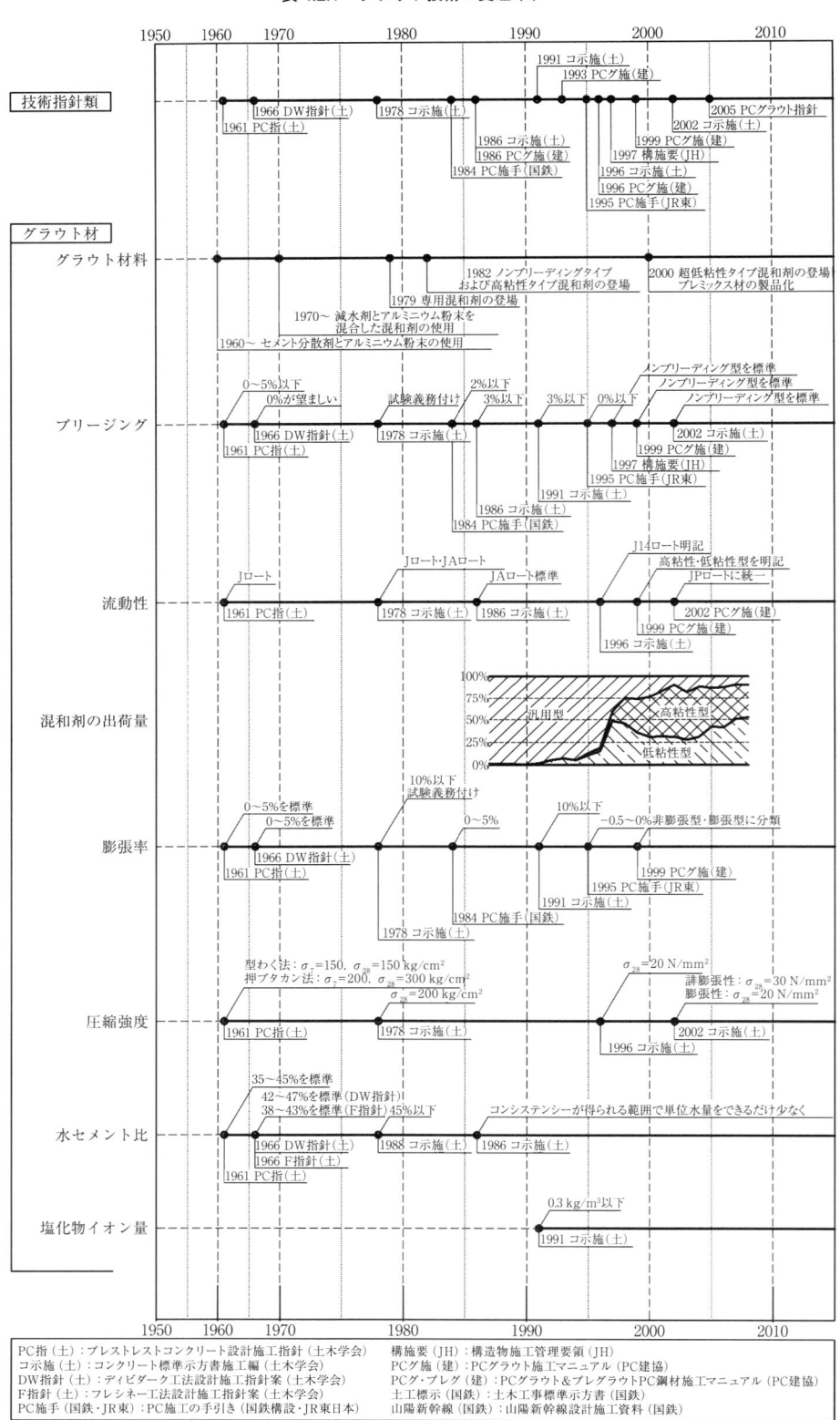

表 4.2.2　グラウト技術の変遷 (2)[11]

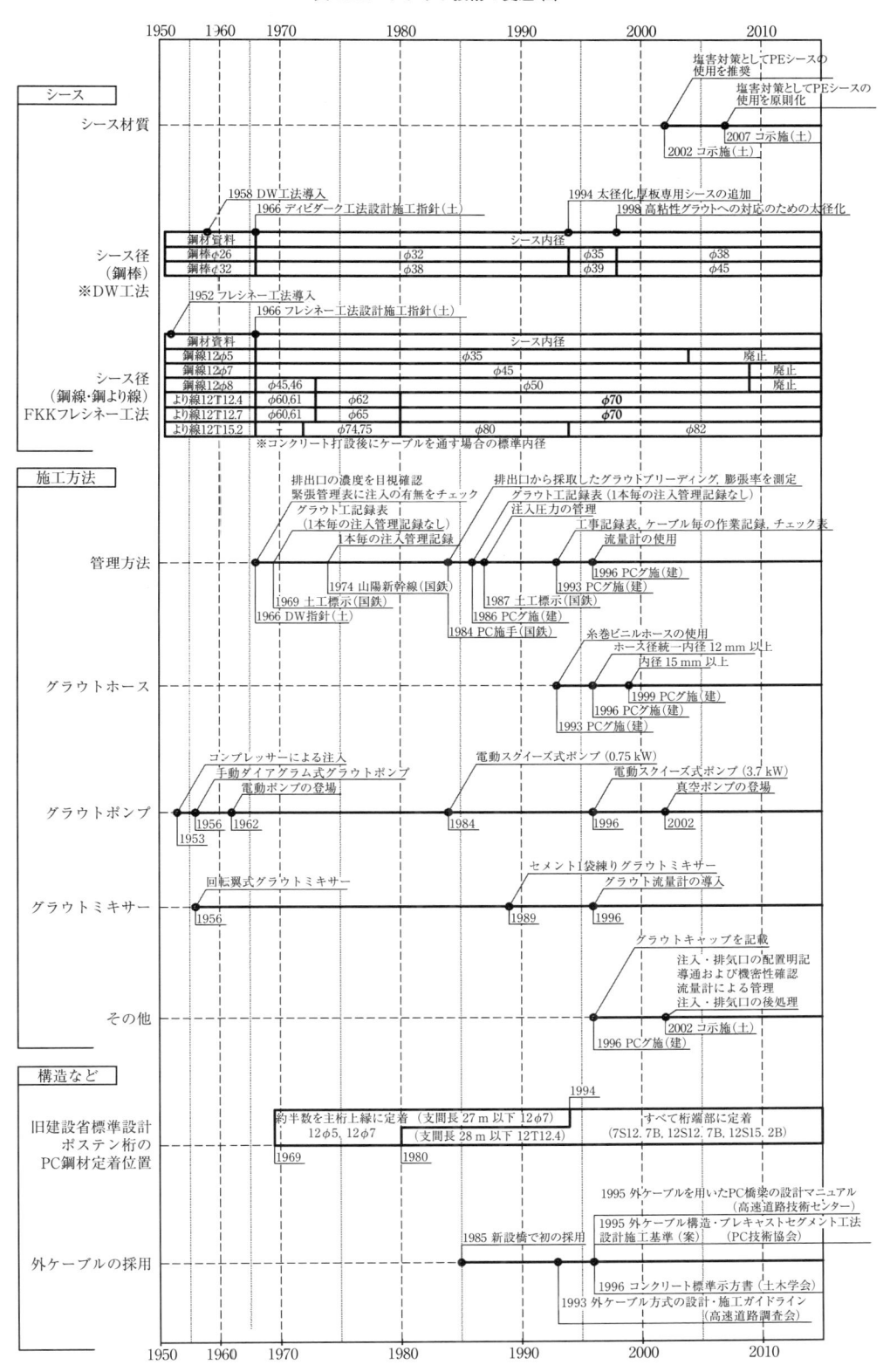

表 4.2.3　PC グラウト充填不足，PC 鋼材腐食・破断の発生リスク[11]

(a)　共通事項

リスク	要因	リスク発生確率					背景
		～1969	1970～1986	1987～1996	1997～2002	2002～	
PC グラウト充填不足	品質管理	高	高	中	低	低	1986 年　グラウト記録 1993 年　PC グラウトの重要性に言及 1996 年　流量計，講習会受講義務
	ブリーディングの発生による空隙	高	高	高	中	低	1996 年　ノンブリーディング推奨 2002 年　ノンブリーディング必須
	先流れによる空隙	高	高	高	中	低	1996 年　粘性型の記載 2002 年　高粘性・低粘性の記載
	シース径による空隙	高	高	中	低	低	
	施工機器による空隙	高	中	中	低	低	1970 年代電動ポンプの普及 1984 年　電動スクイーズ式ポンプ (0.75 kw) 1996 年　電動スクイーズ式ポンプ (3.7 kw)
PC 鋼材腐食・破断	上縁定着	高	高	-1994 高 / 1995- 中	低	低	1969 年　旧建設省標準設計制定 T 桁は 1994 年以降すべて端部定着
	鋼製シース	高	高	高	高	低	2002 年　PE シース推奨
	定着部あと処理	高	高	中	低	低	1986 年　簡単な防水処理推奨 1996 年　あと処理強化
	防水工	高	高	中	低	低	1972 年　必要に応じて防水層設置（道示） 1998 年　JH 設計要領に記載 2002 年　防水工原則設置（道示）

(b)　PC 鋼棒

リスク	要因	リスク発生確率					背景
		～1969	1970～1986	1987～1996	1997～2002	2002～	
PC グラウト充填不足	シース径による空隙	高	高	-1993 高 / 1994- 中	低	低	1994 年　φ 32PC 鋼棒シース径 　　　　38 mm → 39.3 mm 1998 年　φ 32PC 鋼棒シース径 　　　　39.3 mm → 45 mm
	カップラー径による空隙	高	高	高	高	中	2000 年　下り勾配カップラーシースに排気口
	カップラー部閉塞による空隙	高	高	-1993 高 / 1994- 中	中	中	1993 年　カップラー伸長 +19cm 規定
	シース接続部外れによる空隙	高	高	-1993 高 / 1994- 中	中	低	1994 年　グラウトホース抜け防止措置 1998 年　グラウトホース径 12 mm → 15 mm
	せん断鋼棒の配置方法による空隙	高	高	高	中	低	1970 年代　斜鋼棒 1980 年代　鉛直鋼棒 2000 年代　せん断鋼棒なし

参考文献

1) プレストレストコンクリート技術協会：プレストレストコンクリート，Vol.42，No.6，2000
2) プレストレスト・コンクリート建設業協会：PC 技術の変遷，2003.11
3) 首都高速道路公団公務部：首都高速道路公団設計基準の変遷，1988 年 3 月
4) 東・中・西日本高速道路：設計要領第二集，橋梁保全編，2017 年 7 月
5) 日本コンクリート工学協会：コンクリート工学，Vol.37，No.1，1999.1
6) 日本コンクリート工学協会：コンクリート工学，Vol.40，No.1，2002.1
7) プレストレストコンクリート工学会：コンクリート構造診断技術，2018.1
8) 日本コンクリート工学協会：コンクリート診断技術 '18［応用編］，p.161
9) 土木学会：PC 構造物の現状の問題点とその対策（コンクリート技術シリーズ），2003
10) 道路保全技術センター：橋梁技術者のための橋梁技術の変遷，H17.11
11) 既設ポストテンション橋の PC 鋼材破断に関する調査及び補修・補強指針，プレストレストコンクリート工学会，2016 年 9 月

PC技術規準シリーズ
コンクリート橋・複合橋保全マニュアル
定価はカバーに表示してあります。

2018年7月20日　1版1刷発行　　　　　　　　　　ISBN 978-4-7655-1699-0 C3051

編　　者　公益社団法人プレストレストコンクリート工学会

発 行 者　長　　　滋　彦

発 行 所　技 報 堂 出 版 株 式 会 社

〒101-0051　東京都千代田区神田神保町 1-2-5
電　　話　営　業　(03) (5217) 0885
　　　　　編　集　(03) (5217) 0881
　　　　　Ｆ Ａ Ｘ　(03) (5217) 0886
振替口座　00140-4-10
http://gihodobooks.jp/

日本書籍出版協会会員
自然科学書協会会員
土木・建築書協会会員

Printed in Japan

装幀　ジンキッズ　　印刷・製本　愛甲社

公益社団法人 プレストレストコンクリート工学会 編

■ PC 技術規準シリーズ ■

【好評発売中】

PC 構造物高耐久化ガイドライン

B5 判・186 頁

ISBN 978-4-7655-1698-3

外ケーブル構造・プレキャストセグメント工法設計施工規準

B5 判・250 頁

ISBN 4-7655-2486-8

複合橋設計施工規準

B5 判・420 頁

ISBN 4-7655-1694-6

貯水用円筒形 PC タンク設計施工規準

B5 判・140 頁

ISBN 4-7655-1695-4

PC 斜張橋・エクストラドーズド橋設計施工規準

B5 判・224 頁

ISBN 978-4-7655-1696-9

コンクリート構造設計施工規準
－性能創造型設計－

B5 判・162 頁

ISBN 978-4-7655-1697-6

■ 技報堂出版 ■

http://gihodobooks.jp/　TEL 営業 03(5217)0885　FAX 03(5217)0886